9/e

Biological Process Design *for* Wastewater Treatment

廢水生物處理技術

程序與設計

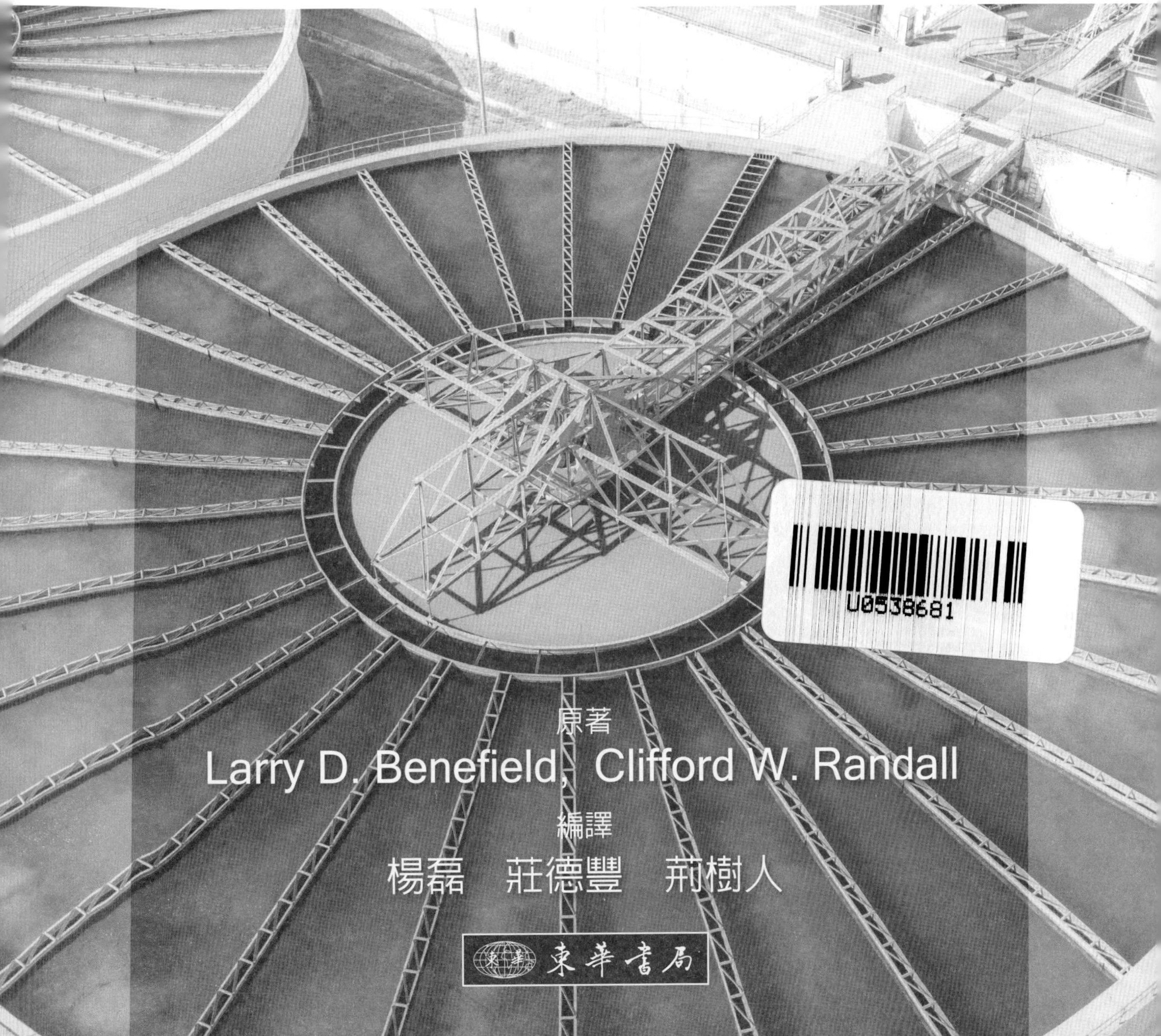

原著
Larry D. Benefield, Clifford W. Randall
編譯
楊磊　莊德豐　荊樹人

東華書局

國家圖書館出版品預行編目資料

廢水生物處理技術 : 程序與設計 / Larry D. Benefield, Clifford W. Randall 原著；楊磊，莊德豐，荊樹人譯. -- 1 版. -- 臺北市 : 臺灣東華書局股份有限公司, 2022.01

472 面 ; 19x26 公分

譯自 : Biological process design for wastewater treatment, 9th ed.

ISBN 978-986-5522-86-5（平裝）

1. CST: 汙水處理

445.46　　　　　　　　　　　110022153

廢水生物處理技術 — 程序與設計

原 著 者	Larry D. Benefield, Clifford W. Randall
譯　　者	楊磊、莊德豐、荊樹人
發 行 人	陳錦煌
出 版 者	臺灣東華書局股份有限公司
地　　址	臺北市重慶南路一段一四七號三樓
電　　話	(02) 2311-4027
傳　　眞	(02) 2311-6615
劃撥帳號	00064813
網　　址	www.tunghua.com.tw
讀者服務	service@tunghua.com.tw
門　　市	臺北市重慶南路一段一四七號一樓
電　　話	(02) 2371-9320

2026 25 24 23 22　TS　5 4 3 2 1

ISBN　　978-986-5522-86-5

版權所有　・　翻印必究

譯者序言

1914 年 4 月 3 日，第一次世界大戰的前夕，於英國曼徹斯特所舉行的化學工業協會會議上，二位英國工程師，Ardern 及 Lockett，發表了他們的經典論文「沒有過濾設備幫助下氧化生活污水的實驗 (Experiments on the Oxidation of Sewage Without the Aid of Filters)」成果，並首次使用了「活性污泥 (activated sludge)」這個名稱，來指代他們從曝氣廢水中沉澱出來並回收到處理過程中的生物固體，距今已超過一個多世紀，沿用至今，成為廢水生物處理中最為廣泛使用的程序。也活性污泥處理程序開始，衍生出其他的改良型的懸浮性生長生物處理程序，包含接觸穩定 (contact stabilization) 及向上流厭氧污泥氈 (upflow anaerobic sludge blacket, UASB)，屬於附著性生長的旋轉生物圓板 (rotating biological contactor, RBC)、滴濾池 (trickling filter) 及厭氧濾床 (anaerobic filter)，以及介於二者之間的接觸曝氣 (contact aeration) 及流體化床 (fluidized bed) 等。

本書原著雖於 80 年代出版，至今已過 40 餘年，除了書中所沿用的數據較為老舊些外，一切廢水生物處理的機制原理及設計準則，並無過時，至今仍為適用，且如同本書原作者於序言中所言，本書由淺入深，系統化整理有關廢水生物處理程序的資料，結合一些實際案例及問題分析，非常適合作為大專院校教相關系所教學用教科書，以及提供相關顧問公司及工程公司之工程師，於設計廢水生物處理系統設備時之參考書籍。然而，國內目前甚少有出版此類型之中文專業書籍，為使學校環工相關科系的學生，以及業界相關環工領域的顧問及工程公司的設計工程師，對此有需求的環工界先進及後輩，增加其學習及實務運用的效率，特將此書翻譯成中文。

本書係採用編譯的方式進行翻譯的工作，即除更新及增加一些近代相關研究的數據整理分析外，亦增加一些本書原著出版後，環工領域上所研發出的一些較為新進的廢水生物處理程序，例如像生物處理營養鹽廢水的缺氧/好氧 (anoxic/oxic, A/OTM) 及厭氧/缺氧/好氧 (anaerobic/anoxic/oxic, A2/OTM) 等，置於本書第四章之硝化與脫硝單元後之章節中。此外，近年來永續發展目標 (sustainable development goals, SDGs) 的議題成為國際各國的趨勢，其中屬於生態工程 (ecological engineering) 領域的廢水人工溼地處理系統 (constructed wetland treatment systems)，不論在國內、外均有應用的實例，因此亦將其至於本書第六章陂塘處理單元後之章節中。

最後，感謝本書共同編譯的作者，莊德豐教授及荊樹人教授，我們在美國的奧本大學 (Auburn University)，共同受業於本書原作者 Benefield 教授的門下，在深刻瞭解本書的精華下，編譯成中文。相信不論是在校環工相關系所的莘莘學子，抑或社會上環工領域工作的先進後輩，學習及應用於廢水生物處理的領域上，必定有正面的助益。

2021 年 10 月
高雄，西子灣

目次

Chapter 1 基礎程序動力學　1

1-1　反應速率　1
1-2　反應槽分析　14
習題　21
參考文獻　22

Chapter 2 基礎微生物學　23

2-1　營養需求　23
2-2　環境因子對微生物生長之影響　26
2-3　微生物之代謝作用　29
2-4　微生物代謝作用之動力學　39
2-5　代謝反應動力學於處理程序上之應用　49
習題　52
參考文獻　54

Chapter 3 廢污水的特性與流量　57

3-1　有機物　57
3-2　無機物　70
3-3　固體含量　88
3-4　廢污水組成與流量　91
3-5　廢污水流量的計量與採樣　99
習題　106
參考文獻　107

4 活性污泥法及其改良形式　109

- 4-1　混合方式　110
- 4-2　動力學模式之推導　111
- 4-3　處理程序之改良形式　129
- 4-4　過程設計所需考量之因子　156
- 4-5　生化動力學常數值的估算　178
- 4-6　硝化作用　183
- 4-7　生物脫氮作用　211
- 4-8　營養鹽去除生物處理程序系統　217
- 4-9　厭氣接觸程序處理系統　228
- 習題　243
- 參考文獻　245

5 曝氣　253

- 5-1　氣體傳輸的基本理論　253
- 5-2　影響氧傳遞的因素　256
- 5-3　$K_L a$ 及 α 值之決定　260
- 5-4　曝氣系統之設計　261
- 習題　283
- 參考文獻　284

6 陂塘及人工溼地處理系統　285

- 6-1　好氧塘 (Aerobic Ponds)　286
- 6-2　兼性塘 (Facultative Ponds)　299
- 6-3　厭氣塘 (Anaerobic Ponds)　312
- 6-4　精化處理塘 (Polishing Ponds)　316
- 6-5　曝氣氧化塘 (Aerated Lagoons)　317
- 6-6　好氧性曝氣氧化塘 (Aerobic Lagoons)　317

6-7　兼性曝氣氧化塘　337

6-8　人工溼地 (Constructed Wetlands)　339

習題　357

參考文獻　358

Chapter 7　附著生長之生物處理過程　363

7-1　滴濾池 (Trickling Filter)　363

7-2　旋轉生物接觸圓盤 (Rotating Biological Contactors)　378

7-3　活性生物濾床 (Activated Biofilters)　387

7-4　厭氧濾床 (Anaerobic Filters)　389

7-5　附著成長系統的硝化作用　391

7-6　附著生長性系統的脫氮作用 (Denitrification in Attached-Growth Systems)　402

習題　410

參考文獻　411

Chapter 8　污泥消化　415

8-1　厭氧消化 (Anaerobic Digestion)　416

8-2　好氧消化 (Aerobic Digestion)　432

習題　455

參考文獻　458

名詞索引　461

CHAPTER 1

基礎程序動力學

　　所有之廢水生物處理程序皆發生於一有特定邊界限定之容積內，而此一容積通常稱之為反應槽 (reactor)。反應槽內廢水中之物質成分及濃度所發生之變化性乃廢水處理中之重要因子。導致此一變化性的原因有二：一為物質在水力傳輸作用下流進及流出反應槽所引起；另一為反應槽內所發生之反應所致使。為了能將一反應槽系統完整的界定出，並設計出相類似的反應槽，對此一變化所發生的速率及其程度需有所瞭解。

　　環境工程師在進行廢水生物處理之程序設計時，通常較感興趣的是廢水中各種成分 (例如像有機物質) 的去除速率及反應槽內微生物**生質量 (biomass)** 的增長速率。而這些反應速率的變化性，在廢水達到某一特定之處理程度下，其所需之反應槽體積大小，將具有直接的影響性。

1-1　反應速率

　　化學反應之類型可依照下列二種方式加以分類：
1. 以必須參與反應而生成產物之分子數為基礎之分類。
2. 以動力學之反應階數特性為基礎之分類。

其中又以第二種之分類方式，較常用於大部分之生物處理程序時，有關動力學之描述。當反應係以動力學基礎做為分類方式時，對於系統內微生物、基質或環境條件等之變化，可能有不同階數之反應發生。

　　至於反應速率 (R)、反應物濃度 (C) 及反應階數 (n) 三者間之關係，則可以下列方程式表示之：

$$R = C^n \tag{1-1}$$

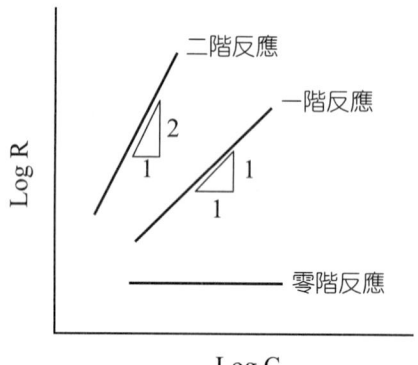

圖 1.1　以對數座標方式確認反應速率

或對上式二側取對數而得：

$$\log R = n \log C \tag{1-2}$$

將實驗的結果，代入 1-2 式，可求得反應之階數及速率。因此，對於任何階數為常數的反應，如將任何時間下反應物濃度之瞬間變化率的對數值與當時所測得之反應物濃度的對數值間之關係，繪出函數圖，其結果應為線性關係，而該直線之斜率即為該反應的階數 (如圖 1.1 所示)。零階反應之結果應為一水平直線，即反應速率與反應物濃度無關，抑或在任何反應物濃度下，其值皆相同。而一階反應之反應速率應直接正比於反應物濃度。至於二階反應之反應速率則與反應物濃度的平方成正比。反應階數也有可能不為整數，尤其是在混種培養微生物的反應過程中。但為使諸多有關反應速率的問題能得以解決，而將反應之階數皆假設為整數而求取之。在此情況下，若以反應之延時為函數，則可對整數階數之求取進行更詳細之評價。

零階反應

零階反應為一反應速率與反應物濃度無關之反應。例如，對於一單一反應物轉變成單一產物的反應：

$$\text{A} \longrightarrow \text{P}$$
$$\text{反應物} \quad \text{生成物}$$

假設此一反應遵循零階之反應動力學，則反應物 A 之消減速率如下列方程式所示：

$$-\frac{d[\text{A}]}{dt} = K[\text{A}]^0 = K$$

式中，$-\frac{d[\text{A}]}{dt}$ = A 之消減速率

　　　　K = 反應速率常數

假設 C 表示 A 在任意時刻 t 時之濃度，如此則以上之方程式可表示為：

$$-\frac{dC}{dt} = K \tag{1-3}$$

式中,$-\frac{dC}{dt}$ = A 隨時間變動之濃度變化率,[質量]・[容積]$^{-1}$・[時間]$^{-1}$(其中負號表示 A 的濃渡會隨時間的增加而減低;如式中之符號為正號,則表示 A 之濃度會隨著時間的增加而增高)

K = 反應速率常數,[質量]・[容積]$^{-1}$・[時間]$^{-1}$

將 1-3 式積分而得到下列方程式為

$$C = -Kt + 積分常數 \tag{1-4}$$

式中之積分常數值可令 $t = 0$ 時求出 $C = C_0$。即

$$C_0 = 積分常數$$

因此積分後之零階反應速率方程式為

$$C - C_0 = -Kt \tag{1-5}$$

圖 1.2 所示為零階反應中,反應物濃度 (C) 與時間 (t) 之關係圖。由此圖可知,當二個參數繪於算術座標紙上時,其關係呈線性。

一階反應

一階反應即反應速率與參與反應之某一反應物之濃度成正比的反應。由於反應速率與反應物之濃度有關,而反應物之濃度又隨著時間而變化,因此如將反應物濃度與時間之關係繪於算數座標紙上,其結果將與零階反應不同,而呈非線性之關係,如圖 1.3 所示。

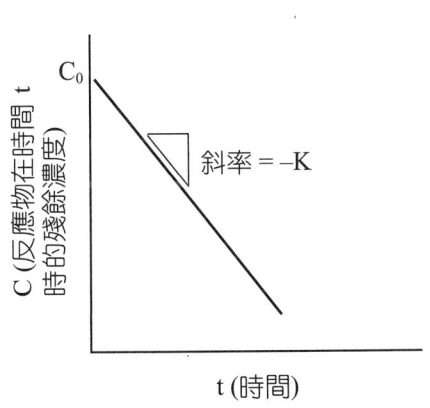

圖 1.2 零階反應之反應物濃度 (C) 與時間 (t) 之關係圖

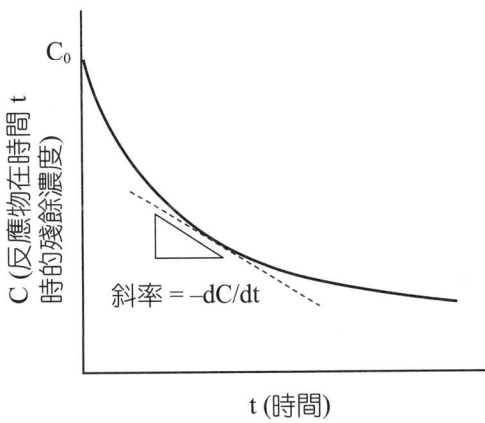

圖 1.3 一階反應之反應物濃度 (C) 與時間 (t) 之關係圖

如仍以單一之反應物反應生成單一之產物為例，如下所示：

$$A \longrightarrow P$$
反應物　　生成物

假設此反應遵循一階之反應動力學，反應物 A 之消減速率可由下列之方程式表示：

$$-\frac{dC}{dt} = K(C)^{-1} \tag{1-6}$$

式中，$-\frac{dC}{dt}$ = A 隨時間變動之濃度變化率，[質量]・[容積]$^{-1}$・[時間]$^{-1}$

　　　C = 任何時間下，A 之濃度 [質量]・[容積]$^{-1}$

　　　K = 反應速率常數，[質量]・[容積]$^{-1}$・[時間]$^{-1}$

將 1-6 式積分，並令當 $t = 0$ 時，$C = C_0$，一階反應之積分結果如下列之方程式所示：

$$ln(\frac{C_0}{C}) = Kt \tag{1-7}$$

或可以下列方程式表示：

$$log(\frac{C_0}{C}) = \frac{Kt}{2.3} \tag{1-8}$$

在一階反應下，根據 1-8 式，$log\,C$ 之值與時間 (t) 間之關係將呈線性，而如圖 1.4 所示。

二階反應

二階反應即反應速率與參與反應之單一反應物濃度的二次方成正比的反應。如仍以單一之反應物反應生成單一之產物為例，其反應式如下所示：

$$2A \longrightarrow P$$
反應物　　生成物

對於一個屬於二階之反應，反應物 A 之消減速率可由下列之方程式表示：

$$-\frac{dC}{dt} = K(C)^2 \tag{1-9}$$

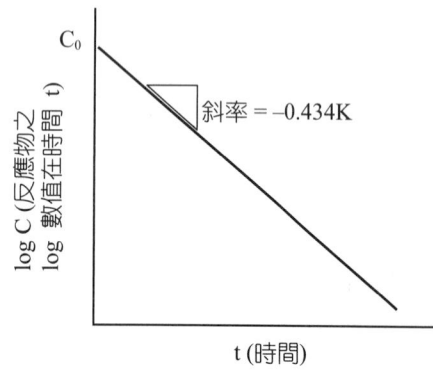

圖 1.4　一階反應之反應物濃度 (C) 與時間 (t) 之半對數座標關係圖

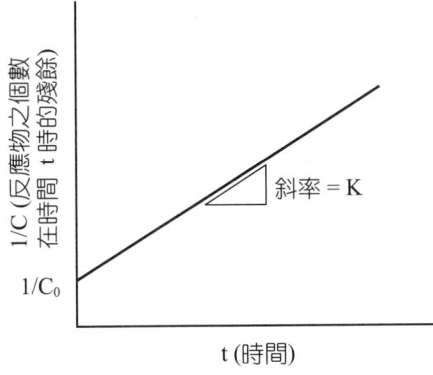

圖 1.5 二階反應之反應物濃度倒數 (1/C) 與時間 (t) 之關係圖

式中，K = 反應速率常數，$[質量]^{-1} \cdot [容積] \cdot [時間]^{-1}$

將 1-9 式積分，則二階反應之積分結果如下列之方程式所示：

$$\frac{1}{C} - \frac{1}{C_0} = Kt \tag{1-10}$$

將 $1/C$ 值與時間 (t) 間之關係繪於算術座標紙上，如圖 1.5 所示。由圖可知，二參數間係呈線性之關係。而直線之斜率即為 K 值。

假設實驗過程中，已穫得一組 C 和 t 的數據，則可根據 1-5 式、1-8 式及 1-10 式，判定出某一反應之階數屬性。對此，可將反應物的濃度 (C) 及相對應的時間 (t) 繪出關係曲線圖，再觀察該曲線與線性的偏離度，即可依此判定該反應之階數。

例題 1-1

將葡萄糖加入一批式的微生物培養槽中，隨著培養時間的變化，測定槽內葡萄糖的去除量，並將測出之數據記錄如下表所示：

葡萄糖濃度 COD (mg/L)	時間 (分鐘 , min)
180	0
155	5
95	12
68	22
42	31
26	40

試根據曲線擬合法，求出此葡萄糖生物分解反應之階數。

【解】

根據上表，繪出反應物濃度及其相對應時間之關係曲線圖。反應物濃度將以 C、$\ln C$ 及 $1/C$ 等三種形式表示之，並繪出如下所示之三種關係圖：

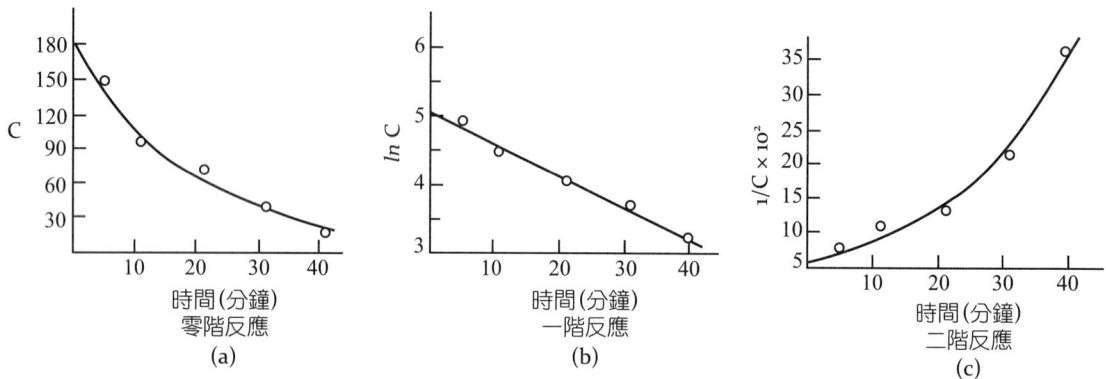

(a) 零階反應　(b) 一階反應　(c) 二階反應

根據此三圖中所顯示之實驗數據線性偏離度，可得知圖 (b) 所示之實驗數據與線性最為吻合。因此，可判定此一葡萄糖生物分解反應為一階反應。

酶反應

對於一生物性反應，其反應速率取決於主導反應中酶的催化活性。Michaelis 及 Menten 等二人已對一僅單一反應物及產物所參與之反應的酶動力學做出定義。他們所導出之酶反應動力學方程式，亦適用於在廢水處理過程中所發生的多種基質及菌種混合培養的情況。

通常假設酶催化反應包含二個步驟，第一步為具可逆性之自由酶 E 與基質 S 相結合形成酶與基質的複合物 ES 的反應，而第二步則為不具可逆性之 ES 複合物再分解成自由酶與產物 P 的反應。其反應式如下所示：

$$E + S \underset{K_2}{\overset{K_1}{\rightleftharpoons}} ES \xrightarrow{K_3} E + P$$

在此一酶反應式中，K_1、K_2 及 K_3 均表示指定之反應速率常數。

當複合物 ES 之濃度出現為一常數時，表示動態之穩定狀態佔優勢。此時，複合物生成的速率等於其分解的速率。此種 ES 複合物於穩定狀態條件下之變化可以下式表示之：

$$[\text{生成速率}] = [\text{分解速率}] \tag{1-11}$$

根據質量反應作用定律 (law of mass action)，1-11 式可以寫成：

$$K_1[E][S] = K_2[ES] + K_3[ES] \tag{1-12}$$

式中，[E] = 自由酶濃度，[質量]・[容積]$^{-1}$
　　　[S] = 基質濃度，[質量]・[容積]$^{-1}$
　　　[ES] = 酶與基質複合物濃度，[質量]・[容積]$^{-1}$

1-12 式可以再移項為下列之形式：

$$\frac{[E][ES]}{[ES]} = \frac{K_2 + K_3}{K_1} = K_m \tag{1-13}$$

式中，K_m 為 Michaelis 常數，其數值等於 $(K_2 + K_3)/K_1$。

當系統中所有存在的酶都與基質反應生成酶/基質複合物時，產物之生成速率將會達到最大值，如下式所示：

$$R_{max} = K_3 [E_{total}] \tag{1-14}$$

式中，R_{max} = 產物最大生成速率，[質量]・[容積]$^{-1}$[時間]$^{-1}$

[E_{total}] = 系統中酶之總濃度，[質量]・[容積]$^{-1}$

在其他任一階段時，產物之生成速率 (r) 應與酶/基質複合物之濃度成正比，如下式所示：

$$r = K_3 [ES] \tag{1-15}$$

系統中，酶之總量可由質量平衡式表示：

$$[E_{total}] = [E] + [ES] \tag{1-16}$$

將 1-14 式及 1-15 式代入 1-16 式中，得到下式：

$$[E] = \frac{R_{max}}{K_3} - \frac{r}{K_3} \tag{1-17}$$

進一步將 1-17 式中之 [E]，代入 1-13 式中，而得到下式：

$$\frac{[S]}{K_3[ES]}(R_{max} - r) = K_m \tag{1-18}$$

最後再將 1-15 式中之 K_3 代入 1-18 式中，而得到下式：

$$\frac{[S]}{r}(R_{max} - r) = K_m \tag{1-19}$$

再將 1-19 式重新整理，而得 Michaelis-Menten 式，如下所示：

$$r = \frac{R_{max}[S]}{K_m + [S]} \tag{1-20}$$

式中之 K_m 亦可被稱為飽和常數 (saturation constant)，其值為當反應速率 (r) 等於 $R_{max}/2$ 時之基質 (S) 濃度。1-20 式可以圖 1.6 表示之。

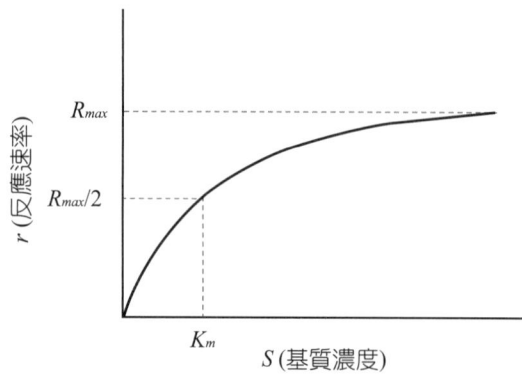

圖 1.6 Michaelis-Menten 式中反應速率與基質濃度之關係圖

例題 1-2

試計算當反應速率 (r) 分別為 R_{max} 之 80% 及 20% 時,其所需之基質 (S) 濃度比。

【解】

1. 根據 1-20 式,可將 $[S]_{80}$ 及 $[S]_{20}$ 以 K_m 之形式表示之:

$$\frac{r}{R_{max}} = \frac{[S]}{K_m + [S]}$$

或

$$\frac{0.8}{1} = \frac{[S]_{80}}{K_m + [S]_{80}}$$

而可簡化為 $\quad [S]_{80} = 4\,K_m$

同樣可得 $\quad [S]_{20} = 0.25\,K_m$

2. 由第 1 步所得之結果,可計算出 $[S]_{80}$ 與 $[S]_{20}$ 之比值為:

$$\frac{[S]_{80}}{[S]_{20}} = \frac{4}{0.25} = 16$$

圖 1.6 所示為在有酶參與之生化反應時,基質之**飽和現象 (saturation phenomenon)**。該圖顯示當基質的濃度較低時,酶催化反應的速率與基質濃度成正比;換言之,就基質濃度而言,此時反應近似於一階反應。但是當基質濃度持續往上升時,反應速率的增加率將減緩;此時之反應稱之為混合階數 (mixed order) 反應。當基質的濃度更進一步增加時,反應速率達到飽和,而為一常數,且與基質之濃度大小無關;此時之反應對於基質濃度而言呈零階反應。因此,根據以上之觀察結果,Michaelis-Menten 式可推論出二種特殊之情況。

當基質之濃度極端高於 K_m 值時,1-20 式分母中之 K_m 項則可忽略不計。在此一情況下,1-20 式可簡化成下式:

$$r = R_{max} \tag{1-21}$$

上式顯示出此時之反應速率等於最大反應速率，為一常數。在此情況下，反應係遵循零階之反應動力學；即反應速率與基質濃度大小無關。

當基質之濃度極端小於 K_m 值時，則 1-20 式分母中之 [S] 項可忽略不計。在此一情況下，1-20 式亦可簡化成下式：

$$r = \frac{R_{max}}{K_m}[S] \tag{1-22}$$

但是由於 R_{max} 及 K_m 皆為常數，因此可定義出一個新的常數項：

$$K = \frac{R_{max}}{K_m} \tag{1-23}$$

上式中之 K 即表示在此一情況下之反應常數，其單位為時間的倒數。將 1-23 式中的 R_{max}/K_m 項，代入 1-22 式中，得到下式：

$$r = K[S] \tag{1-24}$$

因此，在此一情況下，反應速率與基質濃度成正比，即反應係遵循一階之反應動力學。

Segel (1988) 曾提出，當 $[S] \geq 100\, K_m$ 時，可假設為零階反應；而當 $[S] \leq 0.01\, K_m$ 時，則可假設為一階反應。但 Goldman et al. (1974) 則建議，假如以較為實用之目的為導向，只要 $[S] \leq K_m$，即可假設為一階之反應動力學。至於 $[S]/K_m$ 居於中間範圍時之反應，如前所述，應為一混合階數之反應，其階數之數值應為一分數，而非整數。

Michaelis-Menten 式對於酶催化反應中之基質濃度與反應速率間之關係，展現出其連續 (continuum) 之特性。假設一實驗系統內係以高濃度之基質為啟始條件，並在實驗之反應進行中，不添加基質，此時由於食物（基質）量充足，造成反應之速率受限於酶之催化能力，而使系統內最初係呈零階之反應。當系統內隨著食物之逐漸消耗，致使反應開始轉變為受限於基質，此時反應之階數為分數。當系統內之食物含量變為極低時，生物利用基質的速率將成為控制因子，而此時係呈一階反應。

Michaelis-Menten 式為一通用之方程式。一般而言，由於在設計廢水生物處理之程序上，皆採用高濃度之微生物量，致使基質成為限制因子。因此，在大部分的情況下，廢水之生物處理程序可視為一階之反應。而在往後的討論中亦可顯現出，在某些特定之條件下，微生物對基質的利用率及微生物的比生長速率皆可由與 1-20 式形式相同的方程式表示之。

至於 Michaelis-Menten 式中之各個參數值，可依下列三種方法求取 (Schnel and Maini, 2003)：

(1) Lineweaver-Burk 線性圖法：

將 Michaelis-Menten 式二邊取倒數而得到下式：

$$\frac{1}{r} = \frac{1}{R_{max}} + \left(\frac{R_{max}}{K_m}\right)\left(\frac{1}{[S]}\right) \tag{1-25}$$

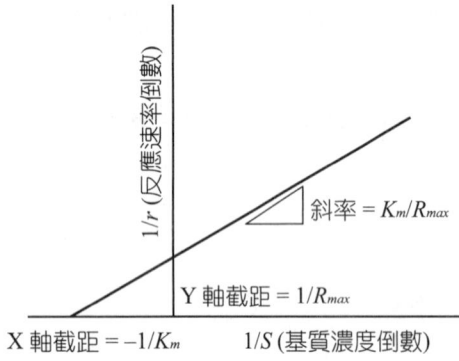

圖 **1.7** Lineweaver-Burk 圖解法中反應速率倒數與基質濃度倒數之線性關係圖

$1/r$ 與 $1/[S]$ 二變數間將呈線性關係，如圖 1.7 所示。其中截距等於 $1/R_{max}$ 值，而斜率等於 K_m/R_{max} 值。

(2) Eadie-Hofstee 線性圖法：

將 Michaelis-Menten 式轉換成下式：

$$r = R_{max} - K_m \left(\frac{r}{[S]}\right) \tag{1-26}$$

r 與 $r/[S]$ 二變數間將呈線性關係，如圖 1.8 所示。其中截距等於 R_{max} 值，而斜率等於 $-K_m$ 值。

(3) Hanes-Woolf 線性圖法：

將 Michaelis-Menten 式轉換成下式：

$$\frac{[S]}{r} = \left(\frac{1}{R_{max}}\right)[S] - \left(\frac{K_m}{R_{max}}\right) \tag{1-27}$$

$[S]/r$ 與 $[S]$ 二變數間將呈線性關係，如圖 1.9 所示。其中截距等於 K_m/R_{max} 值，而斜率等於 $1/R_{max}$ 值。

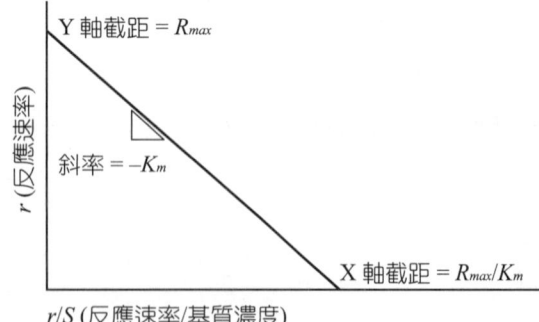

圖 **1-8** Eadie-Hofstee 圖解法中反應速率與反應速率 / 基質濃度比值之線性關係圖

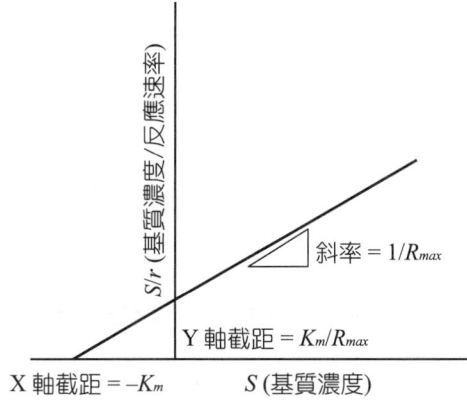

圖 1-9 Hanes-Woolf 圖解法中反應速率／基質濃度比值與基質濃度之線性關係圖

溫度對反應速率之影響

對於任一簡單之化學反應，在溫度增高下，不會對反應物或催化劑產生變化，則其反應速率將隨著溫度增高而增加，而生物性之反應亦具有同樣的趨勢。但由於生物反應皆屬於酶催化之反應，因此當溫度升高至某一溫度下，酶之蛋白質結構有可能會變性 (denature)，因而導致此時之反應速率反而與溫度成反比。圖 1.10 正可顯現出此一特性。

為了敘述生物反應中，反應速率與溫度間變化之近似情況，常引用所謂的「van't Hoff 規則」，即溫度每增高 10°C，反應的速率增加一倍。而 Arrhenius 則提出溫度與反應速率常數間之關係式，如 1-28 式所示：

$$\frac{d(\ln K)}{dt} = \frac{E_a}{R}\frac{1}{T^2} \tag{1-28}$$

式中，K = 反應速率常數

E_a = 活化能 (cal/mole)

R = 理想氣體常數 (1.98 cal/mole-°K)

T = 反應溫度 (°K)

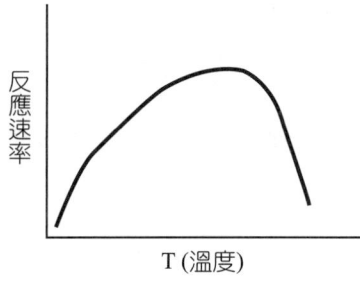

圖 1.10 酶催化反應速率與溫度變化之關係圖

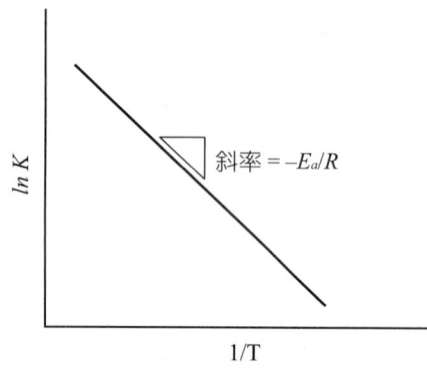

圖 1.11 Arrhenius 式中反應速率常數自然對數值與溫度倒數間之關係圖

將 1-28 式積分，可得到下式：

$$\ln K = -\frac{E_a}{R}\frac{1}{T} + \ln B \tag{1-29}$$

式中，B 為積分之常數項。根據 1-29 式，將實驗之數據值繪於座標圖上，可求出某一特定反應之活化能，如圖 1.11 所示。該圖是以 $\ln K$ 對 $1/T$ 作出相關線性圖，圖中直線之斜率即為 $-E_a/R$ 值。

當 1-28 式介於 T_1 及 T_2 上、下限之間進行積分時，可得 1-30 式，如下所示：

$$\ln\left(\frac{K_2}{K_1}\right) = \frac{E_a}{R}\left(\frac{T_2-T_1}{T_2 T_1}\right) \tag{1-30}$$

假設在反應溫度為 T_1 時之反應速率常數為 K_1，及此一反應之活化能也已知時，可根據 1-30 式，計算出當反應溫度為 T_2 時之反應速率常數 K_2。此一方程式曾應用於估計出在某一溫度範圍限制下，溫度對生物性反應之效應。Metcalf and Eddy (1972) 曾指出廢水生物處理程序反應的活化能，一般皆介於 2,000~20,000 cal/mole 之範圍內。

在進行廢水生物處理過程中，在大多數的情況下，可將 1-30 式中右邊之 $(E_a/R)/T_2 T_1$ 的量視為一常數。因此，1-30 式可由下列之 1-31 式近似表示之：

$$\ln\left(\frac{K_2}{K_1}\right) = (常數)(T_2 - T_1) \tag{1-31}$$

再將 1-31 式轉換成下列 1-32 式之書寫方式：

$$\frac{K_2}{K_1} = e^{常數\,(T_2-T_1)} \tag{1-32}$$

但是在實際的應用上，通常係採用一稱之為溫度特性值 Θ 帶入式中，而 Θ 值即等於 $e^{常數}$。因此，1-32 式就變成下列之形式：

$$\frac{K_2}{K_1} = \Theta^{T_2-T_1} \tag{1-33}$$

在第 2 章中，將提出一些數據說明，實際上許多生物性的反應過程與溫度間的變化關係均與 1-33 式不一致，而有些過程則僅在狹隘的溫度範圍內才遵循 1-33 式。

例題 1-3

根據下列表中所列之實驗數據，試計算溫度特性值 Θ。

溫度 (°C)	反應速率常數 K (day⁻¹)
15.0	0.53
20.5	0.99
25.5	1.37
31.5	2.80
39.5	5.40

【解】

1. 將題目中之數據按照 1-29 式作圖 (下圖所示)，由該圖中直線之斜率將可計算出 E_a/R 值。為簡化該圖，將所有之 K 值均乘以 10，而該直線的斜率亦不會改變，將得下表所列之數據：

$K \times 10$	$ln(K \times 10)$	$1/T$
5.3	1.67	0.00347
9.9	2.29	0.00340
13.7	2.62	0.00335
28.0	3.33	0.00328
54.0	3.99	0.00320

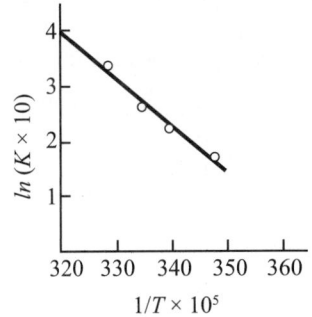

$$斜率 = -\frac{E_a}{R} = \frac{3.99 - 1.67}{0.00347 - 0.00320} = -8593$$

因此，$\frac{E_a}{R} = 8593$

2. 利用 E_a/R 之值等於 8593 來估算出 Θ 值。假設在 15~40°C 的溫度範圍內 Θ 值為有效，因此對於在此一溫度範圍內之任何變化，Θ 值則可以下式表示之：

$$\Theta = e^{8593/T_1 T_2}$$

式中，T_1 及 T_2 的單位皆為絕對溫度 (°K)。但是，一個 Θ 值通常僅適用於特定的一個溫度範圍。在本例題中，假設 $T_1 = 15+273 = 288\,°K$，而 $T_2 = 40+273 = 313\,°K$，則

$$\Theta = e^{[8593/(288)(313)]} = 1.100$$

1-2 反應槽分析

截至目前為止，本書所探討的內容較為集中在推導描述反應速率的公式上。然而我們亦可將這些反應速率定律之表達公式與特定反應槽系統之水力特性相結合，從而發展出新的數學方程式。這些新的數學方程式則可用來預測該反應將進行到何種程度，或者可以用來計算為達到某一特定之反應程度時，其所需要之反應槽體積。

以下將探討的反應槽系統包括完全混合批式反應槽、完全混合連續進流反應槽、柱塞流反應槽及含有擴散作用的柱塞流反應槽。

完全混合批式反應槽

完全混合批式反應槽 (completely mixing batch, CMB) 基本上為一密閉系統，係將反應物直接加入空的反應槽中進行反應，當反應進行到預定的程度後，再排出槽內之混合液。該系統中，混合液的成分將隨時間而變化，但在任一時刻，均假設整個反應槽內混合液的成分是均勻的。

由於在特定的反應時間內，反應槽並沒有物質的流入或流出，因此對於此種類型之反應槽，其質量平衡方程式可以表示為：

[反應槽內反應物 A 的質量變化率] = [反應槽內 A 的反應速率]　　(1-34)

如果以 C 表示任一時刻 t，反應物 A 的濃度，而以 V 表示反應槽之體積，並假設反應速率可用一階反應動力學描述，則 1-34 式可以下列之數學式表示之：

$$V \left(\frac{dC}{dt}\right)_{淨變化} = V \left(\frac{dC}{dt}\right)_{反應變化} = V(KC) \qquad (1\text{-}35)$$

如消去體積項，則 1-35 式可簡化為：

$$\frac{dC}{dt} = KC \qquad (1\text{-}36)$$

如果所加入的反應物濃度會隨時間而減少，則 1-36 式中左邊的一項將為負值，如果濃度會隨時間而增加，此項則為正值。

為了計算出反應物 A 達到預計濃度所需要的反應時間，則可將 1-36 式限制在 C_o 和 C_t 之間積分。這裡 C_o 表示反應物 A 的初始濃度，而 C_t 則表示為反應物 A 在反應時間為 t 時的預計濃度。經此數學轉換後，得到下列之方程式：

$$t = \frac{1}{K} \ln \left(\frac{C_o}{C_d}\right) \qquad (1\text{-}37)$$

完全混合批式反應槽較適合應用於較小型的污水處理廠及污泥消化槽，但對於規模較大的污水處理廠中之生物處理反應槽系統，其使用則較為有限。一般而言，這種類型之反應槽較常應用於間歇批式反應系統 (SBR)。

連續進流攪拌池反應槽

連續進流攪拌池反應槽 (continuous-flow stirring tank reactor, CFSTR) 又稱為完全混合連續進流反應槽。由於這種類型的反應槽是在穩定狀態下運轉，所以整個系統的性質並不會隨時間而變化。反應物將連續流入反應槽內，而生成物則連續流出反應槽，同時整個反應槽內將維持著一個均勻的濃度，圖 1.12 為此種系統的流程示意圖。圖中 V 表示反應槽之體積，Q 則表示為流入和流出反應槽的體積流量，C_0 為入口處進流水中反應物的初始濃度，C_e 為出口處放流水中反應物的濃度。由於假設 CFSTR 系統係完全混合，因此反應槽出流水中的反應物濃度應與反應槽內任一點的反應物濃度相同。

CFSTR 代表了橫向的混合或者縱向的擴散等極端的情況。反應槽入口處之較高的初始反應物濃度在進入反應槽內後，瞬間下降為在反應槽出口處之較低的最終反應物濃度，亦即 CFSTR 系統之反應槽內的反應物濃度皆為定值，即等於反應槽出口處之較低的最終反應物濃度。而完全混合批式反應槽 (CMB) 的反應動力則是初期較高的初始反應物濃度與末期較低的最終反應物濃度之間某一點處的中間值，因此係高於最終反應物之濃度。此即意味著，在相同的反應槽出口處及最終的反應物濃度下，也就是這二種反應槽系統在完成同樣的反應量下，CFSTR 系統所需之反應槽體積勢必要較 CMB 系統為大。雖然如此，但是 CFSTR 系統仍具有許多的優點，我們將在以後介紹各類型之活性污泥生物處理程序中，再加以討論。

在 CFSTR 系統中，由於液體連續流進及流出反應槽，因此在此系統中的質量平衡，不僅需考慮由於反應槽內所發生之反應所帶來之變化，同時亦須考慮由於系統之水力特性所造成的質量變化。在反應槽分析中，其物質的表達方式需由反應物質量隨時間及隨在反應槽位置之變化速率等二因素共同描述之。但是由於 CFSTR 反應槽內反應物之濃度為常數，所以無需考慮其隨反應槽位置之變化速率。因此反應槽內反應物 A 的質量平衡方程式可以下式描述之：

[反應器內反應物 A 質量的淨變化速率]
= [由進流水所帶入反應物 A 的質量增加速率]
− [由出流水所帶走反應物 A 的質量減少速率]
+ [反應物 A 在反應槽內因反應的質量變化速率]　　　　(1-38)

1-38 式右邊的最後一項將被視為負值，這是由於假定 A 在反應槽內的反應將使 A 的質量減

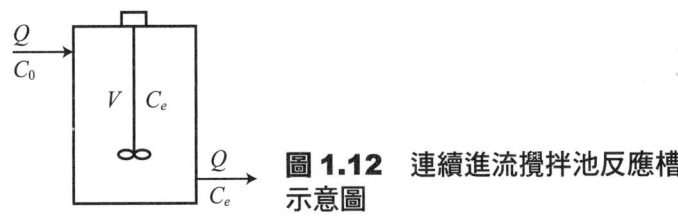

圖 **1.12**　連續進流攪拌池反應槽示意圖

少。就大多數的廢水生物處理的操作情況而言，廢水內所含之基質 (substrate) 被微生物分解利用的情況正是如此。但是，如果 A 在反應槽內的反應係造成 A 的質量增加，而該項的值則應視為正值。對於在生物反應槽系統所建立有關生物質量 (biomass) 的物質平衡關係式，則是屬於後者之情況。此外，一般認為進流作用將增加反應槽內 A 的質量，所以 1-38 式右邊的第一項為正值，而出流作用則是把 A 帶出系統，所以第二項則為負值。

1-38 式亦可以寫成數學式表示之：

$$V\left(\frac{dC}{dt}\right)_{淨變化} = QC_0 - QC_e - V\left(\frac{dC}{dt}\right)_{反應變化} \tag{1-39}$$

假設反應槽內 A 的反應呈一階之反應動力學，則 1-39 式可成為：

$$V\left(\frac{dC}{dt}\right)_{淨變化} = QC_0 - QC_e - VKC_e \tag{1-40}$$

在穩定狀態之條件下，反應槽內反應物 A 質量的淨變化速率應等於零。在此一條件下，1-40 式則可簡化為：

$$0 = QC_0 - QC_e - VKC_e \tag{1-41}$$

1-41 式可以移項成為下面的形式：

$$\frac{C_e}{C_0} = \frac{1}{1+K(V/Q)} \tag{1-42}$$

如果將 CFSTR 的理論水力停留時間 (hydraulic retention time, HRT) 定義為：

$$t_{\text{CFSTR}} = \frac{V}{Q} \tag{1-43}$$

則 1-42 式可以表達為：

$$\frac{C_e}{C_0} = \frac{1}{1+Kt_{\text{CFSTR}}} \tag{1-44}$$

將 1-44 式移項後，即可計算為達到預期之反應物濃度所需要的時間，如下列 1-45 式所示：

$$t_{\text{CFSTR}} = \frac{1}{K}\left(\frac{C_0}{C_e} - 1\right) \tag{1-45}$$

例題 1-4

液體中某反應物濃度為 200 mg/L，當液體流過一 CFSTR 系統後，反應物濃度則降為 15 mg/L。假設反應槽內的反應遵守一階反應動力學，而液體的流量為每天一百萬加侖 (1 MGD)，試計算反應槽所需設計的體積。假設反應速率常數為 0.4 day^{-1}。

【解】

由 1-43 式和 1-45 式可得：

$$\frac{V}{Q} = \frac{1}{K}\left(\frac{C_0}{C_e} - 1\right)$$

或

$$\frac{V}{1} = \frac{1}{0.4}\left(\frac{200}{15} - 1\right)$$

所以得到：

$$V = 30.8 \text{ 百萬加侖 (MG)}$$

串聯連續流攪拌池反應槽

圖 1.13 所示為二個等體積之 CFSTR 串聯系統的流程圖。C_1 及 C_2 分別表示第一個和第二個反應槽的出流水反應物濃度。假設反應為一階反應，則由第一個反應槽內之反應物 A 的穩定狀態下之質量平衡式可得：

$$\frac{C_0}{C_e} = \frac{1}{1 + Kt_{\text{CFSTR}}} \tag{1-46}$$

式中，t_{CFSTR} 為第一個反應槽的理論水力停留時間。同樣的，由第二個反應槽內反應物 A 的穩定狀態下之質量平衡式可得：

$$\frac{C_2}{C_1} = \frac{1}{1 + Kt_{\text{CFSTR}}} \tag{1-47}$$

式中，t_{CFSTR} 為第二個反應槽的理論水力停留時間。

由於二個反應槽之體積大小相等，故將 1-46 式和 1-47 式相乘，即可得該系統出流水中反應物 A 的濃度與進流水反應物濃度相關聯的表達式，如下所示：

$$\frac{C_2}{C_0} = \left(\frac{C_1}{C_0}\right)\left(\frac{C_2}{C_1}\right) = \left(\frac{1}{1 + Kt_{\text{CFSTR}}}\right)^2 \tag{1-48}$$

對於 n 個大小相等串聯所組成的連續 CFSTR，亦可推導出下列類似之關係式：

$$\frac{C_n}{C_0} = \left(\frac{1}{1 + Kt_{\text{CFSTR}}}\right)^n \tag{1-49}$$

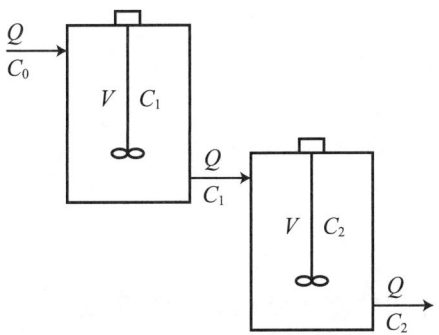

圖 1.13 串聯組成的二個 CFSTR 反應槽系統示意圖

式中之 C_n 係表示串聯系統中第 n 個或者最後一個反應槽之出流水中反應物的濃度。將 1-49 式移項，計算出單一個反應槽之水力停留時間 (t_{CFSTR})，再乘以 n 則可計算出整個串聯系統之水力停留時間，如下列方程式所示：

$$nt_{CFSTR} = \frac{n}{K}\left[\left(\frac{C_0}{C_n}\right)^{1/n} - 1\right] \qquad (1\text{-}50)$$

由上式可知，對於固定之 C_n 值，當串聯的反應槽數愈多 (n 值愈大)，系統之總水力停留時間 (nt_{CFSTR}) 就愈小，在流量 (Q) 不變之下，所需的反應槽之總體積就會愈小。此種形式的反應槽系統則近似於下一章節所介紹之柱塞流反應槽系統。

柱塞流反應槽

在 CFSTR 之反應槽系統需中儘量保持混合液的均勻性，而柱塞流反應槽 (plug-flow, PF) 的目標卻是儘量避免橫向的完全混合。所謂柱塞流，或稱為推進式流，係假設前後相鄰的流體單元相互之間不發生橫向的混合 (即水平方向的左右混合)，但是流體單元本身卻是完全混合之均勻體 (亦即僅有垂直縱向的上下混合)。因此，在此種類型的反應槽中，每一個流體單元皆可視為一完全混合批式反應槽，進行著沿時間座標向前推的運動，亦即柱塞流反應槽中的位置變量與完全混合批式反應槽中的時間變量相互對應。因此，在柱塞流反應槽中，反應物 A 的濃度不論是隨空間的變化，還是隨時間的變化，二者均很重要。換言之，不僅必須明瞭 A 的濃度如何隨時間而變化，亦須知道它如何沿反應槽長度而變化，如同圖 1.14 中所示。

在分析 PF 反應槽時，主要涉及三個變數因子間的關係：濃度、時間和距離 (亦即反應槽中流體單元相對於入口的位置)。如以時間為基準變數，在穩定狀態之條件下，反應物 A 的濃度變化速率則可表示為：

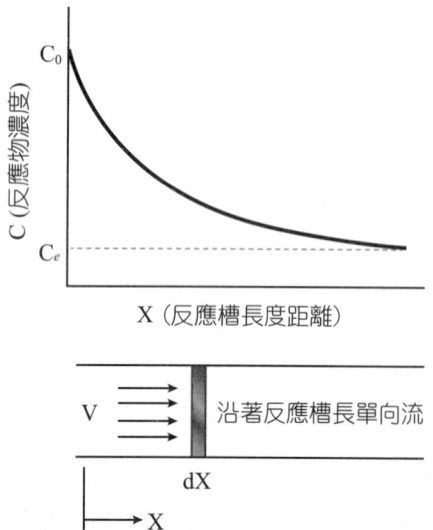

圖 1.14 理想化之柱塞流反應槽示意圖 (Weber, 1972)

[在微分時間 dt 內反應物 A 的反應所引起 A 濃度的變化]
= [在微分時間 dt 內流體單元因位置變化所引起 A 濃度的變化] (1-51)

假設該反應遵循一階反應動力學,且反應將使 A 的濃度下降,則 1-51 式可以表為:

$$\frac{dC}{dt} = \left(\frac{dC}{dx}\right)\left(\frac{dx}{dt}\right) = \left(\frac{dC}{dx}\right)v = -KC$$

即

$$-\frac{dC}{KC} = \frac{dx}{v} \tag{1-52}$$

上式中,v 表示流體流過反應槽之水平流速,dx 表示沿反應槽長度的微分距離改變量。將 1-52 式中之左項於 C_0 到 C_e 之間進行積分,而右項則沿著反應槽的全部長度 L 積分,因此得到下列之結果:

$$-\int_{C_0}^{C_e} \frac{dC}{KC} = \int_0^L \frac{dx}{v} \tag{1-53}$$

或者,如 Weber (1972) 所提出:

$$\frac{1}{K}\left[ln\left(\frac{C_0}{C_e}\right)\right] = \frac{L}{v} = \frac{LR}{vR} = \frac{V}{Q} \tag{1-54}$$

上式中之 R 表示反應槽橫斷面的面積。

如前所述,反應槽之理論水力停留時間等於 V/Q,因此可改寫 1-54 式為:

$$t_{PF} = \frac{1}{K}\left[ln\left(\frac{C_0}{C_e}\right)\right] \tag{1-55}$$

其中,t_{PF} 為達到所要求放流水中反應物濃度 C_e 所需要的停留時間。

如前在討論串聯式 CFSTR 系統時所指出,在相同的放流水濃度的要求下,PF 反應槽所需之體積也因此必然大於單個 CFSTR 反應槽所需之體積。至於為何所需 PF 反應槽體積較小的原因在於該類型反應槽內反應物 A 的平均濃度高於 CFSTR 反應槽中 A 的平均濃度,而這正也是一階反應的推動力。由於 PF 反應槽的平均反應速率較高,因此所需要的反應時間較少,亦即在相同的流量控制下,所需之反應槽體積也較小。

在表 1.1 中,列出各種不同的反應動力階數下,CFSTR 及 PF 反應槽的理論水力停留時間的計算式,而表 1.2 中則列出 CMB、CFSTR 及 PF 反應槽操作運行的特性。

含有擴散作用之柱塞流 (任意流) 反應槽

不論是完全混合的 CFSTR 反應槽,抑或是柱塞流的 PF 反應槽均代表著流況混合的極端情況,而係屬於理想之反應槽系統。事實上,這些情況均不會發生在實際的反應槽系統,實際反應槽的混合流況是介於兩者之間的混合狀態。為了探討及計算這種混合效應,Weber and Wilhem (1958) 研究出一種擴散模式。當擴散程度近似於無窮大的時候,此一模式顯示

表 1.1　各種反應動力階數下的 CFSTR 及 PF 反應槽理論水力停留時間

反應動力階數	理論水力停留時間 t_{CFSTR}	t_{PF}
0	$\dfrac{1}{K}(C_0 - C_e)$	$\dfrac{1}{K}(C_o - C_e)$
1	$\dfrac{1}{K}\left(\dfrac{C_0}{C_e} - 1\right)$	$\dfrac{1}{K}\left[ln\left(\dfrac{C_0}{C_e}\right)\right]$
2	$\dfrac{1}{KC_e}\left(\dfrac{C_0}{C_e} - 1\right)$	$KC_0\left(\dfrac{C_0}{C_e} - 1\right)$

資料來源：Weber (1972)

表 1.2　各種反應槽系統之操作運行特性

反應槽類型	反應物濃度隨時間變化	反應物濃度隨位置變化
CMB 反應槽	有	無
CFSTR 反應槽	無	無
PF 反應槽	有	有

接近於完全混合之流況，當擴散作用不存在的情況下，該模式又顯示為柱塞流的流況。此一模式之數學式為：

$$\frac{C_0}{C_e} = \frac{4ae^{1/2d}}{(1+a)^2 e^{a/2d} - (1-a)^2 e^{-a/2d}} \tag{1-56}$$

式中，

$$a = \sqrt{1 + 4Ktd}$$

以及，

$$d = \frac{D}{vL} = \frac{Dt}{L^2} \tag{1-57}$$

上式中，d 為擴散常數或稱為擴散數（無因次單位），在柱塞流系統及完全混合系統中，d 值分別為零及無窮大；至於 D 則為軸向擴散係數（面積/時間）；v 為流體之流速（長度/時間）；L 則為標準顆粒在反應槽中所經歷路線的特徵長度（長度）。

1-56 式中分母項的第二項很小，因此如以近似算法則可以忽略之。簡化後則可得：

$$\frac{C_0}{C_e} = \frac{4ae^{(1-a)/2d}}{(1+a)^2} \tag{1-58}$$

當 d 值超過 2.0 時，上述之近似公式則不能使用；但是當 d 小於 2.0 時，此一公式通常可得到較為滿意的近似值。

　　由於在大多數生物處理程序的工程設計中，不是以完全混合的流況做為依據，就是以柱塞流的基礎上進行設計的。所以在此一章節中，將不對此一擴散模式進行詳細的討論。但是，Thirumurthi (1969) 曾建議將這個模式用於廢水穩定塘的設計，我們將在穩定塘之章節中，將再對反應槽之擴散模式進行較充分的論述。此外，如需進一步深入瞭解該擴散模式，亦可參考 Levenspiel (1972) 或 Weber (1972) 對這種特殊模式詳細論述。

習題

1-1 當進行加氯消毒殺滅大腸桿菌 (*E. coli*) 速率的研究時，如採用計數板以確定殘存的微生物數量，所獲得之數據如下所示：

接觸時間（分鐘）	殘存微生物個數
0	40800
2	36000
4	23200
6	16000
8	12800
10	10400
15	5600
20	3000
25	1500

試確定此一消毒過程的反應階數及其相對應的反應速率常數 K 之值。

1-2 由於 1-20 式是屬於等軸雙曲線方程式，其常數項 K_m 及 R_{max} 不易由圖解法確定之，因此產生了 Michaelis-Menten 式的各種變化之形式。其中，Lineweaver-Burk 式為：

$$\frac{1}{r} = \frac{K_m}{R_{max}} \frac{1}{[S]} + \frac{1}{R_{max}}$$

先由 Michaelis-Menten 式推導出 Lineweaver-Burk 式，然後再按照 Lineweaver-Burk 式，採用下表中之數據作圖。

[S] (moles)	R (moles/min)
0.002	0.045
0.005	0.115
0.020	0.285
0.040	0.380
0.060	0.460
0.080	0.475
0.100	0.505

再根據該圖，試估算出 K_m 及 R_{max} 值。

1-3 試證明當 $r = \left(\frac{1}{2}\right)R_{max}$ 時，$K_m = [S]$。

1-4 已知某一反應之活化能為 20,000 cal/mole，20°C 時的反應速率常數為 2.0 min^{-1}。試計算在 0°C 時的比反應速率常數。

1-5 試比較下列反應槽系統所需的總體積。

1. 單一個 CFSTR
2. 串聯連接的二個 CFSTR
3. 串聯連接的四個 CFSTR
4. PF 反應槽

其條件為在流量控制為一百萬加侖／日 (1 MGD) 下，欲將反應物濃度從 100 mg/L 減少至 20 mg/L。假設該反應遵循一階反應動力學，而其反應速率常數值為 0.8 day^{-1}。

參考文獻

GOLDMAN, J. C., W, 1. OSWALD, AND D. JENKINS, "The Kinetics of Inorganic Carbon Limited Algal Growth," *Journal of the Water Pollution Control Federation*, **46**, 554 (1974).

LEVENSPIEL, O., *Chemical Reaction Engineering*, John Wiley & Sons, linc., New York, 1972.

METCALF & EDDY, INC., *Wastewater Engineering*, McGraw-Hill Book Company, New York, 1972.

SCHNEL, S. and MAINI, P. K. "A Century of Enzyme Kinetics: Reliability of the K_m and V_{max} Estimates." *Theoretical Biology*, **8** (2003).

SEGEL, L. A. "On the Validity of the Steady State Assumption of Enzyme Kinetics." *Bulletin of Mathematical Biology*, **50**, (1988).

SEGEL, I. H., *Biochemical Calculations*, John Wiley & Sons, Inc., New York, 1968.

THIRUMURTHI, D., "Design Principles of Waste Stabilization Ponds." *Journal of the Sanitary Engineering Division, ASCE*, **95**, 311 (1969).

WEBER, WALTER, J., JR., *Physicochemical Processes for Water Quality Control*, Wiley-Interscience, New York, 1972.

WEHNER, J. F., AND R. H. WILHEM, "Boundary Conditions of Flow Reactors," *Chemical Engineering Science*, **6**, 89 (1958).

CHAPTER 2

基礎微生物學

廢水處理的目的是從廢水中去除污染物質。一般而言,廢水中的污染物質主要包括可溶性及不可溶性有機物、各種形態的氮與磷及惰性不可溶性的物質等。在大多數的情況下,只要對活的微生物提供適當的環境條件,經由生物的作用,廢水中的氮及可溶與不可溶性的有機物皆可有效的被去除。而廢水中部分的磷也能藉由合成新的細胞質量而去除之。但是磷的去除率一般而言,較低於氮及有機物的去除率。

對於一環境工程師而言,如他期望能有效的設計出任何之廢水生物處理系統,則他必須對以下所列的各個項目需具有一基本的瞭解:(1) 微生物的營養需求、(2) 影響微生物生長的環境因子、(3) 微生物的代謝作用,以及 (4) 微生物生長與基質被利用之間的關係等。本章將逐一討論以上所述這些對於設計廢水生物處理程序系統具關鍵性的因素。

2-1 營養需求

所有被環境工程師所採用的生物處理程序皆是以微生物在進行代謝作用時,其所需營養物質之條件做為其基礎的。例如,在活性污泥法中,微生物的懸浮膠羽顆粒 (floc) 在有溶解態 (dissolved) 及膠體態 (colloidal) 有機物存在的廢水中進行曝氣。微生物在曝氣過程中,經由好氧性呼吸作用而去除廢水中之有機物,而該有機物即用來做為提供微生物維持生命及生長所需。經過一定之反應時間後,再將微生物(活性污泥)從廢水中分離出來,同時將有機物污染程度已降低至某一程度的廢水排放出。

營養物質對微生物的功能包含有:(1) 提供微生物合成細胞質時所需要的物質、(2) 提供做為細胞生長及生物合成作用時所需的能源,以及 (3) 提供做為產生能量反應(氧化還原反應)中之電子接受者(厭氧發酵作用)。營養物質對微生物所提供不同功能的需求分類如表 2.1 所示。

表 2.1　營養需求分類

功能	來源
能源	有機物 無機物
電子接受者	O_2 有機物 無機物中的化合氧 (O_3^-, N_2^-, SO_4^{-2})
碳源	CO_2, HCO_3^- 有機物
微量元素及生長因子	維生素

　　根據微生物對營養物質來源的不同需求，可將其分類為特定的種類。根據微生物所需碳源的化學形式，可將其分類為：(1) 自營性 (autotrophic)，即以 CO_2 或 HCO_3^- 做為其唯一之碳源，並利用這些碳源做為建構其全部含碳生物分子的微生物 [通常稱之為自營性生物 (autotrophs)]；(2) 異營性 (heterotrophic)，即需以結構較為複雜有機物中之還原態形式存的碳 (例如，葡萄糖中的碳) 做為碳源的微生物 [通常稱之為異營性生物 (heterotrophs)]。

　　又根據其所需的能源的不同，而可將微生物可分類為：(1) 光合性微生物 (phototrophs)，即利用光能做為其能源的微生物；(2) 化合性或化學性微生物 (chemotrophs)，即利用氧化還原反應所釋出之化學能做為其能源的微生物。化合性微生物還可以按照反應進行時被氧化的化合物種類 (即電子捐出者) 不同，而進一步分類。例如，化合異營性微生物 (chemoheterotrophs)，或稱之為化合有機性微生物 (chemoorganotrophs)，是利用結構較為複雜的有機物分子做為其電子捐出者的微生物，而化合自營性微生物 (chemoautotrophs)，或稱之為化合無機性微生物 (chemolithotrophs)，則是利用結構較為簡單的無機物分子，例如像硫化氫或氨，做為氧化還原反應時的電子捐出者。不同類型微生物所參與的一些典型氧化還原反應如表 2.2 所示。

微生物的酶

　　微生物細胞的所有活性皆依賴於食物的利用，而其所涉及到的所有化學反應皆是受酶所控制。酶 (enzyme) 是由活細胞所製造生產的蛋白質，用來做為催化劑之用，以加速某些特定之生化反應，該反應係遵守 1-1 節中所討論過之速率方程式定律。酶具有專一性，即一種酶只能對一種物質進行一種形式之催化反應，它與參與反應的化學物質之間的結合極其短暫，一般僅有數百分之幾秒。而化學反應也就發生在像這樣的結合中，形成一種 (或數種) 新的化合物。新化合物與酶之間的吸引力相對說來幾乎為零，所以當初參與反應的酶可立即游離出，以便與其專一相對應物質的另一個分子相結合，繼續進行反應。

表 2.2 典型微生物參與之氧化還原反應

微生物參與之氧化還原反應	微生物依照不同營養方式之分類
$CO_2 + 2H_2O \xrightarrow{\text{光能}} (CH_2O) + O_2 + H_2O$ (新細胞)	自營性、光合性
$(CH_2O) + O_2 \longrightarrow CO_2 + H_2O$ (細胞)	細胞呼吸作用（內呼吸作用）、好氧性
$C_6H_{12}O_6 + 6O_2 \longrightarrow 6CO_2 + 6H_2O$	異營性（化合有機性）、好氧性
$C_6H_{12}O_6 \longrightarrow 2C_2H_6O + 2CO_2$	異營性、厭氧性、發酵作用
$C_2H_3O_2 \longrightarrow CH_4 + HCO_3$	異營性、厭氧性、發酵作用
$C_6H_{12}O_6 + 12KNO_3 \longrightarrow 12KNO_2 + 6H_2O + 6CO_2$	異營性、厭（缺）氧性、分子間氧化-還原作用
$2NH_3 + 3O_2 \longrightarrow 2HNO_3 + 2H_2O$	自營性、化學合成性（化合自營性）、好氧性
$5S + 2H_2O + 6HNO_3 \longrightarrow 5H_2SO_4 + 3N_2$	化合自營性、厭（缺）氧性

　　微生物的酶可催化三種反應：水解反應、氧化反應及合成反應。水解酶可將分子結構較為複雜的不溶性食物水解成為分子結構較為簡單，且可經由擴散作用，透過細胞膜而進入細胞內之可溶性成分。這種酶通常是由微生物分泌出至細胞外圍介質中去進行催化反應，因此稱之為細胞外酶 (extracellular enzymes)，以便將它們與細胞內酶 (intracellular enzymes) 相區別。而後者係僅當細胞破裂時才會逸出。水解反應包括將水加入到分子結構複雜的化合物中，以及將該化合物分解成分子結構較為簡單及更易溶解於水的產物。

　　至於產能反應，係由細胞內酶所催化。而這些反應所產生之能量可提供做為微生物維生及生長之所需。所有這些反應皆涉及到氧化及還原作用，其中氧或氫的加入或釋出皆具有其基本的重要性。大部分的微生物是藉由酶，將分子中的氫脫除掉，而氧化食物。此乃因一個氫原子可攜帶一個電子，而將氫原子從分子中脫離出，即相當於進行釋出電子的氧化反應。而參與此種氧化反應的酶，即所謂的脫氫酶。此種酶一次僅能從化合物中脫除一個氫原子，然後再將該氫原子從一個酶反應系統轉移到另一個酶反應系統，直到它被用來還原最終氫（電子）接受者時為止。而最終氫接受者的種類，將由微生物周遭介質之好氧或厭氧條件，以及進行反應的微生物細胞特性所決定。對於好氧性之反應，氧分子 (O_2) 就是最終的氫接受者，結合之後而生成水。至於在厭氧的條件下，被氧化（氧化數較高）的化合物取代氧分子成為最終氫接受者，而在其接受氫原子之後，生成還原態（氧化數較低）之化合物。

　　氧化作用發生時將釋放能量，而還原作用發生時則消耗能量。如其淨結果是釋放的能量比消耗掉的能量為多時，則可有多餘的能量供細胞所利用。

為維持微生物細胞生存及產生新細胞的細胞質合成作用，是由細胞內之合成酶所催化的反應。由於存在於微生物細胞內的化合物種類複雜且繁多，因此在合成該種物質時所需要酶的種類多且數量大。在合成代謝作用(同化作用)時，其所需大量之能量係從能量代謝作用(異化作用)下，所發生之氧化反應中獲得。

　　酶的活性係受環境條件的影響，尤其是溫度、pH 及某些離子如 PO_4^{-3}、Mg^{+2} 或 Ca^{+2} 等的存在所影響。溫度對酶活性的影響如圖 1.10 所示。而每一種酶皆有一其能發生效能之 pH 範圍。例如像有些酶在酸性介質中較為活躍，而有些則在中性介質中較為活躍，當然亦有些酶是在鹼性介質中較為活躍。當 pH 值超過或者低於最佳之範圍時，酶的活性將下降，直至消失。而前所列舉的這些離子亦加速某些酶的作用，這對其他酶活性的維持也是必需的。此外，重金屬鹽類如 $HgCl_2$ 及 $CuSO_4$ 在一定期間之內，亦會使酶喪失活性。

　　由於酶會受環境條件的影響，所以相對的環境對微生物生長的影響性亦非常顯著，因此在廢水生物處理設計中須加以考量。

2-2　環境因子對微生物生長之影響

　　微生物所處的物理環境在其生長過程中，呈現出大幅度的影響性。因此，為了確保較佳的處理效率，必須對各種生物處理的過程中，提供適宜的環境條件。因此溫度、氧量之需求及 pH 等就成為設計過程中需考量的重要環境因子。

溫度效應

　　微生物所有的生長過程均取決於代謝過程中之化學反應，而這些反應的速率又會受到溫度的影響。因此，溫度除影響微生物總量的增長外，也會影響微生物的生長速率。圖 2.1 所示即呈現出溫度對生長速率的影響，圖中反映出發生生長作用的最低溫度。隨著溫度的上升，將會達到生長速率的最大值。與該點相對應的溫度就稱為最佳溫度。隨著溫度進一步的增加，對熱較為敏感的細胞成分，例如像酶及其他蛋白質成分等，將會因變性 (denature) 而失去活性，致使生長速率急速下降。一般而言，到達最佳溫度之後，只要再稍微增加一點溫度，即可達到生長的最高溫度，超過此一溫度，生長就停止。

　　根據細菌能夠增殖的溫度範圍，可將細菌種類區分為嗜低溫菌 (psychrophilic)、嗜中溫菌 (mesophilic) 及嗜高溫菌 (thermophilic)。圖 2.2 所反映的是各種依溫度所區分的細菌，其所能接受的溫度範圍。每個範圍的陰影部分係表示最佳溫度的大致範圍，亦即表示在一個極短的時間內 (12~24 小時)，可供細菌最迅速生長的溫度。從這些細菌各自的分類來看，兼嗜高溫菌及兼嗜低溫菌的最佳溫度範圍與嗜中溫菌的生長溫度範圍部分重疊，而絕對嗜高溫菌及絕對嗜低溫菌的最佳溫度範圍則處於嗜中溫菌的生長溫度範圍以外。

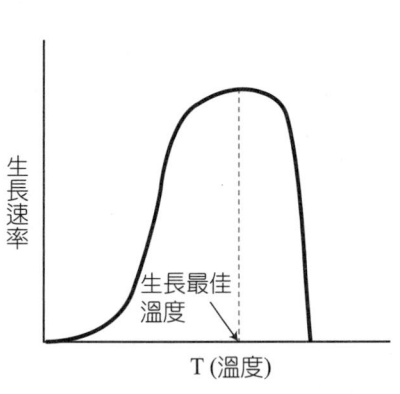
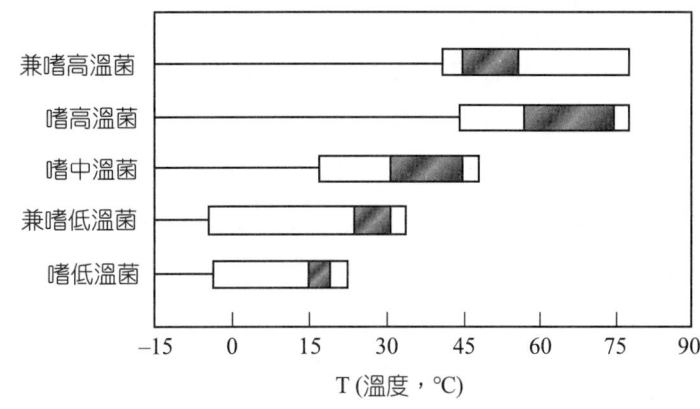

圖 2.1 溫度對微生物長速率的影響　　**圖 2.2** 嗜低溫菌、嗜中溫菌及嗜高溫菌適合生長的溫度範圍 (Doetsch and Cook, 1973)

氧之需求

依據微生物是否需要氧分子 (O_2) 或稱為自由氧 (free oxygen)，可將其區分為三種不同的類型，或更明確一點的來說，即可依據微生物在其能量代謝的氧化過程中 (異化作用)，對於電子接受者的不同而進行分類。如以氧分子做為電子接受者的微生物則稱之為好氧菌 (aerobes)，如利用氧分子以外的其他分子做為電子接受者的微生物則稱之為厭氧菌 (anaerobes)。如該分子為含有氧化數較高元素的無機物，例如像硝酸鹽 (NO_3^-)、硫酸鹽 (SO_4^{-2}) 及二氧化碳 (CO_2) 等，則又可將其從厭氧菌中再區分而稱之為缺氧菌 (anoxic bacteria)，而將電子接受者為有機物型態的細菌才稱之為厭氧菌。至於所謂的兼氧性 (facultative) 微生物為，既可用氧分子亦可用某些其他的化合物做為電子接受者稱之，但是如在好氧的條件下，兼氧性微生物的生長速率將會較高。

絕對好氧菌 (obligate aerobes) 在缺乏自由氧的條件下不能生長，而絕對厭氧菌 (obligate anarobes) 則會由於自由氧的存在而中毒。此外，有少數幾種微生物，即所謂的微氧菌 (microaerophiles)，在氧分子濃度極低的條件下才生長得最好，其範圍為 0~0.5 mg/L。

如前所述，微生物需要電子接受者的基本意義在於促使在能量代謝過程中所發生的氧化還原反應能得以完成，而能製造產生出足夠的能量，使微生物能得以維持生命及生長。在異營菌中，好氧菌及兼氧菌一般而言均可將食物完全氧化成二氧化碳及水，但是厭氧菌中之發酵菌 (fermenters)，即利用有機物做為其電子接受者，則不然。在比較下面關於葡萄糖代謝作用的化學反應式中，我們即可看出二者在產能方面的差異性：

$$C_6H_{12}O_6 + 6O_2 \longrightarrow 6CO_2 + 6H_2O + 689{,}000 \text{ 卡}$$

$$C_6H_{12}O_6 \longrightarrow 2C_2H_6O + 2CO_2 + 31{,}000 \text{ 卡}$$

在第一個反應式中，由於化合物 (葡萄糖) 的氧化是完全的，因而釋放出的能量也較多 (689,000 卡 / 莫耳葡萄糖)。而完全氧化也能經由厭氧菌中之缺氧菌所進行之分子間的氧化－還原反應 (即利用無機物取代氧分子接受電子) 而發生，正如表 2.2 中所列之化學反應式所示。此時，由於在產物中仍殘存一些還原性的化合物，因而此種型態的能量代謝作用所產生的能量較以自由氧分子做為電子接受者的好氧性能量代謝作用所獲的能量稍微少些，但是仍較第二個反應式中所示之發酵作用 (fermentation) 所釋放之能量為高。

某些好氧自營菌亦能夠完全藉由完全氧化無機化合物，而利用該氧化還原反應所釋出之能量做為其能源。氧化硫桿菌 (*Thiobacillus thiooxidans*) 就是一個很好的例子：

$$2S + 2H_2O + 3O_2 \longrightarrow 2H_2SO_4 + 237,000 \text{ 卡}$$

但是在好氧的條件下，亞硝酸化菌 (*Nitrosomonas*) 卻僅能部分的將氨氧化：

$$2NH_3 + 3O_2 \longrightarrow 2HNO_3 + 2H_2O + 66,500 \text{ 卡}$$

而有關能量傳遞的機制將在下一章節 (第 2-4 節) 中討論。

酸鹼值 (pH) 效應

對於大多數的細菌，亦即對於大多數的廢水處理過程來說，適於微生物生長的最大的酸鹼值 (pH) 範圍在 4 與 9 之間，而最佳的 pH 值範圍一般則在 6.5 至 7.5 之間。Wilkinson (1975) 曾提出細菌在 pH 稍微偏鹼時的情況下，生長得最好，而藻類及真菌則在 pH 值稍微偏酸時的環境時，生長得最好。但是在實際的廢水生物處理過程中，卻很少是在微生物最佳的生長條件下所進行。根據實廠操作的經驗得知，延長曝氣活性污泥法及曝氣氧化塘等系統皆能在 pH 值介於 9 至 10.5 的範圍內成功的操作運轉。但是當 pH 值低於 6.0 時，這兩種系統皆非常容易失敗。

圖 2.3 說明了 pH 值對於大多數微生物生長速率的影響性。圖中所示的響應性，主要是由於細胞中酶的活性會隨 pH 值的變化而改變。一般認為氫離子濃度是影響酶活性的最重要因子之一。

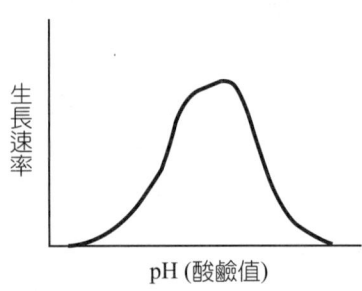

圖 2.3 酸鹼值 (pH) 對微生物生長速率的影響

Randall et al. (1972) 根據其實驗的結果曾指出，附著型的絲狀體，主要是指真菌 (fungi)，在 pH 低至 2.65 時仍能有效的代謝有機物質。亦有人指出此種生物處理系統甚至在 pH 值超過 9.0 時也能有效的運轉 (Karo and Sekikawa, 1967)。因此，雖然大多數傳統的工程技術一般仍是在較為狹窄的 pH 範圍內操作運轉，但是仍有可能是在一個較為寬廣的 pH 範圍內進行各類有機廢水的處理。

2-3 微生物之代謝作用

微生物對於營養物質的吸收係經由許多不同的生化反應。其中，包含有所謂氧化、放熱及酶分解等生化反應的異化作用 (catabolism)，以及稱之為同化作用 (anabolism) 的還原、吸熱及酶合成等生化反應。異化作用將使結構複雜的大分子有機物釋出其固有的自由能量。微生物再將這些能量轉變成腺嘌呤核苷三磷酸 (ATP) 分子內磷酸鹽鍵的能量形式。釋放能量的反應則稱為產能反應 (exergonic)。而另一方面，同化作用卻是一個會增大化合物分子結構大小及複雜性的合成過程，因此，該過程是需要消耗能量的，而其所需之能量即從儲存於 ATP 分子內之磷酸鹽鍵能，在經水解後獲得。換言之，微生物是靠獲取在產能反應中所釋放的能量而得以維生，並利用這些能量來驅動吸能反應 (endergonoic)。而聯結產能反應及吸能反應的環節則是腺嘌呤核苷三磷酸 (ATP) 與腺嘌呤核苷二磷酸 (ADP) 之能量轉換系統。

自由能可以定義為能做有效功的能量。更具體的說，所謂的 Gibbs 自由能 (G) 可用下列之數學式而定義為：

$$\Delta G = \Delta H - T\Delta S \tag{2-1}$$

式中，G、H、T 及 S 分別代表自由能、焓（熱能）、溫度及熵。Δ 量指在某一反應過程變化時，上述其中一項的最終狀態值減去初始狀態值之變化量。因此，在某一化學反應過程中，在判斷其是否為產能或吸能反應，以及該能量變化的大小，皆可由反應中之自由能 (ΔG) 來加以判別。而 ΔG 的正負號即可用來預測該反應是否為產能或吸能，以及其是否為自發性進行。如果 ΔG 為正值，則表示該反應不能自發性進行，所以此時需要能量以驅動該反應。這種反應因此就稱為吸能反應。

如以 ATP 水解的總反應 (即加水斷裂分子內之化學鍵結而分解化合物)，做為一個參考標準：

$$\text{ATP} + \text{H}_2\text{O} \longrightarrow \text{ADP} + \text{H}_3\text{PO}_4 \tag{2-2}$$

在濃度為 1.0 M、pH 值為 7.0 及溫度為 30°C 的標準狀況下，上述反應中之自由能變化 (ΔG) 為 −8,400 卡 / 莫耳。而該參與該反應化合物的分子結構變化可由圖 2.4 加以說明。

但是必須要注意的是，ATP 中磷酸鹽基團在微生物細胞內轉換時，其所釋出的能量並沒有在水解反應中浪費掉，而是在經由連結產能反應及吸能反應過程中，被用來合成生物生長所必須的代謝產物。因此，ATP 每釋出 1 莫耳的磷酸鹽，就可為微生物在進行生物合成過程中，提供 8.4 千卡可資利用的能量。

異營菌之能量代謝作用

異營菌代謝過程中所需之碳源及能源皆是來自同一種物質。在其所吸收做為食物的物質

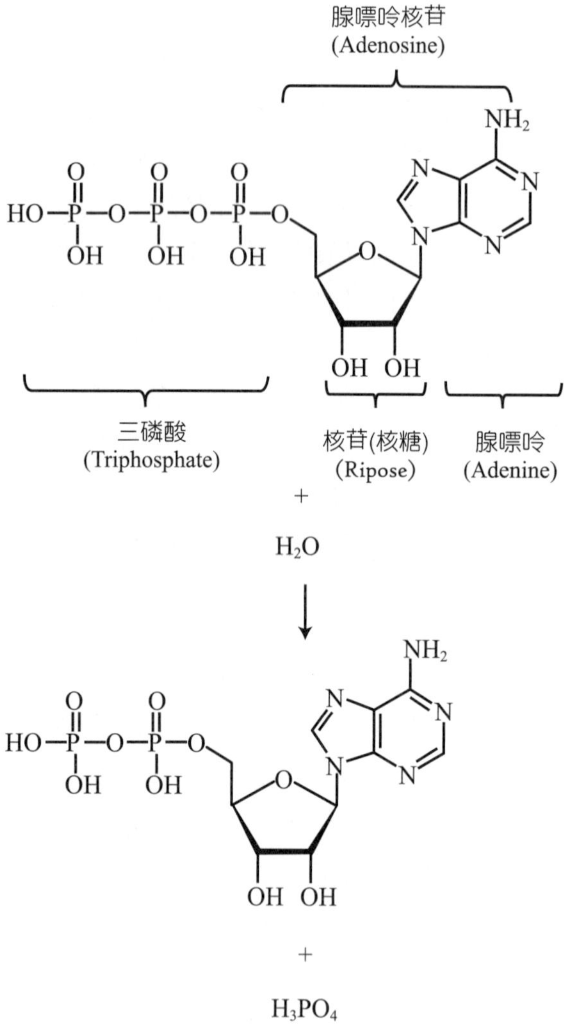

圖 2.4 腺嘌呤核苷三磷酸 (ATP) 水解反應示意圖 (Pelczar and Reid, 1972)

中，一部分將被用來進行氧化反應（異化作用）以提供能量，而剩餘的部分則被用來做為細胞合成（同化作用）時所需的基本結構物質 (building blocks)。

一般而言，凡是含有有機物分子所參與的氧化反應，實際上皆可視為一脫氫反應（即失去氫原子的反應）。如前所述，這是因為一個氫原子中含有一個電子，所以失去這個原子的化合物，同時也失去了一個電子，亦即該化合物就被氧化。

異營菌可以兩種方式回收在異化作用之氧化反應中所釋出的能量。第一種方式稱為基質性磷酸化作用 (substrate-level phosphorylation)。在此作用中，氧化反應所釋出的能量中，有一部分是被用來驅動將 ADP 轉化為 ATP 的吸能磷酸化作用 (endergonic phosphorylation)。因此，能量將以磷酸鹽鍵能之形式被儲存。

第二種將異化作用中所釋出之能量回收方式稱之為氧化性磷酸化作用 (oxidative phosphorylation)。在這種方式中，電子是從所謂的電子捐出者 (一種輔酶，一次可攜帶及傳送二個氫原子，以 DH_2 表示之) 的氧化過程中釋放所獲得，然後這些電子 (通常是成對的) 再經由所謂的系列電子傳遞系統，到達末端最終電子接受者 (A)。而該電子傳遞系統是由一系列的電子載體所構成，其排列的方式可使電子 (氫原子) 在傳遞及移轉過程中，進行系列成對的氧化還原反應 (coupled redox)，釋出電子 (氫原子) 的載體，在氧化過程中所產生的大量能量將以小股的形式釋放出來的，而此一能量則被用來驅動將 ADP 轉化為 ATP 的吸能磷酸化作用。因此，能量再一次將以磷酸鹽鍵能之形式被儲存。

在探討能量代謝作用的各種途徑之前，先簡略的討論一下前一段所提及有關輔酶方面的功能。就活性而言，許多酶如同蛋白質一樣僅取決於它們分子的結構，但是某些酶的活性則需依賴一些輔助因子 (cofactors)。這些可做為輔助因子的物質可以是金屬離子或結構複雜的有機物分子，而後者就稱為輔酶 (coenzymes)。輔酶在酶反應中通常是做為電子載體或其他特殊原子載體的作用，抑或是提供功能基團 (functional groups)，以做為在酶反應時進行傳遞轉移之用途。其中最為重要的一種輔酶是菸鹼醯胺腺嘌呤二核苷酸 (nicotinamide adenine dinucleotide, NAD) 為其氧化態之形式，如與一個氫原子 (H) 結合，則形成 NADH，為其還原態之形式。圖 2.5 所示為這種輔的氧化及還原形式之分子結構圖。

異營菌獲取能量有三種較常用的方法，如下分述之。

發酵作用 (Fermentation)　發酵反應進行時，微生物所需之碳源和能源物質將會被一系列的酶反應所分解。在氧化過程中，其所釋能量中之一部分將由基質性磷酸化作用而截存下來。而發酵反應的特點就是不需要外部的電子接受者。

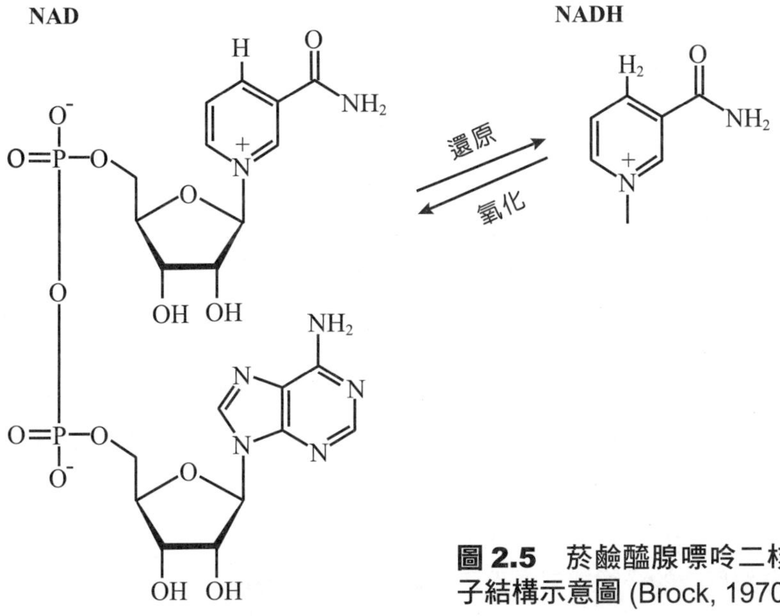

圖 2.5　菸鹼醯胺腺嘌呤二核苷酸的氧化及還原形式分子結構示意圖 (Brock, 1970)

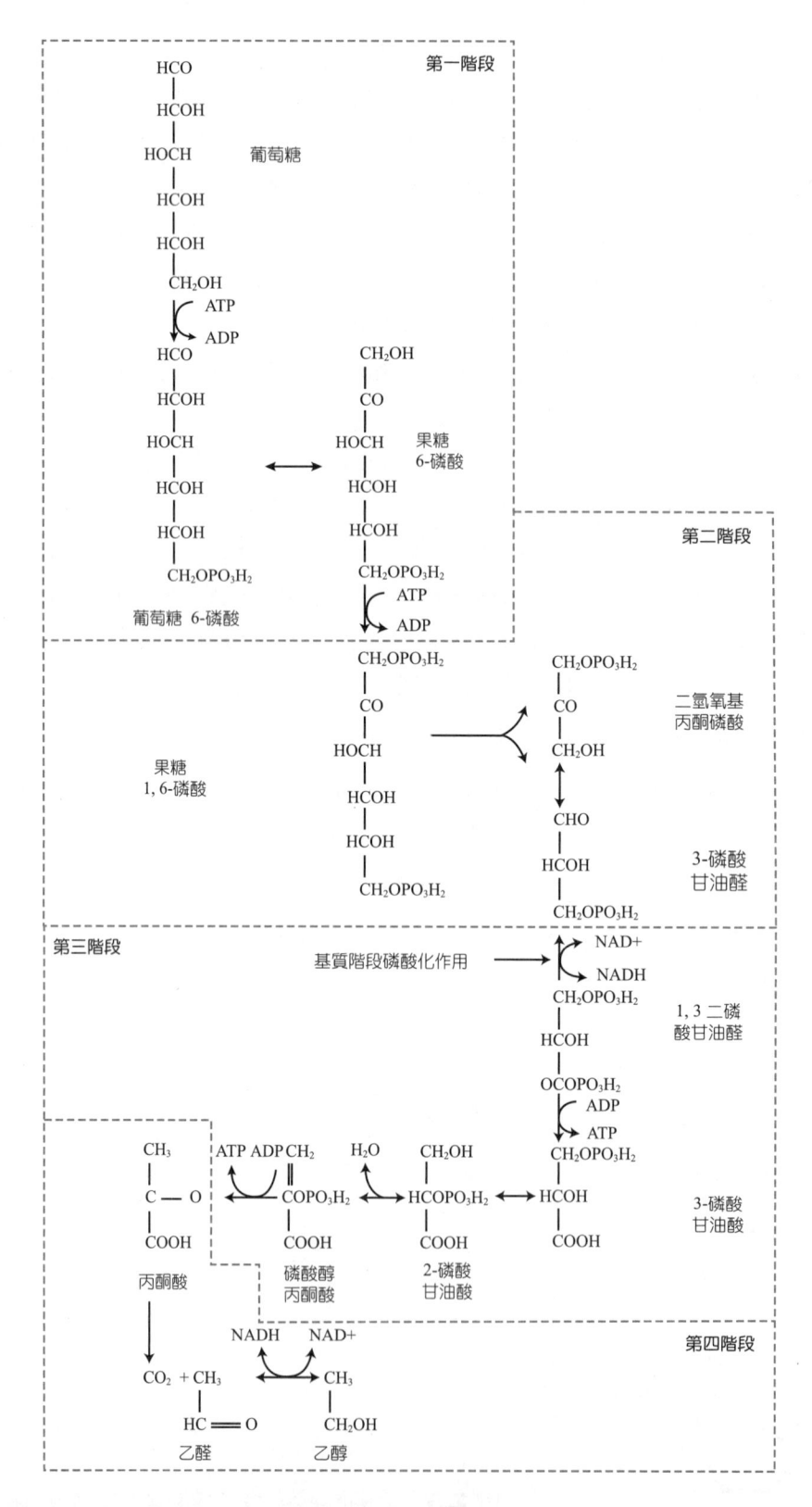

圖 2.6　葡萄糖乙醇 / 乙醛發酵反應的分解機制過程示意圖 (Brock, 1970)

圖 2.6 所示為葡萄糖在異化作用下之乙醇 / 乙醛發酵反應的分解機制過程。事實上這是一個四階段的過程。第一階段為吸能反應，由分解 ATP 分子中之最終磷酸鹽官能基以獲取能量。第二階段是將一個六碳糖分解成為二個可以互相轉換的三碳化合物。而第三階段則是一產能階段，此時發生基質性磷酸化作用。至於在第四階段，根據微生物種類的不同，其所發生的代謝反應也不同，而此反應的主要目的就是將在前階段中，當 3-磷酸甘油醛 (3-phosphoglyceraldehyde) 被氧化時所產生的 NADH，藉由氫原子 (即電子) 的釋出 (即氧化作用)，而使 NAD 再生。

丙酮酸 [或焦葡萄糖酸 (pyruvate)] 是代謝過程中的關鍵性化合物。只要有外來之電子接受者存在 (自由氧分子或其他含氧無機化合物)，焦葡萄酸糖就能夠繼續轉化成乙醯輔酶 A (acetyl CoA)，然後再進入克萊布斯循環 (Krebs cycle)。但是當外來之電子接受者不存在時 (此時有機物同時擔任電子捐出及接受者雙重角色)，焦葡萄糖酸鹽則進行幾種可以將 NAD 從 NADH 中再生出來的反應 (即發酵反應)。圖 2.6 中所示之第四階段，即為這些反應中的一種，因最終被還原的有機產物為乙醇 (酒精)，因此稱這種厭氧代謝作用為酒精發酵。而圖 2.7 則更明確的指示出在其他發酵代謝作用中，由丙酮酸 (pyruvic acid) 轉化而獲得的其他產物。在探討厭氧發酵反應的過程中，對於醋酸、丙酸及丁酸等最終產物的產生，將彰顯出其重要性。

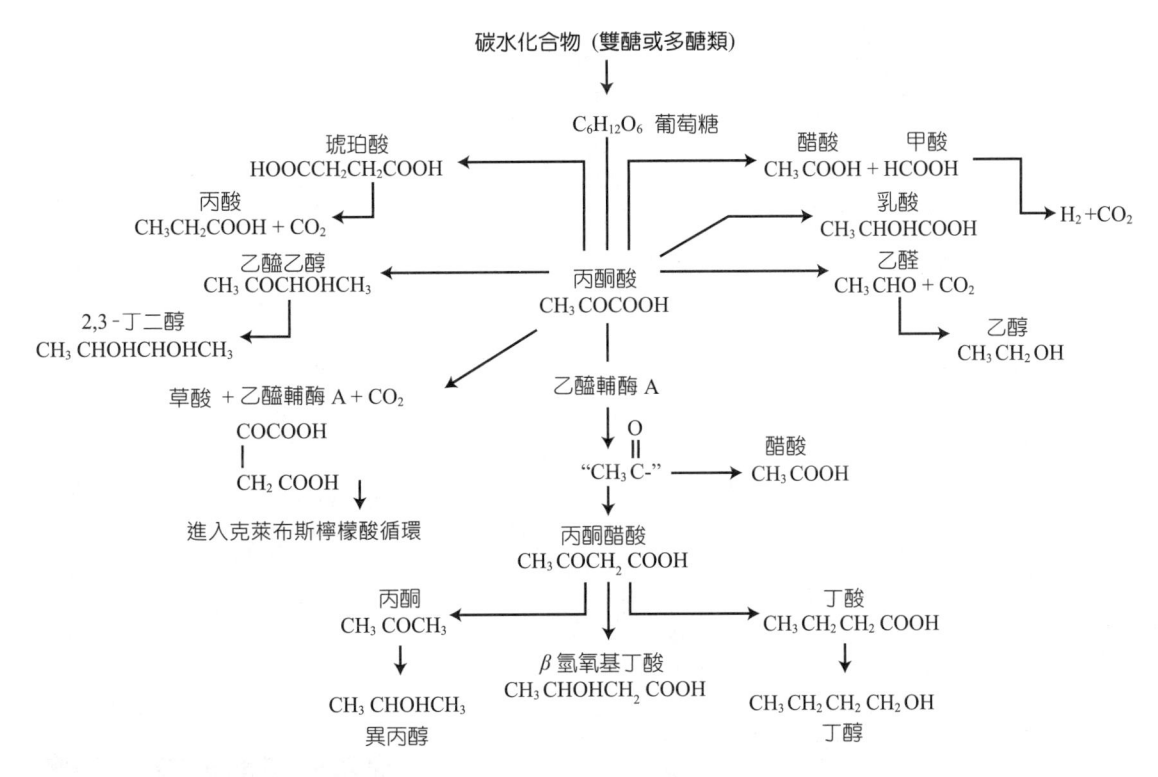

圖 2.7　丙酮酸於發酵作用中轉化為各類有機產物示意圖 (Pelczar and Reid, 1972)

而發酵這個名詞,即用來表示其能量的產生不是藉由電子傳遞連鎖反應 (electron transport chain) 的任一種厭氧代謝機制。

好氧呼吸作用 (Aerobic Respiration)　在好氧呼吸作用中,做為碳源及能源的物質最初將先被一系列如圖 2.6 所示的酶反應所分解。而氧分子在這種條件下將做為外來電子接受者,因此焦葡萄糖酸將被轉化成乙醯輔酶 A,然後再進入克萊布斯循環 (Krebs cycle)。由於首先產生具有三羧酸型態之檸檬酸,因此循環又稱為三羧酸循環 (tricarboxylic acid cycle),或檸檬酸循環 (citric acid cycle)。基質所含之碳在該循環中被氧化成 CO_2,而所含之氫則與一些輔酶 (像 NAD 及 FAD 等) 作用,而將其還原成 NADH 及 FADH 等產物,此時將有系列不同種類之有機酸產生,最後又回到檸檬酸之型態,繼續循環此一反應。克萊布斯循環如圖 2.8 所示。

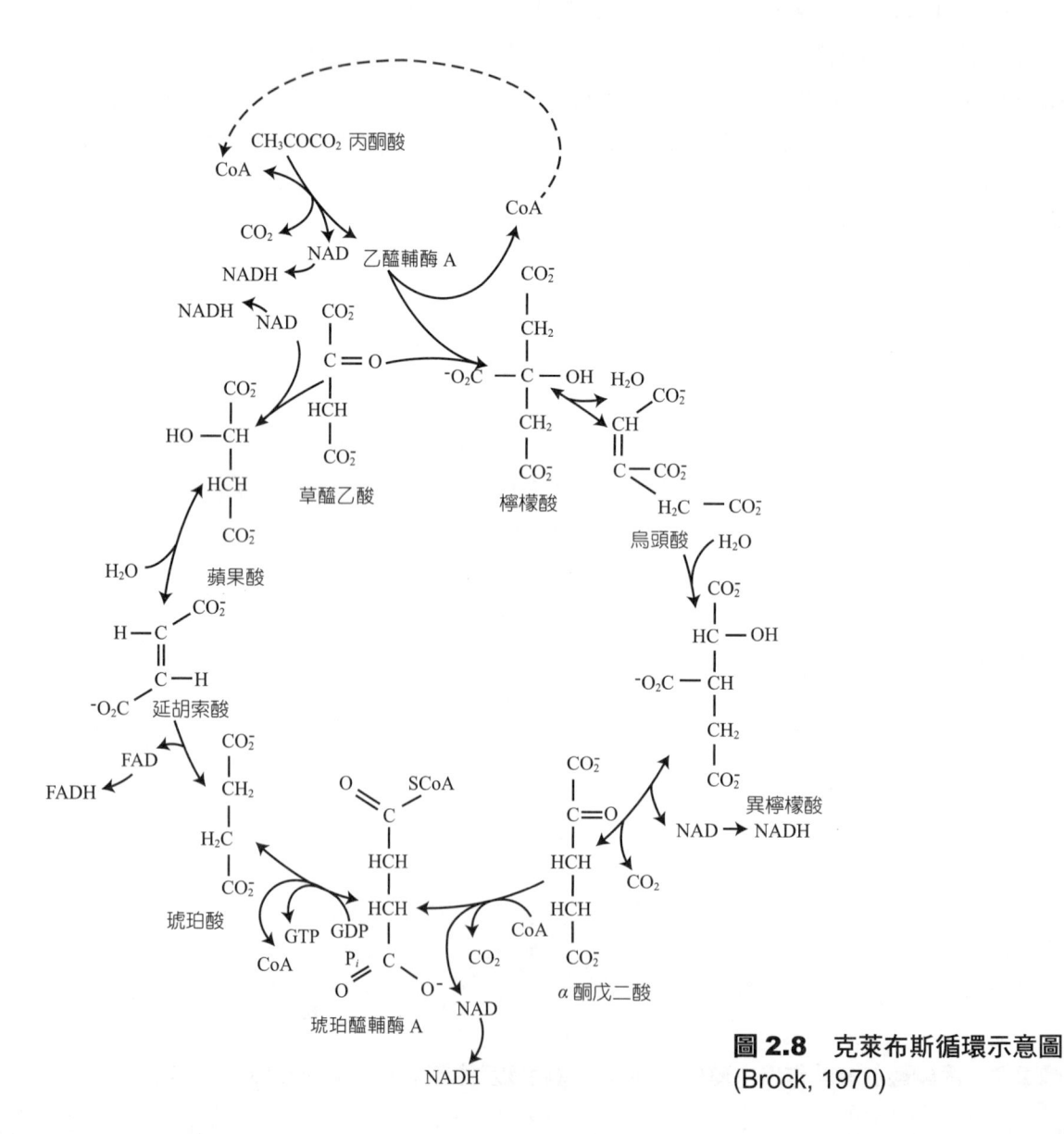

圖 2.8　克萊布斯循環示意圖
(Brock, 1970)

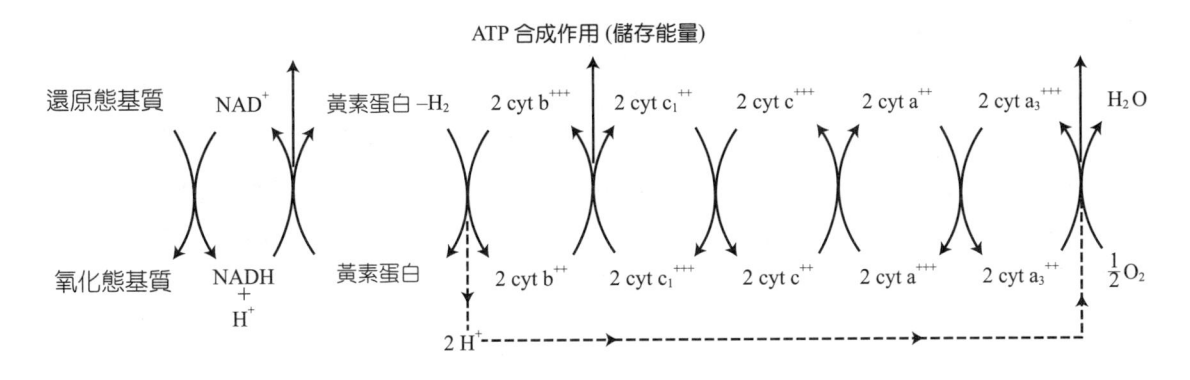

圖 2.9 大部分細菌普遍採用的電子傳遞鏈系統 (Pelczar and Reid, 1972)

在進行好氧呼吸代謝作用時，其所產生絕大部分有用的能量，係來自氧化性磷酸化作用。如前所述，其能量的產生係發生於成對的氧化還原反應中，電子(由氫原子攜帶)通過系列電子傳遞鏈系統 (electron transport chain system) 的時候。圖 2.9 所示為大多數細菌所使用的電子傳遞系統。該系統的基本目的就是將在基質磷酸化作用及克萊布斯循環中所形成的還原態輔酶 (NADH 及 FADH) 再次氧化，同時再生出 NAD 及 FAD，而可輔助繼續進行這些代謝反應。在電子傳遞鏈中最多有三個位置可以進行磷酸化作用。如果電子是以 NAD 狀態進入傳遞鏈，則每傳遞一對電子將會產生三個 ATP。而如果電子是以 FAD 狀態進入傳遞鏈，則每傳遞一對電子僅可獲得二個 ATP。

厭氧呼吸作用 (Anaerobic Respiration)　氧分子雖然是最有效的外來電子接受者，但是並非所有細菌皆具有利用氧分子進行能量代謝作用的能力。某些細菌在缺氧 (anoxic) 的條件下，則可利用其他的無機性化合物替代氧分子做為電子接受者，進行所謂的厭氧呼吸作用 (anaerobic respiration)。圖 2.10 中所示為在進行厭氧呼吸時所普遍利用的一些無機化合物。由該圖可知，當以硫酸鹽 (SO_4^{-2}) 做為最終電子接受者時，硫酸鹽可被還原成硫化氫 (H_2S)。同樣的，硝酸鹽 (NO_3^-) 則可被還原成氨 (NH_3)、一氧化二氮 (N_2O) 或氮分子 (N_2)

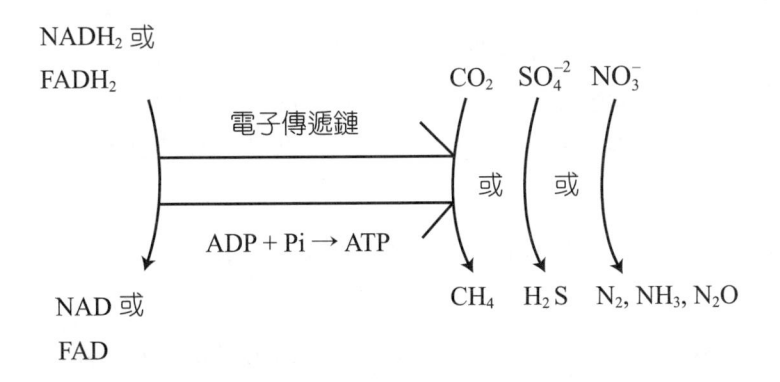

圖 2.10 厭氧呼吸作用的電子傳遞鏈系統 (Wilkinson, 1975)

等。但是二氧化碳 (CO_2) 卻被某些細菌還原成甲烷 (CH_4)。

厭氧呼吸及好氧呼吸作用在分解碳源及能源時所遵守的代謝途徑是一致的。但是，這兩種過程之間仍存在著二個基本上的差異性：(1) 在氧化反應中所產生電子的最終宿命，以及 (2) 在進行氧化性磷酸化作用時所形成的 ATP 的數量。當一對電子通過電子傳遞鏈系統時，所能產生 ATP 的數量大小係取決於電子捐出者及電子接受者之間的氧化還原電位差。由於氧分子的氧化還原電位通常低於其他的無機性電子接受者，因而使其與電子捐出者之間的電位差較大，致使由好氧呼吸作用所獲得的 ATP 數量常較厭氧呼吸作用多些。

代謝作用產能之比較 (Energy Budget)

綜合估計異營菌在各種不同能量代謝的途徑下所產生的能量，將益於對未來評估設計廢水生物處理系統的經濟效益性。在厭氧發酵作用中，根據起始點的不同 (即分解反應是從葡萄糖開始，還是從肝醣或糖原質開始)，每單位六碳糖 [己糖 (hexose)] 能量的淨產值為二個或三個 ATP。而在好氧呼吸作用中，當焦葡萄糖酸鹽在第一階段厭氧性之基質磷酸化作用下產生，並繼續進入克萊布斯循環過程及氧化性磷酸化作用時，則每單位六碳糖所能獲得的能量為 38 個到 39 個 ATP。從 ATP 產量的觀點來看，這意味著在有氧存在時對葡萄糖的利用較無氧時要有效得多。因此，在好氧性生長中，單位數量的葡萄糖被同化為細胞物質的百分比比將較厭氧性生長時為高，亦即處理單位有機物污染物質，厭氧性微生物所產生的生物質量 (即污泥量) 較好氧性微生物為少，致使其污泥處理成本也因而降低。因此，當選擇採用厭氧性生物處理過程處理廢水時，就是利用此一特殊的優點。

自營菌之能量代謝作用

自營菌依照其能量形成來源的不同，可分為兩種類型：化學或化合自營菌及光合自營菌，分述如下。

化學自營菌 (Chemoautotrophs)　此種微生物係利用無機碳 (即 CO_2 或 H_2CO_3) 做為碳源，並經由氧化無機化合物獲取能量。他們通常以分子氧做為最終電子接受者，並藉由氧化性磷酸化作用將能量儲存於所生成的 ATP 中。硝酸化菌屬 (*Nitrobacter*) 的細菌即為化學自營菌的一適當例子。這種細菌可經由將亞硝酸鹽離子 (NO_2^-) 氧化成硝酸鹽離子 (NO_3^-) 而獲取能量。圖 2.11 所示即為該菌種在將亞硝酸鹽氧化成硝酸鹽時所釋出電子係從何能階層進入電子傳遞鏈系統。而由該圖中可得知，所釋出的電子係從細胞色素 c 的能階層 (cytochrome c level) 進入電子傳遞鏈系統。因此，在此種能量代謝系統中，每氧化一個 NO_2^- 僅能獲得一個 ATP。

表 2.3 中所列為幾種化學自營菌之產能反應，而所列之反應皆以氧做為最終之電子接受者。

光合自營菌 (Photoautotrophs)　一般而言，在此類型之微生物中，較有興趣瞭解的物種為

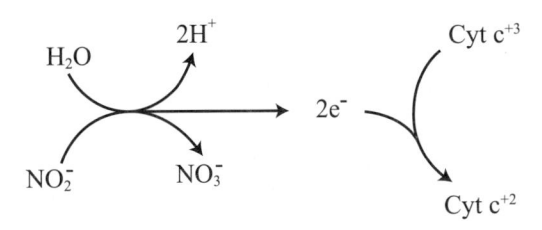

圖 2.11 亞硝酸鹽氧化所釋電子進入電子傳遞鏈系統示意圖 (Pelczar and Reid, 1972)

表 2.3 某些化學自營菌的產能反應

菌種	電子捐出者	產物
硝化菌	NH_3	NO_2^-
	NO_2^-	NO_3^-
硫氧化菌	H_2S	S
	S	SO_4^{-2}
氫細菌	H_2	H_2O
鐵細菌	Fe^{+2}	Fe^{+3}

可利用二氧化碳做為其碳源及從陽光獲取能量的藻類 (algae)。由於藻類在某些埤塘處理系統中為主要提供氧氣之來源，因此欲利用此種處理過程進行設計的工程人員必須瞭解光合作用 (photosynthesis) 的程序。光合作用可以定義為利用光能，將無機型態之二氧化碳及水合成有機型態之碳水化合物 (以葡萄糖為主)，並釋放出氧氣。整體而言，光合作用亦屬於氧化及還原反應。反應中，水分子中之氧將被氧化成氧氣而釋出電子，所釋出之電子將用於還原二氧化碳中之碳成為碳水化合物。

光合作用之過程係遵循二個基本的反應，即所謂的光反應 (light reaction) 及暗反應 (dark reaction)。在光反應中，光合性生物將吸收光能，並將所吸收之光能轉換到 ATP 儲存之，並將水分子中之氫原子 (即電子) 與輔酶菸鹼醯腺嘌呤二核苷磷酸鹽 (nicotinamide adenine dinucleotide phosphate, NADP) 結合成還原態之 NADPH。而在暗反應中，光合性生物將利用光反應中所產生 ATP 中所儲存的能量及 NADPH 進行二氧化碳的還原反應。其中，NADPH 將釋出氫原子 (電子) 於二氧化碳而被氧化再成生為 NADP，而可繼續用於光反應。

在電磁光譜中僅有一小部分係屬於可見光之範圍 (如圖 2.12 所示)，其波長大約介於 400 到 700 奈米 (nm) 間，而光合作用所需之光能即來自可見光區。光線將被光合系統中之色素所吸收，而葉綠素 (chlorophyll) 則為綠色細胞 (例如像綠藻等) 中之主要吸收光能的色

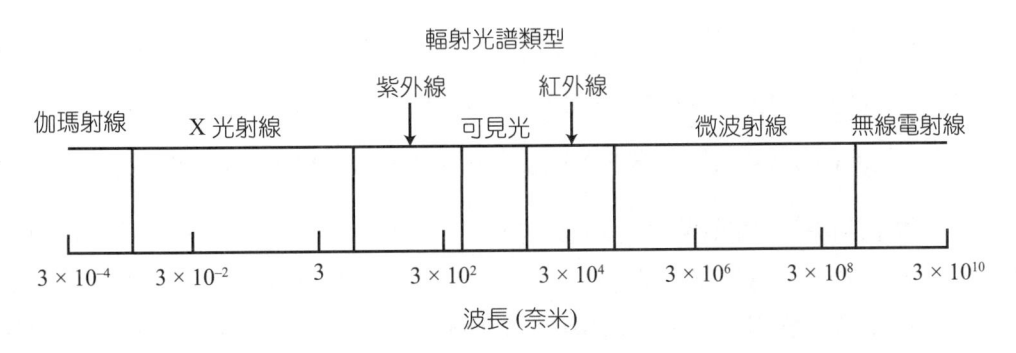

圖 2.12 電磁輻射光譜

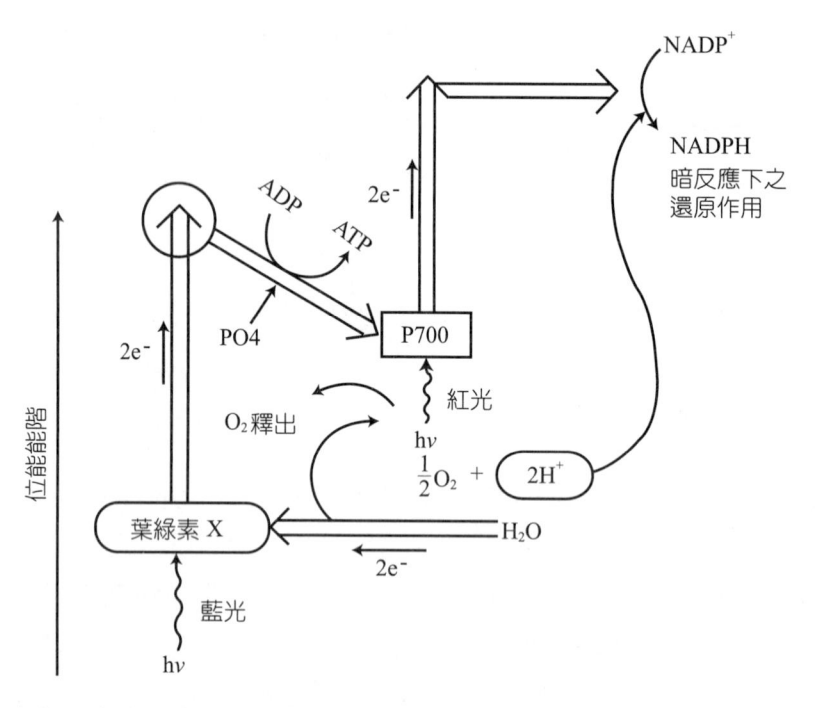

圖 2.13　光合作用之光反應中電子流程示意圖

素。大部分可釋出氧氣的光合作用細胞皆含有二種葉綠素，其中之一是較普遍存在的葉綠素 a，而另一種則可能是綠色植物中的葉綠素 b，褐藻中的葉綠素 c，或是紅藻中的葉綠素 d。在大部分的光合作用細胞中，皆曾發現過少量具有最大吸光度為 700 奈米的色素，這種色素以 P700 稱之 (Lehninger, 1970)。光合作用中最先被吸收的是短波長光，可提供做為氧化水的能量，如此將導致氧的釋出及具有高位能電子的產生。該電子的能階在通過電子傳遞鏈系統時將會逐漸減低，而在這一過程中所釋出的能量將以 ATP 的形式儲存起來。在此過程之後，電子將再被由色素 P700 所吸收的長波長光重新激發到一個高位能的能階。這些高位能的電子係用於將 NADP 還原成 NADPH，而此一過程將可為暗反應進行還原二氧化碳成為碳水化合物提供了還原能 (reducing power)。圖 2.13 所示為光反應中電子流程的示意圖。

暗反應的總反應式可以寫為：

$$6(核酮糖\ 1,5\text{-}二磷酸) + 6CO_2 + 18ATP + 12NADPH + 12H^+ \longrightarrow$$
$$6(核酮糖\ 1,5\text{-}二磷酸) + 己糖 + 18P_i + 18ADP + 12NADP \quad (2\text{-}3)$$

暗反應是一個非常複雜的循環過程 [稱為凱文循環 (Calvin Cycle)]，但是其最終的結果是由六個 CO_2 分子形成一個己糖（六碳糖）分子。而 2-3 式中顯示兩端均有六個核酮糖 1,5- 二磷酸分子，這是因為它是在凱文循環之終端再生時所必須的成分。其他所有存在於細胞質中之物質皆可藉由在暗反應中所形成的碳水化合物的代謝轉換而可獲得。但是必須特別指出的是暗反應並不是發生在黑暗之中,然而之所以這樣命名,是因為它本身不需要光能,而僅是利用光反應的產物進行反應而已。

2-4 微生物代謝作用之動力學

當少量活的細菌細胞置於一個環境條件適宜,且又有足夠食物供應的密閉容器內時,此一系統將可讓細菌於容器內無限制生長。細胞的生長反映了生物酶系統具有可使大分子產物進入其細胞質內的功能。但是細胞質質量的增加及微生物的增大並不會無限制的繼續下去,當微生物細胞達生長到一特定的大小後,細胞就會因遺傳上及內部因子等的限制進而開始分裂。有非常多種的細菌,其生長速率有可能是遵循類似於圖 2.14 (Lamanna, 1965;Knaysi, 1951) 中所示的生長方式進行的。該圖所示的生長曲線可明確地區分為六個時期 (Monod, 1949):

(1) 遲滯期 (lag phase):適應新的環境,世代間隔的時間較長,生長速率幾乎等於零,而細胞大小及代謝活性的速率均最大。

(2) 加速生長期 (acceleration phase):世代間隔的時間縮短,生長速率增高。

(3) 指數生長期 (exponential phase):世代間隔的時間達到最小且成定值,而比生長速率則達到最大且亦成定值。此時基質的轉化速率最大,而達到一穩定狀態,此一狀態可由

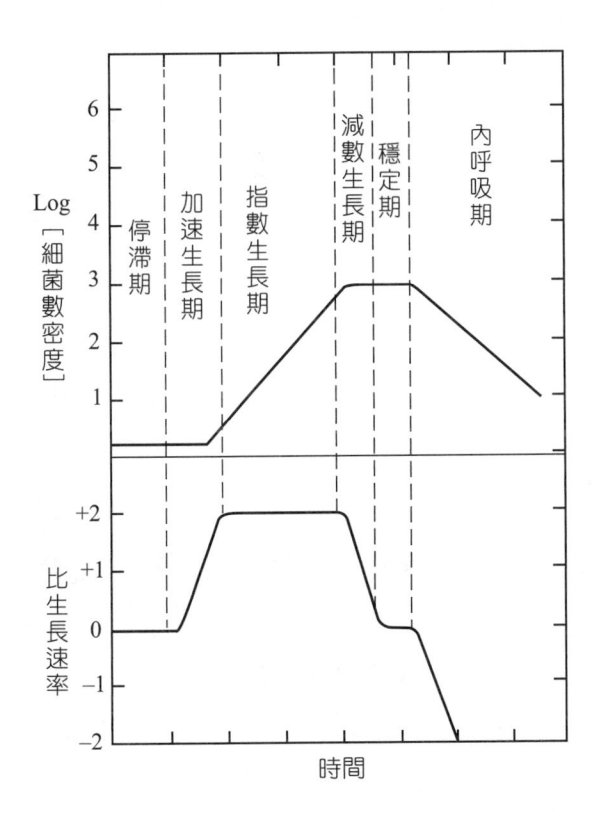

圖 2.14 微生物於密閉系統培養下之特性生長曲線 (Monod, 1949)

DNA/細胞、RNA/細胞以及蛋白質/細胞等可維持近似於定常比例而確認之。此一時期，細菌細胞的密度穩定且其尺寸最小。

(4) 衰減生長期 (declining growth phase)：由於系統內基質濃度逐漸下降，再加上有毒代謝產物的累積量逐漸增加，因此世代間隔的時間又開始增長，而比生長速率則開始下降。

(5) 穩定期 (stationary phase)：系統內營養物已枯竭，有毒代謝產物的濃度極高，且細菌數量達最高因而造成系統內擁擠程度也達最大。Wilkinson (1975) 曾指出，穩定期可能起因於微生物的生長與死亡間所達成的平衡，而使細菌在數量上保持定值。但這通常是在細胞保持懸浮活動狀態下的結果。

(6) 內呼吸期 (endogenous phase)：在此時期由於系統內之基質及營養物質已全部消耗掉，在沒有外來食物源之下，細菌開始進行內呼吸型態之代謝作用 (即消耗細胞內所儲存的物質做為其維生用之能源)，因此死亡率增高，且細胞也開始破裂而溶出細胞質物質。

必須要強調的是，上面所述的生長循環並不是細菌細胞的基本性質，而是細菌在密閉系統中與環境交互作用下的結果。如果在一開放的系統，例如像反應槽採用連續進流過程時，就有可能將細胞長期的維持在指數生長階段，而且是可以維持在低於最大生長速率下的指數生長。

生質量之生長速率

在細菌培養中，對於生質量生長較為重要的先決條件包含：(1) 能源、(2) 碳源、(3) 外部電子接受者 (如果需要的話) 及 (4) 適宜的物理化學性環境。

當以上所述之細菌生長所必要的全部條件皆能符合時，在某一時間增量 Δt 下，微生物生質量濃度的增量 Δx 將與當時存在於系統內之生質量濃度 x 成正比。因此，可以下是表示：

$$\Delta x \propto x \, \Delta t \tag{2-4}$$

如果將比例常數 μ 代入，則 2-4 式可以改寫成下列等式：

$$\Delta x = \mu x \, \Delta t \tag{2-5}$$

再將 2-5 式的兩端同除 Δt，並取極限 $\Delta t \to 0$，則可得下列之微分方程式：

$$\left(\frac{dx}{dt}\right)_g = \mu x \tag{2-6}$$

上式中，微分項 $(dx/dt)_g$ 係表示生質量的生長速率，其因次單位為 [質量]・[容積]$^{-1}$・[時間]$^{-1}$。

假設當 $t = 0$ 時，生質量的濃度為 x_0，如將 2-6 式再加以積分，則得到：

$$\ln x = \ln x_0 + \mu t \tag{2-7}$$

如果將上式中的自然對數變換成以 10 為底的對數，則 2-7 式可改寫為：

$$\log x = \log x_0 + \frac{\mu t}{2.3} \tag{2-8}$$

由於 2-8 式為一線性關係，因此可將 log x 與時間 (t) 的關係在數學座標圖上以一條直線表示，而該線之斜率即為 $\mu/2.3$。

而 2-7 式亦可以下列方程式表示之：

$$ln\left(\frac{x}{x_0}\right) = \mu t \tag{2-9}$$

或

$$x = x_0 e^{\mu t} \tag{2-10}$$

如果生長速率表示的方式是遵循 2-10 式，則稱之為指數生長。

在此有必要討論一下比例常數 μ 的意義。首先，需考慮 2-6 式中的因次單位必須要有正確一致性的意義。因為式中的 x 項是濃度，所以其因次單位為 [質量]·[容積]$^{-1}$。又因為 $(dx/dt)_g$ 必須和 μx 的因次單位相同，這就表示 μ 的因次單位應為時間的倒數，即 [時間]$^{-1}$。而 2-6 式又指示出如以分數形式表示生長速率 $x^{-1}(dx/dt)_g$，則在任何時間下皆為常數，而此常數就是 μ，以下式表示之：

$$\frac{(dx/dt)_g}{x} = \mu \tag{2-11}$$

上式參數 μ 表示每單位生物質量的生長速率，而稱之為**比生長速率**。

Pirt (1975) 曾注意到，只要生質量中之成分不變，以及環境條件維持穩定，如此微生物的生長型態就會遵循指數生長的定律。而環境條件的變化往往就是微生物偏離指數生長最為普遍的原因，這種情況經常會在批式培養系統中發生。

Monod (1949) 曾將圖 2.14 中所示的分段生長曲線的定量描述擴展到包括指數生長及衰減生長速率的二區域中。Monod 從他的實驗研究中觀察到，生長速率 $(dx/dt)_g$ 不僅是微生物生質量濃度 (x) 的函數，而且也是某些限制性營養物濃度的函數。他用下列方程式描述限制生長營養物的殘餘濃度與生質量的比生長率間的關係：

$$\mu = \mu_m \frac{S}{K_s + S} \tag{2-12}$$

式中，μ = 比生長速率，[時間]$^{-1}$

μ_m = 在限制生長基質濃度達飽和時所呈現出 μ 的極大值，[時間]$^{-1}$

S = 限制生長基質的殘餘濃度，[質量]·[容積]$^{-1}$

K_s = 飽和常數，在其數值上係等於當 $\mu = \mu_m/2$ 時的基質濃度，[質量]·[容積]$^{-1}$

2-12 式所呈現出的關係如圖 2.15 所示。由該圖可知，比生長速率與限制生長營養物濃度間

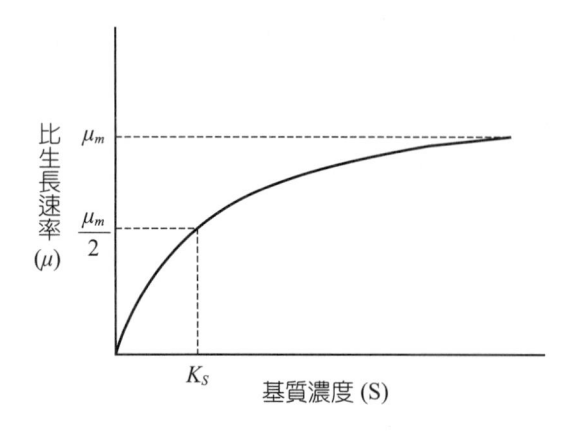

圖 2.15 比生長速率與限制生長營養物濃度間的關係

的關係與前述之 Michaelis-Menten 公式 (1-20 式) 的形式相同，而該式所描述的是當一種參與代謝反應的酶在其飽和濃度下，代謝反應速率與基質濃度間的關系。

由 2-12 式可以看出，只要基質濃度能夠保持在一定的常數值，則比生長速率可以是 0 與 μ_m 之間的任一數值。而在任一設計成連續培養型態的微生物系統皆能符合此一條件。因此，很多的廢水生物處理程序就是依據此一特性而進行設計。

在應用 Monod 關係式時，S 這一項必須是限制生長營養物的濃度。在廢水生物處理的過序中，一般認為可做為異營菌碳源及能源的有機性污染物是限制其生長的營養物，此類型之污染物濃度可以最終生化需氧量 (BOD_u)、化學需氧量 (COD) 或總有機碳 (TOC) 表示之。但是必須要瞭解，其他的物質，例如像氮及磷等，也有可能是限制生長的營養物，因而能夠控制微生物的生長。

在本書中僅使用 BOD_u 及可分解性 COD 做為間接測定廢水中有機物含量的指標。這是為了避免當估算某一特定活性污泥處理過程之需氧量時，在使用以 BOD_5 為基礎所測定的生化動力常數下所做的計算，與以 BOD_u 為基礎所進行這種計算時，彼此之間的混淆。

生長係數

生長係數 (growth yield, Y) 在數學上的定義為：

$$\frac{\Delta x}{\Delta S} = Y \tag{2-13}$$

式中，Δx 是微生物代謝利用基質增量 ΔS 時所產生的生質量增量。將 $\Delta x/\Delta S$ 取 $\Delta S \to 0$ 時的極限，而改以下列微分是表示：

$$\frac{dx}{dS} = Y \tag{2-14}$$

由 2-14 式可看出，生長產率可以定量計算出微生物在生長時營養物的需要量。

Monod (1949) 曾經觀察到，只要微生物生質量的成分不變，而環境條件也能維持穩定，則生長產率 Y 可保持為定值。因此，Pirt (1975) 更進一步指出，當初始生質量及基質濃度分別為 x_0 及 S_0 時，並令 x 及 S 分別表示在生長時所相應的濃度，則生質量的生長及基質被利用代謝的量之間的關係可以表示為：

$$x - x_0 = Y(S_0 - S) \tag{2-15}$$

就限制生長的基質而言，當微生物培養至衰減生長階段末期附近時，此時可達到最大的生質量濃度 x_m。此時可以假設限制生長基質的濃度等於零 (即 $S \approx 0$)，在此情形下，2-15 式可簡化為下式：

$$x_m - x_0 = YS_0 \tag{2-16}$$

或

$$x_m = x_0 + YS_0 \tag{2-17}$$

因此，就 2-17 式中所顯示限制生長基質 (S) 與生質量 (x) 濃度間之關係而言，係呈現出線性之關係，而二者間所繪直線圖上之斜率即生長產率 Y，如圖 2.16 所示。如果該線性關係在高基質濃度時受到影響，這種情況說明了此時可能不是基質濃度而是其他因素限制了微生物的生長。

微生物培養中之基質利用

Pirt (1975) 曾提出，在某一時間增量 Δt，基質濃度變化增量 ΔS 係正比於當時系統內之生質量濃度 x。這種關係可以下式描述之：

$$\Delta S \propto x \Delta t \tag{2-18}$$

在加入比例常數 q 之後，2-18 式可以改寫成等式：

$$\Delta S = qx \Delta t \tag{2-19}$$

上式二端同除 Δt，並取極限 $\Delta t \to 0$，則可改寫以微分方程式描述之：

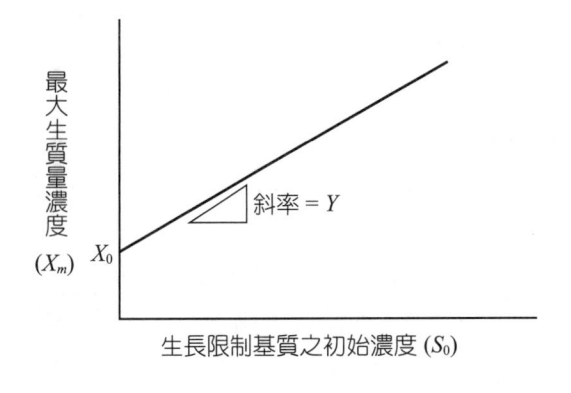

圖 2.16 限制生長基質濃度與生質量最大產生量間之關係圖

$$\left(\frac{dS}{dt}\right)_u = qx \tag{2-20}$$

式中之微分項 $(dS/dt)_u$ 表示基質被微生物代謝利用的速率，其因次單位為 [質量]・[容積]$^{-1}$・[時間]$^{-1}$。2-20 式表明了以分數形式呈現的基質利用速率 $x^{-1}(dS/dt)_u$ 在任一時刻均為常數，而這個常數值就是 q，如下所示：

$$\frac{(dS/dt)_u}{x} = q \tag{2-21}$$

參數 q 表示每單位生質量的基質利用速率，而稱之為比基質利用率，其因次單位為 [時間]$^{-1}$。

根據前所述之方程式：

$$\mu = \frac{(dx/dt)_g}{x} \tag{2-11}$$

及

$$\frac{dx}{dS} = Y \tag{2-14}$$

可以導出比基質利用速率 q、比生長速率 μ 及生長產率 Y 之間的關係式，其形式為：

$$\frac{(dS/dt)_u}{x} = q = \frac{(dx/dt)_g/x}{dx/dS} = \frac{\mu}{Y}$$

或

$$q = \frac{\mu}{Y} \tag{2-22}$$

2-22 式可用於估計各種生長速率條件下的基質需要量。

基質濃度對生長速率之影響

根據圖 2.14 可瞭解到，在批式培養中之指數生長期階段，當在高基質濃度範圍內（亦即微生物能在完全適應生長的環境及食物的供應量又充足下），比基質利用率將不會受基質濃度的影響，亦即比基質利用率對基質濃度將遵循零階反應動力學。但是在微生物批式培養中的衰減生長期階段，由於微生物的比生長速率將隨著限制生長基質濃度的逐漸減少而開始下降 (2-12 式)，而比生長速率又與比基質利用率成正比 (2-22 式，比例常數為 1/Y)，所以對於限制生長的基質來說，可以合理的假設在低基質濃度範圍內，比基質利用速率與基質濃度成正比。因此，或許可以期望以類似於描述酶反應動力學的 Michaelis-Menten 方程式來表述基質被微生物利用的過程，而該方程式可能為以下之形式：

$$q = q_m \frac{S}{K_s + S} \tag{2-23}$$

式中，q_m 是當 $S \gg K_s$ 時，所得最大比基質利用率。將 2-22 式中之 μ/Y 代入 q，並利用 μ_m/Y 代替 q_m，則 2-23 式又可轉換成為 Monod 方程式 (2-12 式)。而該式所描述的是比生長率與基質濃度間的關係。

能源及碳源的需求

如前所述，對於異營性微生物而言，有機性的基質既可做為該微生物進行代謝作用的碳源，又可做為能源。關於這些微生物，有必要將基質區分為二個部分：其中一部分係用於合成作用 [亦即提供做為微生物細胞生長的基本結構物質 (building blocks)]，而另一部分則是用於提供能量；這一部分基質將隨即被氧化，以便為所有的細胞功能提供能量。像這樣的一個區分方式可以藉由對在某一時間增量 Δt 內，可以用被利用基質的物質平衡式表示之：

[被利用的全部基質量] = [用於合成作用的基質量] + [為提供能量而被氧化的基質量]

(2-24a)

2-24a 式可以用數學式表示為：

$$\Delta S = (\Delta S)_S + (\Delta S)_E \tag{2-24b}$$

如果以 Δx 表示在時間增量 Δt 內生質量濃度的增量，並以 Δx 同除 2-24b 式的兩端，則可得下式：

$$\frac{\Delta S}{\Delta x} = \frac{(\Delta S)_S}{\Delta x} + \frac{(\Delta S)_E}{\Delta x} \tag{2-25}$$

而又因為 $Y = \Delta x/\Delta S$，所以 2-25 式又可以寫成下列之形式：

$$\frac{1}{Y} = \frac{1}{Y_S} + \frac{1}{Y_E} \tag{2-26}$$

但是有一點我們必須要理解，Y_E 並不是一個實在的數值，因為與此項生長產率有關的基質實際上並不產生生質量。因此，Y_E 所表示的只是產生每單位生質量時所去除的基質中用於能量代謝的那一部分，而並未被實際用於合成新的細胞質。因此其值總是負的。還須指出的是，$(\Delta S)_S$ 事實上等於實際的 Δx，也因此 $(\Delta S)_S/\Delta x$ 總是等於 1，而也 $1/Y_S$ 等於 1。

Pirt (1975) 曾經提出，微生物除了在維持其生命功能時，例如像是推動細胞內物質循環 (turnover)、進行細胞外營養物質的強制輸送進入細胞內 (active transport) 及運動 (motility) 等，需要能量外，在其生長 (即合成作用) 的過程中亦需要能量。因此，2-25 式右端的最後一項可表達為：

$$\frac{(\Delta S)_E}{\Delta x} = \frac{(\Delta S)_{GE} + (\Delta S)_{ME}}{\Delta x} = \frac{1}{Y_E} \tag{2-27}$$

式中，$(\Delta S)_{GE}$ 表示用來提供微生物於生長 (合成新細胞物質) 作用時所需之能量而被氧化的那部分基質的量，而 $(\Delta S)_{ME}$ 則表示為提供微生物維持其生命功能所需能量而被氧化的那部分基質的量。亦即 $(\Delta S)_{ME}$ 為提供微生物維持其生命功能所需能量之全部基質量，這包括了原本就存在於系統中生質量所含之能量 (外部食物缺乏時，可經由內呼吸作用而做為微生物維生用)，以及基質被利用過程中產生 (合成) 生質量所需要之能量。當所需維生的能量等於零時，2-27 式將減低至最小值，而得到下式：

$$\frac{(\Delta S)_E}{\Delta x} = \frac{(\Delta S)_{GE}}{\Delta x} = \frac{1}{Y_E} \tag{2-28}$$

此時，由於原來為提供維生功能所需能量而被氧化的那一部分基質量，將被轉移用來進行同化作用而合成新的生質量，所以 2-28 式將可獲得最佳生長產率的條件，亦即可獲得最大基質轉換成生質量的比例。在這樣的條件下，2-26 式中之 Y 項將可獲得最大值，而這所謂的最大值稱之為實際生長產率 (true growth yield)，以 Y_T 表示之。在此一條件下，於是 2-26 式則可寫成：

$$\frac{1}{Y_T} = \frac{1}{Y_S} + \frac{1}{Y_E} \tag{2-29}$$

2-24b 式亦可以寫成下列之速率形式：

$$\left(\frac{dS}{dt}\right)_u = \left(\frac{dS}{dt}\right)_{uS} + \left(\frac{dS}{dt}\right)_{uE} \tag{2-30}$$

式中，$(dS/dt)_u$ 表示為總基質利用率，$(dS/dt)_{uS}$ 表示為用於合成作用之基質利用率，而 $(dS/dt)_{uE}$ 則表示為用於提供能量之基質利用率。其中，用於能量之基質利用率更可進一步區分為二項，如下式所示：

$$\left(\frac{dS}{dt}\right)_{uE} = \left(\frac{dS}{dt}\right)_{uGE} + \left(\frac{dS}{dt}\right)_{uME} \tag{2-31}$$

式中，$(dS/dt)_{uGE}$ 為提供微生物生長合成新細胞物質所需能量的基質利用率，而 $(dS/dt)_{uME}$ 則表示為用於維持微生物生命功能所需能量的基質利用率。假設用於做為合成新細胞物質之基質利用率與用於提供做為生長所需能量之基質利用率間之關係為一常數，則 $(dS/dt)_{uGE}$ 及 $(dS/dt)_{uS}$ 這二項可以合併成下列之形式：

$$\left(\frac{dS}{dt}\right)_{uS} + \left(\frac{dS}{dt}\right)_{uGE} = \left(\frac{dS}{dt}\right)_{uG} \tag{2-32}$$

式中，$(dS/dt)_{uG}$ 項表示全部只用於微生物生長作用合成新細胞物質功能的基質利用速率，其中除包括用來做為合成新細胞物質所需之基本結構材料的基質利用率外，還包括為該合成作用提供能量而被氧化的基質利用率。

有研究者 (Pirt, 1975) 指出，為維持微生物生命功能所需能量的基質利用率與微生物當時所具有的生質量成正比。這一關係可以表示為：

$$\left(\frac{dS}{dt}\right)_{uME} = bx \tag{2-33}$$

式中 b 為二者間關係的比例常數，其表示之意義為每單位時間內每單位生質量用於維生功能所需能量之基質利用量，亦即用於維生功能所需能量的比基質利用率。參數 b 的因次單位為 [時間]$^{-1}$。

將 2-31 式、2-32 式及 2-33 式代入 2-30 式中，可得下列方程式：

$$\left(\frac{dS}{dt}\right)_u = \left(\frac{dS}{dt}\right)_{uG} + bx \tag{2-34}$$

而由 2-11 式及 2-14 式亦可推導出下式：

$$\frac{dS}{dt} = \frac{\mu x}{Y} \tag{2-35}$$

於是，再將 2-35 式中之右項分別帶入 2-34 式中之 $(dS/dt)_u$ 及 $(dS/dt)_{uG}$ 項，而得到下式：

$$\frac{\mu x}{Y} = \frac{\mu x}{Y_g} + bx \tag{2-36}$$

式中之 Y_g 項為一常數，表示被微生物代謝利用基質中，用於生長功能所佔之比例，其中除包括在合成作用時做為提供基本結構材料所需的基質量外，亦包括提供在進行合成作用時所需能量而被氧化的基質量。

如果用 x 同除 2-36 式之二端，則可得到下列形式之方程式：

$$\frac{\mu}{Y} = \frac{\mu}{Y_g} + b \tag{2-37}$$

再用 q 代替 μ/Y（參考 2-22 式），則 2-37 式可簡化為：

$$q = \frac{1}{Y_g}\mu + b \tag{2-38}$$

當微生物維生所需能量極低時，則 2-38 式中的 b 項近似於 0，此時該式中的 Y_g 項所表達的意義就與 2-29 式中的 Y_T 項相同。在此一觀點下，當考慮於某一時間增量 Δt 內，因微生物代謝作用，就會存在著一個生質量的增量 Δx，以及一個基質的衰減量 ΔS。微生物的生長與被去除基質之間的關係可以下列數學式表示之：

$$(\Delta S)_{去除} = (\Delta S)_{合成與合成所需能量} + (\Delta S)_{維生所需能量} \tag{2-39}$$

由於

$$(\Delta S) = \frac{\Delta x}{Y} \tag{2-13}$$

以及

$$(\Delta S)_{維生所需能量} = bx \tag{2-33}$$

帶入 2-39 式中，而可得到：

$$\frac{\Delta x}{x}\frac{x}{Y_A} = \frac{\Delta x}{x}\frac{x}{Y_g} + bx \tag{2-40}$$

或

$$\frac{\mu}{Y_A} = \frac{\mu}{Y_g} + b \tag{2-41}$$

式中之 Y_A 項稱之為可變生長產率係數 (variable yield coefficient)，表示去除每單位基質實際上所能產生的生質量。從上式解出 Y_g，而得到：

$$\frac{1}{Y_g} = \left(\frac{1}{Y_A} - \frac{b}{\mu}\right) \tag{2-42}$$

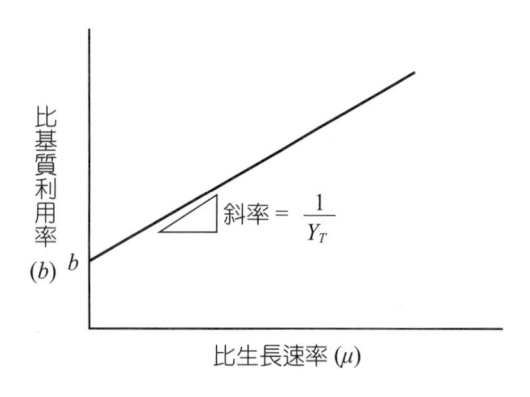

圖 2-17　比基質利用率與比生長速率間之關係圖

在所有基質皆用於生長作用的情況下，也就是說當微生物不需提供維持其生命所需之能量時，則 $b = 0$，以及 $Y_A = Y_T$。也因此得到：

$$\frac{1}{Y_g} = \frac{1}{Y_T} \tag{2-43}$$

或

$$Y_g = Y_T \tag{2-44}$$

因此，再代入 2-38 式中而得：

$$q = \frac{1}{Y_T}\mu + b \tag{2-45}$$

由 2-45 式可知，比基質利用率與比生長率間呈現出線性的關係，而該直線的斜率即為 $1/Y_T$，而截距則為 b，如圖 2.17 所示 (譯者註：在 2-45 式中，當 $b = 0$ 時，才可得 $Y_g = Y_T = Y_A$ 之結果，而此時 $q = \mu/Y_A = \mu/Y_g = \mu/Y_T$)。

內呼吸作用時之維生能量

為了計算在比生長速率下降時所觀察到微生物生質量產量減少的量，Herbert (1958) 曾提出微生物在維生方面所需要的能量，是藉由內呼吸 (endogenous respiration) 代謝作用的方式所提供的理論。換言之，微生物維持生命所需要的能量不是透過氧化部分的外來基質，而是經由氧化其細胞成分所得到。因此在此一理論架構下，微生物生質量的平衡式可以寫成：

$$[\text{淨生長量}] = [\text{總生長量}] - [\text{內呼吸所消耗掉的生質量}] \tag{2-46}$$

2-46 式可以用速率的形式表示為：

$$\left(\frac{dx}{dt}\right)_g = \left(\frac{dx}{dt}\right)_T - \left(\frac{dx}{dt}\right)_E \tag{2-47}$$

內呼吸時生質量的消耗速率與當時存在的生質量濃度成正比，因此可得：

$$\left(\frac{dx}{dt}\right)_E = K_d x \tag{2-48}$$

式中 K_d 為二者間相關性的比例常數，其意義表示為每單位生質量於單位時間內由於內呼吸作用所消耗的生質量。而常數 K_d 亦稱為微生物的衰減係數，其因次單位亦為 [時間]$^{-1}$。

以 2-48 式替代 2-47 式中的 $(dx/dt)_E$ 項，將得到：

$$\left(\frac{dx}{dt}\right)_g = \left(\frac{dx}{dt}\right)_T - K_d x \tag{2-49}$$

而總生長速率 $(dx/dt)_T$ 則可以表為：

$$\left(\frac{dx}{dt}\right)_T = Y_T \left(\frac{dS}{dt}\right)_u \tag{2-50}$$

這是因為假設所有被代謝消耗掉的基質皆用於生長的功能上，而維持生命所需能量的來源則是來自於細胞成分的氧化。用 2-50 式代換 2-49 式中的 $(dx/dt)_T$，將得到下式：

$$\left(\frac{dx}{dt}\right)_g = Y_T \left(\frac{dS}{dt}\right)_u - K_d x \tag{2-51}$$

再用 x 除 2-51 式兩側，則得到：

$$\mu = Y_T q - K_d \tag{2-52}$$

或

$$q = \frac{1}{Y_T}\mu + \frac{K_d}{Y_T} \tag{2-53}$$

該式說明了，在高生長速率時（當 μ 遠大於 K_d 時），μ/Y_T 這一項則遠大於 K_d/Y_T 這一項。隨著生長速度的逐漸減慢，μ/Y_T 也跟著下降，直到當 $\mu = 0$ 時，μ/Y_T 亦等於零，此時 $q = K_d/Y_T$。因此，在低的比生長速率條件下，2-53 式中，μ/Y_T 這一項很小，這意味著被利用的基質大部分係用於維生的功能，而不是用於生長（亦即每單位生質量所利用的基質中，用於提供維生功能能量的那一部分遠大於用於生長功能的那一部分）。2-53 式還表明了，2-45 式中的 b 項等於該式的 K_d/Y_T 項。

然而需加以留意的是，在各類描述比基質利用速率及比生長速率間關係的表達式中，不論其所提微生物在獲得維生所需能量的機制為何，基本上這些關係是都是相同的。但是，在本書的第 4 章中，當採用 Pirt 理論來替代 Herbert 理論時，在比耗氧速率 (specific oxygen utilization rate) 上，將會得到不同的關係式。

2-5　代謝反應動力學於處理程序上之應用

有許多不同類型之生物處理程序設計方程式，其建立皆是藉由所研究特定系統中之物質平衡方程式。在這些物質平衡方程式中，經常會出現基質利用速率及生長速率的微分方程式形式。而根據這些物質平衡方程式所導出的設計方程式，則將依據用來描述基質利用及微生物生長的特定微分速率表達式來決定其形式。

Lawrence and McCarty (1970) 將基質利用率與反應器中的微生物濃度及微生物周遭的基質濃度間之關係聯繫起來，其關係式如下所示：

$$\left(\frac{dS}{dt}\right)_u = \frac{kxS}{K_S+S} \quad (2\text{-}54)$$

式中，$\left(\frac{dS}{dt}\right)_u$ = 總基質利用率，[質量]・[容積]$^{-1}$・[時間]$^{-1}$

k = 最大比基質利用率，即每單位生質量微生物利用基質的最大速率，[時間]$^{-1}$

S = 微生物周遭的基質濃度，[質量]・[容積]$^{-1}$

K_S = 飽和常數，其數值等於當 $(dS/dt)_u /x = (1/2) k$ 時的基質濃度，[質量]・[容積]$^{-1}$

x = 具活性微生物的生質量濃度，[質量]・[容積]$^{-1}$

2-54 式說明了基質利用率與基質濃度間的關係在整個基質濃度區間上具連續性，如圖 2.18 所示。

事實上，2-54 式與 2-23 式相同，皆是用來描述基質濃度對生長速率的影響。如前所述，2-23 式則又可簡化成為 Monod 方程式 (2-12 式)。參數 k 與 2-23 式中之 q_m 項相同。以後本文將一律以 k 表示最大比基質利用率。

再由 2-54 式可知，當 S 遠大於 K_S 時，則可忽略該式分母中的 K_S 項。此時 2-54 式將可簡化為相關於基質濃度的零階反應式：

$$\left(\frac{dS}{dt}\right)_u \approx kx \quad (2\text{-}55)$$

而當 S 遠小於 K_S 時，此時則可以忽略分母中的 S 項。在此一情況下，2-54 式將可簡化為相關於基質濃度的一階反應式：

$$\left(\frac{dS}{dt}\right)_u \approx KxS \quad (2\text{-}56)$$

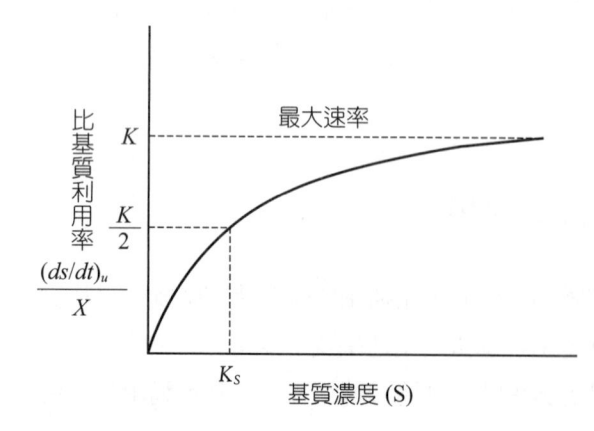

圖 2.18 依照 2-54 式所預測之基質利用率與基質濃度間之關係圖

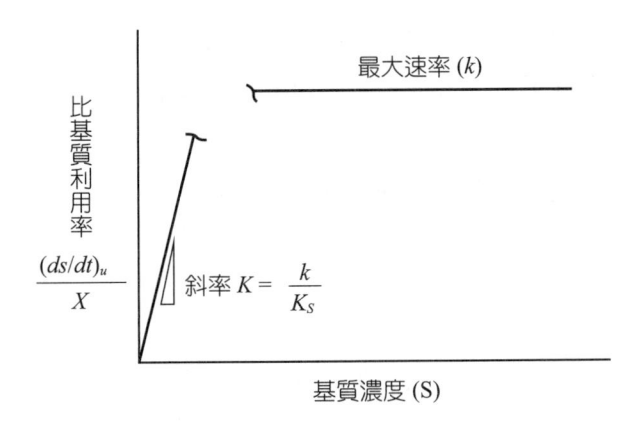

圖 2.19 依照 2-55 式及 2-56 式所預測之基質利用率與基質濃度間之關係圖

式中,

$$K = \frac{k}{K_S} = 比基質利用率常數,[容積] \cdot [質量]^{-1} \cdot [時間]^{-1} \quad (2\text{-}57)$$

2-55 式是相關於基質濃度的零階反應,而 2-56 式則是一階反應,以上二式即 2-54 式的二種極限情形。有時候,將這二個式子合稱為「相關於基質利用之非連續模型 (discontinuous model for substrate utilization)」(Garrett and Sawyer, 1960)。在此一情況下,基質利用率與基質濃度間的關係則如圖 2.19 所示。

Eckenfelder and Ford (1970) 曾提出,2-56 式中所描述之基質利用率適合於大多數的廢水生物處理的程序,故而推薦採用 2-56 式來代替 2-54 式。

在近來的研究工作中,Grady and Williams (1975) 曾提出數據指出,無論是 2-54 式,還是 2-56 式皆不能完全描述進流水中基質濃度的變化對基質利用率的影響。對於此一情況,Grau et al. (1975) 所提出的關係式似乎能更精確的描述出基質的利用速率,他們所提出之方程式為:

$$\left(\frac{dS}{dt}\right)_u = K_1 x \left(\frac{S}{S_0}\right)^n \quad (2\text{-}58)$$

式中,n = 反應階數,一般假設其值為 1

S_0 = 初始基質濃度,[質量] $\cdot$ [容積]$^{-1}$

S = 任一時刻 t 時,微生物周遭的基質濃度,[質量] $\cdot$ [容積]$^{-1}$

K_1 = 比基質利用率常數,[時間]$^{-1}$

Heukelekian et al. (1951) 根據其對廢水處理之研究,開發並提出了一種描述微生物淨生長速率與基質利用速率間關係的經驗式,如下所示:

$$\left(\frac{dx}{dt}\right)_g = Y_T \left(\frac{dS}{dt}\right)_u - K_d x \quad (2\text{-}59)$$

式中,$(dx/dt)_g$ = 微生物的淨生長速率,[質量] $\cdot$ [容積]$^{-1}$ $\cdot$ [時間]$^{-1}$

在此我們發現有趣的是，2-59 式與 2-51 式相同。而 2-51 式就是在低比生長速率的情況下，微生物為了提供維持生命的能量，而氧化其細胞的成分，因而導致生質量的產量減少。

Sherrard and Schroeder (1973) 曾提出較佳之描述淨生長速率的方程式，如下所示：

$$\left(\frac{dx}{dt}\right)_g = Y_{obs}\left(\frac{dS}{dt}\right)_u \tag{2-60}$$

式中，Y_{obs} = 觀測生長係數 (為一變數)

基本上，2-60 式與 2-59 式相同。但是不同之處是在於 2-59 式所得之生質量淨生產量是要從理論生產量減去用於維持生命能量的需要量而得，而 2-60 式所描述的是先考慮基質用於總能量需要量之後，而得到之實際 (或觀測到) 的生產量，亦即淨生產量。

我們亦可推導出觀測生長係數與比生長速率間的關係式。首先，需將 2-60 式改以下列之形式表示之：

$$Y_{obs} = \frac{(dx/dt)_g}{(dS/dt)_u} \tag{2-61}$$

然後在 2-61 式之右側項乘上 x/x 而得：

$$Y_{obs} = \frac{(dx/dt)_g/x}{(dS/dt)_{u/x}}$$

或

$$Y_{obs} = \frac{\mu}{q} \tag{2-62}$$

再用 2-53 式代入 2-62 式中的 q，則可得下式：

$$Y_{obs} = \frac{Y_T}{1+K_d/\mu} \tag{2-63}$$

由 2-63 式可知，觀測生長係數與比生長速率具相關性。

在以後的章節中，將進一步討論如何使用質量平衡式及 2-54、2-56、2-58、2-59、2-60 及 2-63 等式中所描述之基本動力學關係式，來設計各類型廢水之生物處理程序。

習題

2-1 在廢水處理廠的操作運轉中，對於剩餘污泥的排放亦為一重要的課題。而在使用厭氣 (發酵) 的過程有一點係優於好氧過程的，即它的生長產率係數較好氧為低，因此厭氧發酵過程所產生的剩餘污泥量也較少。試根據能量代謝作用解釋此一特性。

2-2 在許多的廢水生物處理過程中，將 $NH_3^-\text{-}N$ 氧化成 $NO_3^-\text{-}N$ 的過程皆是由化學自營菌承擔的。這類細菌總稱為硝化菌 (nitrifiers)。硝化菌是由亞硝酸化菌屬 (*Nitrosomonas*)

及硝酸化菌屬 (*Nitrobacter*) 所組成。因此氨氧化成硝酸鹽被認為是一個二階段的連續反應，其反應過程如下所示：

$$2NH_3 + 3O_2 \xrightarrow{\textit{Nitrosomonas}} 2NO_2^- + 2H^+ + 2H_2O$$

$$2NO_2^- + O_2 \xrightarrow{\textit{Nitrobacter}} 2NO_3^-$$

總反應 $\quad NH_3 + 3O_2 \xrightarrow{\textit{Nitrifiers}} NO_3^- + 2H^+ + H_2O$

試根據上述之總反應式，利用化學計量法計算：將 1 mg/L 之 NH_3^--N 氧化成 NO_3^--N 要消耗多少 mg/L 之鹼度 (以 $CaCO_3$ 計)，以及需要供應多少 mg/L 的 O_2？

2-3 硝酸鹽和亞硝酸鹽在脫硝過程 (一種缺氧性之厭氧呼吸作用) 中係扮演能量代謝作用中之電子接受者，最終將被還原成氮氣。在眾多種類的兼氧性菌中，包括假單胞桿菌屬 (*Pseudomonas*) 及阿克諾莫菌屬 (*Archromobacter*) 等，皆具有脫硝的能力。在廢水生物處理中，脫硝作用僅能在提供有機物能源，以及無溶解氧存在的環境條件下才能進行。而甲醇即是一種典型的有機物能源，此時可以認定脫硝作用是一個二階段的反應，如下所示：

$$NO_3^- + \tfrac{1}{3}CH_3OH \longrightarrow 2NO_2^- + \tfrac{1}{3}CO_2 + \tfrac{2}{3}H_2O$$

$$NO_2^- + \tfrac{1}{2}CH_3OH \longrightarrow 2N_2 + \tfrac{1}{2}CO_2 + \tfrac{1}{2}H_2O + OH^-$$

總反應 $\quad NO_3^- + \tfrac{5}{6}CH_3OH \longrightarrow \tfrac{1}{2}N_2 + \tfrac{5}{6}CO_2 + \tfrac{7}{6}H_2O + OH^-$

試根據上述之總反應式，利用化學計量法計算：將 1 mg/L 之 NO_3^--N 還原成 N_2 時，系統中將增加多少 mg/L 的鹼度 (以 $CaCO_3$ 計)，以及需添加多少 mg/L 的甲醇？

2-4 在 20°C 下，由批式生長實驗中所獲得的數據如下表所示：

生質量濃度 (mg/L)，x	時間 (hr.)
3467	2.0
3700	3.4
4100	4.8
4400	6.1
4786	7.7

試在半對數座標紙上繪製相對應的曲線，並計算在此實驗條件下所做培養之比生長速率，以及在指數生長期階段之初始生質量濃度。

2-5 在 20°C 下，進行批式培養一特定之菌種，並得到下列之數據：

最大生質量濃度 (mg/L)，x_m	初始基質濃度 (mg/L)，S_o
3300	580
3700	1160
4100	1920
4400	2320
4600	3200

試計算該菌種之生長產率係數。又在所研究的整個基質濃度範圍內，試問該基質濃度是否會成為限制生長的因子？

2-6 在 20°C 下，於一完全混合反應槽中進行連續培養生長的實驗，所獲得的實驗數據如下表所示：

比生長速率 (hr.$^{-1}$)，μ	剩餘基質濃度 (mg/L)，S_e
0.66	20.0
0.50	10.0
0.40	6.6
0.33	5.0
0.28	4.0

試計算最大比生長速率 (μ_m)，以及飽和常數值 (K_S)。

2-7 為瞭解觀測生長產率係數隨比生長速率變化的情況，試繪出 Y_{obs} 與 $1/\mu$ 間的關係曲線圖。假設 $Y_T = 0.5$，而 $K_d = 0.1$ day^{-1}，並給予下列比生長速率的數值：0.10、0.12、0.17、0.25、0.50 及 1.00 day^{-1}。

參考文獻

BROCK, T. D., *Biology of Microorganisms*, Prentice-Hall, Inc., Englewood Cliffs, N.J., 1970.

DOETSCH, R. N., AND T. M. COOK, *Introduction to Bacteria and Their Ecobiology*, University Park Press, Baltimore, Md., 1973.

ECKENFELDER, W. W., JR., AND D. L. FORD, *Water Pollution Control*, Pemberton Press, Austin, Tex., 1970.

GARRETT, M. T., AND C. N. SAWYER, "Kinetics of Removal of Soluble BOD by Activated Sludge," in *Proceedings, 7th Industrial Waste Conference*, Purdue University, West Lafayette, Ind., Vol. 36, 1960, p. 5.

GRADY, C. P. L., JR., AND D. R. WILLIAMS, "Effects of Influent Substrate Concentration on the Kinetics of Natural Microbial Populations in Continuous Culture," *Water Research*, **9**, 171 (1975).

GRAU, P., M. DOHANYOS, AND J. CHUDOBA, "Kinetics of Multicomponent Substrate Removal by Activated Sludge," *Water Research*, **9**, 637 (1975).

HERBERT, D., in *Recent Progress in Microbiology, VII International Congress for Microbiology*, ed. by G. Tunevall, Almquist, and Wiksell, Stockholm, 1958, p. 381.

HEUKELEKIAN, H., H. E. OXFORD, AND R. MANGANELLI, "Factors Affecting the Quantity of Sludge Production in the Activated Sludge Process," *Sewage and Industrial Wastes*, **23**. 945 (1951).

KATO, K. AND Y. SEKIKAWA, "FAS (Fixed Activated Sludge) Process for Industrial Waste Treatment," in *Proceedings, 22nd Industrial Waste Conference*, Purdue University, West Lafayette, Ind., 1967, pp. 129, 926.

KNAYSI, G., *Elements of Bacterial Cytology*, 2nd ed., Cornell University Press, Ithaca, N.Y., 1951.

LAMANNA, C., AND M. F. MALLETTE, *Basic Bacteriology*, The Williams & Wilkins Co., Baltimore, Md., 1965.

LAWRENCE, A. W., AND P. L. McCARTY, "Unified Basis for Biological Treatment Design and Operation," *Journal of the Sanitary Engineering Division, ASCE*, **96**, SA3, 757 (1970).

LEHNINGER, A. L., *Biochemistry*, Worth Publishers, Inc., New York, 1970.

MONOD, J., "The Growth of Bacterial Cultures," *Annual Review of Microbiology*, **3**, 371 (1949).

PELCZAR, M. J., JR., AND R. D. REID, *Microbiology*, McGraw-Hill Book Company, New York, 1972.

PIRT, S. J., *Principles of Microbe and Cell Cultivation*, Halsted Press, a division of John Wiley & Sons, Inc., New York, 1975.

RANDALL, C. W., H. R. EDWARDS, AND P. H. KING, "Microbial Process for Acidic Low-Nitrogen Wastes," *Journal of the Water Pollution Control Federation*, **44**, 401 (1972).

SHERRARD, J. H., AND E. D. SCHROEDER, "Cell Yield and Growth Rate in Activated Sludge," *Journal of the Water Pollution Control Federation*, **45**, 1889 (1973).

WILKINSON, J. F., *Introduction to Microbiology*, Halstd Press, a division of John Wiley & Sons, Inc., New York, 1975.

CHAPTER 3

廢污水的特性與流量

工業廢水 (industrial wastewater) 係指從生產工廠排出的廢水，而生活污水 (domestic wastewater) 是指從一般機構、商業設施與居住社區排出的污水。任何廢水的組合經由下水道系統收集後，送往污水處理廠者，均稱為社區污水 (municipal wastewater)。

未經處理的社區污水還有許多不好的成分，如果直接排入河川中有些物質會消耗河水中的氧氣，而其他物質會於河水中誘發微生物的生長，例如：藻類等。這些不好的成分大致分為有機與無機物，同時也分為可溶於水與非溶於水的物質。因此，在選擇與設計處理程序之前，瞭解廢污水的特性是非常重要的步驟。

3-1 有機物

在社區污水中的有機成分係由多種含碳物質所形成的混合物。因此，檢測這類水中有機種類是無法很明確的。三種最常見的檢測項目是生化需氧量 (biological oxygen demand, BOD)、化學需氧量 (chemical oxygen demand, COD) 以及總有機碳 (total organic carbon, TOC)。

生化需氧量

生化需氧量 (biochemical oxygen demand, BOD) 是檢測廢污水樣品中，因為微生物氧化水中有機物所消耗氧氣的量。這項檢測的前提是廢污水樣品中所有生物可分解 (biodegradable) 的有機物，均被氧化而形成二氧化碳與水，同時使用氧氣分子做為電子接受物 (electron acceptor)。所以，這個檢測直接量測氧氣的需求以及間接的量測生物可分解的有機污染物。

生化需氧量稀釋檢測瓶約 300 mL，測試水樣本中約含 4 mg/L 的溶氧 (dissolved oxygen, DO)，進行 5 天的細菌培養或反應 (incubation) 時間。水樣體積的分量等於 4 mg/L 除以推估的 BOD 量。以一廢污水樣本中預計 BOD 為 200 mg/L，其體積分量為 0.02，6 mL 的原廢污水樣本需加入 300 mL 的檢測瓶中進行檢測。同時一半與兩倍這個稀釋倍數的檢測應同步進行，以確定得到有效的結果。不同稀釋倍數的水樣同時用多個檢測瓶同步檢測，方可得到較為準確的結果。稀釋用的水為去離子水加入適量的營養鹽、磷酸鹽緩衝劑、$MgSO_4$、$CaCl_2$、$FeCl_3$ 以及菌種（一般是沉降後廢污水之放流水），然後加滿稀釋瓶並保持不與空氣接觸。一個未添加廢污水的對照組測試瓶同步測試，可將菌種添加物之需氧量從測試組的結果減除。

表 3.1 為檢測 BOD 時不同稀釋水樣狀況下，以百分比或是直接以滴定管滴入 300 mL 檢測瓶的數量。然後將這些檢測瓶置入 20°C 恆溫箱進行培養一段時間，一般為 5 天。完成足夠的培養時間之後，BOD 可以下列兩個公式計算出來：

如果是直接滴入水樣法：

$$\text{BOD (mg/L)} = \left[(DO_b - DO_i)\frac{測量瓶體積\ \text{mL}}{滴入樣本體積\ \text{mL}}\right] - (DO_b - DO_s) \tag{3-1}$$

如果是以百分比法：

$$\text{BOD (mg/L)} = \left[(DO_b - DO_i)\frac{100}{\%}\right] - (DO_b - DO_i) \tag{3-2}$$

公式中 DO_b 與 DO_i 分別為對照組測試瓶與稀釋樣本在培養時間後的溶氧濃度，DO_s 則是未

表 3.1 不同稀釋比例下之 BOD 樣本量

百分比法		直接滴入 300 mL 法	
混合百分比	BOD 濃度範圍	mL	BOD 濃度範圍
0.01	20,000 ~ 70,000	0.02	30,000 ~ 105,000
0.02	10,000 ~ 35,000	0.05	12,000 ~ 42,000
0.05	4,000 ~ 14,000	0.10	6,000 ~ 21,000
0.1	2,000 ~ 7,000	0.20	3,000 ~ 10,500
0.2	1,000 ~ 3,500	0.50	1,200 ~ 4,200
0.5	400 ~ 1,400	1.0	600 ~ 2,100
1.0	200 ~ 700	2.0	300 ~ 1,050
2.0	100 ~ 350	5.0	120 ~ 420
5.0	40 ~ 140	10.0	60 ~ 210
10.0	20 ~ 70	20.0	30 ~ 105
20.0	10 ~ 35	50.0	12 ~ 42
50.0	10 ~ 14	100	6 ~ 21
100	0 ~ 7	300	0 ~ 7

資料來源：Sawyer and McCarty (1967)

稀釋樣本原有之溶氧濃度。Sawyer and McCarty (1967) 指出，如果原樣本中 BOD 濃度超過 200 mg/L，則未稀釋樣本原有之溶氧濃度可以忽略不計。

為了得到有效之 BOD 測試結果，在培養結束時溶氧的剩餘濃度應該高於 2 mg/L，同時培養前後溶氧的消耗量應該大於 1 mg/L。

例題 3-1

三個 BOD 測試瓶分別加入 5 mL 社區污水樣本含有 2 mg/L 溶氧以及 2 mL 菌種，然後以含飽和溶氧之稀釋水填滿並阻絕與空氣接觸，進行 BOD 檢測。同時三個對比空白測試瓶未添加水樣，加入 2 mL 菌種與稀釋水。經過 5 天在 20°C 培養，樣本瓶與對比瓶中的溶氧別為 2.5 mg/L 及 6.8 mg/L。請問這個水樣的 BOD_5 是多少？

【解】

直接代入公式 3-1

$$BOD_5 = \left[(6.8 - 2.5)\frac{300}{5}\right] - (6.8 - 2.0) = 253 \text{ mg/L}$$

一個典型 BOD 連續曲線可分為五個區間討論，這些區段見圖 3.1。

區間 1 這個緩慢與生長 (synthesis) 降低的減緩使用氧氣現象，是因為微生物正在適應基質 (substracts) 與在快速生長期 (high-synthesis phase) 減少氧氣應用所合併的結果。可以觀察到 BOD 瓶中在第 2 天變為混濁，顯示大量微生物增加。生長過程中用於單位基質的氧氣遠低於用於氧化單位基質至二氧化碳的過程。

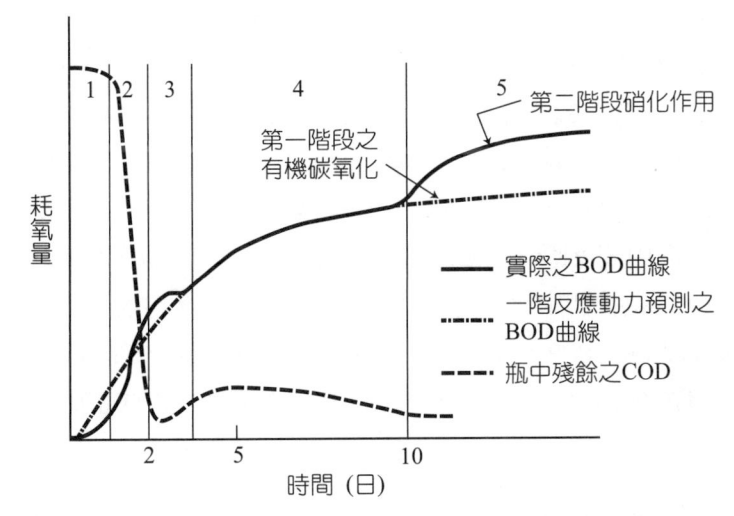

圖 3.1 BOD 之連續曲線圖

生長合成：

$$C_5H_{12} + 2.25O_2 \rightarrow C_5H_7NO_2 + 2.5H_2O \quad \text{(3-3)}$$
基質　　　　　　　生物物質

氧化反應：

$$C_5H_{12} + 8O_2 \rightarrow 5CO_2 + 6H_2O \quad \text{(3-4)}$$

區間 2　當微生物質量變大時，生長速率會減緩而氧氣反應 (用於維生能量需求) 的速率會增加，造成在此區間氧氣的快速消耗。當基質量很有限時，氧化反應在此區間末期變會降低。在第 2 區間末期氧化反應降低的原因也可能是，容易利用的物質已經被分解，只剩下較為困難分解的物質。

區間 3　在第 2 或是第 3 天期間，微生物的濃度達到最高值同時氧化反應的高峰期也達到。造成高峰期或是第 3 區間的真正原因尚不明確，但是推測的原因可能是外在基質做為食物轉換成為細胞物質進入不重要的馴化階段，或是因為掠食物種的迅速生長。

區間 4　在生長高峰期後進入內呼吸期 (endogenous phase)，細胞物質開始被氧化做為微生物維生所需。

區間 5　大約 10 天 (較早於廢污水處理廠放流)，氧化氮化合物的菌種開始成為優勢物種。硝化菌可能在整個檢測期間均存在，但是蛋白質不容易崩解而大多數氮存在於蛋白質，直到碳化合物幾乎氧化完成後，硝化菌才成為優勢物種。這個現象造成曲線第二個隆起，稱為二階 BOD 或是硝化 (nitrification)。

在美國檢測 BOD 的標準時間為 5 天，這個時間的選擇是為了將硝化的影響降到最低，同時假設做為菌種的沉降污水含有最少量之硝化菌。這可能是以 BOD 濃度做為處理廠放流水效益指標或是設計參數最合理做法。在處理廠設計中，含碳 BOD (carbonaceous BOD, CBOD) 的去除一般是最主要的考量。歐洲的做法是以長時間 BOD 為基準，包括硝化反應在內。這是因為河川污染是做重要的考量，所有潛在的氧氣消耗均必須考量在內。

在 BOD 檢測中，氧氣的消耗是一種生物反應。因此，細菌環境狀況、微生物起始的數量、有機物對細菌馴養的影響、以及食物與微生物的比例 [食微比 (food/microorganim, F/M)] 等，都是重要的參數與結果差異的可能原因。一個生化反應無法期待與一個純化學反應有相同的準確性，因為細菌反應酵素 (bacterial catalyses) 的數量與狀況有十分重要影響。生化反應經常牽涉一系列複雜的中間反應，無法用準確的數學基礎來理論敘述氧化反應。這個在 BOD 檢測中尤為明顯，因為檢測中使用一組無法區別的有機混合物以及一組無法區別的細菌族群。不過，BOD 的去除一般可以假設為一次動力反應 (first-order kinetics)。換言之，BOD 的去除速率 (有機物的氧化速率) 直接與當時 BOD 的剩餘濃度成正比。用數學方式表達其時間關係為：

$$\frac{dL}{dt} = -KL \quad \text{(3-5)}$$

式中,$\frac{dL}{dt}$ = BOD 去除速率(有機物被氧化的速率),[質量]・[體積]$^{-1}$・[時間]$^{-1}$
L = BOD 剩餘濃度,[質量]・[體積]$^{-1}$
K = BOD 反應速率常數,[時間]$^{-1}$

假設在 $t = 0$ 時,$L = L_u$,其中 L_u 係指終極 BOD (BOD 在沒有發生任何生物反應的總量),3-5 式可以積分而得

$$L = L_u e^{-Kt} \tag{3-6}$$

如果 Y 表示任何時間 t 下,BOD 的濃度,則

$$L_u = L + Y \tag{3-7}$$

或是

$$L = L_u - Y \tag{3-8}$$

將 3-8 式代入取代 3-6 式中的 L,3-6 式可表成

$$Y = L_u(1 - e^{-Kt}) \tag{3-9}$$

或是一般對數函數形式

$$Y = L_u(1 - 10^{-K't}) \tag{3-10}$$

式中,
$$K' = \frac{K}{2.3} \tag{3-11}$$

有關 L_u、L 及 Y 之間的關係,則可由圖 3.2 及圖 3.3 中之 BOD 曲線圖所示。

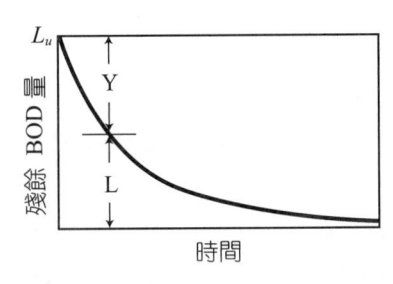

圖 3.2 殘餘 BOD 與反應時間的關係

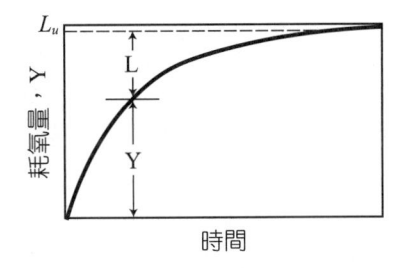

圖 3.3 耗氧量與反應時間的關係

例題 3-2

某廢水中 5 天 BOD 為 250 mg/L,假設 K' 是 0.20 天$^{-1}$,請問終極需氧量 L_u 是多少?

【解】

代入 3-10 式,計算 L_u

$$250 = L_u[1 - 10^{-(0.20)(5)}]$$

或是

$$L_u = 278 \text{ mg/L}$$

有機物的氧化速率受許多因素的影響,例如:溫度、營養鹽、微生物數量等,其量化程度表現在反應速率常數 K 的大小。欲知 5 天 BOD 量化的檢測結果,反應速率常數的大小必須知道。從圖 3.4 可以理解,雖然 5 天 BOD 顯示兩種廢污水的污染強度有明顯的差異,但是卻有幾乎相同濃度的終極 BOD。因此,明確的顯示如果沒有氧化速率的輔助,5 天 BOD 的數據並無實際的應用價值。

幾個可以決定反應速率常數 (K) 與終極 BOD (L_u) 方式中,湯瑪斯法 (Thomas Method) 可能是最簡單的一個。此法依據下列的函數

$$\left(\frac{t}{Y}\right)^{1/3} = (2.3K'L_u)^{-1/3} + \left[\frac{(K')^{2/3}}{3.43(L_u)^{1/3}}\right]t \tag{3-12}$$

式中,Y = 時間 t 時之 BOD 濃度,[質量]・[體積]$^{-1}$

　　K' = 以 10 為底的反應速率常數,[時間]$^{-1}$

　　L_u = 終極 BOD 濃度,[質量]・[體積]$^{-1}$

根據 3-12 式,可知以 $(t/Y)^{1/3}$ 對時間作圖,能得到一個斜率為 b 及截距為 a 的線性關係,其中

$$K' = 2.61\frac{b}{a} \tag{3-13}$$

以及

$$L_u = \frac{1}{2.3K'(a)^3} \tag{3-14}$$

圖 3.5 顯示要完成此一線性關係圖需要得知 K' 與 L_u,需要數組 Y 對時間的關係函數。氣壓

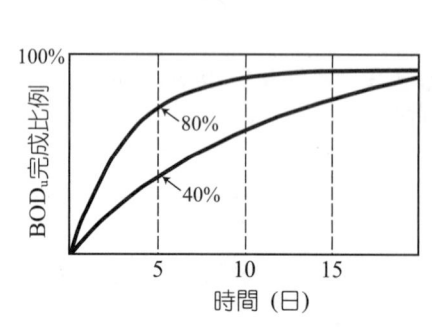

圖 3.4 反應速率常數對短期 BOD 的影響

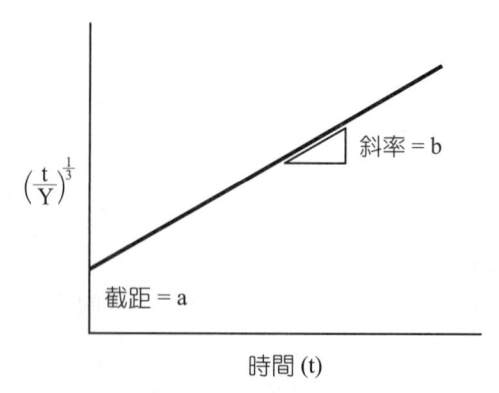

圖 3.5 利用湯瑪斯製圖法決定 K' 與 L_u

計或其他設施能測得氧氣隨時間的消耗變化,是達到這個目的最方便的方式。數據的使用限於前 10 天取得者,因為之後硝化反應可能會發生。一些常被接受 K' 與 L_u 的數值,如表 3.2 所示。

表 3.2　一般常見的 K' 與 L_u 數值

廢污水種類	K' (day^{-1})	L_u (mg/L)
低污染社區污水	0.152	150
高污染社區污水	0.168	250
一級放流水	0.152	75～150
二級放流水	0.052～0.100	10～75

例題 3-3

利用下列數據決定反應速率常數 K' 與終極需氧量 L_u 是多少?

t (day)	0	1	2	3	4	5	6	7
BOD (mg/L)	0	72	120	155	182	202	220	237

【解】

a. 整理數據如下表所示:

$(t/Y)^{1/3}$	0.240	0.255	0.268	0.280	0.291	0.301	0.309
t	1	2	3	4	5	6	7

b. 利用 a. 步驟所得之數據作圖,從線性關係中取得斜率與截距。

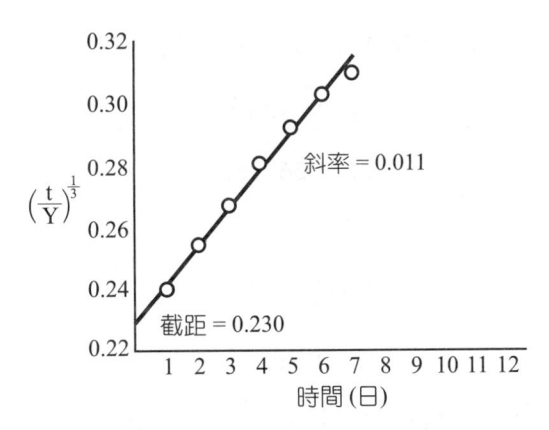

c. 利用 3-13 式,計算反應速率常數

$$K' = 2.61 \frac{0.011}{0.230} = 0.125 \text{ day}^{-1}$$

d. 利用 3-14 式計算終極需氧量 L_u

$$L_u = \frac{1}{2.3(0.125)(0.23)^3} = 286 \text{ mg/L}$$

還有一種以最少數據量快速取得反應常數的方式，是檢測兩組等時間段的 BOD 測試，例如 3 與 6 天。3-9 式可以調整後利用此兩組數據同步計算常數。

例題 3-4

如果某廢污水 3 天的 BOD 試驗測得為 155 mg/L，以及 6 天的 BOD 測得為 220 mg/L，試計算 L_u 與 K。

【解】

a. 調整 3-9 式為下列形式：

$$ln\left(\frac{L_u - Y}{L_u}\right) = -Kt$$

b. 插入已知的數值於 a. 步驟中的公式，再同步計算 L_u：

$$ln\left(\frac{L_u - 155}{L_u}\right) = -3K$$

$$ln\left(\frac{L_u - 220}{L_u}\right) = -6K$$

得到

$$ln\left(\frac{L_u - 220}{L_u}\right) = 2\,ln\left(\frac{L_u - 155}{L_u}\right)$$

$$\frac{L_u - 220}{L_u} = \left(\frac{L_u - 155}{L_u}\right)^2$$

$$L_u^2 - 220 L_u = L_u^2 - 310 L_u + 24{,}025$$

$$90 L_u = 24{,}025$$

$$L_u = 267\ \text{mg/L}$$

c. 計算反應速率常數：

$$ln\left(\frac{267 - 155}{267}\right) = -3K$$

$$K = 0.29\ \text{day}^{-1}$$

$$K' = \frac{0.29}{2.3}\ \text{day}^{-1} = 0.126\ \text{day}^{-1}$$

雖然檢測 BOD 標準法培養溫度為 20 °C，但是在室外的培養溫度往往是不同的溫度。Eckenfelder (1970) 建議碳化合物需氧量的速率常數，可利用下列修改 1-30 式後之公式，來修正溫度效應。

$$K'_T = K'_{20°C}\theta^{T-20} \tag{3-15}$$

式中，$K'_{20°C}$ = 20 °C 下之 BOD 反應速率常數，[時間]$^{-1}$

K'_T = 欲知某溫度 T 下之 BOD 反應速率常數，[時間]$^{-1}$

T = 欲知之溫度，°C

θ = 1.135 在 4~20 °C 範圍，以及

= 1.056 在 20~30 °C 範圍

例題 3-5

某河水樣本在 20 °C 培養下測得之終極與 5 天的 BOD 分別 38 及 27 mg/L，試問此河水溫度在 10 °C 時之反應速率常數為何？

【解】

a. 將數據插入 3-10 式，計算 K'：

$$27 = 38[1 - 10^{-K'(5)}]$$

或是

$$K' = 0.107 \text{ day}^{-1}$$

b. 利用 3-15 式，修正反應速率常數的溫度效應

$$K' = (0.107)(1.135)^{10-20} = 0.03 \text{ day}^{-1}$$

在檢測工業廢水時需要特別注意，應用非馴養之菌種是經常發生 BOD 檢測錯誤結果的因素。此外，存在於此類廢水中某些物質可能會對菌種微生物產生毒性效應。當增加稀釋樣本倍數卻測得 BOD 數值增加時，便是證實這種效應的結果。

馴養菌種可以在實驗室中，將下水之沉降微生物置於燒瓶餵養廢污水並曝氣一段時間，大約兩週時間即可獲得。如果廢棄物排放至河川中一段時間後，在排放點下游一段距離取得之水樣中經常含有相當數量的馴養菌種。處理相同廢污水之處理廠沉降後放流水中也可做為菌種，但是此類水中經常含有大量的硝化菌，檢測過程中硝化反應的衝擊會較早發生。

如果含有毒性物質，BOD 實際上無法利用靜止瓶 (static-bottled) 檢測出，社區暴風雨逕流就是這種狀況最好的例子。除了利用螯合劑 (chelating materials) 固定有毒金屬之外，還有兩種技術可以克服毒性效應。一種技術是持續攪拌測試瓶內檢測物，TNT 廢水證實此種方法 (Nay, 1971)。另一種技術是增加測試瓶中菌種的濃度，微生物的毒性測試一般是觀察毒性物質濃度的現象。因此可以假設所有較高濃度會增加毒性，然而低濃度則沒有毒性。這種假設不完全正確，除非在各種毒性物質濃度下，微生物的濃度能保持不變。事實上，毒

性是系統中毒性物質量與微生物數量比例的一個函數。除了有濃度梯度 (threshold) 之外，還有比例梯度，Fitzgerald (1964) 與 Randall and Lauderdale (1967) 都提出這種理論。

如果持續攪拌與增加微生物濃度同時使用，毒性效應通常可以被克服而得到可信的 BOD 檢測結果。

由於有機物質的生物抗拒性，生物氧化反應很少能夠像化學氧化反應完全進行，實際上即使在長期檢測結束後，某些潛在可以被氧化的生物物質依然存在。5 天 BOD 經常只佔終極或是長期含碳 BOD 的 60~70%，而第一階段與第二階段 BOD 也只佔 40~50%。對不同廢水的檢測結果，這個差異會很大。因此需要理解，很少有廢污水符合 BOD 的一次動力反應。

BOD_5 源自於對河川污染分析的問題，包括稀釋與氧氣消耗。目前這些考量問題已經較不重要，用於處理廠設計及效率分析已逐漸改用 CODs，由於相對快速以及簡單的檢測方式。

化學需氧量

化學需氧量 (chemical oxygen demand, COD) 的檢測主要原理是基於，在酸性環境下大部分有機物質會被強氧化劑分解為 CO_2 和 H_2O。檢測顯示好氧生物物質氧化成 CO_2 和 H_2O 需要的氧氣量，假設全部有機物都是生物可分解的。

檢測過程係將有機物與硫酸加入過量標準重鉻酸鉀 (potassium dichromate) 進行逆洗 (reflux) 處理。逆洗過程中可被化學氧化之有機物會以化學同等當量消耗重鉻酸，剩餘的重鉻酸再以標準硫酸銨亞鐵 (ferrous ammonium sulfate) 滴定計量。被消耗的重鉻酸的量，可換算出被氧化有機物的量。

雖然 COD 被認為與廢污水中終極 BOD 的量相同，但實際並非如此。Eckenfelder and Ford (1970) 提出下列因素會造成，COD 與終極 BOD 數值差異的可能因素：

1. 雖然 COD 檢測可以測出可以被氧化之總有機物，但是卻無法區分生物可分解或是不可分解部分。同時，並非所有有機化合物能被濕式化學方法氧化。有些化合物，例如醣類、含有支鏈的碳氫化合物 (branched-chain aliphatics)、有取代之苯環 (substituted benzene rings) 等可被完全氧化，然而像苯、甲苯及吡啶 (pyridine) 等化合物則無法被氧化。其他化合物如直鏈酸、醇類及胺基酸等，只能部分被氧化。
2. 某些無機物質如硫化物、亞硫酸鹽、硫代硫酸鹽 (thiosulphate)、亞硝酸鹽及亞鐵離子等，亦可被重鉻酸氧化造成無機 COD，進而在檢測廢污水中有機物含量時產生錯誤。
3. COD 的處理結果與馴養菌種無關，此因子可能造成 BOD 的處理偏低。

如果氧化反應能夠確定，有機化合物的理論 COD 可能計算出來。例如下列的顯示葡萄糖氧化產生二氧化碳與水的反應：

$$C_6H_{12}O_6 + 6O_2 \rightarrow 6CO_2 + 6H_2O \qquad (3\text{-}16)$$
$$180 \quad (6 \times 32)$$

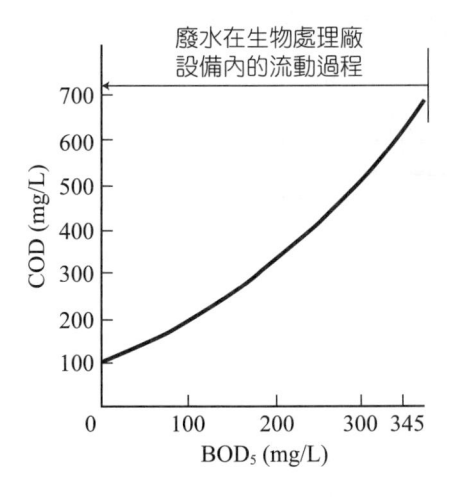

圖 3.6　廢水在通過生物處理廠過程中 BOD-COD 的相關性 (Eckenfelder and Ford, 1970)

$$\frac{6 \times 32}{180} = 1.066 \text{ g 氧氣需要用於氧化 1 g 葡萄糖}$$

這個莫耳比顯示 1.066 g 氧氣需要用於氧化 1 g 葡萄糖轉化為 CO_2 與 H_2O。

對某個特定的廢污水，COD 與 BOD 數值一般可能建立其相關性，圖 3.6 顯示一個典型的相關性曲線。這個圖中顯示另一個有趣的互動關係，在廢污水通過生物廢水處理系統過程中，廢水中 BOD/COD 的比例一般會降低。圖中廢水中大約有 100 mg/L 生物無法分解的物質被檢測為 COD。

總有機碳

總碳分析儀 (total carbon analyzer) 可直接分析出水樣中溶解的總碳量，水樣注射入一個燃燒管中與固定留宿的載氣 (carrier gas) 加熱至 950°C。任何有機物質會被氧化為 CO_2，與水蒸氣滲入含有催化劑的石棉填充物中，這些氣體再由載氣帶出燃燒管。在燃燒管外，水分會凝結，而 CO_2 則會經由一個連續流樣本室，集中帶入並收集於一個非分散式紅外線碳分析儀中，進行檢測。檢測出 CO_2 的量與原始樣本中的碳濃度成正比。因此，一個標準曲線可以建立並用於決定任何廢污水樣本中總溶解碳的濃度。有機碳部分的定量則在分析前，先酸化然後噴灑水樣去除無機碳 (噴灑無法移除揮發性酸類，如甲酸和乙酸)，或是使用雙燃燒管總碳分析儀，其中低溫燃燒管用於分析無機碳的量。有機碳則是總碳與無機碳的差異。一個雙燃燒管總碳分析儀的流程顯示於圖 3.7。

在分析 TOC 過程中，最大的失誤是在注入的樣本中含有固體。樣本所需的量體一般皆很少量 (20 μL)，一個小的有機顆粒的存在與否，對檢測的結果會產生很大的差異。因此，TOC 主要是量測過濾樣本中溶解的有機物含量。不過，由 Dohrmann Division of Envirotech Corp. 所研發生產的 TOC 分析儀可以克服這個限制。此儀器可以檢測含有高固體濃度樣本中的 TOC，不論這些固體是有機物還是無機物。

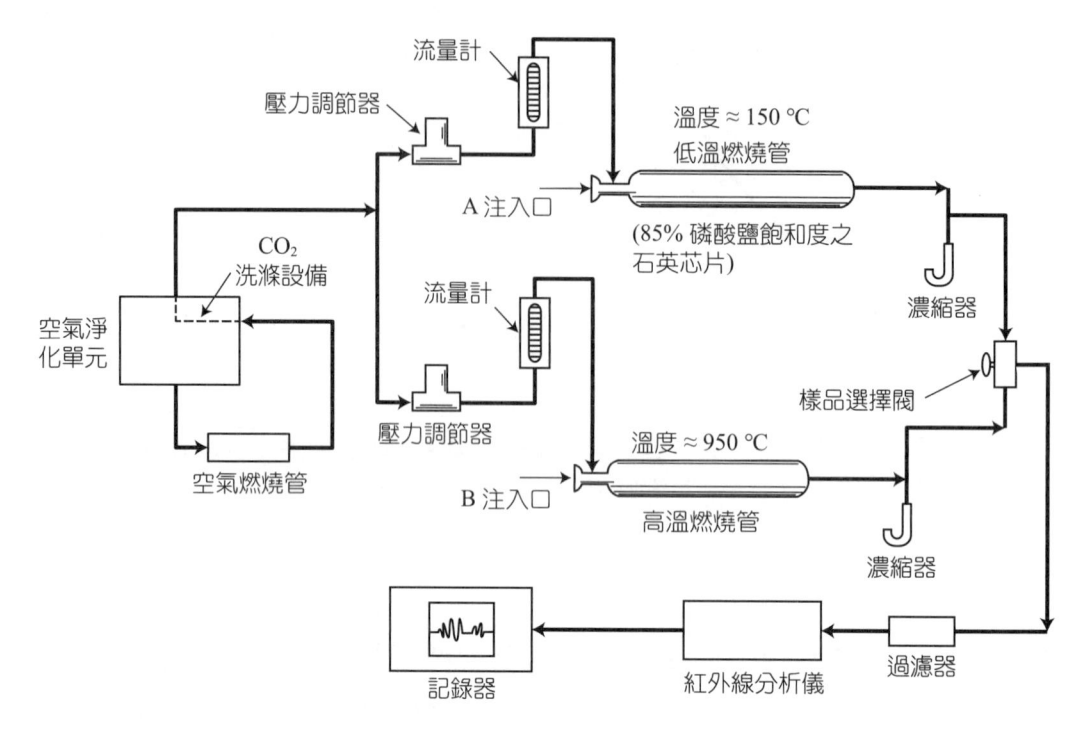

圖 3.7 雙燃燒管總碳分析儀的流程 (Eckenfelder and Ford, 1970)

在很多案例中，TOC 的數值與 COD 偶爾與 BOD 具有相關性。由於檢測碳的時間一般很短（數分鐘），這個相關性對於監測處理廠流量的有效監控具有很大的幫助。表 3.3 與 3.4 顯示對一些工業廢水與社區污水處理廠中，BOD_5、COD 與 TOC 數值相關性的觀察結果。

表 3.3 某特定工業廢水中的需氧量與有機碳

廢污水種類	BOD_5 (mg/L)	COD (mg/L)	TOC (mg/L)	BOD_5/TOC	COD/TOC
化學[a]	—	4,260	640	—	6.65
化學[a]	—	2,440	370	—	6.60
化學[a]	—	2,690	420	—	6.40
化學	—	576	122	—	4.72
化學	24,000	41,300	9,500	2.53	4.35
化學煉油	—	580	160	—	3.62
石化	—	3,340	900	—	3.32
化學	850	1,900	580	1.47	3.28
化學	700	1,400	450	1.56	3.12
化學	8,000	17,500	5,800	1.38	3.02
化學	60,700	78,000	26,000	2.34	3.00
化學	62,000	143,000	48,140	1.29	2.96
化學	—	165,000	58,000	—	2.84

表 3.3　某特定工業廢水中的需氧量與有機碳 (續)

廢污水種類	BOD$_5$ (mg/L)	COD (mg/L)	TOC (mg/L)	BOD$_5$/TOC	COD/TOC
化學	9,700	15,000	5,500	1.76	2.73
尼龍聚合物	—	23,400	8,800	—	2.70
石化	—	—	—	—	2.70
尼龍聚合物	—	112,600	44,000	—	2.50
石蠟程序	—	321	133	—	2.40
丁二烯程序	—	359	156	—	2.30
化學	—	350,000	160,000	—	2.19
人造橡膠	—	192	110	—	1.75

[a] 高濃度硫化物與硫代硫酸鈉
資料來源：Eckenfelder and Ford (1970)

表 3.4　某特定社區污水中的需氧量與有機碳

污水處理	BOD$_5$ (mg/L)	COD (mg/L)	TOC (mg/L)	BOD$_5$/TOC	COD/TOC
原污水	—	136	41	—	3.32
	—	—	—	1.39	—
	—	—	—	1.88	—
	—	230	54	—	4.26
	105	304	65	1.63	4.68
	92	264	70	1.32	3.76
	84	235	57	1.47	4.12
	76	227	49	1.55	4.64
	89	263	61	1.46	4.32
	72	228	55	1.31	4.14
初級放流水	68	299	51	1.33	5.85
	66	220	61	1.08	3.60
	59	200	58	1.02	3.45
	50	161	44	1.14	3.66
	57	197	54	1.06	3.65
	46	146	46	1.00	3.19
最終放流水	16	85	34	0.47	2.50
	19	95	38	0.50	2.50
	20	85	33	0.61	2.58
	11	77	30	0.37	2.56
	14	81	40	0.35	2.02
	11	78	35	0.31	2.23
	—	—	—	0.20	—
	—	—	—	0.69	—

資料來源：Eckenfelder and Ford (1970)

如同 Eckenfelder and Ford (1970) 所述，TOC/COD 的比例很可能與氧分子與碳分子的比例 (亦即 32/12 = 2.66) 很接近。但是，因為不同有機化合物化學可氧化性的差異，COD/TOC 的比例值會在一個相當大的範圍內變動。根據多位研究者的報告，對於多種工業廢水這個變動範圍從 1.75 至 6.65。

其他檢測廢水中有機物含量的方法有總需氧量 (total oxygen demand, TOD)、理論需氧量 (theoretical oxygen demand, ThOD) 以及總生化需氧量 (total biological oxygen demand, T_bOD)。這些測試方法不再此敘述，因為這些檢測所得到的數據不常用於生物廢水處理程序的設計。如果對這些測試方法有興趣，建議參考 Metcalf and Eddy (1972) 與 Schroeder (1977)。

3-2 無機物

典型的廢污水處理主要導向於懸浮固體 (suspended solid, SS) 及生化需氧量的去除與細菌污染的削減，處理程序附帶轉換或是去除營養鹽。但是，近年來廢污水中的營養鹽 (特別是氮與磷) 已經變成注意的焦點。當營養鹽的去除不只是轉換 (氨氮氧化為硝酸氮) 時，必須注意氮與磷是細胞組成的要素。因此，如果要達到有機物有效的去除，廢污水中必須含有這些物質的基本量做為微生物繁殖之所需。關於此點，酸鹼值 (pH) 與鹼度 (alkalinity) 也是重要的參數，為了達到微生物最佳的活性，生物處理程序的操作 pH 需要維持在一個有限的範圍內。

酸鹼值與鹼度

酸鹼值 (pH) 刻度的意義是標示在水溶液中氫離子 (H^+) 濃度於 1.0 M H^+ 與 1.0 M OH^- 間的酸度 (acidity) 範圍。pH 的定義是：

$$pH = \log\left(\frac{1}{[H^+]}\right) \tag{3-17}$$

其中 [H^+] 為氫離子濃度，單位為 mole/L。

因為水的解離常數 (ionization constant) 是 10^{-14}，因此 pH 值的範圍約在 0 至 14 之間，pH7 代表中性。

需要注意的是，pH 實際的定義是：

$$pH = \log\left(\frac{1}{a_{H^+}}\right)$$

其中 a_{H^+} 為 H^+ 的活性 (activity)。然而，在本教材中活性與濃度並無特別區分。

pH 在生物廢水處理中是一個重要的參數，因為大多數微生物最佳的生長 pH 值是中性。雖然細菌細胞的結構與功能多方面受到 pH 的影響，但最敏感的部分是酵素的催化活性。圖 2.3 中顯示 pH 對微生物生長速率的影響。

酸一般是指物質解離產生氫離子 (hydrogen ions)，而鹼則是指物質解離產生氫氧根離子 (hydroxyl ions)。Brönsted-Lowry 理論定義酸是指質子提供物 (proton donors) 而鹼是質子接受物 (proton acceptor)。一個酸 - 鹼反應通常是一對酸 - 鹼配對介入分別做為質子提供物與質子接受物，例如一個單質子酸 HA 與離子 A^+ 是為酸 - 鹼配對。

酸的解離傾向可用平衡式表達，如單質子酸 HA 的解離：

$$HA \rightleftharpoons H^+ + A^- \qquad (3\text{-}18)$$

平衡式的表達如下：

$$K_a = \frac{[H^+][A^-]}{[HA]} \qquad (3\text{-}19)$$

其中中括號代表濃度，單位為 mole/L，而 K_a 代表反應的熱動力平衡常數 (thermodynamic equilibrium constant)。這是工程應用中對熱動力平衡常數的標準用法，亦即常數不會針對系統與理想狀態產生的偏差，如離子強度與溫度，進行修正。

表 3.5 列出幾個酸與鹼的熱動力平衡常數，在表 3.5 右列中的 pK_a 值只是單純的 K_a 以下列公式的對數轉換：

$$pK_a = \log\left(\frac{1}{K_a}\right) \qquad (3\text{-}20)$$

強酸 (對質子有低的親和力而容易失去質子) 有低的 pK_a 值，而弱酸則有高的 pK_a 值。

繪出弱酸滴定曲線是最容易看出酸解離常數概念的方法。要建立滴定曲線，可將少量強鹼溶液 (如 NaOH) 逐步滴入一個弱酸溶液中，記錄每次滴入後的 pH 值。再以 pH 值相對滴入對等的鹼量作圖，會得到一個 S 型的曲線。這個曲線可以解釋溶液中增加氫氧根離子，會使酸釋出質子。如何起始釋放質子改變 pH，與每個質子 - 釋放族群 (group) 的特性的一些因素有關。被酸釋放的質子與氫氧根離子結合的反應如下：

表 3.5　某些酸的熱動力平衡常數 (25°C)

無機酸類型	K_a	pK_a
H_3PO_4	7.52×10^{-3}	2.12
$Fe(H_2O)_6^{3+}$	6.3×10^{-3}	2.2
HNO_2	4.6×10^{-4}	3.4
$Al(H_2O)_6^{3+}$	1.3×10^{-5}	4.9
H_2S	1.1×10^{-7}	7.0
$H_2PO_4^-$	6.23×10^{-8}	7.21
NH_4^+	5.65×10^{-10}	9.25
HPO_4^{2-}	2.2×10^{-13}	12.7
HS^-	1.2×10^{-15}	14.9

$$H^+ + OH^- \rightleftharpoons H_2O \tag{3-21}$$

所以，在解離過程中 pH 值不會大量的變化。當酸釋放出大部分質子之後，滴定曲線的頂部就會出現。繼續滴入氫氧根離子，便會使得 pH 值快速上升。

圖 3.8 是一個單質子弱酸的滴定曲線。這個曲線的形狀可以用下列的 Hendersen-Hasselbalch 公式來表示：

$$pH = pK_a + \log\left(\frac{[A^-]}{[HA]}\right) \tag{3-22}$$

當 pH = pK_a 時，表示質子提供物 (HA) 與質子接受物 (A$^-$) 存在等莫耳濃度。這個狀況顯現達到圖 3.8 之滴定曲線的中點。

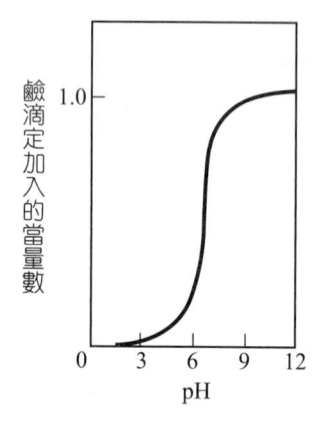

圖 3.8　單質子弱酸的滴定曲線

例題 3-6

以 HCl 滴定水中氨的溶液至 pH 8.5，試問餘鹼與共軛酸的相對濃度為何？

【解】

a. 從表 3.5 得知銨 (NH_4^+) 的 pK_a 為 9.25。

b. 代入 3-22 式計算 [NH_3]/[NH_4^+] 的比例

$$8.5 = 9.25 + \log\left(\frac{[NH_3]}{[NH_4^+]}\right)$$

$$\log\left(\frac{[NH_3]}{[NH_4^+]}\right) = -0.75$$

$$\frac{[NH_3]}{[NH_4^+]} = 0.18$$

緩衝 (buffered) 溶液指此溶液再加入酸或鹼時，其氫離子與氫氧根離子的濃度可以抵抗改變。此類溶液需含有質子提供物與鹼反應以及質子接受物與酸反應。因此，一個溶液包含一個弱酸及其鹽類或是一個弱鹼及其鹽類即可形成緩衝溶液。例如，假設氫離子加入含有醋酸及醋酸鈉的溶液中，反應結果如下列公式：

$$\text{HAc} \rightleftharpoons \text{H}^+ + \text{Ac}^- \qquad (3\text{-}23)$$
$$+$$
$$\text{OH}^-$$
$$\updownarrow$$
$$\text{H}_2\text{O}$$

氫氧根離子與氫離子反應形成水，使得 HAc 再解離釋出氫離子補充水反應使用的氫離子。這個效果是氫離子濃度變化很少，直到鹼的添加量等於相當於醋酸的化學劑量為止。用 3-22 式闡述這個系統，[A⁻] 為初始的鹽類濃度而 [HA] 為初始的酸濃度。

一個單一化合物擁有相當酸與鹼的性質同樣有還衝的功能。碳酸氫鈉 (sodium bicarbonate) 就是一個很好的例子，因為碳酸氫根離子 (HCO_3^-) 與酸或鹼反應時，可提供質子或接受質子。

$$HCO_3^- + OH^- \rightleftharpoons H_2O + CO_3^{2-} \qquad (3\text{-}24)$$

$$HCO_3^- + H^+ \rightleftharpoons H_2CO_3 \qquad (3\text{-}25)$$

例題 3-7

將 10 g 碳酸氫鈉溶於 1 L 水中，最終水溶液式酸性還是鹼性？假設水溶液為 25°C。

【解】

1. 在水中碳酸氫根離子有二種反應：

   a. $HCO_3^- + H_2O \rightleftharpoons H_3O^+ + CO_3^{2-}$

   表 3.5 中顯示此反應的 K_a 為 6.31×10^{-11}。

   b. $HCO_3^- + H_2O \rightleftharpoons H_2CO_3 + OH^-$

   因為 $K_a \times K_b = K_w$，此反應的平衡常數為：

   $$K_b = \frac{10^{-14}}{6.31 \times 10^{-11}} = 1.6 \times 10^{-4}$$

2. 如果第一個水解反應為主導，氫離子濃度會比較大使得水溶液呈酸性。但是，如果第二個水解反應為主導，氫氧根離子濃度會比較大使得水溶液呈鹼性。

3. 這個案例中第二個水解反應的平衡常數比第一個水解反應大得多，因此這個水溶液呈鹼性。

碳酸氫鹽的緩衝系統 (H_2CO_3–HCO_3^-) 有些有趣的特徵，其質子提供物種（碳酸）與溶解的 CO_2 會形成可逆的平衡反應。

$$H_2CO_3 \rightleftharpoons CO_{2(溶解)} + H_2O \tag{3-26}$$

這個反應在一個開放系統，如廢水處理設施中會正常發生，溶解 CO_2 會與 CO_2 氣體達到平衡。

$$CO_{2(溶解)} = CO_{2(氣體)} \tag{3-27}$$

亨利定律 (Henry's Law) 說明一個氣體在水中的溶解度，與該氣體在水表面的分壓成正比。如果 CO_2 分壓增加而其他變數維持不變，水溶液的 pH 值則會下降。這個結果可以解釋為 CO_2 溶解量增加，H_2CO_3 的濃度跟著增加。根據 Hendersen-Hasselbalch 公式來表示 pH：

$$\text{pH} = \text{p}K_a + \log\left(\frac{[HCO_3^-]}{[H_2CO_3]}\right) \tag{3-28}$$

3-28 式便可預測 H_2CO_3 濃度增加，pH 值則會下降。

鹼度 (alkalinity) 定義為一個水體能夠中和酸的容量。由於大部分的廢污水的 pH 值位於 6.5~8.5 範圍內，因此一般認為其 pH 值主要受溶解的碳酸物（也就是二氧化碳、碳酸氫鹽與碳酸鹽）所控制。碳酸鹽在水中的平衡狀態可由下列反應表示：

$$CO_2 + H_2O \rightleftharpoons H_2CO_3 \rightleftharpoons HCO_3^- + H^+ \rightleftharpoons CO_3^{2-} + H^+ \tag{3-29}$$

既然 H_2CO_3 不容易檢測且也只有少部分溶解的 CO_2 水解為 H_2CO_3，一個明顯的第一解離常數可以合併溶解的 CO_2 以及 H_2CO_3 的濃度總和來敘述：

$$\frac{[H^+][HCO_3^-]}{[CO_2]+[H_2CO_3]} = \frac{[H^+][HCO_3^-]}{[H_2CO_3^*]} = K_1 = 4.45 \times 10^{-7}，在 25°C時 \tag{3-30}$$

HCO_3^- 的第二解離常數 K_2 則是：

$$\frac{[H^+][CO_3^{2-}]}{[HCO_3^-]} = K_2 = 4.69 \times 10^{-11}，在 25°C時 \tag{3-31}$$

其中 [ ] 表示濃度其單位為 mole/L。Loewenthal and Marais (1976) 建議解離常數 K_1 和 K_2 可能需要在溫度改變時，利用下列公式校正：

$$\text{p}K_1 = \frac{17,052}{T} + 215.21\ \log\ T - 0.12675\ T - 545.56 \tag{3-32}$$

$$\text{p}K_2 = \frac{2902.39}{T} + 0.02379\ T - 6.498 \tag{3-33}$$

其中 T 指溫度其單位為 °K。3-32 式適用於溫度範圍在 0 至 38°C，而 3-33 式適用於溫度範圍在 0 至 50°C。

例題 3-8

用強酸將 0.1 M 碳酸氫鈉溶液的 pH 值調整至 7.0 後，取 100 mL 此溶液再加入 100 mL 之 0.08 N HCl。試問最終 $[H_2CO_3^*]$ 與 $[HCO_3^-]$ 濃度及 pH 值為何？

【解】

1. 先計算初始 $[H_2CO_3^*]$ 與 $[HCO_3^-]$ 的分布：

$$7.0 = 6.35 + \log\left(\frac{[HCO_3^-]}{[H_2CO_3^*]}\right)$$

$$\frac{[HCO_3^-]}{[H_2CO_3^*]} = 4.47$$

因為

$$[HCO_3^-] + [H_2CO_3^*] = 0.1$$

$[H_2CO_3^*]$ 的濃度為：

$$4.47[H_2CO_3^*] + [H_2CO_3^*] = 0.1$$
$$[H_2CO_3^*] = 0.018 \text{ M}$$

進而計算 $[HCO_3^-]$ 濃度：

$$[HCO_3^-] + 0.018 = 0.1$$
$$[HCO_3^-] = 0.082 \text{ M}$$

既然只有一個質子移動，每 100 mL 之毫當量 (millequivalent, meq) 數為：

$$H_2CO_3^*/100 \text{ ml 的 meq} = 100 \times 0.018 = 1.8 \text{ meq}$$
$$HCO_3^-/100 \text{ ml 的 meq} = 100 \times 0.082 = 8.2 \text{ meq}$$

2. 計算加入原體積之氫離子 meq：

$$[H^+] \text{ 加入的 meq} = 100 \times 0.08 = 8.0 \text{ meq}$$

3. 再計算 $[H_2CO_3^*]$ 與 $[HCO_3^-]$ 新的分布：

$$HCO_3^- + H^+ \rightleftharpoons H_2CO_3^*$$

碳酸氫根離子的消失量等於氫離子的添加量：

$$H_2CO_3^*/200 \text{ ml 的 meq} = 1.8 + 8.0 = 9.8 \text{ meq}$$
$$HCO_3^-/200 \text{ ml 的 meq} = 8.2 - 8.0 = 0.2 \text{ meq}$$

每個物種的濃度為：

$$[H_2CO_3^*] = \frac{9.8}{200} = 0.049 \text{ M}$$

$$[HCO_3^-] = \frac{0.2}{200} = 0.001 \text{ M}$$

4. 利用 Henderson-Hasselbalch 公式來計算最終 pH：

$$pH = 6.35 + \log\left(\frac{0.001}{0.049}\right) = 4.66$$

為達到對的 pH 緩衝能力，緩衝劑需要有的特性是 (1) 中和容量 (neutralizing capacity) 與 (2) 強度 (intensity)。從 3-22 式可以看出，只有質子接受物與質子提供物的比例決定了混合物的 pH 值。但是，緩衝容量依賴緩衝成分實際的數量以及加入氫離子或是氫氧根離子不會消耗全部緩衝成分之量的控制。例如，總鹼度係定義為在水樣中可以中和酸達到 pH 為 4.3 的含量。

緩衝強度的定義係指改變 1 L 溶液之 pH 值一個單位所需的氫離子或是氫氧根離子的莫耳數。但是從圖 3.8 中的滴定曲線可以看出，緩衝強度會隨 pH 值改變，例如在曲線中點改變一單位 pH 值所需要的鹼比曲線終點兩端更多。因此，緩衝強度最好以微分方式來表達：

$$\beta = -\frac{dA}{dpH} = \frac{dB}{dpH} \tag{3-34}$$

式中，β = 緩衝強度

$\frac{dA}{dpH}$ = 改變 dpH 所需之強酸莫耳數

$\frac{dB}{dpH}$ = 改變 dpH 所需之強鹼莫耳數

3-34 式中的負號表示加入強酸會降低 pH。

以強酸滴定同質性 (homogeneous) 碳酸鹽的水系統時，Weber and Stumm (1963) 表示緩衝強度可以用下列公式計算：

$$\beta = 2.3\left(\frac{\alpha([\text{alk.}] - [OH^-] + [H^+])\{[H^+] + (K_1K_2/[H^+]) + 4K_2\}}{K_1(1 + 2K_2/[H^+])} + [H^+] + [OH^-]\right) \tag{3-35}$$

式中，

$$\alpha = \frac{K_1}{K_1 + [H^+] + (K_1K_2/[H^+])} \tag{3-36}$$

β = 緩衝強度，當量 / 單位 pH

[OH⁻] = 氫氧根離子濃度，mole/L

[H⁺] = 氫離子濃度，mole/L

[alk.] = 總鹼度，當量 -L

3-35 式可用於估算當已知濃度之氫離子加入或是生物處理程序，如生物硝化反應，產生之氫離子時，pH 值的改變量。

例題 3-9

某工廠的廢水以每日 0.2 百萬加侖 (MGD) 的流量，流入下水道系統進入社區污水處理設施。下水道中污水平均流量為 2 MGD，污水的鹼度為 200 mg/L 以 CaCO₃ 計而 pH 值為 7.5。如果廢水的 pH 值為 3.5，混合後的污水 pH 值為何？社區污水與工業廢水的溫度分別為 10°C 與 30°C，假設污水以碳酸鹽系統緩衝。

第 3 章　廢污水的特性與流量　77

【解】

1. 先計算廢污水混合後之溫度：

$$T = \frac{(10°C)(2.0) + (30°C)(0.2)}{2.0 + 0.2} \approx 12°C$$

2. 利用 3-32 式與 3-33 式計算 K_1 與 K_2：

$$pK_1 = \frac{17{,}052}{285} + 215.21 \log(285) - 0.12675(285) - 545.56$$

$$= 6.46 \rightarrow K_1 \approx 10^{-6.5}$$

$$pK_2 = \frac{2902.39}{285} + 0.02379(285) - 6.498$$

$$= 10.46 \rightarrow K_2 \approx 10^{-10.5}$$

3. 將鹼度濃度轉換為每公升當量：

$$[\text{alk.}] = \frac{0.2 \text{ g/L}}{CaCO_3 \text{的當量}} = \frac{0.2}{50} = 4 \times 10^{-3} \text{ eq/L}$$

4. 計算氫離子濃度：

$$[H^+] = 10^{-pH} = 10^{-7.5}$$

5. 計算氫氧根離子濃度：

$$[OH^-] = \frac{K_w}{[H^+]} = \frac{10^{-14}}{10^{-7.5}} = 10^{-6.5}$$

6. 利用 3-36 式計算 α 值：

$$\alpha = \frac{10^{-6.5}}{10^{-6.5} + 10^{-7.5} + (10^{-6.5} \times 10^{-10.5}/10^{-7.5})} = 0.91$$

7. 利用 3-35 式估算社區污水的緩衝強度：

$$\beta = 2.3 \left[\frac{(0.91)(4 \times 10^{-3} - 10^{-6.5} + 10^{-7.5})\{10^{7.5} + (10^{-6.5} \times 10^{-10.5}/10^{-7.5}) + 4 \times 10^{-10.5}\}}{10^{-6.5}[1 + (2 \times 10^{-10.5}/10^{-7.5})]} \right.$$

$$\left. + 10^{-7.5} + 10^{-6.5} \right]$$

$$= 8.37 \times 10^{-4} \text{ eq/L}$$

或是

$$\beta = 8.37 \times 10^{-4} \frac{\text{eq}}{\text{L}} \times 3.78 \frac{\text{L}}{\text{gal}} \times 2 \times 10^6 \frac{\text{gal}}{\text{day}}$$

$$= 6.3 \times 10^3 \frac{\text{eq}}{\text{day}}$$

8. 計算從工業廢水流入的氫離子大約數量：

$$\Delta[H^+] = 3.2 \times 10^{-4} \frac{\text{eq}}{\text{L}} \times 3.78 \frac{\text{L}}{\text{gal}} \times 0.2 \times 10^6 \frac{\text{gal}}{\text{day}}$$

$$= 2.4 \times 10^2 \frac{\text{eq}}{\text{day}}$$

9. 利用 3-34 式計算 pH 值的預計變化：

$$\beta = \frac{\Delta A}{\Delta \text{pH}} = \frac{\Delta[\text{H}^+]}{\Delta \text{pH}}$$

上式可計算 ΔpH：

$$\Delta \text{pH} = \frac{2.4 \times 10^2 \ \text{eq/day}}{6.3 \times 10^3 \ \text{eq/day}} = 0.038$$

所以，混合物最後的 pH 值是：

$$\text{pH} = 7.5 - 0.038 = 7.46$$

氮

廢污水中重要的含氮物種主要為氨氮、有機氮、亞硝酸氮與硝酸氮。圖 3.9 顯示這些含氮物質的循環。在氨／銨離子 (NH_3/NH_4^+) 型態中，氮的原子價 (valence) 為 −3，而氮分子 (N_2) 的原子價為 0。亞硝酸氮型態 (NO_2^-) 中氮的原子價為 +3，硝酸氮型態 (NO_3^-) 中氮的原子價為 +5。

氨氮在水溶液中存在的型態為氨或是銨離子，主導的型態取決於下列反應的平衡狀況：

$$NH_4^+ \rightleftharpoons NH_3 + H^+ \tag{3-37}$$

這個反應的平衡式為：

$$K_a = \frac{[NH_3][H^+]}{[NH_4^+]} \tag{3-38}$$

或是

$$\frac{K_a}{[H^+]} = \frac{[NH_3]}{[NH_4^+]} \tag{3-39}$$

式中，K_a = 解離常數

$[NH_3]$ = 氨的濃度，mole/L

$[NH_4^+]$ = 銨離子的濃度，mole/L

$[H^+]$ = 氫離子的濃度，mole/L

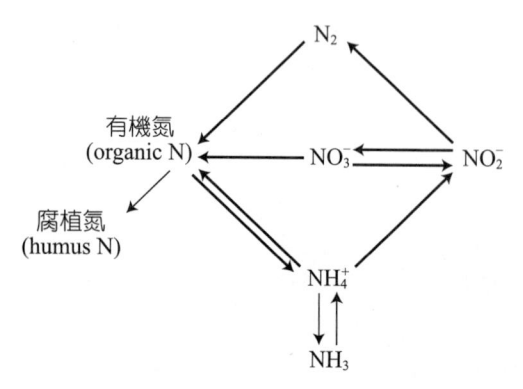

圖 3.9　氮循環

總氨氮的質量平衡可以用下式表示：

$$\text{總氨氮濃度} = [NH_3] + [NH_4^+] \tag{3-40}$$

在這個質量平衡中，$[NH_4^+]$ 的百分比含量為：

$$\%NH_4^+ = \frac{[NH_4^+]}{[NH_4^+] + [NH_3]} \times 100 \tag{3-41}$$

或是

$$\%NH_4^+ = \frac{100}{1 + ([NH_3]/[NH_4^+])} \tag{3-42}$$

將 3-42 式中之 $[NH_3]/[NH_4^+]$ 代入 3-39 式可得：

$$\%NH_4^+ = \frac{100}{1 + (K_a/[H^+])} \tag{3-43}$$

從 3-43 式中可看出氨與銨的分配百分比取決於 pH 值，由於 $[H^+] = 10^{-pH}$。解離常數 K_a 在 25°C 下為 5.6×10^{-10}，當 pH 值為 8.0 時，根據 3-43 式，可得銨離子的分布百分比為 94.6%。因此，在大部分生物處理單元中之 pH 值，銨離子為主要的存在型態。

總凱式氮 (total Kjeldahl nitrogen, TKN) 主要用於檢測廢污水中，氨氮與有機氮的總濃度，單位為 mg N/L。在社區原污水中的 TKN 濃度介於 15 至 50 mg/L 之間。表 3.6 彙整在社區污水中氮化合物的含量，以及經過初級與二級處理後的一般觀察到的去除率。初級處理過程的去除結果，主要來自於非溶解性之有機氮的沉澱結果。表 3.6 中二級處理過程中氮的去除，基於沒有硝化反應的發生。這種狀況下，氮的去除主要靠生物的同化作用 (assimilation) 完成的。需要強調的是，表 3.6 中氮的數量涵蓋已觀察到的整個數量範圍。社區污水—氮的含量介於 15~25 mg/L 之間，其中分布 60% 為可溶性 40% 為非可溶性。

表 3.6　社區污水處理過程中氮的濃度與去除率

氮的型態	原污水 mg/L	初級處理 mg/L	% 去除率	二級處理 mg/L	% 去除率
有機氮	10~25	7~20	10~40	3~6	50~80
可溶性	4~15	4~15	0	1~3	50~80
非可溶性	4~15	2~9	40~70	1~5	50~80
氨氮	10~30	10~30	0	10~30	0
亞硝酸氮	0~0.1	0~0.1	0	0~0.1	0
硝酸氮	0~0.5	0~0.5	0	0~0.5	0
總氮	15~50	15~40	5~25	15~40	25~55

資料來源：McCarty (1970)

有機氮必須視為氨氮的潛在來源，因為有機物在新陳代謝過程中脫胺基反應 (deamination) 的結果會釋放銨離子。蛋白質為高分子量的有機化合物，其胜肽 (peptide) 鏈結胺基酸 (amino acids) 所組成。大多數胺基酸的結構通式為：

$$H_3N^+ - \underset{\underset{C}{|}}{\overset{\overset{R}{|}}{C}} - COOH \tag{3-44}$$

其中，R 代表化學官能基 (chemical group)，如果是氫 [即是胺基酸之胺基乙酸 (glycine)]、CH_2SH [半胱胺酸 (cysteine)]，或是其他約 17 種官能基。這些胺基酸以胜肽鍵連結形成蛋白質：

$$\begin{array}{c} ^+NH_3 \\ | \\ R_1 - C - H \\ | \\ \boxed{\begin{array}{c} C = O \\ | \\ N - H \end{array}} \quad \text{胜肽鍵} \\ | \\ R_2 - C - H \\ | \\ C = O \\ | \end{array} \tag{3-45}$$

胜肽鍵的形成是由一組胺基酸的 α-羧基群 (α-carboxyl group) 與其他胺基酸的 α-胺基群 (α-amino group) 濃縮結合而成。蛋白質可以被微生物做為一種能源。在分解蛋白質酵素 (proteolytic enzyme，protease) 作用下，蛋白質可被水解為其組成之胺基酸。這些形成的胺基酸在被脫胺基（胺基被移除）後，可以在某些點進入克氏循環 (Krebs cycle) (圖 2.8)。例如下列天門冬胺酸 (aspartic acid) 的脫胺基反應：

$$\begin{array}{c} COOH \\ | \\ H - C - N^+H_3 \\ | \\ CH_2 \\ | \\ COOH \end{array} \rightleftarrows \begin{array}{c} COOH \\ | \\ C = O \\ | \\ CH_2 \\ | \\ COOH \end{array} + NH_4^+ \tag{3-46}$$

天門冬胺酸 (aspartic acid)　　　草醯乙酸 (oxaloacetic acid)

因為草醯乙酸是克氏循環的中間物，因此天門冬胺酸可在此點進入。蛋白質氧化後的一個副產物及是銨離子。所以，含有蛋白質的廢污水，在生物穩定作用之下會在廢污水中產生銨。

高等動物（例如人類）可以尿素 (urea) 的形式將體內的氨排出體外，以尿液 (urine) 方式排出。尿素有下列的結構式：

$$\begin{array}{c} NH_2 \\ | \\ C = O \\ | \\ NH_2 \end{array} \qquad (3\text{-}47)$$

排出體外的尿素會迅速被脲酶 (urease) 導引的反應水解，而產生碳酸銨 (Sawyer and McCarty, 1967)：

$$\begin{array}{c} NH_2 \\ | \\ C = O \\ | \\ NH_2 \end{array} + 2H_2O \xrightarrow{\text{urease}} (NH_4^+)_2 : CO_3^{2-} \qquad (3\text{-}48)$$

都市原生活污水中，有很高比例的銨與鹼度，皆與此反應有關。

為了達到保護某些接收水體的高度意願，生物廢水處理廠會設計產出完成硝化的放流水，亦即設計硝化菌能在廢水處理設施範圍內生成進而氧化銨為硝酸鹽。放流水中含有氨氮會造成下列許多不利的情況：

1. 氨會消耗河水中的溶氧　在有利的環境條件下，廢污水中的有機氮會轉換為銨。氨是無機氮中最還原的 (reduced) 狀態，是硝化反應 (nitrification) 這個兩階段生物程序初始反應物。自然環境中存在兩組化學自營菌 (chemoautotrophic bacteria) 介入硝化程序。一組從氧化氨至亞硝酸鹽取得能量，而另一組則是從氧化亞硝酸鹽至硝酸鹽獲得能量。這兩組細菌從二氧化碳、碳酸鹽、碳酸氫鹽（也就是無機碳）細胞合成所需的碳元素。

主要硝化菌為亞硝化胞菌屬 (genera *Nitrosomonas*)（將氨氧化為亞硝酸鹽），以及硝化桿菌屬 (genera *Nitrobacter*)（將亞硝酸鹽氧化為硝酸鹽）。氨氧化為亞硝酸鹽 ($N^{3-} \rightarrow N^{3+}$) 是一個有利於熱力學的反應 (thermodynamically favorable reaction)，在正常的生理濃度 (physiological concentrations) 下此反應會釋放 66 至 84 kcal/mole 之間的自由能 (free energy) (Painter, 1970)。實際能為微生物使用的能量，與其能量使用效率有關。對亞硝化胞菌屬而言，其能量使用效率在 5~14% 範圍 (Alexander, 1961)。Doetsch and Cook (1973) 提出氨氧化為亞硝酸鹽的反應由一連串單電子交換的中間產物組成，其路徑如下所示：

$$NH_4^+ \rightarrow (NH_2) \rightarrow NH_2OH \rightarrow (NHOH) \rightarrow (NOH) \rightarrow NO \rightarrow NO_2^- \qquad (3\text{-}49)$$

不過，一般習慣只表示出總反應如下所示：

$$2NH_4^+ + 3O_2 \xrightarrow{\textit{Nitrosomonas}} 2NO_2^- + 2H^+ + 2H_2O \qquad (3\text{-}50)$$

既然這是一個氧化反應因此會釋放電子，因此需要電子接受物。氧分子提供了這個功能，缺少氧氣硝化反應便不會發生。

亞硝酸鹽氧化為硝酸鹽是一個由硝化桿菌屬細菌產生的單一步驟反應，同時也是一個有利於熱力學的反應，在正常的生理濃度下此反應大約釋放 17 kcal/mole 的能量。其能量使用效率估計為 5~10% (Alexander, 1961)。這個氧化的化學計量反應為：

$$2NO_2^- + O_2 \xrightarrow{Nitrobacter} 2NO_3^- \tag{3-51}$$

能夠提供硝化菌完成單位作功的能量很低，因此相對於好氧異營菌 (aerobic heterotrophs) 硝化菌視為生長緩慢的菌種 (slow growers)。

將氨轉換至硝酸鹽的完整反應可以表示為：

$$NH_4^+ + 2O_2 \rightarrow NO_3^- + 2H^+ + H_2O \tag{3-52}$$

由例題 2-2 可知，氧化每 mg NH_4^+-N 需要消耗 4.57 mg 的 O_2。所以，如果硝化反應允許在接收水體中發生，第二階 (second-stage) BOD（硝化反應）將會進行（圖 3.1）進而觀察到氧資源將會下降。因此，需要在廢水排放至接收水體前於處理設施中完成硝化反應，讓硝化反應所需的氧氣能以人工方式亦即曝氣來滿足。

生物轉換有機氮至氨以及氨至硝酸鹽的反應順序如圖 3.10 所示。圖 3.10 顯示在穩定狀態 (steady state) 下各種型態的氮在河川的空間分布。就此案例而言，時間代表沿著某條河流的運動時間。

2. 氨與氯反應形成氯胺，消毒的效果低於餘氯　在水溶液中，氯氣 (Cl_2) 水解後生成 Cl^+ 與 Cl^-，在一個在熱動力下較為穩定的系統。這個反應如下列方程式所示：

$$Cl_2 + H_2O \rightleftharpoons HOCl + H^+ + Cl^- \tag{3-53}$$

此反應的平衡常數在 15°C 下為 3×10^4，表示平衡狀態極靠右。事實上，水的 pH 值大於 3.0 以及氯離子濃度低於 1000 mg/L 時，自由氯分子 (Cl_2) 基本不存在。

從 3-53 式所示形成之次氯酸 (hypochlorite acid, HOCl)，是一個弱電解質只能部分解離如下所示：

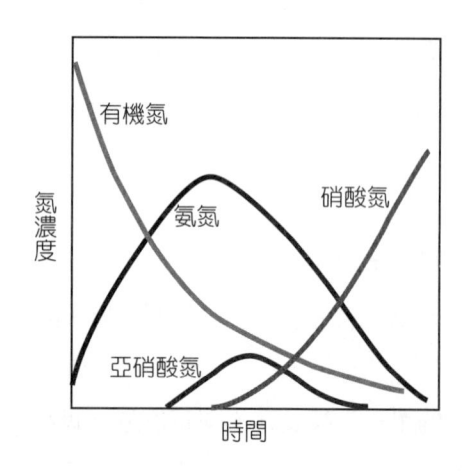

圖 3.10　受污染河川中氮的轉換 (Sawyer and McCarty, 1967)

$$HOCl \rightleftharpoons H^+ + OCl^- \tag{3-54}$$

解離反應的程度可由下列平衡式來決定：

$$K_a = \frac{[H^+][OCl^-]}{[HOCl]} \tag{3-55}$$

其中 $[H^+]$、$[OCl^-]$ 與 $[HOCl]$ 分別為氫離子、次氯酸根離子與次氯酸的莫耳濃度。類似 3-43 式的思維，次氯酸的百分比分布與 pH 的關係如下式所示：

$$\%HOCl = \frac{100}{1 + (K_a/[H^+])} \tag{3-56}$$

此解離常數 K_a 值在 20°C 下為 3.3×10^{-8}。所以，次氯酸介於 pH 值 4 至 10 之間的百分比分布便可用 3-56 式來決定。

當氯氣加入含有銨的廢水時，氯與氨之間的初始反應幾乎完全形成氯胺 (monochloramine)。

$$NH_4^+ + HOCl \rightleftharpoons NH_2Cl + H^+ + H_2O \tag{3-57}$$

這個反應的時間很短，少於 1 分鐘。代入此反應 (利用莫耳比例) 可以計算出，一單位重量的銨氮需要 5 單位重量的氯 ($Cl_2/NH_4^+-N = 5:1$)。所以，即使忽略其他氯可能的損失，如果氯的濃度不超過銨氮的 5 倍，所有的氯將會形成氯胺。

如果氯的添加量高於 3-57 式之所需，一個較慢的氧化反應會持續發生，最終產生氮氣。

$$2NH_2Cl + HOCl \rightleftharpoons N_2 + 3H^+ + 3Cl^- + H_2O \tag{3-58}$$

當氯超過 5:1 的比例時，一些二氯胺 (dichloramine, $NHCl_2$) 與三氯化氮 (nitrogen trichloride, NCl_3) 經常會出現。但是最終的結果總反應為：

$$2NH_4^+ + 4HOCl \rightleftharpoons N_2 + 4H^+ + 4Cl^- + H_2O \tag{3-59}$$

銨的氧化反應從氯胺到氮氣，Cl_2 與 NH_4^+-N 化學計量的重量比為 7.6:1。不過，實際操作上由於不同的副反應 (side reactions)，一般氯的需求比要 10:1 才能讓 3-59 式的反應完全 (White, 1972)。

3-57 與 3-58 式所述的反應順序如圖 3.11 所示。曲線中的點 A 代表「折點」(breakpoint)，或是通過此點之後持續加入廢水的氯在殘留量 (residual) 中會等比增加。

在殺菌 (disinfection) 程序中需要注意一個重點，在折點之前殘餘的氯是以氯胺及其相關化合物的形態存在，稱為結合氯 (combined chlorine)。然而通過折點之後，殘留的氯是以自由氯 (free chlorine)，或是餘氯的形態存在，在正常 pH 值下為次氯酸與次氯酸根離子的混合物。因為餘氯對於殺菌的效果優於結合氯，一般氯化反應需要達到產生餘氯的程度。在處理廠中有銨存在時，需要較大氯的劑量。

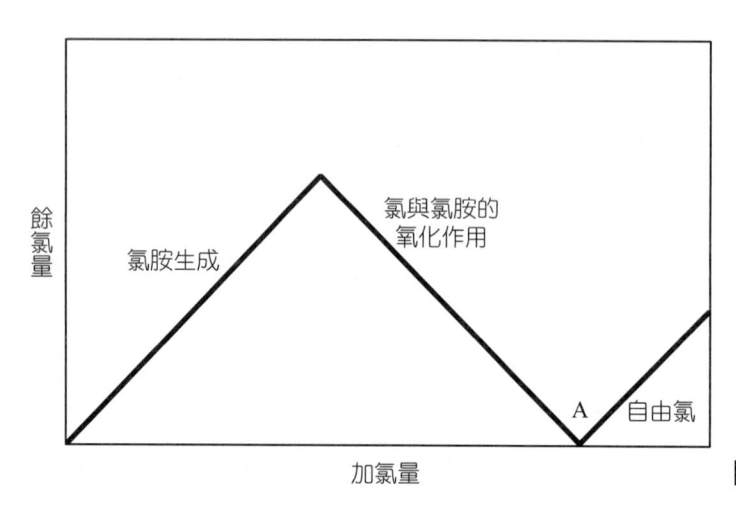

圖 3.11　理想化的斷點曲線

3. **氨對魚類有毒性**　對某些接收水體，控制放流水中氨的濃度很重要，以避免對魚類產生毒性。研究確定低濃度非離子化的氨，會干擾魚類的鰓傳送氧氣的功能。美國環保署 (USEPA) 與歐洲島嶼魚類諮詢委員會 (European Island Fisheries Advisory Commission) 提出河川中非離子化氨的濃度標準為 0.2 mg/L 來避免這個問題的發生。

如 3-37 式所示，氨的離子化與接收水體與放流水混合後之 pH 值相關。非離子化的百分比可用河川混合物之 pH 值與溫度計算之：

$$\%NH_3 = \frac{100}{1 + ([H^+]/K_a)} \tag{3-60}$$

在不同溫度下的 K_a 值如表 3.7 所示。

分析河川污染的關鍵狀況，是以放流水與河水最低稀釋狀況，同時以較高的溫度及 pH 值為優先考量。河川流量的分析經常以統計為基礎，將於下一節說明。流量的紀錄數據經常能符合對數 - 機率的作圖。在很多地區尤其是山區與西部的州，會觀察到每年之中有短期的極低流量出現。這種狀況下，從統計圖中得到之 10% 低流量做為河川流量的最小值。用於

表 3.7　不同溫度下氨與水的解離常數

溫度 (°C)	pK_w	pK_a
0	14.9435	10.0815
5	14.7338	9.9038
10	14.5346	9.7306
15	14.3463	9.5643
20	14.1669	9.3999
25	14.0000	9.2455
30	13.9965	9.0930
35	13.8330	8.9471

計算平衡時氨的濃度所依據之關鍵 pH 值，為記錄河川流量數據期間所測得之最高 pH 值或是廢污水放流水中最高之 pH 預估值。決定使用河川之 pH 值或是放流水之 pH 值，將依據各個河川的大小與兩個最高 pH 值的差異。

例題 3-10

有報告顯示高濃度之非離子化氨會對魚類產生毒性，因此設定 0.2 mg/L 非離子化氨以氮計 (NH_3-N) 為可容許濃度。計算廢水中可以容許之氨氮總量 (包括離子化和非離子化，以氮計)，如果在接收水體中廢水會被稀釋，利用下列相關資料：

T (混合後) = 15°C
流量 = 兩倍廢水的流量
氨氮 (包括離子化和非離子化，以氮計) = 2.1 mg/L
pH (混合後) = 7.1

【解】

1. 先計算河川容許之氨氮總濃度 (包括離子化和非離子化，以氮計)，如果限制為 0.2 mg/L 非離子化氨而且不能超過。

 a. 寫出適合之平衡方程式

$$NH_4^+ \rightleftharpoons NH_3 + H^+$$

因此

$$K_a = \frac{[NH_3][H^+]}{[NH_4^+]}$$

同時

$$H_2O \rightleftharpoons H^+ + OH^-$$

表示

$$[H^+][OH^-] = K_w$$

或是

$$[H^+] = \frac{K_w}{[OH^-]}$$

 b. 將水平衡式之 [H^+] 代入銨的平衡式中

$$[NH_4^+] = \frac{[NH_3]K_w}{K_a[OH^-]}$$

 c. 兩邊取對數計算容許之銨濃度

$$\log[NH_4^+] = \log[NH_3] + \log K_w - \log K_a - \log[OH^-]$$

或是
$$\log[NH_4^+] = \log[NH_3] + pOH + pK_a - pK_w$$

因為
$$pH + pOH = pK_w$$

亦可改寫為
$$\log[NH_4^+] = \log[NH_3] + pK_a - pH$$

因為已知
$$NH_3\text{-}N = 0.2 \text{ mg N/L}$$

或是
$$[NH_3] = \frac{0.02 \times 10^{-3} \text{ g/L}}{14 \text{ g/mole N}}\left(\frac{17}{14}\right)$$
$$[NH_3] = 1.735 \times 10^{-6} \text{ mole/L}$$

所以
$$\log[NH_4^+] = \log(1.735 \times 10^{-6}) + 9.56 - 7.1 = -3.3$$

因此
$$[NH_4^+] = 5.01 \times 10^{-4} \text{ mole/L}$$

或是
$$[NH_4^+\text{-}N] = \left(5.01 \times 10^{-4} \frac{\text{mole}}{\text{L}} \times 18 \frac{\text{g}}{\text{mole}} \times 10^3\right)\left(\frac{14}{18}\right)$$
$$= 7.01 \text{ mg N/L}$$

d. 以質量平衡表示氮的總容許量為
$$\text{總 N} = (NH_4^+\text{-}N) + (NH_3N)$$
$$= 7.01 + 0.02 = 7.03 \text{ mg N/L}$$

2. 以簡單比例公式計算廢水中的氮容許量
$$\text{河川中氮總容許量} = \frac{Q_w N_w + Q_s N_s}{Q_w + Q_s}$$

或是
$$7.03 = \frac{(1)N_w + (2)(2.1)}{1 + 2}$$
$$N_w = 16.89 \text{ mg N/L } (NH_4^+ + NH_3\text{-}N)$$

雖然硝化後的放流水比含有高濃度氨氮者更被接受，但是高硝酸鹽含量可能會導致不良的水生生物的生長，進而造成優養化 (eutrophication) 的問題。優養化是指水系統中含有豐富的植物營養鹽 (nutrients)，促使行光合作用的微生物，主要是藻類，濃度增加。Toerien (1975) 曾列舉出多項水生微生物過量生長，因而造成水質惡化的一些路徑，如下所示：

1. 因為快速阻塞過濾器，造成過濾器操作減縮，進而增加水處理的成本。
2. 干擾水的運動 (sports)。
3. 藻類新陳代謝會產生有味覺或氣味問題的化合物。
4. 藍綠藻會產生有毒物質造成水生生物及魚類的死亡。
5. 藻類的腐爛會消耗水體中的氧氣。

Hoehn et al. (1978) 與 Thompson (1978) 皆指出藻類生長過程中會釋放出有機化合物，氯化過程中會形成潛在性之致癌物三鹵甲烷 (trihalomethane)，進而增加水源水庫中優養化的重要性。防止水庫水體優養化問題，只有通過有效避免營養鹽的加入。因此，在很多處理情況下，從廢污水之放流水中去除氮是很有必要的。但是必須注意的是，在有限的氮與大量的磷時一般會刺激藍綠藻生長而非綠藻，對飲用水的水質產生更糟的影響。

生物處理可應用於去除廢污水中的氮，可行的處理程序稱為脫硝 (denitrification)。這個程序首先需要將銨氧化為硝酸鹽 (亦即硝化是必要的)。某些兼氧菌 (facultative bacteria) 能夠在缺氧的狀況下利用硝酸鹽做為電子接受物 [厭氧呼吸 (anaerobic respiration)] 取得能量，將硝酸鹽還原為氮氣然後從液體中脫去，從而減少廢污水中氮的含量。雖然硝化反應是脫氮必須的第一步，同時缺氧狀態與容易分解的碳源也是必要的。McCarty et al. (1969) 建議以甲醇 (methanol) 做為碳源，因為甲醇是便宜且容易取得的有機碳源。

McCarty (1970) 提出生物性脫硝反應可視為一個二步驟的程序，如以甲醇做為電子供應的反應物，反應式如下所示：

$$\text{第一步} \quad 3NO_3^- + CH_3OH \rightarrow 3NO_2^- + CO_2 + 2H_2O \tag{3-61}$$

$$\text{第二步} \quad 2NO_2^- + CH_3OH \rightarrow N_2 + CO_2 + H_2O + 2OH^- \tag{3-62}$$

$$\text{總反應} \quad 6NO_3^- + 5CH_3OH \rightarrow 3N_2 + 5CO_2 + 7H_2O + 6OH^- \tag{3-63}$$

根據化學計量顯示，每 mg/L 硝酸鹽還原為氮氣，需要 1.9 mg/L 之甲醇。

生物硝化反應接著脫硝反應可能最廣泛使用於廢污水去除氮的方法。有趣的是，主要有競爭性的技術，如氣提脫氨 (ammonia stripping)、利用斜發沸石 (clinoptilolite) 離子交換以及斷點氯化 (breakpoint chlorination) 等，都是非生物技術而且需要氮維持在氨或銨的型態下才能去除。

磷

磷被大多數研究者視為控制優養化的關鍵營養鹽,因為氮氣與二氧化碳兩者會在大氣與水體之間達到平衡濃度。所以,許多處理狀況需要將除磷列入考量。

社區污水中含磷有三種不同的型態:(1) 有機磷 (organic phosphorus)、(2) 正磷酸 (orthophosphorus),以及 (3) 濃縮磷 (condensed phosphorus)。當生物處理廢污水時,細菌在生長過程中會同化 (assimilate) 正磷酸鹽 (orthophosphate, PO_4^{3-})。但是,濃縮磷如焦磷酸鹽 (pyrophosphate, $P_2O_7^{4-}$) 與三聚磷酸鹽 (tripolyphosphate, $P_3O_{10}^{5-}$) 必須先經過酵素水解為正磷酸鹽的形式才能被同化。Hurwitz et al. (1965) 指出生物處理社區污水過程中 50~80% 的濃縮磷會被水解。社區污水中磷化合物的正常含量範圍以及在初級與二級處理後的去除率列在表 3.8 中。

在生物廢水處理中,同化是唯一能夠去除磷的方法,除非可能的話,水中有特殊化學補助造成磷酸鹽沉降在生物膠羽上情況發生。有些處理廠報告提出磷酸鹽去除量大於生物在最大生長速率時的需求。這種去除一般解釋為基於磷酸鹽在細胞中的儲存,也被稱為「貪婪吸收」(luxury uptake)。這個現象只在一些處理廠觀察到,而且其他處理廠在相同操作狀況也未重複發生。因此,當需要高度除磷需求時,化學沉澱法才能強化程序的可靠度。

表 3.8　社區污水處理過程中磷的濃度與去除率

磷的型態 (以 P 當量計)	原污水 mg/L	初級處理 mg/L	% 去除率	二級處理 mg/L	% 去除率
有機磷	1~3	0.5~2	20~50	0.5~1	40~80
正磷酸鹽	2~8	1~7	0~40	1~8	0~40
濃縮磷	2~8	2~8	0~20	1~3	40~80
總磷酸鹽	4~14	3~12	5~20	3~11	10~30

資料來源:McCarty (1970)

3-3　固體含量

總固體含量 (total solid content) 是廢污水最重要的物理性質之一。總固體包括懸浮固體 (suspended solids) 與溶解固體 (dissolved solids),此二者可利用蒸發 (evaporation) 將氣相與液相分開而獲得。

懸浮固體是可沉降固體與不可沉降 [膠體 (colloidal)] 固體的組合,其濃度通常可用具有玻璃纖維濾紙之 Gooch 坩堝或是薄膜濾紙過濾廢污水樣本測得。可沉降固體係指在正常停留時間內,通常可以在沉降池中沉降的固體。此固體的部分可以量測在英霍夫錐形管 (Imhoff cone) 中停留 1 小時之後,在底部的污泥體積而得。

其餘固體經過蒸發或是過濾後，進行乾燥、稱重然後再燃燒 (ignited)。經過 600°C 燃燒失去的固體重量為揮發性固體 (volatile solids)，並列為有機物質。剩餘固體是為不變或固定的固體 (fixed solids)，並視為無機 [礦化 (mineral)] 物質。懸浮固體屬揮發性部分的量，稱為揮發性懸浮固體 (volatile suspended solids, VSS)，而懸浮固體屬無機部分的量，稱為固定性懸浮固體 (fixed suspended solids, FSS)。表 3.9 所示為典型之社區污水中所含固體物量的濃度分配。此表中顯示出，污水中有很大比例的有機含量係來自於水中存在的懸浮固體物。

初級沉降 (primary sedimentation) 的目的是降低廢污水的速度，有效的讓可沉降之固體的沉降。初級沉降可從社區污水中去除大部分可沉降的固體，或是 40~70% 之懸浮固體。由於社區污水中大約 80% 總 BOD 來自懸浮或是膠體固體，此一操作過程可以去除介於 30~45% 之總 BOD。除此之外，表 3.6 與表 3.8 顯示介於 5~25% 之總氮以及 5~20% 之總磷會在此過程中去除。

圖 3.12 顯示沉降池的表面水利負荷 (surface loading rate) 對可沉降固體去除的影響，

表 3.9 社區污水的平均組成

固體的狀態	礦化 (mg/L)	有機 (mg/L)	總量 (mg/L)	5 天 BOD$_5$, 20°C (mg/L)	COD (mg/L)
懸浮	65	170	235	110	108
可沉降	40	100	140	50	42
不可沉降	25	70	95	60	66
溶解	210	210	420	30	42
總和	275	380	655	140	150

資料來源：Fair (1971)

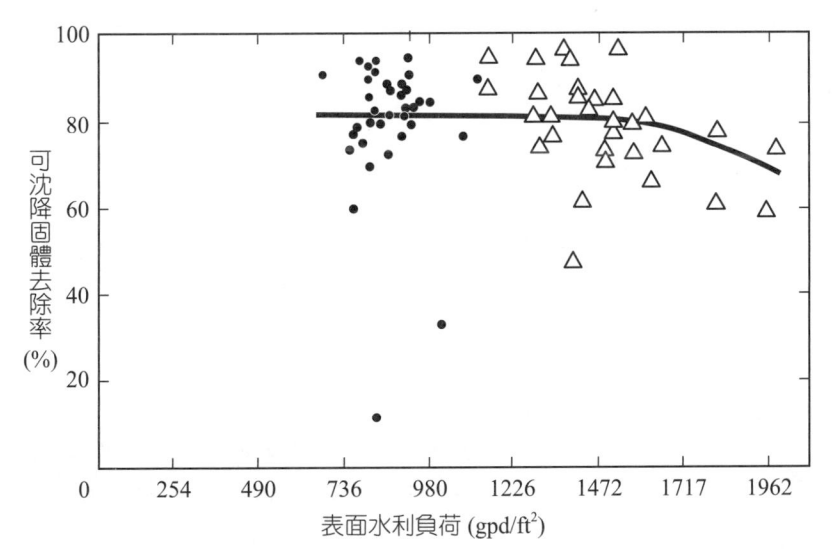

圖 3.12 表面水利負荷對可沉降固體去除的影響 (Bradley, 1975)

同時圖 3.13 顯示初級沉降中總懸浮固體與可沉降固體去除之間的關係。初級沉降中總懸浮固體與 BOD 去除之間的關係顯示於圖 3.14。圖 3.12、圖 3.13 與圖 3.14 反映的操作數據，來自於巴西與英國的圓形沉降池。長方形的沉降池一般表現的比圓形沉降池較佳。

從活性污泥排除的生物量表現出供給微生物 0~40% 終極 BOD 的量，取決於程序的不同與污泥齡 (biological sludge retention time, BSRT) 的操作選擇。典型的活性污泥操作，

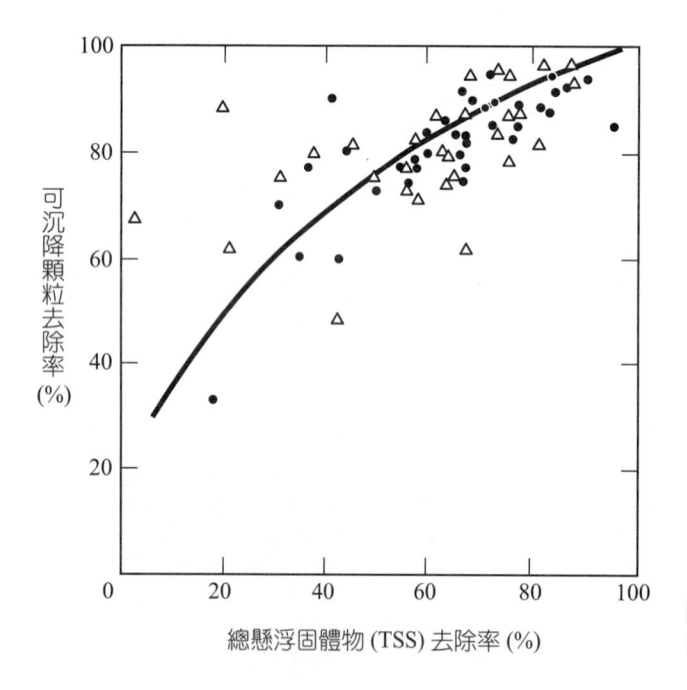

圖 3.13 初級沉降中 TSS 與可沉降固體去除之間的關係 (Bradley, 1975)

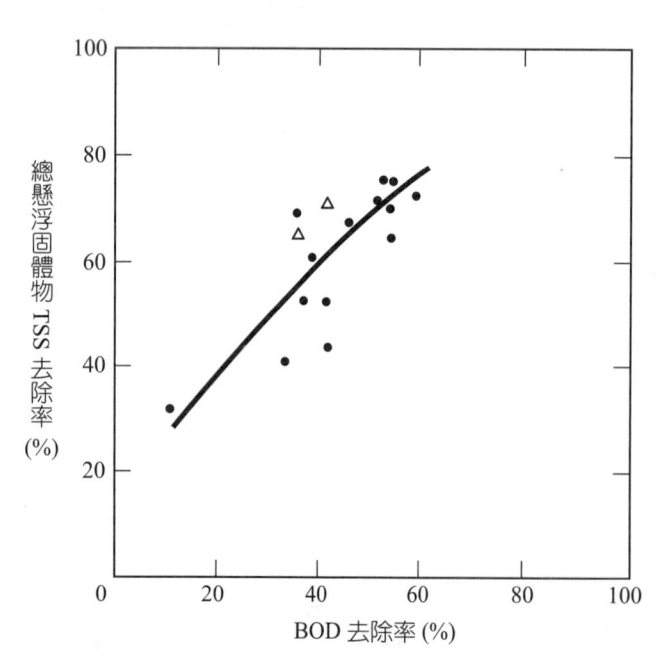

圖 3.14 初級沉降中 TSS 與 BOD 去除之間的關係 (Bradley, 1975)

這個比例介於 25~30% 之間。既然約 35% 進流水中的終極 BOD 在初級沉降被去除，以及處理廠內廢污水有 60~65% 進流水中之 BOD 是以固體形式被去除需要進一步處理，只有 35~40% 的 BOD 實際被破壞。

在計算活性污泥程序中污泥累積量時，不僅需要考量有機物去除所造成微生物的生長，同時對原本存在於原廢污水中生物不可分解之懸浮固體的累積也需要納入考量。進流水中總生物不可分解之懸浮固體量，一般假設為固定懸浮固體量與生物不可分解之揮發性懸浮固體量的總和。McKinney (1970) 提出原廢污水中生物不可分解之揮發性懸浮固體量可以由下列關係式估算：

$$\text{NDVSS} = \left(\frac{\text{COD}_0 - \text{BOD}_{u0}}{\text{COD}_0}\right)\text{VSS} \tag{3-64}$$

其中，NDVSS = 原廢污水中生物不可分解之揮發性懸浮固體量，mg/L
COD_0 = 原廢污水中懸浮固體所造成之化學需氧量，mg/L
BOD_{u0} = 原廢污水中懸浮固體所造成之終極生化需氧量，mg/L
VSS = 原廢污水中總揮發性懸浮固體濃度，mg/L

McKinney (1970) 指出典型社區污水中揮發性懸浮固體部分中約有 40% 是生物不可分解的。

3-4　廢污水組成與流量

基於不同成分的濃度，廢污水可分為強、中或弱三類，典型社區污水的組成列在表 3.10 中。利用此表時必須記住，社區污水的組成與濃度變化很大，所以這些數據只能用為指引不能做為設計的依據。

每個家庭的污水流量一般推估為每人每天 45 加侖 (gallons per capita per day, gpcd)。當把滲透水、商業用途以及學校部分納入，從住宅區產出的流量介於 50 至 100 gpcd。一般公認每個人對污水的 BOD 污染量範圍為 0.1~0.3 lb/day，對於普遍使用廚房破碎機 (garbage grinder) 的區域，這個數據還要更高。表 3.11 列出不同型態機構與服務設施的污水流量與每人 BOD 貢獻度之通常公認數值，但是這些數據會有很大的差異。對於純粹的社區污水，Chien and Jones (1975) 廣泛研究資料顯示，每人平均負荷如表 3.12 所示，此表所列的污水流量不包括滲透水。

另一個估算平均社區污水流量的方法，是取在非澆灌期間用水量之 0.7~0.9 倍。但是大多數狀況，社區之平均污水流量取 100 gpcd，此數據包括來自商業機構、住宅區與滲透水之污水量，但不含工業廢水。工業廢水流量的估算，見表 3.13 至表 3.22 所列不同工業廢水的報告數據。這些表中使用的術語：老舊、普通與新式係指工廠程序所使用的技術。需要理解的是雖然多數生物處理程序的設計是依據平均流量或是平均流量的 120%，但是處理廠必須在水力上能夠在最低與最高的流量下操作。正常情況下，依據處理廠的不同大小，最低流量介於平均日流量的 20~50%，而最高流量經常介於平均日流量的 200~250%。

當平均廢污水流量是將不同廢污水來源組成總和後的估算，因滲透導致之外來流量也需要納入估算。這個部分的典型數據，列在表 3.23 中。

表 3.10　社區廢污水的典型組成

成分	濃度[a] 強	中	弱
固體，總量	1200	700	350
溶解性，總量	850	500	250
固定	525	300	145
揮發性	325	200	105
懸浮性，總量	350	200	100
固定	75	50	30
揮發性	275	150	70
可沉降固體 (mL/L)	20	10	5
5 天 20°C 生化需氧量 (BOD_5, 20°C)	300	200	100
總有機碳 (TOC)	200	135	65
化學需氧量 (COD)	1000	500	250
氮，(總量以 N 計)	85	40	20
有機	35	15	8
自由氨	50	25	12
亞硝酸鹽	0	0	0
硝酸鹽	0	0	0
磷，(總量以 P 計)	20	10	6
有機	5	3	2
無機	15	7	4
氯化物[b]	100	50	30
鹼度 (以 $CaCO_3$ 計)[b]	200	100	50
油脂	150	100	50

[a] 所有數值除了可沉降固體，單位均為 mg/L。
[b] 數據在運載水 (carriage water) 中會增加。
資料來源：Metcalf and Eddy (1972)

表 3.11　大概污水流量與每人 BOD 貢獻度

型態	每人每天加侖數	每人每天 BOD$_5$ 磅數
來自住宅區之生活污水		
大型單一家庭房舍	100	0.20
典型單一家庭房舍	75	0.17
複合家庭住宅 (公寓)	60~75	0.17
小型住宅或小屋 　(如果使用廚房破碎機，BOD 數值需乘 1.5)	50	0.17
來自營地與汽車旅館之生活污水		
豪華度假設施	100~150	0.20
移動式住房區	50	0.17
旅遊露營拖車區	35	0.15
旅館與汽車旅館	50	0.10
學校		
寄宿學校	75	0.17
含餐廳之日間學校	20	0.06
不含餐廳之日間學校	15	0.04
餐廳		
每個雇員	30	0.10
每個顧客	7~10	0.04
每一供餐	4	0.03
運輸總站		
每個雇員	15	0.05
每個乘客	5	0.02
醫院	150~300	0.30
辦公室	15	0.05
露天汽車戲院，每一裝置	5	0.02
電影院，每一座位	3~5	0.02
工廠，不含工業與餐廳廢棄物	15~30	0.05

資料來源：Hammer (1975)

表 3.12　純粹社區污水之每人負荷

參數	每人每天加侖數
污水流量	58 加侖 / 天
BOD$_5$	0.1 磅 / 天
COD	0.2 磅 / 天
SS	0.08 磅 / 天

資料來源：Chien (1975)

表 3.13　典型罐頭廢水

產品	廢水體積（加侖/箱）	5 天 BOD mg/L	5 天 BOD 磅/箱	懸浮固體 mg/L	懸浮固體 磅/箱
蘋果	29~46	1680~5530	0.64~1.31	300~600	0.10~0.20
杏仁	65~91	200~1020	0.15~0.56	200~400	0.14~0.25
櫻桃	14~46	700~2100	0.16~0.50	200~600	0.05~0.14
蔓越莓	11~23	500~2250	0.10~0.21	100~250	0.02~0.05
桃子	51~69	1200~2800	0.69~1.20	450~750	0.24~0.34
鳳梨	74	26	0.002	–	–
蘆筍	80	16~100	0.01~0.07	30~180	0.02~0.12
烤豆子	40	925~1440	0.31~0.48	225	0.07
綠扁豆	30~51	160~600	0.15~0.67	60~150	0.02~0.04
菜豆	20~23	1030~2500	0.19~0.45	140	0.02
乾青豆	20~23	1740~2880	0.30~0.60	160~600	0.05~0.10
新鮮青豆	57~294	190~450	0.21~0.47	420	0.20~1.02
甜菜	31~80	1580~7600	1.00~2.00	740~2220	0.50~1.00
胡蘿蔔	36	520~3030	0.11~0.67	1830	0.40
玉米醬	28~33	620~2900	0.17~0.66	300~675	0.07~0.17
玉米粒	29~80	1120~6300	0.74~1.50	300~4000	0.20~0.95
蘑菇	–	76~850	4.77~53.38	50~240	3.14~15.07
豌豆	16~86	380~4700	0.27~0.63	270~400	0.06~0.20
番薯	90	1500~5600	1.10~4.40	400~2500	0.31~1.95
馬鈴薯	–	200~2900	–	990~1180	–
南瓜	23~57	1500~6880	0.72~1.31	785~1960	0.38
德國泡菜	3~20	1400~6300	0.10~0.30	60~630	0.01~0.10
菠菜	180	280~730	0.42~1.11	90~580	0.14~0.88
瓠瓜	23	4000~11000	0.76~2.09	3000	0.57
番茄	3~114	180~4000	0.11~0.17	140~2000	0.06~0.13

資料來源：Eckenfelder (1970)

表 3.14　石油煉油廠的廢水特性

技術種類	流量（加侖/桶）平均	流量（加侖/桶）範圍	BOD_5（磅/桶）平均	BOD_5（磅/桶）範圍	酚（磅/桶）平均	酚（磅/桶）範圍	硫化物（磅/桶）平均	硫化物（磅/桶）範圍
老舊	250	170~374	0.40	0.31~0.45	0.030	0.028~0.033	0.01	0.008
典型	100	80~155	0.10	0.08~0.16	0.01	0.009~0.013	0.003	0.0028
較新	50	20~60	0.05	0.02~0.06	0.005	0.001~0.006	0.003	0.0015

資料來源：Eckenfelder (1970)

表 3.15　紙漿及造紙工業的廢水特性

技術種類	流量（加侖/噸）平均	流量（加侖/噸）範圍	BOD_5（磅/噸）平均	BOD_5（磅/噸）範圍	SS（磅/噸）平均	SS（磅/噸）範圍
牛皮紙漂白						
老舊	110,000	75,000~140,000	200	50~350	200	80~370
普通	45,000	39,000~54,000	120	30~220	170	50~200
新式	25,000	–	90	–	90	–
亞硫酸鹽漂白						
老舊	95,000	58,000~170,000	500	350~730	120	50~200
普通	55,000	40,000~70,000	330	235~430	100	40~100
新式	30,000	10,000~40,000	100	60~300	50	10~70
牛皮紙漂白						
老舊	460	310~580	100	25~175	100	40~185
普通	190	160~220	60	15~110	85	25~100
新式	105	–	45	–	45	–
亞硫酸鹽漂白						
老舊	390	240~710	250	175~365	60	25~100
普通	230	170~290	165	118~215	50	20~50
新式	125	415~170	50	30~150	25	5~35

資料來源：Eckenfelder (1970)

表 3.16　屠宰業每千磅屠宰量[a]的廢水特性

技術	磅 BOD_5/1000 磅	加侖/1000 磅
老舊	20.2	2112
典型	14.4	1294
先進	11.3	1116

[a] 後續洗滌截流槽 (post catch basin)

資料來源：Eckenfelder (1970)

表 3.17　家禽業每處理千隻的廢水特性

技術	磅 BOD_5/1000 隻	加侖/1000 隻
較舊	31.7	4000
較新	26.0	7300

資料來源：Eckenfelder (1970)

表 3.18　製革廠每磅皮處理程序的廢水特性

技術	BOD$_5$(磅/磅)	SS(磅/磅)	TDS(磅/磅)	體積(加侖/磅)
較舊	0.0916	0.260	0.380	10.5
普通-較新	0.0883	0.250	0.350	9.5

資料來源：Eckenfelder (1970)

表 3.19　釀酒廠的廢水特性

產品	流量 (加侖/桶)	BOD$_5$ (磅/桶)	mg/L	懸浮固體 (磅/桶)	mg/L
A[a]	295[b]	2.1	1832[c]	1.3	1028[d]
New York City study	–	1.6	–	0.6	
B	170	1.5	1040	1.8	
C	350	2.4	850	1.1	
Chicago Breweries	320	3.1	1160	1.7	
C[a]	130	1.7	1500		470

[a] 啤酒糟 (spent grains) 與啤酒花 (spent hops) 分開。
[b] 釀造所 (brewhouse)，130 加侖/桶；裝瓶，165 加侖/桶。
[c] 釀造所 (brewhouse)，3580 mg/L; 裝瓶，384 mg/L。
[d] 釀造所 (brewhouse)，2220 mg/L; 裝瓶，80 mg/L，啤酒花已去除。

資料來源：Eckenfelder (1970)

表 3.20　乳製業的廢水特性

產品	BOD(磅/100磅)	體積(加侖/100磅)
三角奶油 (creamery butter)	0.34~1.68	410~1350
乳酪	0.45~3.0	1290~2310
煉乳 (condensed milk) 與淡奶 (evaporated milk)	0.37~0.62	310~420
冰淇淋[a]	0.15~0.73	620~1200
牛奶	0.05~0.26	200~500

[a] 每 100 加侖產品

資料來源：Eckenfelder (1970)

表 3.21　紡織業每生產 1000 磅布料的廢水特性

程序	技術	體積（1000 加侖）	BOD$_5$（磅）	SS（磅）	TDS（磅）
毛線	老舊	73.7	450	–	–
	普通	63.0	300	–	–
	新式	62.0	50	–	–
棉花	老舊	50.0	170	80	245
	普通	38.0	155	70	205
	新式	35.0	140	62	187
合成纖維	嫘縈	3~7	20~40	20~90	20~500
	醋酸纖維	7~11	40~50	20~60	20~300
	尼龍	12~18	35~55	20~40	20~300
	壓克力棉	21~29	100~150	25~150	25~400
	聚酯	8~16	120~250	30~150	30~600

資料來源：Eckenfelder (1970)

表 3.22　鋼鐵業每天生產每噸鋼錠的廢水特性

	老舊	普通	新式
流量（加侖／噸）	9860	10,000	13,750
懸浮固體（磅／噸）	103	125	184
酚（磅／噸）	0.069	0.064	0.064
氰化物（磅／噸）	0.029	0.028	0.031
氟化物（磅／噸）	0.033	0.031	0.031
氨（磅／噸）	0.082	0.078	0.078
潤滑油（磅／噸）	3.08	2.72	2.37
自由酸（磅／噸）	3.03	3.54	3.40
乳狀液（磅／噸）	0.332	0.414	1.17
溶解性金屬（磅／噸）	–	0.079	0.082

資料來源：Eckenfelder (1970)

表 3.23　下水道滲透速率[a]

	最小流量	平均流量	最大流量
天／加侖／英畝下水道面積	500	2,000	5,000
天／加侖／英哩下水道管線	5,000	30,000	200,000
天／加侖／英哩下水道管線／英吋直徑	500[c]	5,000	2,500
天／加侖／人口	25		200
天／加侖／人孔蓋	75	100	150
天／加侖／英哩 8-英吋下水道[b]	1,600	4,000[c]	12,000
天／加侖／英哩 24-英吋下水道[b]	4,000	12,000[c]	36,000

[a] 不同工程辦公室使用的典型數據
[b] 一些規格（新的下水道）允許的滲透值
[c] 十個州新的下水道建設標準

資料來源：Parker (1975)

例題 3-11

估算下列社區的廢污水流量與 BOD_5 的濃度：

1. 人口 = 15,000 人
2. 一座 100 床的醫院
3. 四間餐廳每間每天平均供餐 200 份
4. 一間 700 個學生有餐廳的日間學校
5. 一間棉花廠每週生產 100,000 磅的布
6. 一間屠宰場每天處理 50,000 磅生肉
7. 17 英哩長的生活下水道系統

計算出每天平均的廢污水流量之後，推估預期之最小與最大的日流量。

【解】

1. 利用表 3.11 中的數據，計算每日平均社區的流量與 BOD_5 的負荷率：

$$流量 = 15,000 \times 75 = 1,125,000 \text{ 加侖/日}$$
$$BOD_5 = 15,000 \times (0.2)(1.5) = 4,500 \text{ 磅/日}$$

2. 利用表 3.11，計算醫院、餐廳與學校的流量與 BOD_5 的負荷率：

$$醫院流量 = 100 \times 225 = 22,500 \text{ 加侖/日}$$
$$餐廳流量 = 4 \times 200 \times 4 = 3,200 \text{ 加侖/日}$$
$$學校流量 = 700 \times 20 = 14,000 \text{ 加侖/日}$$
$$醫院 BOD_5 = 100 \times 0.3 = 30 \text{ 磅/日}$$
$$餐廳 BOD_5 = 4 \times 200 \times 0.03 = 24 \text{ 磅/日}$$
$$學校 BOD_5 = 700 \times 0.06 = 42 \text{ 磅/日}$$

3. 利用表 3.16 與表 3.21，決定工業的流量與 BOD_5 的負荷率：

$$流量 = \frac{100,000}{5 \times 1,000}(35) + \frac{50,000}{1,000}(1,116) = 56,500 \text{ 加侖/日}$$

$$BOD_5 = \frac{100,000}{5 \times 1,000}(140) + \frac{50,000}{1,000}(11.3) = 3,365 \text{ 磅/日}$$

4. 利用表 3.23 估算滲透的流量：

假設，滲透水與 BOD_5 無關

$$流量 = 30,000 \times 15 = 450,000 \text{ 加侖/日}$$

5. 計算總平均流量與 BOD_5 濃度：

$$總流量 = 1,125,000 + 22,500 + 3,200 + 14,000 + 56,500 + 450,000 = 1,671,200 \frac{加侖}{日}$$

$$= 1.67 \frac{百萬加侖}{日} = 1.67 \text{ MGD}$$

總 BOD$_5$ 負荷 = 4,500 + 30 + 24 + 42 + 3,365 = 7,961 磅/日

$$\text{BOD}_5 = 7,961 \frac{磅}{日} \times \frac{1}{1,671,200} \frac{日}{加侖} \times \frac{1\ 加侖}{28.32\ \text{L}} \times 454,000 \frac{\text{mg}}{磅}$$

$$= 76\ \text{mg/L}$$

6. 推估預期之最小與最大的日流量。

$$最小流量 = (0.3)(1.67\ \text{MGD}) = 0.50\ \text{MGD}$$
$$最大流量 = (2.25)(1.67\ \text{MGD}) = 3.8\ \text{MGD}$$

3-5 廢污水流量的計量與採樣

許多工作者認為為了設計的目的，最好從監測既有的收集系統推估廢污水的流量與組成，再做必要的修正來預測未來的需要。這個方法包括了雨水的入流、滲透水以及工業的流量。但是，這個方法並非沒有問題。主要注意的是可能太多的關注放在一週甚至是一個月的流量量測，這些數據解讀為會發生的最大化情況。大多數情況下，這個解讀並不充分正確。從圖 3.15 所顯示超過 24 小時週期的廢污水流量與組成的循環便可以瞭解，廢污水流量與組成不只是會隨每天的小時內變化，同時也會隨著每週、每月及每年變化。社區污水中含有 25~50% 甚至更多的滲透水入流並不特殊，通常會受季節的影響。此外，社區污水並非均勻的，因為工業放流水經常會在短時間內發生衝擊 (slugs)。

社區污水參數的變動經常能以概率性 (probabilistic) 來定性，這些案例中統計的方式能夠量化如 BOD、SS 與污水流量的參數。數據的取得最好能以每天為基準，至少一年的時間。然而能供分析的數據較少，而分析的可信度又有賴於數據取得的量與品質。因此，採樣計畫的重要性不能過於強調。

基本上有兩種採樣的形式：(1) 擷取 (grab) 樣本，以及 (2) 混合 (composite) 樣本。擷取樣本只顯示採樣時污水的特性，經常使用於 (1) 污水的流量與組成相對穩定、(2) 污水的流量為間歇式，抑或是 (3) 混合樣本對於污染物極端的狀況（例如像 pH 及溫度）無法辨識時。擷取樣本的最小量應該介於 1~2 L。

混合樣本為不同時間採集之個別樣本的混合物。每個個別樣本加入總混合物的量，與其採樣時的污水流量成正比：

$$每單位流量需要之樣本份數 = \frac{樣本需要的總體積}{[平均流量] \times [混合的樣本數量]} \tag{3-65}$$

採樣的頻率依據污水的流量與組成的變化性。低變化性時採樣區間可以介於 2~24 小時，然而在高變化性時採樣區間可能需要每 15 分鐘一次。混合樣本的個別樣本部分應該介於

25~100 mL，總混合體積應該介於 2~4 L。

樣本儲存的方式，要確保分析的特性不會改變。表 3-24 與表 3-25 列出儲存步驟與對幾個污水特性冷凍與冰凍的適用性。

表 3.24 建議的儲存程序

分析	樣本儲存	
	4°C 下冷凍	冰凍
總固體	OK	OK
懸浮固體	可維持數日	No
揮發性懸浮固體	可維持數日	No
COD	可維持數日	OK
BOD	混合樣本系統可維持 1 日	延遲生長，必須使用新鮮的污水菌種

資料來源：EPA (1973)

表 3.25 樣本保存

參數	保存法	最常儲存時間
酸度 - 鹼度	4°C 下冷凍	24 小時
生化需氧量	4°C 下冷凍	6 小時
鈣	不需要	7 天
化學需氧量	2 mL H_2SO_4/L	7 天
氯化物	不需要	7 天
色度	4°C 下冷凍	24 小時
氰化物	NaOH 至 pH 10	24 小時
溶氧	現場實測	不儲存
氟化物	不需要	7 天
硬度	不需要	7 天
溶解金屬	5 mL HNO_3/L	6 個月
總金屬	過濾：3 mL 1:1 HNO_3/L	6 個月
氨氮	40 mg $HgCl_2$/L，4°C[a]	7 天
凱氏氮	40 mg $HgCl_2$/L，4°C[a]	不穩定
亞硝酸 - 硝酸氮	40 mg $HgCl_2$/L，4°C[a]	7 天
油脂	2 mL H_2SO_4/L，4°C	24 天
有機碳	2 mL H_2SO_4/L (pH 2)	7 天
pH	現場實測	不儲存

表 3.25　樣本保存 (續)

參數	保存法	最常儲存時間
酚類	1.0 g CuSO$_4$/L + H$_2$SO$_4$ 至 pH 4，4°C	24 小時
磷	40 mg HgCl$_2$/L，4°C[a]	7 天
固體	無	7 天
電導度	不需要	7 天
硫酸鹽	4°C 下冷凍	7 天
硫化物	2 mL 醋酸鋅/L	7 天
嗅味	4°C 下冷凍	7 天
濁度	無	7 天

[a] 含汞樣本的棄置為公認的問題，可取代的保存法正在研究中。

資料來源：EPA (1973)

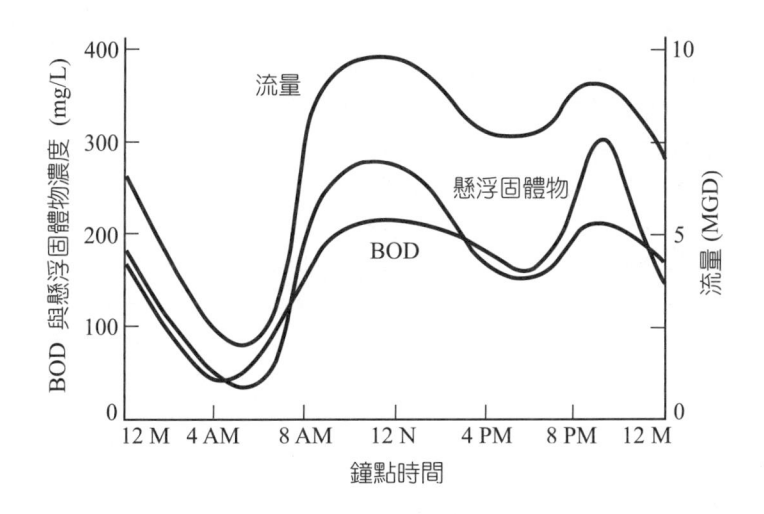

圖 3.15　社區污水流量與組成在每日中隨小時的典型變化 (Metcalf and Eddy, 1972)

例題 3-12

下列樣本的數據為某一下水道出水口至社區污水處理廠之流量紀錄：

樣本號碼	流量 (加侖 / 分鐘)	樣本號碼	流量 (加侖 / 分鐘)
1	245	8	280
2	210	9	310
3	180	10	450
4	155	11	520
5	145	12	345
6	155	13	315
7	195	14	270
			平均 = 270

如果需要總混合樣本體積為 2000 mL，個別樣本的體積為多少 mL？

【解】

1. 利用 3-65 式決定每單位流量,需要之樣本部分:

$$每單位流量需要之樣本份數 = \frac{2000}{270 \times 14} = 0.53 \text{ mL}$$

2. 計算所有要混合之個別樣本的 mL 數:

樣本號碼	流量(加侖/分鐘)	體積量 (mL)
1	245×0.53 =	130
2	210×0.53 =	111
3	180×0.53 =	95
4	155×0.53 =	82
5	145×0.53 =	77
6	155×0.53 =	82
7	195×0.53 =	103
8	280×0.53 =	148
9	310×0.53 =	164
10	450×0.53 =	239
11	520×0.53 =	276
12	345×0.53 =	183
13	315×0.53 =	167
14	270×0.53 =	143

數據分析

　　廢污水採樣程序的目的是為了得到有關廢污水的組成與流量的有效數據,以建立設計數值。在取得數據時,不同的廢污水參數的數值會隨這時間改變或是變動。可以檢查每個參數數值分布的隨機性。如果數值為隨機分布,這些數值會產生一個常態分布的曲線(鐘形分布)。這些數據也可能呈現出被向左或向右扭曲 (skew) 的曲線,這是因為數據呈現負值是不可能的,抑或是一個極為明確的背景數據存在之可能性極低。

　　機率作圖是一個決定某組資料是否符合正常分布或是對數-正常分布模式的方法。這個方法的應用,是將一組數據畫在算數與對數機率紙上後,依據其中是否是線性的圖形判定分布模式。如果是,便符合正常分布或是對數-正常分布模式。機率作圖還可以用於估算數據組的平均數、中位數以及標準偏差。這些作圖特別有助於取得平均數據,如果數據沒有被過大或是過小的數字扭曲的話。機率作圖的必要程序如下所示:

1. 選擇機率紙——算數、對數或兩者。
2. 將數據按照由小至大順序排列。
3. 利用下列公式確定每個數據的位置：

$$\text{作圖位置} = \frac{m - 0.5}{n}(100) \tag{3-66}$$

其中，m = 數據的排列順序
n = 觀察的數字

如果觀察的數字很大 (如 50 至 100 或更大)，這些數字數量分組，作圖位置依據下列公式計算：

$$\text{作圖位置} = \left(\frac{m}{n+1}\right)100 \tag{3-66a}$$

以 BOD 為例，觀察得到的數據可以每 50 mg/L 分組，而用每組的中點作圖。下列為分組的典型數據：

間隔	間隔中樣本數	m	作圖位置 (%)
200~249	5	5	5.2
250~299	4	9	9.3
.	.	.	.
.	.	.	.
.	.	.	.
1150~1199	4	96	99.0

4. 找出最符合線的軌跡。如果機率模式選擇正確，所有除了極端的數據均會聚集在軌跡附近。機率的比率代表等於或是小於該數值之百分比。
5. 當數據符合正常分布，平均數與中位數是相同的。所以，從機率紙獲得之百分比 50 的數據，便是平均數與中位數。雖然這不是典型的狀況，但目的卻是機率圖能夠確定可靠的中位數，為位於最符合數據之直線上百分比 50 的數值。
6. 對一個正常分布的數據，標準偏差大致等於百分比 90 之數據與百分比 10 之數據差異的五分之二。事實上，正常分布之標準偏差等於平均數值加減 34.13%。亦即 68.26% 的數值落於平均數 ±1 標準偏差之間。

例題 3-13

某工廠原廢水經過 19 天的監測，每日廢水中混合樣本中懸浮固體的濃度如下表中所示：

天	SS(mg/L)	天	SS(mg/L)
1	270	11	252
2	243	12	279
3	252	13	243
4	258	14	264
5	249	15	270
6	228	16	243
7	255	17	255
8	237	18	261
9	261	19	252
10	276		

利用機率作圖決定懸浮固體的平均濃度與標準偏差。

【解】

1. 將數據由小而大排列，利用 3-66 式決定每個數據的機率圖位置。

SS 大小順序	數據的排列順序	作圖位置
228	1	2.6
237	2	7.9
243	3	13.2
243	4	18.4
243	5	23.7
249	6	29.0
252	7	34.2
252	8	39.5
252	9	44.7
255	10	50.0
255	11	55.3
258	12	60.5
261	13	65.8
261	14	71.0
264	15	76.3
270	16	81.6
270	17	86.8
276	18	92.1
279	19	97.4

2. 用算術或對數機率紙找出最符合線性的軌跡。這個案例數據符合算術正常分布如圖 3.16 所示。

3. 從圖 3.16 可知此廢水懸浮固體的平均濃度為 255 mg/L。

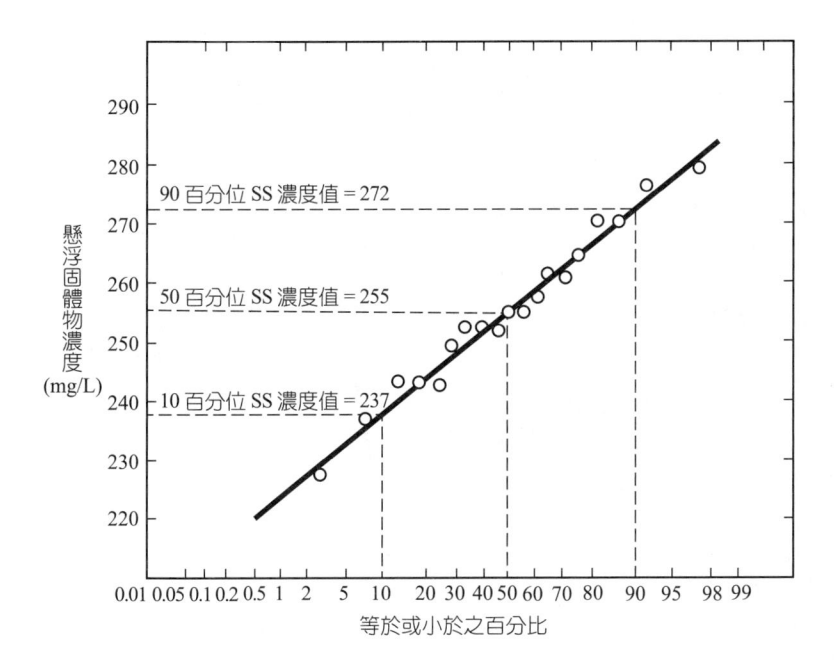

圖 3.16 例題 3-13 的機率作圖

4. 從圖 3.16 得到百分比 10 之懸浮固體的濃度為 237 mg/L，而百分比 90 之懸浮固體的濃度為 272 mg/L。所以，標準偏差大致為：

$$標準偏差 = \frac{2}{5}(272 - 237) = 14.0$$

圖 3.17 至圖 3.20 個別展示社區污水 BOD_5、BOD_5 負荷、懸浮固體與流量等參數的典型機率作圖。需要注意的是 BOD_5、BOD_5 負荷與流量的變化，以較符合對數正常分布而非算數

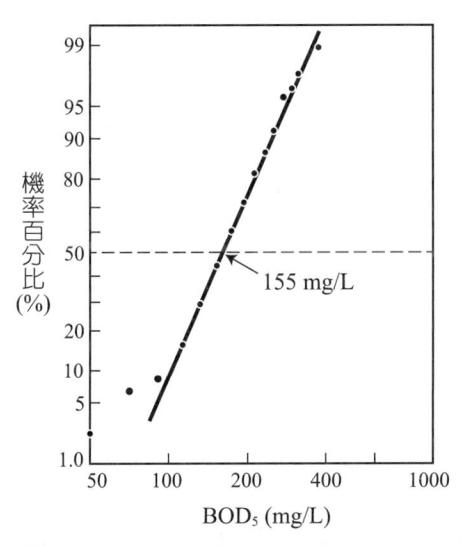

圖 3.17 BOD_5 進流的機率 (Malina et al., 1972)

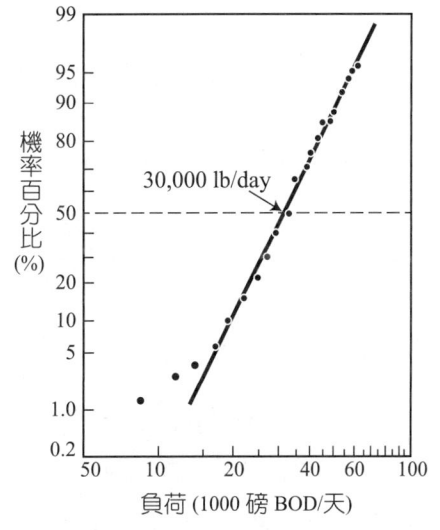

圖 3.18 BOD_5 負荷的機率 (Malina et al., 1972)

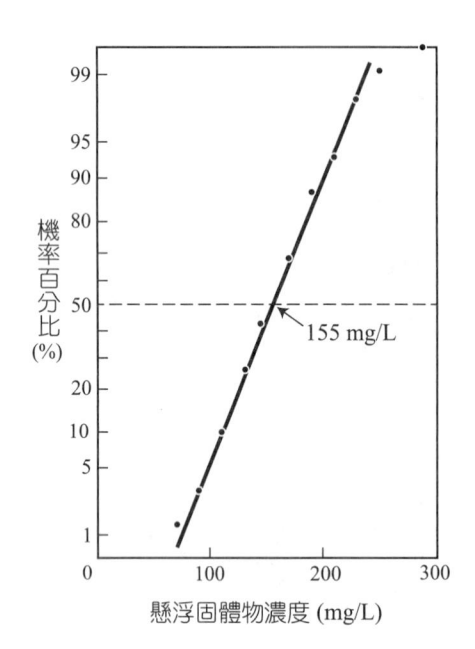

圖 3.19 懸浮固體的機率 (Malina et al., 1972)

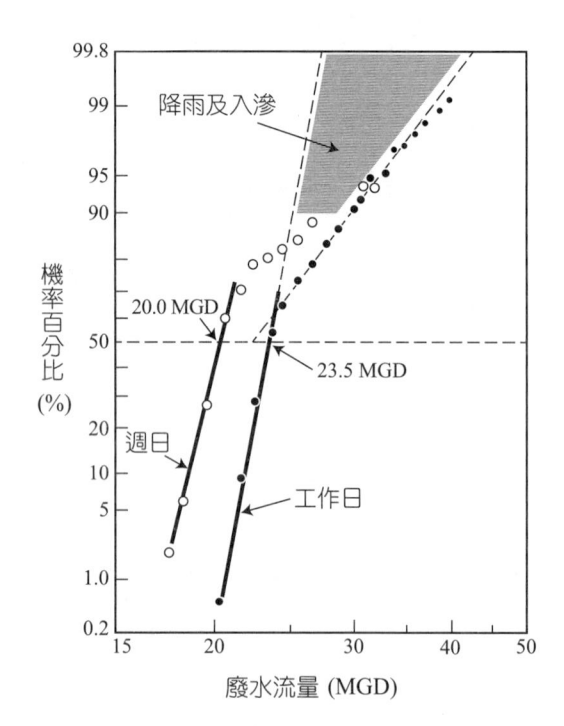

圖 3.20 污水流量的機率 (Malina et al., 1972)

正常分布。圖 3.20 同時也顯示社區污水的流量可分為三個分開的群組，分別為工作日的平均流量、星期日的平均流量以及污水的流量，包含降雨的滲透。

習題

3-1 某社區污水的 5 天 BOD 為 280 mg/L。如果終極 BOD 已知為 350 mg/L，請問此 BOD 的反應速率常數為何？

3-2 如果速率常數 (以 10 為底) 為 0.10 day^{-1}，請問終極 BOD 在三日之後被分解的百分比為何？

3-3 下列為實驗室在 20°C 的培養器中所得的數據：

時間 (天)	1	2	3	4	5	6	7	8	9	10
BOD(mg/L)	4	9	18	28	50	64	70	71	73	78

以 BOD 對時間作圖決定數據是否符合一次動力反應，亦即是否有時段滯緩存在？若有，對 BOD 軸做必要的調整，然後決定 K' 與 L_u。

3-4 假設氧化反應會完全發生而產生二氧化碳與水，下列化合物的理論化學需氧量為何？

    a. 酚，C_6H_5OH

b. 苯酸，C_6H_5COOH

c. 乙醇，CH_3CH_2OH

d. 甘油，$CH_2OHCHOHCH_2OH$

3-5 在 25°C 下，加多少公克醋酸鈉能將 1 公升 0.2 M 醋酸的 pH 值提高到 4.0？假設體積不變。

3-6 一緩衝溶液含 0.1 M 醋酸與 0.1 M 醋酸鈉 (0.2 M 的緩衝)，4 mL 之 0.05 N HCl 加入 10 mL 此緩衝溶液後的 pH 值為多少？

3-7 某工廠每週會從一個 48 小時的生產週期中，產生 2.0 MG 的酸性廢水 (pH 1.5)。工廠的工程師欲將廢水排入廠方附近的一個河川。此河川 7 日與 10 年的低流量為 25 MGD，鹼度為 150 mg/L 以 $CaCO_3$ 計以及 pH 值為 7.7。如果混合後溫度為 25°C，如果要維持河水的 pH 值不低於 7.0，是否可以用 5 天期間持續排放此廢水？

3-8 某廢水放流水含有 10 mg/L 之 NH_4^+ + NH_3-N 排放至一個不含還原態氮之接收河川。如果廢水流量為 1 MGD 而河川的關鍵流量為 10 MGD，混合後 NH_3-N 平衡濃度為何？從 5 年的河水資料中，假設河水的關鍵 pH 值為 8.5，而廢水放流水的關鍵 pH 值預計為 8.0。廢水放流水的溫度為 30°C，河水的溫度為 10°C。為了達到河川下游中非離子化氨濃度 0.02 mg/L 的標準，允許廢水放流水中的總氨氮最高濃度為何？

參考文獻

ALEXANDER, M., *Introduction to Soil Microbiology*, John Wiley & Sons, Inc., New York, 1961.

BRADLEY, R. M., "The Operating Efficiency of Circular Primary Sedimentation Tanks in Brazil and the United Kingdom," *The Public Health Engineer*, **13**, 5 (Jan. 1975).

BROWN and CALDWELL, Consulting Engineers, *Process Design Manual for Nitrogen Control,* EPA Technology Transfer, 1975.

CHIEN, J. S., AND J. D. JONES, "Pollutional Loadings Approach to Identifying I-I," *Water Pollution Control Federation Deeds and Data*, **12**, 1 (Oct. 1975).

DOETSCH, R. N. AND T. M. COOK, *Introduction to Bacteria and Their Ecobiology*, University Park Press, Baltimore, Md, 1973.

ECKENFELDER, W. W., JR., *Water Quality Engineering for Practicing Engineers*, Cahners Books, Boston, 1970.

ECKENFELDER, W. W., JR., AND D. L. FORD, *Water Pollution Control*, Pemberton Press, Austin, Tex., 1970.

EPA, *Monitoring Industrial Wastewaters*, 1973.

FAIR, G. M., J. C. GEYER, AND D. A. OKUN, *Elements of Water Supply and Wastewater Disposal*, 2nd ed., John Wiley & Sons, Inc., New York, 1971.

FITZGERALD, G. P., "Factors in the Testing and Application of Algicides," *Applied Microbiology*, **12**, 247 (1964).

HAMMER, M. J., *Water and Waste-Water Technology*, John Wiley & Sons, Inc., New York, 1975.

HOEHN, E. R., R. P. GOODE, C. W. RANDALL, AND P. T. B. SHAFFER, "Chlorination and Water Treatment for Minimizing Trihalomethanes in Drinking Water," in *Water Chlorination: Environmental Impacts and Health Effects*, Vol. II, Ann Arbor Science Publishers, Inc., Ann Arbor, Mich., 1978, pp. 519-535.

HURWITZ, E. R., R. BEAUDOIM, AND W. WALTERS, "Phosphates – Their 'Fate' in a Sewage Treatment Plant – Waterway System," *Water and Sewage Works*, **112**, 84 (1965).

LEHNINGER, A. L., *Biochemistry*, Worth Publishers, Inc., New York, 1970.

LOEWENTHAL, R. E. AND G. V. R. MARAIS, *Carbonate Chemistry of Aquatic Systems: Theory and Application*, Ann Arbor Science Publishers, Inc., Ann Arbor, Mich., 1976.

MALINA, J. F., et al., "Design Guides for Biological Wastewater Treatment Processes," Center for Research in Water Resources Report 76, University of Texas, Austin, Tex., 1972.

McCARTY, P. L., "Phosphorus and Nitrogen Removal by Biological System," in *Proceedings , Wastewater Reclamation and Reuse Workshop*, Lake Tahoe, Calif., June 25-27, 1970.

McCARTY, P. L., L. BECK, AND P. ST. AMANT, "Biological Denitrification of Wastewater by Addition of Organic Materials," in *Proceedings , 24th Purdue Industrial Waste Conference*, West Lafayette, Ind., May 6, 1969.

MCKINNEY, R. E., "Design and Operation of Complete Mixing Activated Sludge System," Environmental Protection Control Services Report, Vol. 1, No. 3, Lawrence , Kan., July 1970.

METCALF and EDDY, INC., *Wastewater Engineering*, McGraw-Hill Book Company, New York, 1972.

NAY, M. W., "A Biodegradable and Treatability Study of TNT Manufacturing Wastes with Activated Sludge System," Dissertation, Virginia Polytechnic Institute and State University, Blacksburg, Va., Dec. 1971.

PAINTER, H. A., "A Review of Literature on Inorganic Nitrogen Metabolism in Microorganisms," *Water Research*, **4**, 393 (1970).

PARKER, H. W., *Wastewater System Engineering*. Prentice-Hall, Inc., Englewood Cliffs, N.J., 1975.

RANDALL, C. W., AND R. A. LAUDERDALE, "Biodegradation of Malathion," *Journal of the Sanitary Engineering Division*, *ASCE*, 93, 145 (Dec. 1967).

SAWYER, C. N., AND P. L. MCCARTY, *Chemistry for Sanitary Engineers*. 2nd ed., McGraw-Hill Book Company, New York, 1967.

SCHROEDER, E. D., *Water and Wastewater Treatment*, McGraw-Hill Book Company, New York, 1977.

THOMPSON, B. C., "Trihalomethane Formation Potential of Algal Extracellular Products and biomass," Master's thesis, Virginia Polytechnic Institute and State University, Blacksburg, Va., Mar. 1978.

TOERIEN, D. F., "South African Eutrophication Problems: A Perspective," *British Journal of Water Pollution Control*, **74**, 134 (1975)

WEBER, W. J., JR., AND W. STUMM, "Mechanism of Hydrogen Ion Buffering in Natural Waters," *Journal of the American Water Works Association*, **55**, 1553 (1963).

WHITE, G. C., *Handbook of Chlorination*, Van Nostrand Reinhold Company, New York, 1972.

CHAPTER 4

活性污泥法及其改良形式

　　活性污泥處理程序能夠將廢水中大部分有機物轉化成為更為穩定的無機物的形式或成為細胞的成分。在此一過程中，以不同類型存在於污泥中之微生物，可將經初級沉澱程序後而仍殘存於廢水中之可溶性有機物及膠凝體有機物顆粒代謝為二氧化碳及水。同時，亦有極大一部分的有機物被轉化為細胞成分的物質，該物質可以經由重力沉澱作用而從廢水中分離出來。

　　活性污泥為一異營性微生物聚合體，主要是由細菌、原生動物、輪蟲及真菌等所組成。而廢水中大部分有機物的去除是藉由細菌之同化作用所完成的，此時污泥中的原生動物及輪蟲的主要功能是在於去除離散出來的細菌個體 (即補食功能)，否則這些菌體將會隨放流水逸流出來。

　　細菌細胞利用基質 (有機物) 的過程可分為三個階段：(1) 基質分子與細胞壁相接觸、(2) 基質分子被傳送至細胞內及 (3) 細胞對基質分子進行代謝作用。當細菌進行上述過程時，基質需以溶解狀態存在，以膠凝體或非均相形式存在的分子 (sterically incompatible molecules) 均不能直接傳送至細胞的內部。這些物質必須首先吸附於細胞的表面，然後再由細胞外酶 (exoenzymes) 或附著於細胞壁酶 (wall-bound enzymes) 將其分解或轉化為可傳送至細胞內部之成分型態。

　　為了產生高品質的放流水，須將微生物體 (在去除廢水中之有機物之後) 從液相中分離出來，而此分離的過程是在二沉池中完成的，而也只有當微生物體具有凝聚特性時，分離的過程才能有效的進行。二級沉澱程序似乎已被認定為放流水水質優劣的關鍵性步驟。一般而言，放流水中溶解的 BOD_5 濃度在 5 mg/L 以下，但是從二沉池所逸出的微生物固體物量卻可以使放流水中產生高於 20 mg/L BOD_5 的濃度。

在眾多以描述微生物體膠羽化作用機制為目標的研究工作中，就屬 Pavoni (1972) 所作的研究最為完整而全面性。他在他的研究過程中曾發現，微生物體的膠羽化作用是由微生物的生理狀態所控制，此一作用只會當基質幾近於消耗殆盡，抑或是當微生物處於內呼吸生長期之階段時，才會發生。生物膠羽化作用是由微生物所分泌於細胞外聚合物的相互作用所引起的，在內呼吸的階段，這種聚合物將累積於細胞的表面。也正是由於這些聚合物對細胞表面所產生的物理及靜電性的結合作用，而使細胞之間連接成為具有三維空間形式的聚合細胞架構。

當完成固液分離的步驟之後，因基質被利用而合成所增加微生物的生質量部分將被排掉(即廢棄污泥)，而其餘的部分則將從二沉池底部被回流到曝氣槽中(即回流污泥)。如此在整個活性污泥系統中，就可保持相對穩定的微生物生質量濃度。所以活性污泥處理過程的正常與否，將取決於是否有足夠的生質量返送至曝氣反應槽內。也因此如果微生物體在二沉池中所進行的分離或濃縮過程失敗，就會導致整個活性污泥處理過程的失敗。

圖 4.1 所示為一典型活性污泥處理廠的流程圖。一般而言，此一處理程序主要包含有下列幾個步驟：(1) 在含有微生物懸浮顆粒存在的反應槽中對廢水進行曝氣、(2) 曝氣後進行固液分離、(3) 排出澄清的放流水及 (4) 廢棄多餘的生質量並將其餘的生質量回流至曝氣槽中 (Eckenfelder et al., 1972)。

4-1 混合方式

在設計活性污泥處理程序時，其基本要求之一就是要瞭解在某一特定狀況下，反應器(曝氣槽)的最佳形式。在此一考量上，反應器的實際幾何形狀就變為很重要，因為它決定

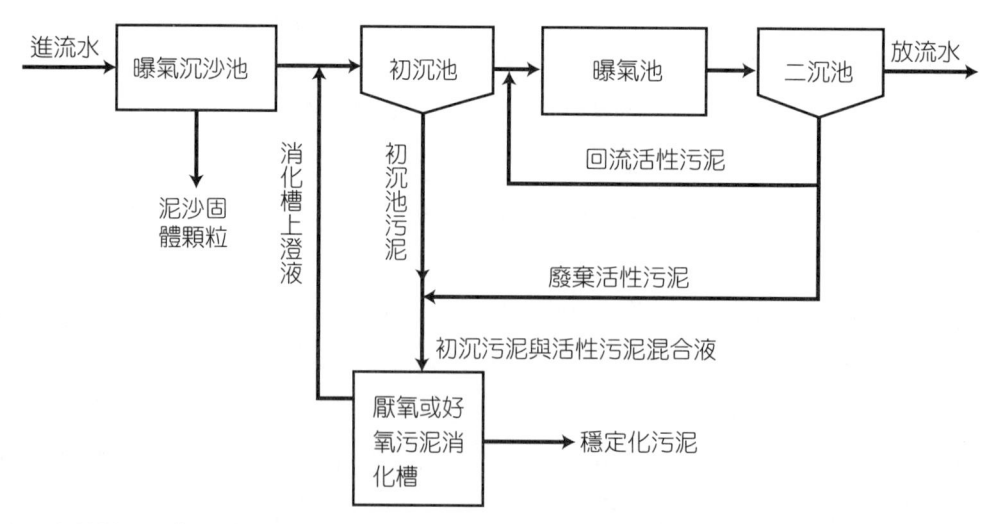

圖 4.1　活性污泥處理廠的典型流程圖

了廢水流經曝氣槽的途徑及基本的混合方式。

一般而言，在活性污泥處理程序中主要的混合方式有二種，第一種是柱塞流混合的方式。在第 1 章中已明確指出，此種混合方式的特性就是混合液依序沿著曝氣槽長度流過該池，單位混合液個體之間不發生互相混合的現象。但是具有這種流況的反應器中，是有可能發生橫向的混合作用。但是根據柱塞流的定義，沿水流之軸方向是不存在有液體混合或擴散的現象。此外，在真正柱塞流的流況下，單位混合液個體在曝氣池中的停留時間皆相同。

第二種混合方式為曾在第 1 章中討論過的完全混合。在此一流況下，曝氣槽中的混合液將獲得充分的攪拌，因此槽內的各類物質的濃度均保持均勻。所以在穩定狀態下，曝氣槽放流水中的成分應與曝氣槽內液體的成分相同。

但是我們都知道，在實際的反應槽中是難以達到真正的柱塞流或完全混合的操控條件。但是如果反應槽系統設計得當 (包含曝氣系統的排列方式及反應槽幾何形狀的設計)，則可設計出近似於柱塞流或完全混合的曝氣反應槽。

而混合的方式對整個活性污泥系統是非常重要的，它的影響性包括：(1) 曝氣槽中氧氣進行輸送時所必要的條件、(2) 微生物對突負荷的敏感性、(3) 曝氣槽內的環境條件 (例如像溫度等環境因子) 以及 (4) 操控處理程序的動力學 (Metcalf and Eddy, 1972)。對於以上所列之各個影響性將在本章之後續章節中進行討論，那時將涉及到活性污泥處理程序中各種改良型所面臨的問題，以及它們各自的選擇條件。

4-2 動力學模式之推導

迄今除了少數的幾個例外外，所有描述活性污泥處理程序的動力學模式都是基於處理系統在穩定狀態條件下所導出的。在本文的討論中，將提出哪些是較普遍使用的動力學模式，以及建立每一模式所需的假設條件。而這樣的討論對於要利用數學模式進行處理廠設計的人而言，瞭解每一種模式的限制條件是有其必要性。

圖 4.2 所示為一完全混合活性污泥處理程序的典型流程圖。圖中 Q 表示進入曝氣池的原廢水流量；S_0 為原廢水中基質的濃度；V_a 為曝氣槽容積；X 為曝氣槽內及曝氣槽放流水中微生物之生質量濃度；S_e 為處理後放流水在穩定狀態條件下基質的濃度；Q_r 為返送污泥之回流量；R 為污泥回流比 (即 Q_r/Q)；Q_w 為污泥廢棄量；X_r 為二沉池底流中，亦即回流污泥中微生物之生質量濃度。

由圖 4.2 可知，有二種廢棄污泥的方法。其中一種方式為污泥從污泥回流管線上排除，而另一種方式則為從曝氣槽中直接排除之。雖然傳統的方法是從污泥回流管線上排除污泥，但是從曝氣槽中直接排泥則較為適當。此乃因這種廢棄污泥的方法不但有利於對處理廠進行更有效的操控，並且也能有益於其後的污泥濃縮過程。此外，有關的研究結果亦表明，使用生質量濃度較低的曝氣槽混合液，而不使用濃縮過存在於回流污泥，在濃縮過程中將可達到更高的固體濃度 (McCarty, 1966)。因此，在本文中所討論有關模式的推導，係基於污泥直接由曝氣槽廢棄的方式下所進行的。

至於物質平衡方程式則是根據圖 4.2 所導出。從這些平衡方程式所導出相對應的動力學模式，係基於下列之假設條件：

(1) 曝氣槽處於完全混合的狀態。
(2) 進流水基質濃度為常數值。
(3) 進入曝氣槽的原廢水中不含有微生物體。
(4) 二沉池中沒有微生物的活動。
(5) 二沉池中沒有污泥的積累，且固液分離效果佳。
(6) 全部可被微生物降解的基質皆處於溶解狀態。
(7) 處理系統在穩定態狀下操作。

在 Lawrence and McCarty (1970) 的研究中，他們強調了生物固體停留時間 (biological solids retention time, BSRT) 此一操作參數的重要性，並以符號 θ_c 表示。θ_c 被定義為微生物在處理系統中的平均停留時間，可以下式計算得知：

$$\theta_c \equiv \frac{(X)_T}{(\Delta X/\Delta t)_T} \tag{4-1}$$

式中，$(X)_T$ = 處理系統中具活性的生質量 (污泥) 總量，[質量]

$(\Delta X/\Delta t)_T$ = 每天從處理系統中所排出具活性之生質量 (污泥) 總量，[質量]·[時間]$^{-1}$，包括從排泥管線所刻意排出的污泥量及從放流水中所流失的污泥量。

對於具有污泥回流且完全混合之活性污泥處理系統而言，再根據前面所提出的各項假設條件，則可將 4-1 式改寫為：

$$\theta_c = \frac{XV_a}{Q_w X + (Q-Q_w)X_e} \tag{4-2}$$

在穩定狀態下，又可根據 2-11 式及 4-1 式可得：

$$\theta_c = \frac{1}{\mu} \tag{4-3}$$

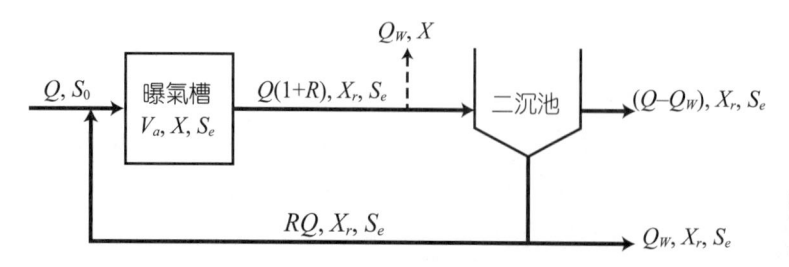

圖 4.2 完全混合活性污泥處理廠之典型流程圖

因此以 θ_c 做為控制參數的重要性是明顯的：藉由控制 θ_c 可以控制微生物的比生長速率及系統中微生物的生理狀態。

對於如圖 4.2 中所示之整個處理系統而言，其所建立的生質量物質平衡方程如下所示：

[系統中生質量之淨變化率] = [系統中生質量之生長速率] − [系統中生質量之排放速率]
(4-4)

由於系統中生質量的增加是因為微生物生長的結果，而生質量的排除則是藉由廢棄污泥之排放水及出流水水流這兩種水力作用的共同結果，所以 4-4 式可以表示為：

$$\left(\frac{dX}{dt}\right)V_a = \left(\frac{dX}{dt}\right)_g V_a - [Q_w X + (Q - Q_w)X_e] \tag{4-5}$$

由於 X 項所代表的意義為微生物的生質量濃度，所以 4-5 式中含有代表曝氣槽體積之 V_a 項，而用曝氣槽體積乘上槽內生質量單位時間濃度的變化率所得到的就是單位時間內微生物生質量的變化率。

將 2-51 式中的 $(dX/dt)_g$ 及 4-2 式中的 $Q_w X + (Q - Q_w)X_e$ 所表達的式子代入 4-5 式中可得下列之方程式：

$$\left(\frac{dX}{dt}\right)V_a = \left[Y_T\left(\frac{dS}{dt}\right)_u - K_d X\right]V_a - \frac{XV_a}{\theta_c} \tag{4-6}$$

在穩定狀態下，

[系統中生質量生長的速率] = [系統中生質量排出的速率]

亦即，

$$\left(\frac{dX}{dt}\right)V_a = 0$$

因此，在穩定狀態下 4-6 式可以寫成：

$$0 = \left[Y_T\left(\frac{dS}{dt}\right)_u - K_d X\right]V_a - \frac{XV_a}{\theta_c} \tag{4-7}$$

或

$$\frac{1}{\theta_c} = Y_T \frac{(dS/dt)_u}{X} - K_d \tag{4-8}$$

由於假設為完全混合式反應系統，因此反應槽內之基質濃度 S 等於放流水中之基質濃度 S_e。因此將此一關係代入 2-54 式中的 (dS/dt)，再將其代入 4-8 式中，而得：

$$\frac{1}{\theta_c} = Y_T \frac{kS_e}{K_s + S_e} - K_d \tag{4-9}$$

或

$$\frac{1}{\theta_c} + K_d = \frac{Y_T k S_e}{K_s + S_e} \tag{4-10}$$

將上式展開後得:

$$\frac{K_s}{\theta_c} + K_s K_d + \frac{S_e}{\theta_c} + S_e K_d = Y_T k S_e \tag{4-11}$$

或

$$\frac{K_s(1/\theta_c + K_d)}{Y_T k - (1/\theta_c + K_d)} = S_e \tag{4-12}$$

在上式之左側乘以 θ_c/θ_c 而得:

$$\frac{K_s(1 + K_d \theta_c)}{Y_T k \theta_c - (1 + K_d \theta_c)} = S_e \tag{4-13}$$

或

$$\frac{K_s(1 + K_d \theta_c)}{\theta_c(Y_T k - K_d) - 1} = S_e \tag{4-14}$$

對於進入及離開曝氣槽的基質亦可寫出下列的物質平衡方程式:

[曝氣槽內基質濃度的淨變化率] = [基質進入曝氣槽的速率] – [基質在曝氣槽衰減的速率]
$$\tag{4-15}$$

上式可以數學式表達為:

$$\left(\frac{dS}{dt}\right) V_a = Q S_0 + R Q S_e - \left(\frac{dS}{dt}\right)_u V_a - (1+R) Q S_e \tag{4-16}$$

4-16 式說明了基質從曝氣槽中的去除,是經由槽內微生物對基質的利用及槽體的水力作用所共同完成。

在穩定狀態下,由於

[基質進入曝氣槽的速率] = [基質在曝氣槽衰減的速率]

亦即,

$$\left(\frac{dS}{dt}\right) V_a = 0$$

因此在此條件下,4-16 式簡化為:

$$\left(\frac{dS}{dt}\right)_u = \frac{Q(S_0 - S_e)}{V_a} \tag{4-17}$$

上式之二端同乘 $1/X$,則 4-17 式成為:

$$\frac{(dS/dt)_u}{X} = \frac{Q(S_0 - S_e)}{X V_a} \tag{4-18}$$

將 4-18 式中的 $(dS/dt)_u/X$ 代入 4-8 式中,並解出 X 得:

$$X = \frac{Y_T Q(S_0 - S_e)}{V_a(1/\theta_c + K_d)} \tag{4-19}$$

以 θ_c/θ_c 乘 4-19 式之右側得：

$$X = \frac{\theta_c Y_T Q(S_0-S_e)}{V_a(1+K_d\theta_c)} \tag{4-20}$$

4-8 式、4-14 式及 4-20 式是由 Lawrence and McCarty (1970) 所導出，這些方程式已獲得環境工程界的廣泛認同。如果再將 2-56 式中的 $(dS/dt)_u$ 代入 4-8 式中，則又可得下式：

$$\frac{1}{\theta_c} = Y_T K S_e - K_d \tag{4-21}$$

或

$$S_e = \frac{1/\theta_c + K_d}{Y_T K} \tag{4-22}$$

以 θ_c/θ_c 乘上式的右側，而得下列有關 S_e 的方程式：

$$S_e = \frac{1+K_d\theta_c}{Y_T K \theta_c} \tag{4-23}$$

根據 2-56 式，用 KXS_e 替代 4-17 式中的 $(dS/dt)_u$，可以導出另一個有關 S_e 較為常用的表達式：

$$\frac{Q(S_0-S_e)}{V_a} = KXS_e \tag{4-24}$$

或

$$\frac{Q(S_0-S_e)}{XV_a} = q = KS_e \tag{4-25}$$

上式中的 q 表示比基質利用率，其因次單位為 [時間]$^{-1}$。當以 $Q(S_0 - S_e)/XV_a$ 項對 S_e (以 BOD_u 表示) 作圖時，上式將呈現為一條直線關係，其斜率為 K，如圖 4.3 所示。如前所述，本書中基質的濃度將以 BOD_u 或可分解 COD 量測量來表示之。

4-25 式也可以整理如下之形式：

$$\frac{S_e}{S_0} = \frac{1}{1+KX(V_a/Q)} \tag{4-26}$$

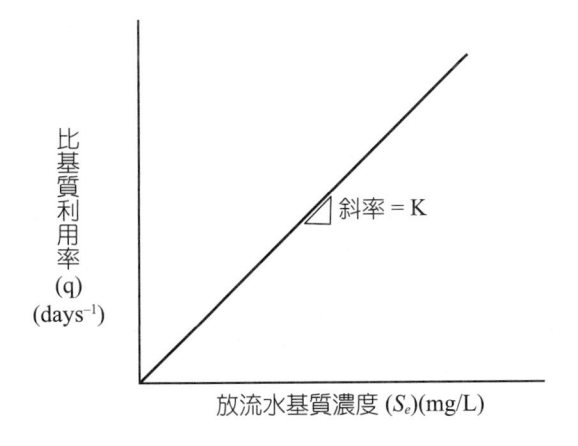

圖 4.3 比基質利用率與放流水中基質濃度間之關係圖

4-25 及 4-26 二式皆是根據基質利用率遵守一階反應動力學之假定時所導出。但是在穩定狀態下，由於微生物之生質量濃度與基質利用率無關，所以描述生質量 X 的 4-20 式與描述基質利用率 $(dS/dt)_u$ 時所選用不論是連續雙曲線形的表達方式，還是近似一階反應的表達方式皆無關。

對於回流率 R (即回流污泥流量與進流水流量間之比值) 與 θ_c 間進入之關係，可由建立生質量進入及離開曝氣槽之物質平衡方程式而推導出。根據圖 4.2，該式可以寫成：

[曝氣槽中生質量之淨變化率] = [曝氣槽中生質量之生長速率] − [曝氣槽中生質量之排出速率]
(4-27)

或

$$\left(\frac{dX}{dt}\right)V_a = RQX_r + \left(\frac{dX}{dt}\right)_g V_a - Q(1+R)X \tag{4-28}$$

將 2-59 式中的 $(dX/dt)_g$ 代入上式中得：

$$\left(\frac{dX}{dt}\right)V_a = RQX_r + \left[Y_T\left(\frac{dS}{dt}\right)_u - K_d X\right]V_a - QX - RQX \tag{4-29}$$

在穩定狀態下，

[曝氣槽中生質量之生長速率] = [曝氣槽中生質量之排出速率]

亦即，

$$\left(\frac{dX}{dt}\right)V_a = 0$$

因此，在假設曝氣槽處於穩定狀態條時，可將 2-56 式中的 $(dS/dt)_u$ 代入 4-29 式中，並簡化而得下列之方程式：

$$0 = RQX_r + (Y_T K X S_e - K_d X)V_a - QX - RQX \tag{4-30}$$

進一步將 4-23 式中的 S_e 代入上式中而得：

$$0 = RQX_r + \left[Y_T K X \left(\frac{1+K_d\theta_c}{Y_T K \theta_c}\right) - K_d X\right]V_a - QX - RQX \tag{4-31}$$

整理 4-31 式，並解出 θ_c 而得：

$$\frac{1}{\theta_c} = \frac{Q}{V_a}\left(1 + R - R\frac{X_r}{X}\right) \tag{4-32}$$

由 4-32 式可知 θ_c 是比值 X_r/X 及回流比 R 的函數。而比值 X_r/X 是生質量 (污泥) 沉降特性及二沉池操作效率的函數。

當二沉池操作運轉正常時，污泥固體顆粒的沉降率應接近 100%。在此一情況下，污泥回流管線中的最大固體物濃度可以下式估計之：

$$(X_r)_{max} = \frac{10^6}{SVI} \tag{4-33}$$

上式中之 SVI 表示污泥體積指數 (sludge volume index)。在運用上式估計 $(X_r)_{max}$ 值時，有一點要注意的是，經 4-33 式計算所得到的 X_r 值係表示總懸浮固體物的量，因此必須要先將其換算為揮發性懸浮固體物才能代入 4-32 式中加以運用。

在本章後面的章節中，將會進一步討論到利用通量曲線法 (flux plot method) 及 4-117 式，便可更精確的決定 X_r 值，且當有足夠的數據時，就應採用這種方法確定 X_r 值。但是，如果沒有足夠的數據時，則 4-33 式將可提供做為 X_r 值得初步估算。有一點我們必須要瞭解，雖然在後面的例題中仍採用 4-33 式計算 X_r 值，但是只要在任何可能的情況之下，在設計活性污泥系統時，應儘量使用精確的 X_r 值進行之。

但在確定了設計操作所需的 θ_c 值及所要達到的處理效率以後，便可利用 4-20 式中所提供的已知操作參數 Q、S_0、k、K_S、Y_T 及 K_d 值等，來計算曝氣槽中的生質量的總重量 (即 XV_a 值)。接下來就可根據所假設的 R 和 X_r 值，利用 4-32 式來計算在穩定狀態下，微生物之生質量濃度及曝氣槽所需之體積。圖 4.4 所示為在一組特定之操作條件下，變數 X、V_a、R 及 X_r 間的關係圖。而該圖中的 X_r 值是利用 4-33 式所計算而得的。

在確定所需處理之廢水特性、所需馴養的微生物種類及其所處特定環境條件下的已知常數 k、K_S、Y_T 及 K_d 值以後，我們可以利用 4-14 式或 4-23 式及 4-20 式來預測所相對應於任

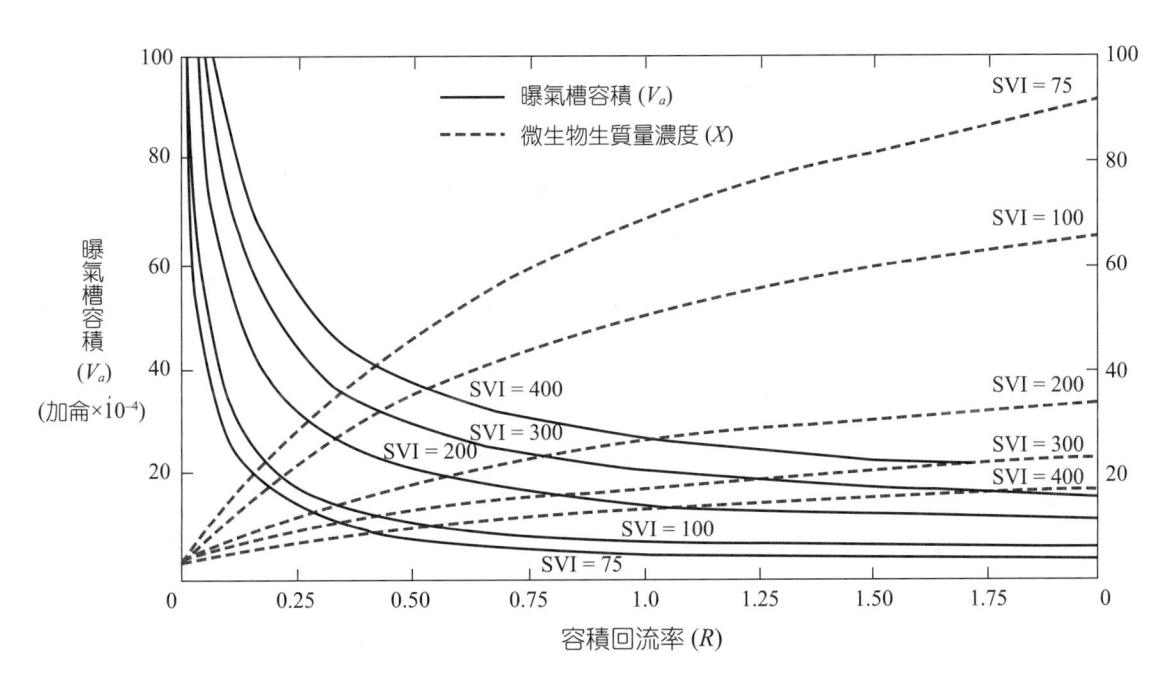

圖 4.4 在不同之 SVI 值條件下所得回流率與反應槽體積及微生物生質量濃度之關係圖

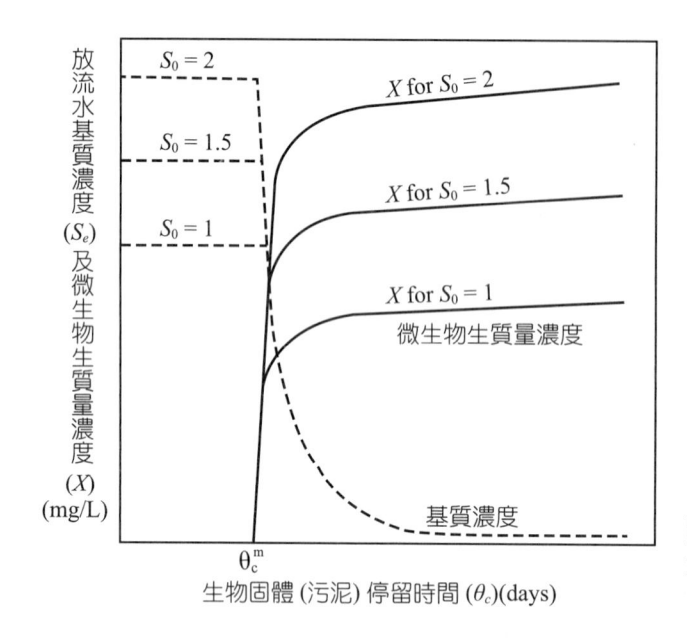

圖 4.5　進流水基質濃度對完全混合活性污泥處理程序的影響 (Andrews, 1971)

一 BSRT (θ_c) 值、曝氣槽體積及原廢水基質濃度下，曝氣槽內於穩定狀態時之生質量及基質的濃度。圖 4.5 所示出為進流水基質濃度對於完全混合活性污泥處理程序的影響。由該圖中可觀察到，當 θ_c 值操控在低於某一特定值時，沒有任何基質被系統去除之。而該值則被稱為最小微生物體停留時間 (minimum biological solids retention time)，以符號 θ_c^m 表示之。當活性污泥系統在此一 BSRT 值操作下，系統中微生物生質量的產量低於其排出量。因此，如果一個處理系統在低於最小 BSRT 值的條件下操作時，就會發生反應槽內污泥流失的現象 (亦即系統中的全部微生物生質量都會隨出流水的流出而流失掉)。當這一現象發生後，由於系統中已不存在有能夠轉化有機物的微生物，所以此時處理系統出流水中之基質濃度將與進流水基質濃度相同。因此，在此一條件下，並假設微生物對基質的利用速率係遵循 2-54 式的關係下進行，則可導出 θ_c^m 如下之關係式：

$$\frac{1}{\theta_c^m} = Y_T \frac{kS_0}{K_s + S_0} - K_d \tag{4-34}$$

但是，如果假設基質利用率遵循一階動力學之關係時，θ_c^m 的表達式成為：

$$\frac{1}{\theta_c^m} = Y_T K S_0 - K_d \tag{4-35}$$

圖 4.5 同時也說明了如前面所導出的動力學模式中所描述的，即放流水基質濃度與進流水基質濃度無關。從該圖中亦可看出，對於給予一已知的 θ_c 值，當進流水基質濃度增高時，將使曝氣槽中於穩定狀態下時之微生物生質量濃度也增高，而此時放流水基質濃度則仍保持不變。

由 4-14 式及 4-23 式中所呈現出之放流水基質濃度與進流水基質濃度間相互獨立的關

係，對於廢水處理廠的設計及操控上極具重要性。例如當以 θ_c 做為處理廠的控制參數時，則不需估計一般做為系統中生質量測定指標的混合液揮發性懸浮固體物 (mixed liquor volatile suspended solids, MLVSS) 濃度，也不需檢測進流水及放流水中基質的濃度 (以 BOD_5、COD 或 TOC 等方法量測之)。

在此一情況下，只要 θ_c 保持定值，進流水基質濃度的任何變化都將只會使曝氣槽內於穩定狀態下之生質量濃度產生變化，而放流水基質濃度則將會保持不變。基於以上所述之原因，有研究者提出可以用水力的方法來控制 θ_c 值 (Walker, 1971; Burchett and Tchobanoglous, 1974)。由於水力控制的方法簡便易行，所以它在處理廠的實際運轉操作過程中，得到了廣泛的應用。

進流水與出流水基質濃度間的獨立性關係也表明了在決定處理程序上所需之設計動力學參數時，不一定非要使用與實際操作條件濃度相同的廢水來進行試驗 (Grady and Williams, 1975)。

然而在此需特別指出的是，目前仍沒有人能夠證明在 2-54 式及 2-56 式中，何者較能夠更為正確的反映出活性污泥操作系統中實際的基質利用率。但是在處理廠的設計中，2-56 式卻可提供二個優點：(1) 該方程式具有數學上的簡易性，因而使得各種分析易於進行，以及 (2) 使用此方程式時不需要測定動力學參數 k 及 K_s 的精確值，而在大部分的情況下，要量測出精確的 k 及 K_s 值是相當困難的。此外仍需強調的是，到目前為止所導出有關活性污泥處理程序系統的各種動力學模式，都是建立在一些假設條件的基礎上。因此，討論這些假設條件對模式正確性所具有的影響性，是有其必要性的。

例題 4-1

利用完全混合活性污泥法處理流量為 1 MGD (百萬加侖 / 日)，以及 BOD_u 濃度為 200 mg/L 的廢水。各項已知之設計參數及條件如下所示：

X = 2000 mg MLVSS/L

S_e = 10 mg BOD_u/L

R = 污泥回流率為廢水流量的 30~40%

Y_T = 0.5

K = 0.1 L/mg-day

K_d = 0.1 day^{-1}

MLVSS = 0.8 MLSS

試計算所需曝氣槽的體積及操作運轉的 BSRT 值，並評估在不改變 BSRT 值的條件下，SVI 值從 80 增高到 160 時，其對處理程序效率的影響性。

【解】

1. 根據 4-25 式，計算所需曝氣槽的體積。

$$q = KS_e = (0.1)(10) = 1.0 \text{ day}^{-1}$$

而

$$q = \frac{Q(S_0 - S_e)}{XV_a}$$

因此，

$$V_a = \frac{1(200 - 10)}{(2000)(1.0)} = 0.095 \text{ MGD}$$

2. 根據 4-21 式，計算操作運轉的 BSRT 值。

$$\frac{1}{\theta_c} = (0.5)(1.0) - 0.1$$

或

$$\theta_c = 2.5 \text{ days}$$

3. 在評估改變 SVI 對處理效率的影響時，首先利用 4-32 式計算當 θ_c 為 2.5 日時，X 隨回流比 R 及 X_r 的變化情況。計算結果如下表所示：

SVI	R	X_r (mg/L)	X (mg/L)
80	0.3	12500×0.8 = 10000	2342
80	0.4	12500×0.8 = 10000	2897
160	0.3	6250×0.8 = 5000	1171
160	0.4	6250×0.8 = 5000	1448

在每一個不同之操作條件下，當生質量濃度達到穩定狀態後，我們可根據修正後之 4-25 式，分別計算出實際的放流水基質濃度。在 4-25 式中，將以 q/K 代替式中之 S_e，如下所示：

$$q = \frac{Q[S_0 - (q/K)]}{XV_a}$$

或

$$q = \frac{1[200 - (q/0.1)]}{(2342)(0.095)} = 0.86 \text{ day}^{-1}$$

利用其餘的數值進行類似的計算可得到下表中的 S_e 值：

X (mg/L)	S_e (mg/L)
2342	8.6
2897	7.0
1171	16.5
1448	13.6

根據以上之計算結果可知，在不改變操作運轉 BSRT 值的條件下，當 SVI 值從 80 增高至 160 時，放流水的水質將會超過所預期的標準而變差。

在以上所討論之活性污泥系統，是我們首先假設整個曝氣槽都將達到完全混合的形式。但是如果曝氣槽的混合方式為柱塞流的形式，那麼利用物質平衡關係所建立的動力學模式，則將會與先前所導出的模式有顯著的不同。

在廢水流經柱塞流式曝氣槽的過程中，槽內基質濃度將隨廢水流向槽出口處因微生物分解而不斷下降，此時生質量的濃度因微生物生長將不斷增加。由於在這種類型的反應器中並不存在有穩定狀態的條件，所以要導出能夠適當反映出柱塞流式反應槽之處理動力學數學模式將會非常困難。但是，在第 1 章中我們曾經指出，在 CFSTR 反應槽中反應初期所具有的高推動力 (基質濃度)，在進入反應槽內時瞬間減少至一個出現在反應槽出口處之最終低推動力 (即放流水中之殘餘基質濃度)。所造成之結果是，為了達到某一預定的處理效率，CFSRT 類型之反應槽將比 PF 類型之反應槽需要更長的反應時間。換言之，在反應槽體積相同的條件下，PF 反應槽的處理效率將高於 CFSRT 反應槽。Lawrence and McCarty (1970) 曾經對完全混合與柱塞流式反應槽的放流水基質濃度及處理效率進行了比較，其結果如圖 4.6 所示。由該圖可知，柱塞流式的系統較完全混合的系統具更高的處理效率。但是有研究證據顯示，實際上並不存在有理想柱塞流的條件，柱塞流曝氣槽中的實際混合狀態反而更接近於完全混合條件 (Grieves et al., 1961；Milbury et al., 1965)。因此當我們採用根據完全混合條

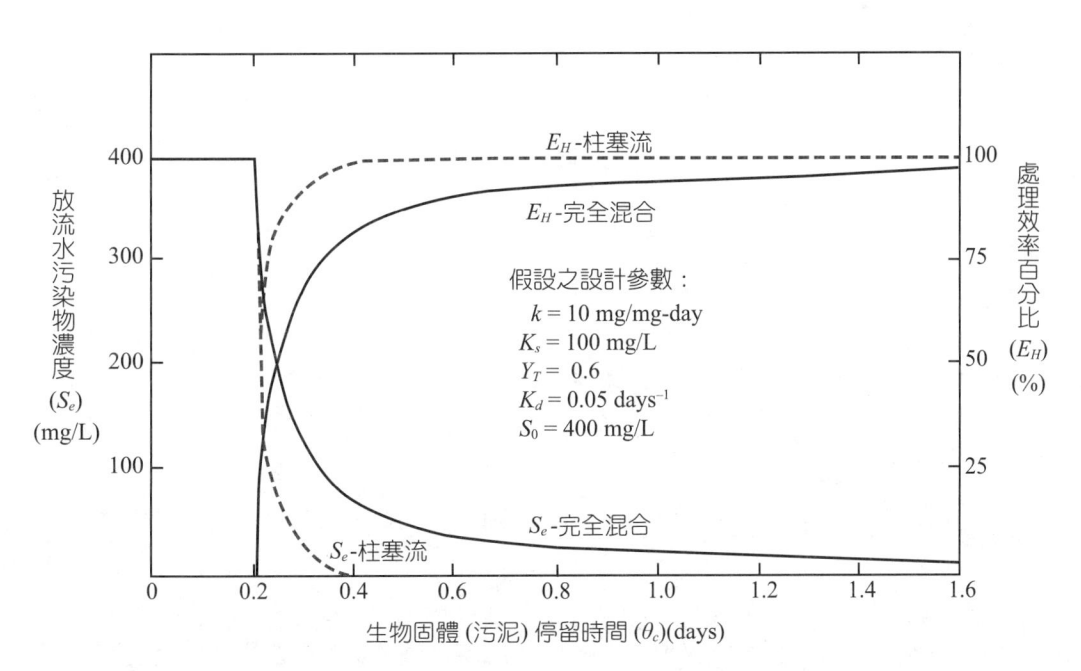

圖 4.6 柱塞流式與完全混合式活性污泥處理程序於穩定狀態下之放流水基質濃度與處理

件所導出的動力學模式來進行推流式處理系統的設計時,這樣的設計方法被認為是保守而安全的。因為當實際操作運轉的條件偏向於柱塞流狀態時,實際的處理效率將會高於設計時採用完全混合模式的預定值。但這並不是說,所有的曝氣槽都應當設計成完全混合的形式,然後再於實際操作中設法將其以柱塞流的方式進行。因為每一種的混合方式都有其一定的優點,所以重點是應該要使其能適於在某一特定的條件下使用。

在設計活性污泥反應系統的第二個假設條件為,處理廠的進流水基質濃度將不隨時間變化,而保持定值。如果是設計某些工業的活性污泥處理廠時,抑或是計畫建造調節池用以緩衝廢水濃度波動時,這將是一個合理的假設。但是如果當我們設計一個廢水基質濃度不斷變化的處理廠時,實驗的結果說明了 2-54 式或 2-56 式並不能精準的反映出此時的基質利用率。

但是在採用純菌種培養下的實驗結果指出,單一基質向細胞內輸送的過程的確是按照 2-54 式所描述的關係進行的,而 Riesing (1971) 在此一條件下所進行的試驗結果也指出,此時放流水中的基質濃度將不會受到進流水中基質濃度變化的影響。然而 Grau et al. (1975) 及 Grady and Williams (1975) 等也提出了他們的實驗數據表明,當採用多成分的混合基質進行混合菌種的微生物培養時,進流水與放流水中基質濃度間是有影響的。由於這種實驗條件在許多的情況下,會更加接近於設計工程師所感興趣的複雜系統,所以上述研究結果將對現行的設計和控制程序產生重大的影響。

圖 4.7 所示為 Grady and Williams (1975) 所得到的研究結果,而此一結果與 4-25 式所描述的一階基質利用率的關係式是互相一致的。然而,該式僅是 Lawrence and McCarty (1970) 所使用的 Monod 型關係式的一個特例。由該圖亦可知,進流水基質濃度對比基質利

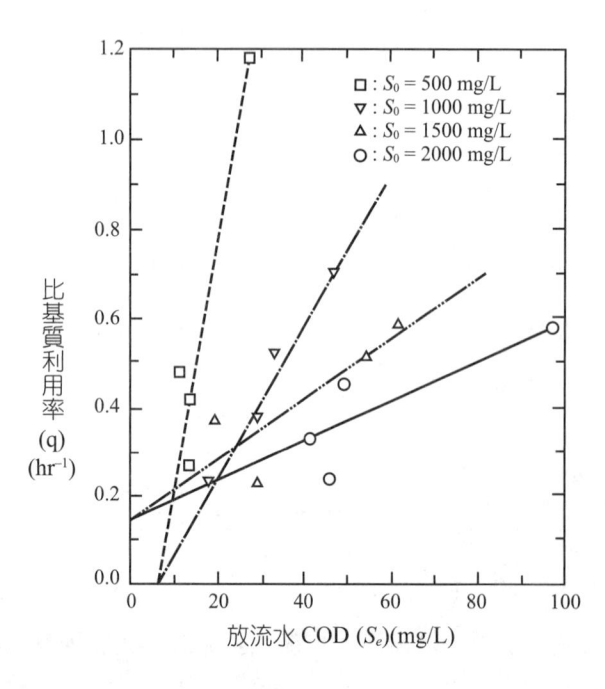

圖 4.7 以完全混合且無回流設計之活性污泥系統處理水質強度變化大且基質組成分多之廢水時所獲得之實際數據,繪製而成放流水基質濃度與比基質利用率之關係圖(數據較適用於一階基質利用率模式)(Grady, 1975)

用率常數 K 有較重要的影響性。因此人們必會假設，在混合菌種培養及廢水強度多變化，以及多成分有機質等條件下，由 2-54 式及 2-56 式所描述的基質利用率都不能精確地反映出活性污泥處理過程序的基質利用率。因此 Grau et al. (1975) 針對此一情況，提出了 2-58 式，式中的 n 值被定為 1。

如果將 2-58 式中 $(dS/dt)_u$ 的表達式代入 4-17 式中，則該式成為：

$$\frac{Q(S_0-S_e)}{V_a} = K_1 X \frac{S_e}{S_0} \tag{4-36}$$

或

$$\frac{Q(S_0-S_e)}{XV_a} = K_1 \frac{S_e}{S_0} \tag{4-37}$$

圖 4.8 指出 Grady and Williams (1975) 所得到的實驗數據較能吻合於 4-37 式的關係。雖然他們的數據仍呈現出有一些離散的現象，但其吻合程度仍較採用 4-25 式來表達實驗結果吻合程度要好得多 (4-25 式是根據 2-56 式所導出的)。因此，當使用混合菌種微生物進行處理水質強度變化性大且基質組成分多之廢水時，採用 2-58 式將可更為精確的反映出活性污泥處理程序中的基質利用率。上述過程中的基質利用率係藉由 BOD_5、COD 或 TOC 來測定，並假設 2-58 式中之 n 值等於 1。

如果以 2-58 式做為基質利用率的表達式，則可以用 $K_1X(S_e/S_0)$ 替代 4-8 式中的 $(dS/dt)_u$ 而得：

$$\frac{1}{\theta_c} = Y_T \left(K_1 \frac{S_e}{S_0}\right) - K_d \tag{4-38}$$

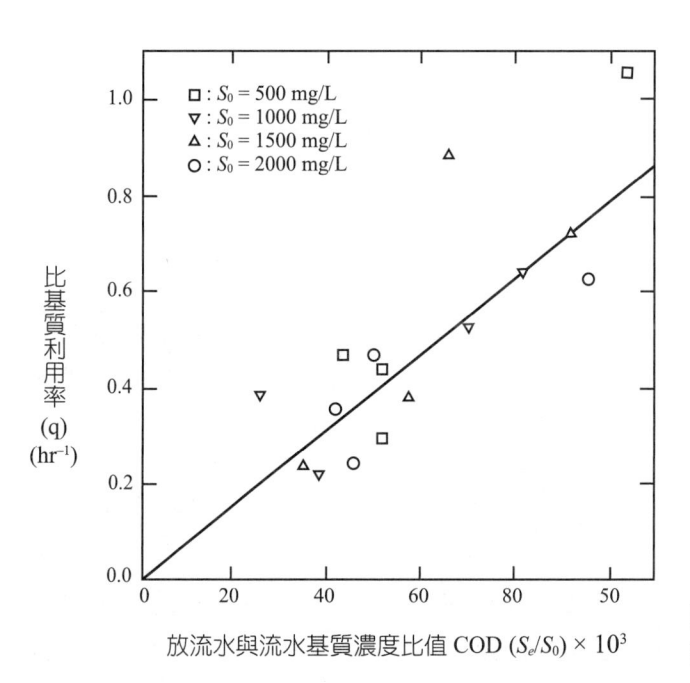

圖 4.8　Grady 所提出吻合 Grau 模式的數據 (Benefield, 1977)

從上式中解出 S_e 得：

$$S_e = \frac{S_0(1+K_d\theta_c)}{Y_T K_1 \theta_c} \quad (4\text{-}39)$$

但是，表示曝氣槽中生質量濃度的 4-20 式並不發生變化。

根據前述當 $\theta_c = \theta_c^m$ 時，$S_e = S_0$ 的關係，我們可以利用 4-39 式測定出 θ_c^m，即

$$Y_T K_1 \theta_c^m = 1 + K_d \theta_c^m \quad (4\text{-}40)$$

或

$$\theta_c^m = \frac{1}{Y_T K_1 - K_d} \quad (4\text{-}41)$$

當 4-39 式被用於計算 S_e 時，在完全混合活性污泥處理的系統中，進流水基質濃度對放流水基質濃度的影響性如圖 4.9 所示。從該圖中可以看出，當進流水基質濃度增高時，如過欲使放流水中基質的濃度保持不變，唯有提高 BSRT (θ_c) 值一途。

由於基質利用率並不影響 θ_c、R 及 Xr 之間的關係，所以在使用 Grau 相關模式時，4-32 式仍然有效。

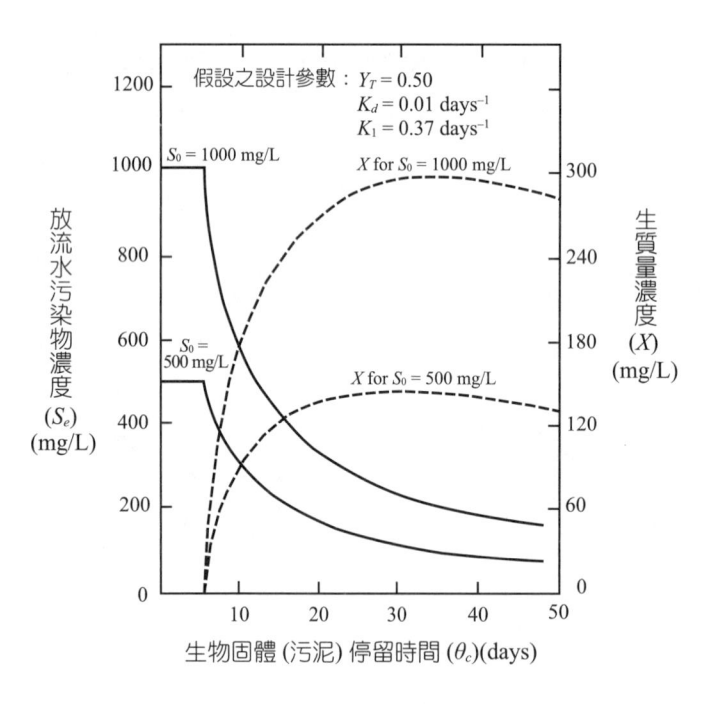

圖 4.9 由 Grau 基質利用率模式所預測之進流水基質濃度對完全混合活性污泥處理系統的影響性 (Benefield, 1977)

例題 4-2

某工廠所排廢水中 BOD_u 濃度的變化幅度為 100~400 mg/L。如果選用 BOD_u 為 200 mg/L 做為進流水的設計值，試求當處理流量為 1 MGD（百萬加侖/日）時所需的曝氣槽體

積。其他的設計參數及已知條件為：

$X = 2000$ mg/L

$S_e = 10$ mg/L

$Y_T = 0.5$

$K_1 = 17.0$ day^{-1}

$K_d = 0.1$ day^{-1}

另外，試計算出此一處理程序中之 θ_c^m 值，並與【例題 4-1】中的 θ_c^m 值相比較。

【解】

1. 根據 4-37 式計算所需的曝氣槽體積。

$$q = K_1 \frac{S_e}{S_0} = (17.0)\left(\frac{10}{200}\right) = 0.85 \text{ day}^{-1}$$

而又由於，

$$q = \frac{Q(S_0 - S_e)}{XV_a}$$

因此，

$$V_a = \frac{1(200-10)}{2000(0.85)} = 0.112 \text{ MG}$$

2. 再利用根據 Grau 模式所導出的 4-41 式計算 θ_c^m 值。

$$\theta_c^m = \frac{1}{(0.5)(17) - 0.1} = 0.12 \text{ day}$$

3. 在【例題 4-1】中的 θ_c^m 值可以根據 4-35 式決定。

$$\frac{1}{\theta_c^m} = (0.5)(0.1)(200) - 0.1$$

或

$$\theta_c^m = 0.10 \text{ day}$$

在比較第 2 及第 3 步驟中所計算出之最小 θ_c 值可以瞭解，由所選出的設計動力學常數計算出來的結果，污泥流失 (washout) 現象在二種系統中幾乎在相同的時間內發生。但是在使用 Grau 模式進行計算時，污泥開始流失的時間與進流水基質的濃度無關。因此如果是採用其他的基質利用率模式，則此一敘述是不正確的。

然而為什麼進流水的基質濃度會影響放流水的基質濃度呢？如依照完全混合的理論來看，曝氣槽內的微生物是被與放流水相同的基質濃度所圍繞，而不是進流水的基質濃度，因此微生物似乎應該沒有理由對其所不接觸的進流水基質濃度有所反應。但是也有可能是曝氣

槽內之混合液並未達到完全混合的狀態，是引發上述疑問的部分原因。可是，來自於實驗室規模處理系統的數據顯然是在充分混合條件下所獲得的，因此又不大可能是這個理由所造成的。Daigger and Grady (1977) 曾指出，事實上在放流水中的可溶性有機物並不是由進流水所帶來的原始基質，而是微生物的代謝產物。他們根據活性污泥處理程序既會消耗又會產生有機物的概念，提出了以下用於估計放流水中有機物濃度的模式：

$$z = Y_T S_0 \left(\frac{K_0}{\mu} + K_2 + K_3\right) + S_e \tag{4-42}$$

或 (因 S_e 非常小)

$$z \simeq Y_T S_0 \left(\frac{K_0}{\mu} + K_2 + K_3\right) \tag{4-43}$$

式中 z 表示放流水中總有機物濃度，Y_T、S_0 及 S_e 分別代表實際生長產生率、進流水原始基質濃度及放流出水殘存基質濃度，μ 為比生長速率，而 K_0、K_2 及 K_3 則分別表示為不同之代謝最終產物的形成常數 (end-product formation constants)。

因此，微生物在代謝原存於進流水中基質的過程中，所形成最終產物的總量就與進流水中基質濃度直接產生關係，而放流水的水質也因此與進流水基質濃度存在著相關性。由於放流水中的 BOD 大部分為不可沉降的生質量懸浮固體物，而先前所述之現象中的有機物是溶解態的，因此此一現象在實際活性污泥系統中並不是很重要。

此外，在第三項的假設條件指出，原廢水中不含有微生物固體物。這是一個合理的假設，在大多數的情況下此一現象是實際存在的。即使廢水中是的確有微生物存在，但由於其數量與回流污泥中的微生物量相較之下極其微小，所以這部分的微生物量可以忽略不計。

而在第四項的假設指出，二沉池中不會發生微生物的活動。但是由於實際之操作數據表明了在二沉池中有微生物活動的跡象，所以這項假設並非完全合理。而最明顯的例子就是在二沉池中，因脫硝作用的進行，其所產生的氮氣附著在污泥膠羽顆粒的表面上，因而引發污泥塊上浮的問題。但是根據實際之操作數據也得知，廢水中之有機物幾乎全部的去除作用都發生在曝氣槽內。因此，假設二沉池中沒有微生物活動的發生可簡化模式的推導過程，並且對模式的準確性幾乎沒有影響。

至於第五項的假設條件則是，二沉池中也不會發生污泥的積累。根據此一假設條件，導出了完全混合活性污泥處理系統中污泥停留時間測定的基本方程式：

$$\theta_c = \frac{XV_a}{Q_w X + (Q - Q_w)X_e} \tag{4-2}$$

同樣的，這個假設條件也不是完全合理的。因為根據對處理廠操作過程的實際觀察結果得知，在二沉池中是的確有活性污泥的積累。因此，有人建議使用整個系統中的總微生物量來計算 BSRT 值：

$$(\theta_c)_T = \frac{(X)_T}{Q_w X + (Q-Q_w)X_e} \tag{4-44}$$

式中，$(\theta_c)_T$ = 系統中的總 BSRT，時間

$(X)_T$ = 系統中的總生質量，質量

　　Stall and Sherrard (1978) 曾針對活性污泥法在設計及操控中所普遍採用的許多參數進行了比較。在他們的研究中觀察到，處理過程的效率並不由可操控處理過程的某一特定 BSRT 值所決定，其結果如圖 4.10 所示。這些研究者還注意到，在全部的操控參數間都存在著相關性。圖 4.11 示出了僅根據反應槽中生質量所導出 BSRT 值與根據系統中總生質量 (即包含在曝氣槽、二沉池及污泥回流管線中的全部生質量) 所導出 BSRT 值之間的關係。因此只要指明系統所要使用的 BSRT 值，那麼最終處理效率的結果應該是相同的。由於二沉池及污泥回流管線中的污泥濃度較難估計，所以 Stall and Sherrard 建議使用 θ_c，而不要用 $(\theta_c)_T$，來做為設計及操作活性污泥程序中的參數。

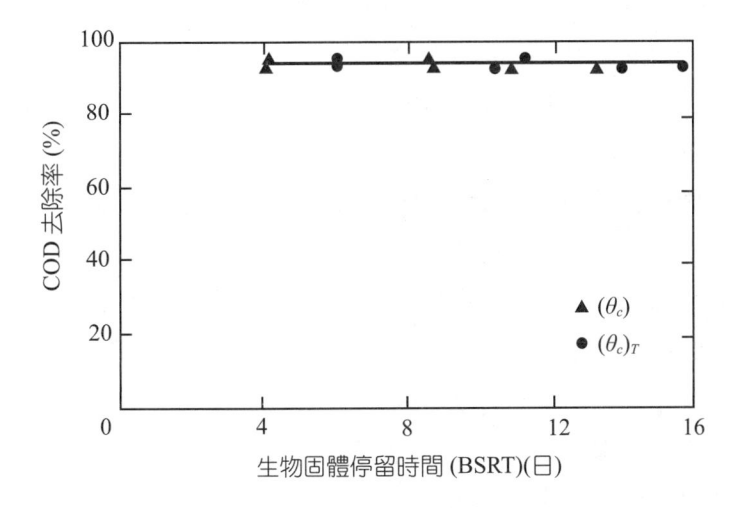

圖 4.10 COD 去除效率與不同微生物固體停留時間的關係圖 (Stall and Sherrard, 1978)

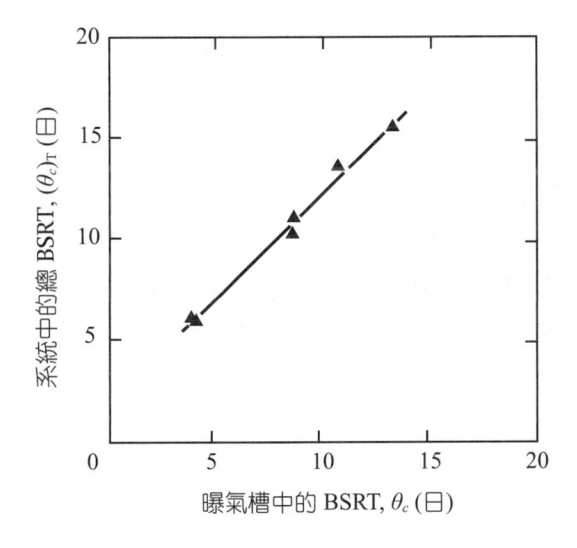

圖 4.11 以系統中的總生質量計算所得 BSRT 與僅以曝氣槽中的生質量計算所得 BSRT 之間的關係圖 (Stall and Sherrard, 1978)

第六項的假設條件是，廢水中全部可被微生物降解的基質都是處於溶解的狀態。雖然某些工業的廢水有可能符合這一項假設條件，但所有的市鎮污水中都存在有非溶解性的有機物。例如，在典型的家庭生活污水中可能含有 100~300 mg/L 的 BOD 以及 100~300 mg/L 的懸浮固體物，而其中以懸浮固體物形式存在的 BOD 就有可能高達 80%。

　　因此由於廢水中的懸浮固體物有可能代表了大部分有機物，所以在進行與基質濃度有關的計算時必須把這部分的有機物包括在內。在進行測定微生物生長速率及基質利用速率的動力學參數實驗過程中，已將此一部分懸浮固體形式的有機物包括在內了。因此，我們假設在活性污泥處理過程中所去除的基質是以進流水的總 BOD 或 COD 與放流水的溶解性 BOD 或 COD 之差額表示之。但是在使用 COD 時必須注意的是，這個參數不能區分出哪些有機物可被微生物分解，而哪些不會被微生物分解。事實上，Jenkins and Garrison (1968) 發現到處理生活污水的活性污泥處理廠，在其放流水中 COD 所可能含有的生物不可分解部分，有可能高達進流水 COD 濃度的 15%。Lawrence (1975) 指出，市鎮污水處理廠的放流水中大約含有 30 mg/L 生物不可分解的 COD 成分。而在工業廢水中，生物不可分解的 COD 含量更有可能高達 200 mg/L 以上。為了解決此一問題，而同時又能仍然保有 COD 試驗所具有的便捷彈性，Gaudy and Gaudy (1972) 建議使用 ΔCOD，此一參數的意義表示總 COD 中可被微生物代謝掉的那一部分。

　　縱然我們假設全部生物可分解的基質都是處於溶解的狀態，但是只要在測定描述基質利用率的生化動力學係數時，能依循適當的程序，那麼根據上述之假設條件所導出的動力學模式，同樣可應用於包含懸浮性有機物的基質。但是須注意的是，前面所建立有關放流水基質濃度的模式只能適用於計算放流水中溶解性可生物分解的有機物。

　　在推導上述之動力學模式時所提出的最後一項假設條件是，廢水的進流量為一常數，以及整個處理系統幾乎一直保持在穩定狀態。雖然這個假設大大的簡化了動力學模式的推導過程，但在大部分的情況下，此一假設條件並不符合實際情況。例如，大家皆知市鎮污水的體積及強度都會隨時間而變化。而人們接著又會問，既然穩定狀態是屬於一種特例而非普遍之情況，那麼為何大部分的動力學模式都是根據此一條件而推導出來的呢？明確的回答是，描述非穩定狀態實驗的結果在數學上是非常複雜的。雖然近年來已有許多研究者在建立活性污泥處理程序的動態模式上做了極大的努力，但是截至目前為止，這些模式一般仍只限於研究工作的限制中。目前在實際的設計過程中，一般只考慮在穩定狀態時之計畫最小、平均及最大之水力與有機物負荷。但是這並不意味著在未來動態模式仍不能普遍的應用在實際的設計過程中。而事實上，由於目前電腦的普及化，以及運算速度的加快，運用更能符合實際污水處理廠運轉操作狀況的動態模式，來模擬並設計活性污泥程序系統，在電子科技發達的今日早已廣為應用了。

4-3　處理程序之改良形式

活性污泥處理法的目的是要將溶解性及非溶解性有機物從廢水中去除掉,並將這些去除掉的有機物再轉化為具凝聚性的微生物懸浮固體物。典型的活性污泥處理程序,是藉由將馴養的微生物與廢水相互混合在一個狹長的曝氣槽中,並保持 6~8 小時的接觸時間下而完成的。當曝氣處理的程序結束後,污泥(即生質量固體物)在二沉池從液相中分離出來,一部分被排除,其餘的部分則回流至曝氣槽的進口處。像這樣的一個處理流程稱之為傳統活性污泥處理法 (conventional activated sludge treatment)。

傳統活性污泥處理法

傳統活性污泥處理法的典型流程圖如圖 4.12 所示。由於曝氣槽呈狹長的幾何形狀,所以廢水在槽內的混合方式接近於柱塞流的形式。空氣散氣管一般是沿著曝氣槽的一側,配置於混合液面下 8~12 ft 的深度處。這樣的配置方式可使曝氣槽內的廢水產生螺旋狀的流動方式(見圖 4.13)。我們必須要指出的是,目前有許多工程師認為螺旋狀的流動方式並不理想,因為它將使槽的中心部分出現一個供氧不足的區域,因此他們認為散氣管應該均勻配置排列在整個曝氣槽的底部橫斷面上。

根據操作上的經驗,很快地揭露了這種設計所存在的大量問題。例如,當污泥回流至曝氣槽的前端,並在此處與流入的原廢水相混合時,人們發現這個位置上的需氧量經常超過曝氣系統所能供給的氧量。另外,我們還發現這種曝氣槽出口處的需氧量又比進口處小得多。除此以外,這種流程在有毒物質或高強度廢水突負荷的衝擊之下,將會增加程序失敗的機率,此乃因這些負荷並不是均勻分散在整個曝氣槽內,而是集中於槽的進口處。

由於此種處理程序有以上所述固有的缺點,所以針對最初傳統式活性污泥處理程序已經提出了許多改良的方法。而漸減曝氣法 (tapered aeration) 就是其中之一的方法。

漸減曝氣法 (Tapered Aeration)

漸減曝氣法的典型流程圖如圖 4.12 所示。因此漸減曝氣法的流程顯然與傳統的活性污泥法相同。而這二種處理方法的實質區別係在於散氣管的排列方式。在漸減曝氣法中,散氣管排列的方式是可使槽內需氧量最大的槽體前端得到更多的空氣,然後隨著需氧量沿槽體縱

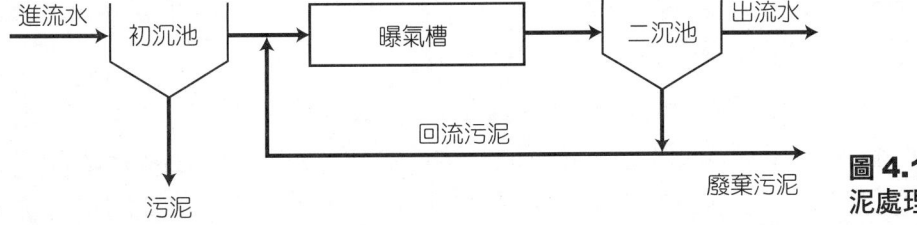

圖 4.12　傳統活性污泥處理流程圖

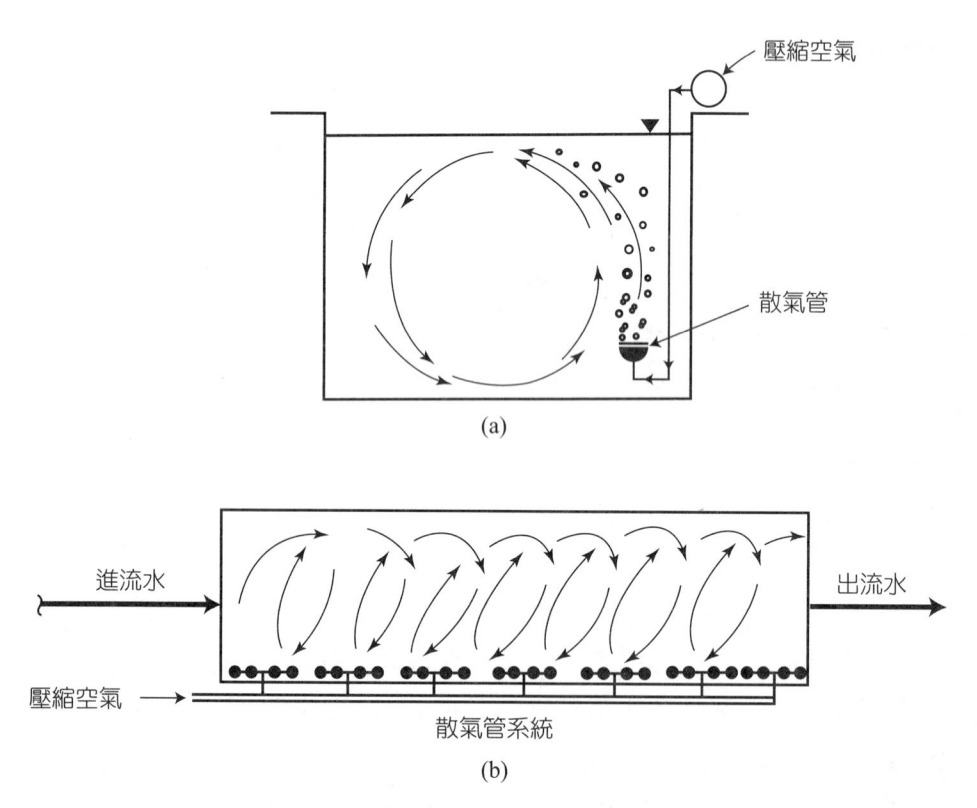

圖 4.13 傳統活性污泥處理程序中柱塞流的混合形式及螺旋流曝氣：(a) 橫斷面；(b) 縱斷面 (Lipták, 1974)

向的減少而減少供氣量。這種曝氣的方式要比沿整個槽體長度方向均勻供氣的曝氣方式更為經濟。但是當曝氣量減少時，槽內廢水與污泥混合液的混合效果也會隨著減低，而有可能使部分污泥在槽末端發生沉降現象，因而影響系統去除效果。為克服此一缺點，因此發展出另一套活性污泥的改良方法 ── 階梯曝氣法 (step-aeration)。

階梯曝氣法 (Step-Aeration)

典型階梯曝氣法的流程圖如圖 4.14 所示。在這種改良方法中，回流污泥將與一部分的廢水混合併進入曝氣槽的前端。而其餘部分的廢水也分別沿槽體長度的幾個不同部位進入槽內。這種改良法的優點包含有以下幾點：(1) 廢水負荷的分配將更為均勻、(2) 最大需氧量值將減低、(3) 沿槽體長度需氧量的分配將更好及 (4) 曝氣槽總體積將減小。Andrews et al. (1974) 曾指出，當隨著廢水水質及水量的變化下，採用單一或多段方式來增添或排出污泥時，此種活性污泥的改良方法將可提供更彈性的操控方式。

階梯曝氣法一般是比照一組串聯多段式的完全混合反應器進行設計的，如圖 4.15 所示。如前所述，採用這種方式進行設計是較保守而安全的。雖然先前按照完全混合流況所導出的動力學模式是正確的，但仍必須先針對此一改良方法之特殊進水方式加以修改後，才能

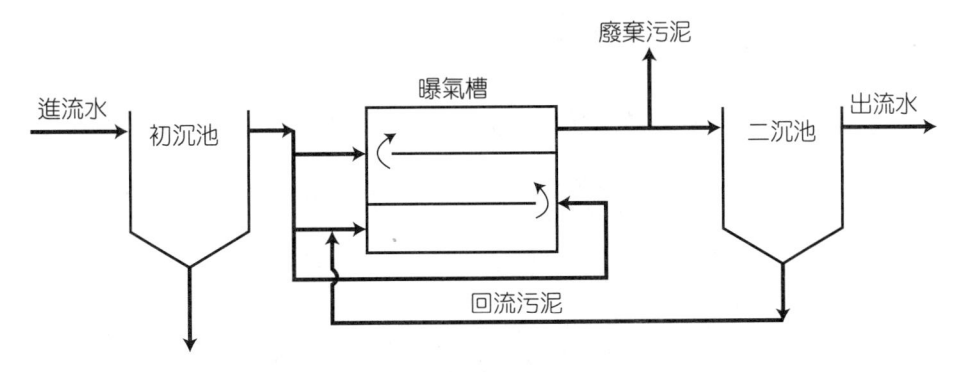

圖 4.14 階梯曝氣法活性污泥法

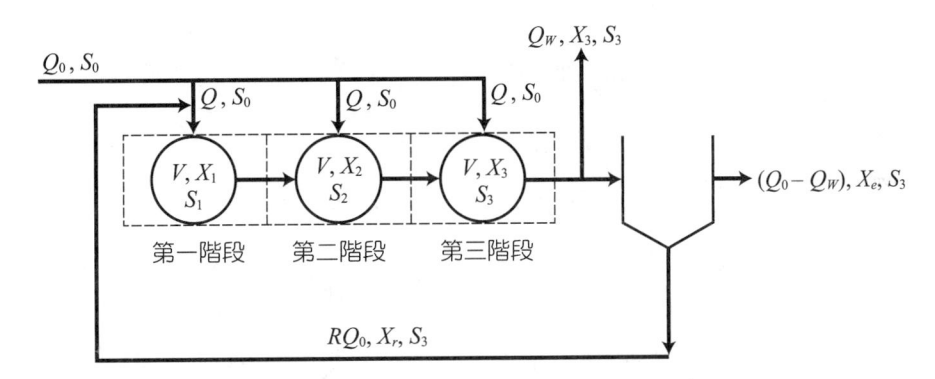

圖 4.15 用於近似表示階梯曝氣法的完全混合多段式串聯反應器

用於設計此一改良的處理法。

在利用圖 4.15 所示的流程推導設計方程式時，首先需假設：(1) 各段曝氣槽的進水流量皆相同、(2) 各段曝氣槽的體積皆相同以及 (3) 採用系統平均生質量濃度進行設計將不會產生嚴重的錯誤，即 $X_1 \approx X_a$、$X_2 \approx X_a$ 及 $X_3 \approx X_a$，其中 $X_a = (X_1+X_2+X_3)/3$。

根據圖 4.15 所示處理系統中的 BSRT 值由下式可計算出：

$$\theta_c = \frac{3X_aV}{Q_wX+(Q-Q_w)X_e} \tag{4-45}$$

式中，V = 每段曝氣槽的體積

雖然在此一公式推導的過程中所使用的是三段過程，但是對更多段過程的設計方程式也可以用類似的方法導出。

在穩定狀態條件下，分別寫出每段曝氣槽內，基質利用率與微生物生長速率的物質平衡式，如下所示：

$$QS_0 + RQ_0S_3 - \left(\frac{dS}{dt}\right)_{u1}V - Q_0\left(\frac{1}{3}+R\right)S_1 = 0 \tag{4-46}$$

$$QS_0 + Q_0\left(\frac{1}{3}+R\right)S_1 - \left(\frac{dS}{dt}\right)_{u2}V - Q_0\left(\frac{2}{3}+R\right)S_2 = 0 \tag{4-47}$$

$$QS_0 + Q_0\left(\frac{2}{3}+R\right)S_2 - \left(\frac{dS}{dt}\right)_{u3}V - Q_0(1+R)S_3 = 0 \tag{4-48}$$

$$RQ_0X_r + \left(\frac{dX}{dt}\right)_{g1}V - Q_0\left(\frac{1}{3}+R\right)X_a = 0 \tag{4-49}$$

$$Q_0\left(\frac{1}{3}+R\right)X_a + \left(\frac{dX}{dt}\right)_{g2}V - Q_0\left(\frac{2}{3}+R\right)X_a = 0 \tag{4-50}$$

$$Q_0\left(\frac{2}{3}+R\right)X_a + \left(\frac{dX}{dt}\right)_{g3}V - Q_0(1+R)X_a = 0 \tag{4-51}$$

式中之下標 1、2 及 3 分別表示第一、二及三段曝氣槽。

在穩定狀態下，對於整個處理系統，微生物質量的物質平衡方程式為：

$$Y_T\left[\left(\frac{dS}{dt}\right)_{u1}V + \left(\frac{dS}{dt}\right)_{u2}V + \left(\frac{dS}{dt}\right)_{u3}V\right] - K_d3X_aV - [Q_wX_a + (Q_0-Q_w)X_e] = 0 \tag{4-52}$$

4-46 式、4-47 式及 4-48 式可分別改寫為：

$$\left(\frac{dS}{dt}\right)_{u1}V = QS_0 + RQ_0S_3 - Q_0\left(\frac{1}{3}+R\right)S_1 \tag{4-53}$$

$$\left(\frac{dS}{dt}\right)_{u2}V = QS_0 + Q_0\left(\frac{1}{3}+R\right)S_1 - Q_0\left(\frac{2}{3}+R\right)S_2 \tag{4-54}$$

$$\left(\frac{dS}{dt}\right)_{u3}V = QS_0 + Q_0\left(\frac{2}{3}+R\right)S_2 - Q_0(1+R)S_3 \tag{4-55}$$

將 4-53 式、4-54 式及 4-55 式中 $(dS/dt)_u$ 項所對應的表達式代入 4-52 式中，再將 4-45 式中 $[Q_wX_a + (Q_0 - Q_w)X_e]$ 項所對應的表達式也代入 4-52 式中，而 Q 用 $Q_0/3$ 替代之，最後得到：

$$\frac{1}{\theta_c} = \frac{Y_T[Q_0(S_0-S_3)]}{3X_aV} - K_d \tag{4-56}$$

為了導出回流比 R 的表達式，則需考慮以下之條件：

$$\left(\frac{dS}{dt}\right)_{u(總體)} = \left(\frac{dS}{dt}\right)_{u1} + \left(\frac{dS}{dt}\right)_{u2} + \left(\frac{dS}{dt}\right)_{u3} \tag{4-57}$$

$$\left(\frac{dX}{dt}\right)_{g(總體)} = \left(\frac{dX}{dt}\right)_{g1} + \left(\frac{dX}{dt}\right)_{g2} + \left(\frac{dX}{dt}\right)_{g3} \tag{4-58}$$

而這二個方程式具有如下之關係：

$$\left(\frac{dX}{dt}\right)_{g(總體)} = Y_{obs}\left(\frac{dS}{dt}\right)_{u(總體)} \tag{4-59}$$

從 4-46 式到 4-51 式經由適當的代換之後，這個關係式簡化為：

$$Q_0(X_a + RX_a - RX_r) = Y_{obs}Q_0(S_0 - S_3) \tag{4-60}$$

在從 4-60 式中解出 R 得：

$$R = \frac{Y_{obs}(S_0-S_3)-X_a}{X_a-X_r} \tag{4-61}$$

在進行處理廠的設計時，還需另外二個附加關係式。其中第一個關係式可以透過 KX_aS_1 替換 4-53 式中的 $(dS/dt)_{u1}$，並解出 S_1 如下式：

$$S_1 = \frac{QS_0+RQ_0S_3}{KX_aV+Q_0(\frac{1}{3}+R)} \tag{4-62}$$

至於第二個關係式則可以透過以 KX_aS_2 替換 4-54 式中的 $(dS/dt)_{u2}$，並解出 S_2 得到：

$$S_2 = \frac{QS_0+Q_0(\frac{1}{3}+R)S_1}{KX_aV+Q_0(\frac{2}{3}+R)} \tag{4-63}$$

在推導上述這些方程式時，假定各反應槽中的基質利用速率常數 K 皆相同。但是在實廠操作條件下，由於生物分解較為緩慢化合物的積累，這一假設條件可能不成立。但是由於一開始就假設每段的反應槽接受等量的廢水，所以各段反應槽中 K 值的差異性很小。因此，假設 K 值不變所引起的誤差也就很小。

例題 4-3

有一個三段式階梯曝氣活性污泥處理系統，其設計流量為 10 MGD（百萬加侖／日），進流水中之 BOD_u 濃度為 273 mg/L。試利用下列設計已知條件及參數，計算曝氣槽所需之體積。

$X_a = 2200$ mg MLVSS/L

$S_e = 8$ mg BOD_u/L

SVI = 98

MLVSS = 0.78 MLSS

$Y_T = 0.5$

$K_d = 0.05$ day^{-1}

$K = 0.032$ L/mg-day

【解】

1. 先假設一個 θ_c 操作值，將 4-56 式整理為如下之形式後，再計算一段曝氣槽的體積：

$$V = \frac{Y_T[Q_0(S_0-S_3)]}{3X_a[(1/\theta_c)+K_d]}$$

如假設 θ_c 值等於 6 日，所以所需的曝氣槽體積應為：

$$V = \frac{0.5[(10)(273-8)]}{3(2200)[(1/6)+0.05]}$$
$$= 0.93 \text{ MG}$$

2. 根據第一步計算中所假設的 θ_c 操作值，利用 2-63 式計算觀測生長產率係數：

$$Y_{obs} = \frac{Y_T}{1 + K_d \theta_c}$$

$$= \frac{0.5}{1 + (0.05)(6)}$$

$$= 0.39$$

3. 根據 4-61 式計算污泥回流比 R：

$$R = \frac{(0.39)(273 - 8) - 2200}{2200 - (10^6/SVI)(0.78)}$$

$$= 0.37$$

4. 根據 4-62 式計算第一段曝氣槽放流水中基質的濃度：

$$S_1 = \frac{(10/3)(273) + (0.37)(10)(8)}{[(0.032)(2200)(0.93) + (10)(1/3 + 0.37)]}$$

$$= 13 \text{ mg/L}$$

5. 根據 4-63 式計再計算第二段曝氣槽放流水中的基質濃度：

$$S_2 = \frac{(10/3)(273) + (10)(1/3 + 0.37)(13)}{[(0.032)(2200)(0.93) + (10)(2/3 + 0.37)]}$$

$$= 13.1 \text{ mg/L}$$

6. 測定最後一段曝氣槽所需的比基質利用率：

$$q = KS_3$$

$$= (0.032)(8) = 0.26 \text{ day}^{-1}$$

7. 利用簡單的比例關係，計算最後一段曝氣槽進流水基質濃度：

$$S_{0(最終)} = \frac{Q_0\left(\frac{2}{3} + R\right)S_2 + (Q_0/3)S_0}{Q_0\left(\frac{2}{3} + R\right) + \left(\frac{Q_0}{3}\right)}$$

$$= \frac{10\left(\frac{2}{3} + 0.37\right)(13.1) + \left(\frac{10}{3}\right)(273)}{10\left(\frac{2}{3} + 0.37\right) + \left(\frac{10}{3}\right)}$$

$$= 76.7 \text{ mg/L}$$

8. 計算最後一段曝氣槽的實際比基質利用率：

$$q = \frac{(1 + R)Q_0[S_{0(最終)} - S_3]}{X_a V}$$

$$= \frac{(1 + 0.37)(10)(76.7 - 8)}{(2200)(0.93)}$$

$$= 0.46 \text{ day}^{-1}$$

9. 比較第 6 步及第 8 步所計算出之比基質利用率。如果這二個數值的差小於 0.01 day^{-1}，就可以認為假設的值是正確的。如果二數值之差大於 0.01 day^{-1}，則必須重新假設一個新的 θ_c 值並重複進行上述之計算過程。

在本例中假設 θ_c = 11.5 日，則可得到正確的解。

高率活性污泥法 (High-Rate Activated Sludge)

對於這種特定程序的活性污泥處理系統，係在其曝氣槽中維持著能使處理過程持續運轉較低的混合液懸浮固體物 (MLSS) 濃度。因此該操作系統內微生物的比生長率及比基質利用率皆很高 (亦即系統是在一個較低的 BSRT 值下運轉)。2-63 式表明了處理過程中，微生物生質量的產量在這樣的條件下可達到最大值。而這一事實雖然也表明了此時氧的比利用率很高，但是單位時間去除基質的總需氧量最少，因為被微生物所去除的基質中，只有少部分經異化作用被用做為能源而被氧化掉，其餘大部分則經同化作用而轉換為生質量。

雖然在此一過程中，單位生質量的有機物的去除率 (即比基質利用率) 較高，但其總去除效率並不高。此乃因在高率活性污泥處理廠的放流水中經常含有較高濃度的懸浮固體物，而該法之基質去除率為一般介於 60%~75%。之間。此一現象是由於在曝氣槽內微生物的生理狀態所引起的。如前所述，只有當生物膠凝化作用發生時才能有效的進行固－液分離，而促進膠凝作用的微生物聚合物是需在較低的比生長速率的條件下，才能產生。所以在高率活性處理的過程中，就會存在著所謂污泥 (即生質量) 分散的問題。也由於這個特點，本處理法不適合用於放流水水質要求較高的場合。

完全混合法 (Complete Mixing)

為了在曝氣槽中獲得完全的混合，需適當選擇曝氣槽的幾何形狀、進水方式及曝氣設備。而圖 4.16 及圖 4.17 中所示即為二種可產生接近於完全混合流況之處理。在圖 4.16 中，示出了使用散氣管曝氣時管線在槽內的分布情形，如以這種形式曝氣時，則廢水的進入及排出皆須沿著整個池子的長度進行。此外，圖 4.17 則示出了當使用機械式表面曝氣器時

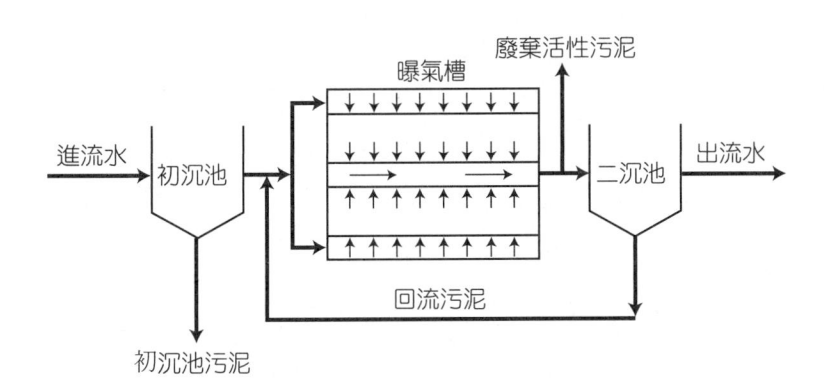

圖 4.16 採用散氣管曝氣之完全混合活性污泥處理程序

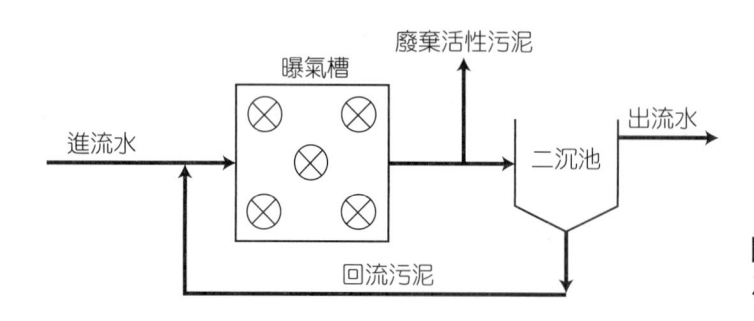

圖 4.17 採用機械式表面曝氣之完全混合活性污泥處理程序

的布置形式，在這種情況下，通常是採用圓形或方形的曝氣槽體。

　　採用完全混合方式的活性污泥系統，有可能在曝氣槽中建立穩定的需氧量及均勻的污泥固體濃度。此外，由於進流的廢水能與槽中的液體充分且迅速混合，所以突負荷對該處理系統之影響不大。由於完全混合曝氣槽具有以上所述的優點，因此在選擇混合方式時，完全混合變得非常普遍。

　　完全混合活性污泥處理廠中的初沉池經常被省略，因為這樣做並不會影響到生物處理程序的正常進行。

延長曝氣法 (Extended Aeration)

　　由於延長曝氣活性污泥處理系統需要較大的曝氣槽體積，因此它的規模一般而言均較小（適用於流量小於 1 百萬加侖 / 日）。此外，此種反應槽亦是按照完全混合方式運轉操作的。圖 4.17 所示為典型之延長曝氣處理法的流程圖。該法一般不設初次沉澱池，並應使污泥的處理量最小，因為污泥的產生將違背此種改良型活性污泥的基本目標的。

　　從理論上講，延長曝氣法的設計原則是使被微生物代謝去除的全部基質都用於能量代謝（即異化作用），並且都被氧化。所以該法將不會產生剩餘的污泥（即微生物體），因此也就不必進行污泥的處理了。但是應該考慮到的是，在實際的處理過程中，會存在著生物不可降解物質的積累現象，這些物質如不定期排出就會使放流水中固體物的量增加。儘管如此，一般所能接受的習慣設計方法仍然是根據絕對生長率等於 0 所導出，如下式所示：

$$\left(\frac{dX}{dt}\right)_g = 0 \tag{4-64}$$

由上式可以得知，在有機物的去除過程中，所產生的生質量等於為提供能量而被氧化的生質量。這個關係可以下式表示之：

$$Y_T \left(\frac{dS}{dt}\right)_u V_a = K_d X V_a \tag{4-65}$$

或

$$q = \frac{K_d}{Y_T} \tag{4-66}$$

根據 4-17 式，曝氣槽中基質的物質平衡方程式為：

$$\left(\frac{dS}{dt}\right)_u = \frac{Q(S_0-S_e)}{V_a} \tag{4-17}$$

將上式之二側同時除以 X，並將 4-66 式中 $(dS/dt)_u/X = q$ 的關係代入上式中，則可得到如下關於 V_a 的表達式：

$$V_a = \frac{Y_T Q(S_0-S_e)}{X K_d} \tag{4-67}$$

在這個設計方法中，假設沒有剩餘的污泥產生，這表示就不需要進行廢棄污泥的動作。在這種條件下，BSRT 不再是一個有效的設計參數了。因此在進行延長曝氣處理的程序設計時，將以食物與微生物的比值，即食微比 (F/M ratio)，做為處理系統負荷的標準。在本書後續的章節中將會對這個設計參數進行較為詳細的討論。

我們必須要明瞭，在延長曝氣的處理過程中，由於細菌是處於內呼吸期的生長階段，因此槽中微生物體的凝聚性一般而言較差，在二沉池中污泥則會因此趨向於分散的狀態，而形成所謂的「針狀膠羽顆粒」(pin floc)。這可能將會因此導致延長曝氣槽放流水的水質遭受到嚴重的惡化。

由於延長曝氣系統中所去除的基值皆用於在能量代謝（即異化作用）上，並被氧化，所以該系統中單位時間內去除單位重量基質所需的氧量達最高值，這就使相應的供氧動力費用也達到最大值。這是進行過程選擇時必須加以考慮的另一個重要因素。

例題 4-4

某一污水處理廠採用延長曝氣法處理流量為 1 MGD（百萬加侖 / 日）之廢水，進流水的 BOD 濃度測值為 150 mg/L，根據下列所給予之設計條件，試計算出所需之曝氣池體積。

X_a = 4000 mg MLVSS/L

Y_T = 0.5

K_d = 0.02 day^{-1}

K = 0.1 L/mg-day

【解】

1. 結合 4-66 式及 4-25 式，計算出所預期放流水中溶解性基質的濃度。

$$q = \frac{K_d}{Y_T} = KS_e$$

或

$$S_e = \frac{K_d}{Y_T K} = \frac{0.02}{(0.5)(0.1)} = 0.4 \text{ mg/L}$$

2. 根據方程式 4-67，計算所需曝氣池的體積。

$$V_a = \frac{(0.5)(1)(150-0.4)}{(4000)(0.02)} = 0.94 \text{ MG}$$

接觸穩定法 (Contact Stabilization)

當把非溶解性之膠凝體 (colloidal) 與溶解性基質之複雜混合廢水加到一個批式反應槽中，而槽體內之活性污泥培養液正處於內呼吸的階段時，我們通常可以獲得類似於圖 4.18 所示的 BOD 濃度去除曲線，或類似於圖 4.19 所示的氧氣利用率 (OUR) 變化曲線。相反的，如果我們只將易於生物降解的溶解性基質添加到槽體內之活性污泥培養液中，此時所測得之 BOD 濃度去除曲線及 OUR 變化曲線則可能分別得到類似於圖 4.20 及圖 4.21 所示之形式。但是在兩個反應槽中，溶解性基質均可被快速去除。這兩種不同型態的基質具有不同的反

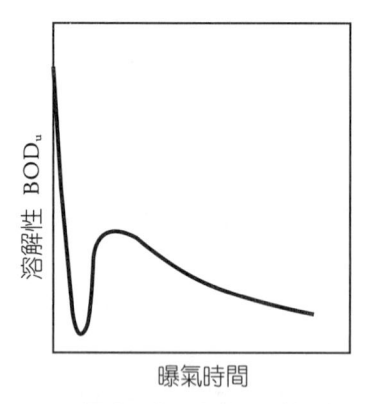

圖 4.18 膠凝體/溶解性基質及活性污泥混合液濾液中測得之 BOD_u 濃度隨曝氣時間的變化

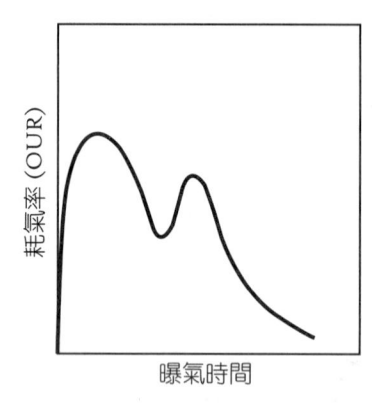

圖 4.19 膠凝體/溶解性基質及活性污泥混合液濾液中測得之耗氧率 (OUR) 隨曝氣時間的變化

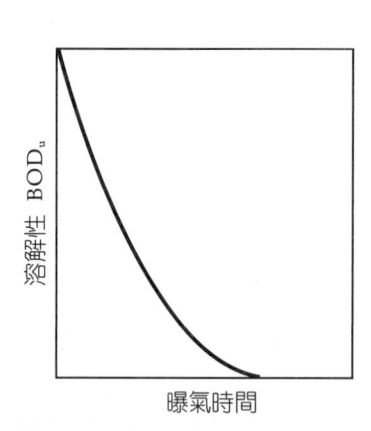

圖 4.20 溶解性基質及活性污泥混合液中測得之 BOD_u 濃度隨曝氣時間的變化

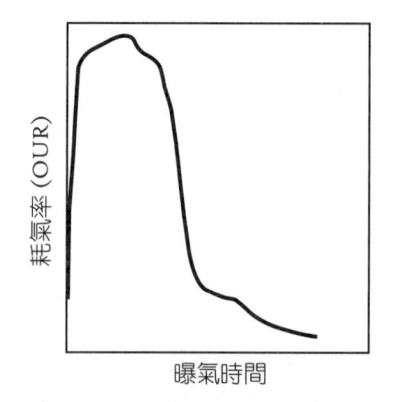

圖 4.21 溶解性基質及活性污泥混合液中測得之耗氧率 (OUR) 隨曝氣時間的變化

應過程可歸納原因如下：(1) 兩槽體內基質成分中的溶解性有機物均以相對穩定的速率被微生物利用代謝而從廢水中去除；(2) 而僅在混合基質中存在的非溶解性有機物則是被槽體內培養液中大量的微生物膠羽顆粒網羅住，並快速吸附於膠羽顆粒表面而被去除之。在經過短時間的曝氣以後，這些非溶解性物質開始溶解，因而導致槽體內混合液的濾液 BOD_u 濃度增加。由於曝氣的過程是連續進行的，因此這些起初不溶解的有機物質經由這樣的機制過程被代謝分解掉，此點可由混合液濾液中 BOD_u 及 OUR 的減少反映出來。當不溶解性物質在基質中佔有較高的比例時，一般就會產生較為明顯的 BOD 回升現象。雖然基質由液相到固相 (微生物體) 的傳遞過程非常快速，但是微生物須先對已經吸附在其細胞表面的非溶解性基質進行代謝之後，才能再行處理另外的廢水。如果期望以此處理過程持續以最高效率去除基質，須經由此一所謂的穩定 (stabilization) 過程，以消耗分解微生物細胞體內所儲存的基質。如此將導致所謂的接觸穩定法的流程，如圖 4.22 所示。為了減少處理此種含大量膠凝體基質之特定廢水所需建構污水廠反應槽所需的總體積，因此採用了兩個曝氣池來設計。廢水進流水將先在第一個曝氣反應槽中與微生物體 (biomass) 進行接觸 (contact) 過程。由於這類接觸至表面吸附的過程所需時間極短，因此在第一個曝氣反應槽中所需之水力停留時間可控制較短些，在此停留期間內，只需完成膠凝體基質從液相至固相表面所需的傳遞吸附過程即可。之後大量吸附膠凝體基質的微生物體 (污泥) 隨後將在二沉池中，經由固液分離過程之後，沉降的污泥將進入第二個曝氣反應槽中，而吸附於生物體表面的膠凝體有機物將在此反應槽中被進一步被微生物代謝掉，亦即進行所謂的「穩定」過程。

由於廢水主要進流水係流入停留時間較短之接觸反應槽，因此可以縮減反應槽所需之總體積。此乃因二沉池所回流進入穩定反應槽內之沉降污泥，其在此槽體內滿足所需停留時

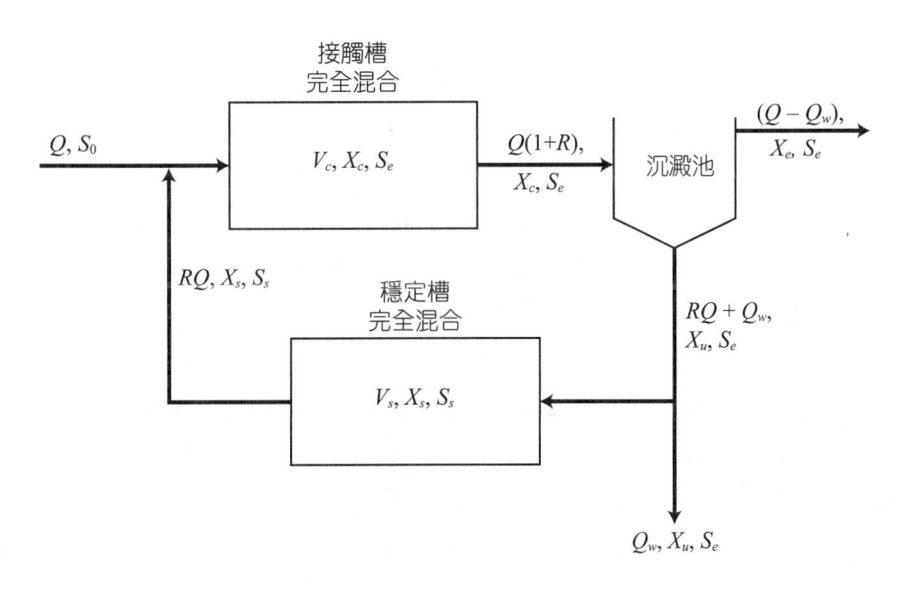

圖 4.22 接觸穩定活性污泥法之流程圖

表 4.1　傳統與接觸穩定活性污泥法之反應槽體積需求量之比較分析

處理單元 \ 類型	傳統活性污泥法 水力停留時間（小時）	反應槽體積	接觸穩定活性污泥法 水力停留時間（小時）	反應槽體積
初沉池	1.5	1.5Q	無	—
曝氣（接觸）反應槽	6	6 (1.5Q)	0.5	0.5 (1.5Q)
污泥穩定反應槽	無	—	6	6 (0.5Q)
終（二）沉池	1.5	1.5Q	1.5	1.5 Q
加總量	9	12Q	8	5,25Q

間的反應槽體積，相較於假設全部廢水只流入單一個反應槽體（接觸兼穩定過程）之傳統活性污泥法所需的體積，要小的非常多。表 4.1 所示為傳統與接觸穩定活性污泥法在操作上之比較。

由此表可看出，在使用接觸穩定活性污泥法的過程中，活性污泥在每個處理週期中的曝氣時間較使用傳統活性污泥法長 1/2 小時。假設污水處理廠的原廢水流量為 Q，而污泥回流量為 $0.5Q$，根據表 4.1 的計算，傳統活性污泥法及接觸穩定活性污泥法所需反應槽的總容積分別為 $12Q$ 及 $5.25Q$。

在圖 4.22 中，Q 表示進入接觸反應槽的原廢水流量；S_0 表示原廢水中的 BOD_u 的含量，其中包含溶解性與不溶性基質；V_c 為接觸反應槽的體積，X_c 為在接觸反應槽內微生物體的生質量（活性污泥）濃度，以 MLVSS 濃度表示；S_e 表示從接觸反應槽流出之放流水中溶解性基質的濃度；X_u 表示二沉池底回流液污泥的生質量濃度；V_s 為穩定反應槽的體積；X_s 為穩定反應槽內活性污泥的生質量濃度。

在以接觸穩定法做為處理方案的選擇對象時，從生物降解的觀點來看，重要的是必須瞭解不僅是廢水所含成分的膠體性質，更須知曉被水解分子之複查特性，此將決定該類型之廢水是否適合用於接觸穩定處理法。如果廢水中固體顆粒物質之水解速率與溶解性物質的利用速率大致相同，BOD 再溶出而回升的現象將被掩蓋，這時則不適宜採用接觸穩定處理流程。然而，針對可先儲存大量顆粒狀基質，隨後再釋出進行生物代謝作用之特性，對採用接觸穩定處理程序之設計，仍具正面效的效益。因此，重要的是，環境工程師在考慮使用此一方法做為處理程序方案前，必須先確認廢水中基質之接觸穩定動力學的適用性。而要確定此事的簡單方法，即在一批式處理系統中，利用實際的生物質量及基質濃度，以及實際的初始的食微比，同時觀察基質的去除率及氧的利用率。如果觀察到系統中氧的利用率持續以二倍或更多倍高於基質於去除過程中，因微生物內呼吸所消耗氧的速率，將說明此廢水所含基質之去除方式，可符合接觸穩定動力學之關係。相反的，如果觀察到基質於去除過程完成之後，於短時間內氧的利用率就下降到微生物於進行內呼吸過程時之耗氧率 (OUR)，此將說明廢水中所含基質的去除方式，不符合接觸穩定動力學的過程。這二種不同類型廢水中基質的反應過程，如圖 4.23 所示。去除廢水中之基質所需時間 t_c，與基質於接觸槽 (contact tank) 中與活性污泥之接觸 (contact)，並被大量吸附所需之時間有關；此外，根據被吸附於活性污泥膠羽體內之基質，與微生物在進行內呼吸時，依據耗氧率所需的時間有關，亦即與活性污泥於穩定槽 (stabilization tank) 中所需之曝氣時間或穩定 (stabilization) 時間有關。

在文獻中，可直接用來設計接觸穩定活性污泥法過程的數學模式很少。Benefield and Randall (1976) 曾依據圖 4.22 中所示之質量平衡方法，推導出一系列之數學關係式。然而，由於許多生化反應動力學的常數數值尚不完備，因此目前仍難以將這些關係式應用於實際的設計中。

利用在試驗室的研究成果，以確定廢水在接觸槽中所需的停留時間，以及生質量在接觸槽中之污泥沉降特性之後，依據圖 4.22 中所示處理系統所建立的質量平衡關係式，可推導設計出接觸槽所需之體積。要建立這些質量平衡關係式，需假設：(1) 廢水中所有非溶解性基質都在接觸槽中被活性污泥所吸附，並在穩定槽中被活性污泥膠羽體內之微生物所代謝；(2) 廢水中所有進入穩定槽的基質，全部被活性污泥膠羽體內之微生物所代謝；(3) 廢水中溶解及非溶解性基質的生長係數大致相同。在穩定狀態的條件下，對於進入及離開接觸槽的生質量建立之質量平衡方程式，如下所示：

$$0 = RQX_u + Y_T QfS_0 + Y_T RQS_e - K_d X_s V_s - RQX_s \tag{4-68}$$

式中，f 表示為非溶解性物質在總 BOD_u 中所佔的比例，而 S_e 則表示為接觸槽出流水中的溶解性基質濃度。$Y_T QfS_0$ 項表示為在接觸槽中被活性污泥吸附去除之非溶解性基質 BOD_u，進入穩定槽中被微生物代謝所生長的量，而 $Y_T RQS_e$ 項則表示為於接觸槽中，廢水中溶解性基質 BOD_u，進入穩定槽中被微生物代謝所生長的量。依據 4-68 式，可解出 V_s，如下式所示：

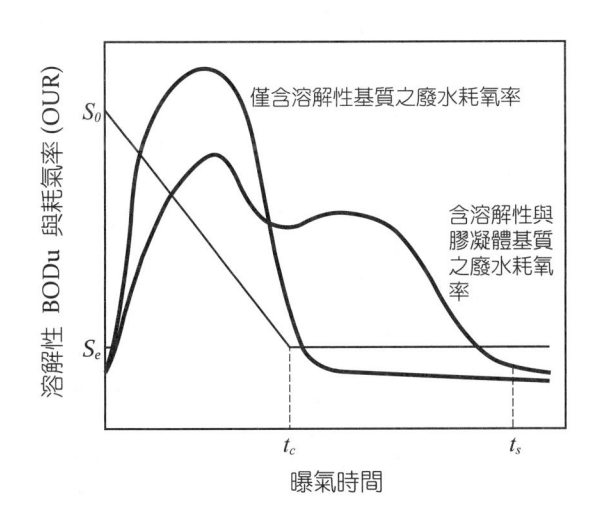

圖 4.23　廢水中僅含溶解性基質及含有溶解性與膠凝體基質所呈現出耗氧率之比較

$$V_s = \frac{RQ(X_u - X_s + Y_T S_e) + Y_T Q f S_0}{K_d X_s} \quad (4\text{-}69)$$

此外，在穩定狀態的條件下，假設忽略於接觸槽內微生物因合成作用所產生的生質量，根據質量平衡關係，進入及離開接觸槽的生質量應相等，因而可導出回流比 R 的關係式，如下所示：

$$QX_0 + RQX_s = (1 + R)QX_c \quad (4\text{-}70)$$

式中，X_0 表示進入接觸槽中之進流水中所含揮發性懸浮固體物濃度。由於係假設於接觸槽中，不會對非溶解性基質發生代謝作用，所以在上式中，加入 QX_0 這一項。由 4-70 式中，可解出 R 如下所示：

$$R = \frac{X_c - X_0}{X_s - X_c} \quad (4\text{-}71)$$

由於 X_0 一般較 X_c 小得多，因此可忽略上式中的 X_o 項，因此 4-71 式可簡化為下式：

$$R = \frac{X_c}{X_s - X_c} \quad (4\text{-}72)$$

決定穩定槽體積的關鍵性因子是槽體內微生物生質量所預期的產生量。該數值可由污泥停留時間 θ_c 計算之。如果假設在 X_u 等於 X_s 的條件下進行計算，將可得到穩定槽體積的極限值。在一此條件下，接觸穩定的處理過程將會依照延長曝氣的模式進行運轉，亦即此時該處理系統應依照 $\Delta X = 0$ 的條件下，進行設計。

例題 4-5

在一個廢水處理的試驗裝置中，廢水 BOD_u 總濃度為 150 mg/L，該廢水在經過與初始濃度為 2000 mg/L MLVSS 的活性污泥培養液接觸 45 分鐘後，該廢水經過濾後，濾液中的 BOD_u 減少到 15 mg/L。試依據下列設計參數，分別計算出接觸槽及穩定槽的設計體積。

X_c = 2000 mg/L MLVSS

θ_c = 8 日

f = 0.8

SVI = 110

MLVSS = 0.8 MLSS

S_e = 15 mg/L BOD_u

Q = 2 MGD（百萬加侖／日）

Y_T = 0.5

K_d = 0.1 day^{-1}

【解】

1. 依據使溶解性 BOD$_u$ 減少到預定濃度所需的接觸時間，計算出接觸槽之體積。

$$V_c = t_c Q$$
$$= 45 \text{ min} \times \frac{1 \text{ day}}{1440 \text{ min}} \times 2 \text{ MG/day}$$
$$= 0.063 \text{ MG}$$

2. 依據方程式 2-63，計算出觀測生長係數值。

$$Y_{obs} = \frac{Y_T}{1 + K_d \theta_c}$$
$$= \frac{0.5}{1 + (0.1)(8)}$$
$$= 0.28$$

3. 計算預期微生物的生質量產量：

$$\Delta X = Q(3.78) Y_{obs} (S_0 - S_e)$$
$$= 2{,}000{,}000(3.78)(0.28)(150 - 15)$$
$$= 285{,}768{,}000 \text{ mg/day}$$

4. 假設全部生質量的合成作用皆在穩定槽內進行，藉由回流率 R，可導出穩定槽中生質量濃度的公式。對於進入及離開穩定槽之微生物的生質量，建立質量平衡方程式，可得：

$$X_s = X_u + \Delta X$$
$$X_s = \frac{10^6}{\text{SVI}}(0.8) + \Delta X$$

因此，

$$X_s = \frac{10^6}{\text{SVI}}(0.8) + \frac{285{,}768{,}000}{2{,}000{,}000(3.78)(R)}$$
$$= 7273 + \frac{38}{R}$$

5. 依據 4-72 式，可計算出回流率 R：

$$R = \frac{X_c}{X_s - X_c}$$
$$= \frac{2000}{(7273 - 38/R) - 2000}$$
$$\simeq 0.38$$

6. 使用第 5 步中所計算得到的 R 值，並依據第 4 步中所導出的公式，計算出 X_s 值：

$$X_S = 7273 + \frac{38}{0.38}$$

$$= 7373 \text{ mg/L}$$

7. 依據 4-69 式，計算出穩定槽所需體積為：

$$V_S = \frac{0.38(2)[(10^6/\text{SVI})0.8 - 7373 + (0.5)(15)]}{(0.1)(7373)} + \frac{(0.5)(2)(0.8)(150)}{(0.1)(7373)}$$

$$= 0.06 \text{ MG (百萬加侖)}$$

污泥再曝氣法

根據過去的經驗，人們經常會發現活性污泥處理廠會有曝氣能力不足或曝氣設備效率較低等現象的產生。這些缺點將導致對微生物生質量的供氧量的不足，因而降低對有機物基質的去除率。而當這些缺氧的微生物生質體在進入到無氧的二沉池中停留一段時間後，將更進一步加劇此一問題，使得回流污泥一進入曝氣槽後，立即產生異常高的需氧量。為減緩此一問題，許多污水處理廠設計出對回流污泥進行再曝氣的裝置。圖 4.24 所示即為一典型的污泥再曝氣流程。

鑑於目前已有的曝氣設備及設計知識得知，使用污泥再曝氣法的起始原因已經不復存在。然而，目前仍有些環境工程師認為，由於再曝氣的過程將會調整改善污泥的沉降性能，因而提高 BOD 的去除率。但也經常發現有些環境工程師完全混淆污泥再曝氣過程與接觸穩

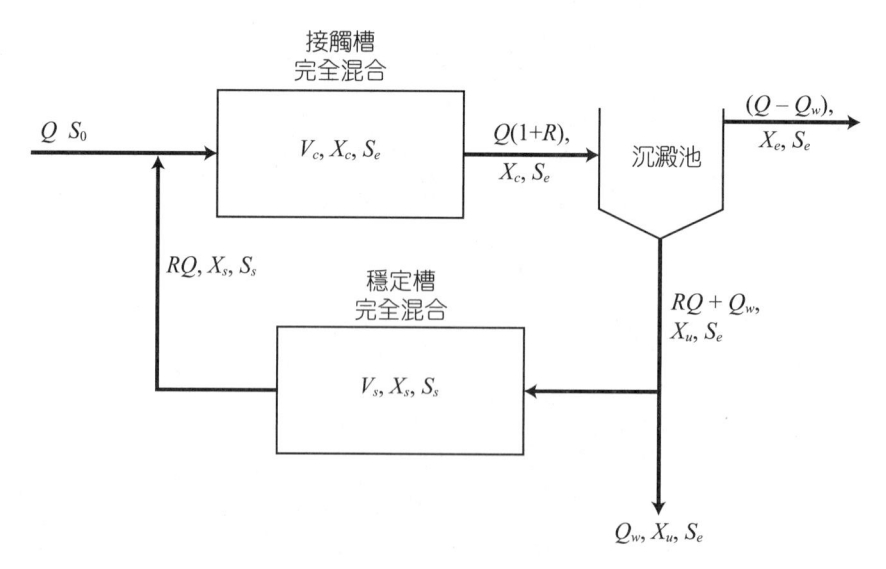

圖 4.24 污泥再曝氣活性污泥法之流程圖

定過程之間的差別。

在推導污泥再曝氣過程的設計方程式時，首先假設所有進入再曝氣槽的基質都在該槽中完全被去除。因此，從再曝氣槽回流到曝氣槽的污泥中，將不會有殘餘的基質。在這樣的假設條件下，將可對進入及離開曝氣槽的基質建立如下的質量平衡方程式：

[曝氣槽中基質之淨變化率] = [進入曝氣槽中基質的速率] − [曝氣槽中基質消失的速率]
(4-73)

或

$$\left(\frac{dS}{dt}\right)V_a = QS_0 - \left(\frac{dS}{dt}\right)_u V_a - (1+R)QS_e \tag{4-74}$$

將 2-56 式中的 $(dS/dt)_u$ 表達式，代入上式中，假設在穩定狀態下，可得到曝氣槽體積，如下所示：

$$V_a = \frac{Q[S_0 - S_e(1+R)]}{KX_a S_e} \tag{4-75}$$

對於進入及離開再曝氣槽的活性污泥，在穩定狀態下，其生質量的質量平衡方程式如下所示：

$$0 = RQX_u + Y_T RQS_e - K_d X_r V_r - RQX_r \tag{4-76}$$

或

$$V_r = \frac{RQ[(X_u - X_r) + Y_T S_e]}{K_d X_r} \tag{4-77}$$

式中，$Y_T RQS_e$ 項表示基質在去除過程中，微生物生長之生質量，$K_d X_r V_r$ 項則表示微生物在進行內呼吸過程中，所消耗的生質量。與接觸穩定法過程相同，再曝氣槽體積的決定性因子是污泥所預期的降解程度，並將由操作中的 BSRT 值所控制。

對於進入及離開二沉池之微生物生質量，於穩定狀態下所建立的質量平衡方程式，將可導出所需污泥回流率 R 的計算公式。假設二沉池出流水中的懸浮固體物濃度等於 0，可得如下之質量平衡式：

$$RQX_u = (1+R)QX_a \tag{4-78}$$

或

$$R = \frac{X_a}{X_u - X_a} \tag{4-79}$$

4-79 式雖並不是精確的表達式，但是該式計算結果為合理的推估值，在用於設計上，是足夠準確的。

例題 4-6

試設計一污泥再曝氣過程，廢水處理流量為 1 MGD（百萬加侖／日），進流水 BOD_u 濃度為 200 mg/L。試利用下列設計數據，計算出所需曝氣槽的體積。

X_a = 2000 mg MLVSS/L

MLVSS = 0.8 MLSS

SVT = 100

S_e = 10 mg BOD_u/L

K = 0.05 L/mg-day

Y_T = 0.5

K_d = 0.1 day^{-1}

【解】

1. 依據 4-25 式，計算比基質利用率為

$$q = (0.05)(10)$$
$$= 0.5 \text{ day}^{-1}$$

2. 依據 4-21 式，計算系統操作中的 θ_c 值為：

$$\frac{1}{\theta_c} = (0.5)(0.5) - 0.1$$
$$\theta_c = 6.7 \text{ day}$$

3. 依據 2-63 式，計算觀測生長係數 Y_{obs} 為：

$$Y_{obs} = \frac{0.5}{1 + (0.1)(6.7)}$$
$$= 0.3$$

4. 計算污泥產量為（以 mg/day 為單位）

$$\Delta X = 1,000,000(3.78)(0.3)(200 - 10)$$
$$= 215,460,000 \text{ mg/day}$$

5. 假設微生物生質量的全部生長量皆發生於曝氣槽內（亦即忽略再曝氣槽中合成的生質量），對於進入及離開曝氣槽的微生物生質量可以寫出如下之質量平衡方程式：

$$X_a = \frac{RQX_r}{Q(1+R)} + \frac{\Delta X}{Q(1+R)(3.78)}$$

上式可以解出 X_r 為：

$$X_r = \frac{1+R}{R}\left[X_a - \frac{\Delta X}{Q(1+R)(3.78)}\right]$$

6. 依據 4-79 式，計算出 R 為：

$$R = \frac{2000}{(10^6/100)(0.8) - 2000}$$
$$= 0.33$$

7. 根據第 5 步所導出的計算公式，可計算出 X_r 為：

$$X_r = \frac{1+0.33}{0.33}\left[2000 - \frac{215,460,000}{1,000,000(1+0.33)(3.78)}\right]$$
$$= 7887 \text{ mg/L}$$

8. 依據 4-75 式，計算出所需曝氣槽的體積為：

$$V_a = \frac{1[200 - (10)(1+0.33)]}{(0.05)(2000)(10)}$$
$$= 0.19 \text{ MG（百萬加侖）}$$

9. 依據 4-77 式，計算出所需再曝氣槽的體積為：

$$V_r = \frac{(0.33)(1)[(10^6/100)0.8 - 7887 + (0.5)(10)]}{(0.1)(7887)}$$
$$= 0.05 \text{ MG（百萬加侖）}$$

純氧曝氣法 (Pure Oxygen Aeration)

由於純氧在商業市場上獲得條件的改善，近年來在活性污泥處理程序中，採用高純度氧氣進行曝氣的運行模式，明顯增加，並被認定為一種標準處理過程上的革新。位於美國紐約州 Batavia 市的 Linde Division of Union Carbide，首次在實際規模的條件下，分別採用空氣及純氧曝氣下，對於微生物生長率及基質利用率動力學方面，進行了差別對比的研究 (Albertson et al., 1970)。該研究所得到的結論是，與空氣曝氣系統相比較，由於純氧曝氣系統內，氧氣的傳輸效率將會提升，因此在曝氣槽內可維持較高的懸浮固體物濃度。此外，亦得知於純氧曝氣系統中，微生物生質量的生長量較少，且具有較高的基質利用速率。對於此種現象的解釋為，由於純氧曝氣將會提高水中溶氧 (DO) 的濃度，因而使活性污泥處理過程中，其原有微生物的代謝作用發生了變化。由於此種解釋與傳統微生物學的原理相互矛盾，因此另外一些研究者 (Sherrard and Schroeder, 1973；Ball et al., 1972) 對 Batavia 研究成果的合理性性，提出質疑。但是，也有一些研究者 (Jewell and Mackenzie, 1973；Boon and Burgess, 1974) 支持他們的研究結果。

Parker and Merrill (1976) 提出，只要能在曝氣槽中保持 2 mg/L 的最低溶解氧濃度，採用空氣曝氣系統的運行效果將與純氧曝氣系統相同。Benefield et al. (1977) 則發現，空氣曝氣系統與純氧曝氣系統中的基質利用率及細胞生長率動力學之參數值，一般而言將不相同。二種系統中的動力學參數間的主要差別是由於，在小體積高懸浮固體物濃度系統與大體積低懸浮固體物濃度系統於操作特性上的不相同，以及在 VSS 測定方法上，無法區別究竟是增長的細胞物質，還是具活性但不是增長的細胞物質，抑或是不具活性的細胞物質。在相同的 BSRT 操作條件下，對小體積高懸浮固體物濃度系統中之活性污泥膠羽顆粒的回流頻率遠較大體積低懸浮固體物濃度系統的回流頻率為高。在操作回流過程之間的間歇期，膠羽顆粒內所絮集的微生物，將會利用吸附於膠羽顆粒內的基質而減低其含量，當進行回流時，由於膠羽顆粒內的基質量已被微生物利用而減低，因此曝氣系統內之基質將以更高的擴散速率，進入膠羽顆粒內。如此，膠羽顆粒內之微生物細胞個體將增加其可接觸基質的量。因此，較高的污泥回流頻率將會產生較高的基質利用速率。

在純氧曝氣系統中，絲狀微生物的繁殖是極為廣泛普遍性的問題，尤其是在處理過程啟動時，此一現象更為明顯，而 Benefield et al. (1975) 亦在其研究中，提出此一問題。在不產生大量絲狀微生物的條件下，純氧曝氣處理系統中污泥的沉降性能極佳。Boon (1975) 針對空氣與純氧曝氣處理系統之污泥沉降性能，提出差異性比較，如圖 4.25 所示。其他相關的研究亦指出，當此二種處理系統在相同的條件下操作時，純氧系統中污泥之淨生長量較空氣系統的為少。此一研究結果如表 4.2 所示。

該研究結果指出，在相同的 BSRT 條件下，純氧系統的觀測生長係數僅約為空氣系統的 60%。然而對於在特定的 BSRT 條件下，小體積高濃度系統中的總污泥生質量與其在大體積低濃度系中並不相同，有關此點可能具有爭議性。因此，在特定的 BSRT 條件下，比較此二種曝氣系統中的污泥生長係數值將不具合理性。然而，不論所採用的曝氣的或操作的方式有

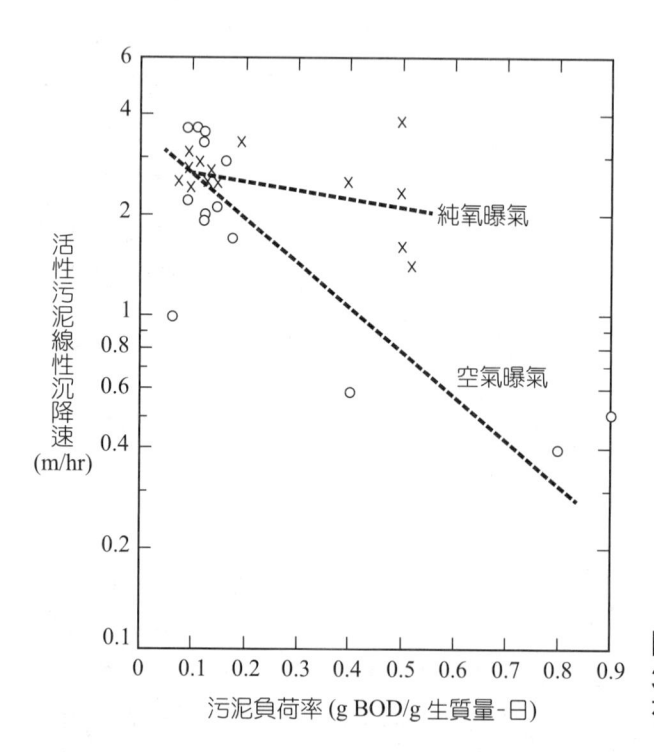

圖 4.25 活性污泥 (固體物濃度為 3500 mg/L) 之沉降速率隨處理廠污泥負荷之線性變化關係圖 (Boon, 1975)

表 4.2　純氧曝氣與空氣曝氣活性污泥系統污泥生長量之比較分析

曝氣氣體	廢水類型	污泥負荷 (g BOD/g 污泥-day)	MLVSS (mg/L)	BSRT (day)	污泥生長量 (g/g BOD 去除量)	混合液溫度 (℃)
純氧曝氣	生活污水	0.85	3600	2.6	0.60	13~14
空氣曝氣		0.89	3450	2.1	0.98	
純氧曝氣	生活污水及工業廢水	0.47	5600	2.8	0.96	10~12
空氣曝氣		1.00	6950	11.0	0.95	
純氧曝氣	生活污水	0.82	6000	2.2	0.68	11~20
空氣曝氣		0.14	4900	11.0	0.70	
純氧曝氣	生活污水及工業廢水	0.8	3610	3	0.60	現場安裝設備量測
空氣曝氣		0.9	3450	2	1.00	
純氧曝氣	生活污水及工業廢水	0.6	4085	3	0.60	現場安裝設備量測
空氣曝氣		0.4	3670	3	0.90	

資料來源：Boon and Burgess (1974)

何不同 (如圖 4.26 所示)，對比基質利用率 q 而言，在大體積反應槽中的微生物生質量 (採用 VSS 進行量測) 與小體積反應槽中的數值相同。因此，在相同的比基質利用率及穩定狀態的條件下，小體積高濃度反應槽中的比生長速率應較為更大些。正如 Benefield et al. (1977) 所指出，由於無法用量測 VSS 的試驗方法，來區分污泥是否屬於增殖生長的細胞、具活性

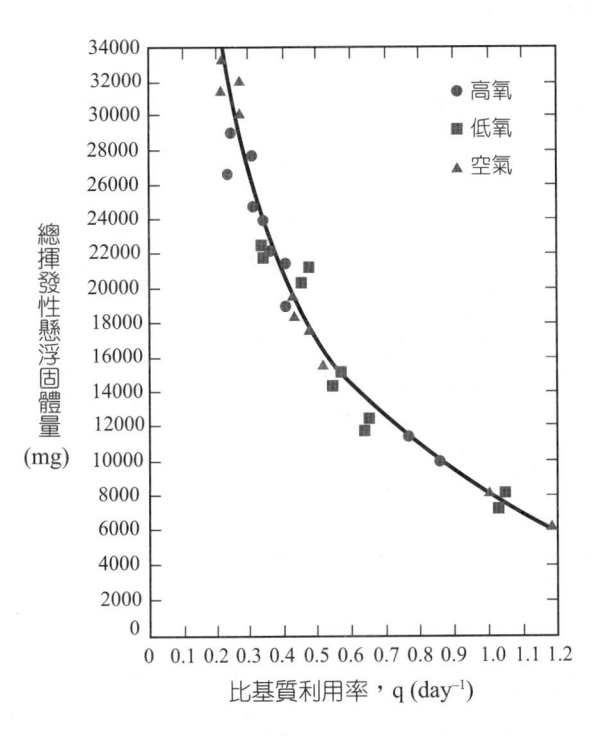

圖 4.26　根據一個小體積高濃度及二個大體積低濃度活性污泥系統，於高溶氧、低溶氧及空氣曝氣條件下，所測得之總揮發性懸浮固體物濃度與比基質利用率間之關係圖 (Benefield, 1977)

但不是增殖生長的細胞，以及不具活性的細胞，因此有關此一論述較不具真實性，如同一加過工的產品。儘管如此，純氧曝氣法的優點仍具真實性。

因此，與空氣曝氣系統相比較，一般認為純氧曝氣過程具有下列的優點：
1. 具滿足較高需氧量之能力。
2. 由於可在曝氣槽中具有較高的 MLVSS 濃度，因此在維持相同處理量的條件下，曝氣槽體積可減小，因而可減少建造成本。
3. 污泥具有較好的沉降性與濃縮性。
4. 去除每單位 BOD 的污泥生長量較少。
5. 每單位馬力的動力可傳送較多的氧氣於曝氣系統中 (約增加 1~4 倍氧氣傳送量)。
6. 處理過程較具穩定性。

有關第 3、4 及 6 項的優點則是由第 2 項優點衍生出來的。

由於純氧曝氣系統具較高濃度 MLVSS，因此必須認知到，為了使懸浮固體物在曝氣槽中能被經濟有效的被攜帶混合，而存在一個懸浮固體物濃度的上限值。Speece and Humenick (1974) 發現，對都市污水而言，對污泥具較為經濟有效濃縮效果，應控制曝氣槽內 MLSS 的濃度約為 5,500 mg/L。一旦曝氣槽內污泥濃度超過該值，造成因曝氣槽體積減少所節省下來的經費，將被花費在為使污泥能達到有效濃縮所必須增加沉澱池體積所需之建造成本經費上。

純氧曝氣槽分為封閉式與開放式二種，但是實廠規模的處理廠一般皆採用封閉式曝氣槽。圖 4.27 所示為一典型的封閉式純氧曝氣活性污泥處理之流程。

美國環境保護署 (EPA, 1977) 曾經調查美國典型之封閉式與分段式純氧曝氣過程的設計與操作情況。表 4.3 所示為其所收集到之典型設計規範，而表 4.4 所示則為實際操作之結果。

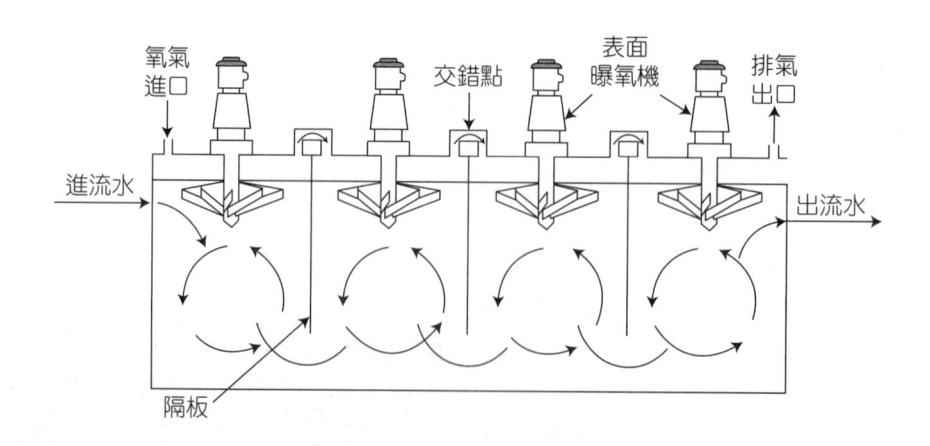

圖 4.27 典型封閉式純氧曝氣活性污泥處理流程圖 (Lipták, 1974)

表 4.3 UNOX 處理程序之設計規範

進流水 BOD$_5$ (mg/L)	曝氣時間 (hr)	食微比 (lb BOD$_5$/day)/lb MLVSS	曝氣槽 MLSS (mg/L)	回流污泥 MLSS 濃度 (%)	沉澱池溢流率 (gpd/ft^2)	出流水 BOD$_5$ (mg/L)
188	1.6	0.62	5500	1.9	560	20
140	1.42	0.47	6250	–	1600	25
200	3.33	0.36	4700	1.9	630	30
200	1.9	0.60	5600	2.8	500	20
350	3.5	0.53	6000	3.0	800	27
200	1.56	0.68	5600	2.0	525	20
110	1.48	0.51	4200	2.2	750	15
370	3.5	0.85	5000	2.0	600	50
133	1.74	0.46	5000	2.2	630	25
1600	13.0	0.42	8000	2.8	540	160

資料來源：EPA (1977)

表 4.4 UNOX 處理程序之實際操作數據

進流水 BOD$_5$ (mg/L)	曝氣時間 (hr)	食微比 (lb BOD$_5$/day)/lb MLVSS	曝氣槽 MLSS (mg/L)	回流污泥 MLSS 濃度 (%)	沉澱池溢流率 (gpd/ft^2)	出流水 BOD$_5$ (mg/L)	出流水 TSS (mg/L)
157	1.97	1.10	2700	0.55	456	9	22
101	1.42	1.05	2750	0.85	1595	17	31
125	3.33	0.37	3000	1.20	630	12	50
160	2.16	0.60	4000	2.40	440	12	24
357	4.70	0.33	6400	1.60	590	32	79
245	2.40	0.68	4500	1.50	541	<10	<10
114	1.29	0.70	4760	1.66	645	13	18
425	4.20	0.75	4500	1.00	502	25	70
150	1.59	0.62	5100	1.60	704	17	13
1500	9.75	0.45	9600	3.0	360	90	60

資料來源：EPA (1977)

封閉式純氧曝氣法的主要缺點為，曝氣槽內廢水於處理過程中所產生的 CO_2 氣體累積於系統內，因而導致 pH 降低而不利於硝化作用之進行。因此，為使系統內硝化作用的持續進行，有必要將所產生的 CO_2 排出，抑或添加鹼性化學藥劑中和之。如果設計適當的開方式純氧曝氣系統，將不會發生此困境。至於分段式純氧曝氣法的其他缺點尚包括 (1) 廢水需經前網篩過濾的過程，(2) 曝氣機葉片需設計能提供剪應力以產生更細微之氣泡，以及 (3) 應用於小型處理廠較不符合經濟效益性。

對於開放型純氧曝氣系統，浸沒轉盤活動式空氣擴散器 (submerged rotating active diffuser, RAD) 成為該系統發展甚為重要 (EPA, 1977)。RAD 被設計成為能在液體中產生細微氧氣泡，但卻不會產生過大的紊流與剪力，因而打碎活性污泥膠羽體。根據報告指出，此種設備已在具一般深度之開放型純氧曝氣槽中使用，並且測得大於 90% 的氧利用效率。圖 4.28 及圖 4.29 所示分別為 RAD 曝氣器的剖面，以及使用 RAD 曝氣器之典型處理設備。

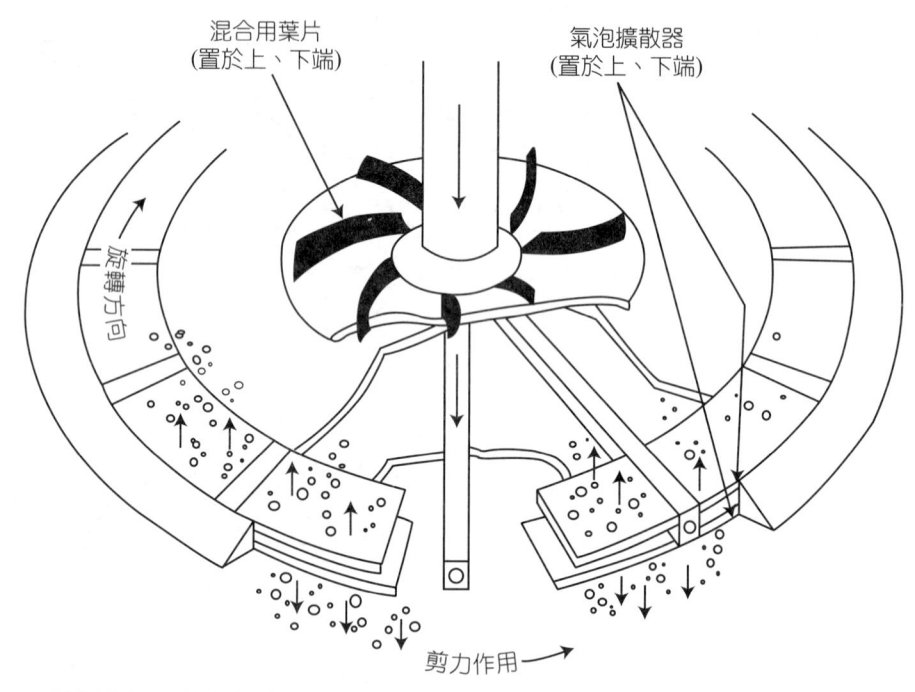

圖 4.28 浸沒轉盤活動空氣擴散器 (RAD) 剖面圖，圖中所示為氣體靈動及氣泡之產生機制 (EPA, 1977)

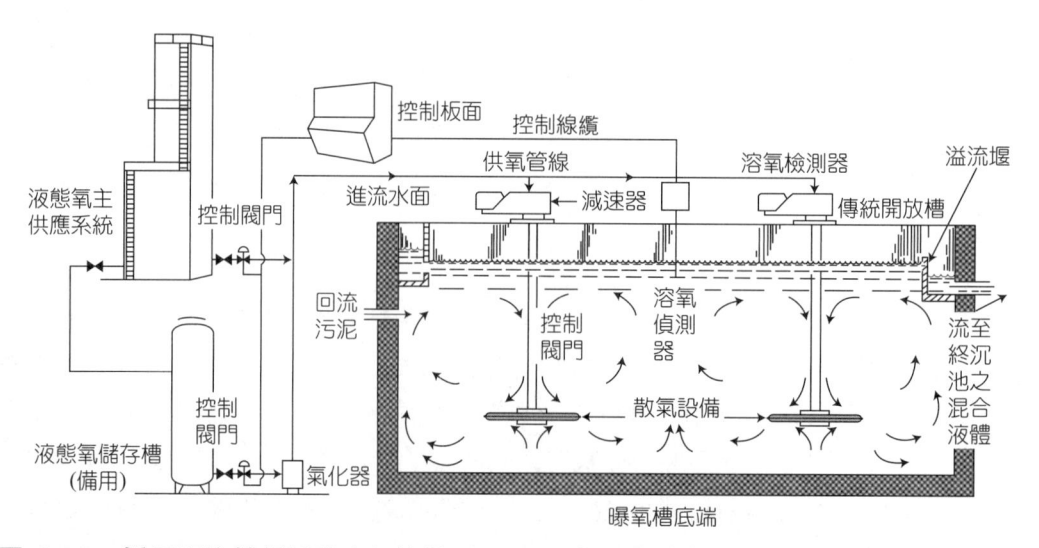

圖 4.29 採用浸沒轉盤活動空氣擴散器 (RAD) 處理系統之流程示意圖 (EPA, 1977)

氧化渠法 (Oxidation Ditches)

氧化渠法係由 Dr. Pasveer 所設計，1950 年首創於荷蘭，為一具經濟、高效率與操作簡便之低成本廢水處理方法。該法一般係依照延長曝氣法之方式操作，適用於處理小流量的廢水。圖 4.30 所示為氧化渠法處理流程的示意圖。所謂的氧化渠是一個深度約 3 ft 之橢圓形或「跑道」形渠道槽體。氧化渠表面渠道上橫放輪刷式或籠式之旋轉曝氣器，其功能除用以對渠道內混合液進行曝氣外，亦對渠道內的液體產生單方向的流動。混合液在渠道內係以 1~2 ft/sec 的流速，環繞著渠道進行循環 (Metcalf and Eddy, 1972)。

於 1975~1976 年的冬季期間，在美國環保署第 VII 分區 (主管愛荷華州、密蘇里州、堪薩斯州及內布拉斯加州) 的督導下，對分區內之二級污水處理設施進行調查，以確定這些污水處理廠在嚴寒的冬季月份，是否能滿足二級處理的要求 (亦即達到 85% 的 BOD 及懸浮固體物之去除率)。總共對 30 個污水處理設施進行調查，其中包括 7 個氧化渠、7 個活性污泥處理廠及 16 個滴濾池 (包括封閉式與開放式)。調查結果指出，僅 10 個污水處理設施能達到二級處理的標準，而其中就有 5 個為氧化渠處理設備。Hoffmeier (1974) 也發現氧化渠法是一個極為有效的處理方法。他指出，在科羅拉多州之同類型二級處理設施中，氧化渠法的處理效果仍然是最好，並提出該處理系統之 BOD 負荷與出流水 BOD 間關係的數據資料 (如圖 4.31 所示)。這些數據表明，只要 BOD 負荷不超過 10 lb BOD$_5$/1000 ft^3-day，就可期待獲得水質甚佳的出流水。圖 4.31 所示為 6 個污水處理廠的負荷皆低於 10 lb BOD$_5$/1000

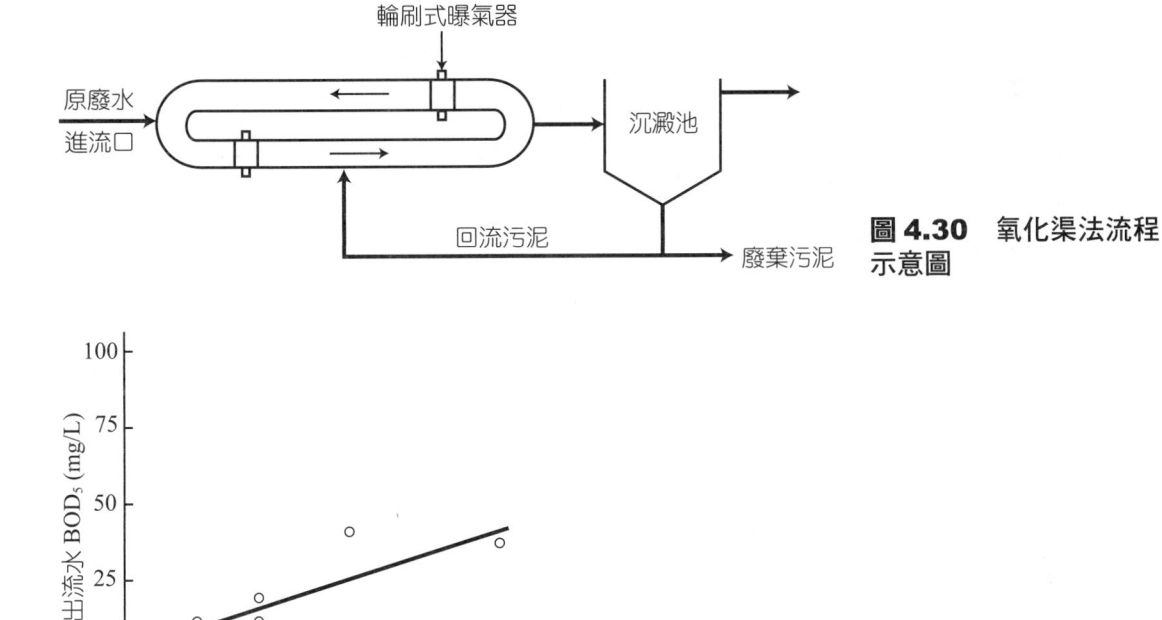

圖 4.30 氧化渠法流程示意圖

圖 4.31 美國科羅拉多州內 8 座氧化渠污水處理廠放流水濃度與負荷間之操作數據關係圖 (Hoffmeier, 1974)

图 **4.32** 氧化渠之水面下曝氣法示意圖

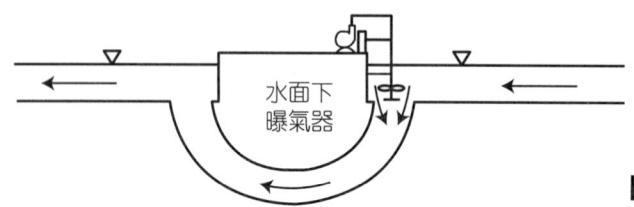

ft³-day 之下，其平均出流水懸浮固體物濃度為 25 mg/L。

在上述各種活性污泥處理過程之改良法中，氧化渠法似乎是最易於操作之方法。當我們在選擇較為特殊的活性污泥污水處理改良設施時，應將此因素考慮在內。

美國維吉尼亞州 Fredericksburg 的 Reid 工程公司發展出一套對增加氧化渠曝氣效率之改良設施，並且已安裝在維吉尼亞州 New Market 的 Holly Farms 污水處理廠中。在此改良設備中，為避免因設置輪刷曝氣器所引發的水霧、濺水及結冰等問題，設計將渠道內之污水於水面下進行流動，並且流經一個 U 形通道，而在通道入口處亦將設置一個渦輪式機械曝氣器，進行水流的帶動及曝氣 (如圖 4.32 所示)。

氧化深渠法 (Deep Oxidation Ditches)

氧化深渠法為氧化渠法之改良處理設備，增加氧化渠之深度至 3.5~4.0 公尺，並改善曝氣設備，以增加渠體加深後之曝氣效率，於處理大流量廢水時，可減少渠體所需之面積，以及佔地面積，節省購地所需費用。

如前所述，氧化深渠由於渠體深度加深，因此必須改善其曝氣設備，以增加渠體剖面縱深的曝氣量，減少厭氧情況發生。因此根據不同的曝氣設備，發展出二套處理系統，分別是將曝氣設備由傳統籠形輪刷式表面曝氣機改良為橫軸巨型輪刷式表面曝氣機 (mammoth rotor) 之 Passavant 氧化深渠系統，以及曝氣器採用豎軸 Simcar-aerator 系統的卡魯塞爾 (Carrousel) 氧化深渠系統，分述如下。

Passavant 氧化深渠系統

Passvant 氧化深渠系統 (如圖 4.33 所示) 係採用直徑為 1 m 的橫軸式巨型輪刷式曝氣

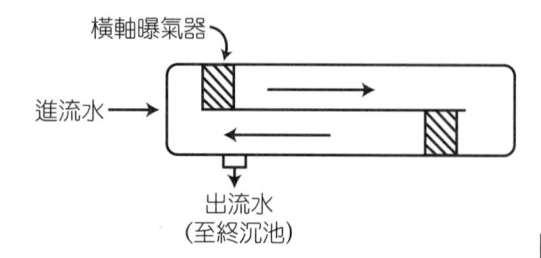

圖 **4.33** Passavant 氧化深渠之渠體形狀及構造

圖 4.34 Passavant 氧化深渠之橫軸式巨型輪刷式曝氣機 (Mammoth Rotor)

機 (Mammoth Rotor)，以提升深渠的曝氣效率。該型曝氣機，如圖 4.34 所示，係由德國的 Passavant 公司所生產，為該系統名稱的由來。使用 Mammoth Rotor 的渠深可達 3.5 m，渠寬可達 20 m。由於渠體亦具有好氧與缺氧區，因此可設計做為有機物降解及硝化-脫硝作用同步進行的生物處理設備。

卡魯塞爾 (Carrousel) 氧化深渠系統

卡魯塞爾 (Carrousel) 氧化深渠於 1967 年由荷蘭 Delf 工科大學與 DHV 顧問公司共同開發研製的，渠體形狀及構造如圖 4.35 所示。它的研製目的是為滿足在較深的氧化溝溝渠中使混合液充分混合，並能維持較高的傳質效率，以克服小型氧化溝溝深較淺，混合效果差等缺陷。Carrousel (卡魯塞爾) 氧化溝採用垂直安裝的豎軸式 Simcar-aerator 曝氣系統 (如圖 4.36 所示)，每組溝渠安裝一個，均安設在一端，如同 Passavant 氧化深渠系統，在曝氣器下游水體區域為好氧區，而靠近曝氣器上游則為缺氧區。進水與回流污泥混合後在渠內循環流動，廢水多次經好氧區及缺氧區後，即可營造出良好的生物脫氮環境。當有機負荷較低

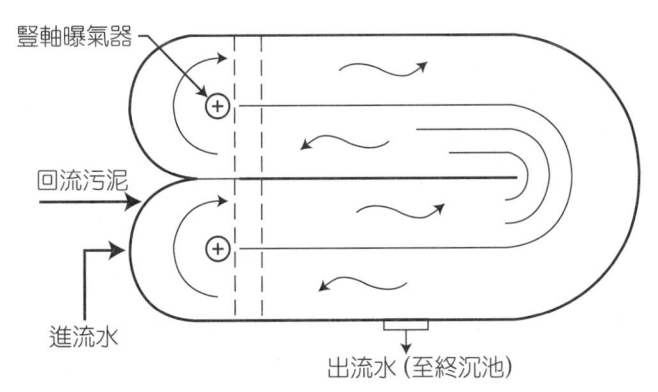

圖 4.35 卡魯塞爾 (Carrousel) 氧化深渠之渠體形狀及構造

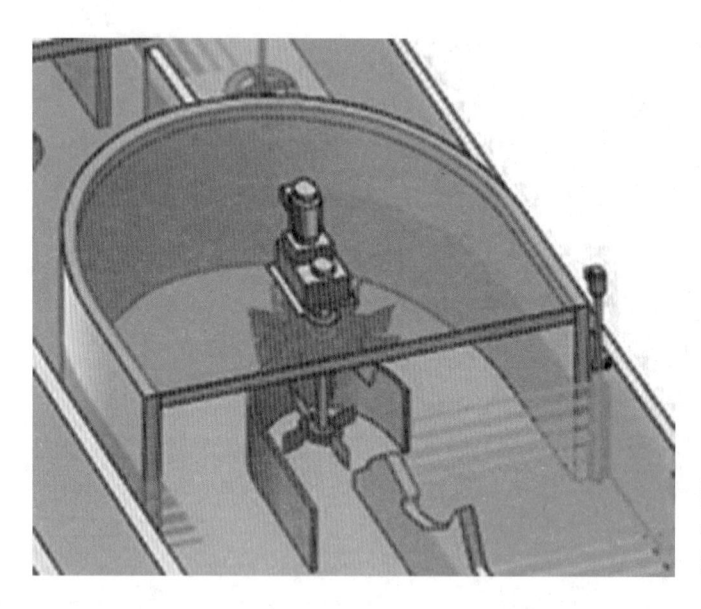

圖 4.36　卡魯塞爾 (Carrousel) 氧化深渠之豎軸式 Simcar-aerator 曝氣系統

時，亦可以停止某曝氣器的運行，在保證水流攪拌混合循環的前提下，節約能量消耗。至今世界上已有上千座 Carrousel 氧化溝系統正在運行，其應用領域涉及各行各業的廢水處理，處理規模從 400 CMD (m^3/day) 到 113 萬 CMD 不等，而我國也有數十座污水處理廠採用。

活性污泥法其他改良形式

　　雖然生物硝化、生物脫硝及厭氣接觸等處理過程亦可看做是有別於傳統活性污泥法的一種改良形式，但是對這些處理過程的討論，將延後到在影響含碳有機物處理過程設計因子的討論完成後才進行。作者認為此一安排，將會有助於讀者，更加瞭解前述所提各種活性污泥處理改良形式所必須考慮的各種相關因子。

4-4　過程設計所需考量之因子

　　對於廢水混合的方式及處理程序適當的改良並非是活性污泥處理過程設計時必需考量之唯一因子。設計時仍需要考慮的其他因子尚包括：(1) 負荷標準、(2) 剩餘污泥產量、(3) 污泥的活性、(4) 需氧量、(5) 營養鹽需要量、(6) 溫度影響效應、(7) 固液分離以及 (8) 放流水質量等。由於這些因子的重要性，本章節將分別對其進行較為詳細的討論。

負荷標準 (Loading Criteria)

　　食物與微生物的比值，稱之為食微比 (F/M)，是常用的有機負荷設計標準，其定義為曝氣槽中，每單位重量之微生物生質量於單位時間所承受的基質重量負荷。由於假設基質被微生物食用僅發生於曝氣槽中，因此在計算 F/M 值時，僅含括在曝氣槽中之微生物的生質量。所以 F/M 值可採用下列數學式表示：

$$F/M = \frac{QS_0}{XV_a} \tag{4-80}$$

將 4-17 式中的 $(dS/dt)_u$ 表達式代入 4-8 式中，可得到 F/M 值與 θ_c 間的關係式如下所示：

$$\frac{1}{\theta_c} = Y_T \frac{Q(S_0-S_e)}{XV_a} - K_d \tag{4-81}$$

將 4-80 式中的 QS_0/XV_a 項代入上式中，可得下列方程式：

$$\frac{1}{\theta_c} = Y_T \left(F/M - \frac{QS_e}{XV_a} \right) - K_d \tag{4-82}$$

由於在一般情況下，QS_e/XV_a 值較 F/M 值小很多，所以 4-82 式可近似地以下式表示：

$$\frac{1}{\theta_c} \approx Y_T(F/M) - K_d \tag{4-83}$$

基本上，4-83 式指出較大的 F/M 值將導致較小的 θ_c 值，而較小的的 F/M 值將導致較大的 θ_c 值 (亦即，F/M 值與 θ_c 值之間存在著反比的關係)。

在穩定狀態條件下所操作的完全混合式活性污泥處理系統中，存在著 $\theta_c^{-1} = \mu$ 的關係。由於反應槽中所培養微生物的生理狀況與比生長速率 μ 的大小有直接的關聯性，因此作者認為在考慮設計參數上，θ_c 較 F/M 更能夠提供較多的訊息。所以在本書後面的各章節中，在 F/M 與 θ_c 之間做選擇時，我們將以 θ_c 而不是 F/M 做為有機負荷的設計標準參數。

有機負荷對活性污泥處理過程的影響，包括 (1) 處理效率、(2) 污泥產生量、(3) 需氧量以及 (4) 固液分離效果等。例如，在極高的有機負荷下 (亦即在較短的 θ_c 值下)，處理過程中基質的去除率較低 (60~75%)，而微生物污泥的產量則達到最大值。此外，由於在合成新細胞質時亦需消耗氮及磷等營養物質，所以最大的微生物污泥產生量也意味著此時亦具有最高的營養物質去除率。另一方面，由於被去除的基質中有較大部分係用於合成新的細胞質，而不是被氧化做為能源，因此對氧的需要量則達到最小值。而較低的 BSRT (θ_c) 值亦表示其比生長速率較高，新增長的微生物污泥由於具凝聚效果的細胞外莢膜黏液層尚未大量分泌，因此微生物細胞係處於較分散而不易凝聚的狀態，導致沉澱池中固液分離的效果變差，因而造成處理廠的放流水中含有較高濃度的懸浮固體物。此一狀況如同 4-3 節中所述之高率活性污泥法的典型代表。換言之，在極低的有機負荷下 (亦即在較長的 θ_c 值下)，其處理效率較高些 (75~95%)，但微生物污泥產生量最少 (意味著用於細胞合成作用所去除的氮及磷量也最少)。此外，由於大部分所去除的基質係被氧化做為能源，而不是被合成為新的細胞質，所以此時的需氧量最高。雖然較長的 BSBT 值意味著較低的比生長速率，在此極端的情況下，亦即處理系統如採用過長的 BSRT 值來設計，由於微生物細胞之生理狀態係處於老化階段，致使污泥膠羽變脆弱，型成針狀污泥膠羽 (pin floc)，而使活性污泥發生散凝作用，因而導致沉澱池中污泥的固液分離效果下降，導致處理廠的放流水中含有高濃度的懸浮固體

表 4.5 活性污泥處理程序設計規範

處理程序類型	θ_c (day)	q (lb BOD$_5$去除/ lb MLVSS/day)	MLSS (mg/L)	V/Q (hr)	Q_r/Q	BOD去除率 (%)
傳統	5~15	0.2~0.4	1500~3000	4~8	0.25~0.5	85~95
完全混合	5~15	0.2~0.6	3000~6000	3~5	0.25~1.0	85~95
階梯曝氣	5~15	0.2~0.4	2000~3500	3~5	0.25~0.75	85~95
高率	0.2~0.5	1.5~5.0	600~1000	1.5~3	0.05~0.15	60~75
接觸穩定	5~15	0.2~0.6	(1000~3000)[a] (4000~10,000)[b]	(0.5~1.0)[a] (3~6)[b]	0.25~1.0	80~90
延長曝氣	無數據	0.05~0.15	3000~6000	18~36	0.75~1.50	75~95
純氧系統	8~20	0.25~1.0	3000~5000	1~3	0.25~0.5	85~95
污泥再曝氣	5~15	0.2~0.4	(1500~3000)[c] (5000~10,000)[d]	(3~6)[c] (2~4)[d]	0.2~0.6	80~90

[a] 接觸槽 [b] 穩定槽 [c] 曝氣槽 [d] 再曝氣槽
資料來源：Metcalf and Eddy (1972)

物。此一狀況如同 4-3 節中所述之延長曝氣法的典型代表。

因此，當環境工程師在選擇設計所需的 BSRT 值或有機負荷時，必須綜合考量其對處理效率、剩餘污泥產量、需氧量以及污泥沉降性等之影響性之後，始能得到最佳設計方案的設計參數值。表 4.5 中所示為各種不同活性污泥改良程序之典型設計參數值。

為了使討論更加全面，我們必須強調指出以 θ_c 做為有機負荷設計參數標準時，其所存在的各種限制因子。前面章節中所導出各種表達處理過程動力學的數學模式，並未能反映出該處理系統的各項物理性限制因子。雖然這些模式對處理過程中所使用的有機負荷或 MLVSS 濃度，並沒有給予任何限制，然而在實廠操作的條件下，有機負荷或 MLVSS 濃度將會受到下列各因子的限制，包括 (1) 使微生物污泥膠羽保持懸浮狀態的能力 (亦即需提供適當的混合條件)、(2) 在二沉池中使固液進行有效分離的能力，以及 (3) 在曝氣槽中保持適度溶解氧濃度的能力等。在認定這些限制因子條件的前提下，BSRT 的概念將提供環境工程師在設計及控制處理過程時之有力工具。

環境工程師進行設計時，應牢記各種活性污泥處理過程中的基本設計限制因子，包括：
1. 微生物的最大生長速率。
2. 最大氧氣傳輸速率。
3. 最小水力停留時間。
4. 混合液懸浮固體物的沉降性。

剩餘污泥產量

為了能夠適當的設計出污泥的承受及處理設備，工程師需首先計算出廢水處理過程中的污泥的總產量。如前所述，在活性污泥處理過程的曝氣期間內，有機物的去除係通過二種不同的途徑進行；一種是藉由微生物的同化代謝的生長作用將有機物合成為新的細胞質，另一種則是經由異化代謝的能量產生作用將有機物氧化為二氧化碳及水。由基質利用過程所引發微生物的絕對生長率或淨生長率則可由方程式 2-59 或 2-60 表示出：

$$\left(\frac{dx}{dt}\right)_g = Y_T \left(\frac{dS}{dt}\right)_u - K_d x \tag{2-59}$$

$$\left(\frac{dx}{dt}\right)_g = Y_{obs} \left(\frac{dS}{dt}\right)_u \tag{2-60}$$

因此，可得到下列方程式 2-63：

$$Y_{obs} = \frac{Y_T}{1+K_d/\mu} \tag{2-63}$$

該方程式可預測出較高的比生長速率可得到較大的 Y_{obs} 值。此外，由於在一個完全混合式活性污泥處理系統於穩定操作狀態下 $\theta_c^{-1} = \mu$，在 Y_{obs} 與 θ_c 之間維持著倒數的關係，如圖 4.37 所示。

在一個有限的時段內（一般為一日），可將方程式 2-60 表示為：

$$\Delta X = Y_{obs} \Delta S \tag{4-84}$$

或

$$\Delta X = Y_{obs} Q (8.34)(S_0 - S_e) \tag{4-85}$$

式中，ΔX 為生物質量日產量（以乾重計），lb/day。

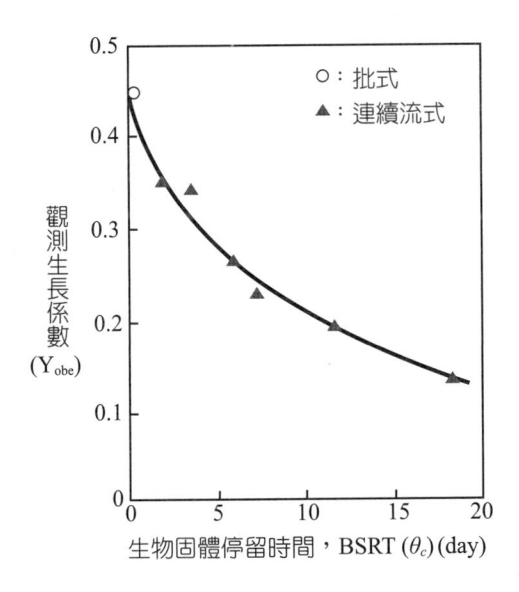

圖 4.37 觀測生長係數與生物固體停留時間之函數關係

因此，可以利用方程式 4-85 來預測出微生物代謝過程中所增加的生質量。此外，工程師亦需瞭解處理過程中所產生的污泥總量。其中，不僅包括去除有機物時所產生微生物的生質量，亦包含原本就存在於原廢水中的不可生物降解懸浮固體物的積累量。因此，在不設置初沉池的條件下，將方程式 4-85 加以修改後，可用來計算處理過程中的污泥總產量：

$$SP = 8.34Q[Y_{obs}(S_0 - S_e) + NDVSS + fSS] \tag{4-86}$$

式中，SP = 污泥總產量 (以乾重計)，lb/day
　NDVSS = 原污水中不可生物降解揮發性懸浮固體物濃度，mg/L
　　fSS = 原污水中固定性懸浮固體物濃度，mg/L

在使用初沉池的條件下，NDVSS 及 fSS 的濃度將以某個比例減少 (如圖 3.13 及 3.14 所示)。

Lawrence (1975) 曾針對有污泥回流的活性污泥處理過程中曝氣池混合液中的惰性 (nonbiological) 懸浮固體物濃度，可用下列方程式計算出：

$$X_{NB} = \left(\frac{\theta_c}{t}\right)(NDVSS + fSS) \tag{4-87}$$

式中，X_{NB} 代表在穩定條件下污泥混合液中惰性懸浮固體物濃度，而 t 則表示為曝氣池的水力停留時間 (HRT)。

污泥的活性

到目前為止，一直是採用 X 來表示活的微生物之生質量濃度。雖然這個表達方式是合理的，但是當有必要去實際量測系統中活的微生物體生質量濃度時，也會因此產生一些問題。一般而言，採用揮發性懸浮固體物濃度做為量測這個參數的假設是合適的。但是在處理溶解性有機廢水時，其所產生的污泥凝絮體是由一個活的生物體增長部分、一個活的生物體不增長的部分以及一個惰性的有機物部分所組成。當廢水中含有非溶解性有機物及不可生物降解有機物，此一情況將使系統更為複雜。例如，Mckinney (1974) 指出，在處理生活污水的活性污泥處理過程中所測得的 MLSS 中只有 30%~50% 為活的微生物體生質量，而在延長曝氣處理過程中所測得的比例更下降到 10% 以下。Weddle and Jenkins (1971) 指出，活性污泥中活的異營性微生物只佔 MLVSS 的 10%~20%。因此，在上述的案例下，以 VSS 來衡量污泥中活的微生物體生質量是有疑問的。

如僅以 VSS 做為衡量活的微生物生質量時，將會產生前後結果不一致的現象，且當原廢水中含有大量惰性有機性懸浮物時，此一問題將會變得更為突出。活的微生物體在 MLVSS 中的真實百分比無疑是 BSRT 的函數，當水中含有惰性有機性懸浮物時，這個百分比將會相對降低。雖然 VSS 測定法具有上述的缺點，但是將此法與許多更為直接的測定方法，例如像細胞 DNA 測定法 (Agardy et al, 1963)、有機氮測定法 (Hartmann and Laubenberger, 1968)、ATP 含量測定法 (Patterson et al, 1969) 以及脫氫酶活性測定法 (Bucksteeg,

1966) 等進行比較並加以綜合評估後，得出結論是 VSS 測定法的精度與其他各法相同，但其操作過程卻是各法中最簡便易行的 (Weddle and Jenkins, 1971)。

需氧量

在第 2 章中曾指出，活性污泥過程中的好氧異營性微生物需要以氧做為能量代謝過程中的電子接受者，亦即被去除的一部分有機物被氧化，以供應維持細胞活性 (非增長) 所需之能量，以及細胞合成 (增長) 所需之能量。任一氧化作用總是與還原作用一起發生 (亦即在反應中，必然存在某一接受氧化過程中所釋出電子之物質)。而氧在好氧微生物的能量代謝過程中，即可滿足成為電子接受者的需求。

如果過程中，無法對曝氣槽中的微生物污泥提供充足的氧氣，就會導致好氧處理過程的失敗，並可從出流水水質的迅速惡化中反映出來。因此，工程師的職責是於特定的處理條件下，曝氣槽內微生物污泥之需氧量，並且需設計出不但能提供這一部分需氧量，而且又能使整個曝氣槽中維持超過 2 mg/L 以上溶解氧濃度量，而此一曝氣效果亦需能維持曝氣槽內之混合液能充分攪拌混合。

依據美國的「十州標準 (Ten-State Standards)」中的規定，曝氣設備必須具有能使曝氣槽混合液中溶氧保持 2 mg/L 的濃度，同時需對固相及液相能提供充分混合的能力。表 4.6 中所列數據為採用各種不同類型活性污泥處理過程對空氣的需要量。活性污泥處理過程中的正常空氣需要量。

有多種方法可以用來計算活性污泥處理廠的需氧量。其中一種方法是根據廢水中的 BOD_u 含量，以及每天從處理廠中所廢棄污泥中微生物的生質量計算所需氧量 (Metcalf and Eddy, 1972)。為了說明這個方法的計算方式，將採用一個非特別的參數，即最終生化需氧量 (BOD_u) 來表示廢水中基質的濃度。如果污泥中微生物所去除的全部基質皆做為微生物所需的能源而被氧化，將可以下列方程式來計算處理系統中每天的總需氧量：

$$每天總需氧量 = 8.34Q(BOD_{u\text{進流水}} - BOD_{u\text{放流水}}) \quad (4\text{-}88)$$

但是並非所有的基質都可被微生物利用而氧化，在去除的全部基質中，只有部分作可做為能

表 4.6　活性污泥處理程序一般性之空氣需求量

活性污泥處理程序類型	空氣需求量 (ft³ 空氣供應 /lb BOD_5 曝氣槽之負荷)
傳統式	1500
階梯曝氣式	1500
接觸穩定	1500
高率	400~1500
延長曝氣式	2000

資料來源：Great Lake-Upper Mississippi River Board of State Sanitary Engineers (1971)

源而被氧化,其餘基質則被微生物代謝合成為新的細胞質。在穩定條件下,處理系統中微生物生長的生質量等於系統生質量污泥的廢棄量。由於用來合成新細胞質的基質在處理系統中不會被氧化,所以去除這部分的基質,並不會消耗水中的溶氧。

如果假設微生物生質量的化學分子式為 $C_5H_7NO_2$ (Sykes, 1975),此化學式能適當的反映出微生物的細胞成分。因此,可以利用如下方法計算出氧化單位生質量重之微生物所需的氧量為:

$$C_5H_7NO_2 + 5O_2 \longrightarrow 5CO_2 + 2H_2O + NH_3 \quad (4\text{-}89)$$
$$113 \quad (5 \times 32)$$

$$\frac{5 \times 32}{113} = 1.42 \text{ 單位 } O_2/\text{ 單位被氧化之生質量}$$

因此,從 4-88 式中可得知,從理論需氧量中減去氧化基質中被用來轉化合成新的細胞質所需的氧量,才能得到處理過程中實際所需的氧量,如下式所示:

[每日需氧量] = [每日去除全部基質的總量,以 BOD_u 表示]
$$- 1.42 \text{ [每日處理系統廢棄的污泥量]} \quad (4\text{-}90)$$

Lawrence (1975) 指出,可以利用下列方程計算出含碳化合物轉化過程中的需氧量:

$$\Delta O_2 = 8.34Q[(1-1.42Y_T)(S_0 - S_e)] + 8.34(1.42)K_d X V_a \quad (4\text{-}91)$$

式中,S_0 及 S_e 的單位是 BOD_u,曝氣槽的容積單位是百萬加侖。而需氧量 ΔO_2 的單位是 lb/day。上述二個方程式都沒有考慮到由硝化作用所引起的需氧量。

根據生物處理系統中,微生物總需氧量與細胞合成過程所需能量下之需氧量,以及維持微生物活動所需能量之代謝過程中的需氧量,兩者之間的關係,可以導出其他一些用於計算需氧量的方程式。在此一問題上,讀者必須決定是要接受 Pirt (1965) 所提出的理論,亦即在具有外部基質來源的條件下,微生物可直接氧化部分的基質,來滿足微生物維生所能量的需求,還是接受 Herbert (1958) 所提出的理論,亦即全部基質都先被用於合成新的細胞質之後,再藉由內呼吸,以氧化部分已合成的新細胞質,來供給微生物維生所需的能量。

如果是接受 Herbert (1958) 的理論,可採用常見的類似方程式來表示氧的利用速率 (Goodman and Englande, 1974)。

$$\frac{dO_2}{dt} = a\left(\frac{dS}{dt}\right)_u + bX \quad (4\text{-}92)$$

式中,dO_2/dt = 氧的利用速率,[質量]・[容積]$^{-1}$・[時間]$^{-1}$
   a = 微生物代謝用於合成作用的氧利用係數
   b = 微生物代謝用於細胞維生所需能量的氧利用係數,[時間]$^{-1}$

如侷限在一個有限的時段內,可以將上式寫為:

$$\Delta O_2 = 8.34\ Qa(S_0 - S_e) + 8.34\ bXV_a \tag{4-93}$$

式中,ΔO_2 表示需氧量,單位為 lb/day。

另一方面,如果接受 Pirt (1965) 的論述,氧的利用率應該表示為:

$$\frac{dO_2}{dt} = a_1\left(\frac{dX}{dt}\right)_g + b_1 X \tag{4-94}$$

式中,a_1 = 生長成單位生質量微生物所需的氧量

b_1 = 每單位生質量微生物對於維持生命於單位時間內所需的氧量,[時間]$^{-1}$

如侷限在一個有限的時段內,上式可寫為:

$$\Delta O_2 = a_1\ \Delta X + 8.34\ b_1\ XV_a \tag{4-95}$$

式中,ΔX 是根據 4-85 式計算所得到的每日微生物生質量的生長量,單位為 lb/day。本書作者認為,4-95 式較能更為精準的預測活性污泥處理過程中所需的氧量,這主要還是由於在主觀上的認知。因為目前還沒有人能夠證明哪一種理論可以更為正確的反映出維持生命所需能量來自於何種機制。雖然在氧化作用發生前就進行細胞合成的過程,在能量利用方面似乎多少有一些浪費,但微生物的確以效率高著稱。

如果假設由於微生物代謝活動的結果,廢水中的有機氮最終被代謝轉化為氨,並且氨的濃度足以在微生物硝化的過程中,產生明顯的需氧量,那麼在計算總需氧量時,則需考慮硝化作用對其所產生的影響性。由於每氧化 1 磅 NH_3-N 需消耗 4.57 磅的氧。因此,可用下式估算出硝化作用所需的氧量 (nitrogen oxygen demand, NOD):

$$NOD = 8.34\ Q(TKN_0)(4.57) \tag{4-96}$$

式中,NOD = 硝化作用所需的氧量,lb/day

TKN_0 = 進流水中總凱式氮的含量,mg N/L

此時,4-90 式可轉換為

$$\Delta O_2 = 8.34\ Q(S_0 - S_e) - 1.42\ \Delta X + NOD \tag{4-97}$$

如果在 4-93 式及 4-95 式中所採用的參數值,是確認在被處理廢水系統中有完成硝化作用,此時則不需對 NOD 進行修正。否則應使用下列方程式計算處理系統所需的氧量:

$$\Delta O_2 = 8.34\ Qa(S_0 - S_e) + 8.34\ bXV_a + NOD \tag{4-98}$$

或

$$\Delta O_2 = a_1\ \Delta X + 8.34\ b_1\ XV_a + NOD \tag{4-99}$$

例題 4-7

在一個完全混合活性污泥處理系統，處理一流量為 10 MGD（百萬加侖／日），BOD_u 濃度為 200 mg/L 的廢水。試利用下列設計數據，計算該處理系統所需的氧量：

X = 2500 mg/L，以 MLVSS 計

S_e = 5 mg/L，以 BOD_u 計

Y_T = 0.5

K_d = 0.1 day^{-1}

K = 0.10 L/mg-day

TKN$_{進流水}$ = 20 mg N/L

【解】

1. 依據 4-25 式，計算所需之比基質利用率：

$$q = KS_e$$
$$= (0.10)(5) = 0.5 \text{ day}^{-1}$$

2. 依據 4-25 式，計算所需的曝氣槽容積：

$$V_a = \frac{Q(S_0 - S_e)}{Xq}$$
$$= 10(200 - 5)/2500(0.5) = 1.56 \text{ MG}$$

3. 利用 4-8 式，計算 BSRT 值：

$$\frac{1}{\theta_c} = Y_T q - K_d$$
$$\theta_c = 6.7 \text{ days}$$

4. 依據 2-63 式，計算觀測生長係數值：

$$Y_{obs} = \frac{Y_T}{1 + K_d \theta_c}$$
$$= \frac{0.5}{1+(0.1)(6.7)} = 0.3$$

5. 利用 4-85 式，計算微生物生質量的生長量：

$$\Delta X = Y_{obs} Q(8.34)(S_0 - S_e)$$
$$= (0.3)(10)(8.34)(200 - 5) = 4879 \text{ lb/day}$$

6. 假設硝化效率為 100%，利用 4-96 式及 4-97 式，計算總需氧量：

$$\Delta O_2 = 8.34 Q(S_0 - S_e) - 1.42 \Delta X + NOD$$

由於在穩定條件下，每天所廢棄排出的污泥量等於微生物的生長量，所以可採用每天從處理系統中所排出的污泥量代替 ΔX。

$$\Delta O_2 = 8.34(10)(200 - 5) - 1.42(4879) + (8.34)(4.57)(10)(20)$$
$$= 8.34(10)(200 - 5) - 1.42(4879) + 38.1(10)(20)$$
$$= 16{,}955 \text{ lb/day}$$

例題 4-8

依據例題 4-5 中所給予的問題，分別計算出接觸槽及穩定槽所需的氧量，所需的附加設計條件為：

$$\text{TKN}_{進流水} = 20 \text{ mg N/L}$$

總凱式氮 (TKN) 中，由 60% 的氨氮及 40% 的非溶解性有機氮所組成。

【解】

在計算接觸穩定處理程序中所需的氧量以及氧在各槽體的分配量時，假設 (1) 接觸槽中氧化含碳基質所需氧量為氧化槽中原廢水中所含溶解性有機物基質，以及提供微生物維生能量時所需氧量的加總，(2) 接觸槽中之硝化需氧量，則僅由 TKN 中所含之氨氮成分的氧化作用所引起，(3) 穩定槽中氧化含碳基質所需之氧量則由接觸槽中所去除吸附在污泥膠羽顆粒表面的非溶解性有機物基質之氧化、進入穩定槽原存在廢水中之溶解性有機物基質的氧化，以及提供微生物維生能量所需的氧量之加總，(4) 穩定槽中的硝化需氧量則由 TKN 中所含有機氮化合物於氨化反應過程中所產生的氨氮之氧化所致。

1. 利用 4-91 式，計算接觸槽中所需的氧量

$$\Delta O_2 = 8.34Q\{(1 - 1.42Y_T)[(1 - f)(S_o) - S_e]\} + 8.34(1.42) K_d V_c X_c + 0.6\text{NOD}$$
$$= 8.34(2)\{[1 - (1.42)(0.5)][(1 - 0.8)(150) - 15]\} + 8.34(1.42)(0.1)(0063)(2000)$$
$$\quad + (0.6)(38.1)(2)(20)$$
$$= 1136 \text{ lb/day}$$

2. 利用下列 4-91 式的修正式，確定穩定槽中所需的氧量

$$\Delta O_2 = (1 - 1.42Y_T)[(8.34)(Q)(f)(S_0) + (8.34)(R)(Q)(S_e)] + 8.34K_d X_s V_s + 0.4\text{NOD}$$
$$= [1 - (1.42)(0.5)][(8.34)(2)(0.8)(150) + (8.34)(0.38)(2)(15)] + 8.34(0.1)(7373)$$
$$\quad (0.06) + (0.4)(38.1)(2)(20)$$
$$= 1587 \text{ lb/day}$$

計算結果表明，接觸槽的需氧量佔總需氧量的 42%，穩定槽的需氧量則佔總需氧量的 58%。此一結果，與文獻中所引述的 40~60 之典型分配比例非常接近。但是需要指出的是，穩定槽體的大小，將會明顯的影響上述之分配比例。

營養鹽需要量

在微生物細胞燃燒時，以氣態形式釋放出的碳、氫、氧等幾種元素，係組成微生物乾重的大部分。燃燒後所剩餘的灰分元素則約佔細胞乾重的 2~14%。以平均值計算，碳元素約佔細胞乾重的 50%，氧佔 30%，氮佔 7~14%，氫大約佔 7%。磷約佔灰分總重量的 50%，其餘的灰分則主要是由鉀、鈉、鎂、硫、鈣、氯及鐵等元素所組成。此外，灰分中還含有極微量的錳、鋅，鉬、硼、鉻及鈷等元素。

在活性污泥處理過程中，水中有機物主要是被好氧異營性細菌所去除，這些細菌將一部分的有機物質做為碳源，以合成新的細胞質，同時氧化其餘部分的有機物質，以提供合成新細胞質及其他非生長過程維生所需之能量。為了使細胞合成作用能進行，廢水中需含有組成細胞質的各種元素。一般情況下，都市的生活污水內所含物質可以滿足上述的要求，但是某些工業廢水則可能會較缺乏氮及(或)磷的等元素。在這種情況下，為了使生物處理過程能正常進行，就必須在此類型之廢水中，添加所缺乏的營養物質。

一般而言，根據廢水中所含 BOD_5 的含量，以及基於 BOD_5:N:P 等於 100:5:1 之相對應比例，而計算出所相應的氮及磷之需要量，將可滿足生物處理系統中，活性污泥內微生物對營養鹽之需求。雖然此一經驗表明，若按照上述方法所確定出的氮及磷的添加量，一定能夠滿足微生物對營養物質的需求，但是考慮到微生物體生質量的生長量將隨著 BSRT 的增加而減少的事實，人們必然會對這一方法的簡潔有效性，提出質疑。由於在合成新細胞時需要消耗氮及磷等營養物質，所以對氮及磷的需要量，將隨著微生物體生質量的生長量減少而降低。

目前已得到廣泛應用的微生物細胞體結構分子式(其中也包括細胞體中磷的成分)為 (McCarty, 1970)：

$$C_{60}H_{87}O_{23}N_{12}P$$

這個化學分子結構式的分子量為 1374。如以重量計，氮在其中所佔的比例為 168/1374，或 0.122，而磷在其中所佔的比例為 31/1374，或 0.023。因此，可以利用下列方程式計算出在特定的處理條件下，氮及磷的需要量

$$[\text{氮的需要量 (lb/day)}] = 0.122 \Delta X \qquad (4\text{-}100)$$

式中，ΔX 為根據 4-85 式，計算所得到的微生物體生質量的每日生長量，以及

$$[\text{磷的需要量 (lb/day)}] = 0.023 \Delta X \qquad (4\text{-}101)$$

這個方法反映出在處理過程中，對營養物質的需求量將隨著 BSRT 的增加而減少之情況。雖然這不是非常精確的計算方法，但此方法的確給期望能減少化學藥品費用開銷的情況下，提供了一個能估算出營養物質需求量的簡單方法。圖 4.38 顯示出營養物質的需求量將隨著 BSRT 的增加而變化的情況。

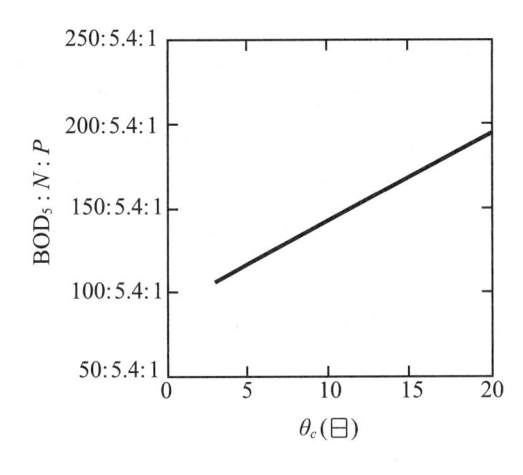

圖 **4.38** 活性污泥處理系統中 θ_C 對營養物質需求量的影響性 (Sherrard, 1975)

例題 4-9

從例題 4-7 所提出的問題中，如果原廢水中磷的總濃度是 7 mg/L，試問氮及磷這兩種營養鹽，是否已達到不會限制微生物生長所需要的濃度？

【解】

1. 計算該處理廠的氮及磷的負荷：

   (1) 氮：

$$N \text{ (lb/day)} = 8.34(10)(20) = 1668 \text{ lb/day}$$

   (2) 磷：

$$P \text{ (lb/day)} = 8.34(10)(7) = 584 \text{ lb/day}$$

2. 確定滿足細胞合成作用所需的氮及磷量：

   (1) 氮：

$$N \text{ (lb/day)} = 0.122(4879) = 595 \text{ lb/day}$$

   (2) 磷：

$$P \text{ (lb/day)} = 0.023(4879) = 112 \text{ lb/day}$$

以上計算結果顯示出，相對於營養鹽的濃度而言，氮及磷已達到不會限制微生物生長所需的量。

溫度影響效應

由於溫度會影響微生物的活性，因此溫度是活性污泥處理廠設計過程中的一個重要條件。細胞內的生化反應速率將隨著溫度的增加，而達到極大值；如進一步的提高溫度，由於微生物細胞內酶的變性，將使反應速率下降。圖 4.39 所示為溫度變化對細菌生長速率的影響。此一事實顯示，環境溫度的變化，將會對細菌的生理狀態產生直接的影響性。因此，工程師需要考慮活性污泥處理系統在操作時，於不同季節時在氣溫上的變化情況 (尤其是當季節的轉換變化較為明顯時)，以及溫度效應對程序設計中所採用的生化動力參數值及活性污泥沉降性能等之影響性。

因此，在生物廢水處理過程中，需根據溫度的變化，對反應速率進行修正。一般係採用於第 1 章中所提到的 Arrhenius 公式的修正式。

$$C_2 = C_1 \theta^{T2-T1} \tag{1-30}$$

上式中的 C 代表處理系統中不同參數的反應動力常數。試驗結果表明，在系統正常操作的溫度範圍內，基質利用率常數 K 的確是依照 Arrhenius 公式而變化。圖 4.40 所示為在批式培養的條件下，研究中所使用的混合菌種對葡萄糖利用速率與溫度之間的關係。根據溫度變化，對基質利用率常數 K 的校正，一般是將 1-30 式改寫成下列之形式：

$$K_2 = K_1 \theta^{T2-T1} \tag{4-102}$$

上式中的溫度單位為攝氏度數。由於活性污泥處理系統中係保持著高濃度的懸浮固體物狀態，因此系統對溫度的變化較不靈敏。從文獻中所得知的典型 θ 值範圍為 1.01 至 1.04。

某些研究的結果亦顯示出，生長係數 Y_T 及微生物衰減係數 K_d 可能並不會依照修正的

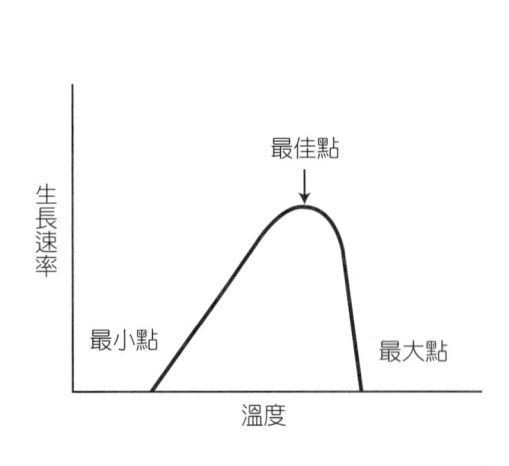

圖 4.39　溫度對於細菌生長速率的影響 (Brock, 1970)

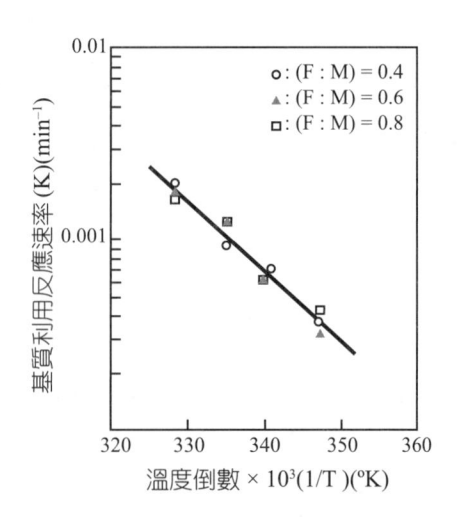

圖 4.40　基質利用率常數與溫度之間的關係 (Benefield et al, 1975)

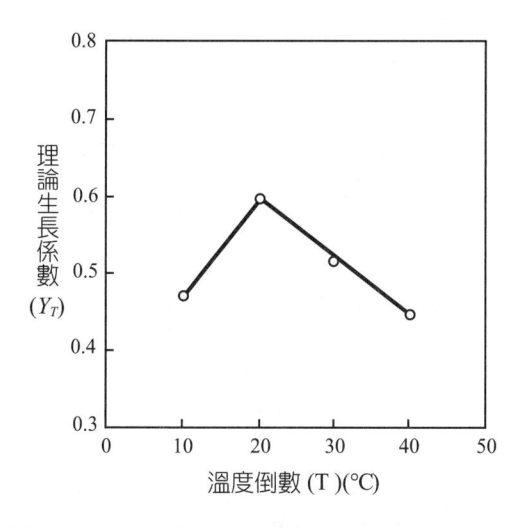

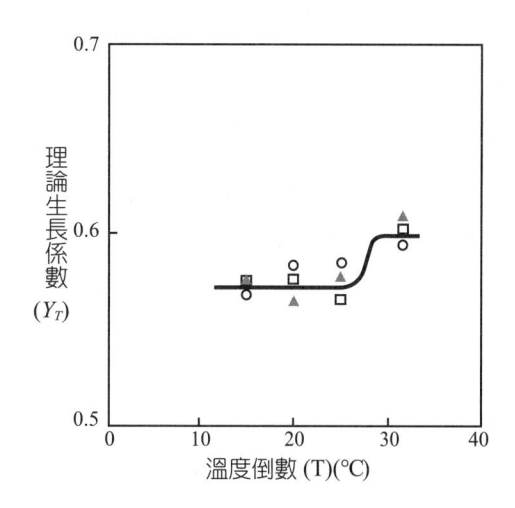

圖 4.41 理論生長係數與溫度間的關係 (Muck and Grady, 1974)

圖 4.42 理論生長係數與溫度間的關係 (Benefield at al., 1975)

Arrhenius 方程式而變化 (Muck and Grady, 1974; Benefield et al., 1975; Topiwala and Sinclair, 1971)。此外，對於當溫度變化時將會呈現出何種特殊的反應，在此一問題上，亦存在著一些不同的意見。例如，Muck and Grady (1974) 在其研究中所提出於穩定條件下，Y_T 與溫度間的相互關係，呈現出如圖 4.41 中所示。另一方面，Benefield et al. (1975) 亦發現，在 15~25°C 的範圍內，溫度變化對生長係數的影響最小 (如圖 4.42 所示)。Sayigh and Malina (1976) 所進行的試驗更證實了 Benefield et al. 的此一發現。這些研究人員發現在 4~20°C 的溫度範圍內，Y_T 值基本上不受溫度變化的影響。

Benefield et al. (1975) 還發現，在 15~25°C 的範圍內，微生物的衰減係數是依照 Arrhenius 方程式而變化，但在 32°C 時，較為明顯偏離該方程式的曲線軌跡。由於絕大部分的活性污泥處理廠的運行溫度都在 32°C 的範圍以內，所以假設 K_d 隨溫度的變化是依循 1-30 式之關係，亦屬合理。在此種情況下，一般係採用下述公式對溫度進行校正：

$$(K_d)_2 = (K_d)_1 \theta^{T2-T1} \tag{4-103}$$

式中，θ 值的變化範圍在 1.02 至 1.06 之間。

雖然 4-102 式及 4-103 式亦可用來估算反應速率隨溫度的變化情況，但在條件允許時，建議最好還是在曝氣槽所預期的臨界夏季及冬季溫度之情況下，實測各動力學之參數值。

溫度變化對微生物生質量沉降性能的影響性，亦具重要性。Benedict and Carlson (1973) 在 4~32°C 的範圍內，微生物對不同溫度已馴化下，研究其影響性，得到下列不同溫度對污泥體積指標值的變化：

培養溫度 4°C　SVI = 110

培養溫度 19°C SVI = 98

培養溫度 32°C SVI = 45

上述的數值是在有機負荷率為 0.25~0.4 mg BOD/day/mg MLSS 的培養條件下所獲得。根據這些數據，可得到如下之結論，在 4~32°C 的範圍內，系統的運行溫度變化，對污泥的沉降性並無不利之影響性。但應強調的指出，採用 SVI 為標準來衡量污泥的沉降性，是非常不可靠的；因此，如以 SVI 為標準，比較不同污泥的沉降性時，應採取非常謹慎的態度，進行評量 (Dick and Vesilind, 1969)。

固 - 液分離

為了使活性污泥處理過程能有效的運行，二沉池必須要提供：(1) 使微生物固體污泥從液相中有效的分離出來，(2) 在固體污泥回流到曝氣槽前，對沉降的污泥進行濃縮。但是在許多案例中，二沉池主要是設計用於確認有效的進行微生物固體污泥的固液分離 (亦即澄清的功能)。

要達成此一功能，可將預期的處理水量除以一合理的溢流率，而可求得滿足澄清功能所要求之二沉池的面積。表 4.7 中所示為在不同 MLSS 的濃度條件下，常採用的溢流率，這些溢流率是根據廢水的峰值流量所決定。因為回流污泥是從沉澱池的底部所排出，因此需假設污泥進行回流時，不會影響沉澱池中水體的向上流速。一般而言，二沉池典型的深度範圍是 7~14 ft (2~5 m)。

當我們設計一個能滿足沉澱作用的二沉池時，並不意味著同時亦能滿足適當的固體污泥濃縮作用。實際上，在滿足濃縮功能時所求得的二沉池面積往往會大於根據沉澱功能作用時所求得的二沉池面積。

固體通量理論可提供做為確定二沉池濃縮容量的一個理論基礎。固體通量被定義為，單

表 4.7　峰值流量下之不同 MLSS 濃度及污泥回流比所採用的溢流率

MLSS (mg/L)	不同回流污泥比之溢流率 (gpd/ft^2)	
	25%	50%
500	1400	1400
1000	1400	1400
1500	1200	1200
2000	1200	1200
2500	1150	960
3000	960	800
3500	823	685

資料來源：Metcalf and Eddy (1972)

位時間內通過一特定平面之單位面積的固體質量。在批式反應槽的試驗中，懸浮固體物的沉降運動僅由固體的沉降速度決定。因此，批式槽體的固體通量可以表示為：

$$G_B = UC \quad (4\text{-}104)$$

式中，G_B = 批式槽體的固體通量，[質量]・[面積]$^{-1}$・[時間]$^{-1}$

$\quad\quad U$ = 污泥沉降速度，其值等於初始濃度為 C 之懸浮固體物 (污泥)，於第二類型沉降 (Type II settling) 時之區塊沉降速度 (zone settling velocity)，[距離]・[時間]$^{-1}$

$\quad\quad C$ = 初始懸浮固體物 (污泥) 濃度，[質量]・[容積]$^{-1}$

二沉池為一連續進流處理系統，懸浮固體物的沉降運動是由二個因素所引起，即：(1) 由沉澱池底部因排泥所引起的向下運動，(2) 由沉澱作用或重力作用所引起的下沉運動。因此，此時固體物的總通量可以書寫成

$$G_T = G_u + G_B \quad (4\text{-}105)$$

式中，G_T = 固體物的總通量，[質量]・[面積]$^{-1}$・[時間]$^{-1}$

$\quad\quad G_u$ = 由二沉池底部因排泥所引起的固體物通量，[質量]・[面積]$^{-1}$・[時間]$^{-1}$

由二沉池底部因排泥所引起的固體物通量可以表示如下式

$$G_u = VC \quad (4\text{-}106)$$

式中，V = 由排泥作用所引起的向下流速，[距離]・[時間]$^{-1}$

假設向下沉流速及懸浮固體物濃度在整個沉澱池的橫截面上是均勻分布的，則該向下流速為：

$$V = \frac{Q_u}{A} \quad (4\text{-}107)$$

式中，Q_u = 沉澱池的排泥流量，[體積]・[時間]$^{-1}$

$\quad\quad A$ = 沉澱池的橫截面面積，[面積]

將 4-104 式及 4-106 式中的關係代入 4-105 式中，得到下列方程式

$$G_T = VC + UC \quad (4\text{-}108)$$

在一定的懸浮固體物濃度範圍內，區塊沉降速度 U 可藉由試驗確認之。在選定 V 值之後，利用 4-108 式可以確認所有處於一定懸浮固體物濃度範圍內的 G_T 值。根據這些數據，可得到非常類似於圖 4.43 所示的總通量曲線圖。圖中所顯示出的限制性通量 G_L 等於總通量曲線上之最大值右側的最小通量值。該值的定義為：在傳遞某一定量的懸浮固體物時，設計最大二沉池面積所需要之固體通量。從理論上來說，只要進流水懸浮固體物濃度介於 C_m 與 C_L 之間時，根據限制性通量 G_L 所設計出的二沉池，總是可以使沉澱池底部所排出底泥中的懸浮固體物濃度達到最大值。

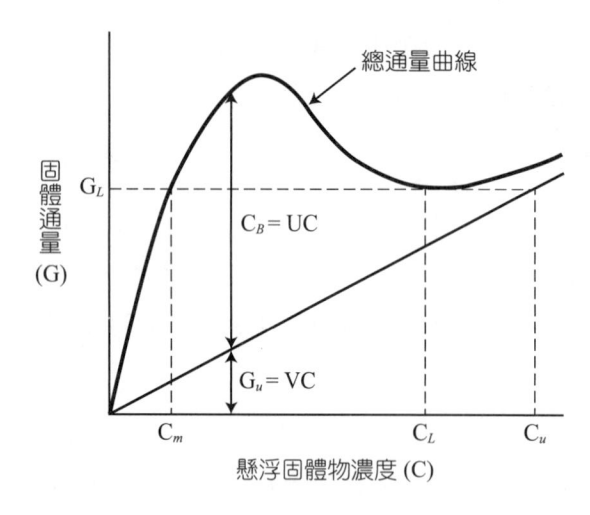

圖 4.43 不同污泥濃度下之總固體通量值（亦可適用於連續流污泥濃縮池）(Dick and Suidan, 1975)

Dick and Young (1972) 發現，污泥區塊性沉降速度與污泥固體物濃度間的關係可用下式表示為

$$U = gC^{-h} \tag{4-109}$$

式中，g 與 h 為經驗常數。

將 4-109 式中的 U 代入 4-108 式中，得到下式

$$G_T = VC + gC^{-h}(C) \tag{4-110}$$

或

$$G_T = VC + gC^{(1-h)} \tag{4-111}$$

在上式中，對 C 進行微分，得到下式：

$$\frac{\partial G_T}{\partial C} = g(1-h)C^{-h} + V \tag{4-112}$$

對於污泥直接從曝氣槽廢棄的情況時：

$$Q_u = RQ \tag{4-113}$$

因此，將 4-107 式中的 V 代入 4-112 式中，可得到下式：

$$\frac{\partial G_T}{\partial C} = g(1-h)C^{-h} + \frac{RQ}{A} \tag{4-114}$$

圖 4.39 表明，限制性通量 G_L 係在當 $\partial G_T/\partial C = 0$ 的時候發生（亦即該值係在總通量曲線點上的切線斜率是水平時）。因此，令 4-114 式等於 0 時所解出之污泥濃度即為與限制性通量 G_L 所相對應的懸浮固體物濃度 C_L，如下式所示：

$$C_L = \left[\frac{g(h-1)A}{RQ}\right]^{1/h} \tag{4-115}$$

為了證實限制性通量 G_L 確實發生在 $\partial G_T/\partial C = 0$ 處，可由 $\partial^2 G_T/\partial C^2$ 的數值為正數 (亦即該數值係大於 0)。由於

$$\frac{\partial^2 G_T}{\partial C^2} = \frac{gh(h-1)}{C^{1+h}} \tag{4-116}$$

因此，當 g 大於 0，h 大於 1 時，4-116 式中 $\partial^2 G_T/\partial C^2$ 的數值是正值，而從試驗中所得到的 g 與 h 值，亦表明此一情況是確實的。

分別用 C_L 與 G_L 代入 4-111 式中的 C 與 G_T，以及再將 4-115 式中的 C_L 代入，此時限制性通量 G_L 可表示為

$$G_L = [g(h-1)^{1/h} \frac{h}{h-1} \left(\frac{RQ}{A}\right)^{(h-1)/h} \tag{4-117}$$

假設懸浮固體物於二沉池的沉澱率為 100%，並忽略廢棄污泥所衍生之流量下，可建立對進入及離開沉澱池的懸浮固體物之物質平衡方程式，如下所示：

$$Q(1+R)C_0 = G_L A = RQC_u \tag{4-118}$$

式中，C_0 表示曝氣槽出流水中的懸浮固體物濃度，C_u 表示沉澱池底部進行回流污泥之出流水中的懸浮固體物濃度。C_0 亦代表沉澱池中的總懸浮固體物濃度，該值可與 4-87 式中微生物生質量污泥濃度相結合，而可求得，如下式所示：

$$C_0 = X + (\text{NDVSS} + \text{fSS})\frac{\theta_c}{t} \tag{4-119}$$

對 4-118 式加以整理，可得如下關於 C_u 的表示式：

$$C_u = \frac{G_L A}{RQ} \tag{4-120}$$

4-118 式亦表明，只有當固體負荷低於限制性通量 G_L 時，沉澱池底的污泥才能達到濃縮的效果。因此，結合 4-117 及 4-118 式，可得到下式：

$$\frac{Q(1+R)C_0}{A} = [g(h-1)]^{1/h} \frac{h}{h-1} \left(\frac{RQ}{A}\right)^{(h-1)/h} \tag{4-121}$$

上述方程式中左邊項為固體負荷率。將 4-121 式重新整理，得到如下所示：

$$\frac{Q}{A} = \frac{g(h-1)\left(\frac{h}{h-1}\right)^h (R)^{h-1}}{(C_0)^h (1+R)^h} \tag{4-122}$$

這個方程式可以用於計算污泥要達到一定濃縮效果時二沉池所需要的面積 (Mynhier and Grady, 1975)。

如要將 4-122 式加以運用，必須先確認式中的常數項 g 與 h 的數值，而此數值需經由實驗而測得。然而，Mynhier and Grady (1975) 已將這二個常數於一些不同的處理系統中，經實驗而得到具代表性的數值列於表 4.8 中，以輔助工程師在設計時的運用。

表 4.8　典型之 g 與 h 的數值

g (ft/min)[a]	h	處理系統類型	處理程序負荷因子 數值	處理程序負荷因子 單位
0.43×10^{-8}	2.62	傳統活性污泥	0.5	lb BOD/lb MLVSS
3.95×10^{-8}	2.50	傳統活性污泥	–	–
13.5×10^{-8}	2.58	實驗室規模	–	–
$2.9 \times 10^{-8} \sim 27 \times 10^{-8}$	2.25	11個傳統活性污泥處理廠	–	–
2.62×10^{-6}	1.70	傳統活性污泥	0.24	lb BOD/lb MLSS
27×10^{-6}	1.55	傳統活性污泥	–	–
29.6×10^{-6}	1.63	傳統活性污泥	0.06	lb BOD/lb污泥量

[a] 1 ft/min = 5.08 × 10^{-8} m/sec

資料來源：Mynhier and Grady (1975)

例題 4-10

在某一完全混合之活性污泥處理系統中，其處理水量為 10 MGD，進流水中 BOD_u 為 200 mg/L。試計算出二沉池所需面積 (假設設計是以能滿足濃縮功能為主)，以及沉澱池底部污泥回流系統中，經濃縮過後之污泥濃度。下列為設計時所需的參數條件：

C_0 = 3000 mg MLSS/L

R = 0.2~0.3

$g = 2.9 \times 10^{-8}$ ft/min

h = 2.65

【解】

1. 依據 4-122 式，計算所允許的固體負荷：

$$\frac{Q}{A} = \frac{(2.9 \times 10^{-8})(2.65-1)\left(\frac{2.65}{2.65-1}\right)^{2.65}(0.2)^{(2.65-1)}}{\left(\frac{3.0 \text{ g}}{\text{L}} \times \frac{1 \text{ lb}}{454 \text{ g}} \times \frac{3.8 \text{ L}}{\text{gal}} \times \frac{1 \text{ gal}}{8.34 \text{ lb}}\right)^{2.65}(1+0.2)^{2.65}}$$

$$= 0.0347 \text{ ft/min}$$

$$= 0.0347 \times 10,770 = 374 \text{ gpd/ft}^2$$

計算時需注意進入二沉池中固體濃度 C_0 之單位應從 mg MLSS/L 換算為 lb MLSS/lb 混合液體 (亦即換算成無因次單位數值的形式) 所以，

$$A = \frac{Q}{\text{固體負荷}} = \frac{10,000,000}{374}$$

$$= 10,000,000/374 = 26,738 \text{ ft}^2$$

依循類似的計算的方法，當 R = 0.3 時，所計算出的數值，如下表所示：

C_o (mg/L)	R	Q/A (gpd/ft^2)	A (ft^2)
3000	0.2	374	26,738
3000	0.3	592	16,892

因此，根據這些數據得知，二沉池所需之限制性面積為 26,738 ft^2。

2. 根據 4-118 式，以及第一步驟中所求得之限制性面積，計算所需之限制性通量 G_L 值：

$$G_L = \frac{Q(1+R)C_0}{A}$$

$$= \frac{10(8.34)(1+0.2)(3000)}{26,738}$$

$$= 11.2 \text{ lb/day/ft}^2$$

C_0(mg/L)	R	G_L(lb/day/ft^2)
3000	0.2	11.2
3000	0.3	12.1

3. 根據 4-120 式，以及第一及第二步驟中所求得之固體負荷及限制性通量，估算沉澱池底部污泥回流系統中污泥固體濃度：

$$C_u = \frac{G_L A}{RQ}$$

$$= \frac{(11.2 \text{ lb/day - ft}^2)\left(\frac{454 \text{ g}}{\text{lb}} \times \frac{1 \text{ lb}}{454 \text{ g}} \times \frac{1 \text{ gal}}{3.8 \text{ L}} \times \frac{1000 \text{ mg}}{\text{g}}\right)}{(0.2)(374 \text{ gal/day - ft}^2)}$$

$$= 17,825 \text{ mg/L}$$

C_0(mg/L)	R	C_u(mg/L)
3000	0.2	17,889
3000	0.3	12,884

在設計二沉池時，停留時間亦為須考慮的重要參數，尤其是當曝氣槽發生硝化作用時。由於二沉池內會有缺氧的情形發生，污泥內某些細菌在進行內呼吸時，會以硝化作用的產物硝酸鹽做為電子接受者，完成異化代謝反應，而將硝酸鹽還原成氮氣。所生成的氮氣將會附著在污泥固體顆粒上，污泥顆粒將因而上浮至池表面，隨著表面溢流至放流水中，致使影響污水廠放流水的水質變差。Schroeder (1977) 建議二沉池的水力停留時間應小於 1.5 小時，如果有可能，甚至是低於 1 小時。

Lawrence and Milness (1971) 曾指出，活性污泥的沉降特性與污泥中微生物的生理狀態有關，而生理狀態則可由操控活性污泥處理系統的 BSRT（污泥停留時間）而加以控制。Bisogni and Lawrence (1971) 已完成支持此一論點的試驗工作，試驗結果的數據如圖 4.44 所

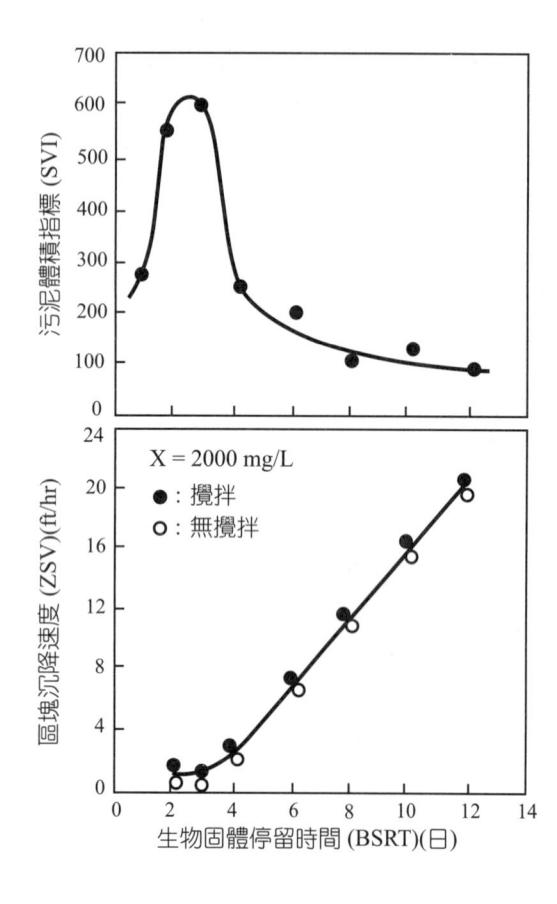

圖 4.44 區塊沉降速度 (ZSV)、污泥體積指標 (SVI) 及生物固體停留時間 (BSRT) 間之相關性 (Bisogni and Lawrence, 1971)

示。當 BSRT 愈長，污泥內微生物釋出類似像蛋白質的界面活性物質於混合液中的量就愈明顯，致使污水處理廠曝氣槽產生泡沫的問題。

於圖 4.44 中，藉由污泥的區塊沉降速度 (zone settling velicity, ZSV) 及污泥體積指標 (SVI)，顯示出 BSRT 與污泥沉降特性間的關係。然而，Dick and Vesilind (1969) 建議由於量測計算 SVI 值時，只是在污泥沉降曲線上的一個固定時間點 (30 分鐘) 上量測污泥沉降後的體積，因此並不能代表污泥真正的沉降特性，所以也就無法用 SVI 值來對二種不同污泥進行比較。有關此一論點，可由圖 4.45 中所示之二種具有不同沉降特性，但具有相同 SVI 值的污泥證實之。此外，懸浮固體物濃度對於 SVI 值也有直接的影響。例如濃度為 10,000 mg/L 的污泥，假設在不發生沉降作用的情況下，所量測出的 SVI 值為 100。圖 4.46 所示為不同懸浮固體物濃度，在假設污泥不沉降下，所得到的最大 SVI 值。因此，Vesilind (1974) 提出需將懸浮固體物濃度與 SVI 值之間的關係，列為報告中所需之標準制式。

放流水質量

依照目前法規要求，二級處理廠放流水之 30 天平均 BOD_5 濃度為 30 mg/L。由於生物處理過程中，放流水中會同時含有溶解性及非溶解性物質，所以法規中所訂之 30 mg/L 濃度值，應為溶解性 BOD_5 與非溶解性 BOD_5 之和。放流水中溶解性 BOD_5 的主要來源是污水

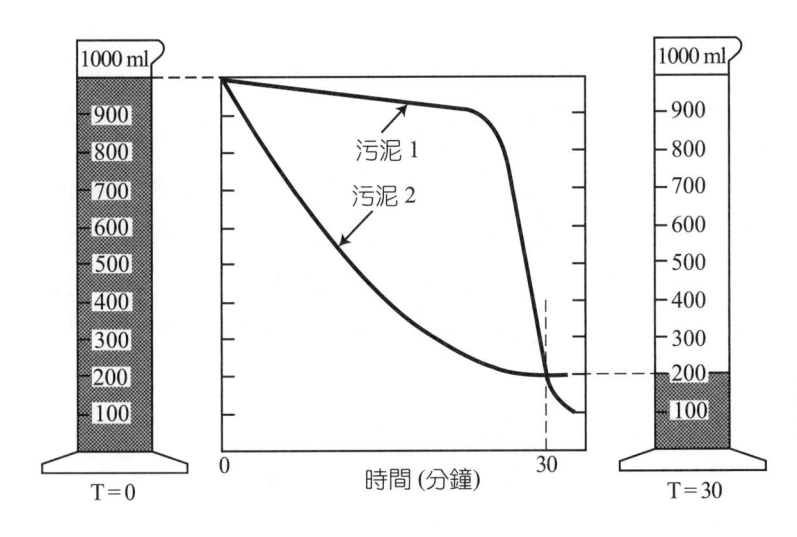

圖 4.45 二種不同污泥性質，其污泥體積指標值有可能相同之情況 (Vesilind, 1974)

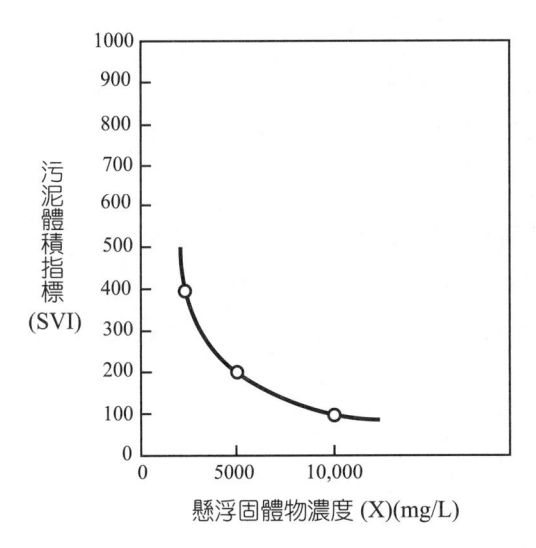

圖 4.46 基於使用 1000 mL 污泥體積之污泥液體界面高度計算，污泥體積指標與懸浮固體濃度間相關性 (Vesilind, 1974)

處理後所殘存之溶解性有機物，而非溶解性 BOD$_5$ 的主要來源則是二沉池固液分離時，所逸流出的微生物生質量污泥。

當活性污泥處理廠運行正常時，放流水中的懸浮固體物濃度一般低於 20 mg/L。由於 θ_c 值在控制較長時，老化的污泥會形成針狀污泥膠羽 (pin floc)，因而導致發生污泥絮凝性能惡化的現象，不易在二沉池中沉降，所以延長曝氣活性污泥處理廠放流水中的懸浮固體物濃度有時會超過 70 mg/L。在上述任何一種情況下，由於放流水中懸浮固體物的降解作用而產生的 BOD$_5$，其在活性污泥處理系統放流水的總 BOD$_5$ 中，佔有很大的比例。由於先前所導出的動力學方程式僅適於計算放流水中溶解性 BOD$_5$ 的含量，所以在計算放流水中非溶解性 BOD$_5$ 含量時，需要使用其他的公式。

Eckenfelder et al. (1972) 提出可利用下述公式，計算放流水中懸浮固體物降解時所產生的 5 天生化需氧量：

$$\text{非溶解性 BOD}_5 = 5(1.42 K_d x_a C_e) \tag{4-123}$$

式中，K_d 為微生物的衰減係數，單位為 day^{-1}；x_a 為活的細菌體在放流水懸浮固體物中所佔的比例 (x_a 的範圍大致從高率活性污泥處理系統的 0.8，直到延時曝氣處理系統的 0.1)；C_e 為放流水中懸浮固體物濃度，單位為 mg/L；上式中的常數項 5，即表示是 5 天的 BOD 培養週期，而另一常數項 1.42 則表示氧化 1 mg 微生物生質量所需的氧量。參酌 4-123 式，可以利用下式近似的計算出放流水中的總 BOD_5 含量：

$$\text{放流水總 BOD}_5 = S_e + 5(1.42 K_d x_a C_e) \tag{4-124}$$

4-5　生化動力學常數值的估算

在使用特定的數值模式進行處理系統的設計前，首先必須先求得生化動力學常數 K 或 K_1、Y_T、K_d、a 與 b 或 a_1 與 b_1 的值。各個生化動力學常數之特定的具體數值，則是由所需處理之廢水特性，以及培養馴化出微生物群體的特性所共同決定。

估算這些常數值需要在試驗室中進行研究，試驗工作在類似於圖 4.47 所示之小型實驗室規模的活性污泥試驗裝備系統中進行。這套試驗裝備要能在 3 至 20 日這樣廣泛的 θ_c 值範圍內運行，並可以藉由排泥的方法，對試驗裝備進行 θ_c 值的控制。當直接從曝氣槽進行排泥時，可以近似地利用下式計算所需的排泥量：

$$Q_w = \frac{V X_a}{\theta_c x_a} = \frac{V}{\theta_c} \tag{4-125}$$

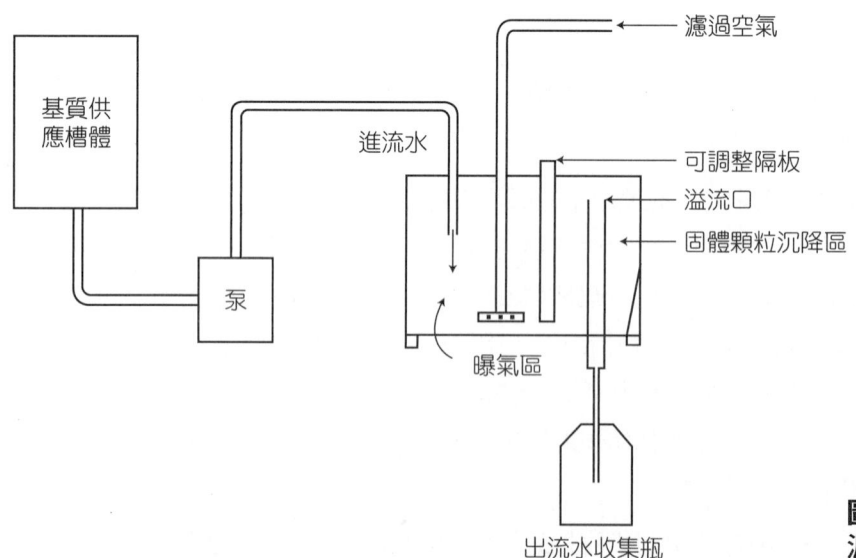

圖 4.47 小型活性污泥試驗裝置

式中，V = 取掉中間擋板，使槽中全部液體完全混合所測得的曝氣槽容積

X_a = 24 小時試驗週期內的平均活性微生物生質量濃度 (MLVSS)，測定時整個槽內的液體需完全混合

然而，當生化動力學常數值需準確求得時，則需要使用較由 V/Q_w 方法所估算得到的 θ_c 值更為精確的方法。在此情況下，可以利用下式計算 θ_c 值：

$$\theta_c = \frac{VX_a}{Q_w X_a + (Q - Q_w)X_e} \tag{4-126}$$

式中，X_e 為在 24 小時試驗週期終點時，廢水容器中所測得的揮發性懸浮固體物濃度。

如果反應過程中之基質利用率係依循 2-56 式的關係進行，並以 BODu 做為量測基質濃度的條件下，將 $Q(S_0 - S_e)/X_a V$ 與 S_e 之關聯性作圖，可得到類似於圖 4.48 所示之圖形，圖中直線的斜率就是基質利用率常數 K。在以 COD 做為基質濃度的量測指標時，所得到的圖形如圖 4.49 所示。圖中直線在 x 軸上的截距所表示的是以 COD 做為量測基質濃度時，基質中之溶解性且生物不可降解的部分。需注意的是，前面所導出的動力模式只能預測出水中可生物降解之溶解性有機物濃度。

如果基質利用率係依循 2-58 式的關係進行，將 $Q(S_0 - S_e)/X_a V$ 與 S_e/S_0 之關聯性作圖，可得到類似於圖 4.50 所示之圖形，圖中直線的斜率就是基質利用率常數 K_1。

以 $Q(S_0 - S_e)/X_a V$ 與 μ (即 θ_c^{-1}) 作圖，將會得到如圖 4.51 所示的直線。圖中直線的截距等於 K_d/Y_T，而斜率等於 $1/Y_T$。

以氧的比利用率與 $Q(S_0 - S_e)/X_a V$ 之間的關係作圖，可以得到氧的利用係數 a 與 b，此一結果如圖 4.52 所示。該圖中直線的斜率，即為常數項 a，而直線在 y 軸上的截距，即為

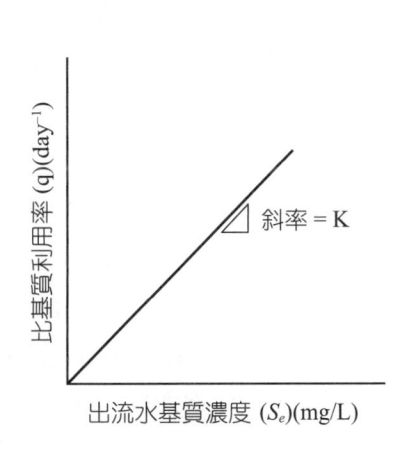

圖 4.48 比基質利用率與放流水基質濃度 (以 BOD_u 計) 之關係圖

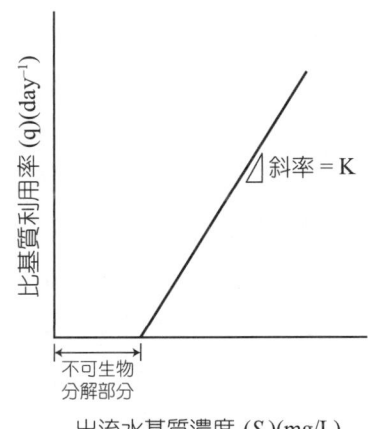

圖 4.49 比基質利用率與放流水基質濃度 (以 COD 計) 之關係圖

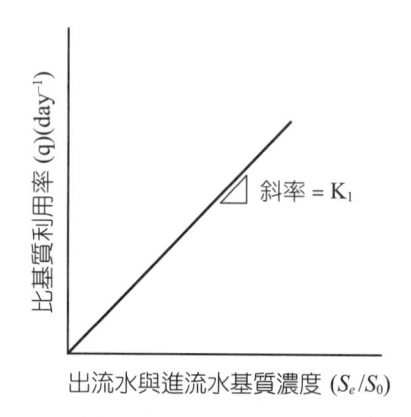

圖 4.50 比基質利用率與放流水及進流水基質濃度比之關係圖

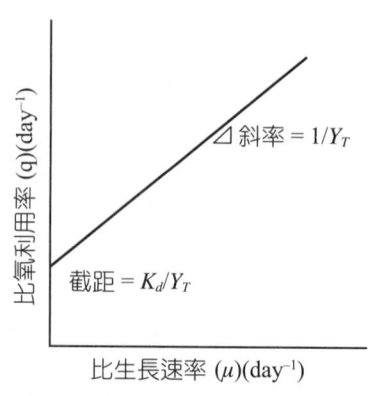

圖 4.51 比基質利用率與比生長速率之關係圖

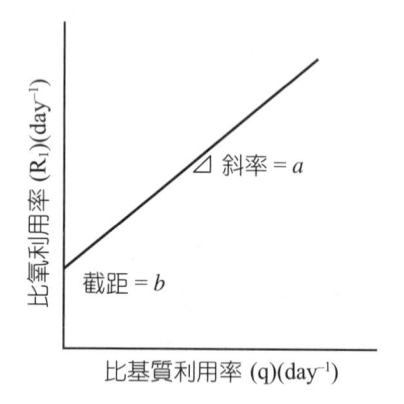

圖 4.52 經線性迴歸氧的比利用率與比基質利用率間的關係圖

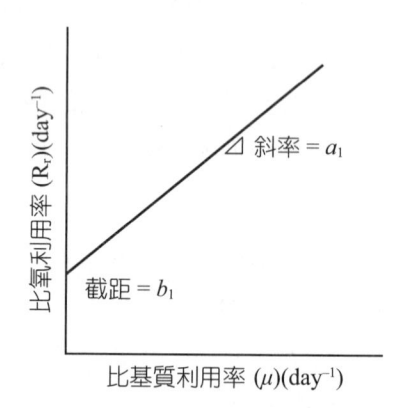

圖 4.53 氧的比利用率與微生物生質量比生長速率間的關係曲線圖

常數項 b。此外，以氧的比利用率與微生物生質量比生長速率 μ 之間的關係作圖，可求出氧的利用係數 a_1 與 b_1。此時，圖中直線的斜率即為 a_1，而截距即為 b_1（如圖 4.53 所示）。Eckenfelder and O'Conner (1961) 曾指出，對於性質類型繁多的工業廢水，參數 a 的數值變化範圍介於 0.35 與 0.55 之間，而參數 b 的變化範圍則是在 0.07 至 0.2 day^{-1} 之間。但是目前尚未取得足夠的數據，訂出參數 a_1 與 b_1 的典型數值範圍。

在試驗室的研究過程中，應以類似於圖 4.54 所示的形式，繪出 SVI 與 θ_c 之間的關係曲線圖。在確定所設計出二沉池的面積需滿足濃縮作用前，需先確定經驗常數 g 與 h 的值。在進行試驗期間，於 θ_c 所操控的變化範圍內，根據 4-109 式，由污泥濃度 (MLSS) 與二沉池內污泥區塊沉降時之界面沉降速度之間的雙對數關係，將呈現出線性，而可以確定 g 與 h 這二個常數值（如圖 4.55 所示）。經線性迴歸後，所得到直線的斜率即為 $-h$ 值，而直線在 y 軸上的截距則為 g 的值。

必須瞭解的是，利用上述方法所獲得的生化動力參數值都是平均值，而在處理系統中，

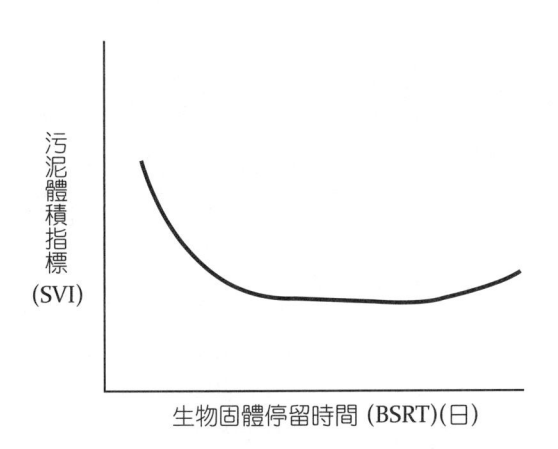

圖 4.54 污泥體積指數與微生物污泥固體物停留時間的關係圖

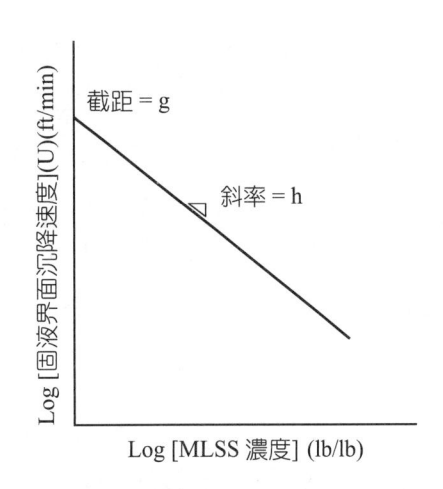

圖 4.55 污泥區塊沉降之界面沉降速度與污泥固體物濃度間的關係圖

混合菌種群體所組成的任何變化，都將會使這些參數值發生變化。

為了進行有效的設計，必須經由試驗室或模廠試驗的研究，來確定各項生化動力學參數值。但在處理設施的規劃期間，需要考慮多種處理方案時，在某些情況下，僅根據所需處理廢水之性質，即可直接選取某些具有代表性的生化動力學參數值，亦屬合理。如此將可針對不同方案，在進行一般性的對比時，可同時節省在進行大規模試驗室研究時，所需的費用如表 4.9 中所列為 Mynhier and Grady (1975) 所收集及提出的部分生化動力參數值。而

表 4.9 不同類型廢水之生化動力參數值

廢水類型	μ_{max} (hr^{-1})	K_s (mg/L)	K_d (hr^{-1})	Y_T (mg/mg)	K (L/mg-hr)	參數基準
氨原料半化學製造業					4.6×10^{-4}	BOD$_5$
啤酒製造業				0.44	2.2×10^{-4}	BOD$_5$
化學工業					1.4×10^{-4}	BOD$_5$
					2.0×10^{-4}	
煉焦煤業 (含氨液體)					11×10^{-4}	COD
生活污水					10.8×10^{-4}	BOD$_5$
					13.7×10^{-4}	
	0.40	60				COD
	0.46	55				COD
	0.16	22	0.0029	0.67		COD
			0.0023	0.5		BOD$_5$
			0.0020	0.67		BOD$_5$
	0.55	120	0.0025	0.5		BOD$_5$

表 4-9　不同類型廢水之生化動力參數值（續）

廢水類型	μ_{max} (hr^{-1})	K_s (mg/L)	K_d (hr^{-1})	Y_T (mg/mg)	K (L/mg-hr)	參數基準
有機化學製造業					0.73×10^{-4}	BOD$_5$
					0.50×10^{-4}	BOD$_5$
石油化工業					2.4×10^{-4}	BOD$_5$
					2.8×10^{-4}	
製藥業					2.1×10^{-4}	BOD$_5$
					5.7×10^{-4}	BOD$_5$
含酚廢水					0.92×10^{-4}	BOD$_5$
家禽屠宰業	3.0	500	0.030	1.32		BOD$_5$
紙漿生產及造紙業			0.0083	0.47	4.17×10^{-4}	BOD$_5$
紙漿生產及造紙業 (Kraft程序)			0.015			
煉油業			0.0104	0.53	3.5×10^{-4}	BOD$_5$
					10.0×10^{-4}	BOD$_5$
肉品加工處理業					15×10^{-4}	BOD$_5$
蝦隻加工處理業	0.77	85.5	0.0667	0.50		BOD$_5$
黃豆加工處理業	0.50	355	0.006	0.74		BOD$_5$
含四乙基鉛廢水					7.1×10^{-4}	BOD$_5$
紡織業(棉、人造纖維及羊毛之紡織與染色)			0.030	0.38		COD
紡織業(聚酯纖維染色)			0.050	0.32		COD
紡織業(羊毛染色、碳化及清洗)			0.040	0.69		COD
紡織業(尼龍纖維沖刷及染色)			0.0014	0.25	1.5×10^{-4}	BOD$_5$
含硫代硫酸鹽廢水			0.000833	0.029[a]	1.1×10^{-4}	COD
			0.000417	0.035[a]	2.1×10^{-4}	COD
蔬果加工處理業						
蘋果			0.00479	0.57		
胡蘿蔔			0.00313	0.38		COD
柳橙			0.00633	0.465		
玉米			0.00271	0.41		COD
碗豆			0.00117	0.49		
桃子			0.00345	0.32		COD
梨子			0.00479	0.46		
馬鈴薯			0.00479			
			0.00792	0.88		
蔬菜油製造業					3.1×10^{-4}	BOD$_5$
乳清及乳酪製造業			0.00229	0.40		BOD$_5$

[a] 以硫代硫酸鹽為單位

資料來源：Mynhier and Gradt (1975)

表 4.10　活性污泥系統處理生活污水之生化動力參數值 (20°C)

生化動力參數	單位	數值範圍
Y_T	mg VSS/mg COD	0.35~0.45
K_d	day^{-1}	0.05~0.10
k	mg COD/mg VSS-day	6~8
K_s	mg/L COD	25~100

資料來源：Lawrence (1975)

表 4.10 中所列為 Lawrence (1975) 針對處理都市污水之活性污泥處理廠，所提出的生化動力參數值。

4-6　硝化作用

在第 3 章中已詳細討論過經硝化作用過後所產生之放流水的優點。本章將進一步指出，在許多廢水生物處理的過程中，將 NH_3-N 氧化為 NO_3^--N 的作用，是由化合自營性細菌所完成。這些由亞硝酸化菌 (eg. *Nitrosomonas*) 及硝酸化菌 (eg. *Nitrobacter*) 所組成的化合自營性細菌，總稱為硝化菌 (Nitrifiers)。氨被氧化為硝酸鹽的反應，其機制為可分為二個連續反應進行，反應過程為下列所示：

$$2NH_3 + 3O_2 \xrightarrow{Nitrosomonas} 2NO_2^- + 2H^+ + 2H_2O$$

$$2NO_2^- + O_2 \xrightarrow{Nitrobacter} 2NO_3^-$$

$$\overline{NH_3 + 2O_2 \xrightarrow{Nitrifiers} NO_3^- + H^+ + H_2O}$$

在總反應過程中所釋出的氫離子，此時如果系統中具有緩衝作用功能的鹼度不足，pH 值就會下降。由於硝化菌會消耗水中的 CO_3^{-2}，因此很容易發生鹼度不足的現象。由於硝化菌對 pH 值的變化非常敏感，所以處理廠操作人員必須隨時掌控硝化過程中 pH 值的變化情況，並在必要時向水中添加化學藥劑。當系統呈現出鹼度不足的情況下，系統中的硝化菌亦處於無機碳源受到限制的狀態中，此時則必須向系統中添加無機碳源。

在進行硝化過程中，合成硝化菌細胞物質會消耗無機碳。假設合成細胞物質所消耗的無機碳及氮，忽略不計，則可利用 3-52 式、3-34 式及 3-35 式來估算生物硝化作用時所引起的 pH 的變化。為了說明上述方法的計算過程，我們考慮在一個控制溫度為 25°C、pH 為 7.4 條件下運行的處理系統，在硝化作用發生前，該系統的鹼度為 300 mg $CaCO_3$/L。如果所需處理廢水中的 TKN 濃度為 10 mg N/L，並考慮到異營性細菌在細胞合成過程中的所需氮量之後，可以依照以下過程，計算系統在進行完全的硝化後，系統 pH 值的變化：

1. 將總凱氏氮濃度換算為氨的濃度。

$$10\left(\frac{17}{14}\right) = 12.14 \text{ mg/L}$$

2. 根據 3-52 式，計算 12.14 mg/L 的氨，在完全硝化後所形成的氫離子濃度 (mg/L)。

$$NH_3 + 2O_2 \longrightarrow NO_3^- + H^+ + H_2O$$
$$17 \quad (2\times32) \qquad\qquad (1\times1)$$

$$\left(\frac{1\times 1}{17}\right)12.14 = 0.71 \text{ mg/L 氫離子產生}$$

3. 將 mg/L 計的氫離子濃度轉換為以 mole/L 計的氫離子濃度。

$$\text{mole/L} = (0.00071 \text{ g/L}) \times (1 \text{ mole/g}) = 0.00071$$

4. 將 mg $CaCO_3$/L 的鹼度轉換為單位為當量 (eq.)/L 之鹼度。

$$\frac{0.3 \text{ g/L}}{100/2} = 0.006 = 6\times 10^{-3} \text{ eq/L}$$

5. 計算 α_1。

$$\alpha_1 = \frac{10^{-6.4}}{10^{-6.4}+10^{-7.4}+[(10^{-6.4})(10^{-10.4})/10^{-7.4}]} = 0.91$$

6. 根據 3-35 式，計算緩衝強度 β。

$$\beta = 2.3\left[\frac{(0.91)(6\times 10^{-3})(10^{-7.4})}{10^{-6.4}}\right]$$
$$= 12.55\times 10^{-4} \text{ eq/pH 單位}$$

7. 根據 3-34 式，計算預期的 pH 變化量。

$$\beta = \frac{\Delta A}{\Delta pH}$$

或

$$\Delta pH = \frac{\Delta A}{\beta} = \frac{7.1\times 10^{-4}}{12.55\times 10^{-4}}$$
$$= 0.57$$

8. 計算最終 pH 值。

$$pH = 7.4 - 0.57 = 6.83$$

在進行這類計算時，需要測定碳在氧化期間，於穩態狀態時，所形成之 pH 值，而該值可以藉由 Brown and Caldwell (1975) 所提出的方法求得。在進行計算時，使用下述三個方程式，並假設對於典型的都市污水，每消耗 1 磅的 O_2，可以產生 1.38 磅的 CO_2：

1.
$$pH = pK_1 - \log\left(\frac{[H_2CO_3^*]}{[HCO_3^-]}\right) \tag{3-28}$$

式中，$pK_1 = 6.38$（在 20°C 時）

[$H_2CO_3^*$] ＝ 總溶解 CO_2 濃度加上 H_2CO_3 的總濃度（單位為 mole/L）；但是在一般情況下，H_2CO_3 的含量很小，所以可用 CO_2 的濃度近似表示之

[HCO_3^-] ＝ 以 HCO_3^- 濃度所表示的鹼度

2.
$$C_{eq} = HP_g \tag{4-127}$$

式中，C_{eq} ＝ 溶解二氧化碳濃度，mg/L

H ＝ 亨利定律中的常數（對於 CO_2，在 10°C 時，H 值為 2352 mg/L-atm，在 20°C 時，H 值為 1688 mg/L-atm，在 30°C 時，H 值為 1315 mg/L-atm

P_g ＝ 與液相平衡的氣體分壓，單位為 atm

3.
$$P_g V = nRT \tag{4-128}$$

式中，V ＝ 釋出氣體的體積，cm^3

R ＝ 氣體反應常數，82.6 cm^3-atm/mole-°K

T ＝ 溫度，°K

n ＝ 氣體莫耳數，mole

藉由下列的例題 4-11，介紹其具體的計算方法。

例題 4-11

在一操作溫度為 20°C 的活性污泥處理廠中，處理流量為 10 MGD/day，廢水中鹼度的濃度為 200 mg $CaCO_3$/L。為了達到所需的處理效率，每天必須向曝氣槽中供應 40,000 磅的氧氣。假設曝氣系統氧的傳輸效率為 10%，並假設槽中不會發生硝化作用，試計算出曝氣槽之操作 pH 值。

【解】

1. 將該鹼度濃度單位換算為 mole HCO_3^-/L。

$$mg\ HCO_3^-/L = 200(61/50)$$
$$= 244$$

於是，mole HCO_3^-/L = (0.244 g/L)/(61 g/mole) = 4×10^{-3}

2. 在一個假設於穩定狀態下的 pH 值（本例題假設 pH = 7.4）下，根據 3-28 式所計算出與之相平衡的 CO_2 濃度為：

$$7.4 = 6.38 - \log\left(\frac{[CO_2]}{[4 \times 10^{-3}]}\right)$$

$$[CO_2] = 3.82 \times 10^{-4} \text{ mole/L}$$

3. 將 $[CO_2]$ 換算為每加侖被處理廢水中所含 CO_2 的磅數。

$$\frac{(3.82 \times 10^{-4})(44 \text{ g/mole})(3.78 \text{ L/gal})}{(454 \text{ g/lb})} = 1.4 \times 10^{-4} \text{ lb/gal}$$

4. 將 $[CO_2]$ 換算為 mg/L。

$$(3.82 \times 10^{-4})(44 \text{ g/mole})(1000 \text{ mg/g}) = 16.81 \text{ mg/L}$$

5. 利用 4-127 式，計算出與混合液相平衡的 CO_2 氣體分壓。

$$P_g = 16.81/1688 = 0.00995 \text{ atm}$$

6. 計算每立方英呎 (ft^3) 所釋出氣體中 CO_2 的莫耳數。

$$n = \frac{(0.00995)(1 \text{ cm}^3)}{(82.06)(273+20)} = 4.14 \times 10^{-7} \text{ mole/cm}^3$$

或

$$n = 4.14 \times 10^{-7} \text{ mole/cm}^3 \times \frac{10^6 \text{ cm}^3}{35.3 \text{ ft}^3} = 0.0117 \text{ mole/ft}^3$$

亦即

$$(0.0017)(44)/454 = 0.00113 \text{ lb/ft}^3$$

7. 計算每處理 1 加侖廢水所需的空氣量，ft^3。

$$\frac{40,000}{(10,000,000)(0.0750)(0.232)(0.1)} = 2.3 \text{ ft}^3/\text{gal}$$

式中，

$$0.0750 = \text{空氣比重，lb/ft}^3$$
$$0.232 = O_2 \text{ 在空氣中所佔的百分比，比值}$$
$$0.1 = \text{曝氣系統氧的傳輸效率，比值}$$

8. 計算每處理 1 加侖廢水理論上所產生的 CO_2 的重量。

$$[CO_2 \text{ 的重量}] = [\text{溶解 } CO_2 \text{ 的重量}] + [\text{釋出氣體中 } CO_2 \text{ 的重量}]$$
$$= 1.40 \times 10^{-4} + (2.3)(0.00113)$$
$$= 2.74 \times 10^{-3} \text{ lb/gal.}$$

9. 根據每消耗 1 磅 O_2 會產生 1.38 磅 CO_2 的關係，計算出 CO_2 的產量 (lb/gal.)。

$$\frac{4000 \text{ lb } O_2}{10,000,000 \text{ gal}} \times 1.38 = 5.52 \times 10^{-3} \text{ lb/gal}$$

10. 將第 8 個步驟中所計算出 CO_2 的重量 (lb/gal.) 與第 9 個步驟中所計算出的結果相互比較。

$$0.00274 \neq 0.00552$$

由於上述的計算結果並不相等，因此必須在第 2 個步驟中另行假設於穩態狀態下之 pH 值，並重複進行上述的計算步驟，直到這二個數值相等為止。滿足上述條件的 pH 值，即為硝化作用發生前，混合液中於穩定狀態下，所預期待的 pH 值。

完成了上述的計算過程之後，即可決定用以提高系統的鹼度，以使 pH 值及無機碳濃度保持在符合硝化要求下的範圍之內，所需的石灰添加量。

懸浮生長系統中的硝化作用

在本章節所討論的只適合用於活性污泥及完全混合曝氣氧化塘等處理系統。此處將不考慮其他形式的氧化塘系統，這是因為在那些系統中，硝化作用的進行不具連續性 (Stone et al., 1975)。

硝化動力學

目前已發現，在忽略微生物維生所需能量的條件下，可以採用 Monod 動力學方程式反映出硝化菌的生長過程 (Downing and Hopwood, 1964)：

$$\mu = \mu_{max}\frac{S}{K_S+S} \tag{2-12}$$

式中，μ = 硝化菌的比生長速率，[時間]$^{-1}$

μ_{max} = 硝化菌的最大比生長速率，[時間]$^{-1}$

K_s = 飽和常數，或半反應常數，其數值等於在 $\mu = \mu_{max}/2$ 時，限制生長營養物的濃度，[質量]·[容積]$^{-1}$

S = 剩餘之限制生長營養物的濃度，[質量]·[容積]$^{-1}$，在硝化過程中，S 為提供能源的物質，即氨或亞硝酸

在穩定條件下進行試驗，其結果呈現出在反應過程中，亞硝酸鹽的積累量很小。此一事實說明，亞硝酸化菌將氨氧化為亞硝酸鹽的過程，是氨轉化為硝酸鹽這一連續反應過程中的速率限制步驟。因此，可以用下列方程式來描述硝化反應的過程：

$$(\mu)_{NS} = (\mu_{max})_{NS}\frac{[NH_3-N]}{K_N+[NH_3-N]} \tag{4-129}$$

式中，$(\mu)_{NS}$ = 亞硝酸化菌的比生長速率，[時間]$^{-1}$

$(\mu_{max})_{NS}$ = 亞硝酸化菌的最大比生長速率，[時間]$^{-1}$

[NH$_3$-N] = 硝化菌周圍的氨氮的濃度，[質量]·[容積]$^{-1}$

K_N = 飽和常數，[質量]·[容積]$^{-1}$

先前敘述中曾指出，在穩定條件操作下之完全混合活性污泥處理系統中，μ 等於 θ_c^{-1}。上述

的關係表明，只有當運行中的 BSRT (即污泥停留時間 θ_c) 的倒數小於亞硝酸化菌 (*Nitrosomonas*) 的最大比生長速率 $(\mu_{max})_{NS}$ 時，才能在處理系統中建立硝化的培養條件。但當運行中的 BSRT 的倒數大於 $(\mu_{max})_{NS}$ 時，系統中的硝化菌污泥的排出量就會超過硝化菌污泥的生長量，導致系統硝化培養的失敗。

在 4-129 式中，以 $(\mu_{max})_{NS}$、K_N 及限制亞硝酸化菌 (*Nitrosomonas*) 生長及能源之營養物 (即剩餘的氨) 的濃度等因子，來描述亞硝酸化菌的比生長速率。除此之外，以下幾個因子對於亞硝酸化菌的比生長速率亦有影響性，包含 (1) 剩餘的電子接受者 (即分子態氧) 的濃度、(2) 系統操作的溫度與 (3)pH 值等。

剩餘氧濃度的影響性 對於剩餘溶解氧濃度對亞硝酸化菌 (*Nitrosomonas*) 比生長速率的影響性可由下列方程式說明之：

$$(\mu)_{NS} = (\mu_{max})_{NS} \frac{[O_2]}{K_{O_2}+[O_2]} \tag{4-130}$$

式中，$[O_2]$ = 硝化菌周圍的溶解氧濃度，[質量]・[容積]$^{-1}$

K_{O_2} = 氧的飽和常數，[質量]・[容積]$^{-1}$，K_{O_2} 數值的範圍為 0.1~2.0 mg/L，而最常見的 K_{O_2} 數值範圍是介於 0.2~0.4 mg/L 之間。

Wild et al. (1971) 發現，當 DO 濃度高於 1 mg/L 時，溶解氧濃度對於硝化作用不具抑制作用，此一研究結果如圖 4.56 所示。另一方面，Nagel and Haworth (1969) 發現，將系統中的 DO 濃度增加到 1 mg/L 以上，即可以提高氨的氧化速率，其結果則如圖 4.57 所示。Nagel and Haworth (1969) 的研究結果似乎與已建立完成的臨界氧濃度概念相互抵觸，因而可以對這二個不同的試驗結果，做出一些可能是合理的解釋。

在活性污泥處理程序中之硝化反應，可藉由以下二種方法之一來完成：(1) 採用結合碳氧化及硝化的程序，或 (2) 採用硝化分開處理的程序。在結合碳氧化與硝化的處理程序

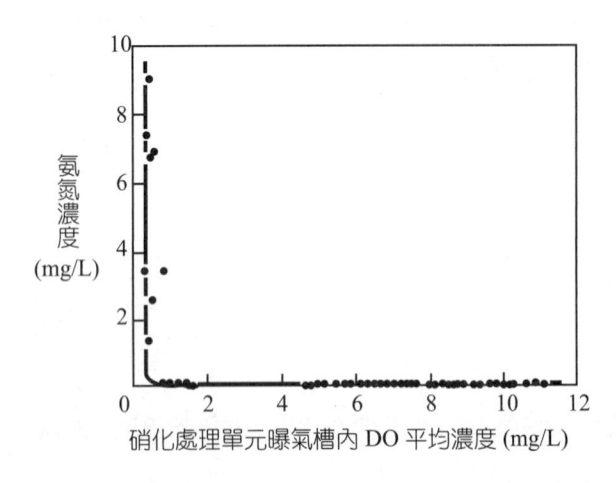

圖 4.56 剩餘氨與溶解氧的關係 (Wild et al., 1971)

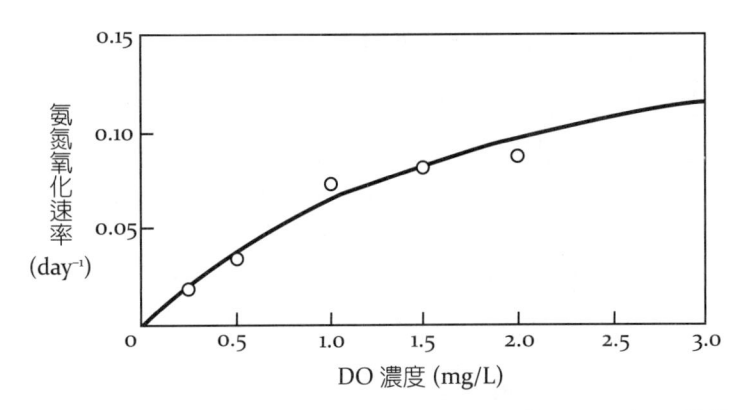

圖 4.57 溶解氧對硝化速率的影響 (Brown and Caldwell 於 1975 年，根據 Nagel and Haworth 的試驗數據繪出)

中，活性污泥膠羽顆粒的直徑具變化性，其變化範圍一般在 20~160 μm 之間 (Mueller et al., 1966; Englande and Eckenfelder, 1972)。將一具有球形形狀，並由三層不同之同心外殼所構成的活性污泥膠羽顆粒做為可能的結構模型，膠羽顆粒模型的最外層相當於若干個細胞的厚度，會發生細胞的增長；而第二層則是僅具有活性，但不會增長細胞；至於最裏層則是一個厭氣的中心核。

Biryukou and Shtoffer (1973) 提出下列方程式，用以描述氧在這個微小群體中的分布狀態：

$$\frac{D d^2 C}{\rho d r^2} + \frac{2D}{\rho r}\frac{dC}{dr} = Q \tag{4-131}$$

式中，C 是與膠羽顆粒中心距離為 r (cm) 處之氧濃度 (mg O_2/cm^3)，ρ 是在膠羽顆粒內細胞的密度 (mg/cm^3)，以及 Q 是比耗氧率 (mg O_2/mg cell-sec)。這些研究人員曾提出對臨界溶解氧濃度概念的建議，亦即只要水中剩餘的溶解氧濃度高於臨界值，細胞的呼吸速率就與當時 DO 的濃度無關。由於通常所使用的臨界溶解氧濃度 (Finn, 1954) 很低，於是提出對下列不會對最終計算結果產生嚴重影響的假設條件：

$$\text{當 } C = 0 \text{ 時,} Q = 0 \tag{4-132}$$

以及

$$\text{當 } C > 0 \text{ 時,} Q = Q \tag{4-133}$$

在下列邊界條件下，對聯立方程式 4-131、4-132 及 4-133 求解：

$$\text{在 } r = r_0 \text{ 時,} C = 0 \tag{4-134}$$

$$\text{在 } r = r_0 \text{ 時,} dC/dr = 0 \tag{4-135}$$

$$\text{在 } r = R \text{ 時,} C = C_s \tag{4-136}$$

式中,r_0 是膠羽顆粒中心到厭氧核心區域外側的距離 (cm),R 是膠羽顆粒中心到膠羽顆粒表面的距離 (cm),C_s 是膠羽顆粒表面的氧濃度 (mg O_2/cm^3)。Biryukov and Shtoffer 獲得以下的一組解:

$$\text{在 } r_0 < r \leq R \text{ 時,} C = \frac{A}{6}r^2 + \frac{A}{3}\frac{r_0^3}{r} - \frac{A}{2}r_0^2 \tag{4-137}$$

以及

$$\text{在 } 0 \leq r \leq r_0 \text{ 時,} C = 0 \tag{4-138}$$

式中

$$A = \frac{Q\rho}{D} \tag{4-139}$$

當膠羽顆粒的尺寸大小是依照活性污泥處理系統中常見的範圍考量時,為了上述方程式中能夠支持證實前面所提出的膠羽顆粒模型,r_0 只能取有限值。

對於 4-136 式中所提供的邊界條件,可建立以下之關係式:

$$C_S = \frac{A}{6}R^2 + \frac{A}{3}\frac{r_0^3}{R} - \frac{A}{2}r_0^2 \tag{4-140}$$

Mueller et al. (1968) 發現,活性污泥的濕密度為 1.04~1.10 g/cm^3,以及乾密度為 1.38~1.65 g/cm^3。

雖然就作者所知,目前尚無人能確定氧在活性污泥膠羽顆粒中的擴散速率 D,但是 Muellr et al. (1968) 發現,採用 $D = 1.2 \times 10^{-5}$ cm^2/sec 的擴散速率來計算較大膠羽顆粒中的限制性溶解氧濃度,將可獲得合理的結果。

比耗氧率 Q 具變化性,但可在一組特定的條件下,根據攝氧率及混合液揮發性懸浮固體物濃度之數據,求得其近似值。活性污泥膠羽顆粒表面的溶解氧濃度低於混合液中的溶解氧濃度,而曝氣槽中混合攪動的程度對於該值的影響亦很大。圖 4.58 顯示出混合作用對膠羽顆粒表面的氧濃度之影響性。圖中雙向交叉的陰影線表示,在 A 條件下,氧滲入膠羽顆粒內的深度,而在 A 的條件下之混合強度較 B 的條件為小。

在活性污泥曝氣槽一般的混合擾動強度下,對膠羽顆粒表面氧濃度的保守估計值為相當於混合液體中氧濃度的 90%。因此,如果假設膠羽顆粒的平均直徑為 100 μm,混合液體中的 DO 濃度為 2 mg/L,使用文獻中所提出的各種有關的參數值,並令 $Q = 8.3 \times 10^{-5}$ mg O_2/mg VSS-sec,則可求得膠羽顆粒的厭氧核心區域的直徑約為 86 μm。如此,該模型將獲得數學上的支持。

在結合碳氧化與硝化的處理程序中,硝化菌在細菌總量上只佔很小的百分比 (大約 5%)。不難看出,在此一情況下,有很大一部分的硝化菌是處在活性污泥膠羽顆粒表面以下

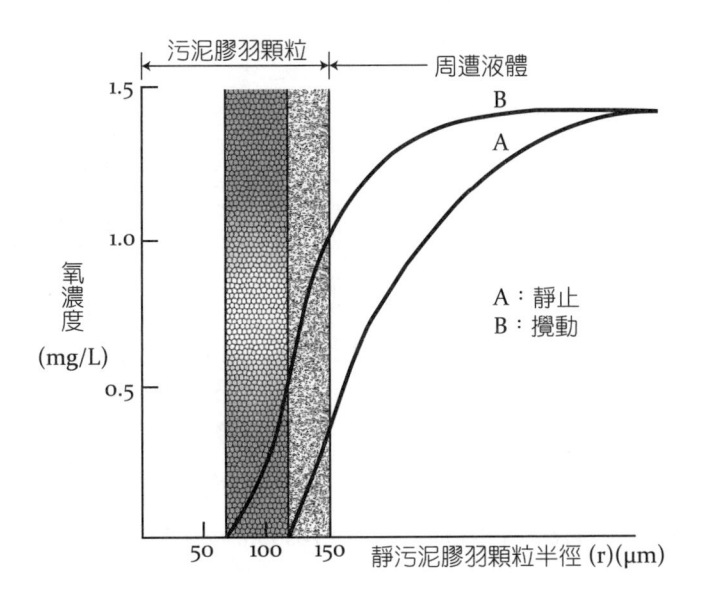

圖 4.58 攪拌作用對於膠羽顆粒表面 O_2 濃度的影響 (Biryukov and Shtoffer, 1973)

的某個位置。因而，增加 DO 的濃度，將可相應對的增加氧在污泥膠羽顆粒中的滲透深度，以及膠羽顆粒中的 DO 濃度。如此，勢必將增加好氧區中，在 DO 濃度高於臨界值的那部分污泥內，硝化菌所佔的比例。因此，在結合式的處理系統中，硝化反應的速率將隨著 DO 濃度的提高而加快的現象，是合乎邏輯性的。Nagel and Haworth (1969) 在 Pornona 水再生處理廠內所進行的試驗工作，即依照此種方式去運行操作。

在硝化分開處理的程序中，硝化菌在細菌總量中佔有很大的比例。此一事實表明，在這樣的處理程序中，當 DO 濃度提高到 1 mg/L 以上，而此一數值係普遍所認同的臨界溶解氧濃度的上限值，將不會使氨的氧化速率增加。Wild et al. (1971) 所提出的試驗數據，即來自此類型的處理系統。

因此，正可以說明在使用結合碳氧化與硝化的處理程序時，需考慮 DO 濃度對亞硝酸化菌 (*Nitrosomonas*) 比生長速率的影響性，而在使用硝化分開處理的程序時，則可以忽略 DO 濃度對比生長率的影響，這是因為在該程序中，所設計的 DO 濃度總是保持在 1 mg/L 以上。此外，如果結合式處理程序中的曝氣系統，能使溶解氧的濃度最少能保持在 2.0 mg/L 以上，或許也可以忽略 DO 濃度對該系統硝化作用的影響。而此種結合式處理系統，原本就應該是依照上述的要求來進行設計。

系統操作溫度的影響性 Hultman (1971) 提出下列關係式，以反映出溫度對亞硝酸化菌 (*Nitrosomonas*) 之最大比生長率 $(\mu_{max})_{NS}$ 及飽和常數 K_N 的影響：

$$(\mu_{max})_{NS} = (\mu_{max})_{NS(20°C)} 10^{0.033(T-20)} \tag{4-141}$$

式中，$(\mu_{max})_{NS}$ = 亞硝酸化菌在系統操作溫度下的最大比生長率，day^{-1}

$(\mu_{max})_{NS(20°C)}$ = 亞硝酸化菌在 20°C 時的最大比生長率，day^{-1}

T = 系統操作溫度，°C

以及

$$K_N = 10^{0.051(T)-1.158} \tag{4-142}$$

式中，K_N 是飽和常數，單位為 mg N/L。

而 Downing and Hopwood (1964) 在其研究報告中指出，最大比生長率與溫度間的關係式如下所示：

$$(\mu_{max})_{NS} = (\mu_{max})_{NS(15°C)} e^{0.12(T-15)} \tag{4-143}$$

然而，在晚些 Knowles et al. (1965) 的研究中提出，亞硝酸化菌 (*Nitrosomonas*) 的最大比生長率之溫度因子修正關係式如下所示：

$$(\mu_{max})_{NS} = (\mu_{max})_{NS(15°C)} e^{0.095(T-15)} \tag{4-144}$$

而 Stankewich (1972) 則提出活性污泥硝化系統中的典型 $(\mu_{max})_{NS(15°C)}$ 的數值為 0.18 day^{-1}。

本書將採用 4-141 式來修正溫度因子對 $(\mu_{max})_{NS}$ 的影響。但應當說明的是，這僅是作者個人的選擇偏愛，因為目前還無法證明究竟何種關係式，在其普遍的應用範圍內，更為精確。

系統操作 pH 值的影響 處理系統操作的 pH 值亦會影響硝化菌的生長率。Hultman (1971) 提出可以利用下列方程式，進行修正 pH 值變化對亞硝酸化菌 (*Nitrosomonas*) 之最大比生長率的影響：

$$(\mu_{max})_{NS} = \frac{(\mu_{max})_{NS(最佳\ pH)}}{1+0.04(10^{最佳\ pH-pH}-1)} \tag{4-145}$$

式中，$(\mu_{max})_{NS(最佳\ pH)}$ = 在最佳系統操作 pH 值的條件下，亞硝酸化菌之最大比生長率

最佳 pH = 亞硝酸化菌之最佳系統操作 pH 值，數值範圍介於 8.0~8.4 之間

pH = 系統操作 pH 值

建立上述關係式的前提是，對最佳 pH 值的任何偏移都會依照非競爭性的抑制機制來減少微生物的活性，所以無需根據 pH 值的變化來調整 K_N 值。換言之，由 pH 變化所引起的抑制程度與基質的濃度無關。在系統的操作溫度維持恆定下，最大的硝化速率與 pH 的關係如圖 4.59 所示。

Stankewich (1972)，以及 Haug and McCarty (1972) 都在其試驗過程中發現，雖然硝化菌最初更適應於 pH 等於 8.0 的操作條件，但是在經過馴化後，硝化菌可適應於更低的 pH 操作環境條件，並且可以在這樣的條件下，重新達到最大的比生長速率。Haug and McCarty

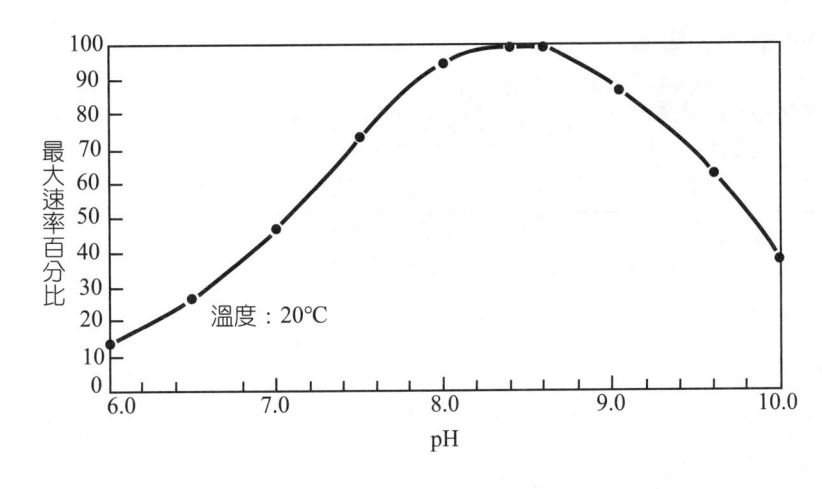

圖 4.59 在恆溫的操作條件下，最大硝化速率的百分比與 pH 的關係 (Wild et al., 1971)

(1972) 更進一步指出，將 pH 從 7.0 變化到 6.0，硝化菌只需約 10 天的馴化時間。但此一馴化的過程，系統必須要控制在一個 BSRT 的時段以內，否則系統將會導致系統發生污泥流失現象崩解。Bennett (1977) 亦提出建議，在有污泥好氧消化設備存在時，可以採行從好氧消化槽內提供迴流污泥的方法，以確認曝氣槽中可維持足夠的硝化菌之生長量。這是由於在好氧消化槽內的污泥中，因槽內操作環境條件有利於硝化作用，因此含有大量的硝化菌，所以當系統運行失常造成硝化菌大量流失的情況下，就可以藉由此種方法，對曝氣槽內的污泥進行硝化菌的再次植種。

硝化菌的生長係數　在忽略微生物維生所需能量下，可由下列方程式來表示亞硝酸化菌 (*Nitrosomonas*) 的絕對生長速率與氨氧化速率之間的關係：

$$\left(\frac{dX}{dt}\right)_{NS} = Y_N \left(\frac{dN}{dt}\right)_{NS} \tag{4-146}$$

式中，$(dX/dt)_{NS}$ = 亞硝酸化菌的絕對生長速率，[質量]・[容積]$^{-1}$・[時間]$^{-1}$

$(dN/dt)_{NS}$ = 亞硝酸化菌對氨的氧化速率，[質量]・[容積]$^{-1}$・[時間]$^{-1}$

Y_N = 亞硝酸化菌的生長係數，氧化單位重量的氨所產生的微生物亞硝酸化菌 (*Nitrosomonas*) 的生質量

用亞硝酸化菌濃度去除 4-146 式的兩側，得到下列方程式：

$$(\mu)_{NS} = Y_N (q)_{NS} \tag{4-147}$$

式中，$(q)_{NS}$ = 氨的比氧化速率，[時間]$^{-1}$

硝化生化動力常數　表 4.11 所示為運用於硝化反應過程中，各類生化動力常數一般的數值範圍。須注意的是，雖然表中所示的生長係數值為 0.05 mg VSS/mg [NH$_3$-N]$_{氧化}$，但 Painter (1970) 對該數值提出建議的範圍是 0.04~0.13，而 Stankewich (1972) 提出的範圍則是 0.04~0.29。

表 4.11 硝化生化動力常數

常數類型	數值範圍
$(\mu_{max})_{NS[20°C, (pH)最佳]}$	0.3~0.5 day^{-1}
K_N	0.5~2.0 mg/L
Y_N	≈ 0.05 mg VSS/mg [NH$_3$-N]
(pH)$_{最佳}$	8.0~8.4

資料來源：Hultman (1973)

硝化菌的分布 在忽略硝化菌細胞於合成作用中所消耗的氨量後，可以利用下列方程式估算出硝化菌在懸浮生長系統中的分布情況：

$$(F)_N = \frac{Y_N(E_N)[(TKN)_0 - 0.122Y_{obs}(E_H)(S_0)]}{Y_{obs}(E_H)(S_0) + Y_N(E_N)[(TKN)_0 - 0.122Y_{obs}(E_H)(S_0)]} \tag{4-148}$$

式中，$(F)_N$ = 在細菌總量中硝化菌所佔的比例

　　　E_N = 硝化的效率，比值

　　$(TKN)_0$ = 進流水中的總凱式氮濃度，mg N/L

　　　Y_{obs} = 觀測生長係數，與系統操作之 BSRT 相關，可依據 2-63 式計算得之

　　　E_H = 有機物的去除效率，比值

　　　S_0 = 進流水中 BOD$_u$ 的濃度，mg/L

運用 4-148 式所得到的計算結果表明，在硝化分開處理的程序中，硝化菌在細菌總量所佔的比例顯著大於結合式處理程序中的相應比例。在推導 4-148 式時，假設由異營菌同化作用所引起的細菌增殖過程，係發生於硝化作用開始之前。

完全混合活性污泥處理程序中的硝化作用

在完全混合活性污泥處理程序中，以 θ_c^m 表示一個特殊的 BSRT 值，亦即當處理系統依照該值操作時，從系統中所排出的微生物污泥量大於系統中微生物生長的污泥量。此時，可認知到微生物周圍的限制性營養物質的濃度應與進流水中的該營養物質濃度相等。這個概念也可以應用到硝化的過程之中。在忽略硝化菌維生所需的能量，並以氨濃度做為限制性營養物質濃度，可得到下列的關係式：

$$(\mu)_{NS} = \frac{1}{(\theta_c^m)_N} = (\mu_{max})_{NS}\frac{[NH_3-N]_0}{K_N+[NH_3-N]_0} \tag{4-149}$$

式中，[NH$_3$-N]$_0$ = 進流水中氨的濃度，mg N/L

$$(\theta_c^m)_N = \frac{[NH_3-N]_0+K_N}{(\mu_{max})_{NS}[NH_3-N]_0} \tag{4-150}$$

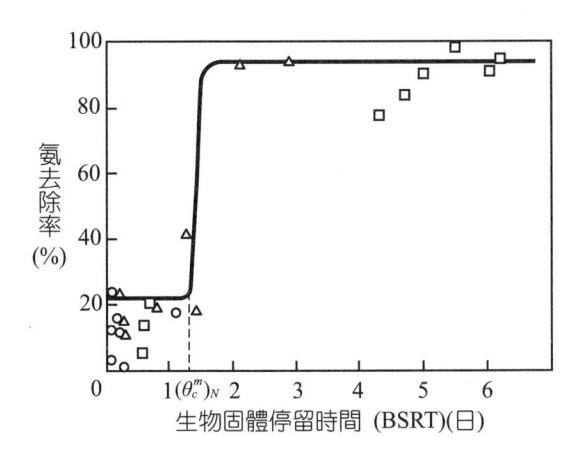

圖 4.60 氨去除率與生物固體停留時間 (BSRT) 之相關性 (Wuhrmann, 1968)

由於式中的 K_N 值一般較 [NH$_3$-N]。小很多，所以 4-150 式可以下列方程式近似表明之：

$$(\theta_c^m)_N \simeq \frac{1}{(\mu_{max})_{NS}} \tag{4-151}$$

因此，只有當處理系統之操作 BSRT，需大於根據 4-151 式計算所得到的數值，才能在該處理系統中建立培養硝化的條件，而在進行上述的計算時，亦應使用對溫度及 pH 值進行過修正之亞硝化酸菌 (*Nitrosomonas*) 的最大比生長速率。系統之操作 BSRT 對氨去除率的影響性如圖 4.60 所示。根據該圖所示的響應曲線之形狀可以說明，當處理系統以低於 $(\theta_c^m)_N$ 的 BSRT 值操作時，沒有硝化作用發生，一旦操作在高於 $(\theta_c^m)_N$ 的 BSRT 值時，急劇發生硝化作用。因此，系統中的 $(\theta_c^m)_N$ 值影響硝化作用的關係為不是對硝化作用的進行完全不影響，就是完全抑制硝化作用的發生。

Hultman (1973) 提出在穩定條件下，完全混合反應系統內硝化效率的公式。在推導 Hultman 的方程式時，對於一穩定條件下操作的完全混合處理系統，假設可用 4-129 式來表達硝化菌的比生長速率，如下所示：

$$(\mu)_{NS} = (\mu_{max})_{NS} \frac{[\text{NH}_3-\text{N}]_e}{K_N + [\text{NH}_3-\text{N}]_e} \tag{4-129}$$

式中，[NH$_3$-N]$_e$ 為放流水中氨氮的濃度，由於完全混合，因此亦等於曝氣槽中氨氮的濃度。如前所述，對於一穩定條件下操作的完全混合處理系統，下列關係式成立：

$$(\mu)_{NS} = \frac{1}{\theta_c}$$

因此，4-129 式可以寫成下式的型態：

$$\frac{1}{\theta_c} = (\mu_{max})_{NS} \frac{[\text{NH}_3-\text{N}]_e}{K_N + [\text{NH}_3-\text{N}]_e} \tag{4-152}$$

而解出 [NH$_3$-N]$_e$，如下所示：

$$[\text{NH}_3\text{-N}]_e = \frac{K_N}{\theta_c(\mu_{max})_{NS} - 1} \tag{4-153}$$

由於

$$E_N = 1 - \frac{[NH_3-N]_e}{[NH_3-N]_0} \tag{4-154}$$

將 4-153 式中的 $[NH_3-N]_e$ 達代 4-154 式中，可得下式：

$$E_N = 1 - \frac{K_N}{[NH_3-N]_0[\theta_c(\mu_{max})_{NS}-1]} \tag{4-155}$$

式中，$\theta_c =$ 系統操作的 BSRT，day

$[NH_3-N]_0 =$ 進流水中氨氮的濃度，可提供硝化菌硝化過程中的能源，mg N/L

$K_N =$ 參照 4-142 式調整到系統操作溫度下的飽和常數，mg N/L

$(\mu_{max})_{NS} =$ 參照 4-141 式及 4-145 式調整到系統操作溫度及 pH 下的亞硝酸化菌之最大比生長速率，day^{-1}

對於系統在操作中所設計的任何高於 θ_c^m 之 BSRT 時，皆可利用上述關係式，求得相應的硝化程度。

在採用硝化分開處理的程序時，可以對 4-17 式加以修正，以確定滿足處理所需之單一硝化槽的容積。4-17 式可寫成以下之形式：

$$\left(\frac{dN}{dt}\right)_{NS} = \frac{Q([NH_3-N]_0-[NH_3-N]_e)}{V_N} \tag{4-156}$$

式中，$Q =$ 硝化過程中的廢水流量，MGD

$[NH_3-N]_e =$ 放流水中氨氮的濃度，mg N/L

$V_N =$ 硝化槽的容積，MG

用 X_N 同除 4-156 式的兩側得到下列方程式：

$$\frac{(dN/dt)_{NS}}{X_N} = (q)_{NS} = \frac{Q([NH_3-N]_0-[NH_3-N]_e)}{X_N V_N} \tag{4-157}$$

式中，X_N 為硝化槽內硝化菌的生質量濃度，mg/L。將 4-147 式中的 $(q)_{NS}$ 表達式代入 4-157 式中，並加以整理後得到下列方程式：

$$V_N = \frac{Y_N Q([NH_3-N]_0-[NH_3-N]_e)}{(\mu)_{NS} X_N} \tag{4-158}$$

當系統對氮的設計去除效率確定之後，即可利用上式計算所需之硝化槽的容積。

處理程序的選擇

在許多的案例中，究竟是選用碳氧化及硝化相互結合的程序（如圖 4.61 所示），還是選用硝化分開處理的程序（如圖 4.62 所示），主要是由設計工程師的個人偏好所決定。但是在進行這些程序的選擇之前，首先應考慮每種處理程序所具有的優缺點。Stall and Sherrard

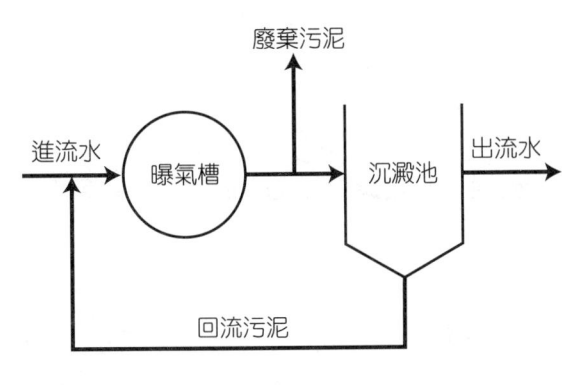

圖 4.61　碳氧化及硝化相結合的處理程序示意圖

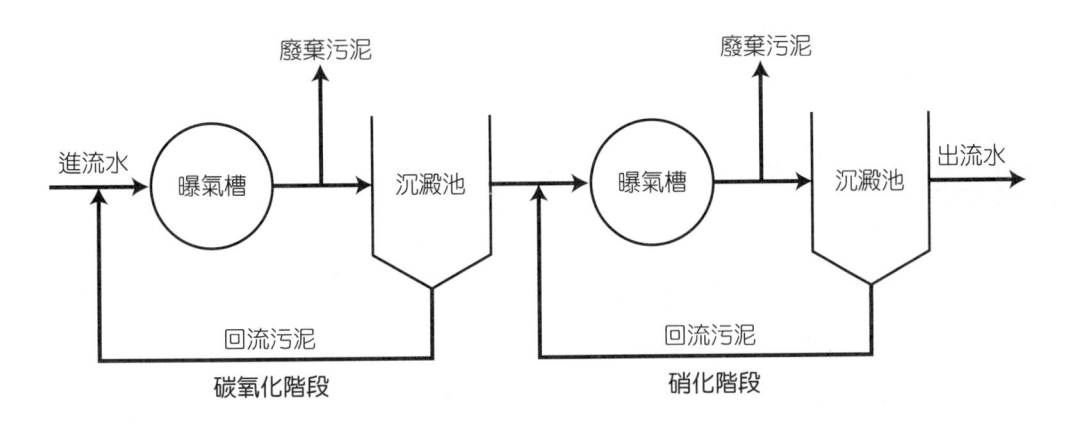

圖 4.62　碳氧化及硝化分開處理程序之示意圖

(1974) 建議採用結合式的處理程序，因為此種處理程序所產生的污泥量最少。雖然這種處理程序確實存在這個優點，但是根據下列的原因，使得硝化分開處理程序在許的多情況下，可能仍是理想的選擇：

1. 分開處理系統因分別控制不同處理程序，而提供各處理單元達到其最優化之能力。
2. 為了達到最大的脫氮效率，可在硝化處理程序階段，採用幾何形狀較有利於進行柱塞流的曝氣槽；因此，在分開處理的條件下，較不會在曝氣槽前端產生耗氧率過高的現象 (Brown and Caldwell, 1975)。
3. 對於處理程序中之第二階段硝化處理系統，其內所含硝化菌在細菌總量中佔有很大比例，因此該程序對溫度的敏感性較小 (Barth, 1968)。
4. 對於處理程序中之第一階段碳氧化處理系統，可先除去可能對後續第二階段硝化菌有毒之可生物降解的有機物 (Boon and Burgess, 1974)。
5. 分開處理系統中的每一階段內所剩餘的 DO 濃度，皆可低於在結合式處理系統中，為確保 $(\mu_{max})_{NS}$ 不受 DO 濃度影響下，所需要的剩餘 DO 濃度。
6. 操作經驗似乎表明，硝化分開處理程序具有較高的可信度。

7. 當總的設計程序係受到 BOD 去除動力學控制時，硝化分開處理程序需要較少的曝氣槽總體積及總需氧量。

當廢水流量較小時，一般係選用結合式的處理程序。在此種情況下，所選用的處理方式可能是在一個延長曝氣處理系統後，再連接一個砂濾池。採用此種程序的布置方式，將可得到放流水中所含的 BOD_5 及 TKN 濃度，分別小於 15 mg/L 及 5 mg/L。

在前面的章節中，已對生物硝化處理程序進行討論，並提出懸浮性生長系統中的硝化反應動力學。在例題 4-12 中，將要呈現出如何利用這些概念，進行結合式及分開式硝化處理程序設計的具體方法。而此例亦將表明，當工程師在設計及處理某一都市污水時，所採用的活性污泥處理系統將有兩種方案可供選擇：(1) 避免產生硝化作用的方案，以及 (2) 完成硝化作用的方案。工程師必須在以上所述的這二種方案中，選擇其一，進行設計。

例題 4-12

在預定硝化效率為 95% 的條件下，試比較分開式處理程序及結合式處理程序所需的曝氣槽總體積及總需氧量。假設基本設計數值如下所示：

Q = 20 MGD

S_0 = 200 mg BOD_u/L

TKN_0 = 20 mg N/L

S_e = 10 mg/L

K = 0.04 L/mg-day（在 20°C 時）

K_d = 0.05 day^{-1}（在 20°C 時）

Y_T = 0.5

夏季臨界操作溫度 = 25 °C

冬季臨界操作溫度 = 16 °C

有機碳除碳階段的操作 pH 值 = 7.6

硝化階段的操作 pH 值 = 7.0

【解】

I、分開處理程序

A. 有機碳除碳階段

(1) 假設在 20°C 時，$(\mu_{max})_{NS}$ 等於 0.4 day^{-1}，以及 $(pH)_{opt}$ 等於 8.2 時，分別計算於冬季及夏季條件下，$(\mu_{max})_{NS}$ 值（註：這些假設的數值為任意值，其選擇將由工程師的偏好所決定）：

a. 確定 pH 的修正係數：

$$\frac{(\mu_{max})_{NS}}{(\mu_{max})_{NS(\text{最佳 pH})}} = \frac{1}{1 + 0.04[10^{(\text{最佳 pH})-\text{pH}} - 1]}$$

$$\text{修正因子} = \frac{1}{1 + 0.04(10^{8.2-7.6} - 1)}$$

$$= 0.892$$

b. 確定溫度的修正係數：

$$\frac{(\mu_{max})_{NS}}{(\mu_{max})_{NS(20°C)}} = 10^{0.033(T-20)}$$

$$\text{冬季之修正係數} = 10^{0.033(16-20)}$$

$$= 0.737$$

$$\text{夏季之修正係數} = 10^{0.033(25-20)}$$

$$= 1.46$$

c. 計算 $(\mu_{max})_{NS}$ 的修正值：

$$\text{冬季：}(\mu_{max})_{NS} = (0.4)(0.892)(0.737)$$

$$= 0.262 \text{ day}^{-1}$$

$$\text{夏季：}(\mu_{max})_{NS} = (0.4)(0.892)(1.46)$$

$$= 0.521 \text{ day}^{-1}$$

(2) 分別確定在冬季及夏季的條件下，發生硝化作用的臨界操作 BSRT，亦即 $(\theta_c^m)_N$ 值，低於此數值，硝化作用將不發生：

$$(\theta_c^m)_N = \frac{1}{(\mu_{max})_{NS}}$$

$$\text{冬季：}\quad (\theta_c^m)_N = \frac{1}{0.262}$$

$$= 3.8 \text{ day}$$

$$\text{夏季：}\quad (\theta_c^m)_N = \frac{1}{0.521}$$

$$= 1.91 \text{ day}$$

因此，在冬季及夏季條件下，分別以接近 4 日及 2 日的 BSRT 進行操作，就可防止在第一階段處理程序中，發生硝化作用。此外，亦需考慮到在第一階段中使用的 θ_c 值越高，則所需的曝氣槽體積也越大。因此，在確認污泥具有較好的凝聚性，以及防止硝化作用發生的前提下，應選用最小的 θ_c 值進行第一階段的處理程序設計。在本例中，冬季及夏季所採用的 θ_c 值均為 2 日。雖然採用 2 日的 θ_c 值，由於過低，一般較難以達到有效的活性污絮凝效果，但是只要第二階段的處理程序中，讓固液分離的程序能夠有效的進行，以及確認在第一級處理的程序中，污泥可回流，那麼此點將不會影響整個處理程序的效率。

(3) 分別計算在冬季及夏季條件下之比基質利用率：

$$\frac{1}{\theta_c} = Y_T q - K_d$$

或

$$q = \frac{1/\theta_c + K_d}{Y_T}$$

a. 根據溫度變化，修正 K_d 值：

$$\text{冬季：} K_d = (K_d)_{20°C} (1.05)^{T-20}$$
$$= (0.05)(1.05)^{16-20}$$
$$= 0.041 \text{ day}^{-1}$$
$$\text{夏季：} K_d = (0.05)(1.05)^{25-20}$$
$$= 0.064 \text{ day}^{-1}$$

b. 計算比基質利用率：

$$\text{冬季：} q = \frac{1/2 + 0.041}{0.5}$$
$$= 1.08 \text{ day}^{-1}$$
$$\text{夏季：} q = \frac{1/2 + 0.064}{0.5}$$
$$= 1.13 \text{ day}^{-1}$$

(4) 計算在冬季及夏季條件下，放流水中之溶解性基質濃度：

$$S_e = \frac{q}{K}$$

a. 根據溫度變化，修正 K 值：

$$\text{冬季：} K = (K)_{20°C} (1.03)^{T-20}$$
$$= (0.04)(1.03)^{16-20}$$
$$= 0.035 \text{ L/mg-day}$$
$$\text{夏季：} K_d = (0.04)(1.03)^{25-20}$$
$$= 0.046 \text{ L/mg-day}$$

b. 計算出水中的溶解性基質濃度：

$$\text{冬季：} S_e = \frac{1.08}{0.035}$$
$$= 30.8 \text{ mg/L}$$
$$\text{夏季：} S_e = \frac{1.13}{0.046}$$
$$= 24.5 \text{ mg/L}$$

(5) 確定在冬季及夏季條件下之有機物去除率：

$$E_0 = \frac{S_0 - S_e}{S_0}(100)$$

冬季：$E_0 = \dfrac{200 - 30.8}{200}(100)$

$\qquad\quad = 84.6\,\%$

夏季：$E_0 = \dfrac{200 - 24.5}{200}(100)$

$\qquad\quad = 87.7\,\%$

(6) 假設某一合理的 MLVSS 濃度 (例如，1000~2000 mg/L)，確定在冬季及夏季條件下，所需的曝氣槽體積，並以其中數值較大者，做為實際之設計值。在本例中，假設 MLVSS 濃度為 2000 mg/L：

$$V_a = \frac{Q(S_0 - S_e)}{Xq}$$

冬季：$V_a = \dfrac{20(200 - 30.8)}{(2000)(1.08)}$

$\qquad\quad = 1.57\ \text{MG}$

夏季：$V_a = \dfrac{20(200 - 24.5)}{(2000)(1.13)}$

$\qquad\quad = 1.55\ \text{MG}$

根據計算結果，採用冬季條件下所決定的數值，即第一階段處理程序所需的曝氣槽體積為 1.57 MG。

(7) 根據設計所選用的曝氣槽體積，且溫度不做為設計之控制件時，確定 MLVSS 的濃度：

$$X = \frac{Q(S_0 - S_e)}{V_{a(設計值)}q}$$

$$X = \frac{20(200 - 24.5)}{(1.57)(1.13)}$$

$$= 1978\ \text{mg/L}$$

(8) 計算在冬季及夏季條件下之觀測生長係數：

$$Y_{obs} = \frac{Y_T}{1 + K_d \theta_c}$$

冬季：$Y_{obs} = \dfrac{0.5}{1 + (0.041)(2)}$

$\qquad\qquad = 0.46$

夏季：$Y_{obs} = \dfrac{0.5}{1 + (0.064)(2)}$

$\qquad\qquad = 0.44$

(9) 估算在冬季及夏季條件下之微生物生質量污泥的產量：

$$\Delta X = Y_{obs} Q(8.34)(S_o - S_e)$$

冬季：$\Delta X = (0.46)(20)(8.34)(200 - 30.8)$

$= 12,982 \text{ lb/day}$

夏季：$\Delta X = (0.44)(20)(8.34)(200 - 24.5)$

$= 12,880 \text{ lb/day}$

(10) 假設廢棄污泥是直接從曝氣槽中排出，分別確定在冬季及夏季條件下，並在穩定狀態時，廢棄污泥的排出量：

$$Q_w = \frac{\Delta X}{8.34X}$$

冬季：$Q_w = \dfrac{12,982}{(8.34)(2000)}$

$= 0.78 \text{ MGD}$

夏季：$Q_w = \dfrac{12,880}{(8.34)(1978)}$

$= 0.78 \text{ MGD}$

(11) 估算在冬季及夏季條件下，從合成異營菌細胞中所去除之氮量：

$$氮之去除量 = (0.122) \Delta X$$

冬季：氮去除量 $= (0.122)(12,982)$

$= 1583 \text{ lb/day}$

夏季：氮去除量 $= (0.122)(12,880)$

$= 1571 \text{ lb/day}$

(12) 假設沉澱池中的污泥去除率為 100%，計算在冬季及夏季條件下，從第一階段處理程序放流水中氮的濃度：

$$流水放氮的濃度 = \frac{[氮負荷] - [細胞合成之氮去除量]}{(8.34)Q}$$

冬季：流水放氮的濃度 $= \dfrac{(20)(20)(8.34) - 1583}{(8.34)(20)}$

$= 10.5 \text{ mg N/L}$

夏季：流水放氮的濃度 $= \dfrac{(20)(20)(8.34) - 1571}{(8.34)(20)}$

$= 10.5 \text{ mg N/L}$

(13) 計算在冬季及夏季條件下之需氧量：

$$\Delta O_2 = 8.34 Q(S_0 - S_e) - 1.42 \Delta X$$

冬季： $\Delta O_2 = 8.34(20)(200 - 30.8) - (1.42)(12,982)$
$= 9787 \text{ lb/day}$

夏季： $\Delta O_2 = 8.34(20)(200 - 24.5) - (1.42)(12,880)$
$= 10,983 \text{ lb/day}$

(14) 比較在冬季及夏季條件下之計算結果，取較大數值，以確定曝氣槽體積、微生物生質量污泥產量及需氧量之設計值：

$$\text{曝氣槽體容積} = 1.57 \text{ MG}$$
$$\text{微生物生質量污泥產量} = 12,982 \text{ lb/day}$$
$$\text{需氧量} = 10,983 \text{ 磅} / \text{日}$$

B. 硝化階段

(15) 假設在 20°C 時，$(\mu_{max})_{NS}$ 等於 0.4 day^{-1}，以及 $(pH)_{opt}$ 等於 8.2 時，分別計算在冬季及夏季條件下之 $(\mu_{max})_{NS}$ 值：

a. 確定 pH 的修正係數：

$$\frac{(\mu_{max})_{NS}}{(\mu_{max})_{NS(\text{最佳pH})}} = \frac{1}{1 + 0.04[10^{(\text{最佳pH})-\text{pH}} - 1]}$$

$$\text{修正因子} = \frac{1}{1 + 0.04(10^{8.2-7.0} - 1)}$$

$$= 0.63$$

b. 假設溫度修正係數值與第一階段除碳處理過程相同：

$$\text{冬季修正係數} = 0.737$$
$$\text{夏季修正係數} = 1.46$$

c. 估算 $(\mu_{max})_{NS}$ 的修正值：

冬季：$(\mu_{max})_{NS} = (0.4)(0.63)(0.737)$
$= 0.186 \text{ day}^{-1}$

夏季：$(\mu_{max})_{NS} = (0.4)(0.63)(1.46)$
$= 0.368 \text{ day}^{-1}$

(16) 計算在冬季及夏季條件下之 K_N 值：

$$K_N = 10^{0.051(T)-1.158}$$

冬季：$K_N = 10^{0.051(16)-1.158}$
$= 0.45 \text{ mg N/L}$

夏季：$K_N = 10^{0.051(25)-1.158}$
$= 1.31 \text{ mg N/L}$

(17) 計算在冬季及夏季條件下，達到預定硝化效率所需之操作 BSRT 值：

$$E_N = 1 - \frac{K_N}{[NH_3 - N]_0[\theta_c(\mu_{max})_{NS} - 1]}$$

冬季：$0.95 = 1 - \dfrac{0.45}{(10.05)[\theta_c(0.186) - 1]}$

$\theta_c = 9.98$ days

夏季：$0.95 = 1 - \dfrac{1.31}{(10.05)[\theta_c(0.368) - 1]}$

$\theta_c = 9.63$ days

選用 θ_c 為 10 日，做為全年操作時之設計值。

(18) 使用 $\theta_c = 10$ 日的設計值，計算在冬季及夏季條件下之硝化效率：

冬季：$E_N = 1 - \dfrac{0.45}{(10.05)[(10)(0.186) - 1]}$

$= 95\%$

夏季：$E_N = 1 - \dfrac{1.31}{(10.5)[(10)(0.368) - 1]}$

$= 95.2\%$

驗算：OK

(19) 運用穩定狀態下之關係式，$(\mu)_{NS} = 1/\theta_c$，並選擇 Y_N 值及硝化菌濃度 X_N 值之後，計算在冬季及夏季條件下之曝氣槽體積。在本例中，假設 $Y_N = 0.05$，硝化菌之設計濃度為 100 mg/L：

$$V_N = \frac{Y_N(Q - Q_w)([NH_3 - N]_0 - [NH_3 - N]_e)}{(\mu_{NS})X_N}$$

冬季：$V_N = \dfrac{(0.05)(20 - 0.78)[(0.95)(10.5)]}{(0.1)(100)}$

$= 0.96$ MG

夏季：$V_N = \dfrac{(0.05)(20 - 0.78)[(0.952)(10.5)]}{(0.1)(100)}$

$= 0.96$ MG

註：根據經驗，硝化菌所佔比例極少超過細菌總量的 10%，因此設計時，選用的 X_N 值應使 $(F)_N$ 值小於 0.1。

(20) 第二階段硝化程序對異營性微生物的考量：

a. 運用第 17 步驟計算中所得到的 BSRT 值，分別確定在冬季及夏季條件下之比基質利用率：

$$q = \frac{1/\theta_c + K_d}{Y_T}$$

$$冬季：q = \frac{1/10+0.041}{0.5}$$
$$= 0.28 \text{ day}^{-1}$$
$$夏季：q = \frac{1/10+0.064}{0.5}$$
$$= 0.33 \text{ day}^{-1}$$

b. 計算在冬季及夏季條件下之放流水中溶解性基質濃度：
$$S_e = q/K$$
$$冬季：S_e = 0.28/0.035$$
$$= 8 \text{ mg/L}$$
$$夏季：S_e = 0.33/0.046$$
$$= 7 \text{ mg/L}$$

c. 檢驗所得到的 S_e 值是否符合所預定的 S_e 設計值所要求之標準：
$$冬季：8 \text{ mg/L} < 10 \text{ mg/L}，檢驗符合要求$$
$$夏季：7 \text{ mg/L} < 10 \text{ mg/L}，檢驗符合要求$$

如果計算值大於預定的 S_e 值，有必要重新計算比基質利用率，以達到所預定之 S_e 值。然後利用計算所得到的 q 值，再計算出操作所需之 θ_c 值，並將此一 θ_c 值，應用於第 17 步驟的處理效率計算式中。此後，應重複進行從第 17 步驟到第 20 步驟的全部計算過程，直到計算所得到的 S_e 值符合預定之 S_e 值之要求。

d. 估算在冬季及夏季條件下，異營菌之生質量污泥濃度：
$$X_H = \frac{(Q - Q_w)(S_0 - S_e)}{qV_N}$$
$$冬季：X_H = \frac{(20-0.78)(30.8-8)}{(0.28)(0.96)}$$
$$= 1630 \text{ mg/L}$$
$$夏季：X_H = \frac{(20-0.78)(24.5-7)}{(0.33)(0.96)}$$
$$= 1062 \text{ mg/L}$$

e. 計算在冬季及夏季條件下之觀測生長係數：
$$Y_{obs} = \frac{Y_T}{1 + K_d \theta_c}$$
$$冬季：Y_{obs} = \frac{0.5}{1+(0.041)(10)}$$
$$= 0.35$$
$$夏季：Y_{obs} = \frac{0.5}{1+(0.064)(10)}$$
$$= 0.30$$

(21) 計算在冬季及夏季條件下，異營菌之生長量：
$$\Delta X = Y_{obs}(Q - Q_w)(8.34)(S_o - S_e)$$
冬季：$\Delta X = (0.35)(20 - 0.78)(8.34)(30.8 - 8)$
$= 1279 \text{ lb/day}$
夏季：$\Delta X = (0.30)(20 - 0.78)(8.34)(24.5 - 7)$
$= 841 \text{ lb/day}$

(22) 在冬季及夏季條件下，估算出硝化菌在總細菌量中所佔之比例：

$$(F)_N = \frac{Y_N(E_N)[(TKN)_0 - (0.122)Y_{obs}(E_H)(S_0)]}{Y_{obs}(E_H)(S_0) + Y_N(E_N)[(TKN)_0 - (0.122)Y_{obs}(E_H)(S_0)]}$$

冬季：$(F)_N = \dfrac{(0.05)(0.95)[(10.5) - 0.122(0.35)(30.8 - 8)]}{(0.35)(30.8 - 8) + (0.05)(0.95)[(10.5) - 0.122(0.35)(30.8 - 8)]}$
$= 0.054$

夏季：$(F)_N = \dfrac{(0.05)(0.952)[(10.5) - 0.122(0.3)(24.5 - 7)]}{(0.3)(24.5 - 7) + (0.05)(0.952)[(10.3) - 0.122(0.3)(24.5 - 7)]}$
$= 0.082$

(23) 檢驗在冬季條件下，硝化菌的濃度：
$$X_N = \frac{1630}{1 - 0.054} - 1630$$
$= 93 \text{ mg/L}$

93 mg/L 的計算濃度值非常接近 100 mg/L 的設計濃度值；因此，此一計算結果，證實在運用 4-148 式計算硝化菌所佔比例的可靠性。

(24) 確定在冬季及夏季條件下之需氧量：
$$\Delta O_2 = 8.34(Q - Q_w)(S_o - S_e) - 1.42 \Delta X + 38.1(Q - Q_w)(E_N)[NH_3\text{-}N]_o$$
冬季：$\Delta O_2 = 8.34(20 - 0.78)(30.8 - 8) - 1.42(1279) + 38.1(20 - 0.78)(0.95)(10.5)$
$= 9143 \text{ lb/day}$
夏季：$\Delta O_2 = 8.34(20 - 0.78)(24.5 - 7) - 1.42(841) + 38.1(20 - 0.78)(0.952)(10.5)$
$= 8931 \text{ lb/day}$

(25) 比較在冬季及夏季條件下的各項計算結果，取較大數值，以確定曝氣槽體積、微生物生質量產量及需氧量之設計值：

曝氣槽體積 $= 0.96 \text{ MG}$
微生物生質量產量 $= 1279 \text{ lb/day}$
需氧量 $= 9143 \text{ lb/day}$

(26) 將第 14 步驟與第 25 步驟的計算結果相加，以確定二個處理階段之總設計值：

$$\text{曝氣槽總體積} = 2.53 \text{ MG}$$
$$\text{微生物生質量總產量} = 14{,}261 \text{ lb/day}$$
$$\text{總需氧量} = 20{,}126 \text{ lb/day}$$

II、結合式處理程序

(27) 假設在 20°C 時的 $(\mu_{max})_{NS}$ 為 0.4 day^{-1}，(pH)$_{opt}$ 為 8.2，計算在冬季及夏季條件下的 $(\mu_{max})_{NS}$：

a. 利用在硝化階段的操作 pH 值，確定 pH 的修正係數：

根據第 15 步驟中 (1) 的計算結果，pH 修正係數為 0.63。

b. 假設溫度修正係數與第 1 步驟中 (2) 的計算結果相同，亦即：

$$\text{冬季溫度修正係數} = 0.737$$
$$\text{夏季溫度修正係數} = 1.46$$

c. 估算 $(\mu_{max})_{NS}$ 的修正值，根據第 15 步驟中 (3) 的計算結果：

$$\text{冬季：}(\mu_{max})_{NS} = 0.186 \text{ day}^{-1}$$
$$\text{夏季：}(\mu_{max})_{NS} = 0.368 \text{ day}^{-1}$$

(28) 計算在冬季及夏季條件下之 K_N 值，根據第 16 步驟的計算結果：

$$\text{冬季：} K_N = 0.45 \text{ mg/L}$$
$$\text{夏季：} K_N = 1.31 \text{ mg/L}$$

(29) 計算在冬季及夏季條件下，達到預定放流水質量所需要的比基質利用率：

$$q = KS_e$$
$$\text{冬季：} q = (10)(0.035)$$
$$= 0.35 \text{ day}^{-1}$$
$$\text{夏季：} q = (10)(0.046)$$
$$= 0.46 \text{ day}^{-1}$$

(30) 在冬季及夏季條件下，估算在第 29 步驟所得到之 q 值相對應的 BSRT 值：

$$\frac{1}{\theta_c} = Y_T q - K_d$$
$$\text{冬季：} \frac{1}{\theta_c} = (0.5)(0.35) - 0.041$$
$$= 7.5 \text{ days}$$
$$\text{夏季：} \frac{1}{\theta_c} = (0.5)(0.46) - 0.064$$
$$= 6.0 \text{ days}$$

(31) 計算在冬季及夏季條件下之觀測生長係數：

$$Y_{\text{obs}} = \frac{Y_T}{1 + K_d \theta_c}$$

冬季：$Y_{\text{obs}} = \dfrac{0.5}{1+(0.041)(7.5)}$

$= 0.38$

夏季：$Y_{\text{obs}} = \dfrac{0.5}{1+(0.064)(6.0)}$

$= 0.36$

(32) 確定在冬季及夏季條件下之微生物生質量污泥產量。

$$\Delta X = Y_{\text{obs}} Q(8.34)(S_0 - S_e)$$

冬季：$\Delta X = (0.38)(20)(8.34)(200 - 10)$

$= 12{,}043 \text{ lb/day}$

夏季：$\Delta X = (0.36)(20)(8.34)(200 - 10)$

$= 11{,}409 \text{ lb/day}$

(33) 計算冬季及夏季條件下，用於異營菌細胞合成過程中所去除的氮量：

$$\text{氮去除量} = (0.122)\,\Delta X$$

冬季：氮去除量 $= (0.122)(12{,}043)$

$= 1469 \text{ lb/day}$

夏季：氮去除量 $= (0.122)(11{,}409)$

$= 1392 \text{ lb/day}$

(34) 近似地估算在冬季及夏季條件下，可供應做為硝化作用的氮含量：

$$\text{可提供的氮含量} = \frac{[\text{氮負荷}] - [\text{細胞合成所需氮}]}{(8.34)Q}$$

冬季：可提供的氮含量 $= \dfrac{(20)(20)(8.34)-1469}{(20)(8.34)}$

$= 11.1 \text{ mg/L}$

夏季：可提供的氮含量 $= \dfrac{(20)(20)(8.34)-1392}{(20)(8.34)}$

$= 11.6 \text{ mg/L}$

(35) 計算在冬季及夏季條件下，達到預定硝化效率操作下，所需之 BSRT 值：

$$E_N = 1 - \frac{K_N}{[\text{NH}_3-\text{N}]_0[\theta_c(\mu_{max})_{NS} - 1]}$$

冬季：$0.95 = 1 - \dfrac{0.45}{(11.1)[\theta_c(0.186)-1]}$

$\theta_c = 9.7 \text{ days}$

夏季：$0.95 = 1 - \dfrac{1.31}{(11.6)[\theta_c(0.368)-1]}$

$\theta_c = 8.8 \text{ days}$

因此，取 $\theta_c = 10$ days 做為在冬季及夏季條件下之操作 θ_c 值。該值與在第 17 步驟計算過程中所確定的 θ_c 值相同。

(36) 利用第 35 步驟所得到的操作 BSRT 值，確定在冬季及夏季條件下，實際之比基質利用率：

根據第 20 步驟中 (1) 的計算結果：

$$冬季：q = 0.28 \text{ day}^{-1}$$
$$夏季：q = 0.33 \text{ day}^{-1}$$

(37) 計算在冬季及夏季條件下，放流水中溶解性基質的濃度：

根據第 20 步驟中 (2) 的計算結果：

$$冬季：S_e = 8 \text{ mg/L}$$
$$夏季：S_e = 7 \text{ mg/L}$$

(38) 將計算所得到的 S_e 值與預定的 S_e 值進行驗證比較：

$$冬季：8 \text{ mg/L} < 10 \text{ mg/L} \text{ 驗證符合要求}$$
$$夏季：7 \text{ mg/L} < 10 \text{ mg/L} \text{ 驗證符合要求}$$

(39) 先假設一個合理的 MLVSS 濃度 (例如 1000~2000 mg/L)，再分別於冬季及夏季條件下，確定所需的曝氣槽體積，並以其中較大者做為設計值。在本例中，假設 MLVSS 濃度為 2000 mg/L。

$$V = \frac{Q(S_0 - S_e)}{Xq}$$

$$冬季：V = \frac{20(200-8)}{(2000)(0.28)}$$
$$= 6.86 \text{ MG}$$

$$夏季：V = \frac{20(200-7)}{(2000)(0.33)}$$
$$= 5.84 \text{ MG}$$

因此，取冬季條件所確定之曝氣槽體積做為設計值。

(40) 計算在冬季及夏季條件下之實際觀測生長係數：

根據第 20 步驟中 (6) 的計算結果：

$$冬季：Y_{obs} = 0.35$$
$$夏季：Y_{obs} = 0.30$$

(41) 計算在冬季條件下，硝化菌在總細菌中所佔的比例：

$$F_N = \frac{(0.05)(0.95)(11.1)}{(0.35)(200-8) + (0.05)(0.95)(11.1)}$$
$$= 0.008$$

在第 34 步驟中,已考慮了異營菌細胞合成過程中所消耗的氮量。

(42) 計算在冬季條件下,硝化菌的濃度:

$$X_N = (0.008)(2000)$$
$$= 16 \text{ mg/L}$$

(43) 計算硝化過程所需的曝氣槽體積,並與含碳有機物去除過程中,所需的曝氣槽體積,加以驗證比較:

$$V_N = \frac{(0.05)(20)(0.95)(11.1)}{16(0.1)}$$
$$= 6.59 \text{ MG}$$

由於第 39 步驟中計算所得之曝氣槽體積大於 V_N,因此驗證符合要求。

(44) 計算在冬季及夏季條件下,微生物生質量的實際污泥產量:

$$\Delta X = Y_{obs} Q(8.34)(S_o - S_e)$$
冬季:$\Delta X = (0.35)(20)(8.34)(200 - 8)$
$$= 11{,}209 \text{ lb/day}$$
夏季:$\Delta X = (0.30)(20)(8.34)(200 - 7)$
$$= 9658 \text{ lb/day}$$

雖然微生物生質量污泥產量在不同季節的差異性,將使細胞合成中消耗的氮量發生微小的變化,但是由於變化量有限,所以無需對計算結果進行修正。

(45) 計算在冬季及夏季條件下之需氧量:

$$\Delta O_2 = 8.34 Q(S_o - S_e) - 1.42 \Delta X + 38.1 Q (E_N)[\text{NH}_3\text{-N}]$$
冬季:$\Delta O_2 = 8.34(20)(200 - 8) - 1.42(11{,}209) + 38.1(20)(0.951)(11.1)$
$$= 24{,}151 \text{ lb/day}$$
夏季:$\Delta O_2 = 8.34(20)(200 - 7) - 1.42(9658) + 38.1(20)(0.957)(11.6)$
$$= 26{,}936 \text{ lb/day}$$

(46) 比較在冬季及夏季條件下之計算結果,取較大值,以確定曝氣槽體積、微生物生質量污泥產量,以及需氧量等之設計值:

$$\text{曝氣槽體積} = 6.86 \text{ MG}$$
$$\text{微生物生質量總產量} = 12{,}043 \text{ lb/day}$$
$$\text{總需氧量} = 26{,}936 \text{ lb/day}$$

比較第 26 步驟及第 46 步驟所得之設計值,可看出碳化與硝化二階段分開式處理程序所需的曝氣槽總體積較結合式處理程序的少了 4.33 MG。而分開式處理程序的總需氧量也較結合式處理程序少了 6801 lb/day。此外,計算結果亦表明,結合式處理程序中的微生物生質量之污泥產量較分開式處理程序少了 2218 lb/day。但是二階段分開式的處理系統，需要額外再多設置一個沉澱池。

4-7 生物脫氮作用

　　如前所述，經硝化程序之放流水的性質，相較於含有高濃度氨的放流水要好得多。但是對於藻類來說，氨與硝酸鹽皆為可互相轉變的含氮營養物質，所以即使是經過高度硝化程序處理的放流水，仍會產生承受水體優養化的問題，而引發藻類大量繁殖。因此，在某些情況下，污水處理廠放流水中含有高濃度的硝酸鹽也是不盡理想的。例如，當處理廠放流水直接排入含氮濃度較低，而流量較處理廠放流水量大得多的河流中時，放流水中的硝酸鹽一般較不會對河流水質產生不利的影響。反之，當河流中的硝酸鹽濃度較高時，就需要控制處理廠放流水中的含氮量。當處理廠放流水直接排入像湖泊及水庫等這類相對靜止的水體時，對放流水中含氮物質的控制，就需更加嚴格。

　　藉由去除水中營養物質的方法，來控制水體中藻類的生長，首先就需確定引發藻類繁殖所需營養物質的最低濃度。一般認為，關於此一最低營養物質的濃度，引用最廣泛的數值為無機氮是 0.3 mg/L，而可溶性正磷酸鹽則是 0.015 mg/L (Sawyer, 1947)。

　　需控制水環境中硝酸鹽含量的另一個原因是，如果飲用水中含有高濃度硝酸鹽，將會引發藍嬰症 (infantile methemoglobinemia) 的疾病。由於存在這樣的危險，美國公共衛生部門於 1962 年即提出了飲用水中的 NO_3^--N 含量不得超過 10 mg/L 的水質標準。

　　當經硝化程序的放流水不宜直接排放於承受水體時，就需在處理程序中增設脫氮的程序。有四種基本的脫氮處理程序：(1) 氨的氣提程序、(2) 銨離子的離子交換程序、(3) 折點加氯程序以及 (4) 生物硝化－脫氮程序等。最後一個方法為四種處理程序中，唯一的生物處理方法，也是本節將討論的唯一的脫氮程序方法。

脫氮程序中的微生物相

　　顧名思義，生物硝化－脫氮程序為一個二階段的反應過程。第一階段是硝化階段，如前所述，在此階段中自營性的硝化菌，於好氧 (oxic) 的環境條件下，將氨轉化為硝酸鹽。而反應的第二階段是硝酸鹽的轉化階段（脫氮程序），此一反應過程由兼性的異營菌，稱之為脫氮菌或脫硝菌 (denitrifying bacteria)，於缺氧 (anoxic) 的環境條件下完成。

　　硝酸鹽的轉化藉由脫氮菌細胞的同化及異化作用完成。在同化脫氮程序中，硝酸鹽被還原為氨，以做為細胞合成過程中的氮源。於是藉由將氮併入細胞質中，而將其從液體中除去之。而在異化脫氮的過程中，硝酸鹽在產生能量之異化代謝過程中，充當電子接受者，並被轉化還原為一系列的氣態產物，其中最終產物為分子態氮 (N_2)，進而從液體中再釋出於大氣中，而去除之。由於在缺氧的條件下，細菌的生長量大大低於有氧條件下的生長量，所以藉由同化脫氮作用所去除掉的氮量較少。因此，異化脫氮作用是生物脫氮的主要途徑，通過異化脫氮作用所去除的氮量，佔全部脫氮量的 70%～75%。

生物脫氮作用是某些兼性異營菌代謝活動的結果，這些細菌以有機碳同時做為碳源及能源，並以硝酸鹽做為能量代謝過程中的電子接受者。此一過程所涉及的基本生化反應途徑，與好氧呼吸作用 (aerobic respiration) 相同，但其主要的區別是在電子傳遞鏈中，以擁有具有高氧化數氮之硝酸鹽，代替了氧。因此，生物脫氮作用是屬於缺氧性 (anoxic) 的厭氣呼吸作用 (anaerobic respiration) 之範疇，而不是好氧性 (oxic) 的好氧呼吸作用之範疇。由於氧的氧化還原電位一般低於其他具高氧化數的無機鹽類電子接受者，因此在好氧呼吸作用的過程中，可釋放出更多的腺嘌呤核苷三磷酸 (ATP)，而這也為何在厭氧條件下，細菌的生長量會較好氧性細菌為少的原因。

由於脫氮菌需以有機碳同時做為碳源及能源，但在典型的二級處理放流水中所存在的有機碳濃度又很低，所以一般需要額外再提供有機碳源，以滿足生物脫氮程序之所需。由於需購買價位較低等經濟上的原因，甲醇因此成為使用最為廣泛的有機碳源。此外，人們也發現其他多種符合經濟性且適合做為補充碳源的有機化合物，例如像糖蜜等 (McCarty, 1969)。

由於異化脫氮過程是生物脫氮的主要途徑，所以有必要研究以甲醇做為能源 (亦即電子捐出者) 之異化脫氮作用。在這種條件下，可以將異化脫氮過程看做是由下列 4-159 及 4-160 式所提供的二步驟反應過程 (Metcalf and Eddy, 1972)：

$$6NO_3^- + 2CH_3OH \rightarrow 6NO_2^- + 2CO_2 + 4H_2O \tag{4-159}$$

$$6NO_2^- + 3CH_3OH \rightarrow 3N_2 + 3CO_2 + 3H_2O + 6OH^- \tag{4-160}$$

$$\text{合併 } 6NO_3^- + 5CH_3OH \rightarrow 3N_2 + 5CO_2 + 7H_2O + 6OH^- \tag{4-161}$$

4-161 式中之氧化還原反應過程中，清楚的表明硝酸鹽是電子接受者，獲得電子並被還原成分子態氮 (N_2)，而甲醇 (CH_3OH) 則是電子捐出者，失去電子並被氧化成二氧化碳 (CO_2)。

McCarty (1969) 根據在試驗室研究中所獲得的數據提出，可以用下述的經驗化學反應式，來描述脫氮菌去除硝酸鹽之總反應過程 (包括同化及異化作用)：

$$NO_3^- + 1.08CH_3OH + H^+ \rightarrow 0.065C_5H_7O_2N + 0.47N_2 + 0.76CO_2 + 2.44H_2O \tag{4-162}$$

懸浮性生長系統中的脫氮作用

在厭氧條件下，不論是懸浮性生長系統或柱狀 (附著性生長) 系統，皆可完成生物脫氮的程序。本章節僅針對懸浮性生長系統中的生物脫氮作用，進行論述。對於附著性生長系統中之脫氮作用的討論，將在第 7 章加以論述。

在生物硝化-脫氮處理程序中，究竟是使用 3 個或 4 個反應槽體，將取決於在生物硝化過程中，是要採用結合式或分開式的處理程序。圖 4.63 及圖 4.64 分別顯示出上述二種不同的處理過程的流程。圖中在脫氮反應槽及最終沉澱池之間所設置的曝氣池 (mildly aerated physical conditioning channel)，其目的是要將脫氮反應槽所產生的最終產物的氮氣，藉由曝氣的氣提作用釋出，以防止進入沉澱池後，氣泡附著於沉降的污泥，而出現污泥塊上浮的現象；此外，在好氧的條件下，亦可去除水脫氮反應槽放流水中剩餘的少量甲醇，以及提高放流水水中的溶解氧濃度，防止最終沉澱池中再度發生脫氮作用。

為了儘量減少脫氮反應槽由空氣中進入的氧量，一般將該反應槽做成封閉形式。在此種情況下，需留意要設置適當的排氣孔，以排出脫氮過程中所釋出來的氮氣及二氧化碳等氣體。

脫氮反應槽中的混合作用係由攪拌器完成，所使用的攪拌器的類型相似於自來水處理廠在膠凝過程 (flocculation) 中所使用的攪拌器。目前已發現當使用 0.25~0.5 hp/1000 ft³ 反應槽體積之動力時，可以使脫氮反應槽內的懸浮固體物，保持充分的懸浮狀態 (Metcalf and Eddy, 1973)。

Barnard (1975) 指出，只要有機碳含量不成為生物脫氮反應的限制因素，脫氮速率將依循下列的零階反應動力學關係式：

$$\left(\frac{dNO_3}{dt}\right)_{DN} = KX \tag{4-163}$$

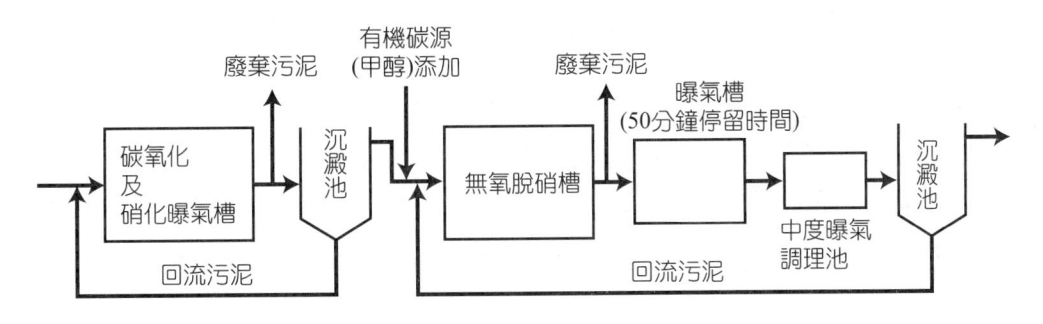

圖 4.63 結合式硝化 / 脫硝處理程序流程圖 (Brown and Caldwell, 1975)

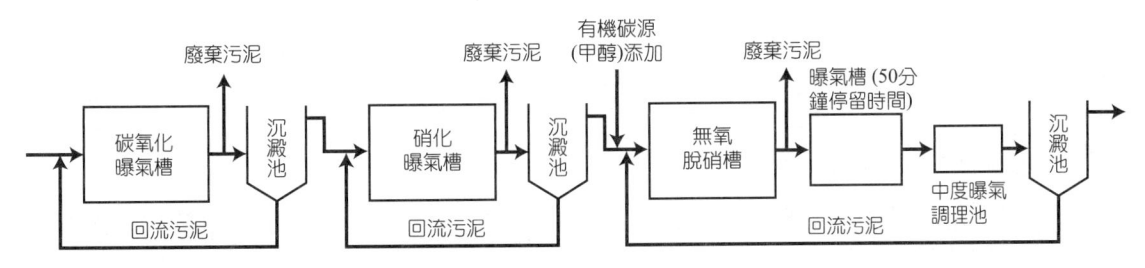

圖 4.64 分開式硝化 / 脫硝處理程序流程圖 (Brown and Caldwell, 1975)

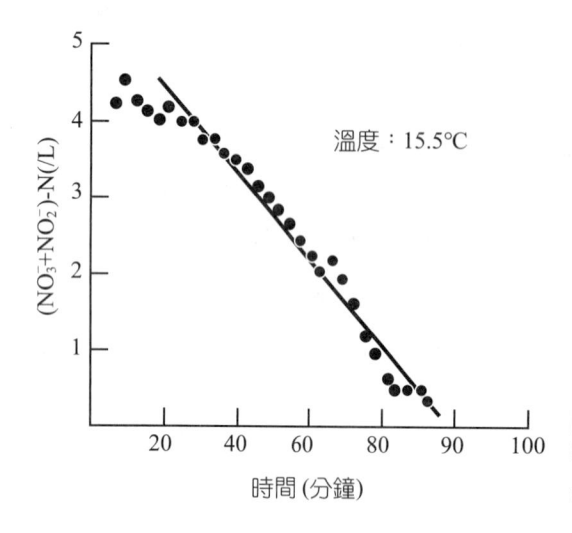

圖 4.65 甲醇脫氮過程中，剩餘硝酸鹽／亞硝酸氮鹽濃度隨時間變化之曲線圖 (Bishop et al., 1976)

式中，$\left(\dfrac{dNO_3}{dt}\right)_{DN}$ = 脫氮速率，[質量]・[容積]$^{-1}$・[時間]$^{-1}$

K = 脫氮反應速率常數，[時間]$^{-1}$

X = 微生物體濃度，[質量]・[容積]$^{-1}$

典型的零階脫氮程序曲線圖如圖 4.65 所示。

對於有污泥回流的完全混合反應槽，可以對進入及離開脫氮反應槽的硝酸鹽濃度，建立如下之質量平衡方程式：

$$\left(\dfrac{dNO_3}{dt}\right)V = QN_0 + RQN_e - \left(\dfrac{dNO_3}{dt}\right)_{DN} V - (1+R)QN_e \tag{4-164}$$

式中，Q 為進入脫氮反應槽的廢水流量，N_0 及 N_e 分別為進流水及放流水中的硝酸鹽氮濃度，V 則是脫氮反應槽的體積，R 為污泥回流比。在建立 4-164 式之質量平衡方程式時，假設脫氮作用只發生於脫氮反應槽內。

將 4-163 式中的 $(dNO_3/dt)_{DN}$ 項之表達式，代入 4-164 式中，在穩定條件下，4-164 式可表達為：

$$\dfrac{Q(N_0-N_e)}{XV} = K \tag{4-165}$$

或

$$(q)_{DN} = K \tag{4-166}$$

式中，$(q)_{DN}$ 為比脫氮速率，單位為 [時間]$^{-1}$。

Dawson and Murphy (1973) 在其研究報告中指出，比脫氮速率與溫度之間的關係可以下式表示：

$$(q)_{DN} = 0.07(1.06)^{T-20} \tag{4-167}$$

式中，$(q)_{DN}$ = 比脫氮速率，單位為 mg/L NO_3^--N 去除量 /mg/L MLVSS-hr

　　　T = 系統操作溫度，單位為 °C

上式適用於 5~30°C 的溫度範圍。Dawson and Murphy (1973) 指出，脫氮反應在 3°C 時，已實際上停止作用。

McCarty (1969) 曾提出用以確定懸浮性生長系統之脫氮過程中，微生物生質量污泥生長量與甲醇添加量之間的計算公式：

$$C_b = 0.53N_0 + 0.32N_1 + 0.19DO \tag{4-168}$$

式中，C_b = 微生物生質量污泥生長量，mg/L

　　　N_0 = 進流水中硝酸鹽的濃度，mg NO_3^--N/L

　　　N_1 = 進流水中亞硝酸鹽的濃度，mg NO_2^--N/L

　　　DO = 進流水中溶氧的濃度，mg/L

以及

$$C_m = 2.47N_0 + 1.53N_1 + 0.87DO \tag{4-169}$$

式中，C_m = 脫氮系統所需甲醇的濃度，mg/L

Metcalf and Eddy (1973) 建議脫氮菌的最佳 pH 操作範圍為 6.5 至 7.5，如果系統操作的 pH 超過這個最佳範圍時，從 4-167 式中所確定的 $(q)_{DN}$ 值，需進行修正。在 pH 6.1 至 7.9 的範圍內，可從圖 4.66 中，得到相應的修正係數。

雖然大部分的脫氮反應槽是依照柱塞流的方式所建造，但其設計一般仍依循完全混合

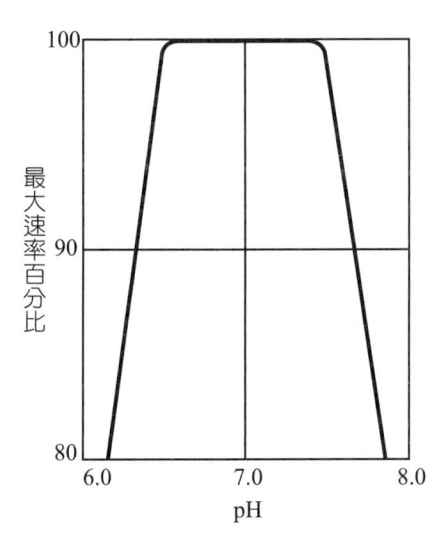

圖 4.66 最大脫硝速率與 pH 值間之相關性

表 4.12 分段式生物硝化/脫硝處理程序之設計參數

處理程序	θ_c (days)	t (h)	MLVSS (mg/L)	pH	Q_r/Q
碳去除	2~5	1~3	1000~2000	6.5~8.0	0.25~1.0
硝化	10~20	0.5~3	1000~2000	7.4~8.6	0.5~1.0
脫硝	1~5	0.2~2	1000~2000	6.5~7.0	0.5~1.0

資料來源：Metcalf and Eddy (1972)

方式進行。表 4.12 所示為適合用於在採用分開式硝化處理程序之生物硝化-脫氮處理系統中，所使用的典型設計參數值。在此條件下，脫氮效率一般可達到 80%~90%。

例題 4-13

試設計一組分開式硝化-脫氮處理程序系統中之脫氮單元。假設廢水的平均流量為 10 MGD，經硝化處理單元後之放流水中含 30 mg/L 的硝酸鹽氮 (NO_3^--N)，以及 2 mg/L 的溶解氧，且不含亞硝酸鹽氮。而當該處理單元於冬季之操作臨界溫度為 10°C，以及操作 pH 為 7.0 的條件下，將可達到 90% 的脫氮效率。

【解】

1. 依據冬季之操作臨界溫度，利用 4-167 式計算 $(q)_{DN}$：

$$(q)_{DN} = 0.07(1.06)^{10-20}$$
$$= 0.039 \text{ hr}^{-1}$$

2. 假設反應槽內的 MLVSS 濃度為 1000 mg/L，將 4-165 式移項，以確定所需脫氮反應槽的體積。

$$V = \frac{10[30 - (1 - 0.9)(30)]}{(1000)(0.039)(24)}$$
$$= 0.3 \text{ MG}$$

3. 計算水力停留時間，並與表 4.12 中所示之該數值的範圍做驗證比較。

$$t = 0.3/10$$
$$= 0.03 \text{ day} = 0.72 \text{ hr}$$

該水力停留時間處於 0.2 至 2.0 小時的範圍內，驗證符合。

4. 根據修改後的 4-168 式，計算預期的微生物生質量污泥生長量：

$$\Delta X = (8.34)(10)[(0.53)(30) + (0.19)(2)]$$
$$= 1358 \text{ lb/day}$$

5. 根據 4-169 式的修改形式，計算反應中所需甲醇添加量 (lb/day)：

$$M = (8.34)(10)[(2.47)(30) + (0.87)(2)]$$
$$= 6325 \text{ lb/day}$$

6. 計算污泥廢棄體積流量：

$$Q_W = \frac{\Delta X}{(8.34)(X)}$$
$$= \frac{1358}{(8.34)(1000)} = 0.16 \text{ MGD}$$

忽略放流水所帶走的懸浮固體物後，4-2 式可簡化為

$$Q_W = \frac{V}{\theta_c}$$

或

$$\theta_c = \frac{V}{Q_W}$$

因此，

$$\theta_c = \frac{0.3}{0.16} = 2 \text{ days}$$

4-8　營養鹽去除生物處理程序系統

　　在廢水生物處理系統，依照細菌細胞合成之同化代謝作用中，所需元素 C:N:P 的相對比例為 100:10:1 之條件下，以此機制去除廢水中氮及磷的含量，勢必有限。因此，營養鹽去除生物處理 (biological nutrient removal, BNR) 程序被提出，並認為是一種去除廢污水中氮及磷等營養鹽之經濟有效的方法 (Grady et al., 1999)。

　　但是如前所述，廢水中的氮可藉由污水處理廠的好氧 (硝化)/ 缺氧 (脫硝) 的處理程序，將可達到某種程度的去除量，以彌補藉由微生物細胞合成作用去除氮之不足。然而對於磷，慾藉由微生物細胞合成代謝作用，則其去除量更為有限。Fush and Chen (1975) 發現，在處理生活污水的處理廠內的活性污泥中，分離出類似具有蓄積磷功能的 Acinetobacter-Moraxella-Mima 菌群的菌株，可用來大量去除廢水中的磷，統稱為磷蓄積菌 (phosphorus accumulating organisms, PAOs)。該菌種具絕對好氧性，在好氧條件下，可大量吸收磷至其細胞內，並利用原本細胞內儲存的聚合氫氧基丁酸 (PHB) 所提供的能源，將單磷酸 (phosphate) 脫水聚合成聚合磷酸 (Poly-P)；但在厭氧的條件下，碳飢餓 (carbon-starved) 的磷蓄積菌於添加有機碳源時 (尤其是低分子碳，例如像厭氣發酵的產物醋酸及乙醇等)，將可利用這些有機碳做為其維生的碳源及能源，而細胞內所儲存的 Poly-P 亦將解離出磷酸鹽，同時釋放出能量，以供微生物合成 PHB (Fush and Chen, 1975; Barker and Dold, 1996)。圖 4.67 所示為磷蓄積菌於厭氧及好氧等環境條件下之代謝模式。磷蓄積菌在活性污

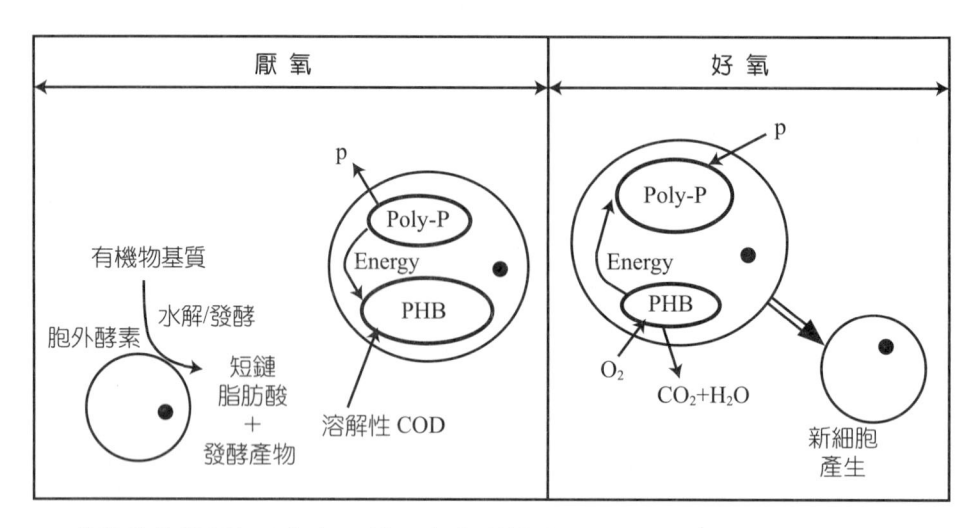

圖 4.67 磷蓄積菌於厭氧及好氧環境下之代謝模式（莊順興，2013)

泥中的發現，可以證明是造成這些處理廠中磷酸鹽可被污泥大量吸收的原因，同時並藉由廢棄污泥，而將磷去除之。因此，利用活性污泥處理廠內的厭氧、缺氧及好氧等處理單元，將可設計出經濟有效的去除 BOD，以及兼具同步脫氮除磷功能的全方位的廢水生物處理廠。以下將就目前利用厭氧 / 缺氧 / 好氧 (anaerobic/anoxic/aerobic) 等槽體不同組合條件下之各類生物處理系統，對於脫氮除磷的效果及該系統的設計及操作維護等，分述如下。

缺氧 / 好氧生物處理程序

缺氧 / 好氧生物處理程序最早是由 Ludzack and Ettinger (1962) 所提出，為單一污泥硝化 - 脫氮程序。首先進流水進入缺氧槽，進行脫氮反應，放流水再進入好氧槽進行硝化反應，並將好氧槽內的污泥混合液部分回流至缺氧槽，其餘進入二沉池，進行固液分離及污泥濃縮，再將沉降的濃縮污泥部分回流至缺氧槽，其餘的濃縮污泥部分進行廢棄，如同傳統活性污泥處理系統。該去氮生物處理系統又稱之為修正 (modified) Ludzack-Ettinger (MLE) 程序，該處理系統流程的示意圖如圖 4.68 所示。該系統中，好氧槽內所生長的硝化菌，藉由硝化反應，可將氨氮氧化為硝酸鹽氮，而在缺氧槽內生長的異營性脫氮菌，則可利用原進流水中所含的有機物，做為脫氮時之有機碳源，並以從好氧槽回流至缺氧槽之混合液內所含之硝酸鹽氮，做為電子接受者，完成脫氮的作用。因而可在無需添加額外有機碳源下，而能夠達到經濟有效的生物除氮之功能。

此外，如前所述，污泥中的磷蓄積菌在好氧槽內，可大量吸收磷，並將單磷酸脫水聚合成聚合磷酸 (Poly-P)；當好氧槽內的污泥混合液經內回流到缺氧槽時，在厭氧及有機碳存在的條件下，磷蓄積菌將可利用細胞內所儲存的 Poly-P 解離，而釋出單磷酸鹽，同時產生能量，以供磷蓄積菌合成 PHB。好氧槽內部分的污泥混合液進入二沉池，藉由對已大量吸收

圖 4.68 缺氧/好氧之 MLE 生物處理系統示意圖

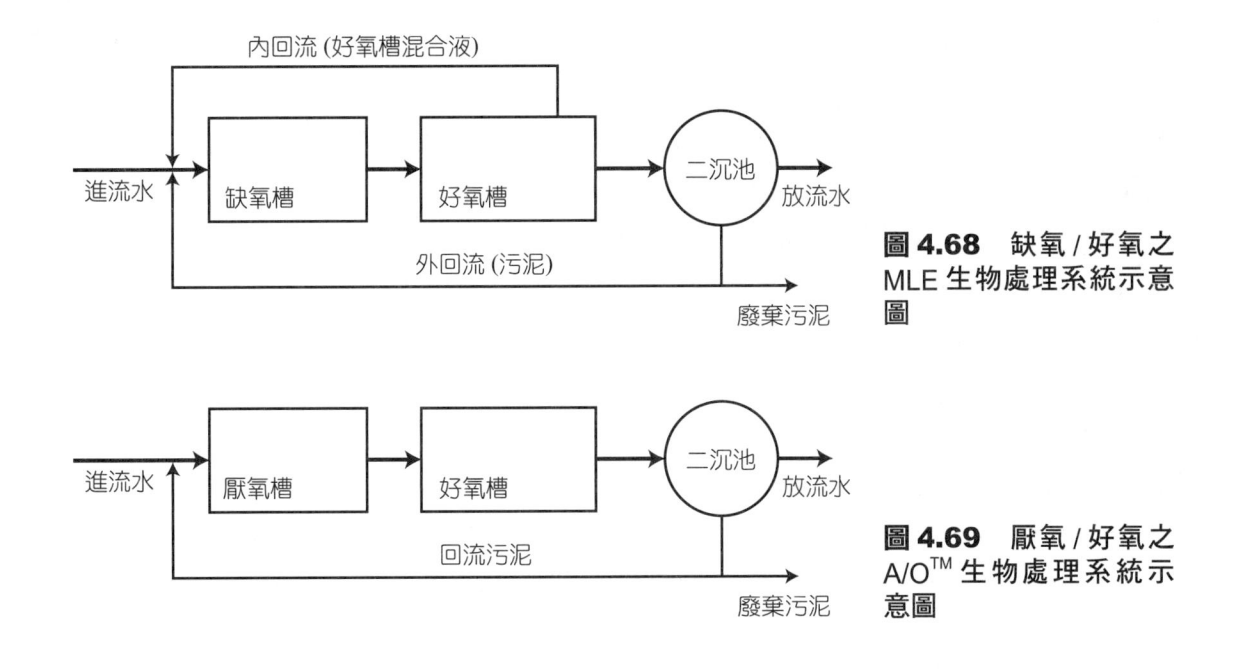

圖 4.69 厭氧/好氧之 A/O^TM 生物處理系統示意圖

磷的磷蓄積菌污泥之廢棄，而達到生物除磷的效果。Barnard (1976) 將此生物除磷處理程序稱之為 Phoredox Process，其後美國的 Air Products & Chemicals, Inc. 公司取的專利，而以「Anaerobic/Oxic」或「A/O^TM」為註冊商標。因此，處理流程依序為厭氧/好氧之 A/O^TM 生物處理系統，可經濟有效地去除廢水中的磷營養鹽。A/O^TM 處理系統流程如圖 4.69 所示。

厭氧/缺氧/好氧生物處理程序

根據前述 MLE 生物處理系統，Barnard (1975) 更進一步提出四階段生物去除氮營養鹽 (biological nutrient removal, BNR) 的處理流程，亦即在第二段好氧槽後再增設第三段的第二缺氧反應槽 (secondary anoxic reactor)，以及第四段的再曝氣反應槽 (reaeration reactor)，並稱之為 Bardenpho process，如圖 4.70 所示。增設第二缺氧槽的目的在於確保從好氧槽放流水中，未能內回流至第一。

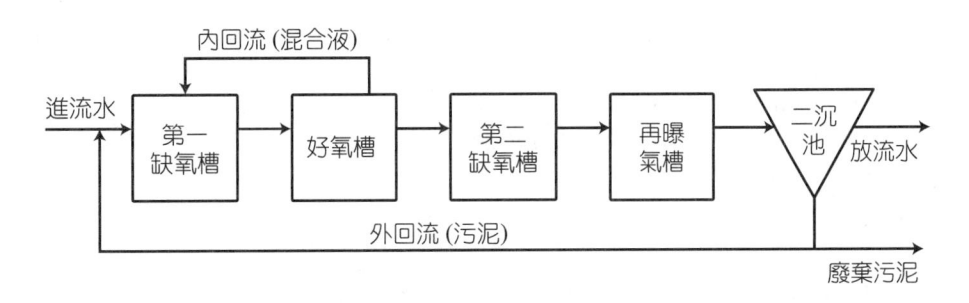

圖 4.70 Bardenpho process 生物處理系統示意圖

缺氧槽內的所含殘餘硝酸鹽，仍有機會在第二缺氧槽內，進行二次脫氮反應；脫氮過程中，如果混合液中的殘餘有機碳源供應不足，需另外添加適量的有機碳源，但通常無須添加，或添加量不多。而第四段再曝氣槽增設的目的，則在於提高混合液的溶氧，防止進一步脫氮作用發生，以及氣提 (air stripping) 掉前段第二缺氧槽的氣體 (N_2O 或 N_2) 產物，防止在二沉池中發生污泥快上浮現象。Bardenpho process 的四階段處理系統，較二階段的 MLE 處理系統更能提高廢水中氮的去除率，但是由於缺氧槽中仍有硝酸鹽的存在，致使除磷效果不高。

Barnard (1976) 在其模廠規模的試驗研究中發現，在厭氧 (anaerobic) 的條件下（即氧氣及硝酸鹽均不存在環境中的條件），污泥內的磷蓄積菌會受到增強的刺激動力，促使更多量的磷會從污泥中釋出於混合液中，因而促使系統藉由生物處理機制，於好氧階段時，去除超量的磷。Barnard (1976) 更進一步解釋，該現象是由於在厭氧的環境中，可產生較低的氧化還原電位 (redox potential)，而此低還原電位將啟動系統污泥內磷蓄積菌細胞中所儲存的聚合磷酸解離，因而釋出更多的單磷酸鹽，以及接下來在好氧環境中刺激磷蓄積菌進行超量的磷吸收，而增加系統生處除磷的效果。而 Barker and Dold (1996) 則認為進入缺氧區的硝酸鹽將做為不具有聚合磷酸鹽功能之異營性微生物，即脫氮菌，進行異化代謝作用時的電子接受者，此代謝作用同時亦將消耗做為電子釋出體的有機質，因而減少亦可被磷蓄積菌做為基質之有機物的量，因此減少磷蓄積菌對磷的去除量。

然而，可以確定的是將硝酸鹽引入缺氧區是不利於磷的去除。因此，Barnard (1976) 建議在缺氧槽前再增設一厭氧槽，成為五段式處理流程，如圖 4.71 所示，Barnard (1976) 將此生物除磷處理系統稱之為 Modified Bardenpho process。

在該系統中，二沉池底部沉降的濃縮污泥部分經由外回流至該增設的厭氧槽內，並將好氧槽內的混合液仍經由內回流到第一缺氧槽內，如此磷蓄積菌則可在沒有硝酸鹽干擾的第一段之厭氧槽內，大量釋出磷。第二段的第一缺氧槽內之脫氮菌則將利用第一階段厭氧代謝後

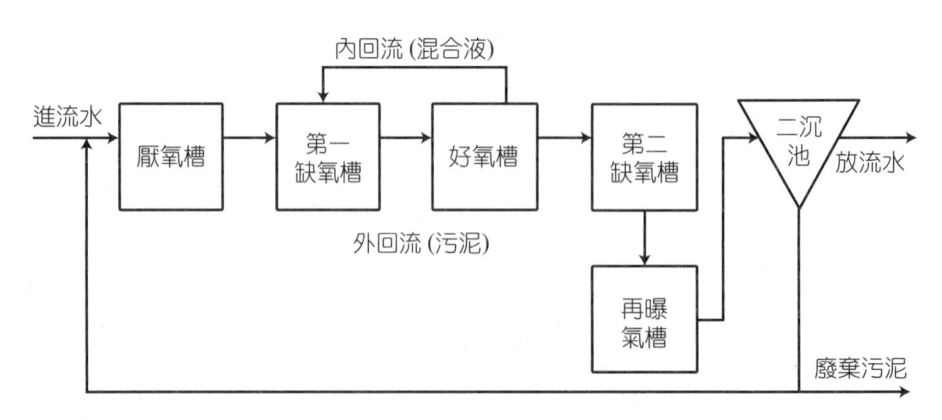

圖 4.71 Modified Bardenpho process 生物處理系統示意圖

所剩餘的有機物及內回流液中所含的硝酸鹽，進行脫氮作用，而進流水中的氨氮主要仍在第三段之好氧槽內進行硝化反應，同時磷蓄積菌在同一反應槽內，進行磷酸鹽的超量吸收作用，氧化槽內硝化產物的硝酸鹽，再經由內回流至第一缺氧槽，循環進行脫氮反應，至於第二缺氧槽及再曝氣槽的功能則如前所述。第五階段的再曝氣槽出流水之污泥混合液，最終將進入二沉池，進行固液分離，污泥經由沉降濃縮後，污泥中已大量吸收磷的磷蓄積菌，藉由廢棄污泥，而將磷去除之；其餘污泥則經由外回流至厭氧槽，循環再進行磷的釋出作用，而回流污泥內所含的硝酸鹽氮經過二階段的脫氮作用，已幾乎完全去除，因而對厭氧槽內磷蓄積菌的釋磷作用，不會產生任何影響。因此，五階段的 Phoredox process 能同時去氮除磷，因此為一可對去除氮、磷及有機物 (BOD) 的三重功能的生物處理系統。

然而，為了簡化處理單元，以及對二沉池內所殘存的硝酸鹽濃度，在跟著回流污泥進入厭氧槽時，並不足以影響抑制磷蓄積菌的磷釋出作用，為減低系統建造成本及操作維護費用，此一五階段式的去氮除磷生物處理系統，簡化為三階段之厭氧 (anaerobic) / 缺氧 (anoxic) / 好氧 (aerobic 或 oxic) 系統。由於該系統為一可運行硝化 (nitrification)、脫氮 (denitrification)、超量生物除磷 (biological excess phosphorus removal) 等之生物處理程序，因此簡稱為 AAONDBEPR 處理系統，並由美國的 Air Products & Chemicals, Inc. 公司取的專利，而以「A^2/O^{TM}」為註冊商標 (Hong et al., 1981; Hong et al., 1983; Randall et al., 1992)。A^2/O^{TM} 系統的處理流程如圖 4.72 所示；而系統中，不同控制條件之反應槽對有機物、氮及磷的代謝作用與生化反應的轉換機制，綜合整理如表 4.13 所示。

在 A^2/O^{TM} 系統中，外回流污泥中仍可能含有殘餘的硝酸鹽，而與污泥一同返送至厭氧槽內，因而對磷蓄積菌的去磷作用造成影響；為改善此一缺點，南非的開普敦大學 (University of Cape Town, UCT) 提出改良版的 A^2/O^{TM} 系統，稱之為 UCT 系統。Marais et al. (1983) 在 UCT 系統中，將 A^2/O^{TM} 系統中的外回流污泥更改返送至缺氧槽，再增加從缺氧槽的污泥混合液回流至厭氧槽，如圖 4.73 所示。如此，原本外回流污泥中所含的殘餘硝酸鹽就不會對厭氧槽內磷蓄積菌造成干擾，亦可以由缺氧槽的回流的污泥混合液，補充污泥的流失。

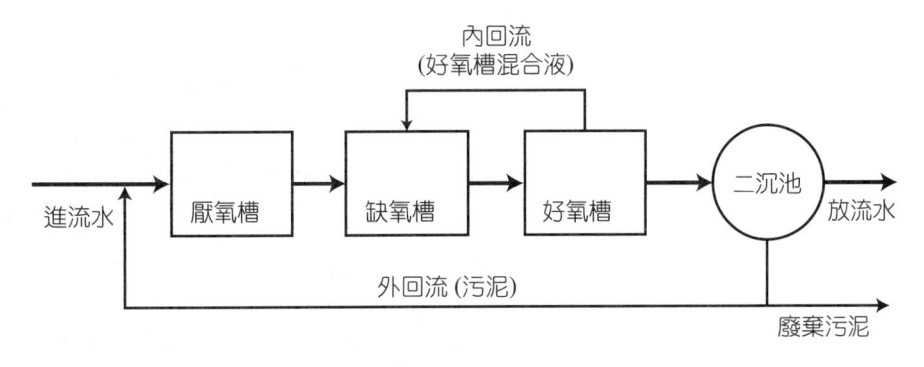

圖 4.72 厭氧 / 缺氧 / 好氧 (A^2/O) 生物處理系統示意圖

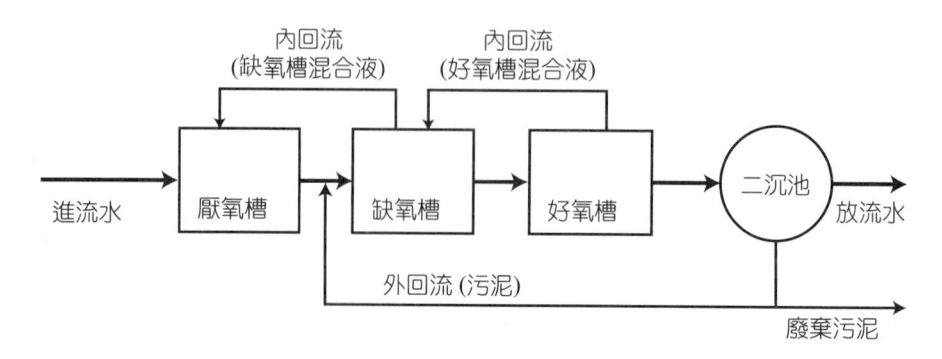

圖 4.73 UCT 處理系統示意圖

表 4.13 營養鹽去除生物處理程序中各反應槽之生化轉換機制

反應槽 / 生化轉換反應	機 制	功 能	目 的
厭氧槽	● PAOs 對揮發性脂肪酸 (VAFs) 吸收及儲存 ● 厭氧性異營菌對可生物降解有機物進行發酵反應 ● PAOs 釋出磷酸鹽	● 篩選 PAOs	● 去除磷
缺氧槽	● 脫硝菌進行脫氮反應 ● 產生鹼度	● NO_3^--N 轉換為 N_2O/N_2 ● 篩選脫硝菌	● 去除氮
好氧槽	● 硝化菌進行硝化反應 ● PAOs 對細胞內所儲存的及混合液中的基質進行代謝作用 ● 好氧性異營菌對混合液中的基質進行代謝作用 ● PAOs 吸收磷 ● 消耗鹼度	● NH_3-N 轉換為 NO_3^--N ● 混合液中的 N_2O/N_2 藉由氣提作用 (air stripping) 去除 ● PAOs 進行磷酸鹽縮合作用，在其細胞內形成聚合磷酸鹽 (poly-P)	● 去除氮 ● 去除磷

資料來源：Grady et al., 1999

去氮除磷生物處理程序 (A^2/O^{TM} 處理系統) 之設計與操作維護

如前所述，A^2/O^{TM} 處理系統可同時兼具有去氮除磷的功能。但在所有的 BNR 處理系統內，由於不同族群菌種會同時存在同一槽體內相互作用，因此不太可能精準制定出設計的步驟。A^2/O^{TM} 處理系統如要設計出能同時去除氮除磷的功能，可參照以除氮 (MLE 處理系統) 或除磷 (A/O^{TM} 處理系統) 為主之系統的設計步驟，進行設計，並藉由模廠試驗，進行驗證。

由於 A^2/O^{TM} 處理系統可視為將以去除氮營養鹽為主的 MLE 處理系統，以及去除磷營養鹽的 A/O^{TM} 處理系統結合起來，因此，A^2/O^{TM} 處理系統中的厭氧槽之污泥停留時間 (SRT)

與 A/O™ 處理系統相似 (即 0.75 至 1.5 日)，而在缺氧槽及好氧槽內的 SRTs，則分別與 MLE 處理系統內的槽體相似，亦即分別為 1 至 4 日，以及 4 至 12 日 (Grady et al., 1999)。對於 A²/O™ 處理系統之設計參數 - 水力停留時間 (HRTs)，亦有類似的相似性，此乃因這些處理系統內的 MLSS 濃度也都在同一個範圍內。至於內回流的混合液之回流率為 1.0 至 2.0 (亦即該回流量為進流水流量的 1~2 倍)。A²/O™ 處理系統內的氮去除率與 MLE 處理系統相類似，但是磷的去除率則低於 A/O™ 處理系統，這是因為在 A²/O™ 處理系統內，混合液中所含的硝酸鹽雖回流至缺氧槽，而不是厭氧槽，但是跟完全不回流的 A/O™ 處理系統相比較，在外回流的污泥內，仍會有系統未完全脫氮的硝酸鹽存在，因而隨同污泥一起返送至厭氧槽內，致使干擾到該槽體內佔優勢之磷蓄積菌的除磷效果。而干擾程度將視進流水中有機物的含量而定，如果含量相對高於能提供脫氮菌及磷蓄積菌進行代謝作用之所需，則相對干擾較小，反之如果含量相對低，則會造成明顯干擾。因此，在系統內之二沉池中維持一層污泥毯 (sludge solids blanket)，以促使脫氮作用發生，而降低回流污泥中硝酸鹽的含量，以減少其對厭氧槽內對磷蓄積菌除磷功能之抑制性干擾。但在二沉池的維護操作上，需極為謹慎，以防止污泥上浮或結塊現象發生，因而影響二沉池的正常運作及放流水水質 (Grady et al., 1999)。

但對於設計 BNR 系統要同時去氮及磷營養鹽時，設計時仍須考量一些特殊的因子，包括硝酸鹽對磷蓄積菌除磷的影響，以及第一段厭氧槽內的發酵作用消耗有機物對第二段缺氧槽內的脫氮作用之影響性等。在脫氮除磷的生物處理系統中，對所去除的氮而言，首先必須要能達到完全的硝化，因此就會產生大量的硝化產物硝酸鹽；所以如何儘量減少硝酸鹽進入厭氧槽的量，以降低其對去磷作用的抑制作用，將成為重要的因子。如前所述，各個不同的去氮除磷的生物處理系統，已針對此一干擾因子，進行過處理程序上的改善，例如像 A²/O™ 及 Modified Bardenpho process 等系統，皆可降低此一影響性。此外，由於厭氧發酵及脫氮作用皆利用有機質做為代謝基質，因此第一段厭氧槽之放流水有機質的量將會減少，因而有可能降低第二段的脫氮速率。然而根據操作經驗，此一情況並未發生。Grady et al. (1999) 指出，這是由於厭氧槽內的菌種進行發酵反應時，可能只針對較大分子生物分解速率較慢的有機質先行代謝之，並生成分解較易之小分子有機物，而提供給下一階段的脫氮菌使用。

針對 BNR 處理系統，有許多數學模式已被開發，以做為對該系統設計及最佳化操作之工具。如同前述活性污泥系統在穩定狀態下之設計模式，對於 BNR 處理系統，Janssen 等人 (2002) 發展出在穩定狀態下之數學模式，做為該系統最佳化操作時之設計參考。該模式與傳統活性污泥模式最大不同之特色在於將磷蓄積菌之代謝作用納入厭氧系統，與 BOD 去除及硝化脫氮等生化反應，一併考量；主要特點包含：(1) 系統中易生物降解 COD 含量之確定、(2) 系統中厭氧槽污泥停留時間 (SRT) 之確定，以及 (3) 系統中不同槽體內污泥所含微生物的種類與其代謝特性之確定 (莊順興，2013)。這些特點，莊順興 (2013) 作出詳細說明，如下所述。

由於磷蓄積菌在厭氧條件下的代謝，係以短鏈低碳數脂肪酸做為其基質，所以量測分析進流水中所含有或第一階段厭氧槽內所產生之易生物降解 COD，以及確定這些 COD 可被磷蓄積菌所利用，將為設計及運算 BNR 處理系統之重點所在。

此外，在 BNR 處理系統的模式中，最大的特色即在於將磷蓄積菌的代謝反應納入前述之傳統活性污泥微生物處理模式中。因此，在模式運算中，需確定厭氧槽內磷蓄積菌污泥的停留時間與該污泥的濃度。所以系統中厭氧槽的污泥停留時間為 BNR 處理系統經驗模式中，最重要的參數；而進流的廢污水型態及來源種類等，為影響厭氧槽 SRT 之重要因子，尤其是所含短鏈低碳數之揮發性脂肪酸 (volatile fatty acids, VFAs) 的量。當廢水中含有大量 VFAs 時，厭氧槽所需的 SRT 可明顯降低，例如在市鎮污水如所含 VFAs > 100 mg COD/L，則其 SRT 可縮短至 30 分鐘。一般而言，進流水未經沉澱直接流入第一段的厭氧槽，將有助於 BNR 系統中除磷的運作，但厭氧槽的 SRT 設計經驗值則需控制在 1~3 小時內。如原廢水先經沉澱後再進流至厭氧槽，由於廢水中不再含有大量的 VFAs，因此厭氧槽的 SRT 一般低於 1 小時。

在 BNR 處理系統中，活性污泥中的微生物族群種類可區分為三大類：(1) 磷蓄積菌、(2) 其他種類異營菌以及 (3) 自營菌等，三種菌群皆可獨立進行代謝作用。在發展 BNR 系統的各種不同模式當中，對系統中不同微生物族群之去氮除磷等作用之解析運算方式，並不盡相同。但為簡化設計，通常選擇僅針對磷進行質量平衡，不區分磷蓄積菌與其他族群微生物對不同污染物之代謝反應，也因此致使此簡化方法之相對誤差亦偏高。唯有考量系統中不同微生物族群對氮、磷及有機物等之反應代謝特性，將不同代謝作用之設計參數一併納入模式中，並給予不同的係數值，模式才能得到較為準確的預測結果。以下所述為在穩定狀態的條件下，如何運用模式，設計 BNR 處理系統。首先，有關三段式 BNR 處理系統中厭氧槽的設計，主要由下列四個因子所決定，包括 (1) 可被磷蓄積菌利用之基質量、(2) 磷蓄積菌最大的磷儲存量、(3) 磷蓄積菌去除的磷量，以及 (4) 厭氧槽的 SRT 等，分述如下。

在厭氧槽內可做為磷蓄積菌釋磷所需的基質種類，包含進流水中基質中較易生物分解之短鏈脂肪酸及厭氣發酵反應所產生的產物，而如果系統所外加的碳源成分是醋酸，亦為可被磷蓄積菌直接利用之基質。在精準計算厭氧槽內磷蓄積菌可利用的基質含量時，應將槽內其他微生物利用進流水中殘存溶氧進行好氧分解基質，以及脫氮菌利用污泥回流液中所含殘存硝酸鹽進行脫氮作用時所消耗掉的有機基質等，進行扣除修正。

如前所述，在 BNR 系統中，參與磷去除的微生物具有較為複雜的生理及生化特性，其中聚合物 (PAHs 及 Poly-Ps) 的形成與消耗，扮演著重要的角色。有一些經驗模式被發展出，用來解釋在活性污泥系統中，生物去磷程序的機制；然而，由於該機制的複雜性，目前仍無法完全了解在各種操作條件下，各種變數之影響效果。但是可以確認的是，當進流水中含有揮發性脂肪酸 (volatile fatty acids, VAFs) 時，當其進入第一階段的完全厭氧之厭氧槽時，生物的除磷效果顯著。此外，由於氧及硝酸鹽均會影響磷蓄積菌對磷的釋出功能 (Jonsson, 1996)；因此，影響 BNR 系統生物除磷程序的重要因子，除需在第一階段厭氧槽提供充分的 VAFs 外，亦包括在第一階段反應槽內需保持厭氧及無硝酸鹽的環境條件。所以，為達到較佳的除磷效果，需保持在第一階段反應槽內水體的 COD/P 的比例平均值至少應為 35，而 BOD/P 比例的平均值則為至少需達 20 (Moore, 2009; Goel and Motlagh, 2013)。Randall et al. (1992, 1998) 更明確的指出，當 BOD_5:TP 的比例達到超過 20:1 時，BNR 系統的除磷效果可使放流水中的磷含量降至 < 1.0 mg P/L，並進一步指出 COD/TP 的比例值 >45 對於有效的進行生物除磷程序程序，有其必要性。一般而言，在 BNR 系統中，每 10 g 可被磷蓄積菌利用的碳源存在，將可去除 1 g 的磷 (Goel and Motlagh, 2013)。而 Randall et al. (1998) 則對於北美洲地區的都市生活污水，提出保守估計值，每去除 1 mg 的磷，約需 50 mg 的 COD，因而推薦可做為 BNR 系統之設計參數。因此，COD/TP 比值為設計 BNR 系統時之重要參數之一。

此外，Abu-Ghararah and Randall (1991) 及 Hood and Randall (2001) 等曾針對不同類型的 VFAs 對 BNR 系統除磷效果的影響性進行過探討，他們發現在短鏈的 VAFs 中，包括乙酸、丙酸、丁酸及戊酸等，乙酸 (acetate) 為除磷效果最佳之基質，亦即每單位 COD 的 VAFs 可以去除最多的磷。因此，可被磷蓄積菌利用之基質 (即 VAFs) 之類型及其濃度 (以 COD) 亦為影響 BNR 系統操作之重要參數。此外，Ekama et al. (1983) 指出系統之進流廢污水的總凱氏氮 (TKN) 與 TKN/COD 比值、P/COD 比值、系統內硝化菌的最大比生長速率，以及操作溫度等因子，均會影響 BNR 系統去除氮、磷的操作效果，以及放流水水質。Goel and Motlagh (2013) 在其蒐集整理的文獻報告中指出，操作溫度在 20~37°C 之間，BNR 系統可得到最高的去氮除磷之處理效率，而當系統的操作溫度降至 4.5~5°C 時，處理效率則明顯下降。

至於 pH 值亦會對 BNR 處理系統中的磷蓄積菌 PAOs 具有極大的影響性，Liu et al. (1996) 在其研究中觀察到，當系統的 pH 值大於 8.0，以醋酸做為基質被 PAO 吸收的速率及磷酸鹽釋出的速率均降低；而當 pH 值低於 8.0 時，醋酸吸收及磷酸鹽釋出的速率或增加，抑或維持不變。Zhang et al. (2005) 亦曾發現在 BNR 系統中，當 pH 值小於 7.25 時，在厭氧槽內 PAOs 的競爭者，GAOs (glycogen accumulating organisms，肝醣蓄積菌) 吸收醋酸的速率大於 PAOs；而當 pH 值過低時，PAOs 將完全受到抑制，而 GAOs 則輕微受到影響。因此，當系統內的污泥混合液中之 pH 值從 7.0 降至 6.5 時，將導致系統內微生物族群分布明顯的改變，而使之完全喪失去除磷的能力 (Zhang et al., 2005)。

如前所述，由於 A^2/O^{TM} 處理系統對於磷的去除是藉由將含吸收磷酸鹽之 PAOs 的污泥，從系統中進行廢棄污泥，因此系統的污泥停留時間 (SRT) 對於磷去除效率的影響性亦非常明顯。一般而言，對於採用 A^2/O^{TM} 處理程序之 BNR 系統，其 SRT 一般控制在 3~7 天 (Latawiec, 2000)。然而，某些研究亦發現當 SRT 增加時，將會使系統中的硝化菌對 PAOs 的競爭性增加，進而影響除磷的效果；但是如果 SRT 縮短，亦將會導致過多的 PAOs 於廢棄污泥過程中流失掉，因而影響系統的除磷效果。此外，由於在較低溫的環境下，微生物的代謝速率也會隨之降低，因此需增加 SRT，以利 PAOs 的生長。Mamais and Jenkins (1992) 在其實驗室規模連續流 BNR 處理系統之研究中發現，當系統溫度控制在 13.5~20°C 的環境下，其 SRT 的變化範圍介於 2 至 4 日之間。而當 SRT 小於 1.5 日時，系統中污泥則會完全被沖洗出；此時，量測出污泥中的磷含量較少，而放流水中的總磷濃度遠超過所預期。Matsuo (1994) 曾對 BNR 系統中，於 20~23°C 的環境下，厭氧槽之 SRT 對除磷效果，進行研究。他觀察到當厭氧槽的 SRT 較高之下，磷的去除速度及效率均高，廢棄污泥中磷的含量亦高。同時，Matsuo (1994) 亦觀察到，當系統的好氧槽之 SRT 較高時，由於發現到絲狀菌 (*Nostocoida limicola*) 的生長，因此引發污泥沉降性變差的問題。所以他對此研究結論出，在 A^2/O^{TM} 處理系統中，控制厭氧槽較長的 SRT 有助於 PAOs 與系統中其他異營菌競爭攝取基質，因此呈現出較佳的磷去除率。

　　如前所述，要使 A^2/O^{TM} 處理系統的除磷效果增加，將倚賴在厭氧槽內較多的磷釋出量；而磷的釋出則是由於在厭氧槽內有適量的可生物分解 COD (readily biodegradable COD, rbCOD) 被 PAOs 攝取所致。因此，要設計出 A^2/O^{TM} 處理系統具有一定的除磷效果，需確認在進流水中有足夠的 rbCOD 進入厭氧槽內。此外，A^2/O^{TM} 處理系統中，將厭氧槽與缺氧槽分開，亦即讓磷的釋出作用與脫氮作用分開進行，以使 PAOs 的釋磷功能不會受到脫氮菌的硝酸鹽還原作用的干擾，而增強該系統的除磷效率。以下所示為設計 A^2/O^{TM} 處理系統達到去氮除磷功能的範例。

例題 4-14

　　某一 A^2/O^{TM} 處理系統，在 SRT (θ_c) 為 10 日下進行操作，進流水的特性及各類型污染物的濃度如下所示。

Q (流量)：4000 CMD

BOD$_{inf}$：160 mg/L

rbCOD$_{inf}$：70 mg/L

TKN$_{inf}$：40 mg/L

(NO$_3^-$-N)$_{inf}$：0 mg/L

NO$_x$-N ≒ 0.8 TKN (NO$_x$-N = NO$_3^-$-N + NO$_2^-$-N)

P$_{inf}$：7 mg/L

溫度：20°C

而該系統回流污泥率 (R) 為 0.5，且回流污泥中的硝酸鹽氮濃度 $(NO_3^--N)_R$ 為 7.0 mg N/L，以及厭氧槽的接觸時間 (HRT) 為 0.75 小時。此外，bCOD (生物分解 COD)/BOD 比值為 1.6，以及針對脫硝菌，每去除單位 NO_3^- 所需 rbCOD (易生物分解 COD) 之 $rbCOD_{DN}/NO_3^--N$ 比值為 6.6，並假設該 A^2/O^{TM} 處理系統藉由生物除磷機制下，磷蓄積菌每 g P 的去除需 10 g rbCOD，而系統內其他異營菌 (包含脫硝菌) 細胞每 g 生質量生長 (同化作用) 需 0.015 g P。試計算出該 A^2/O^{TM} 處理系統放流水中溶解性磷的濃度，以及廢棄污泥中磷的含量。

【解】

第一步：確認可提供厭氧槽內磷蓄積菌進行除磷之 $rbCOD_P$ 的量

1. 建立硝酸鹽的質量平衡式：

$$Q(NO_3^--N)_{inf} + RQ(NO_3^--N)_R = (1+R)Q(NO_3^--N)_{Reactor}$$

式中，$(NO_3^--N)_{Reactor}$ ＝ 進入厭氧槽內硝酸鹽的量

數值代入上式中，$(Q)(0) + (0.5Q)(7) = (1.5Q)(NO_3^--N)_{Reactor}$

因此，$(NO_3^--N)_{Reactor} = 2.3$ mg N/L

2. 確認可提供厭氧槽內磷蓄積菌進行除磷之 $rbCOD_P$ 的量：

由於 $rbCOD_{DN}/NO_3^--N$ 比值 = 6.6，

所以，用於脫硝作用所需之 $rbCOD_{DN} = (6.6)(2.3) = 15.2$ mg/L

因此，可提供磷蓄積菌除磷所需之 $rbCOD_P = rbCOD_{inf} - rbCOD_{DN} = 70 - 15.2 = 54.8$ mg/L

第二步：確認該 A^2/O^{TM} 處理系統磷蓄積菌對磷的去除量

由於假設在該系統之生物除磷機制下，每 g P 的去除需 10 g rbCOD，因此該系統磷蓄積菌對磷的去除濃度 $(Bio-P_{removal})$ 為：

$$Bio-P_{removal} = 54.8/10 = 5.48 \text{ mg P/L}$$

第三步：確認厭氧槽內用於其他異營菌 (包含脫硝菌) 生質量生長每日所需磷的量，以及在厭氧槽內因該異營菌之同化作用去除磷之濃度

令，厭氧槽內其他異營性微生物生質量生長量為 $P_{x,bio}$

$$P_{x,bio} = \frac{Q(Y_h)(S_0-S_e)}{[1+(K_d)\theta_c]} + \frac{Q(Y_{DN})(NO_x-N)}{[1+(K_{dDN})\theta_c]}$$

假設 $S_0 - S_e \approx S_0$

$$Y_h = 0.4 \quad Y_{DN} = 0.12$$
$$k_d = 0.12 \quad k_{dDN} = 0.08$$

另，由於已知 $S_0 = bCOD = 1.6 BOD_{inf} = 1.6(160) = 256$ mg/L

以及，$NO_x-N \approx 0.8 \, TKN(TKN_{inf}) = 0.8(40) = 32$ mg/L

所以，

$$P_{x,bio} = \frac{(4000)(0.4)(256)}{[1+(0.12)(10)]} + \frac{4000(0.12)(32)}{[1+(0.08)(10)]}$$

$$= 194,715 \text{ g/day}$$

由於已知條件中，假設異營菌細胞內每 g 生質量生長需 0.015 g P，因此，用於異營性微生物生質量生長每日所需磷的量 P_h 為：

$$P_h = 0.015(194,715) = 2921 \text{ g P/day}$$

所以，在厭氧槽內其他異營菌在同化作用下，磷之去除濃度 Ass-P$_{removal}$ 為：

$$Ass - P_{removal} = \frac{2919 \text{ g } P/\text{day}}{4000 \text{ m}^3/\text{day}}$$

$$= 0.73 \text{ mg P/L}$$

第四步：確認 A^2/O^{TM} 處理系統放流水中溶解性磷之濃度

由於　　　Total-P$_{removal}$ = Bio-P$_{removal}$ + Ass-P$_{removal}$

因此，　　Total-P$_{removal}$ = 5.48 + 0.73

$$= 6.21 \text{ mg P/L}$$

所以，放流水中溶解性磷之濃度 P$_{eff}$ 為：

$$P_{eff} = P_{inf} - \text{Total-P}_{removal}$$

$$= 7.0 - 6.21$$

$$= 0.79 \text{ mg/L}$$

第五步：確認廢棄污泥中磷的含量

每日廢棄污泥中磷的含量 P$_{sludge}$ 為：

$$P_{sludge} = (6.21 \text{ mg P/L})(10^{-6} \text{ Kg/mg})(4000 \text{ m}^3/\text{day})(1000 \text{ Kg/m}^3)$$

$$= 24.84 \text{ Kg P/day}$$

因此，該 A^2/O^{TM} 處理系統每日可去除 24.87 公斤的磷量。

4-9　厭氣接觸程序處理系統

　　厭氣廢水處理程序是處理多種有機性廢水的有效方法。厭氣處理程序由兼氣性及厭氣性的微生物所完成，這些微生物在隔絕氧氣的條件下，把有機物轉化為二氧化碳與甲烷這類氣態的最終產物。Pfeffer et al. (1967) 指出，與好氧處理程序相較，厭氣處理程序主要具有下列幾項優點：(1) 每去除單位重量基質 (有機物) 所產生的微生物量較少、(2) 處理過程中所產生的甲烷氣具有經濟價值，以及 (3) 由於該過程不會像好氧處理程序那樣，會在較高的氧利用速率條件下，受到氧傳遞能力的限制，因此厭氣處理程序具較高有機負荷的潛力。但厭氣處理程序的缺點則包括：(1) 為了使厭氧微生物的活性維持在一定的程度以上，因此需要提高系統操作溫度，因而提高操作費用（譯者註：可回收產物甲烷，做為提高操作溫度的能源，以降低操作成本），以及 (2) 相較於好氧處理，在較短的處理時間內，不能將有機物完全除掉。

雖然厭氣廢污物的處理程序主要是應用於穩定那些在處理都市及工業廢水時所產生的廢棄污泥，以及減少這些污泥的體積。該程序已成功的應用於處理具有中等強度的屠宰加工廠、啤酒廠、其他酒類的釀酒廠，含有脂肪酸與木質纖維的廢水，以及合成乳製品廢水等。對上述種種的工業廢水皆曾使用過厭氣接觸的處理程序。厭氣接觸程序與厭氣污泥消化程序的不同之處在於，在厭氣接觸程序中，有污泥回流，反應槽內的污泥濃度也相對較低，近似好氧活性污泥處理程序，因此厭氣接觸法，又稱之為厭氧活性污泥法。圖 4.74 所示為典型的厭氣接觸處理程序的流程。由於厭氣反應槽為隔絕空氣，因此採密閉空間，加上最終產物為氣態因而使的甲烷及二氧化碳，所以反應槽內的氣壓高於大氣壓，因而也使水中氣體的濃度相對增高，為了盡量減少放流水在進入沉澱池後，溶在水中的氣體釋出，氣泡附著在沉降的污泥上，致使發生污泥塊上浮的現象，因此需在沉澱池前設置脫氣裝置，以解決此一問題。

基礎微生物學

複雜廢污物的厭氣處理程序，最終會生成甲烷及二氧化碳氣體，該程序包含了二個不同的反應階段。在第一階段的反應，複雜廢污物中所含的成分，包括脂肪、蛋白質及多醣類等，首先被一群不同種類的兼氣性及厭氣性細菌水解為較小分子的單位。然後再由這群微生物將這些水解產物（三酸甘油脂、脂肪酸、胺基酸及糖類），進行發酵、β- 氧化及其他代謝

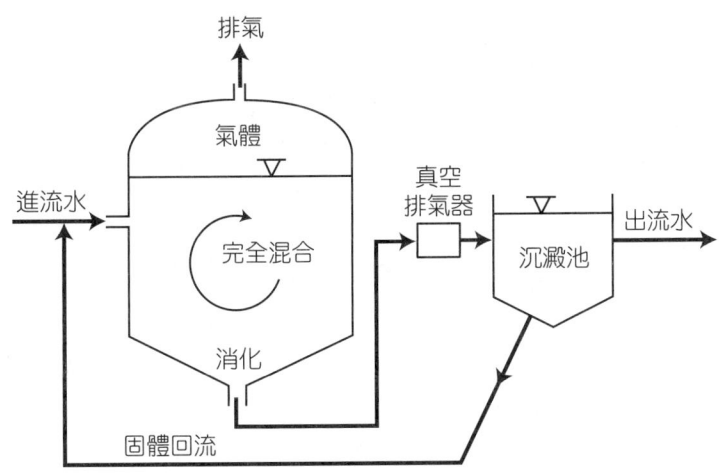

圖 4.74 厭氧接觸程序處理系統示意圖

反應,並生成分子結構較為簡單的有機化合物,主要包含短鏈(揮發性)酸及乙醇等。厭氣發酵反應的第一階段,一般稱之為「有機酸發酵」階段。在有機酸發酵階段中,有機物僅被轉化為有機酸、乙醇及新的細胞質;因此,這一階段中,僅有少量的 BOD 或 COD 被微生物利用降解。在厭氣處理的第二階段,前段反應中的各種產物,被幾種不同類型的絕對厭氧菌轉化為最終的氣體產物(主要為甲烷及二氧化碳)。因此,有機物真正被微生物分解穩定,係發生於反應的第二階段。由於產物包含甲烷,因此厭氣反應的第二階段,一般又稱之為「甲烷發酵」階段。厭氣廢污物處理程序中的二個反應階段。但必須瞭解的是,即使實質上存在著依照二個階段順序所進行的厭氧發酵過程,但在一個極具活性,又有良好緩衝作用的處理系統內,這個二個階段反應則是瞬間同時發生的。然而最近研究在厭氧發酵系統內,分離出另一種厭氧性細菌,依其代謝功能稱之為「絕對產氫醋酸菌 (obligate proton producing acetogenic bacteria)」,該菌種可利用第一階段之有機酸發酵過程所產生的高碳數有機酸,繼續代謝發酵成主要產物的醋酸,如果是偶數碳之有機酸,並同時產生氫氣 (H_2) 釋出,如果是奇數碳之有機酸,則會另產生二氧化碳之產物。接下來才進行甲烷發酵,係由甲烷產生菌將該階段的產物醋酸繼續代謝發酵為甲烷,以及釋出二氧化碳 (Bryant, 1979; Thompson, 2008)。因此,原本二階端段的厭氣處理程序,嚴格說應為三階段的反應,亦即第一階段之長鏈脂肪酸發酵反應 (acidogenesis)、第二階段之產氫醋酸發酵反應 (acetogenesis),以及第三階段之甲烷發酵反應 (methanogenesis),如圖 4.75 所示。然而,有機物不論是經由二階段或三階段厭氧發酵過程,到最終產物的甲烷及二氧化碳,參與反應的菌種稱之為互養性菌種 (syntrophic bacteria),並形成互養 (syntrophy) (Liu et al., 2019)。例如像絕對產氫醋酸菌倚賴第一階段有機酸發酵的產酸菌所生成的長鏈脂肪酸產物維生,二菌種之間形成互養現象 (syntrophy),絕對產氫醋酸菌為互養菌的一種型態。

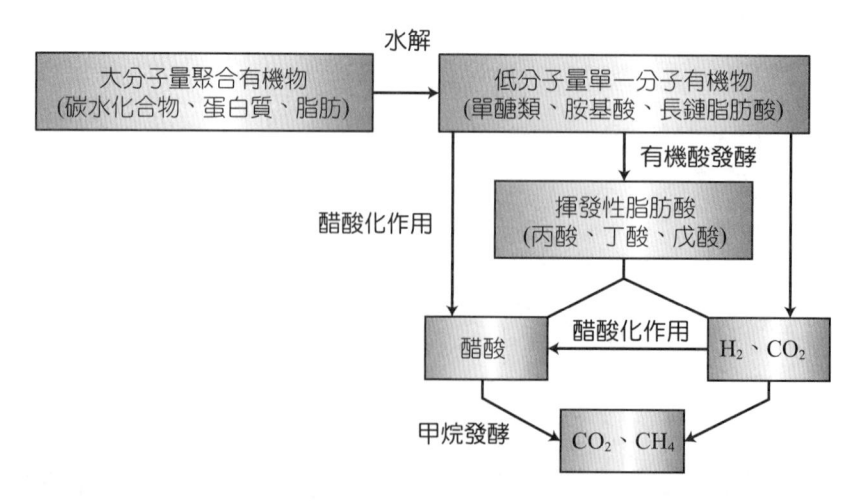

圖 4.75 三階段有機物厭氣發酵反應程序示意圖 (Rittmann & McCarty, 2001)

在第 2 章中已討論過丙酮酸做為代謝過程中樞化合物的重要性。當時曾指出，如果存在外部電子接受者 (例如像 O_2 或 NO_3^-)，丙酮酸將被轉化為 acetyl CoA，然後進入克雷布斯循環 (Krebs Cycle) 及氧化磷酸化作用 (oxidative phosphorylation)。但是如果不存在外部電子接受者 (例如像酸發酵反應之情況)，丙酮酸將會進行一些不同類型的代謝反應，目的是從還原性輔酶 NADH 之中，將氫原子釋出 (亦即釋出電子) 於特定的電子接受者，而再生為氧化性輔酶 NAD。圖 2.7 即顯示出由丙酮酸可得到的許多反應產物。酸發酵過程中所產生的主要有機酸產物是丙酸及醋酸 (註：圖 2.7 顯示在丙酸形成的過程中，有二氧化碳氣體產生)。而從圖 4.76 中可看出，在三階段有機物發酵反應過程中，醋酸主要是來自絕對產氫醋酸菌對長鏈脂肪酸進行發酵反應的產物，同時產生二氧化碳及氫氣；而甲烷主要是來自甲烷菌對醋酸進行的甲烷發酵反應所產生，同時產生二氧化碳；因此，二氧化碳除部分是來自絕對產氫醋酸菌對長鏈脂肪酸進行的發酵反應的產物外，另一部分則是來自醋酸的甲烷發酵反應。

圖 4.76 中所顯示出的產物百分比，是隨著廢水的性質而有所變化。然而，甲烷發酵過程中所生成的絕大部分甲烷，主要是來自醋酸的甲烷發酵過程；如前所述，丙酸為奇數碳有機酸，亦是先被絕對產氫醋酸菌代謝發酵為醋酸，接下來才被甲烷生成菌代謝發酵為甲烷。因此，換言之，厭氣系統處理所產生的最終產物甲烷，主要是來自醋酸的甲烷發酵過程；其餘少量的甲烷則主要是來自甲酸發酵過程，以及某些高碳數長鏈的脂肪酸，在甲烷發酵過程中所進行的 β - 氧化分解作用下之產物。

McCarty (1968) 指出，醋酸的甲烷發酵過程只需一群稱之為甲烷菌的厭氧菌即可完成，而丙酸發酵過程，由於是奇數碳有機酸，則需要由二群不同的厭氧菌來完成，包括絕對產氫醋酸菌及甲烷菌。這二種有機酸的甲烷發酵反應過程如下所示：

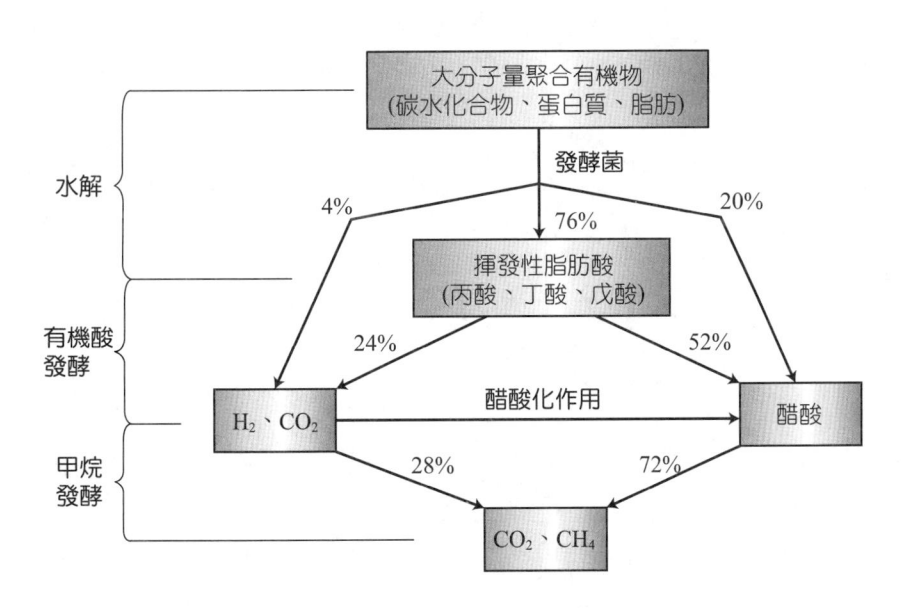

圖 4.76 有機物厭氧發酵產物成分之相對比例 (Zehnder et al., 1982)

醋酸：

$$CH_3COOH \rightarrow CH_4 + CO_2 \qquad (4\text{-}170)$$

丙酸：

$$\text{第一階段：} CH_3CH_2COOH + 2H_2O \rightarrow CH_3COOH + CO_2 + 3H_2 \qquad (4\text{-}171)$$

$$\underline{\text{第二階段：} CH_3COOH \rightarrow CH_4 + CO_2 \qquad (4\text{-}172)}$$

$$\text{總反應：} CH_3CH_2COOH + 2H_2O \rightarrow CH_4 + CO_2 + 3H_2 \qquad (4\text{-}173)$$

酸形成菌之生長速率對於環境的溫度及 pH 值的變化，其耐受程度較甲烷生成菌為高。因此，在具有多階段反應之厭氣廢污物處理程序中，甲烷發酵過程一般可假設為系統速率控制之程序階段。

系統速率控制階段動力學

任何多階段的反應程序之總反應速率，皆是由反應速度最慢階段之速率來決定。McCarty and O'Rourke (1968) 所提出的試驗數據，強烈的建議在對於短鏈及長鏈脂肪酸的厭氣廢污物處理過程中，甲烷發酵程序的確為速度限制 (速度最慢) 的一個階段。O'Rourke (1968) 還進一步發現，只有當溫度高於 20°C 時，才能進行對脂肪類廢污物的降解 (以一個較為合理的速度下進行反應)。在考量到 35°C 是公認的常溫菌厭氣廢污物處理過程中的最佳溫度。Lawrence (1971) 提出在 20 至 35°C 的溫度範圍內，用長鏈及短鏈脂肪酸的甲烷發酵動力學關係式，就可以充分反映出整個厭氣廢污物處理過程中的動力學關係。如同上述情況所表明，在有污泥回流下之完全混合活性污泥處理系統中所使用的動力學方程式，亦同樣適用於如圖 4.63 所示的厭氣接觸處理程序。如同下列方程式所示：

$$\frac{1}{\theta_c} = Y_T \frac{kS_e}{K_s + S_e} - K_d \qquad (4\text{-}9)$$

$$S_e = \frac{K_s(1 + K_d\theta_c)}{\theta_c(Y_T k - K_d) - 1} \qquad (4\text{-}14)$$

$$X = \frac{\theta_c Y_T Q(S_0 - S_e)}{V_a(1 + K_d \theta_c)} \qquad (4\text{-}20)$$

$$\frac{1}{\theta_c} = \frac{Q}{V_a}\left(1 + R - R\frac{X_r}{X}\right) \qquad (4\text{-}32)$$

$$\frac{1}{\theta_c{}^m} = Y_T \frac{kS_0}{K_s + S_0} - K_d \qquad (4\text{-}34)$$

4-34 式反映出在處理過程中失敗的情況，因為此時的 BSRT 值 (θ_c^m) 使得系統中微生物生質量污泥的廢棄量大於系統中微生物生質量污泥的生長量 (亦即發生污泥被沖離出系統之崩潰現象)。當 $S_e = S_0$ 時，BSRT 將達到最小值 (即 θ_c^m)。McCarty (1968) 指出，由於 K_d

值較小，因此忽略該值一般不會對計算結果產生明顯影響性。因此，可以利用下式估算 θ_c^m 值：

$$\theta_c^m = \frac{1}{Y_T k}\frac{K_s+S_0}{S_0} \tag{4-174}$$

由於厭氣處理過程中，每消耗單位重量基質所產生的微生物生質量污泥，較好氧處理過程中所產生要少許多，所以在厭氣處理過程中所得到的 θ_c^m 值，亦較好氧處理過程中的 θ_c^m 值要大許多。亦可從 4-174 式中，θ_c^m 與 Y_T 之間呈倒數關係得知此一論述。為了確保厭氣接觸處理程序不會發生失敗的情況，可根據一些特殊的情況，採用 2 至 10 倍的 θ_c^m 值來進行設計。

Lawrence and McCarty (1969) 指出，當 $S_0 \geq K_s$ 時（亦即當進流水中基質濃度較高，不會對微生物生長產生限制作用時），θ_c^m 值等於最大比生長速率的倒數，並書寫成 $(\theta_c^m)_{\lim}$。

$$(\theta_c^m)_{\lim} = \frac{1}{\mu_{\max}} \fallingdotseq \frac{1}{Y_T k} \tag{4-175}$$

以不同有機物做為甲烷發酵過程中之基質所得到的 $(\theta_c^m)_{\lim}$ 值，如表 4.14 所示。

O'Rourke (1968) 指出，如果假設所有脂肪酸發酵過程中的 Y_T、K_d 及 k 值全部皆相等，則可以將 4-14 式修改為如下之形式：

$$(S_e)_{\text{最終}} = \frac{1+K_d\theta_c}{\theta_c(Y_T k - K_d)-1}(K_c) \tag{4-176}$$

式中，$K_c = \Sigma K_s$，亦即等於在系統處理過程中所發現或產生的各類型脂肪酸之飽和常數的總和。

至於溫度對甲烷發酵過程的影響性，O'Rourke (1968) 指出可用下列經驗式表示：

$$(k)_T = (6.67 \text{ day}^{-1})10^{-0.015(35-T)} \tag{4-177}$$

表 4.14 不同基質甲烷發酵反應之 θ_c 極小值

基質類型	$(\theta_c)_{\lim}$ (days)			
	35°C	30°C	25°C	20°C
醋酸	3.1	4.2	4.2	–
丙酸	3.2	–	2.8	–
丁酸	2.7	–	–	–
長鏈脂肪酸	4.0	–	5.8	7.2
氫	0.95[a]	–	–	–
污水污泥	4.2[b]	–	7.5[b]	10[b]
污水污泥	2.6[c]	–	–	–

[a] 37°C
[b] 當 S_0 = 18.1 g COD/L，所計算出之 θ_c 值
[c] 實驗之觀測值
資料來源：Lawrence (1971)

以及

$$(K_c)_T = (2224 \text{ mg COD/L})10^{0.046(35-T)} \quad (4\text{-}178)$$

4-176、4-177 及 4-178 等式適用於溫度在 20 至 35°C 範圍內之含有高碳數複雜脂類物質的混合廢水。Lawrence (1971) 認為，利用上述方程式所進行之厭氣廢水處理過程，在設計上是令人滿意的。至於對含低碳數脂類的廢水，包括像醋酸及丙酸等於發酵過程中所相對應的 k 及 K_s 值，如表 4.15 所示，這些數值提供此類廢水處理的基本設計數據。當處理對象為低碳數脂類廢水時，此時應使用 4-14 式代替 4-176 式，來進行設計。

在醋酸、丙酸及丁酸的甲烷發酵過程中，Y_T 與 K_d 值的變化範圍及平均值，如表 4.16 所示。這些數據是由 Lawrence (1971) 所提出，他同時指出溫度對 Y_T 與 K_d 值的影響不大。由於上述原因，他建議設計時可以將 Y_T 與 K_d 視同為不會隨溫度變化的常數值，並提出對低碳數脂類廢水可採用 $Y_T = 0.044$ 及 $K_d = 0.019 \text{ day}^{-1}$，以及對高碳數脂類混合型廢水，例如像都市污水之污泥，可採用 $Y_T = 0.04$ 及 $K_d = 0.015 \text{ day}^{-1}$。

表 4.15 醋酸、丙酸及丁酸等基質用於厭氧發酵反應時之各類參數值

溫度	參數類型	基質類型	醋酸	丙酸	丁酸
35°C	k (mg/mg-day)	以去除醋酸之量表示	8.1	9.6	15.6
		甲烷產生量以COD表示	8.7	7.7	8.1
	K_s (mg/L)	以醋酸表示	154	32	5
		以COD表示	165	60	13
30°C	k (mg/mg-day)	以去除醋酸之量表示	4.8	–	–
		甲烷產生量以COD表示	5.1	–	–
	K_s (mg/L)	以醋酸表示	33.3	–	–
		以COD表示	356	–	–
25°C	k (mg/mg-day)	以去除醋酸之量表示	4.7	9.8	–
		甲烷產生量以COD表示	5.0	7.8	–
	K_s (mg/L)	以醋酸表示	869	613	–
		以COD表示	930	1145	–

資料來源：Lawrence (1971)

表 4.16 有機酸甲烷發酵反應參數 Y_T 及 K_d 之數值範圍與平均值

參數類型	數值範圍	平均值
Y_T (mg/mg)	0.040~0.054	0.044
K_d (day^{-1})	0.010~0.040	0.019

資料來源：Lawrence (1971)

氣體產量

McCarty (1968) 指出，根據甲烷的氧當量來計算厭氣廢水處理過程中所放出的甲烷氣體量：

$$CH_4 + 2O_2 \rightarrow CO_2 + 2H_2O \quad (4\text{-}179)$$
$$\quad 16 \quad\quad 64$$

因此，1 莫耳 (16 g) 的甲烷 (CH_4) 相當於 64 g 的 COD，或 1/64 莫耳的 CH_4 相當於 1 g 的 COD。根據在標準狀況下之溫度及壓力 (亦即 0°C 及 1 大氣壓) 條件下，1 莫耳的任何氣體都具有 22.4 L 體積的定律，可計算出氧化 1 lb 的 COD 或 BOD_u 所生成的甲烷氣體積。因此，1/64 莫耳的 CH_4 相於標準狀況下的體積為 22.4/64 = 0.35 L，抑或每氧化 1 g 的 BOD_u，將可產生 0.35 L 的 CH_4，改為英制則為 (0.35 L/g)(454 g/lb) = 159 L/lb，亦即 1 lb 的 BOD_u 氧化，可產生 159 L 的 CH_4 氣。由於 1 ft^3 等於 28.32 L，所以每氧化 1 lb 的 BOD_u，可以生成 5.63 ft^3 的甲烷氣體。根據查理定律 (Charles' law)，計算出在其他系統操作溫度下，所生成氣體的體積。

$$V_2 = \frac{T_2}{T_1} V_1 \quad (4\text{-}180)$$

式中，V_2 = 發酵系統操作溫度下的氣體體積，L

V_1 = 標準狀況下的氣體體積，22.4 L

T_1 = 標準狀況下的溫度，273°K

T_2 = 發酵系統的操作溫度，°K

亦可利用一類似於 4-90 式中，由每日之需氧量，計算出甲烷氣的日產量。

$$G = G_0[\Delta S - 1.42(\Delta X)] \quad (4\text{-}181)$$

式中，G = 甲烷氣的總產量，ft^3/day

G_0 = 每氧化 1 磅 COD 或 BOD_u 所生成的甲烷氣體積，ft^3/lb

ΔS = 每日 COD 或 BOD_u 的去除量，lb/day

ΔX = 每日微生物生質量的生長量，lb/day

在穩定條件下，系統中的微生物生質量的生長量等於每天從系統中所廢棄的污泥量。由於細胞合成過程中所消耗的有機物不會被氧化，所以在細胞合成的過程中，沒有甲烷氣的產生。因此，上式中的常數 1.42 即表示氧化單位重量細胞生質量的氧當量。所以 1.42 與 ΔX 的乘積即表示每日去除的總 BOD_u 中，不會產生甲烷氣部分的數量。因為甲烷氣只佔厭氣廢水處理過程氣體總產量的 2/3，所以每日氣體的總產量為 G/0.67。

根據標準狀況下，每 ft^3 甲烷氣 (不是指混合氣體的體積) 的淨熱值為 960 Btu，可計算出甲烷氣的有效熱容量。因此，當需要將流入系統內的廢水加熱到發酵的溫度時，即可利用下式計算所需要供給的熱量：

$$R_H = Q_m W_s (T_2 - T_1) \qquad (4\text{-}182)$$

式中，R_H = 將廢水溫度提高到發酵溫度所需要的熱量，Btu/day

Q_m = 廢水之平均質量流量，lb/day

W_s = 水的比熱，1 Btu/lb-°F

T_2 = 系統內發酵的溫度，°F

T_1 = 進流廢水的溫度，°F

環境影響因子

甲烷菌對於 pH 的變化相當敏感，研究結果表明，在 6.0 至 8.5 的 pH 範圍內，甲烷發酵的速度可達到相對穩定，但當 pH 超出此一範圍時，將會導致反應速率明顯的下降（如圖 4.77 所示）。

充分的鹼度為保持厭氣處理過程中，維持系統中適當 pH 值的基本條件，因為鹼度可以對系統中 pH 值的變化具有緩衝作用。有機物在分解過程中會產生鹼度，在典型的甲烷發酵系統中之 pH 條件下（大約在 7.0 左右），鹼度主要是以碳酸氫鹽 (HCO_3^-) 的形式存在。4-183 式所示為對含氮化合物發酵過程，產生鹼度的例子。

$$\underset{\text{胺基丙酸}}{CH_3-\underset{\underset{NH_2}{|}}{CH}-COOH} + 2\underset{\text{胺基乙酸}}{\underset{\underset{NH_2}{|}}{CH_2}-COOH} + 5H_2O$$

$$\rightarrow 3CH_4 + CO_2 + 3NH_4^+ : HCO_3^- \qquad (4\text{-}183)$$

混合氣體中的每一種成分的氣體，皆充滿該混合氣體所占據的全部空間，此乃氣體的基本特性之一。體積百分比則是指氣體在混合前，各氣體獨自的體積在混合氣體總體積中所佔

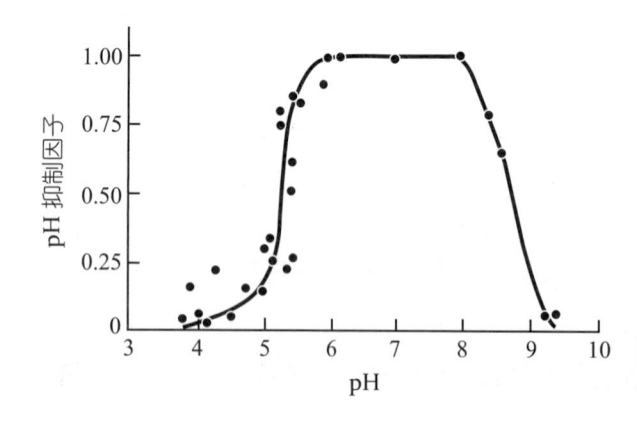

圖 4.77 pH 值對甲烷發酵速率的影響 (Clark and Speece, 1971)

的比例。混合作用的結果,可使每一種氣體的體積,皆得到相對應的增加。因此,必須在各種類氣體的壓力項上,再乘一個小於 1 的係數,來修正當體積變化時,其對氣體壓力的影響。這個修正係數等於以各氣體混合前的體積,除以混合後氣體的總體積,所得到之商數值,也等於用最初的體積百分比,除 100 所得到的商數值。因此,在混合氣體中,各類氣體的分壓與該氣體的體積百分比成正比。利用這個關係,以及在前述硝化部分章節中所討論過的,在系統中的鹼度與排氣中 CO_2 含量之間的關係,可以用來計算水體中所預期的鹼度值。

例題 4-15

某厭氣廢水處理過程,系統的排氣中含有 27% 的二氧化碳,而該過程進行發酵時之 pH 值為 7.2,操作溫度在 1 個大氣壓時為 20°C。試計算出系統在平衡狀態下,廢水所含以 $CaCO_3$ 形式計之鹼度濃度。

【解】

1. 利用 4-127 式,確定溶解於水體中 CO_2 的濃度。

$$C_{CO_2} = HP_{CO_2}$$
$$= (1688)(0.27)(1 \text{ atm}) = 456 \text{ mg/L}$$

或

$$C_{CO_2} = (0.456 \text{ g/L})(44 \text{ g/mole}) = 0.01 \text{ mole/L}$$

2. 假設水中碳酸 (H_2CO_3) 的濃度近似於溶解於水中 CO_2 的濃度,可根據 3-28 式計算出水中 HCO_3^- 的濃度。

$$\text{pH} = pK_1 - \log\left(\frac{[H_2CO_3^*]}{[HCO_3^-]}\right)$$
$$\log[\text{HCO}] = 7.2 - 6.38 - 2.0$$
$$= -1.18$$

或

$$[\text{HCO}_3^-] = 0.066 \text{ mole/L}$$
$$= (0.066 \text{ mole/L})(61 \text{ g/mole}) = 4026 \text{ mg/L}$$

3. 將碳酸氫鹽形式之鹼度濃度 (當量為 61) 換算為以 $CaCO_3$ 形式計 (當量為 50) 之鹼度濃度。

$$\text{鹼度} = 4260 \left(\frac{50}{61}\right) = 3300 \text{ mg/L } as \text{ CaCO}_3$$

一般而言，厭氣廢水處理過程所排出氣體中，CO_2 所佔體積百分比含量為 30~40%。因此，當系統操作之 pH 值處於 6.6~7.4 的範圍以內時，可以預測水中以 $CaCO_3$ 計之鹼度變化範圍在 1000~5000 mg/L 之間。至於水中的總鹼度，則將以水樣的 pH 降至甲基橙指示劑滴定終點 (pH ≒ 4.3) 時，所消耗的酸量來衡量。而有機酸鹽鹼度則採用酸滴定法進行測量。為了利用這樣的滴定方法來確定以氫碳酸鹽計之鹼度，McCarty (1964) 推薦如下之方程式：

$$BA = TA - (0.85)(0.833)TVA \qquad (4\text{-}184)$$

式中，BA = 碳酸氫鹽鹼度，mg/L（以 $CaCO_3$ 計）

TA = 用甲基橙指示劑滴定所測得的總鹼度，mg/L（以 $CaCO_3$ 計）

TVA = 總揮發酸（短鏈）之濃度，mg/L（以醋酸 CH_3COOH 計）

上式中的常數 0.833 是換算係數，常數 0.85 是用以反映一個事實，即在甲基橙指示劑滴定終點時，大約能測得 85% 的揮發酸的鹼度。

目前已發現陽離子濃度對甲烷的生成速率有影響 (Kugelman and McCarty, 1965)，圖 4.78 反映了此一情況。由該圖中可看出，在較低的濃度範圍內，增加陽離子的濃度對處理過程具有刺激性的影響。該圖亦表明出，在甲烷發酵過程中，存在著最佳陽離子的濃度值；系統中的陽離子濃度如超過該值時，就會導致甲烷發酵速率的下降。在陽離子濃度較高的條件下，反應速率下降的程度取決於陽離子濃度超過最佳值的程度。表 4.17 所示為 McCarty (1964) 所收集到的部分常見陽離子對影響甲烷發酵速率有關的數據。

氨濃度對於甲烷發酵速率的影響與陽離子濃度對其影響相類似（如表 4.18 所示），但其中重要的區別是，當發酵進行時，系統的 pH 值決定水體中氨分子及銨離子之間的分配百分比。當 pH 值較高時，對甲烷菌較具毒性的游離氨分子之比例，也相對較高。

對於甲烷發酵過程時最佳狀態下之特定環境因素如表 4.19 所示。

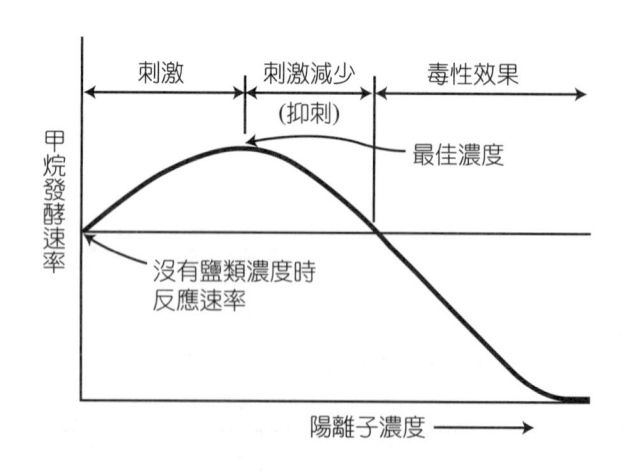

圖 4.78 陽離子濃度對甲烷發酵速率的影響 (Kugelman and McCarty, 1965)

表 4.17　陽離子對甲烷發酵反應之影響效果

陽離子類型	激化反應效果 (mg/L)	中性抑制效果 (mg/L)	強烈抑制效果 (mg/L)
Ca^{++}	100~200	2500~4500	8,000
Mg^{++}	75~150	1000~1500	3,000
K^+	200~400	2500~4500	12,000
Na^+	100~200	3500~5500	8,000

資料來源：McCarty (1964)

表 4.18　氨對甲烷發酵反應的影響效果

觀察到之影響效果	氨氮濃度 (mg N/L)
有助於反應發生	50 ~ 200
無負面效果	200 ~ 1000
高 pH 值下具抑制效果	1500 ~ 3000
具毒性效果	> 3000

資料來源：McCarty (1964)

表 4.19　影響甲烷發酵反應之環境因子

環境因子類型	最佳數值範圍	最大數值範圍
溫度 (°C)	30~35	25~40
pH	6.8~7.4	6.2~7.8
氧化還原電位 (ORP) (MV)	−520~ −530	−490~ −550
揮發酸量 (mg CH_3COOH/L)	50~500	2000[a]
鹼度 (mg $CaCO_3$/L)	2000~3000	1000~5000

[a] 雖然甲烷菌的最大揮發酸濃度容忍極限值會依據不同環境因子而有所不同，但一般認為 2000 mg/L 之濃度值是其最大之容忍極限值。

資料來源：Malina (1962)

程序設計之依據

厭氣接觸處理程序之設計過程中，使用的 θ_c 值一般為 θ_c^m 值的 2~10 倍。較低的系統操作溫度會使 θ_c^m 值急劇加大，這是由於低溫使得最大比基質利用率 k 變小所致。因此，厭氣廢水處理程序一般不宜在低於 20°C 的溫度條件下操作。由於大部分厭氣廢水處理程序的最佳系統操作溫度在 35°C 左右，所以設計工程師對於水溫大大低於該溫度的廢水，應考慮對處理系統採取加熱的措施。而處理系統能否產生足夠的甲烷氣，以回收用於加熱設備，而不需依賴大量額外的附加燃料，是決定是否需回收產物甲烷氣時，必須考量的一個重要因素。Lawrence (1971) 指出，在需要大幅度提高廢水溫度而又不希望使用附加燃料的情況下，廢水中的 COD 含量必須要大於或等於 5000 mg/L 時，才能達到系統加熱設備所需燃料自給的目標。

從動力學的觀點來看,在生物處理過程中所給予某一 θ_c 值的條件下,理論上系統並不存在有機負荷率的上限值。但是正如同在活性污泥處理過程中所觀察到的情況一樣,某些非動力學的因子,將會限制負荷率的增高。Lawrence (1971) 曾提出,廢水厭氣接觸處理程序中一些重要的非動力學限制因子,包括:(1) 可供微生物使用的營養物含量、(2) 有毒物質的含量、(3) 對 pH 值變化的控制能力、(4) 固－液分離的效率以及 (5) 污泥回流比等。為了能達成理想的固－液分離效率,一般將 MLVSS 的濃度控制在 3000~4000 mg/L 的範圍。而厭氣接觸程序中所使用的污泥回流比,一般是在 2:1~4:1(回流量與進流水流量之比)的範圍內。

由於像這種處理的程序非常敏感,又難於控制,所以在選擇厭氣接觸過程處理某種特定廢水之前,必須仔細考慮各種影響因子對其的作用。Schroeder (1977) 也曾指出,有機負荷或水力負荷的短期變化,亦有可能會引發厭氣處理程序在操作上的問題。此外,由於該處理程序的啟動時間較長,所以一般不宜用來處理水質會隨季節性變化的廢水(例如像小型的罐頭工廠廢水)。Graef and Andrews (1974) 針對厭氣處理系統,提出可用來解決許多操作上困難的控制對策。

對於採用厭氣接觸系統處理工業廢水,建議的各類操作數據,資料整理如表 4.20 所示。

表 4.20　厭氣接觸處理程序對不同類型工業廢水之操作數據

工業廢水類型	水力停留時間(日)	反應槽溫度(°F)	原廢水BOD$_5$(mg/L)	負荷量(lb/1000 ft^3-day)	去除百分比(%)
玉米澱粉加工業	3.3	73	6,280	110	88
威士忌製酒廠	6.2	92	25,000	250	95
棉花蒸煮業	1.3	86	1,600	74	67
柳橙加工處理業	1.3	92	4,600	214	87
啤酒廠	2.3		3,900	127	96
澱粉麵筋製造業	3.8	95	14,000[a]	100[a]	80[a]
葡萄酒廠	2.0	92	23,000[a]	730[a]	85[a]
酵母工廠	2.0	92	11,900[a]	372[a]	65[a]
糖漿製造業	3.8	92	32,800[a]	546[a]	69[a]
肉類包裝	1.3	92	2,000	110	95
	0.5	92	1,380	156	91
	0.5	95	1,430	164	95
	0.5	85	1,310	152	94
	0.5	75	1,110	131	91

[a] 揮發性懸浮固體,而不是 BOD$_5$
資料來源:Eckenfelder (1966)

第 4 章　活性污泥法及其改良形式　241

例題 4-16

對於某一肉品加工廠廢水，流量為 0.2 MGD，將採用厭氣接觸程序進行處理。請利用下列基本設計數據，進行設計：廢水溫度為 20°C、廢水的 COD 濃度為 3000 mg/L、預定系統內發酵溫度為 35°C 及 MLVSS 濃度為 3500 mg/L 以及用以計算 θ_c 設計值的安全係數為 5。

【解】

1. 肉品加工廠廢水的性質類似於都市生活污水，因此可認定此類廢水係屬於高脂類混合廢水，其所相應的生化動力學常數為：

$$(k)_{35°C} = (6.67 \text{ day}^{-1})10^{-0.015(35-35)}$$

或　　　　　　　$(k)_{35°C} = 6.67 \text{ day}^{-1}$

$$(K_c)_{35°C} = (2224 \text{ mg COD/L})10^{0.046(35-35)}$$

或　　　　　　　$(K_c)_{35°C} = 2224 \text{ mg COD/L}$

$$Y_T = 0.04$$

$$K_d = 0.015 \text{ day}^{-1}$$

2. 利用 4-174 式，計算 $\theta_c{}^m$，然後利用 5 倍的安全係數確定 θ_c 的設計值。

$$\theta_c{}^m = \frac{1}{(0.04)(6.67)} \frac{2224 + 3000}{3000}$$

$$= 6.5 \text{ days}$$

因此，　　　　　$\theta_c = (5)(6.5) = 32.5 \text{ days}$

3. 根據 4-176 式，確定放流水中溶解性基質的濃度。

$$(S_e)_{最終} = \frac{[1 + (0.015)(32.5)](2224)}{(32.5)[(0.04)(6.67) - (0.015)] - 1}$$

$$= 461 \text{ mg/L}$$

4. 利用 4-20 式，估算所需反應槽的體積。

$$V_a = \frac{(32.5)(0.04)(0.2)(3000 - 461)}{(3500)[1 + (0.015)(32.5)]}$$

$$= 0.13 \text{ MG}$$

5. 根據系統操作的 BSRT 值為 3.5 days，利用 2-63 式計算觀測生長係數。

$$Y_{obs} = \frac{(0.04)}{1 + (0.015)(32.5)}$$

$$= 0.027$$

6. 利用 4-85 式，確定微生物生質量污泥的生長量。

$$\Delta X = (0.2)(8.34)(0.027)(3000 - 461)$$

$$= 114 \text{ lb/day}$$

7. 根據 4-100 式及 4-101 式，計算營養鹽的需要量。

$$N = (0.122)(114) = 14 \text{ lb/day}$$
$$P = (0.023)(114) = 2.6 \text{ lb/day}$$

8. 計算每去除 1 lb 的 COD，生成的甲烷氣體量 (ft^3)。

$$V_2 = \frac{308}{273}(22.4)$$
$$= 25.3 \text{ L}$$

因此，

$$甲烷產生量 = \frac{(25.3/64)(454)}{28.32}$$
$$= 6.34 \text{ ft}^3/\text{lb COD 去除量}$$

9. 利用 4-181 式，計算甲烷氣的總產量。

$$G = 6.34[(3000 - 461)(8.34)(0.2) - (1.42)(114)]$$
$$= 25,823 \text{ ft}^3/\text{day}$$

10. 計算每日生產的總有效熱容量。

$$總有效熱容量 = 960\frac{\text{Btu}}{\text{ft}^3} \times 25,823\frac{\text{ft}^3}{\text{day}} \times \frac{5.63}{6.34}$$
$$= 22,013,904 \text{ Btu/day}$$

因為甲烷氣在標準狀態下的熱容量為 960 Btu/ft^3，而在本步驟的計算中，亦是在標準狀態下所計算出的氣體產量，因此可用用於計算總有效熱容量。

11. 利用 4-182 式，計算將廢水加熱到 35°C 時，所需的熱量。

$$Q_m = 2000\frac{\text{gal}}{\text{day}} \times \frac{1 \text{ ft}^3}{7.5 \text{ gal}} \times \frac{62.4 \text{ lb}}{1 \text{ ft}^3}$$
$$= 1,664,000 \text{ lb/day}$$

因此，

$$R_H = (1,664,000 \text{ lb/day})(1 \text{ Btu/lb-°F})(95°\text{F} - 68°\text{F})$$
$$= 44,928,000 \text{ Btu/day}$$

計算結果表明，甲烷氣產生的熱量只能滿足所需熱量的一半，所以為了使廢水溫度能夠保持在 35°C，則需要使用大量的額外附加燃料。

習題

4-1 利用 4 個類似於圖 4.47 所示的活性污泥試驗裝置，進行污水可處理性的研究工作。對各個試驗裝置中所獲得的數據，取其平均值如下表所示。試根據廢水性質及試驗的微生物培養條件，確定該系統之生化動力學常數 K、K_d、Y_T、a 及 b。

處理單元	ΔX (lb/day)	容積 (gal)	Q (gal/day)	MLVSS (mg/L)	MLSS (mg/L)	S_0 (mg/L)	S_e (mg/L)	OUR (mg/L-hr)
1	0.0033	4	24	1000	1300	100	17	22.9
2	0.0066	4	24	1000	1300	150	25	30.2
3	0.0099	4	24	1000	1300	200	33	37.5
4	0.0133	4	24	1000	1300	250	42	44.8

4-2 下列數據可應用於某一完全混合式活性污泥處理廠之設計：

$S_0 = 250$ mg/L BOD_u $K_d = 0.08$ day^{-1}

$S_e = 25$ mg/L BOD_u $\theta_c = 8$ days

$[TKN]_0 = 26$ mg/L as N

$Y_T = 0.5$

$Y_N = 0.05$

假設 TKN 在硝化過程中被完全轉化，硝化處理過程的效率為 100%。如果在計算該系統的微生物生質量污泥總產量時，可忽略硝化過程中微生物生質量污泥的產量，試求由此所引發的誤差百分數。

4-3 某一處理都市污水的完全混合式活性污泥處理廠，該廠的進流水流量為 20 MGD，進流水之 BOD_u 為 150 mg/L，其他設計條件如下所示：

MLVSS = 2000 mg/L

MLVSS = 0.8 MLSS

$S_e = 5$ mg/L BOD_u

$K = 0.04$ mg/L-day

$K_d = 0.05$ day^{-1}

$Y_T = 0.5$

$[TKN]_0 = 20$ mg/L as N

進流水含磷量 = 10 mg/L as P

已知在冬季與夏季條件下操作之溫度變化不顯著，且污水中含有阻礙硝化作用的化合物，此外無其他不利的因素。試根據上述條件求解下列問題。

a. 確定所需的曝氣槽體積。

b. 根據下列參數，試繪出當 θ_c 值為 5、8、10、12 及 15 日時，兩者之間的函數關系曲線圖。

(1) 放流水基質濃度

(2) 穩定狀態下微生物生質量污泥濃度

(3) 觀測生長係數

(4) 污泥產量

(5) 藉由細胞合成代謝作用所去除的氮量 (以磅計)

(6) 藉由細胞合成代謝作用所去除的磷量 (以磅計)

(7) 需氧量

c. 當 θ_c 值分別為 5、8、10、12 及 15 日，以及 R 值分別為 0.3、0.4 及 0.5 等條件下，試分別繪出 X_r/X 與 θ_c 之間存在的函數關係曲線。

4-4 某一延長曝氣活性污泥處理廠，廢水進流量為 500,000 gpd，進流水的總有機物 (BOD_u) 質量進流量為 1500 lb/day，而處理系統的平均微生物污泥降解率 (K_d) 為 0.1 day^{-1}，以及微生物生質量污泥的生長係數 (Y_T) 為 0.55。如要使該廠的處理效率達到 85%，試計算在處理廠中需保持每日多少磅的活性污泥量？

4-5 某種廢水在經過初沉池處理後，具有如下之特性：

Q (MGD)	S_0 (mg/L)	TKN (mg N/L)	P (mg P/L)	不可生物分解固體 (mg/L)
2.33	98	39	8	102

利用下列參數，試設計一個硝化效率為 95% 的結合式完全混合活性污泥處理系統：

$$X = 2000 \text{ mg/L}$$
$$Y_T = 0.5$$
$$K_d = 0.07 \text{ day}^{-1} \text{ (在 20°C，} \theta = 1.05)$$
$$K = 0.03 \text{ L/mg-day (在 20°C，} \theta = 1.03)$$
$$(\mu_{max})_{NS[20°C, (pH)opt]} = 0.4 \text{ day}^{-1}$$
$$Y_N = 0.05$$
$$(pH)_{opt} = 8.0$$

系統之操作 pH = 7.4

系統冬季操作溫度 = 40°F

系統夏季操作溫度 = 65°F

在本題中，放流水中的溶解性 BOD_u 不得超過 10 mg/L。在考慮於硝化過程中的有效氮含量時，應對異營菌細胞於合成代謝過程中所吸收的氮量，予以扣除之修正。

4-6 某一完全混合活性污泥處理廠，廢水處理流量為 3.0 MGD。該廠設置有三個曝氣槽，每槽的體積皆為 0.3 MG。該廠設置有沉砂池，但並未設置有初沉池。假設該廠是依照階梯曝氣的方式運轉，並要求放流水中溶解性 BOD_u 含量不得超過 15 mg/L。此外，在考慮硝化過程中的有效氮濃度時，可忽略異營菌於細胞合成代謝過程中所消耗的氮量。試利用下列參數，計算出處理過程中的污泥產量及需氧量。

$S_0 = 240$ mg/L BOD_u

進流水 SS = 200 mg/L

在進流水中的 SS，有 30% 是生物不可降解

系統的操作 pH = 7.1

進流水 TKN = 25 mg/L as N

系統設計的操作溫度：冬季 = 7 ℃

夏季 = 18 ℃

硝化效率 = 95%

$Y_T = 0.5$

$K = 0.04$ L/mg-day（在 20℃，$\theta = 1.03$）

$K_d = 0.1$ day^{-1}（在 20℃，$\theta = 1.05$）

$Y_N = 0.05$

$(\mu_{max})_{NS[20℃，(pH)opt]} = 0.4$ day^{-1}

$(pH)_{opt} = 8.0$

4-7 已知生化動力學常數 $(\mu_{max})_{NS} = 0.3$ day^{-1}、$K_N = 1.0$ mg/L、$Y_N = 0.05$ 以及系統之操作 pH = 8.0。利用上述之參數條件，於穩定狀態下，在一個完全混合活性污泥的處理過程中，如要讓硝化培養條件成立，則系統所需之最小操作 BSRT 值應為多少？

參考文獻

ABU-GHARARAH, Z. H. and C. W. RANDALL, "The Effect of Organic Compounds on Biological Phosphorus Removal," *Water Science and Technology*, 23, 585, (1991).

ADAMS, C.E., JR., and W. W. ECKENFELDER, JR., *Process Design Techniques for Industrial Waste Treatment*, Enviro Press, Nashville, Tenn., 1974.

AGARDY, F. J., R. D. COLE, and E. A. PEARSON, "Kinetic and Activity Parameters of Anaerobic Fermentation Systems," SERL Report No. 63-2, Sanitary Engineering Research Laboratory, University of California, Berkeley, Calif., 1963.

ALBERTSON, J. G., J. R. McWHIRTER, E. K. ROBINSON, and N. P. VAHDIECK, "Investigation of the Use of High Purity Oxygen Aeration in the Conventional Activated Sludge Process," FWQA Report No. 17050 DN W05/70, Washington, D.C., 1970.

ANDREWS, J. F., "Kinetic Models of Biologlcal Waste Treatment Processes," *Biotechnology and Bioengineering, Symposium No. 2*, John Wiley & Sons, Inc., New York, 1971.

ANDREWS, J. F., "Control Strategies for the Anaerobic Digestion Process," *Water and Sewage Works*, Mar. 1975, p. 62.

ANDREWS, J. F., H. O. BUHR, and M. K. STENSTROM, "Control Systems for the Reduction of Effluent Variability from the Activated Sludge Process," paper presented at the International Conference on Effluent Variability from Wastewater Treatment Processes and Its Control, New Orleans, La., Dec. 1974.

BALL, J. E., M. J. HUMENICK, and R. E. SPEECE, "The Kinetics and Settleability of Activated Sludge Developed Under Pure Oxygen Conditions," Technical Report No. EHE-72-18, University of Texas, Austin, Tex., 1972.

BANKS, N., "U.K. Work on the Use of Oxygen in the Treatment of Wastewater Associated with the CCMS Advanced Wastewater Treatment Project," *Water Pollution Control*, **75**, 228 (1976).

BARKER, P. S. and P. L. DOLD, "Denitrification Behaviour in Biological Excess Phosphorus Removal Activated Sludge Systems," *Water Resrarch*, 30, 769 (1996).

BARNNRD, J. L., "Biological Nutreint Removal without the Addition of Chemicals," *Water Research*, **9**, 485 (1975).

BARNARD, J. L . "A Review of Biological Phosphorus Removal in the Activated Sludge Process ," *Water S. A.*, 2, 136 (1976).

BARNSRD, J. L., "Nutrient Removal in Biological Systems," *British Journal of Water Pollution Control*, **45**, 143 (1975).

BARTH, E. F., R. C. BRENNER, and R. F. LEWIS, "Chemical-Biological Control of Nitrogen in Wastewater Effluent," *Journal of the Water Pollution Control Federation*, **40**, 2040, (1968).

BENEDICT, A. H., and D. A. CARLSON, "Temperature Acclimation in Aerobic Bio-oxidation Systems," *Journal of the Water Pollution Control Federation*, **45**, 10 (1973).

BENEFIELD, L. D., and C. W, RANDALL, "Design Procedure for a Contact-Stabilization Activated Sludge Process," *Journal of the Water Pollution Control Federation*, **48**, 147 (1976).

BENEFIELD, L. D., AND C. W. RANDALL, "Evaluation of a Comprehensive Kinetic Model for the Activated Sludge Process," *Journal of the Water Pollution Control Federation*, **49**, 1636 (1977).

BENEFIELD, L. D, C. W. RANDALL, and P. H. KING, "The Stimulation of Filamentous Microorganisms in Activated Sludge by High Oxygen Concentration," *Water, Air and Soil Pollution*, **5**, 113 (1975).

BENEFIELD, L. D., C. W. RANDALL, and P. H. KING, "Temperature Considerations in the Design and Control of Completely-Mixed Activated Sludge Plants," paper presented at 2nd Annual National Conference on Environmental Engineering Research, Development and Design, ASCE, University of Florida, Gainesville, Fla., 1975.

BENEFIELD, L. D., C. W. RANDALL, and P.H. KING, "The Effect of High Purity Oxygen on the Activated Sludge Process," *Journal of the Water Pollution Control Federation*, **49**, 269 (1977).

BENNETT, E. R,, personal communication, University of Colorado, Boulder, Colo., 1977.

BIRYUKOV, V. V., and L.D. SHTOFFER, "Effects of Stirring on Distribution of Nutrients and Metabolites in Bacterial Suspension During Cultivation," *Applied Biochemistry and Microbiology*, July 1973, p. 9.

BISHOP, D. F., J. A. HEIDMAN, and J. B. STAMBERG, "Single-Stage Nitrification-Denitrification," *Journal of the Water Pollution Control Federation*, **48**, 520 (1976),

BISOGNI, J. J., JR., and A. W. LAWRENCE, "Relationship Between Biological Solids., Retention Time and Settling Characteristics of Activated Sludge," *Water Research*, **5**, 753 (1971).

BOON, A. G., "Technical Review of the use of Oxygen in the Treatment of Wastewater," *Water Pollution Control*, **75**, 206 (1976).

BOON, A. G. and D. R. BURGESS, "Treatment of Crude Sewage in Two High-Rate Activated Sludge Plants Operated in Series," *Water Pollution Control*, **74**, 382 (1974).

BRYANT, M. P., "Microbial Methane Production - Theoretical Aspects," *Journal of Animal Science*, **48**, 193 (1979).

BROCK, T. D., *Biology of Microorganisms*, Third Edition, Prentice-Hall, Inc., Englewood Cliffs, N.J., 1979.

BROWN and CALDWELL, Consulting Engineers, *Process Design Manual for Nitrogen Control*, EPA Technology Transfer Series, 1975.

BUCSTEEG, W., "Determination of Sludge Activity: A Possibility of Controlling Activated Sludge Plants," in *Proceedings of the 3rd International Conference on Water Pollution Research*, Munich, 1966.

BURCHETT, M. E., and G. TCHOBANOGLOUS, "Facilities for Controlling the Activated Sludge Propess by Mean Cell Residence Time," *Journal of the Water Poilution Control Federation*, **46**, 973 (1974).

CLARK, R. H. and R. E. SPEECE, "The pH Tolerance of Anaerobic Digestion," *Proceedings of the 5th International Conference on Water Pollution Research*, 1971.

DAIGGER, G. T., and C. P. L. GRADY, JR., "A Model for the Bio-oxidation Process Based on Product Formation Concepts," *Water Research*, **11**, 1049, 1977.

DAWSON, R. N., and K. L. MURPHY, "Factors Affecting Biological Denitrification of Waste Water," in *Advances in Water Pollution Research*, ed. by S. H. Jenkins, Pergamon Press, London, 1973, p. 671.

DICK, R. I., and M. T. SUIDAN, "Modeling and Simulation of Clarification and Thickening Processes," in *Mathematical Modeling for Water Pollution Control*, ed. by Thomas Keinath and Martin Wanielista, Ann Arbor Science Publishers, Inc., Ann Arbor, Mich., 1975.

DICK, R. I., and P. A. VESlLIND, "The Sludge Volume Index: What Is It ?" *Journal of the Water Pollution Control Federation*, **41**, 7 (1969).

DICK, R. I., and K.W. YOUNG, "Analysis of Thickening Performance of Final Settling Tanks," paper presented at the 27th Annual Purdue Industrial Waste Conference, Purdue University, West Lafayette, Ind., May 2-4, 1972.

DOWNING, A. L., and A. P. HOPWOOD, "Some Observations on the Kinetics of Nitrifying Activated Sludge Plants," *Schweizerische Zeitschrift für Hydrologie*, **26**, 271 (1964).

DOWNING, A. L., H. A. PAINTER, and G. KNOWLES, "Nitrification in the Activated Sludge Process," *Journal of the Institute Sewage Purification*, **4**, 130 (1964).

ECKENFELDER, W. W., JR. and D. J. O'CONNOR, *Biological Waste Treatment*, Pergamon Press, New York, 1961.

ECKENFELDER, W. W., JR., *Industrial Water Pollution Control*, McGraw-Hill Book Company, New York, 1966.

ECKENFELDER, W. W., JR., B. L. GOODMAN, and A. J. I. ENGLANDE, "Scale-up of Biological Wastewater Treatment Reactors," in *Advances in Biochemical Engineering*, Vol. 2, ed. by T. K. Ghose, A. Fiechter, and N. Blakebrough, Springer-Verlag, New York, 1972.

EKAMA, G. A., I. P. SIEBRITZ, and G. R. MARAIS, "Considerations in the Process Design of Nutrient Removal Activated Sludge Processes," *Water Science and Technology*, 15, 283 (1983).

ENGLANDE, A. J., and W. W. ECKKEFELDER, W. W., JR., "Oxygen Concentrations and Turbulance as Parameters of Activated Sludge Scale-Up," paper presented at Water Resources Symposium No. 6, University of Texas, Austin, Tex., Nov. 1972.

Environmental Engineers' Handbook, Vol. I, ed. by Bela G. Liptak, Chilton Book Company, Radnor, Pa., 1974.

ENVIRONMENTAL PROTECTION AGENCY, S*tatus of Oxygen Activated Sludge Wastewater Treatment*, EPA-6254-77-033a, Technology Transfer, Environmental Research Information Center, 1977.

FINN, R. K., "Agitation-Aeration in the Laboratory and in Industry," *Bacteriological Review*, **18**, 254, (1954).

FUSH, G. W. and M. CHEN, "Microbiological Basis of Phosphate Removal in the Activated Sludge Process for the Treatment of Wastewater," *Microbial Ecology*, **2**, 119 (1975).

GAUDY, A. F., JR. and E. T. GAUDY, "ΔCOD Gets Nod over BOD Test," *Industrial Water Engineering*, Aug./Sept. 1972, p. 30.

GOEL, R. K. and A. M. MOTLAGH, "Biological Phosphorus Removal," *Comprehensive Water Quality and Purification*, Editor in Chief: Satinder Ahuja, 1st ed., Elsevier, Inc., Amsterdam , Netherlands, 2013.

GOODMAN, B. L., and A. J. ENGLANDE, JR., "A Unified Model of the Activated Sludge Process," *Journal of the Water Pollution Control Federation*, **46**, 312 (1974).

GRADY, C. P. L., JR. and D. R. WILLIAMS, "Effects of Infiuent Substrate Concentration on the Kinetics of Natural Microbial Population in Continuous Culture," *Water Research*, **9**, 171 (1975).

GRADY, C. P. L., JR., G. T. DAIGGER, and H. C. LIM, "Biological Nutrient Removal," *Biological Wastewater Treatment*, 2nd ed., Marcel Dekker, Inc., New York, N.Y., 1999.

GRAEF, S. P., and J. F. ANDREWS, "Stability and Control of Anaerobic Digestion," *Journal of the Water Pollution Control Federation*, **46**, 666 (1974).

GRAU, P., M. DOHANYOS, and J. CHUDOBA, "Kinetics of Multicomponent Substrate Removal by Activated Sludge," *Water Research*, **9**, 637 (1975).

Great Lakes-Upper Mississippi River Board of State Sanitary Engineers: *Recommended Standards for Sewage Works* (*Ten-State Standards*), 1971.

GRIEVES, R. B., W. F. MILBURY, and W. O. PIPES, "A Mixing Model for Activated Sludge," *Journal of the Water Pollution Control Federation*, **36**, 619 (1964).

HAMMER, M..l., *Water and Wastewater Technology*, John Wiley & Sons, New York, 1975.

HARTMANN, L., and G. LAUBENBERGER, "Toxicity Measurements in Activated Sludge," *Journal of the Sanitary Engineering Division, ASCE*, **94**, SA2, 247 (1968).

HAUG, R. T., and P.L. McCARTY, "Nitrification with the Submerged Filter," *Journal of the Water Pollution Control Federation*, **44**, 2086 (1972).

HERBERT, D., "Some Principles of Continuous Culture," in *Recent Progress in Microbiology*, ed. by G. Tunevall, Blackwell Scientific Publishers, Oxford, England, 1958.

HOFFMEIER, L. H., "Upgrading Colorado Municipal Wastewater Treatment Plants to Meet State Standards," Master's thesis, University of Colorado, Boulder, Colo., 1974.

HONG, S., D. J. KRICHTEN, K. S. KISENBAUER, and R. L. SELL, "A Biological Wastewater Treatment System for Nutrient Removal," *Proceedings of the 54th Annual Conference of the Water Pollution Control Federation*, Detroit, Michigan, 1981.

HONG, S, M. L. SPECTOR, J. V. GALDIERI, and R. P. SEEBOHM, "Recent Advances on Biological Nutrient Control by the A/O^{TM} Process," *Proceedings of the 56th Annual Conference of the Water Pollution Control Federation*, Atlanta, Georgia, 1983.

HOOD, C. R. and A. A. RANDALL, "A Biochemical Hypothesis Explaining the Response of Enhanced Biological Phosphorus Removal Biomass to Organic Substrates," *Water Research*, 35, 2758 (2001).

HULTMAN, B., "Kinetics of Biological Nitrogen Removal," Inst. Vattenforsorjmingsoch Avloppsteknik samt Vattenkemi, KTH, Pub. 71: 5, Stockholm, 1971.

HULTMAN, B., "Biological Nitrogen Reduction Studies as a General Microbiological Engineering Process," in *Environmental Engineering*, ed. by G. Linder and K. Nyberg, D. Reidel Publishing Co., Dordrecht, Holland, 1973.

JANSSEN, P. M. J., K. MEINEMA, and H. F. van der ROEST, *Biological Phosphorus Removal-Manual for Design and Operation*, IWA Publishing, London, U.K., 2002.

JENKINS, D., and W. GARRISON, "Control of Activated Sludge by Mean Cell Residence Time," *Journal of the Water Pollution Control Federation*, **40**, 1905 (1968).

JEWELL, W. J., and S. E. MACKENZIE, "Microbial Yield Dependence on Dissolved Oxygen in Suspended and Attached Systems," in *Applications of Commercial Oxygen to Water and Wastewater Systems*, University of Texas, Austin, Tex., 1973, p. 62.

JONSSON, K. , P. JOHANSSON., and M. CHRISTENSSON. "Operational Factors Affecting Enhanced Biological Phosphorus Removal at the Wastewater Treatment Plant in Helsingborg, Sweden,'' *Water Scienceand Technology*, **34**, 67 (1996).

KNOWLES, G., A. L. DOWNING, and M. J. BRARRETT, "Determination of Kinetic Constants for Bacteria in a Mixed Culture, with the Aid of an Electronic Computer,'' *Journal of General Microbiology*, **38**, 263 (1965).

KUGELMAN, I. J. and P. L. McCARTY, "Cation Toxicity and Stimulation in Anaerobic Waste Treatment," *Journal of the Water Pollution Control Federation*, **37**, 97 (1965).

LATAWIEC, D. "Effects of Short Sludge Retention Time on Enhanced Biological Phosphorus Removal in An SBR System," *Environment Protection Engineering*, **26**, 63 (2000).

LAWRENCE, A. W., "Applcation of Process Kinetics to Design of Anaerobic Processes," in *Anaerobic BiologicM Treatment Processes*, F. G. Pohlafid, Symposium Chairman, American Chemical Society, Cleveland, Ohio, 1971.

LAWRENCE, A.W., "Modeling and Simulation of Slurry Biological Reactors," in *Mathematical Modeling for Water Pollution Control*, ed. by Thomas Keinath and Martin Wanielista, Ann Arbor Science Publishers, Inc., Ann Arbor, Mich., 1975.

LAWRENCE, A.W. and P. L. McCARTY, "Kinetics of Methane Fermentation in Anaerobic Treatment," *Journal of the Water Pollution Control Federation*, **41**, R1 (1969).

LAWRENCE, A.W. and P. L. McCARTY, "Unified Basis for Biological Treatment, Design and Operation," *Journal of the Sanitary Engineering Division*, ASCE, **96**, SA3, 757 (1970).

LAWRENCE, A.W. and T. R. MILNES, "Discussion Paper," *Journal of the Sanitary Englneering Division*, ASCE, **97**, 121 (1971).

LIU, W. T., T. MINO, T. MATSUO, and K. NAKAMURA, " Biological Phosphorus Removal Process–Effect of pH on Anaerobic Substrate Metabolism," *Water Science and Technology*, **34**, 25 (1996).

LIU, Q., F. LOU, J. GENG, Y. LI and F. GAO, "Review of Research on Anaerobic Fermentation of Food Waste," IOP Conference Series: Earth and Environmental Science, 330 (2019).

LUDZACK, F. J. and M. B. ETTINGERr, "Controlling operation to minimize activated sludge effluent nitrogen,", *Journal of the Water Pollutiqn Control Federation*, **34**. 920 (1962).

MALINA, J. F., JR., "Variables Affecting Anaerobic Digestion," *Public Works*, **93**, 9, 113 (Sept. 1962).

MALINA, J. F., JR., "Anaerobic Waste Treatment," in *Manual of Treatment Process*, Vol I, ed. by W. W. Eckenfelder, Environmental Science Services Corporation, Stamford, Conn., 1970.

MAMAIS, D. and D. JENKINS, "The Effects of MCRT and Temperature on Enhanced Biological Phosphorus Removal," *Water Science and Technology*, **26**, 955 (1992).

MATSUO, Y., "Effect of the Anaerobic Solids Retention Time on Enhanced Biological Phosphorus Removal," *Water Scienceand Technology*, 30, 193 (1994).

McCARTY, P. L., "Anaerobic Waste Treatment Fundamentals" (four parts), *Public Works*, Sept, 1964, p. 107; Oct. 1964, p, 123; Nov. 1964, p. 91; Dec. 1964, p. 95.

McCARTY, P. L., "Kinetics of Waste Assimilation in Anaerobic Treatment," in *Developments in Industrial Microbiology*, Vol. 7, American Institute of Biological Sciences, Washington, D.C., 1966a, p. 144.

McCARTY, P. L., "Sludge Concentration - Needs, Accomplishments and Future Goals," *Journal of the Water Pollution Control Federation*, **38**, 493 (1966b).

McCARTY, P. L., "Anaerobic Treatment of Soluble Wastes," in *Advances in Water Quality Improvement*, ed by E. F, Gloyna and W. W. F Eckenfelder, University of Texas Press, Austin, Tex., 1968.

McCARTY, P. L., L. BECK, and P. ST. AMANT, "Biological Denitrification of wastewaters by Addition of Organic Materials," Paper presented: at the 24th Annual Industrial Waste Conference, Purdue University, West Lafayette, Ind., 1969.

McCARTY, P. L., "Phosphorus and Nitrogen Removal by Biological Systems," in *Proceedings, Wastewater Reclamation and Reuse Workshop*, Lake Tahoe, Calif., June 25-27, 1970.

McKINNEY, R. E., "Discussion Paper," *Journal of the Environmental Engineering Division, ASCE*, **100**, 789 (1974).

Metcalf and Eddy, Inc., *Wastewater Engineering*, McGraw-Hill Book Comptay, New York, 1972.

Metcalf tad Eddy, Inc., "Design of Nitrification and Denitrification Facilities," EPA Technology Transfer Seminar Publication, 1973.

MILIBURY, W. F., W. O. PIPES, and R. B. GRIEVES, "Compartmentalization of Aeration Tanks," *Journal of the Sanitary Engineering Division, ASCE,* **91**, SA3, 45 (1965).

MOORE, G. T. "Nutrient Control Design Manual," *State of Technology Review Report, Watertown, MA, USEPA*, The Cadmus Group, Inc, 2009.

MUCK, R. E. and C. P. L. GRADY, JR., "Temperature Effects on Microbial Growth in CSTR's," *Journal of the Environmental Engineering Division, ASCE*, **100**, EE5, 1147 (Oct. 1974).

MUELLER, J. A., K. G. VOELKEL, and W. C. BOYLE, "Nominal Diameter of Floc Related to Oxygen Transfer," *Journal of the Sanitary Engineering Division, ASCE*, SA2, **92**, 4756 (1966).

MUELLER, J. A., W. C. BOYLE, and E. N. LIGHTFOOT, "Oxygen Diffusion Through Zoogloeal Flocs," *Biotechnology and Bioengineering*, **10**, 331 (1968).

MYNHIER, M. D. and C. P. L. GRADY, JR., "Design Graphs for Activated Sludge Process," *Journal of the Environmental Engineering Division, ASCE*, **101**, 829 (1975).

NAGEL, C. A. and J. G. HAWORTH, "Operational Factors Affecting Nitrification in the Activated Sludge Process," paper presented at the 42nd Annual Conference of the Water Pollution Control Federation, Dallas, Tex., 1969.

O'ROURKE, J. T., "Kinetics of Anaerobic Treatment at Reduced Temperatures," thesis presented to Stanford University, Stanford, Calif., in partial fulfillment for the degree of Doctor of Philosophy, 1968.

PAINTER, H. A., "A Review of Literature on Inorganic Nitrogen Metabolism in Microorganism," *Water Research*, **4**, 393 (1970).

PARKER, D. S. and M. S. MERRILL, "Oxygen and Air Activated Sludge: Another View," *Journal of the Water Pollution Control Federation*, **48**, 2511 (1976).

PATTERSON, J. W., P. L. BREZONIK, and H. D. PUTNAM, "Sludge Activity Parameters and Their Application to Toxicity Measurements in Activated Sludge," paper presented at 24th Annual Industrial Waste Conference, Purdue University, West Lafayette, Ind., 1969.

PAVONI, J. L., M. W. TENNEY, and W. F. ECHELBERGER, JR., "Bacterial Exocellular Polymers and Biological Flocculation," *Journal of the Water Pollution Control Federation*, **44**, 414 (1972).

PFEFFER, J. T., M. LEITER, and J. R. WORLUND, "Population Dynamics in Anaerobic Digestion," *Journal of the Water Pollution Control Federation*, **39**, 1305 (1967).

PIRT, S. J., "The Maintenance Energy of Bacteria in Growing Cultures," *Proceedings of the Royal Society, London*, **B163**, 224 (1965).

RANDALL, C. W., J. L. BARNARD, and H. D. STENSEL, editors, *Design and Retrofit of Wastewater Treatment Plants for Biological Nutrient Removal*, Technomics Publishing, Lancaster, Pennsylvania, 1992.

RANDALL, C. W., V. M. PATTARKINE, and S. A. McCLINTOCK, "Nitrification Kinetics in Single-sludge Biological Nutrient Removal Activated Sludge Systems," *Water Science and Technology*, **25**, 195 (1992).

RANDALL, C. W., J. L. BARNARD, and H. D. STENSEL, "Design of Activated Sludge Biological Nutrient Removal Plants," *Design and Retrofit of Wastewater Treatment Plants for Biological Nutrient Removal*, CRC Press. Water Quality Management Library. 1998

RIESING, R. R., "Relationship. Between Influent Substrate Concentration, Growth Rate and Effluent Quality in a Chemostat," M.S.E. thesis, Purdue University, West Lafayette, Ind., 1971.

RITTMANN, B. E. and P. L. McCARTY, *Environmental Biotechnology: Principles And Applications*, McGraw-Hill, New York, U.S.A., 2001.

SAWYER, C. N., "Fertilization of Lakes by Agricultural and Urban Drainage," *Journal of the New England Water Works Assoclation*, **61**, 109 (1947).

SAYIGH, B. A. and J. F. MALINA, JR., "Temperature Effects on the Kinetics and Performance of the Completely Mixed Continuous Flow Activated Sludge Process," paper presented at the 49th Annual Water Pollution Control Federation Conference, Minneapolis, Minn., 1976.

SCHROEDER, E. D., *Water and Wastewater Treatment*, McGraw-Hill Book Company, New York, 1977.

SHERRARD, J. H. and E. D. SCHROEDER, "Cell Yield and Growth Rate in Activated Sludge," *Journal of the Water Pollutiqn Control Federation*, **45**. 1889 (1973).

SHERRARD, J. H., E. D. SCHROEDER, and A. W. LAWRENCE, "Mathematical and Operaitonal Relationships for the completely-Mixed Activated Sludge Process," *Water and Sewage Works*, **R-84** (1974).

SPEECE, R. E. and M. J. HUMENICK, "Solids Thickening in Oxygen Activated Sludge," *Journal of the Water Pollution Control Federation*, **46**, 43 (1974).

STALL, T. R. and J. H. SHERRARD, "One Sludge or Two Sludge?" *Water and Wastewater Engineering*, **41**, (Apr. 1974).

STALL, T. R. and J. H. SHERRARD, "Evaluation of Control Parameters for the Activatd Sludge Process," *Journal of the Water Pollution Control Federation*, **50**, 450 (1978).

STANKEWICH, M. J. JR., "Biological Nitrification with the High Purity Oxygenation Process," paper presented at the 27th Annual Purdue Industrial Waste Conference, Purdue University, West Lafayette, Ind., 1972.

STONE, R. W., D. S. PARKER, and J. A. COTTERAL, "Upgrading Lagoon Effluent for Best Practicable Treatment," *Journal of the Water Pollution Control Federation*, **47**, 2019, (1975).

SYKES, R. M., "Theoretical Heterotrophic Yields," *Journal of the Water Pollution Control Federation*, **47**, 591 (1975).

THOMPSON, R. S., "Hydrogen Production By Anaerobic fermentation Using Agricultural and Food Processing Wastes Utilizing a Two-Stage Digestion System," M.S. thesis, Utah State University, Logan, Utah, 2008.

TOPIWALA, H. and C. G. SINCLAIR, "Temperature Relationship in Continuous Culture," *Biotechnology and Bioengineering*, **13**, 795 (1971).

VESILIND, P. A., *Treatment and Disposal of Wastewater Sludges*, Ann Arbor Science Publishers, Inc., Ann Arbor, Mich., 1974.

WALKER, L. F., "Hydraulically Controlling Solids Retention Time in the Activated Sludge Process," *Journal of the Water Pollution Control Federation*, **43**, 30 (1971).

WEDDLE, C. L. and D. L. JENKINS, "The Viability and Acitvity of Activated Sludge," *Water Research*, **5**, 621 (1971).

WENTZEL, M. C., G. A. EKAMA, P. L. DOLD, R. E. LOEWENTHAL, and G.v. R. MARAIS, "Biological Excess Phosphorus Removal," Water Research Commission Report No. W60, South Africa, 1988.

WILD, H. E., C. N. SAWYER, and T. C. McMAHON, "Factors Affecting Nitrification Kinetics," *Journal of the Water Pollution Control Federation*, **43**, 1845 (1971).

WUHRMANN, K., "Grundlager für die Dimensionierung der Belüflung bei Belebtschlammanlagen," *Schweiz. A. Hydrol.*, **26**, 310 (1964).

ZEHNDER A. B. J. , K. INGVORSEN, and T. MARTI, "Microbiology of Methanogen Bacteria, " in *Anaerobic Digestion*, Elsevier, Amsterdam, The Netherlands, 1982.

ZHANG, T., Y. LIU, and H. H. P. FANG, "Effect of pH Change on the Performance and Microbial Community of Enhanced Biological Phosphate Removal Process," *Biotechnology and Bioengineering*, **92**, 173 (2005).

莊順興,「生物除磷程序及技術」,生物處理廢水、資源回收及污染整治,陳秋楊主編,明志科技大學出版,新北市,第 225-256 頁,2013。

CHAPTER 5

曝氣

在好氧性代謝過程中，氧氣主要是充當代謝分解作用中的電子接受者。當活性污泥過程是設計成基質限制 (substrate-limiting) 之情況時，代謝作用決定了處理過程中氧之需求率。曝氣系統的功能是以滿足在處理運轉過程中氧傳輸至液體之速率，係以氧氣不致會成為限制因素條件下之速率為基礎 (意即不致於限制有機物利用或其他代謝作用之速率)。確保曝氣系統足供處理過程之需求乃工程師的職責，此應要求工程師不僅能認知氣體傳輸之基本理論，同時也要能熟悉現有各種類型的曝氣裝置。

5-1 氣體傳輸的基本理論

各種溶質都傾向在溶劑中擴散，直到其組成已均勻分布在該溶劑中。溶質擴散通過某一均勻截面的速率取決於溶質分子的大小、形狀和其濃度梯度。通常物質係自然地由高濃度區域向低濃度區域運動，且濃度降低愈大則擴散速率就愈高。此現象可由一濃度梯度式子 $-\partial C/\partial Y$ 來表示，其中 C 表示濃度，Y 表示距離。如果以 $\partial M/\partial t$ 表示 M 公克溶質通過一參考截面的速率，根據費克擴散第一定律 (Fick's first law of diffusion) 表示為：

$$\frac{\partial M}{\partial t} = -D_L A \frac{\partial C}{\partial Y} \tag{5-1}$$

式中，$\partial M/\partial t$ = 質量傳輸速率，[質量]・[時間]$^{-1}$
D_L = 擴散係數，[面積]・[時間]$^{-1}$
A = 溶質擴散通過之截面積，[面積]
$\partial C/\partial Y$ = 濃度梯度 (即濃度隨距離的變化率)，[質量]・[體積]$^{-1}$・[長度]$^{-1}$

最簡單的氣體傳輸過程理論是靜態液相膜理論 (stationary liquid film theory)。這個理論提出在氣、液相界面上存在一層聚集著氣體分子的靜態液膜。液膜中的氣體濃度不是均勻分布的,但卻由亨利定律 (Henry's law) 導出的飽和值減少到液膜與液體界面處的較小值。圖 5.1 所示為靜態液相膜理論。該圖中,C_s 表示亨利定律預測的氣體在液體中的飽和濃度值,C 表示液體中的氣體濃度值,Y_f 表示液膜厚度,C_L 表示液膜與液體交界面處的氣體濃度值。此時,應用費克第一擴散定律可得如下:

$$\frac{\partial M}{\partial t} = -D_L A \frac{\partial C}{\partial Y_f} \tag{5-2}$$

其中,A 表示氣、液相交界面的面積。

由於液膜的厚度小 (只有幾個分子的厚度),因此似乎可以用線性近似法 (Linear approximation) 表示微分量 $\partial C/\partial Y_f$,即

$$\frac{\partial C}{\partial Y_f} \simeq \frac{C_s - C}{Y_f} \tag{5-3}$$

這個由線性近似法描述的系統另表示如圖 5.2。根據上述線性近似法,5-2 式從一個隨時間及空間狀態變化的偏微分方程式,簡化為只隨時間變化之常微分方程式,如下式所示:

$$\frac{dM}{dt} = -D_L A \frac{C_s - C}{Y_f} \tag{5-4}$$

在 5-4 式中,兩側同時除以 V (即液體體積) 後,則該式表示為

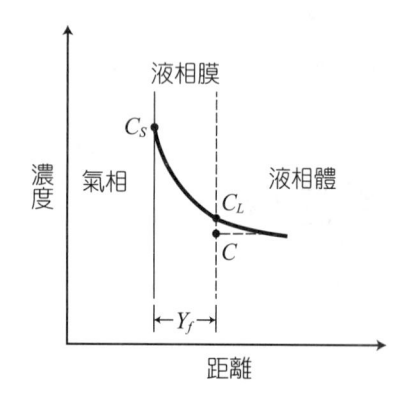

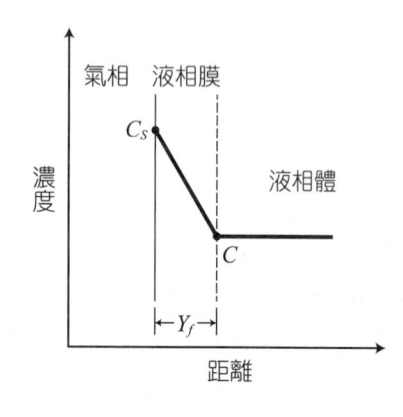

圖 5.2 氣體經由固定液相膜傳輸作用之近似線性關係示意圖

$$\frac{1}{V}\frac{dM}{dt} = -D_L \frac{A}{V}\frac{C_s - C}{Y_f} \tag{5-5}$$

5-5 式中，$[1/V(dM/dt)]$ 的單位為 [質量]・[時間]$^{-1}$，抑或 [濃度 / 時間]，此項式可以 dC/dt 表示之，亦即：

$$\frac{1}{V}\frac{dM}{dt} = \frac{dC}{dt} \tag{5-6}$$

將 5-5 式中 $[1/V(dM/dt)]$ 以 5-6 式代入可得：

$$\frac{dC}{dt} = -D_L \frac{A}{V}\frac{C_s - C}{Y_f} \tag{5-7}$$

因為液膜厚度通常是未知的，故通常將該值與 D_L 合併後，定義為一新的常數項，即

$$K_L = \frac{D_L}{Y_f} \tag{5-8}$$

5-8 式中，K_L 代表氣體傳輸係數 (gas transfer coefficient) 且單位為 [長度]・[時間]$^{-1}$，而 K_L 可併入 5-7 式中，得到下式：

$$\frac{dC}{dt} = -K_L \frac{A}{V}(C_s - C) \tag{5-9}$$

5-9 式代表分子由高濃度向低濃度擴散時之濃度變化狀況，故濃度會隨時間而減少。在曝氣過程期間，當氣體濃度隨時間增加時，5-9 式中右側之負號應該刪除，故 5-9 式則表示為：

$$\frac{dC}{dt} = K_L \frac{A}{V}(C_s - C) \tag{5-10}$$

在大多數情況下，氣、液相界面之面積 A 是不易確定的。為了解決此問題，將引入另一個常數 $K_L a$，該常數值等於 K_L 及 A/V 之乘積，即：

$$K_L a = K_L \frac{A}{V} \tag{5-11}$$

$K_L a$ 定義為總氣體傳輸係數 (overall gas transfer coefficient) 且單位為 [時間]$^{-1}$，將其引入 5-10 式可得：

$$\frac{dC}{dt} = K_L a(C_s - C) \tag{5-12}$$

總氣體傳輸係數可視為總氣體傳輸率 (如總阻力之倒數)，故當氣體傳輸之抵抗力大時，$K_L a$ 將較小；反之當氣體傳輸之抵抗力小時，$K_L a$ 將較大。

再整理 5-12 式可得下式：

$$\frac{dC}{C_s - C} = K_L a\, dt \tag{5-13}$$

積分 5-13 式而得：

$$-\ln(C_s - C) = K_L a t + 積分常數 \tag{5-14}$$

表 5.1 暴露於含氧 21% 之大氣水中溶氧之飽和濃度值 (在氯離子濃度等於 0，且在 1 大氣壓條件下)

溫度 (°C)	C_s(mg/l)	溫度 (°C)	C_s(mg/l)
0	14.62	16	9.95
2	13.84	18	9.54
4	13.13	20	9.17
6	12.48	22	8.83
8	11.87	24	8.53
10	11.33	26	8.22
12	10.83	28	7.92
14	10.37	30	7.63

當 $t = t_o$ 時，$C = C_o$，則上式中之積分常數值應為 $-\ln(C_s - C_o)$，代入 5-14 式可得：

$$-\ln(C_s - C) = K_L a t - \ln(C_s - C_o) \tag{5-15}$$

或

$$\ln\left(\frac{C_s - C_o}{C_s - C}\right) = K_L a t \tag{5-16}$$

或

$$\log\left(\frac{C_s - C_o}{C_s - C}\right) = \frac{K_L a}{2.3} t \tag{5-17}$$

上式若表示在半對數座標圖上，$(C_s - C_o)/(C_s - C)$ 對 t 將會獲得線性關係，且斜率為 $K_L a/2.3$。表 5.1 所示為純水之部分典型 C_s 值。

5-2 影響氧傳遞的因素

5-7 式表示，曝氣過程中溶解氧濃度的變化率直接正比於氣、液相界面面積 A 及缺氧量 (C_s-C)，且反比於液膜厚度 Y_f。因此，任何影響上述參數的因素都將影響氧傳輸速率。這些因素有：(1) 氧的飽和濃度 (oxygen saturation)、(2) 溫度 (temperature)、(3) 廢水特性 (wastewater characteristics) 及 (4) 紊動強度 (degree of turbulence) 等。由於上述因素的重要性，故以下將分別針對各因素詳細加以討論。

氧的飽和濃度 (Oxygen Saturation)

氧在水中的飽和濃度取決於水中的含鹽量、溫度及與水接觸的大氣氧分壓。Eckenfelder and O'Connor (1961) 建議用下列方程式計算氧的飽和濃度：

$$(C_s)_{760} = \frac{475 - 2.65S}{33.5 + T} \tag{5-18}$$

式中，$(C_s)_{760}$ = 當大氣壓力為 760 毫米汞柱 (mmHg) 時，水中的飽和溶解氧濃度，毫克 / 公升 (mg/L)

S = 水中溶解固體物濃度，公克 / 公升 (g/L)

T = 溫度，°C

許多研究者採用一個 β 因子來修正水中含有溶解鹽類對飽和溶解氧濃度的影響，該因子定義如下：

$$\beta = \frac{\text{廢水中之飽和濃度}}{\text{自來水中之飽和濃度}} \tag{5-19}$$

5-18 式中飽和溶解氧濃度可依所在之實際壓力，可用下式來進行修正：

$$C_s = (C_s)_{760} \frac{P - \hat{p}}{760 - \hat{p}} \tag{5-20}$$

式中，P 代表顯示壓力之毫米汞柱 (mmHg) 值，$\hat{p}$ 表示在已知水溫下之飽和水蒸氣壓力 ($\hat{p}$ 值如表 5.2 所示)。必須特別注意的是，5-20 式中之飽和溶解氧濃度值是指在水體表面的溶解氧濃度值。該值通常可直接用於表面曝氣機之設計；然若用於散氣式曝氣設施及浸沒式葉輪曝氣設備之設計則必須對其加以修正之，因為這類曝氣系統是浸沒於液體內，其分壓將會相對增加；而用於修正該分壓增加的方程式將於後續章節介紹。

Farkas (1966) 發現，在經過加熱消毒的污泥中及自來水中的飽和溶解氧濃度值均同在 0.1 mg/L 左右，因此很少需要修正 MLSS 之飽和溶解氧濃度值。

溫度 (Temperature)

溫度會影響總氧傳輸係數，且可根據下式修正之 (Eckenfelder, 1966)：

$$K_L a_{(T)} = (K_L a)_{20°C} (1.020)^{T-20} \tag{5-21}$$

式中，T 表示水溫，單位為攝氏度。O'Connor and Dobbins(1956) 已提出了另一個可同時對

表 5.2　與空氣接觸水面之蒸氣壓

溫度 (°C)	蒸氣壓 (mmHg)
0	4.5
5	6.5
10	9.2
15	12.8
20	17.5
25	23.8
30	31.8

溫度和水的黏度影響 $K_L a$ 的修正方法：

$$\frac{(K_L a)_1}{(K_L a)_2} = \left(\frac{T_1 \mu_2}{T_2 \mu_1}\right)^{1/2} \tag{5-22}$$

式中，T 代表水溫 ($°K$)，μ 代表水的絕對黏度。

值得注意的是，溫度對 C_s 和 $K_L a$ 的影響程度幾乎相同，但對兩者之影響作用卻是相反，因此這兩個影響傾向可視為互相抵消。由於如此，只要每一參數均在相同溫度基準下溫度變化對 $K_L a$ 和 C_s 之修正是可以忽略的 (Marais, 1975)。

廢水特性 (Wastewater Characteristics)

在實際流程狀況下，由於廢水中存在著溶解性有機化合物，特別是某些表面活性物質，故廢水的 $K_L a$ 值經常低於自來水的 $K_L a$ 值。Stukenberg et al. (1977) 提出，混合液懸浮固體物 (MLSS) 對氧傳輸之影響不大，且通常可忽略 $K_L a$ 值之修正。

諸如短鏈脂肪酸和乙醇等表面活性物質，在水中和油溶劑中都是具可溶解性的。這類物質分子中的碳氫部分為主要使其能夠溶於油中者，然而極性羧基 (–COOH) 或羥基 (–OH) 則是親水的，其將拖著一個短的非極性碳氫鏈進入水溶液中。這些分子將集中在氣體與水界面上，在該處它們可以將分子中的親水部分著落入液相中而疏水性的碳氫鏈則伸出於氣相中 (如圖 5.3 所示)。此種狀態在能量方面是較有利的，但是卻會造成分子之集中或呈阻礙分子擴散之「膜」狀。因此，氧之傳輸阻力將增加，結果造成 $K_L a$ 值將下降。

為了補償表面活性物質對氧傳輸速率的影響效果，將引入一個 α 因子，表示為：

$$\alpha = \frac{廢水之 K_L a}{自來水之 K_L a} \tag{5-23}$$

紊動 (Turbulence)

依據 Eckenfelder and Ford (1970) 述及，曝氣池內的紊動程度對 α 之影響如下：

1. 在接近靜止的情況下 (紊動程度低)，液體流動對 α 值之影響小，因為此時液體內部對氧擴散的阻力比液膜的阻力大得多。

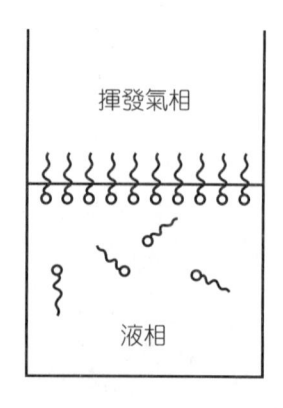

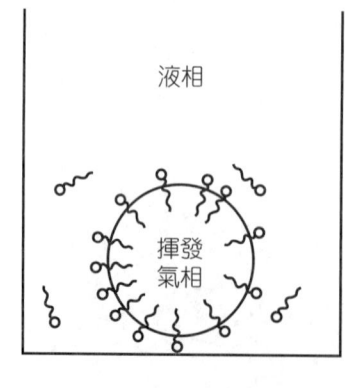

圖 5.3 界面活性劑存在下之氣 / 水界面的吸附作用

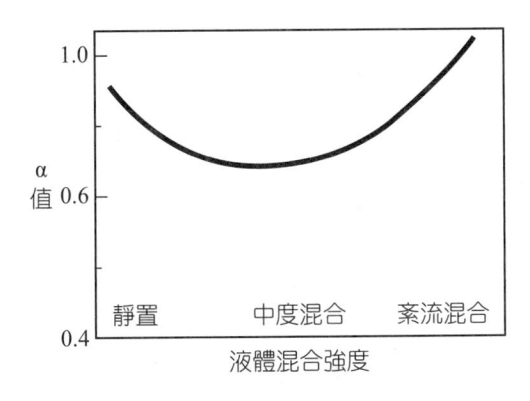

圖 5.4　液體混合強度對 α 值之影響效應
(Mancy and Okun, 1960)

2. 當液體攪動增加到中等強度後，液體內部對氧擴散之阻力將會減小，此時液膜阻力將控制氧之擴散速率且 α 值將降至最小值。
3. 若更加提升對液體的攪動，將造成高程度的紊動且破壞液膜，此時 α 值將接近 1。

依據 Mancy and Okun (1960) 所建立有關紊動程度對 α 值之影響，其如圖 5.4 所示。

　　如果曝氣時表面活性物質不存在於液體內的話，攪動將傾向減小液膜厚度。根據 5-7 式，減少液膜厚度將會增加氧傳輸速率。因此，5-23 式中的分母項將隨紊動程度的增加而增加。

　　表面活性物質之分子擠進氣液相界面的趨勢將有助於氣液界面的擴張，故在正常的表面張力情況下，這種擴張必然有收縮界面的趨勢來平衡。此整體結果是表面張力降低而使得進入水中的氣泡容易被剪切成更小的氣泡。因此在高度紊動條件下，廢水 (包含表面活性物質) 之 A/V 值將會增加，此可能會產生大於 1 之 α 值。

氧傳輸速率 (Oxygen Transfer Rates)

　　製造商所提供特定曝氣設備的氧傳輸速率通常僅適用於標準條件和特定幾何形狀的曝氣池；此標準條件是指曝氣機是以清水在溶氧為 0、水溫為 20°C 及 760 mmHg 大氣壓力等條件下測試。因此，製造商的氧傳輸速率圖必須配合實際處理條件而修正之。此時可將影響氧傳輸速率之因子併入方程式 5-12 內而得：

$$\left(\frac{dC}{dt}\right)_{實際} = \alpha(K_L a)_{20°C}\left(\frac{P-\hat{p}}{760-\hat{p}}\beta C_s - C\right) \tag{5-24}$$

上式忽略溫度對 $K_L a$ 及 C_s 的影響且假設該兩個參數是在 20°C 下測得的。

　　在標準狀態下 C = 0，5-12 式可簡化為：

$$\left(\frac{dC}{dt}\right)_{標準} = (K_L a)_{20°C} C_s \tag{5-25}$$

為決定設計之氧傳輸速率，5-24 式及 5-25 式可依以下方式合併：

$$\frac{(dC/dt)_{實際}}{(dC/dt)_{標準}} = \frac{\alpha\left(\frac{P-p'}{760-p'}\beta C_s - C\right)}{C_s} \tag{5-26}$$

或

$$(dC/dt)_{實際} = (dC/dt)_{標準} \frac{\alpha\left(\frac{P-p'}{760-p'}\beta C_s - C\right)}{C_s} \tag{5-27}$$

如果氧傳輸速率是以單位馬力數為基準表示的話，5-27 式說明在實際處理條件下，將比在標準狀態下需要較高之動力。

5-3　$K_L a$ 及 α 值之決定

無論是穩定狀態 (steady-state) 或是非穩定狀態 (non-steady-state) 之測試，均可被用以決定在實際處理條件下曝氣設備之特性。在穩定狀態下所應用之基本方程式是經由修正 5-12 式所建立如下：

$$\left(\frac{dC}{dt}\right)_{總體} = K_L a(C_s - C) - R \tag{5-28}$$

式中，R 代表微生物體之氧利用速率 (oxygen utilization rate) 且其單位為 [質量]·[體積]$^{-1}$·[時間]$^{-1}$。5-28 式中之 C_s 項，在實際操作處理條件下是具特殊性的。在穩定狀態下，曝氣系統之氧傳輸速率是等於微生物之氧利用速率，意即表示 $(dC/dt)_{總體}$ 為零。因此，5-28 式中之 $K_L a$ 項可得解，如下所示：

$$K_L a = \frac{R}{C_s - C} \tag{5-29}$$

式中，$K_L a$ 表示在實際操作處理條件下廢水中之總氧傳輸速率，[時間]$^{-1}$；而此 $K_L a$ 值則包括表面活性物質、溶解性固體物、溫度及分壓之影響。

一般而言，在活性污泥培養過程中之氧利用速率是十分快且難以測定。為了避免此一問題，通常建議在測定氧利用速率前可先使微生物喪失外部基質 (substrate) 來源約 1~2 小時；此時氧的利用僅由內部呼吸作用 (endogenous respiration) 引起，因此其速度較慢且較易測定。在測定 DO 時應從反應槽的不同位置取樣。Stukenburg et al. (1977) 建議的取樣位置如圖 5.5 所示。對各種曝氣系統進行測定時，應在曝氣設施下部設置一個用於測定曝氣前水中 DO 濃度的取樣點。

在非穩定流試驗中，通常以最終處理放流水或混合液體 (mixed liquid) 經沉降後之上層液做為試液；其實驗之程序如下：

1. 調整液體溫度至現場預計之溫度。
2. 利用硫酸鈉及氯化鈷催化劑對實驗槽體內之液體進行脫氧，氯化鈷劑量應不超過 0.05 mg/L，硫酸鈉與氧之反應式如下：

(a) 擴散曝氣　(b) 表面曝氣　(c) 浸沒式渦輪曝氣

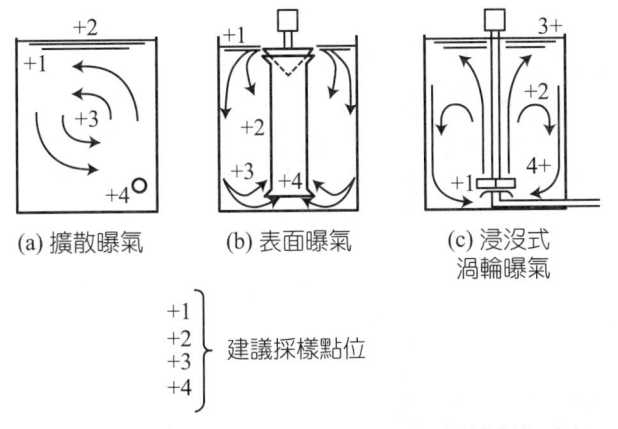

圖 5.5 穩定狀態下進行分析之建議採樣點位 (Stukenberg et al., 1977)

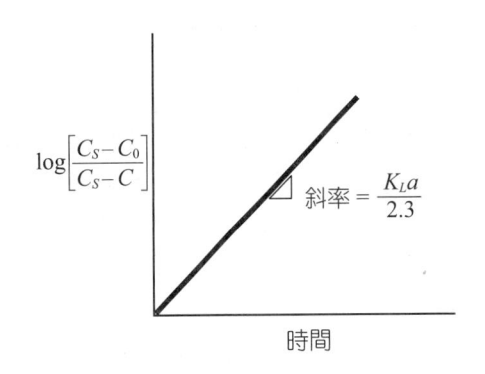

圖 5.6 總氧氣傳輸係數之選擇

$$Na_2SO_3 + 0.5O_2 \rightarrow Na_2SO_4 \tag{5-30}$$

理論上，每 mg/L 之氧需要 7.9 mg/L 之硫酸鈉，然實際上經常會添加 1.5~2.0 倍的硫酸鈉劑量以確保完全脫氧。

3. 對液體曝氣通常使用與操作處理條件相同形式之曝氣設備。
4. 於不同時間間距及採樣點測定與記錄溶解氧濃度直至氧氣達到飽和為止。
5. 以 $\log[(C_s-C_0)/(C_s-C)]$ 相對於時間作圖將會得到一條斜率為 $K_La/2.3$ 的直線（如圖 5.6 所示）。
6. 採用自來水當測試液體重複上述相同之程序進行實驗。

應用 5-19 式及 5-23 式，α 值及 β 值即可獲得，而這些參數之典型值則列於表 5.3 及表 5.4。表 5.4 中所列之 α 值是 Stukenberg et al. (1977) 在德州一座完全混合活性污泥廠所建立的。Lister and Boon (1973) 已發現在一採用擴散式曝氣方式及柱塞流式 (plug-flow) 處理都市性廢水之活性污泥處理流程的入口與出口端，α 因子分別約為 0.3 及 0.8。這些研究者也發現在完全混合之系統內 α 因子接近 0.8；此結果表示當有機物被從廢水中去除的話，總氧傳輸係數 (overall oxygen transfer coefficient) 將增高，且該結果亦表示在完全混合處理系統中氧之平均傳輸速率將較大。

如前所述（圖 5.4），α 值在某種程度上是取決於曝氣池內之紊動程度。由於在實驗室內不可能正確地模擬實際操作條件，以此種方法求得之任何 α 值最多僅是為一合理之近似值。

5-4　曝氣系統之設計

曝氣系統是活性污泥處理程序中費用最高之項目。因此，若要處理設施具經濟效益性，曝氣系統的設計是重要的。

表 5.3　某些特定廢水之典型 α 值

曝氣單元	廢水類別	α 值	條件
Sparjers[1] 曝氣設備	活性污泥處理放流水	1.320	10~25 立方英呎/分鐘 (scfm)/曝氣單元，15 英呎深，26 英呎寬
板管曝氣設備[1] (Plate tubes)	活性污泥處理放流水	0.860	6~14 立方英呎/分鐘 (scfm)/曝氣單元，15 英呎深，25 英呎寬
INKA 系統[2]	Kraft 公司黑廢液		
	20 mg/L	0.875	6 英呎深，6.8 英呎寬，2.6 英呎浸沒深度
	100 mg/L	0.750	6 英呎深，6.8ft 寬，2.6 英呎浸沒深度
	200 mg/L	0.625	6 英呎深，6.8 英呎寬，2.6 英呎浸沒深度
小氣泡擴散曝氣設備[2] (Small bubble diffuser)	Kraft 公司黑廢液		
	20 mg/L	0.880	100 公升容積，3 英呎深，10×10 公分氣泡空氣散氣設備
	100 mg/L	0.813	100 公升容積，3 英呎深，10×10 公分氣泡空氣散氣設備
	200 mg/L	0.662	100 公升容積，3 英呎深，10×10 公分氣泡空氣散氣設備
Lightning 實驗室攪拌器[3] (Lightning lab stirrer)	尼龍製造廢水	0.560 0.715	10 公升容積，表面攪拌 212 轉/分鐘 (rpm) 220 轉/分鐘 (rpm)
曝氣錐[4] (Aeration cone)	自來水 +5 mg/L 陽離子清潔劑	1.330	12,500 立方英呎容積，直徑 6 英呎，36 轉/分鐘 (rpm)

資料來源：[1]Barnhart (1965)　[2]Bewtra (1964)　[3]Randall (1971)　[4]Eckenfelder (1968)

表 5.4　表面曝氣設備混合液體測試數據

氧吸收速率 (mg/L-hr)	溫度 (°C)	α 值	βC_s (mg/L)
40	19.8	0.89	7.9
41	19.8	0.86	7.9
36	19.8	0.85	7.9
40	18.7	0.78	8.2
43	19.0	0.90	8.2
48	19.4	0.89	8.1
56	19.0	0.93	8.1
50	19.5	0.93	8.0
64	20.5	0.90	7.9
59	20.6	0.94	7.9
52	19.3	0.84	8.0
52	20.0	0.99	7.9

資料來源：Stukenberg et al. (1977)

　　曝氣設備製造商在氧的傳輸速率上通常係提供一個以氧重量表示的圖形，即該圖中氧的傳輸速率係以在每單位動力及每單位時間下曝氣設備所能傳輸至水中之氧量所表示。這個由廠商提供的氧傳輸速率圖只適用於標準狀態及特定幾何形狀的池體。因此，為了得到較能合理反映實際操作條件下氧傳輸速率的數據，必須對廠商所提供的數據加以修正。

現有好氧性生物廢水處理程序中常用的供氧方法包括，(1) 壓縮空氣擴散曝氣法 (Compressed air diffusion)、(2) 浸沒式葉輪曝氣法 (Submerged turbine aeration)、(3) 低速表面曝氣法 (Low-speed surface aeration) 和 (4) 高速表面曝氣法 (Motor-speed surface aeration)。圖 5.7 所示為上述之每一種曝氣方法之示意圖。

Stukenberg et al. (1977) 已提出了一種可做為選擇曝氣方法之參考的建議，即當氧利用率 (oxygen utilization rate) 超過 40 mg/L-hr 時，不宜選用擴散式曝氣方法；當氧利用率在 80 mg/L-hr 以下時，可以選用低速表面曝氣裝置；而當氧的利用速率超過 80 mg/L-hr 時，可以選用浸沒式葉輪曝氣裝置。在冬季月份結冰時間持續較長的地區，選用空氣擴散曝氣法或浸沒式葉輪曝氣法將優於表面曝氣法。表面曝氣是一個有效散熱之程序且可能顯著地降低處理系統中液體的溫度。

擴散曝氣法 (Diffused Aeration)

擴散曝氣系統的操作是使壓縮空氣通過擴散器 (或散氣盤) 而進入液體中。壓縮空氣係由空氣壓縮機供給，空壓機的壓力要足以使壓縮空氣克服空氣管線系統之摩擦損失及空氣擴散器上方液體之靜壓力。空氣擴散器可設置於接近曝氣池池底且沿著池壁設置以達到氧的傳輸與混合作用 (如圖 5.8 所示)，或均勻地鋪設於曝氣池底面。空氣擴散器可安裝於固定的或可伸縮的支架上。一般情況下，當曝氣系統在每 1000 ft^3 之曝氣池容積，於標準狀況之條件 (0°C 及 1 atm) 下，空氣流量為 20~30 ft^3/min(scfm) 時，將能使池中的液體得到

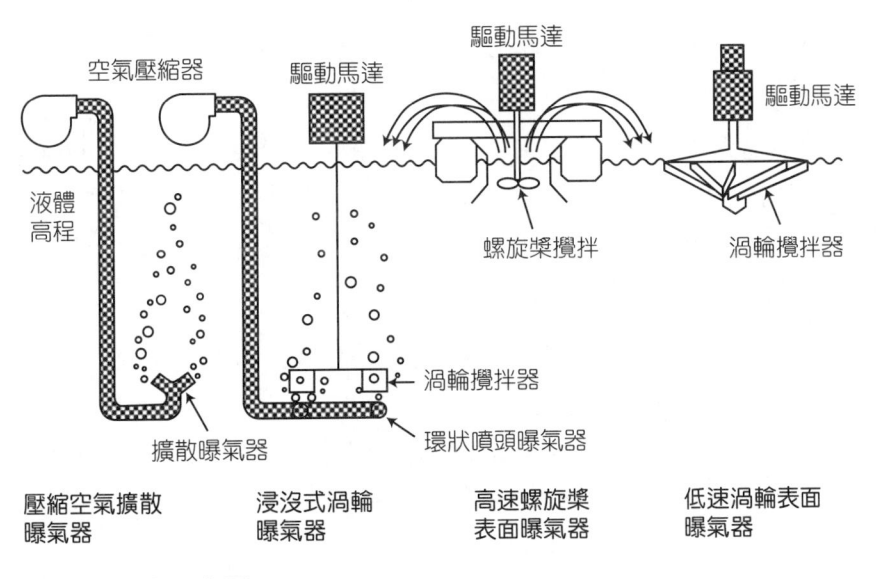

圖 5.7 人為曝氣的方法示意圖 (Lipák, 1974)

圖 5.8 擴散式曝氣活性污泥處理程序 (FMC 公司提供)

充分的混合。在這類曝氣系統中經常使用的其他供氣量標準是 1 ft^3 空氣 /1 加侖廢水，抑或 1000 ft^3 空氣 /1 磅 BOD$_5$。

空氣擴散器大致可以分為兩類。第一類是使壓縮空氣在進入液體前先通過多孔介質 (porous medium) 形成細小氣泡。在曝氣系統中使用的多孔介質，其材料是用陶瓷黏合劑，或塑性黏合劑 [例如像薩冉樹脂黏合劑 (Saran-wrapped)]，或塑膠布管狀物 (plastic-cloth tubes) 等，將二氧化矽或氧化鋁顆粒黏結而成。這種空氣擴散器稱為細氣泡擴散器 (fine-bubble diffusers)，其產生的氣泡直徑為 2.0~2.5 mm。雖然氣泡直徑越小氧的傳輸率越高 (增加了氣、液相的接觸面積)，但小氣泡擴散器的水頭損失大，故而增加曝氣設備之動力需求。它們也相當容易堵塞，進而更增加水頭損失。

第二類擴散器稱為粗氣泡擴散器 (coarse-bubble diffuser)，其產生的氣泡直徑可達到 25 mm。這類擴散器有噴嘴、孔口、閥門或水力剪切等多種類型。由於氣泡粒徑愈大，氣、液相間的接觸面積減少，此類擴散器的氧傳輸效率低於細氣泡擴散器。但是粗氣泡擴散器具有易於維護和動力消耗低的優點。大氣泡空氣擴散裝置的例子如下：

1. Sparjer 擴散器：一種大孔口之空氣擴散裝置，在該裝置中空氣從 4 個 90° 的短管孔口高速噴出。
2. INKA 系統：由一系列管子組成的橫向格柵管網。這些管子底部穿孔，空氣由孔口高速噴出。這樣的格柵管網通常安裝於液面下 2~6 ft 深處。因此可以用相當小的壓力輸送空氣 (Eckenfelder and O'Connor, 1961)。

從圖 5.9 至圖 5.15 所示為部分細氣泡及粗氣泡擴散的裝置。

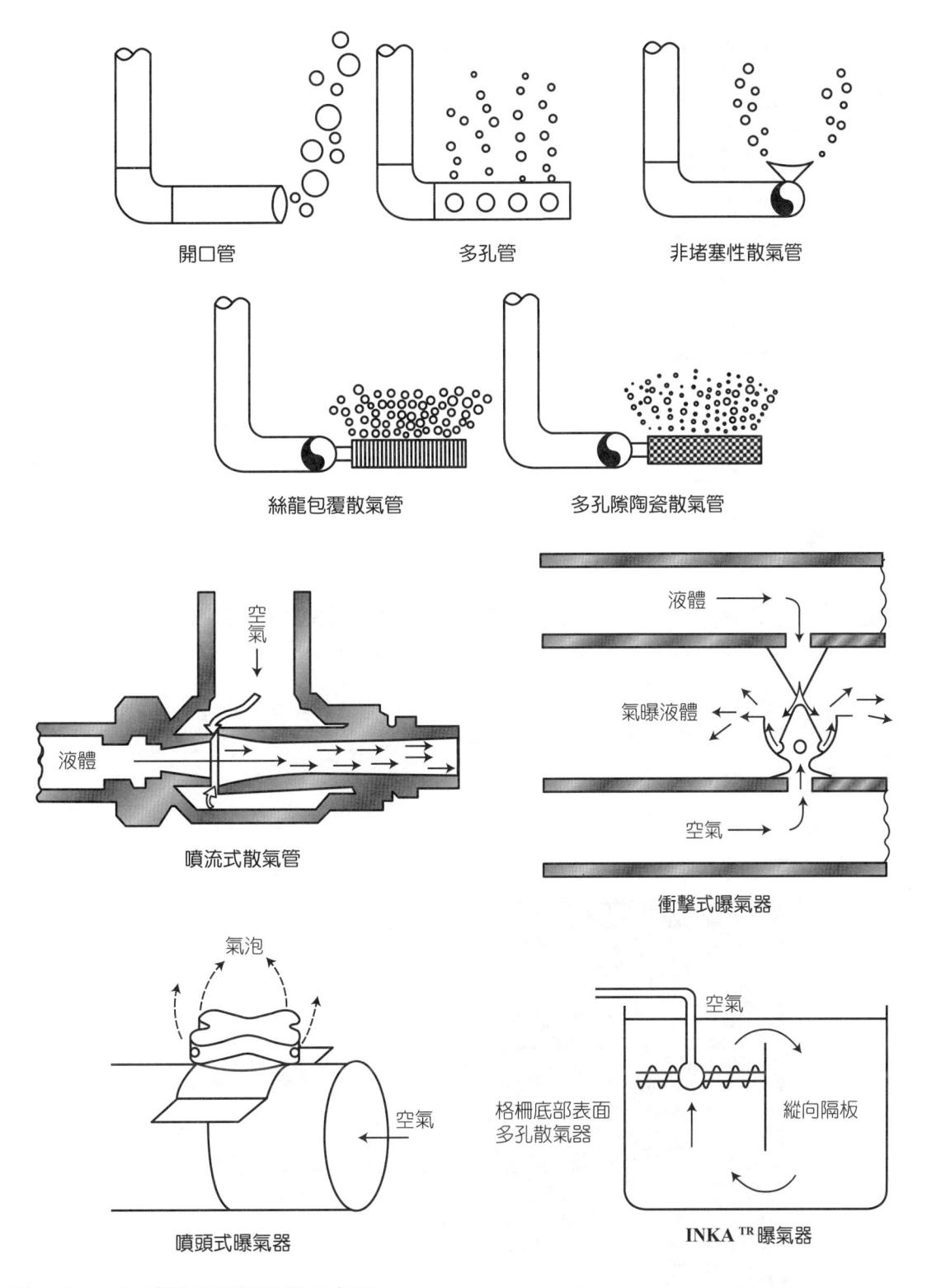

圖 5.9 不同擴散式曝氣設備示意圖 (Eckenfelder and O'Connor, 1961; Shell and Cassady, 1973)

圖 5.10 Defkectifyser 擴散曝氣器：材質由環藻膠製成之可產生粗氣泡之輕質曝氣設備，具極度抗腐蝕性 (FMC 公司提供)

圖 5.11 Adjustaire 擴散曝氣器：由 Delrin 鑄模生產之可產生粗氣泡的曝氣設備，對抗腐蝕性佳 (FMC 公司提供)

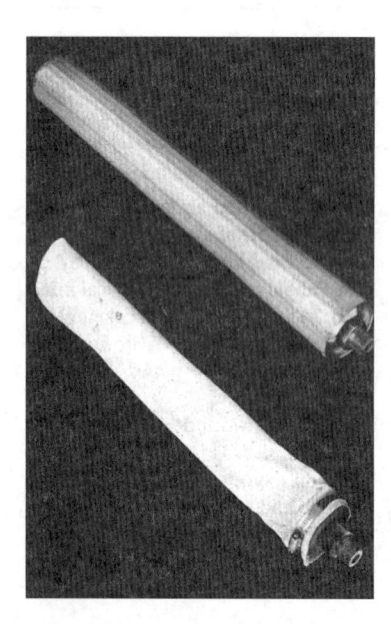

圖 5.12 Flexofuser 擴散曝氣器：可產生細氣泡之曝氣設備，由一管狀體、細微孔隙膜鞘及束緊夾等單元組成 (FMC 公司提供)

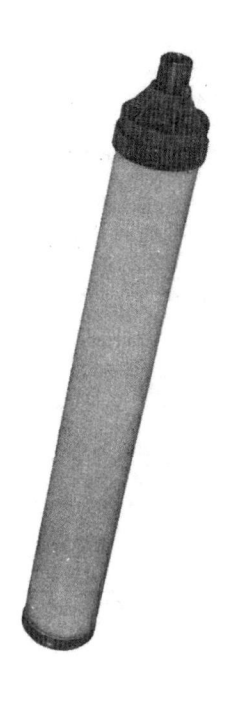

圖 5.13 Pearlcomb 擴散曝氣器：材質由丙烯腈共聚合物製成，安裝於圓筒形內之曝氣設備，可提供高傳氧效率 (FMC 公司提供)

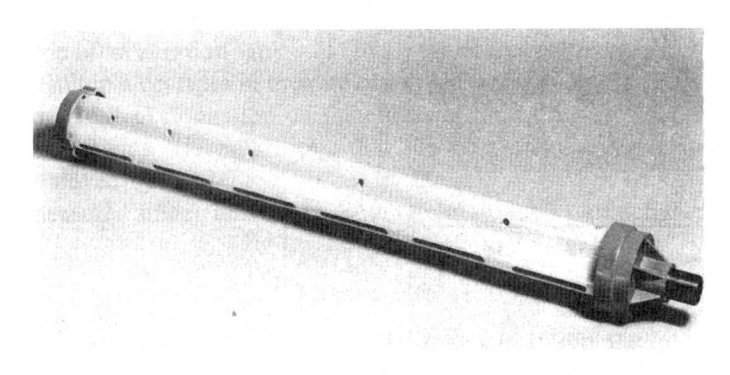

圖 5.14 Convertofuser 擴散曝氣器：安裝於寬廣帶狀，可產生粗氣泡之曝氣設備，為獲得從寬廣帶狀擴散曝氣系統增加傳氧效率而發展出之曝氣設備 (FMC 公司提供)

圖 5.15 Discfuser 擴散曝氣器：可產生粗氣泡之曝氣設備，當曝氣在空氣供應處受到靜水頭壓力干擾時，曝氣器碟狀裝置將閉鎖，以防止上方被曝氣之液體進入曝氣設備之空氣供應管線內 (FMC 公司提供)

一個特定空氣擴散系統的性能受到擴散器安裝間距、池體寬度、池體深度和空氣流量等因素的影響。擴散器的安裝間距取決於所用擴散器的形式，同時也受混合的需求及防止氣泡凝聚的需要等條件控制。典型的最小及最大安裝間距分別為 6 in 和 24 in (Eckenfelder and O'Connor, 1961)。圖 5.16 所示為安裝於 15 ft 深、24 ft 寬曝氣池中的薩冉樹脂擴散裝置 (Saran-wrapped diffusion units) 氧傳輸量、空氣流量和擴散器間距間的關係。

為了維持充分的混合作用，曝氣池寬度與深度之比應該小於 2。曝氣池的寬度對氧的傳輸也有影響，如圖 5.17 所示。該圖顯示出用薩冉樹脂管式曝氣設備 (Saran tube) 與 Sparjer 曝氣設備在 8 ft 及 24 ft 寬的曝氣池中進行曝氣時，空氣流量對氧傳輸速率的影響。

增長氣泡與水的接觸時間可以增加氧的傳輸效率，此效果可藉由將擴散器安裝於曝氣池較深處而達到。但是如此卻將增加了擴散器上方的靜水壓力，需要增加空氣壓縮機的運轉壓力來克服附加之靜水壓力。因此增加擴散器在水中的浸沒深度必然要消耗更多的動力。相反地，若減少空氣擴散器之安裝深度，就相同之動力消耗而言，將會有較多之空氣排出，並產生更強烈的混合作用。Shell and Cassady (1973) 建議，當擴散器的安裝深度在 8~16 ft 間時，通常可在氧傳輸效率與混合作用間獲得最佳的平衡關係。圖 5.18 所示為薩冉管擴散器及 Sparjer 擴散器的安裝深度與氧傳輸效率間的關係。

當使用粗氣泡擴散器時，可因增加空氣流量而可產生額外之擾動，並將大氣泡剪切為較小的氣泡。因此，增加氣體與液體接觸表面積將造成氧傳輸效率的提高。圖 5.19 及圖 5.20

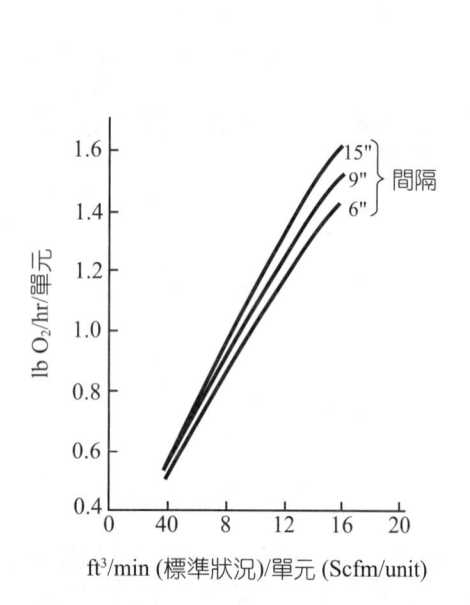

圖 5.16 擴散曝氣器間隔對傳氧之效應

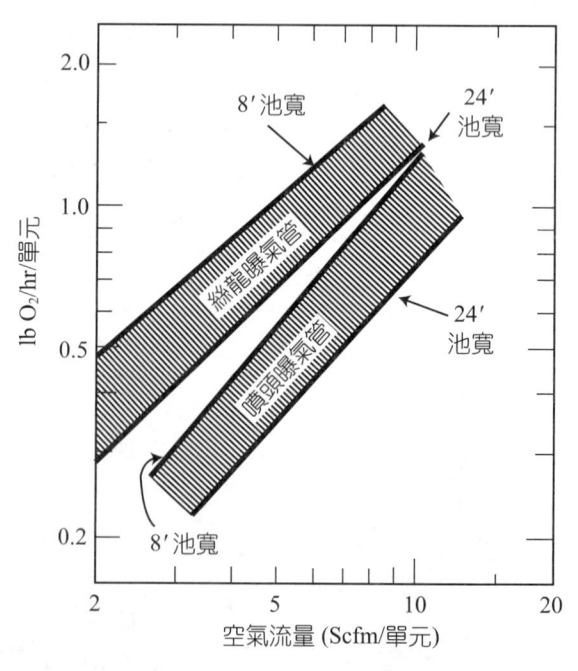

圖 5.17 曝氣槽體寬度於擴散曝氣系統中對傳氧之效應

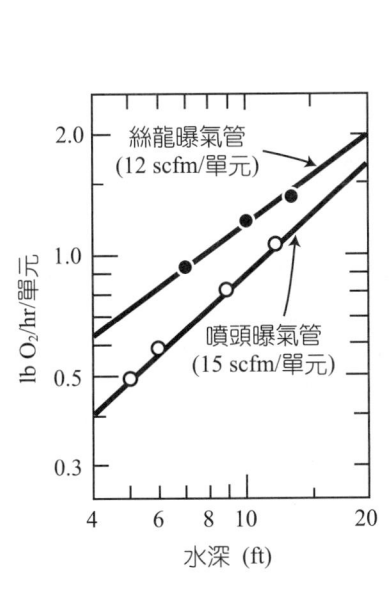

圖 5.18　曝氣槽內液體深度於擴散曝氣系統中對傳氧之效應

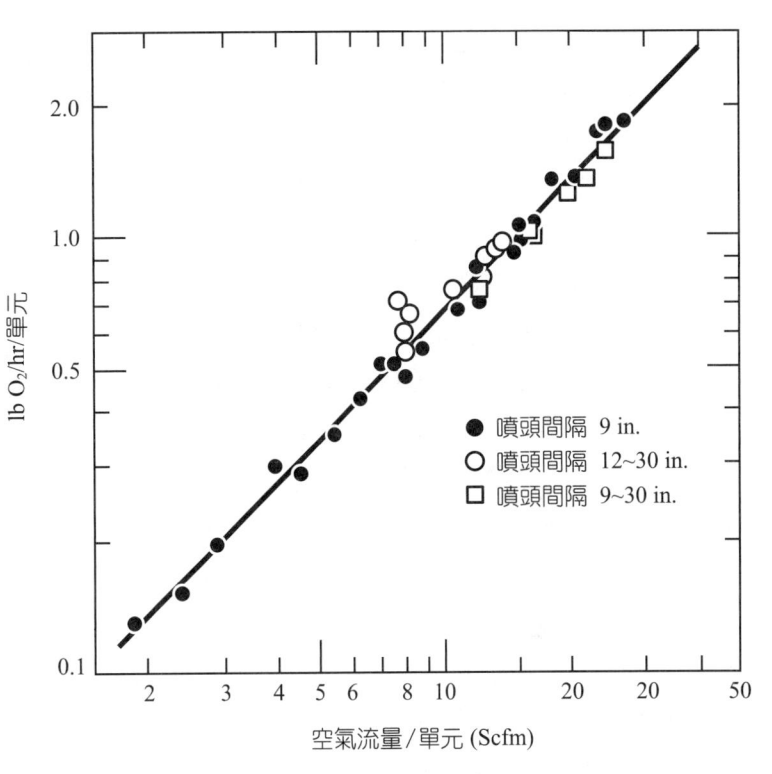

圖 5.19　Sparjers 曝氣系統中空氣流量對傳氧之效應

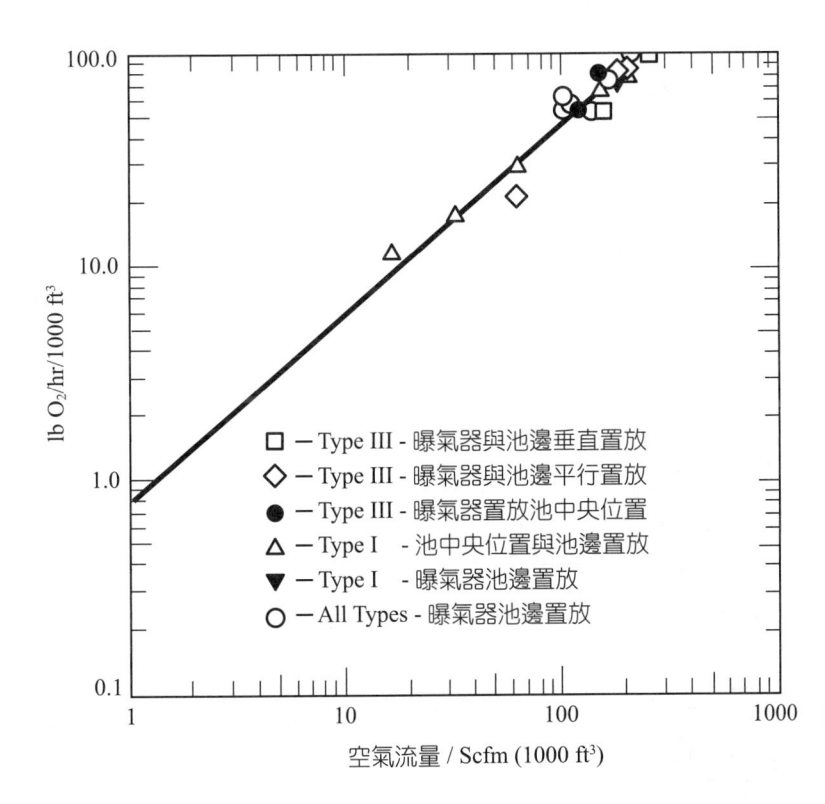

圖 5.20　INKA 曝氣系統中空氣流量對傳氧之效應

分別顯示出 Sparjer 擴散器和 INKA 曝氣系統在這方面的影響。然而須瞭解的是，增加空氣流量不一定意味著氧的傳輸速率會增加。沿著曝氣池之一側邊使用高空氣流量曝氣將會減少氧吸收的百分比且可能導致氧傳輸速率的降低。Busch (1968) 對於在擴散空氣系統中增加空氣流量之影響已提出一個很好之見解。他指出，加入曝氣池的氧氣中，被微生物所消耗的那一部分可由氧利用速率來確認之，而且在處理都市性污水的活性污泥處理廠於最高負荷之操作條件下，所測得的氧利用率一般在 5~8% 之間。在氧的消耗速率、空氣流量及氧的吸收率之間存在著明確的關係。Morgan and Bewtra (1963) 提出如圖 5.21 所示之數據，並指出當以較小的空氣流量曝氣時，耗氧迅速的亞硫酸鹽反應只能消耗由曝氣進入水中之氧量的 22%；當曝氣量加大時，該值則下降至 18%。當水中不存在耗氧反應時，該系統對空氣流量的變化更為敏感。圖 5.21 說明了只要當氧的需求滿足時，空氣流量應維持足夠到提供所需之攪拌混合程度即可，不應再進一步增加。

　　一般以每小時每個擴散器向水中供氧的磅數來表示空氣擴散系統的氧傳輸速率。利用 5-27 式可以將標準狀態下的氧傳輸速率修正為預計操作條件下的氧傳輸速率。此時 5-27 式中所使用的 C_s 值也必須要採用能反應出操作條件的數值。擴散式曝氣系統利用壓縮空氣向水中供氧，且研究結果已顯示在這種條件下用來評估曝氣系統的飽和溶解氧濃度值非常接近於池體 1/3 深度處的飽和溶解氧濃度值。Stukenberg (1977) 提出如下之方程式，以確定擴散曝氣系統中的飽和溶解氧濃度值：

$$C_{sa} = C_s \left(\frac{P_b}{59.84} + \frac{O_t}{42} \right) \tag{5-31}$$

式中，C_{sa} = 池體 1/3 深度處的飽和溶解氧濃度，mg/L

　　　C_s = 液面處的飽和溶解氧濃度，mg/L

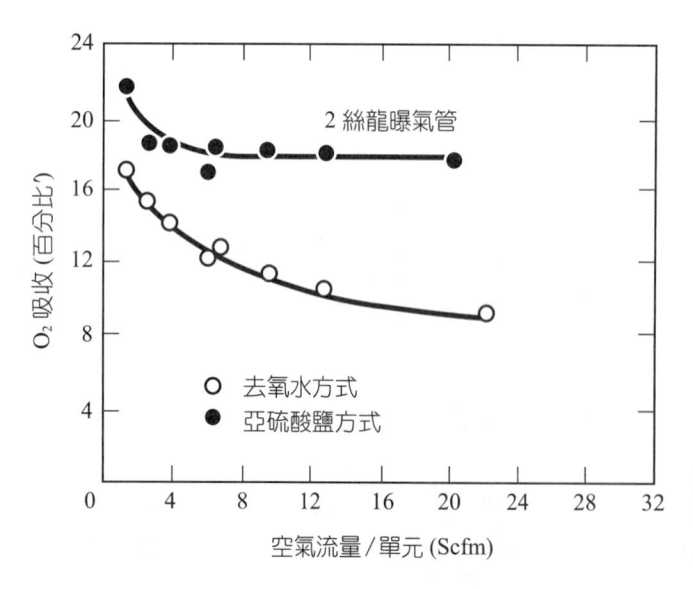

圖 5.21 Saran 管曝氣系統中採用去氧水法與亞硫酸鹽法對量測效率之差異性比較分析

Pb = 擴散器空氣釋放端的空氣壓力，英吋汞柱 (in.Hg)

O_t = 氣池逸出液面之空氣中含氧百分比，%；一般假設進入曝氣池的空氣中有 6~10% 的氧被吸收且空氣中初始氧氣含量為 21%

C_s 值及 Pb 值可以分別利用以下關係式決定：

$$C_s = \frac{P-\hat{p}}{760-\hat{p}} \frac{475-2.65S}{33.5+T_s} \tag{5-32}$$

式中，P = 普通氣壓計量測之壓力，毫米汞柱 (mmHg)

$\hat{p}$ = 標準狀態下的飽和水蒸氣壓力，毫米汞柱 (mmHg)

T_s = 標準狀態下的廢水溫度 (即 20°C)

S = 廢水中的溶解性固體物濃度，g/L

以及

$$Pb = \left[\frac{H}{2.3} + \frac{P}{760}(14.7)\right](2.036) \tag{5-33}$$

式中，H 表示氣泡釋放點處液體之深度 (英呎)，其中常數 2.036 是將壓力單位之 lb/in^2 換算為汞柱高度 (in) 時的換算係數。

一旦 C_{sa} 值決定後，可以利用經 5-27 式修正後之以下式子來計算實際操作條件下的氧傳輸速率：

$$(T.R.)_{實際} = (T.R.)_{標準} \alpha \frac{C_{sa}-C}{9.2} \tag{5-34}$$

上式中的氧傳輸速率 (T.R.) 係以每個擴散單元每小時向水中傳輸的氧量 (磅) 表示。C 表示在曝氣池中須維持的最低溶解氧濃度，其值通常為 2.0 mg/L。分母中的數值 9.2 表示標準狀態下水中的飽和溶解氧濃度。因為 C_{sa} 值是根據一個考慮 20°C 溫度條件的公式所計算得之，而 $K_L a$ 值也是根據同一溫度決定的，所以在 5-34 式中不包括對溫度變化的修正項。

擴散曝氣系統之理論馬力需求可依據以下描述絕熱壓縮之公式計算之 (Humenick, 1977)：

$$Thp = 0.00436 Q_1 P_1 \left(\frac{k}{k-1}\right)\left[\left(\frac{P_2}{P_1}\right)^{(k-1)/k} - 1\right] \tag{5-35}$$

式中，Thp = 空氣壓縮機之理論馬力需求

k = 等壓比熱和等容比熱之比值，就雙原子分子的絕熱壓縮而言，k 值接近 1.395

P_1 = 入口端的絕對壓力，lb/in^2 (psia)

P_2 = 出口端的絕對壓力，lb/in^2 (psia)；當摩擦阻力忽略時本項可用以下公式估算之：

$$P_2 = \frac{\gamma_w H}{144} + P_1 \tag{5-36}$$

表 5.5 水於不同溫度下之比重 (γ_w)

溫度 (°C)	$\gamma_w (lb/ft^3)$
0.0	62.42
4.4	62.43
10.0	62.41
15.5	62.37
21.1	62.30
26.6	62.22
32.2	62.11

γ_w = 水的比重，lb/ft^3，典型的 γ_w 值如表 5.5 所示

H = 氣泡釋放點之水深，ft

Q_1 = 吸入口端之空氣流量，ft^3/min (cfm)。

另，亦有其他的計算公式可以運用，如下所示：

$$\frac{P_2}{P_1} = \left(\frac{T_2}{T_1}\right)^{k/(k-1)} \tag{5-37}$$

式中，T_1 = 進口處的空氣溫度，°R (Rankin，即 460 + °F)

T_2 = 釋放點的空氣溫度，°R

$$Q_2 = \frac{nRT_2}{P_2} \tag{5-38}$$

式中，Q_2 = 釋放點的空氣流量，ft^3/min (cfm)

R = 氣體常數，其值為 10.73

n = 傳遞到水中的氧的莫耳數，lb moles/min，n 值可以用下式計算，該式中使用的氧吸收值與計算氧原子 (O) 時所使用的數值相同：

$$n = \frac{需氧量 (lb/day)}{(32\ lb/lb\text{-}mole)(1440\ min/day)(0.21)(氧的吸收率)} \tag{5-39}$$

以及

$$Q_1 = \frac{P_2 Q_2 T_1}{P_1 T_2} \tag{5-40}$$

利用下式可以將擴散式曝氣系統傳送入水中的空氣量 (ft^3/min) 換算為標準條件下的空氣量 (ft^3/min)：

$$Q_s = \frac{P_2 T_0}{P_0 T_2} Q_2 \tag{5-41}$$

式中，Q_s = 釋放點的空氣流量，ft^3/min

P_0 = 標準壓力 (即，14.7 lb/in^2)

T_0 = 標準溫度 (即，32°F = 492°R)

空壓機的制動功率 (帶動空壓機運轉的功率) 可以用下式求出：

$$\text{Bhp} = \frac{\text{Thp}}{e}$$

式中，e = 空壓機效率，為一分數值；就離心式空壓機 (centrifugal compressor) 且空氣量大於 15,000 ft^3/min 而言，該值通常為 0.7~0.8；而就旋轉正位移空壓機 (rotary positive displacement compressor) 且空氣量低於 15,000 ft^3/min，該值通常為 0.67~0.74

在生物處理過程中，擴散式曝氣系統的氧傳輸速率通常為 1.5~2.5 磅 O_2/ 每套鼓風機之馬力 / 小時。

例題 5-1

設計之計算結果顯示，一個完全混合活性污泥處理廠每天的需氧量為 32,000 lb/day，擬採用擴散式曝氣系統進行曝氣。擴散器 (散氣盤) 置於水面下 15 ft 深處，估計空氣在管線內的摩擦損失相當於 5 ft 的水柱水頭。曝氣系統的設計依據為，周圍空氣溫度 75°F，空氣表壓 0.95 大氣壓 (atm)。製造商提供的擴散器數據為：在標準條件下，當供氧量為 10 ft^3/min 時，每個位於水下 15 ft 深處的擴散器可供應之氧量為 1.5 lb/h。對處理程序出水的研究結果顯示 α 值接近於 0.8，水中溶解性固體物濃度為 600 mg/L。如果空壓機效率為 0.7，決定所需制動功率及擴散器 (散氣盤) 個數。

【解】

1. 假設在氣泡通過曝氣池的過程中有 8% 的氧被吸收，計算池體 1/3 深度處的飽和溶解氧濃度值。

   a. 根據 5-32 式，計算液面的飽和溶解氧濃度值。

   $$C_S = \frac{722 - 17.5}{760 - 17.5} \frac{475 - 2.65(0.6)}{33.5 + 20}$$
   $$= 8.4 \text{ mg/L}$$

   b. 利用 5-33 式，計算空氣釋放點的空氣壓力。

   $$P_b = \left[\frac{20}{2.3} + \left(\frac{722}{760}\right) 14.7\right](2.036)$$
   $$= 46.0 \text{ in.Hg}$$

   或

   當使用 H = 15 時，P_b = 41.6 in.Hg。在計算 C_S 時應該使用這個 H 值，因為這是在氣泡釋放點處的實際水頭。

c. 假設氣泡通過曝氣池時有 8% 的氧被吸收，計算 O_t：

$$O_t = (21\%)(1-0.08) = 19.3\%$$

　　d. 利用 5-31 式，計算池子 1/3 深度處液體中的飽和溶解氧濃度。

$$C_{sa} = (8.4)\left(\frac{41.6}{59.84} + \frac{19.3}{42}\right)$$

$$= 9.7 \text{ mg/L}$$

2. 將廠商提供的標準狀態下的氧傳輸速率換算為操作條件下的氧傳輸速率。假設曝氣池中需要保持 2.0 mg/L 的最小溶解氧濃度，同時假設如果根據 3.5 mg/L 的剩餘溶氧濃度進行曝氣系統的設計時在最大負荷條件下仍能使水中保持 2 mg/L 的溶氧量。可以利用 5-34 式，計算實際氧傳輸效率。

$$(\text{T.R.})_{實際} = (1.5)(0.8)\frac{9.7 - 3.5}{9.2}$$

$$= 0.81 \text{ lb O}_2/\text{h/ 擴散器}$$

3. 計算所需擴散器個數。

$$擴散器個數 = \frac{32{,}000 \text{ lb/day}}{(0.81)(24 \text{ h/day})}$$

$$= 1646 \text{ 個}$$

4. 計算釋放點所需的空氣流量。

　　a. 估算標準條件下所需的空氣流量。

$$Q_s = (10 \text{ ft}^3/\text{min/ 個擴散器})(1646 \text{ 個擴散器})$$

$$= 16{,}460 \text{ ft}^3/\text{min}$$

　　b. 利用 5-37 式，計算釋放點的空氣溫度。

$$\frac{22.6}{13.9} = \left(\frac{T_2}{535}\right)^{1.395/0.395}$$

$$T_2 = 613 \text{ °R}$$

　　c. 利用 5-41 式，將標準條件下釋放點的空氣流量換算為實際條件下的空氣流量。

$$16{,}460 = \left(\frac{22.6}{14.7}\right)\left(\frac{492}{613}\right)Q_2$$

$$Q_2 = 13{,}339 \text{ ft}^3/\text{min (cfm)}$$

5. 利用 5-40 式，計算空壓機進口處的空氣流量。

$$Q_1 = \frac{(22.6)(13{,}339)(535)}{(13.9)(613)}$$

$$= 18{,}928 \text{ ft}^3/\text{min (cfm)}$$

6. 計算空壓機的制動功率。

　a. 根據 5-35 式，計算所需的理論功率。

$$\text{Thp} = 0.00436(18{,}928)(13.9)\left(\frac{1.395}{1.395-1}\right)\left[\left(\frac{22.6}{13.9}\right)^{0.28} - 1\right]$$

$$= 590\ \text{馬力 (hp)}$$

　b. 利用 5-42 式，計算制動功率 (brake horsepower)。

$$\text{Bhp} = \frac{590}{0.7}$$

$$= 843\ \text{馬力 (hp)}$$

浸沒式葉輪曝氣法 (Submerged Turbine Aeration)

　　在浸沒式葉輪曝氣系統中，壓縮空氣從位於攪拌葉槳下面的噴口噴出，噴出的粗大氣泡由葉輪剪切為更細小的氣泡後擴散到整個曝氣池中，如圖 5.22 所示。

　　由於這種曝氣系統提供的混合程度受葉輪輸入動力所控制，而與壓縮空氣流量無關，所以該系統對池體的幾何形狀沒有限制，不像擴散式曝氣系統那樣對池體的寬深比有一定的要求。就此種曝氣系統而言，葉輪直徑與池體直徑比的變化範圍通常在 0.1~0.2 間。

　　Eckenfelder and Ford (1968) 提出，當此系統葉輪和空壓機輸入功率之比接近於 1 時，可以獲得最佳之氧傳輸效率。有關數據如圖 5.23 所示。圖中的 P_d 由以下之比例式表示：

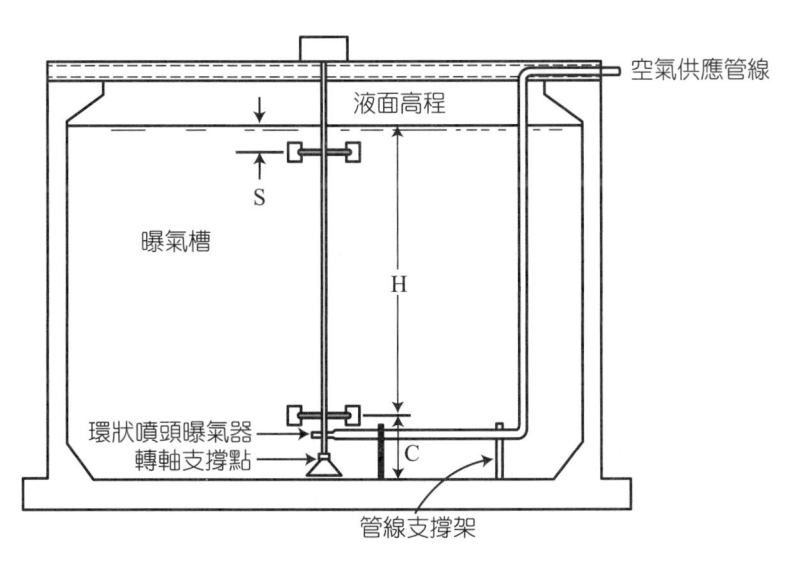

$$P_d = \frac{(\text{hp})_T}{(\text{hp})_C} \tag{5-43}$$

圖 5.22 浸沒式葉輪曝氣系統示意圖

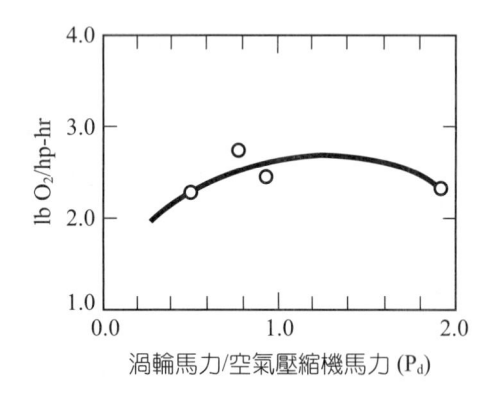

圖 5.23 浸沒式葉輪曝氣系統之渦輪馬力與空氣壓縮機馬力比 (P_d) 對傳氧速率之效應 (Quirk, 1962)

式中，$(hp)_T$ = 葉輪功率（馬力）

$(hp)_C$ = 空壓機功率（馬力）

單葉片的浸沒式葉輪曝氣裝置的供氧速率為 1.5~2.0 lb O_2/hp-h，雙葉片浸沒式葉輪曝氣裝置的供氧速率為 2.5~3.0 lb O_2/hp-h。浸沒式葉輪曝氣裝置特別適合於在預期氧利用率有較大波動的場合使用。擴散式及浸沒式葉輪曝氣系統的氧傳輸速率都可以利用調節空壓機功率的辦法加以改變。對浸沒式葉輪曝氣裝置進行上述調整時將會改變 P_d 比值，因此工程師應該保證預計的運轉範圍處於與 P_d (如圖 5-23 所示) 有關的最大氧傳輸速率範圍內。在冰凍無法使用表面曝氣裝置的地方，亦可使用浸沒式葉輪曝氣系統。

例題 5-2

在一個完全混合活性污泥處理過程中採用雙葉片浸沒式葉輪曝氣系統。廠商提供該裝置在標準條件下的供氧速率為 2.5 lb O_2/hp-h，如果曝氣池的需氧量為 15,000 lb/day，試確定曝氣裝置所需的總功率。假設壓縮空氣釋放點位於水面下 20 ft 深處，管道摩擦阻力可以忽略不計。曝氣系統的設計條件：周圍空氣溫度為 75°F，大氣壓力為 0.95 大氣壓，α = 0.8，廢水溶解性固體物濃度為 600 mg/L，空壓機效率為 0.7。

【解】

1. 假設氣泡通過曝氣池中有 8% 的氧被吸收，計算 1/3 池體深處水中的飽和溶解氧濃度。
   計算步驟依據如例題 5-1 中 1a.、1b.、1c. 及 1d. 之計算方式來進行，得 C_s = 10.3 mg/L。
2. 假設水中剩餘溶氧濃度為 2.0 mg/L，將標準狀態下的氧傳輸速率換算為操作條件下的氧傳輸速率。

$$(T.R.)_{實際} = (2.5)(0.8)\frac{10.3-2.0}{9.2}$$
$$= 1.8 \text{ lb } O_2/\text{hp-h}$$

3. 計算曝氣系統所需的總功率。

$$總馬力數\ (hp) = \frac{15{,}000\ \text{lb/day}}{(1.81\ \text{lb}\ O_2/\text{hp-h})(24\ \text{h/day})}$$

$$= 347\ 馬力\ (hp)$$

就一個合理之設計情況，空壓機和攪拌器間的動力分配應為 1:1。此意味當輸入總功率為 348 馬力時，空壓機和攪拌器的功率分別為 174 馬力。葉輪的此 174 馬力為運轉功率。操作經驗顯示，實際運轉功率約為非曝氣功率的 70%，所以非曝氣功率應為 174/0.7 = 249 馬力。因此空壓機所需功率也應為 174/0.7 = 249 馬力。

表面曝氣機 (Surface Aerators)

前面已經指出，表面曝氣機基本上可以分為低速曝氣機和高速曝氣機兩種類型。高速曝氣機的電機和葉輪之間沒有齒輪減速器，因而價格低廉。但是在許多場合下高速曝氣機的混合能力和氧傳輸速率低於低速曝氣機。此外，由於高速曝氣機的葉輪與外殼過於貼近(如圖 5.24 及圖 5.25 所示)，當水中含有大量懸浮物質時，此種曝氣機經常發生堵塞現象。由於這個原因，本章節主要討論圖 5.26、圖 5.27 及圖 5.28 所示的低速曝氣裝置。

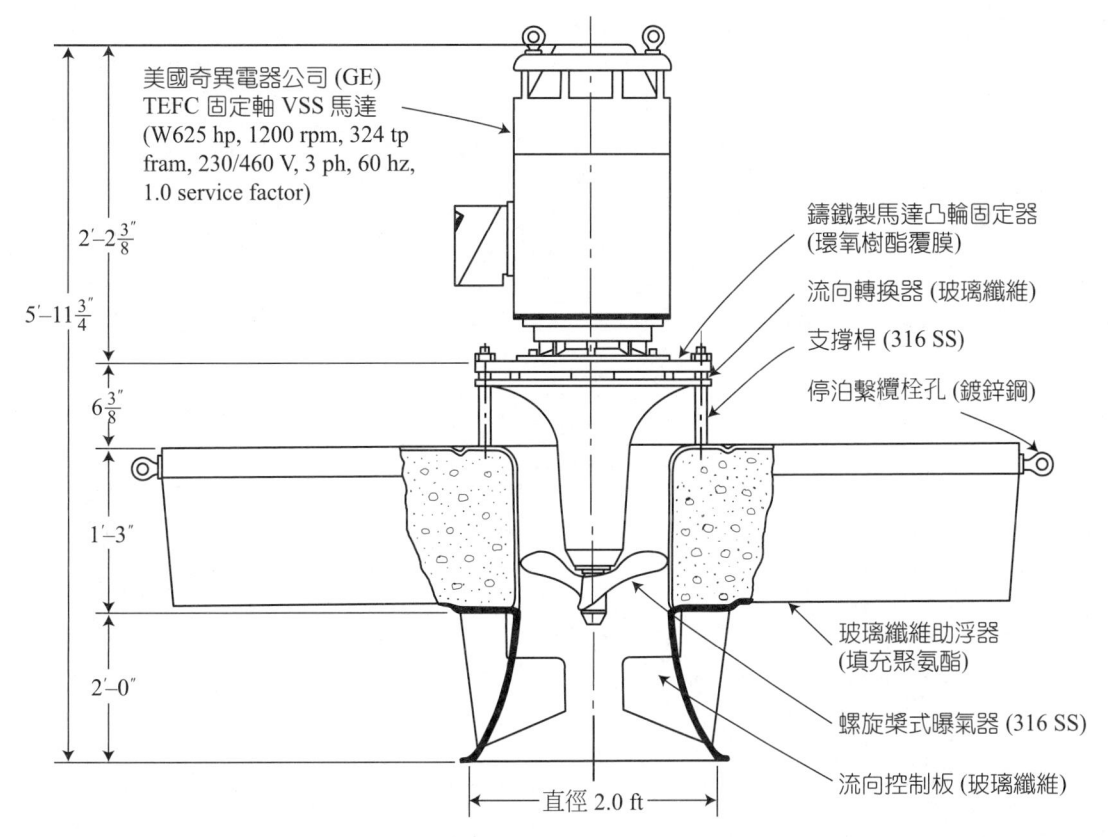

圖 5.24 高轉速表面曝氣機 (CLOW 公司提供)

圖 5.25　CLOW 浮式表面曝氣機 (CLOW 公司提供)

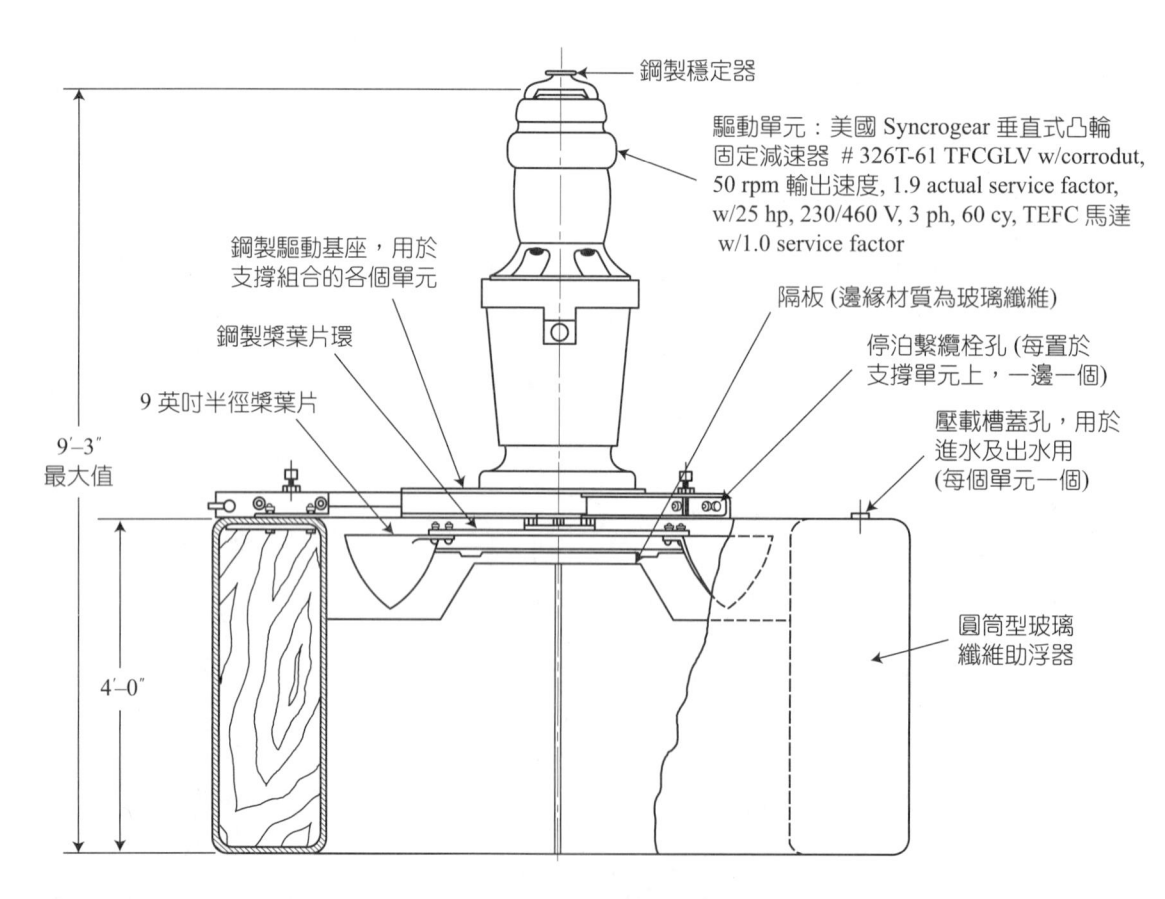

圖 5.26　Sigma-Pac 浮式表面曝氣機 (CLOW 公司提供)

圖 5.27 CLOW 低轉速浮式表面曝氣機 (CLOW 公司提供)

圖 5.28 CLOW 低轉速浮式表面曝氣機 (CLOW 公司提供)

以低速表面曝氣機及擴散式曝氣設備來達成曝氣作用之主要差異性是在於表面曝氣是通過點源充氧作用 (point source oxygenation) 完成曝氣程序 (Busch, 1968)，此意即僅有被曝氣設備抽送之液體才能得以充氧。Eckenfelder and Ford (1967) 發現，高速表面曝氣設備的氧傳輸方式與上述情況不同，在此種曝氣系統中約有高達 60% 的氧傳輸量是經由被該系統抽送的液體表面衝擊作用所引起的。

因為低速表面曝氣機通過抽送廢水對液體進行充氧，所以曝氣的液體量是一個重要的考慮因素。一般以每 1 千加侖體積的馬力來表示這個關係。為了反映上述關係，在水中測得的幾種表面曝氣機的操作數據將如圖 5.29 及圖 5.30 中所示。圖 5.31 則分別提供了活性污泥處理程序、延長曝氣處理程序及曝氣氧化塘中，每 1 千加侖液體容積所需之平均馬力數範圍 (馬力/1000 加侖)。

表面曝氣機的氧傳輸速率通常是以標準條件下每馬力每小時向水中傳遞氧的磅數來表示。可以利用下述公式將標準條件下之處理狀況修正使其符合操作條件之狀況：

$$(T.R.)_{實際} = (T.R.)_{標準} \alpha \frac{C_s - C}{9.2} \tag{5-44}$$

式中，C_s 為在操作條件下液面處之飽和溶氧濃度值，係根據 5-32 式計算之。

當配合操作條件對氧之傳輸速率進行修正時，應同時考慮曝氣設備的轉動速度和浸沒深度對氧傳輸速率的影響。大部分表面曝氣裝置都具有一個可以得到最佳氧傳輸速率的浸沒深度和轉速。圖 5.32 顯示轉速與充氧容量間的關係。大部分廠商所提供的氧傳輸速率都是在最佳條件下測定的。

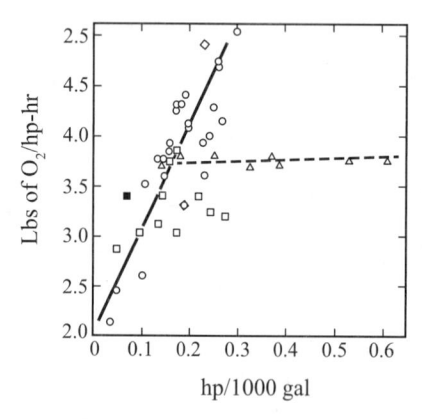

圖 5.29 不同形式之表面曝氣機之操作數據 (Eckenfelder and Ford, 1967)

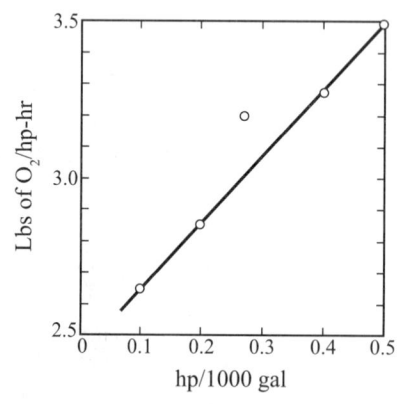

圖 5.30 表面曝氣之操作數據 (Eckenfelder and Ford, 1967)

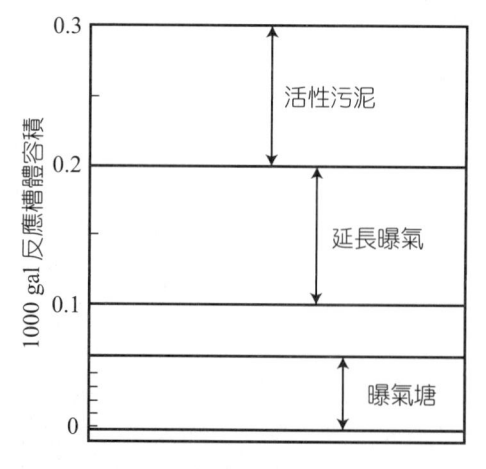

圖 5.31 不同形式曝氣系統所需之平均動力 (hp/1000 gal) 範圍

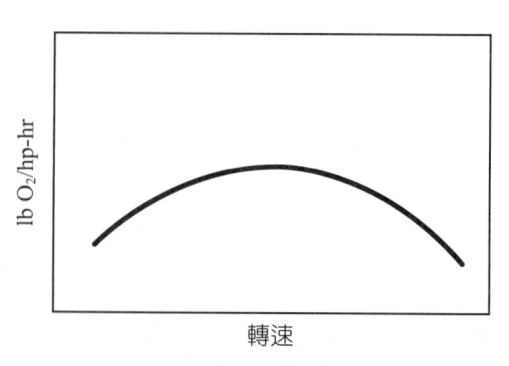

圖 5.32 表面曝氣機之轉速對傳氧速率之影響效應

低速表面曝氣裝置之氧傳輸速率變化範圍是在 2.5~3.5 lb O$_2$/hp-h 之間。當氧利用率發生變動期間，可藉由調整曝氣設備的浸沒深度或轉速來改變氧的傳輸速率。調整轉速需要使用變速馬達。

例題 5-3

一個表面曝氣系統擬被用在一個活性污泥處理廠，以提供 12,000 lb/day 之需氧量。如果某製造商聲稱某一特殊形式的表面曝氣設備在標準條件下可提供 3.0 lb O$_2$/hp-h 之充氧速率，試確定此曝氣系統所需的總馬力數。曝氣系統的設計條件為：環境空氣溫度為 75°F，大氣壓力為 0.95 大氣壓 (atm)，α 值為 0.8，且水中溶解固體物濃度為 600 mg/L，曝氣池總容積為 120 萬加侖。

【解】

1. 計算液面的飽和溶解氧濃度。根據例題 5-1 之步驟 1a. 的計算，得該值為 8.4 mg/L。
2. 根據假設池中剩餘溶氧濃度為 2.0 mg/L 之狀況，將標準條件下之氧傳輸速率調整為符合實際處理條件之情況。

$$(T.R.)_{實際} = (3.0)(0.8)\frac{8.4 - 2.0}{9.2}$$

$$= 1.67 \text{ lb O}_2/\text{hp-h}$$

3. 決定所需的總馬力數。

$$總馬力數 (hp) = \frac{12,000 \text{ lb/day}}{(1.67 \text{ lb O}_2/\text{hp-h})(24 \text{ h/day})}$$

$$= 300 \text{ 馬力}$$

4. 計算動力程度 (power level, PL)，亦即每 1000 加侖曝氣池容積所需輸入之馬力數，並利用圖 5.31 進行校核，以確認計算結果符合活性污泥處理廠的要求。

$$PL = \frac{300}{1200}$$

$$= 0.25 \text{ 馬力}$$

根據圖 5.31，該值為活性污泥處理廠所使用之典型數值。

混合條件

混合也是設計曝氣系統的一個重要條件。良好的混合作用可以使微生物體保持懸浮狀態，並使氧能均勻分布到液體中。但是，為使氧氣擴散所需之混合強度遠低於為維持完全混合所需之混合強度。在某一特定的動力輸入條件下，此即意味氧的擴散區域將大於完全混合區域。表 5.6 所示提供上述作用之操作數據。

因為所有曝氣設備都是低揚程的泵浦,故混合狀態可能與曝氣設備的抽送容量 (pumping capacity) 有關。Busch (1968) 指出,浸沒式葉輪曝氣裝置的抽送容量在 l~10 ft^3/sec-hp 之間;然而,擴散式曝氣設備及低速表面曝氣設備之抽送容量,分別為 4.7 和 4.5 ft^3/sec-hp。上述之數值可用來計算出已知容積的液體循環一次所需的理論時間。Shell and Cassady (1973) 建議,針對一個具良好緩衝導流之系統而言,要達到足夠之完全混合作用,全池循環一次僅需 7.5 分鐘或更少的時間。

表 5.6 TFNI 曝氣設備之操作功能數據 (Aqua-Aerobic Systems 公司)

Hp	N_C^a (lb O$_2$/hp-hr)	Z_{CM}^b (ft)	D (ft)	Z_{OD}^c (ft)	Q^d (gal/min)
20	3.2	72	10	230	8,320
25	3.4	80	10	255	9,830
30	3.5	88	10	280	12,570
40	3.8	102	10	325	14,000
50	3.5	105	12	330	18,560
60	3.5	115	12	350	20,560
75	3.0	130	12	380	22,550
100	3.1	150	12	440	41,000
125	3.3	165	12	490	47,500
150	3.2	185	12	530	57,000

[a] 標準條件下的傳遞速率 [b] 完全混合區域 [c] 氧的完全擴散區域 [d] 曝氣設備抽送流量。

例題 5-4

針對例題 5-3 所述之表面曝氣系統,廠商已提供一個表面曝氣機為 4.5 ft^3/sec-hp 的抽送容量。就此系統而言,試決定該系統的理論循環時間。該計算結果是否符合完全混合的範圍?

【解】

決定理論循環時間。

$$循環時間 = \frac{1,200,000 \text{ gal}}{4.5 \frac{\text{ft}^3}{\text{sec-hp}} \times 0.25 \frac{\text{hp}}{1000 \text{ gal}} \times 1200(1000 \text{ gal}) \times 60 \frac{\text{sec}}{\text{min}} \times 7.5 \frac{\text{gal}}{\text{ft}^3}}$$

$$= 2 \text{ 分鐘}$$

由於該值小於 7.5 分鐘,因此可以滿足完全混合條件。

習題

5-1 若某實驗室溫度控制在 15°C 以進行一個曝氣設備之測試，得到了如下數據。假設水中氯化物濃度為 0 且在標準條件下，試問研究人員得到之 $K_L a$ 值為何？

時間(分鐘)	0	6	12	24	30	40
DO (mg/L)	1.5	3.5	5.1	7.2	7.9	8.5

5-2 某完全混合之活性污泥處理廠被建造成完全密閉，使得曝氣池混合液面上之大氣維持純氧條件，並利用表面曝氣系統來充氧。在處理廠被密閉之前，曝氣系統先進行了測試。在試驗期間得知，如果水中要維持 2 mg/L 的剩餘溶氧濃度的話，當大氣壓力為 760 毫米汞柱 (mmHg) 且水中溶解固體物濃度為 750 mg/L 時，氧之傳輸速率為 2.0 磅 O_2 / 馬力 / 小時。如果系統中維持 790 毫米汞柱的壓力，要在純氧條件下剩餘溶氧濃度提高到 6.0 mg/L 且總需氧量為 15,000 磅 / 日時，試問所需要之馬力數為多少？(上述兩種條件下處理系統的操作溫度都是 15°C)

5-3 某穩定狀態之試驗被用來確認一個完全混合活性污泥處理程序之總氧傳輸係數。在試驗進行之前兩小時，曝氣池將停止供應水量，此時試驗過程中微生物體之氧利用速率主要將來自微生物的內呼吸作用。試驗測得的氧利用速率為 6 mg/L-hr。試驗期間曝氣池中的平均溶氧濃度為 3 mg/L，若試驗期間混合液體中之飽和溶氧濃度為 8 mg/L，試計算氧傳輸係數 $K_L a$ 為何？

5-4 利用曝氣池混合液進行非穩定狀態之試驗以決定 $K_L a$ 值是可能的。試驗時首先減少曝氣設備的供氧量，使曝氣池中的溶氧濃度下降到一個較小值，然後逐漸恢復池中的供氧量，同時記錄池中 DO 濃度隨時間變化的情況。為了利用上述試驗數據，可以將 5-28 式重新整理為如下形式：

$$\frac{dC}{dt} = (K_L a C_s - R) - K_L a C$$

利用水中的溶氧濃度與時間作圖可以得到一個斜率為 dC/dt 的曲線。在任一 C 值所對應的 dC/dt 可經由計算曲線在該點切線的斜率而求出。利用求得的 dC/dt 值與 C 作圖，可以得到斜率為 $-K_L a$ 的直線。如果飽和溶氧濃度為 8.4 mg/L，根據下列試驗數據可決定曝氣系統的 $K_L a$ 值。

溶氧 (mg/L)	時間 (min)
4.5	0.0
5.3	0.5
6.0	1.0
6.6	1.5
7.0	2.0

參考文獻

BARNHART, E.B., Unpublished Master's Thesis, Sanitary Engineering, Manhattan College (1965).

BEWTRA, J.K., and W.R. NICHOLAS, "Oxygenation from Diffused Air in Aeration Tanks," *Journal of Water Pollution Control Federation*, **63**, 1195 (Oct., 1964).

BUSCH, A.W., *Aerobic Biological Treatment of Wastewaters*, Olygodynamics Press, Houston, Tex., 1968.

ECKENFELDER, W.W., Jr., *Industrial Water Pollution Control*, McGraw-Hill Book Company, New York, 1966.

ECKENFELDER, W.W., Jr., and D.L. FORD, "Engineering Aspects of Surface Aeration Design," in *Proceedings, 22nd Industrial Waste Conference*, Purdue University, West Lafayette, Ind. 1967.

ECKENFELDER, W.W., Jr., and D.L. FORD, "New Concepts in Oxygen Transfer and Aeration," in *Advances in Water Quality Improvement*, ed. by E.F. Gloyna and W.W. Eckenfelder, University of Texas Press, Austin, Tex., 1968.

ECKENFELDER, W.W., Jr., and D.L. FORD, *Water Pollution Control: Experimental Procedures for Process Design*, Pemberton Press, Jenkins Publishing Company, Austin, Texas, 1970.

ECKENFELDER, W.W., Jr., and D.J. O'CONNOR, *Biological Waste Treatment*, Pergamon Press, New York, 1961.

FARKAS, P., "Methods for Measuring Aerobic Decomposition Activity of Activated Sludge in an Open System," In *Advances in Water Pollution Research*, **19**, II-309 (1966).

GANCZARCZYK, JERZY, "Some Features of Low Pressure Aeration," *Second International Conference on Water Pollution Research*, Tokyo, Japan (1964).

HUMENICK, M.J., Jr., *Water and Wastewater Treatment*, Marcel Dekker, Inc., New York, 1977.

LIPTAK, B.G., *Environmental Engineers' Handbook*, Volume 1, Chilton Book Company, Radnor, Pa., 1974.

LISTER, A.R., and A.G., BOON, "Aeration in Deep Tanks: An Evaluation of a Fine-Bubble Diffused Air System," *British Journal of Water Pollution Control*, **72**, 590 (1973).

MANCY, K.H., and D.A. OKUN, "The Effects of Surface Active Agents on the Rate of Oxygen Transfer," in *Advances in Biological Waste Treatment*, ed. by W.W. Eckenfelder and J. McCabe, Pergamon Press, New York, 1960.

MARAIS, G.V.R., "Aeration Devices: Basic Theory," *British Journal of Water Pollution Control*, **74**, 172 (1975).

MORGAN, P.F. and J.K. BEWTRA, "Diffused Air Oxygen Transfer Efficiencies," in *Advances in Biological Waste Treatment*, ed. by W.W. ECKENFELDER and J. McCabe, Pergamon Press, New York, 1963.

O'CONNOR, D.J., and W., DOBBINS, "The Mechanics of Reaeration in Natural Streams," *Journal of the Sanitary Engineering Division*, ASCE, **82**, SA6 (1956).

QUIRK, T.P., "Optimization of Gas-Liquid Contacting Systems," Unpublished Report, Quirk, Lawler and Matusky, Engineers, New York (1962).

RANDALL, C.W., and P.H. King, Unpublished Consulting Report, Virginia Polytechnic Institute and State University, Blacksburg, VA. (1971).

SHELL, G., and T., CASSADY, "Selecting Mechanical Aerators," *Industrial Water Engineering*, July/Aug. 1973. 21.

STUKENBERG, J.R., V.N., WAHBEH, and R.E., McKINNEY, "Experiences in Evaluating and Specifying Aeration Equipment," *Journal of the Water Pollution Control Federation*, **49**, 66 (1977).

CHAPTER 6

陂塘及人工溼地處理系統

　　利用生態工程 (ecological engineering) 或生態技術 (ecotechnology) 進行廢水生物處理之程序，稱之為自然處理系統 (natural treatment systems)，其中又區分為陂塘 (ponds) 及人工溼地 (constructed wetlands) 處理系統等二大類。

　　陂塘廢水處理系統係利用所謂的處理塘 (treatment ponds) 來處理廢水，特別是做為小城鎮的廢水處理系統已有多年的歷史了。自從它們被應用於廢水處理程序後，已經出現了許多名稱用以描述不同形式之處理系統。例如，近年來氧化塘 (oxidation pond) 已被廣泛用作各類處理塘的總稱。剛開始氧化塘是用以接納經過局部處理後的廢水，而接納原污水 (raw wastewater) 的池塘則被稱為污水塘 (sewage lagoon)。廢水穩定塘 (waste stabilization pond) 已成為以生物和物理程序來處理有機廢水之池塘總稱。如果類似程序係發生於河川中則通常被稱為自淨作用。為了避免混淆，本章中將採用如下分類方法 (Caldwell et al., 1973)：

1. 好氧塘 (aerobic ponds)：一種淺的陂塘，其深度少於 3 ft，主要依靠光合作用的結果使這種陂塘在整個深度上都維持有溶氧。
2. 兼性塘 (facultative ponds)：陂塘的深度為 3~8 ft，其底部為厭氧區，中部為兼性區，上部為由光合作用 (photosynthesis) 及表面再曝氣作用 (surface reaeration) 維持的好氧區。
3. 厭氣塘 (anaerobic ponds)：接納高有機負荷廢水的深池塘，其整個深度都處於厭氧狀況下。
4. 熟化塘或三級處理塘 (maturation or tertiary ponds)：該陂塘被用於進一步提升其他生物處理程序出水之水質。陂塘中的溶氧由光合作用和表面曝氣作用供給。此種陂塘也被稱為「精細處理塘」(polishing pond)。
5. 曝氣氧化塘 (aerated lagoons)：藉由表面或擴散式曝氣供氧的處理塘。

由於溼地為地球上最為重要的生態系之一，具有高度的生產力及多元化的生態服務功能，包含：經濟生產、保水滯洪、淨化水質、碳匯、生態旅遊、環境教育、提供生物棲地、穩定生態及維護生物多樣性等功能。其中，利用自然溼地的水質淨化的生態服務功能，運用生態工程技術所建構出之人工溼地廢水處理系統，抑或稱之為處理型溼地 (treatment wetlands)，對各類型廢污水，可進行經濟有效的處理。

不論是陂塘或人工溼地廢水處理系統，通稱為自然廢水處理系統 (natural treatment systems)，以下將針對此類型處理系統之設計及維護，分別詳述之。

6-1 好氧塘 (Aerobic Ponds)

好氧塘是一種淺的池塘，陽光可以透射到陂塘的底部，因而藻類可以在整個池塘中維持光合作用活動。在白天期間光合作用提供陂塘中大量氧氣，而夜間風對淺水的混合作用一般可提供池塘較高程度的表面再曝氣作用。進入好氧塘的有機物的穩定 (stabilization) 主要由好氧性細菌 (aerobic bacteria) 的反應來完成。

在好氧塘中細菌和藻類是以互利的或共生的 (symbiotic) 關係存在。在光合作用過程中 (第 2 章) 藻類利用光能將二氧化碳、無機營養物和水合成為有機物，然後形成細胞質 (cytoplasm) 或排出有機化合物供後續異養菌 (heterotrophic bacteria) 使用。在這一反應過程中，水被氧化而釋放出電子、質子及氧分子 (如圖 2.13 所示)。異養菌去除廢水中存在的有機物，利用其做為能源及合成新的細胞質。做為能源功用之有機物被氧化成為二氧化碳、水和其他無機物。在此能量代謝之分解反應中，光合作用中生成的氧係擔任一個電子接受者 (electron acceptor)。而細菌在代謝過程中釋放出來的 CO_2 及無機營養物則由藻類在其生長過程中加以利用。因此在正常的光照條件下，這兩類微生物的代謝過程是互相依賴的 (如圖 6.1 所示)。

好氧塘中的晝夜變化 (Diurnal Variations in Aerobic Ponds)

由於光合作用需要陽光輻射，所以僅在白天氧氣才會經由光合作用產生。在夜間藻類將

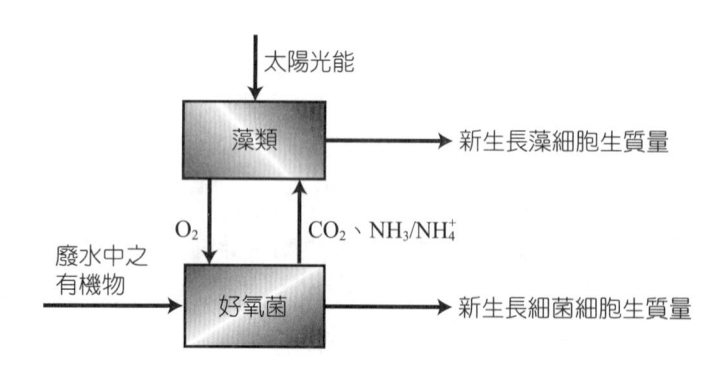

圖 6.1 好氧塘內藻類/細菌之共生關係示意圖

與細菌爭奪溶氧和有機物，此作用將會耗盡水中儲存的溶氧。其結果將導致溶氧的晝夜變化，使水中的溶氧濃度從白天的過飽和值減少到夜間的極低值甚至耗盡。

藻類從細菌呼吸過程及水中的碳酸系統中獲取光合作用需要的碳，處理塘中大部分存在的藻類需要二氧化碳形式的無機碳。因此當白天發生光合作用時，水中的 CO_2 被利用於細胞的合成反應，池塘水的 pH 值將會上升。此時由於平衡反應向氣態方向移動，所以有大量的氨被釋放出來。在夜間細菌和藻類的呼吸作用產生 CO_2，池塘中的 pH 值將會降低。因此像溶氧的變化情況一樣，池塘中的 pH 值也發生晝夜間的變化。這些參數的晝夜變化是重要的，任一個變化方向中的極端值都可能危害微生物的活性。

藻類的異養呼吸作用是一個有趣的現象，它使處理過程的模擬變得更加複雜化。在光合作用期間，藻類充當為「有機物製造廠」，它排出大量的有機物到周圍環境中。在光合作用停止後，藻類代謝自身排出的或其他的有機化合物而合成細胞質同時放出 CO_2。當陽光再度出現時，水中有大量的 CO_2 可供光合作用使用。Abeliovich and Weisman (1977) 指出，當柵列藻屬 (*Scenedesmus obliquus*) 以葡萄糖做為有機碳源在高負荷氧化塘條件下生長時，藻類微生物體所含的碳中大約有 15% 來自於葡萄糖異養代謝過程。他們的結論是，在這樣的系統中藻類對廢水中 BOD 的去除作用扮演較次要之角色。

設計關係式 (Design Relationships)

由於這種處理系統的複雜性，目前尚未研究出真正合理的好氧塘設計方法，但是已經提出了一系列的經驗設計方法。在這些不同的經驗方法中，由 Oswald and Gotaas (1957) 提出的方法似乎具有最合理的基礎。在假設池塘中之成分是在呈完全混合且不發生沉澱作用的前提下，此兩位研究者提出了一個將光能利用效率與處理塘表面積相關之經驗設計方法。由 Rich (1963) 所彙編之方法將做為本節所提的好氧塘設計之基礎。

根據 Oswald and Gotaas (1957) 提出的關係式，Rich (1963) 描述產生之藻類量與利用之能量間的能量平衡關係可表示如下：

$$hW_a = ES_R A \tag{6-1}$$

式中，h = 藻類細胞的單位燃燒熱值，卡 / 公克 (cal/g)

W_a = 生之藻類量，公克 / 日 (g/day)

E = 能量轉換效率，比值

S_R = 池塘表面入射陽光的輻射值，卡 / 平方公分 / 日 (cal/cm^2-day)，或稱為「蘭勒 (Langleys)」

A = 好氧塘表面積，平方公分 (cm^2)

陂塘中氧的產量與藻類生長量間的關係可由下式表示：

$$W_{O_2} = pW_a \tag{6-2}$$

式中，W_{O_2} = 光合作用中產生的氧量，公克 / 日 (g/day)

　　　p = 曝氧因子 (oxygenation factor)，以每天合成單位重量藻類細胞產生的氧量表示

陂塘表面積之表示可由 6-2 式替代 6-1 式中的 W_a，並解出 A 而得知，如下式所示：

$$A = \frac{hW_{O_2}}{pES_R} \tag{6-3}$$

由於藻類細胞的單位燃燒熱值是一可變的項目且取決於細胞成分，而細胞成分又受到一系列環境因素的影響。Oswald and Gotaas (1957) 敘述藻類細胞的熱容量與一個 R 值之關係：

$$h = \left(\frac{R}{7.89} + 0.4\right)1000 \tag{6-4}$$

式中，R 代表合成作用中形成的細胞質衰減程度，可由以下列公式估算：

$$R = (100)\frac{(\%\,碳)(2.66)+(\%\,氫)(7.94)-(\%\,氧)}{398.9} \tag{6-5}$$

Jewell and McCarty (1968)，以及 Foree and McCarty (1968) 分別提出了藻類細胞中主要元素的平均、最小和最大值。這些值以無灰的乾重百分比表示時，分別為碳：53、42.9、70.2；氫：8、6.0、10.5；氧：31、17.8、34.0；氮：8、0.6、16.0，磷：2.0、0.16、5.0。前面已經指出，系統中的生長條件將影響這裡的每一個數值。

曝氧因子 (oxygenation factor, p) 取決於光合作用過程中所合成的藻類生物量 (有機物) 之成分。例如 Oswald and Gotaas (1957) 假定在一個特定培養條件下，藻類細胞在無灰分之乾重基準下的組成成分為碳：59.3%、氫：5.24%、氧：26.3% 和氮：9.1%。決定細胞結構式的第一步是以相對應的原子量除每一種成分的百分比。因此，

$$C = \frac{59.3}{12} = 4.94$$

$$H = \frac{5.24}{1} = 5.24$$

$$O = \frac{26.3}{16} = 1.64$$

$$N = \frac{9.1}{14} = 0.65$$

為了避免使元素的比率小於 1，故將以上各係數同時乘以 1.54，使氮的比率達到 1.0，如下所示：

$$C=(4.94)(1.54)=7.6$$
$$H=(5.24)(1.54)=8.1$$
$$O=(1.64)(1.54)=2.5$$
$$N=(0.65)(1.54)=1.0$$

相對之細胞結構即可得為 $C_{7.6}H_{8.1}O_{2.5}N$。假定水、氨及二氧化碳分別為光合作用中的

氧、氮和碳的來源，則總光合作用過程可能採以下一般式來表示：

$$a\text{CO}_2 + (0.5b-1.5d)\text{H}_2\text{O} + d\text{NH}_3 \rightarrow \text{C}_a\text{H}_b\text{O}_c\text{N}_d + (a + 0.25b - 0.75d - 0.5c)\text{O}_2 \quad (6\text{-}6)$$

或針對本例而言：

$$7.6\text{CO}_2 + 2.5\text{H}_2\text{O} + \text{NH}_3 \rightarrow \text{C}_{7.6}\text{H}_{8.1}\text{O}_{2.5}\text{N} + 7.6\text{O}_2 \quad (6\text{-}7)$$
$$153.3 \quad (7.6\times32)$$

依據 6-7 式，每生成 1 個單位重量的藻類將有 (243.2/153.3)=1.58 單位重量的氧釋放出。由於藻類細胞一般是由 85% 的揮發性物質和 15% 的非揮發性物質組成的，故每公克 TSS(包括灰分) 產生的氧量為 (1.58)(0.85) =1.34 公克。在大多數有利於光合作用進行的環境條件下，觀察到的 p 值變化範圍是 1.25~1.75。

影響水平面上陽光輻射量的因素有 (1) 一年中的季節、(2) 高程、(3) 地理位置及 (4) 氣象條件。第 2 章曾經指出，電磁光譜中有相當小的可見部分稱為可見區域，光合作用中的光能就是由該光譜範圍內的光波所提供的。表 6.1 提供了北半球該電磁光譜範圍內的光輻射能值。表中所示者為理想值，在實際應用時必須利用下列修正因子對高程和雲量加以修正之：

對雲量的修正式為：

$$(S_R)_c = (S_R)_{min} + r[(S_R)_{max} - (S_R)_{min}] \quad (6\text{-}8)$$

在 10,000 英呎的範圍內，對高程的修正式為：

$$(S_R)_{設計} = (S_R)_c (1 + 0.001e) \quad (6\text{-}9)$$

式中的 e 表示高出海平面的高度，以英呎為單位；r 表示天氣晴朗時間的百分比，即 (白天無雲的時間)/(白天的總時間)。對於一個特定的地區，可以利用圖 6.2 得到某月中白天的可能總時數。氣象局之記錄可能被用來預測一年中某個月內雲覆蓋天空的程度。

當光照強度小於一定的飽和值時 (對於藻類為 400~600 英呎 - 燭光)，光合作用速率與光照強度成正比。當光照強度超過飽和值後，光合作用速率將保持為常數，直到當光的強度達到一個抑制性的程度為止 (約在 1,000~4,000 英呎 - 燭光範圍)。超過抑制點後光合作用速率將隨光照強度的增加而減少。圖 6.3 表示光照強度對光合作用速率的影響，由該圖知即使陂塘表面已經達到了很高的抑制強度，但在陂塘表面下中等深度處得到的數據表明該處的光照強度尚遠低於飽和值。Oswald and Gotaas (1957) 指出，當可見光達到或超過藻類光合作用中利用能量的飽和點時，其能量的利用比率將如下式：

$$f = \frac{I_S}{I_0}\left[\ln\left(\frac{I_0}{I_S}\right) + 1\right] \quad (6\text{-}10)$$

式中，f = 藻類可獲取光之利用比率

I_0 = 陂塘表面之光照強度

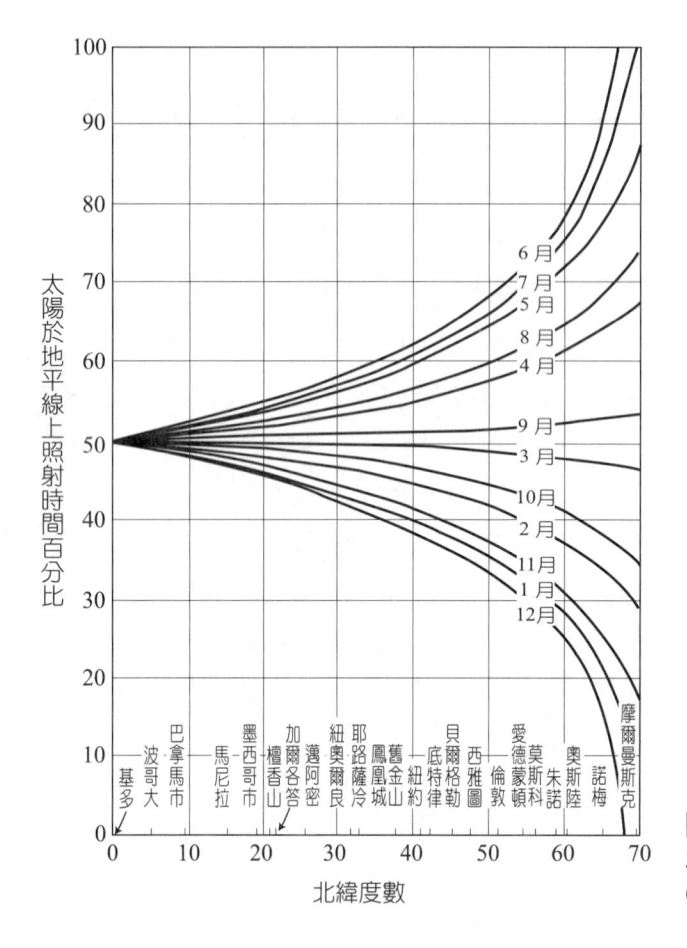

圖 6.2 在某特定緯度，太陽照射於水平線上的平均百分比 (Oswald and Gotaas, 1957)

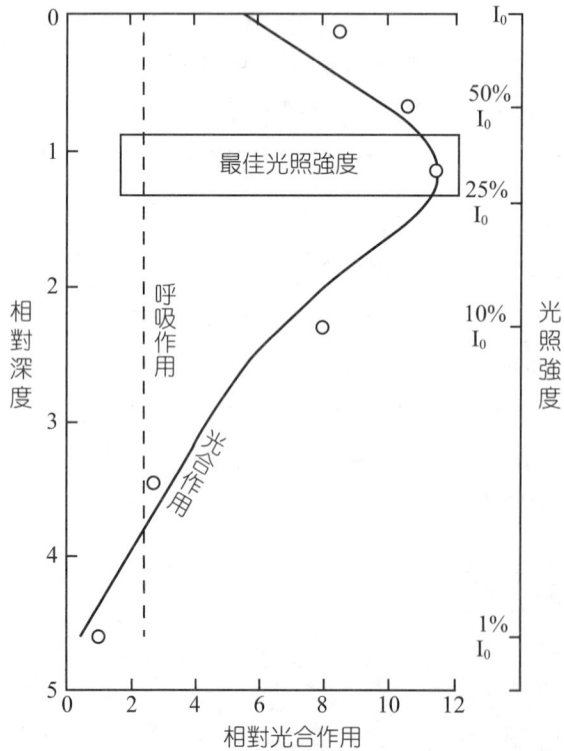

圖 6.3 陽光從水面穿透至水深為表面光照強度之 1% 的深度處之相對光合作用 (Bartsch, 1961)

I_s = 飽和光照強度

圖 6.4 所示為 6-10 式的圖解。需認知，6-10 式在直接運用上，仍有些限制；此乃因除光照以外之環境因素 (如營養物質之不足)，也會導致藻類生長的限制。Rich (1963) 指出，好氧塘實際能量轉換效率 (E) 值係在於 0.02~0.09 之範圍內，而其平均值則為 0.04。

為使好氧塘有效地發揮其處理程序之作用，在不考慮藻類異養代謝作用的前提下，陂塘中的供氧速率必須與細菌能量代謝中氧的利用率相同。因此 W_{O_2} 可以用單位時間內去除的最終 BOD 量 (BOD_u) 近似地表示。

Roesler and Preul (1970) 利用 Oswald (1963) 所提出的經驗公式，發展出反應出好氧塘中 BOD 去除量之公式，如下所示：

$$(BOD_u)_r = \frac{32.808 \, ln(I_o/24)}{d} \tag{6-11}$$

式中，$(BOD_u)_r$ = 去除之最終 BOD，mg/L

　　　　d = 好氧塘中好氧部分的深度或好氧塘深度，英呎 (ft)

　　　　I_0 = 好氧塘表面的光照強度，英呎 - 燭光 (foot-candles, ft-C)

為了在設計中應用到 6-11 式，需先得知 I_0 值。Oswald and Gotaas (1957) 建議依照下列程序決定 I_0 值：

1. 根據總陽光輻射強度，從表 6-1 中選擇適當的池塘表面入射陽光輻射值最大值 $(S_R)_{max}$ 和最小值 $(S_R)_{min}$。

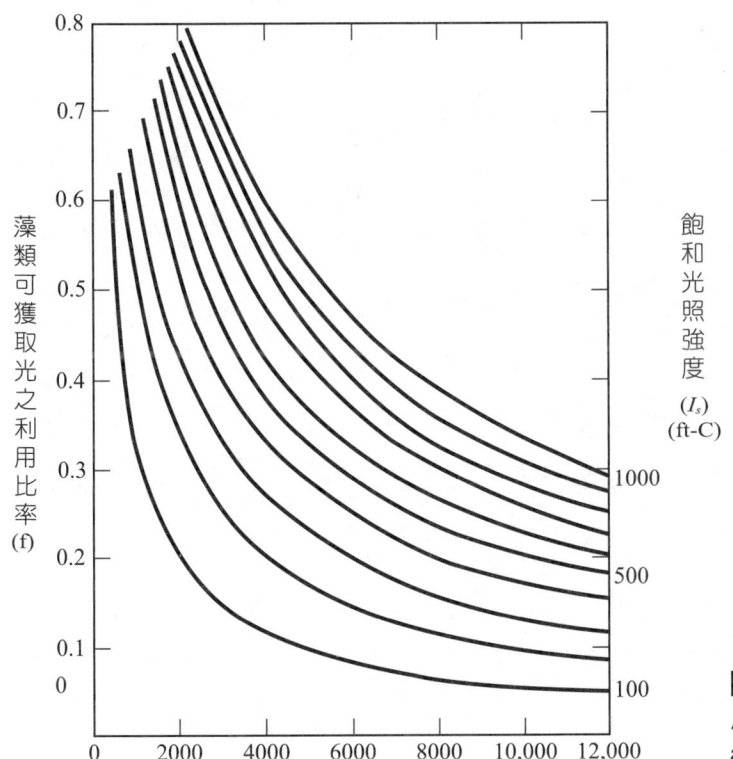

圖 6.4 飽和光照強度對藻類利用光行光合作用之影響 (Oswald and Gotaas, 1957)

表 6.1 海平面陽光之輻射值（蘭勒／日）

北緯緯度	範圍	1 vis[e]	1 tot[d]	2 vis	2 tot	3 vis	3 tot	4 vis	4 tot	5 vis	5 tot	6 vis	6 tot	7 vis	7 tot	8 vis	8 tot	9 vis	9 tot	10 vis	10 tot	11 vis	11 tot	12 vis	12 tot
0	max[a]	255	685	266	700	271	708	266	690	249	645	236	626	238	630	252	666	269	690	265	694	256	683	253	667
0	min[f]	210	580	219	583	206	536	188	462	182	480	103	274	137	368	167	432	207	533	203	530	202	543	195	527
2	max	250	670	263	693	271	706	267	697	253	655	241	642	244	646	255	673	269	693	262	688	251	666	249	646
2	min	206	560	213	560	204	534	188	464	184	484	108	288	141	375	169	442	206	531	200	523	198	526	189	505
4	max	244	650	259	688	270	704	268	701	258	665	247	656	250	657	258	678	269	695	260	680	246	650	244	628
4	min	200	540	206	543	202	532	187	466	187	492	113	300	146	385	171	448	204	529	196	513	194	510	183	480
6	max	238	630	254	675	268	702	270	705	262	675	252	668	255	669	261	683	269	697	256	670	240	634	238	610
6	min	193	520	199	530	200	530	186	467	189	500	118	310	150	395	172	452	202	524	191	500	188	494	176	460
8	max	230	610	249	665	267	700	270	709	266	685	258	678	260	680	263	688	267	695	252	660	234	616	231	590
8	min	187	495	192	510	196	523	185	467	191	506	124	320	154	405	174	456	200	518	186	486	182	478	169	440
10	max	223	595	244	655	264	694	271	711	270	694	262	688	265	690	266	693	266	693	248	650	228	600	225	570
10	min	179	475	184	490	193	513	183	464	192	512	129	330	158	414	176	460	196	510	181	474	176	462	162	420
12	max	216	572	239	645	262	690	271	710	273	702	267	700	269	700	267	697	264	691	244	640	221	585	217	550
12	min	172	455	176	470	189	500	181	462	193	518	133	343	161	421	176	464	193	502	176	462	169	446	154	400
14	max	208	555	233	630	258	680	271	709	276	710	272	710	273	708	269	700	262	688	240	627	214	567	209	536
14	min	163	430	167	450	184	487	179	460	194	524	137	354	164	429	177	467	189	496	170	449	162	430	146	380
16	max	200	530	226	610	255	670	272	707	279	718	276	720	277	715	270	703	259	684	234	615	206	554	200	520
16	min	154	400	159	430	180	473	177	456	194	528	141	363	167	435	177	469	185	489	164	434	154	410	138	360
18	max	192	515	220	590	250	664	272	705	282	723	280	728	280	723	272	705	256	680	229	605	198	538	192	500
18	min	144	380	150	410	174	459	174	452	194	530	145	375	170	442	177	471	180	479	157	418	146	390	129	340
20	max	183	500	213	575	246	652	271	703	284	730	284	738	282	729	272	706	252	674	224	596	190	520	182	480
20	min	134	360	140	390	168	440	170	447	194	532	148	383	172	450	177	472	176	467	150	400	138	370	120	320
22	max	174	480	206	560	241	644	270	701	286	734	286	747	285	736	273	707	248	668	218	582	183	500	172	460
22	min	123	335	132	370	162	426	167	440	193	530	152	392	173	454	176	472	170	455	143	380	128	350	110	300
24	max	166	460	200	545	236	625	268	697	288	738	290	753	287	742	273	708	244	659	212	568	175	480	161	440
24	min	111	310	123	340	156	410	164	433	191	525	155	403	176	459	174	471	165	443	136	360	119	326	101	280
26	max	156	440	192	530	230	615	266	690	288	741	292	760	288	749	273	706	240	652	205	552	166	460	149	420
26	min	99	280	114	310	149	390	160	425	189	518	158	409	177	463	172	469	160	429	128	332	109	300	90	260
28	max	146	420	184	510	224	603	264	683	289	743	294	764	288	755	272	704	236	635	199	537	157	440	138	400
28	min	87	250	106	290	142	373	156	415	187	506	161	418	178	467	169	466	154	415	120	310	99	278	80	236

表 6.1　海平面陽光之輻射值（蘭勒/日）（續）

北緯度	範圍		1		2		3		4		5		6		7		8		9		10		11		12	
			vis[e]	tot[d]	vis	tot	vis	tot	vis	tot	vis	tot	vis	tot	vis	tot	vis	tot	vis	tot	vis	tot	vis	tot	vis	tot
30	max		136	400	176	490	218	587	261	675	290	744	296	768	289	759	271	702	231	625	192	524	148	420	126	380
	min		76	220	96	260	134	362	151	405	184	490	163	425	178	469	166	462	147	399	113	290	90	250	70	210
32	max		126	380	169	470	212	570	258	663	290	744	296	772	289	761	269	700	226	615	185	510	138	400	114	360
	min		63	180	87	240	126	340	146	395	181	475	166	431	178	472	163	458	140	385	104	270	80	224	60	184
34	max		114	360	160	450	204	553	254	657	290	743	297	775	289	763	267	696	221	602	178	490	128	380	101	338
	min		53	155	78	215	118	320	141	385	176	462	168	439	178	472	159	448	134	368	96	250	70	202	47	158
36	max		103	335	150	430	196	538	250	650	288	741	298	776	289	765	264	690	215	590	170	470	118	360	88	314
	min		44	133	70	200	111	300	136	375	172	444	170	443	177	470	155	438	127	350	88	230	60	180	39	134
38	max		90	310	140	415	189	520	246	640	287	738	298	778	288	766	262	684	210	576	162	450	106	336	77	290
	min		36	120	62	180	103	280	131	365	166	428	171	448	175	464	152	429	120	330	80	216	50	158	30	111
40	max		80	280	130	390	181	500	241	630	286	732	298	778	288	765	258	680	203	562	152	430	95	313	66	270
	min		30	105	53	160	95	270	125	355	162	415	173	450	172	455	147	416	112	310	72	202	42	134	24	94
42	max		68	255	119	370	172	485	236	618	283	728	298	777	287	761	254	670	196	547	144	410	84	289	56	244
	min		24	90	45	140	88	250	120	344	157	405	174	451	167	442	143	403	105	290	65	187	34	112	19	78
44	max		55	228	106	340	165	470	230	607	280	722	298	777	285	755	250	660	189	530	132	390	72	263	47	218
	min		20	80	37	130	80	230	114	325	153	395	175	453	164	430	139	389	98	270	58	173	28	98	15	62
46	max		45	200	94	315	156	450	224	598	278	716	298	776	284	749	245	650	181	512	122	370	61	238	39	194
	min		16	74	30	110	72	210	108	315	150	385	175	455	161	420	134	374	90	250	52	158	23	86	11	48
48	max		35	180	82	290	149	430	218	582	274	710	297	776	282	740	241	640	174	496	111	350	50	210	32	170
	min		12	64	25	99	64	190	102	307	146	378	176	458	158	410	129	358	81	230	45	144	18	70	9	37
50	max		28	164	70	265	141	410	210	568	271	703	297	776	280	733	236	625	166	480	100	329	40	183	26	144
	min		10	54	19	80	58	173	97	300	144	371	176	458	155	403	125	342	73	210	40	130	15	60	7	30
52	max		22	140	60	240	134	390	202	555	267	695	296	776	278	725	232	615	158	460	87	307	32	160	21	121
	min		8	45	14	62	51	158	92	295	141	366	176	460	153	398	120	326	65	190	34	120	12	53	4	27
54	max		16	120	50	215	126	370	194	542	263	687	296	776	276	720	224	602	150	440	76	285	25	140	16	99
	min		6	40	11	45	46	145	88	289	139	360	176	460	150	394	116	312	58	170	29	106	9	43	3	23
56	max		12	102	43	200	120	350	188	528	258	680	295	775	273	714	218	587	141	420	64	261	20	120	12	78
	min		4	35	8	35	41	132	85	283	136	352	175	460	148	390	110	297	51	150	24	95	7	36	2	18
58	max		9	80	37	170	113	330	182	516	254	670	294	774	270	710	212	575	134	402						
	min		3	28	6	28	37	118	82	277	134	346	175	460	146	385	106	285	44	132						
60	max		7	64	32	150	107	310	176	500	249	660	294	773	268	708	205	556	126	386						
	min		2	20	4	20	33	105	79	270	132	340	174	460	144	380	100	270	38	116						

資料來源：Oswald and Gataas (1957).

2. 利用方程式 6-8 及 6-9，修正雲量和高程對總陽光輻射值的影響。
3. 將修正後的陽光輻射值乘上 10。
4. 利用圖 6.2 中得到的太陽在地平線以上的時間比值乘第 (3) 步計算中得到的數值。計算結果就是以英呎 - 燭光為單位的池塘表面光強度值 (I_0)。

設計考量 (Design Considerations)

表 6.2 中列出了典型的好氧塘設計數據。當好氧塘被設計為具最大產量之藻類時，此即要求陽光透射到好氧塘的整個深度，故池塘深度應很淺 (在 0.5~1.5 ft 間)。但是 Nusbaum (1957) 提出，選用較淺的處理塘可能會引起許多嚴重的操作問題，這些問題有：

1. 有害的植物：深度小於 3 ft 並不能阻止水生植物的露出，此將形成一個蚊子繁殖非常有利的環境。
2. 抑制溫度：在美國的某些地區，夏季月份處理塘內的溫度可能高到足以抑制某些藻類生長的程度。
3. 氧的停留：較大的池深可以在氧的過飽和期間使更多的氧停留在水中。
4. 突發負荷：較大深度提供了更大的容積，將允許陂塘之進流廢水能更快地擴散。

為了獲得最好的處理效果，陂塘內容物應定期的混合。混合不良的陂塘將會發生熱分層 (thermal stratification) 現象。在這種情況下接近液面處的液體溫度高而在接近陂塘底處的液體溫度則較低。水的密度隨溫度上升而減小，因此陂塘面的液體密度會隨著溫度升高而降低，那些不能游動的藻類將會下沉到水面下某個深度處，而那些具移動性之藻類也將從溫度過高的陂塘表面移開，並在某個較深的地方形成一個藻類的稠密層。這一藻類稠密層將阻止陽光射入更深的陂塘中，從而減少了處於光照區域 (光線穿透到的區域) 中的藻類數量，結果將使氧的產量及有機物的利用量將減少。風或許是對陂塘水進行攪拌混合的最主要因素。Eckenfelder (1970) 提出，混合 3 ft 深的好氧塘大約需要 650 ft 長的連續接觸長度 (距離)。

如果不進行初級處理，將有大量固體物沉澱於陂塘底部並形成污泥層。在較深的池塘

表 6.2　好氧塘之設計準則

參數	數值
深度 (英呎, ft)	0.5~1.5
停留時間 (日, day)	2~6
最終 BOD(BOD_u) 負荷量 (磅 / 公頃 / 日, lb/acre-day)	100~200
最終 BOD(BOD_u) 去除率 (%)	80~95
藻類濃度 (mg/L)	100~200
回流比 (Recirculation rate, R)	0.2~2.0
出流出水中懸浮固體物濃度 (mg/L)	150~350

中，甲烷發酵作用一般可以防止污泥層的過度累積。但是，由於甲烷菌是絕對的厭氧細菌 (strictly anaerobes)，一般不能在好氧塘中大量繁殖，所以底部污泥的累積就成了好氧塘操作上的一個問題。縱使在設有初級處理裝置的條件下，池塘中也會發生污泥的累積，但在這種情況下污泥累積的速度將會或多或少地變慢。

Oswald and Gotaas (1957) 提出，進行好氧塘放流水之再循環處理 (recirculation)，係好氧塘操作上的重要措施，因為這樣可以使含有藻類細胞的進流廢水達到接種 (seeding) 目的。當兩種水流混合後，循環回流水中的高濃度溶氧也有助於提高原廢水的溶氧濃度。Nusbaum (1957) 提出，當初級處理設施排出的廢水要經處理時，採用最小的再循環比 (recirculation ratio，或稱回流比) 為 0.5。

為了使風力造成的短流現象減到最小，Metcalf and Eddy (1972) 建議，單個好氧塘的面積應該小於 10 公頃。設計時如果需要大於 10 公頃的好氧塘面積，應當採用並聯系統，處理系統中每一個池塘的表面積應小於 10 公頃。

好氧塘的典型長寬比為 2~3:1 (Mar, 1976)。建構陂塘堤岸時，採用的最大和最小坡度分別為 3:1 和 6:1 (如圖 6.5 所示，其中採用最大坡度時 $n=3$，採用最小坡度時 $n=6$)。在一般情況下，以好氧塘 1/2 深度處的面積做為設計的好氧塘計算表面積 (即，若陂塘有垂直邊的話，表面積就會存在)。

氣候條件是好氧塘設計時必須考慮的一個重要因素。在冬季結冰時間持續較長的地區內，陂塘的容積應容納這一時期排入的全部廢水。在這些地區，好氧塘主要是在夏季發揮淨化功能，冬季時期微生物一般處於休眠狀態。依據 Oswald (1972) 指出，全年連續運轉的好氧塘只能在年可見光輻射在 90% 的時間內大於 100 cal/cm^2/day 及沒有較長持續冰封期的地區使用。在北美大約有 40% 的地區滿足上述條件。圖 6.6 所示有助於找出美國幾處滿足這些條件之特殊區域。

由於好氧塘是按照使藻類產量最大的條件設計，所以好氧塘出水中含有高濃度的藻類細胞。滿足二級處理標準的出水水質是 BOD_5 和懸浮固體物 30 日平均濃度值等於或小於 30 mg/L (或至少有 85% 的進流水中 BOD_5 與懸浮固體物被去除，採其中任一較嚴格之標準者)，以及 BOD_5 與懸浮固體物 7 日平均濃度值等於或低於 45 mg/L。由於出水中含有大量藻類物質，所以大部分好氧塘不能滿足對懸浮固體物濃度的要求，因此需要對好氧塘放流水中的藻類進行補充處理。這樣的補充處理費用很高且通常需要有超過在小城鎮中可運用的操作技術。

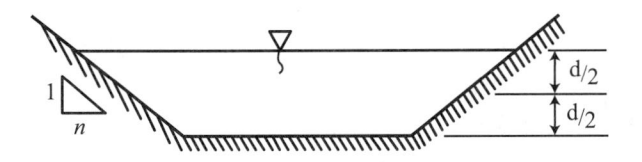

圖 6.5 典型好氧塘斷面示意圖 (Mara, 1976)

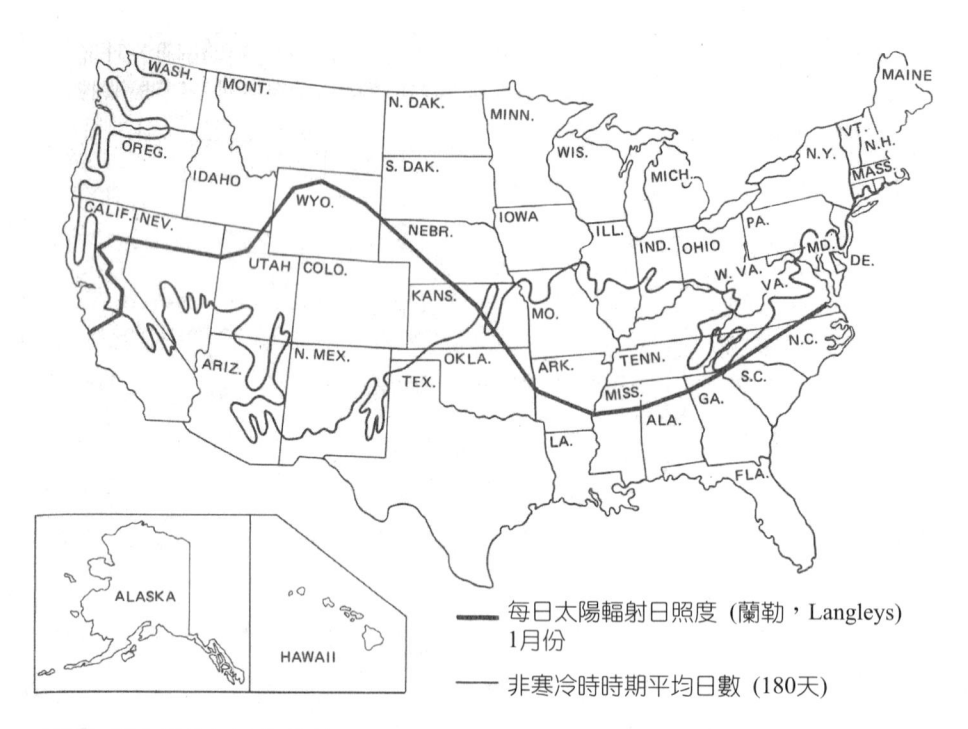

圖 6.6 美國不同區域之氣候條件 (Dildane and Franzmathes, 1970)

例題 6-1

靠近紐奧爾良的小城鎮 Louisiana(高程為 50 ft) 每天排出 1 百萬加侖廢水，經初級處理後，廢水的 BOD_5 濃度為 200 mg/L。如果臨界設計月份為 12 月，當雲覆蓋天空的時間佔 50%，平均溫度為 45°F，為了達到 90% 的 BOD 去除率，需要多大的好氧塘面積？

【解】

1. 計算所需的產氧量 W_{O_2} (公克/日)

$$W_{O_2} = (0.9)(200 \text{ mg/L})(8.34 \text{ L-lb/mg-MG})(1 \text{ MGD})(454 \text{ g/lb})$$
$$= 681,545 \text{ g/day}$$

2. 假定細胞平均組成為碳 53%，氫 8%，氧 31%，氮 8%，決定藻類細胞的分子式。

$$C = \frac{53}{12} = 4.42$$

$$H = \frac{8}{1} = 8$$

$$O = \frac{31}{16} = 1.94$$

$$N = \frac{8}{14} = 0.57$$

為避免元素的比率小於 1，在上述每一項分別乘以 1/0.57 = 1.75。

$$C = (4.42)(1.75) = 7.7$$
$$H = (8)(1.75) = 14$$
$$O = (1.94)(1.75) = 3.4$$
$$N = (0.57)(1.75) = 1.0$$

因此分子式為 $C_{7.7}H_{14}O_{3.4}N$。

3. 計算供氧係數 p 值：

$$p = \frac{(a + 0.25b - 0.75d - 0.5c)O_2}{C_aH_bO_cN_d} = \frac{(8.15)(32)}{174.8} = 1.46$$

4. 利用 6-5 式決定 R 值。

$$R = 100 \left[\frac{(53)(2.66) + (8)(7.94) - 31}{398.9} \right]$$
$$= 43.5$$

5. 利用 6-4 式計算單位燃燒熱值 h：

$$h = \left(\frac{43.5}{7.89} + 0.4 \right) 1000$$
$$= 5900 \text{ cal/g}$$

6. 從表 6.1 中選擇 $(S_R)_{max}$ 最大值和 $(S_R)_{min}$ 最小值，並分別利用 6-8 式及 6-9 式對雲量和高程進行修正。圖 6.2 顯示紐奧爾良位於北緯 30°。在北緯 30° 時 12 月份時，表 6.1 提供可見光最大、最小輻射值分別為 126 和 70 蘭勒 (Langleys)。

對雲量進行修正：就 12 月份時，$r = 0.5$

因此，

$$(S_R)_c = 70 + 0.5(126-70)$$
$$= 98$$

對海拔高度進行修正：

$$(S_R)_{設計} = 98[1 + 0.001(50)]$$
$$= 103$$

7. 假定能量利用效率，E，為 0.04，利用 6-3 式計算所需的好氧塘面積。

$$A = \frac{(5900)(681,545)}{(1.46)(0.04)(103)}$$
$$= 668,492,000 \text{ 平方公分 (cm}^2\text{)}$$

或

$$A = \frac{668{,}492{,}000}{929} = 720{,}000 \text{ 平方英呎}(ft^2)$$

或

$$A = \frac{720{,}000}{43{,}560} = 16.5 \text{ 英畝 (acres)}$$

8. 計算陂塘表面的入射光強度：

在北緯 30° 時 12 月份時，如表 6.1 所示，提供可見光最大、最小輻射值分別為 380 及 210 蘭勒 (Langleys)。

對雲量進行修正：

$$(S_R)_c = 210 + 0.5(380 - 210)$$
$$= 295$$

對海拔高度進行修正：

$$(S_R)_{\text{total}} = 295[1 + (0.001)(50)]$$
$$= 310$$

因此，光照強度 I_0 可表示如下：

$$I_0 = 310(10)(0.43)$$
$$= 1333 \text{ 英呎 - 燭光 (ft-candles)}$$

9. 重新整理 6-11 式，以估計所需要之陂塘深度：

$$d = \frac{32.808\,[\ln(I_o/24)]}{(\text{BOD}_u)_r}$$

$$= \frac{(32.808)[ln(1333/24)]}{(0.9)(200)}$$

$$= 0.73 \text{ 英呎 (ft)}$$

陂塘的深度與處理廢水強度呈反比關係，需要濃密藻類成長之強濃度廢水必須在相當淺之池塘處理，然較低濃度廢水可能在較深之池塘中處理。

Oswald (1968) 建立了圖 6.7，以表示出秋季條件下氧化塘中好氧區深度與最終 BOD 負荷之關係。該曲線可被用來查核所計算之深度，以確認是否滿足好氧條件。該曲線顯示出冬天之好氧深度將低於秋天，然而夏天之好氧深度則將高於秋天。

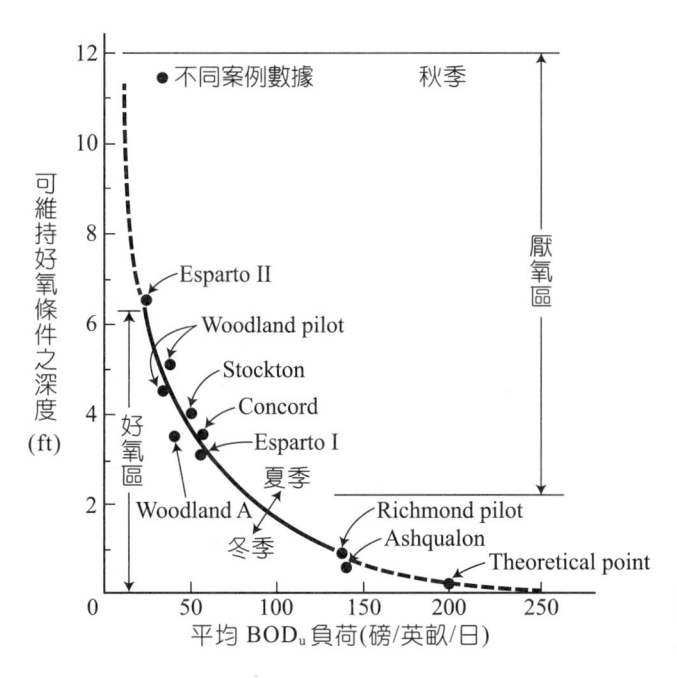

圖 6.7 好氧區水深與 BODu 負荷間之關係 (Oswald, 1968)

6-2 兼性塘 (Facultative Ponds)

在五種所列之處理塘中，兼性塘是迄今最常被選用於小城鎮廢水處理系統者。在美國約有 25% 之都市性廢水處理廠是處理塘，且處理塘中又有約 90% 位於人口數不超過 5000 人之社區。兼性塘在小城鎮污水處理程序中普遍應用的原因為 (1) 較長的污水停留時間使它能夠應付較大變動之進流廢水量和廢水強度而不致嚴重影響出水質量，(2) 它的建造投資及操作維護費用低於能達到同樣處理效果的其他生物處理系統。

圖 6.8 所示為兼性塘操作架構的示意。原廢水從陂塘的一端注入，廢水中的懸浮固體沉澱於陂塘底並在該處形成一個厭氧層。生活於厭氧區域內的微生物不需要以分子態氧做為能量代謝過程中的電子接受者，而是由某些其他的化學物質完成這個作用。在底部的沉澱污泥中同時存在著酸性發酵過程和甲烷發酵過程。

陂塘中的兼性區位於厭氧區的上部，這就意味著該兼性區不是任何時候都存在著分子態氧。一般來說，它在白天是處於好氧狀態而在夜間則處於厭氧狀態。

好氧區處於兼性區上部，該好氧區內始終存在著分子態氧。它有兩個供氧的來源，其中小部分來自氣液界面 (即陂塘的表面) 氧的擴散作用傳入，大部分來自於藻類的光合作用。

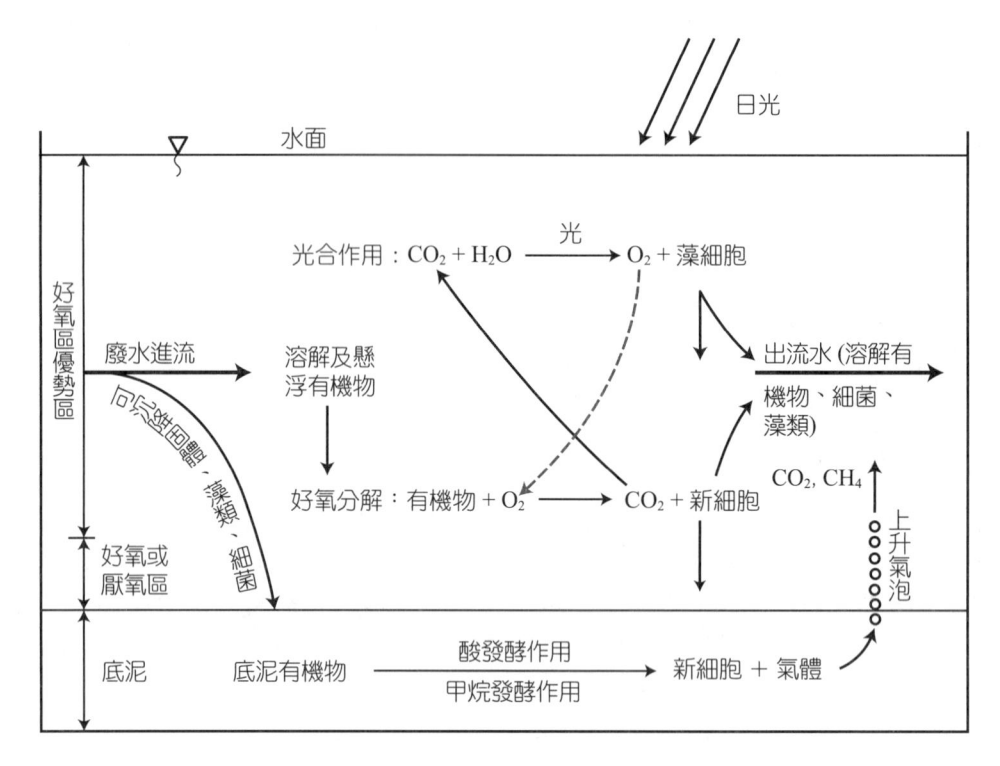

圖 6.8 兼性塘內所發生各類基本生物反應示意圖 (Hendricks and Pote, 1974)

設計關係式 (Design Relationships)

Gloyna (1972) 曾建議利用下式來設計兼性氧化塘：

$$V = CQS_0\theta^{35-T}ff' \tag{6-12}$$

式中，$V =$ 陂塘的容積，公頃 - 英呎

$Q =$ 廢水流量，加侖 / 日

$S_0 =$ 進流水 BOD, mg/L；對於稀的或預處理過的廢水應採用五日的 BOD (即 BOD_5)，而對於濃的或未處理的廢水應採用的最終的 BOD (即 BOD_u)

$\theta =$ 溫度係數，Gloyna 建議其值可為 1.085

$T =$ 設計溫度，°C

$f =$ 藻類的毒性因子，該係數用於估計當存在某些工業有機化合物時，由綠藻合成的葉綠素的減少程度，表 6.3 中提供了一些可以使葉綠素合成量減少 50% 的化合物濃度，不存在毒性化合物時 f 值等於 1

$f' =$ 硫化物修正因子，當進水硫化物濃度低於 500 mg/L 時，該值等於 1

$C =$ 換算係數

在溫度變動不大的地方 (如在熱帶)，當陂塘的設計深度選用 3.5 ft 時，C 的設計值為 5.37×10^{-8}；在溫度變動較大的地區，當池塘的設計深度為 6 ft 時，C 值為 10.7×10^{-8}。

表 6.3　使葉綠素減少 50% 之有毒物質濃度

有機化合物	毒性濃度 (mg/L)	有機化合物	毒性濃度 (mg/L)
甲酸	220	1-己醇	1275
醋酸	350	2-己醇	3100
丙酸	250	庚醇	525
丁酸	340	辛醇	250
2-甲基丙酸	345	丙烯酸	120
戊酸	280	丁烯酸	280
3-甲基丁酸	400	2,3-二羥基丁二酸	480
己酸	320	羥基醋酸	2700
庚酸	180	磺胺酸	970
辛酸	220	甲氧基醋酸	580
草酸	290	2-氧代丙酸	880
丙二酸	460	醋酸酐	360
丁二酸	2200	丙醛	3450
戊二酸	1200	1-丁醛	2500
己二酸	900	2-甲基丙醛	3450
庚二酸	700	1-庚醛	240
甲醇	31000	1,2-乙二醇	180000
乙醇	27200	1,2-丙二醇	92000
1-丙醇	11200	苯酚	1060
2-丙醇	17400	甲酚	800
1-丁醇	8500	石油脂	160
2-丁醇	8900	奧索 (Ortho) 農藥	320
3-丁醇	24200	溶於二甲苯中的 DDT	120

資料來源：Thirumurthi, 1966

　　當處理塘的效率處在 80~90% 的範圍內時才能用 6-12 式進行設計。當 BOD 去除效率超出此範圍時，去除 BOD 所需要的容積此方程式缺乏修正項。一般假定光合作用所需的太陽能總是超過飽和值而足以利用的。但是對於北緯 40° 以上的地區來說，在 11 月到 2 月期間內，上述假定是不合理的，因為此時冰雪的覆蓋減少了光線穿透率。

　　為了完全瞭解 6-12 式的限制條件，必須考慮推導該公式的基本依據。Hermann and Gloyna 在 1958 年提出，從 BOD_5 濃度為 200 mg/L 的生活污水中去除 80~90% BOD_5 的最佳溫度為 35°C（根據最小停留時間之需求）。這兩個研究者還進一步提出了在任何溫度 T 時，為了達到同樣的去除效率所需要的停留時間 t 與 35°C 時所需停留時間的關係為：

$$(t)_{設計} = (t)_{35°C}\theta^{35-T} \tag{6-13}$$

由於 $t = V/Q$，6-13 式可表示為：

$$V = (t)_{35°C}\theta^{35-T}Q \tag{6-14}$$

如果廢水中的 BOD_5 濃度不等於 200 mg/L，則必須在 6-14 式中引入一個修正因子：

$$V = (t)_{35°C} \theta^{35-T} Q \frac{(BOD_5)_0}{200} \qquad (6\text{-}15)$$

式中的 $(BOD_5)_0$ 表示進流廢水的 BOD_5 濃度。6-12 式中的換算係數 C 則代表 6-15 式中之 $[(t)_{35°C}/200]$ 項。Mara (1975a) 提出 $(t)_{35°C}$ 的數值範圍是 3.5~7.5 日，並且指出這些數值的大幅度變化是應用 6-12 式的主要限制因素。Mara (1975a) 在同一研究中還提出一些對反對將 6-12 式應用於兼性塘設計的理由。

Marais and Shaw (1961) 假設若兼性塘在完全混合條件下，陂塘內基質 (substrate) 之利用係遵循一階反應動力學，則其關係式如下所示：

$$S_e = \frac{S_0}{1+Kt} \qquad (6\text{-}16)$$

式中，S_e = 溶解性出水 BOD_5 濃度，mg/L
$\qquad S_0$ = 進流水總 BOD_5 濃度，mg/L
$\qquad t$ = 水力停留時間，日 (day)，Marais and Shaw (1961) 曾指出對於處理塘系統，該值必須大於 7 日
$\qquad K$ = BOD_5 去除反應速率常數，1/day

Thirumurthi (1969) 曾指出，兼性塘的流動形式更接近於柱塞流 (plug flow)，而不是完全混合狀態，並建議使用有關任意流 (arbitrary flow) 的 Wehner-Wilhelm 公式 (1-53 式) 來設計。為了使 1-53 式便於應用，Thirumurthi 提出了如圖 6.9 所示之關係圖。該圖係以 Kt 與 S/S_0 關係製作，作圖時所使用的擴散係數，從理想柱塞流反應槽的 0 至完全混合反應槽的

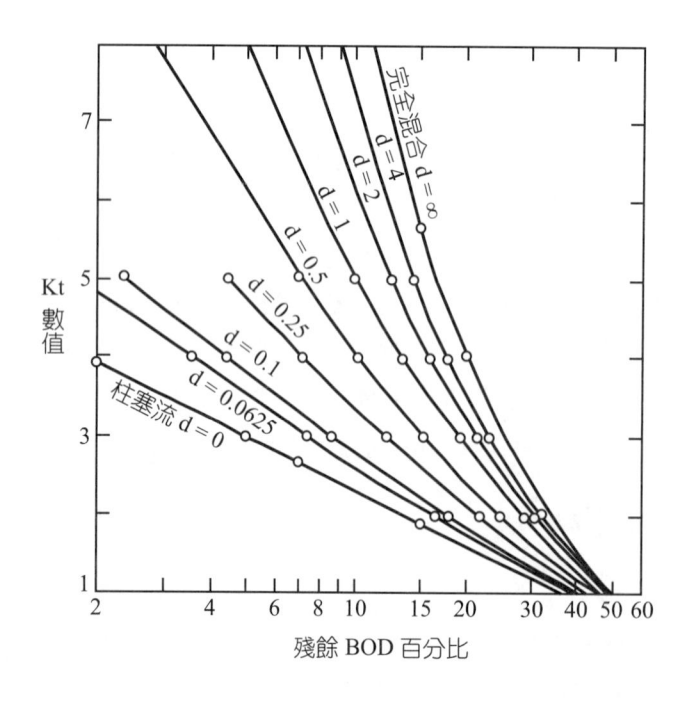

圖 6.9　兼性塘設計公式之圖解
(Thirumurthi, 1969)

無限大。在兼性塘中，擴散係數的數值範圍是 0.1~2.0，但很少超過 1.0。當 BOD 去除率為 90%、擴散係數為 0.25 的條件下，利用該圖可得到 Kt 的近似值為 3.4。再運用 $t = V/Q$ 的關係式，則可得 $V = 3.4(Q/K)$。

使用任意流方法的困難在於需要得到擴散係數和 K 值。如果像 Marais and Shaw (1961) 所建議的，假定陂塘內呈完全混合狀態，而由於就已知 BOD 之去除率而言在任意流狀態下所需之停留時間是低於在完全混合狀態下之停留時間 (見第 1 章)，故採用此一完全混合狀態之假定即等於在設計中引入了一個安全係數。

使用 6-16 式的主要困難在於確定反應速率常數 K。Marais (1970) 曾指出，式中所使用適當的 K 值，取決於廢水特性、污泥發酵反饋 (feedback)、塘內水溫度、處理塘已操作運轉之時間以及藻類濃度等因素。他指出，K 值較為一種多值函數，而不是單值函數，在處理操作運轉期間，由於許多影響 K 值因素的相互作用，有時會發生一種臨界條件 (crtical condition)，而 K 值則需須根據這一臨界條件進行選擇。分析每月空氣溫度與水溫及污泥溫度的相關性，Marais (1970) 發現每月的平均最高氣溫與 K 值間最具有相關性，並建構出如圖 6.10 所示之二者間之關係圖。該圖表示出年度的最大及最小月平均的最高氣溫，而這些溫度值可以從地區氣象台報告中得到。

Mara (1975b) 認為 Marais (1970) 在其報告中所提出的「當量 (equivalent)」K 值，在用於進行兼性塘的設計時，是非常保守的。因為根據該值所設計出的陂塘，絕不會有厭氧的情況發生。Mara 認為在夜間出現 1~2 小時的厭氧狀態，不會對兼性塘的運轉產生不利的影響。因此他建議利用下式計算 K 值：

$$K = 0.30(1.05)^{T-20} \tag{6-17}$$

式中的 T 為操作溫度 (°C)。該式適用於溫度高於約 15°C 的條件。

在第 1 章中曾經指出，可以利用串聯一系列的完全混合反應器來近似柱塞流條件。因

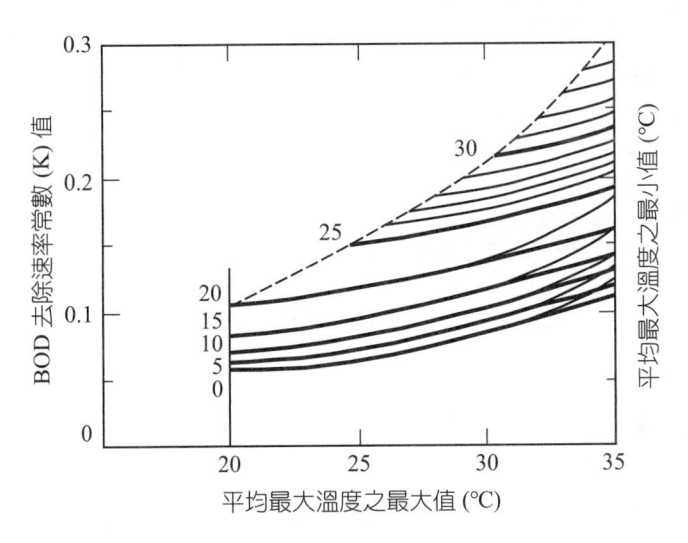

圖 6.10 兼性塘設計所需之 BOD 去除速率常數與溫度關係 (Marais, 1970)

為當容積已知時，柱塞流系統的去除效率將是較高的，這一事實表明一系列小型串聯的處理塘將比單一個大型處理塘具有更高的效率。

設計串聯處理塘時的一個主要需求是決定初級塘 (在串聯系統中的第一個塘) 的最小容積，並保證其不出現厭氧現象。Marais and Shaw (1961) 所提出維持好氧狀況下，處理塘放流水中最大的 BOD_5 值，$(S_e)_{max}$，可由下列公式決定之：

$$(S_e)_{max} = \frac{750}{0.6d+8} \tag{6-18}$$

式中的 d 代表陂塘深 (英呎 , ft)。Marais (1970) 後續又提議將上式中的常數由 750 減少到 700。Mara (1975) 指出 $(S_e)_{max}$ 值的範圍應在 60~70 mg/L 之間，而 Marais and Shaw (1961) 則認為 55 mg/L 則是較為實際的數值。

McGarry and Pescod (1970) 導出了一個最大 BOD_5 負荷的公式，該式可應用於兼性塘，不會使塘中出現完全厭氧的狀態，如下所示：

$$\lambda = 9.85(1.054)^T \tag{6-19}$$

式中，λ = 最大 BOD_5 負荷，磅 BOD_5/ 英畝 - 日 (lb BOD_5/acre-day)
　　T = 操作溫度，°F

Mara (1975b) 指出，處理塘一般並不設計在可能會面臨失敗下來運行，因此建議將 9.85 這個係數減少 1/3，以提供考量較為安全的設計因子。因此，6-19 式變為：

$$\lambda = 6.57(1.054)^T \tag{6-20}$$

Marais (1974) 曾指出，在一系列串聯之處理塘內，當各塘的停留時間相同時，將可獲得最大之處理效率。Mara (1976) 經由二個陂塘所組成的串聯系統可以證明此一論斷。其證明的過程如下所示。根據 6-16 式，第二池塘的出水基質濃度，可如下式所示：

$$S_e = \frac{S_0}{(1+Kt_1)(1+Kt_2)}$$

式中，t_1 為廢水在第一個陂塘中的停留時間 (日 , day)，t_2 則為廢水在第二個陂塘中的停留時間 (日 , day)。以上的方程式顯示當 $(1+Kt_1)$ 與 $(1+Kt_2)$ 的乘積為最大值時，S_e 值將是最小。因此，令

$$Z = (1+Kt_1)(1+Kt_2)$$

且

$$T = t_1 + t_2$$

或

$$t_2 = T - t_1$$

將 t_2 的表達式代入 Z 的表達式中得，

$$Z = [1+Kt_1][1+K(T-Kt_1)]$$

或

$$Z = 1+Kt_1+KT-Kt_1+K^2T\,t_1-K^2t_1^2$$

上式再被簡化為：

$$Z = 1+KT+K^2T\,t_1-K^2t_1^2$$

因此，

$$\frac{dZ}{dt} = K^2T - 2K^2t_1$$

當 $dZ/dt_1 = 0$ 時，Z 可得最大值；因此，

$$t_1 = \frac{T}{2}$$

或當 $t_1 = t_2$ 時，Z 值為最大，S_e 值為最小。求出 Z 的二階微分（其結果為負值）將可得知 Z 值的確是最大值。

設計考量 (Design Considerations)

表 6.4 提供了用於設計兼性塘的準則。這些準則中的數值範圍都在 Canter and Englande (1970) 所確定的範圍內，他們實施了美國全境的兼性塘設計準則的調查工作，並在其調查過程中將美國各州分為三組，如圖 6.11 所示。這三組不同區域的劃分是根據冬季溫度而完成的：第一組中的兼性塘在冬季有一個持續的冰封時期，第二組中的兼性塘在冬季僅有一個較短的冰封期，第三組中的兼性塘在冬季月份中沒有明顯的冰封時期。由這些研究者彙整提出的設計參數如下：

1. 表面積負荷 (Surface loading)：16.7~80 磅 BOD_5/ 日 / 公頃，其中較低的數值適用於北方各州，較高值則適用於南方各州 (將這些數值除以 0.7 通常可以換算為最終 BOD 值)。

表 6.4　兼性塘設計參數範圍準則

參數	採用數值
深度 (英呎)	3~8
停留時間 (日)	7~50
BOD_5 負荷 (磅 / 公頃 / 日)	20~50
BOD_5 去除率 (%)	70~95
藻類濃度 (mg/L)	10~100
放流水懸浮固體物濃度 (mg/L)	100~350
再循環比 (或稱回流比)	0.2~2.0

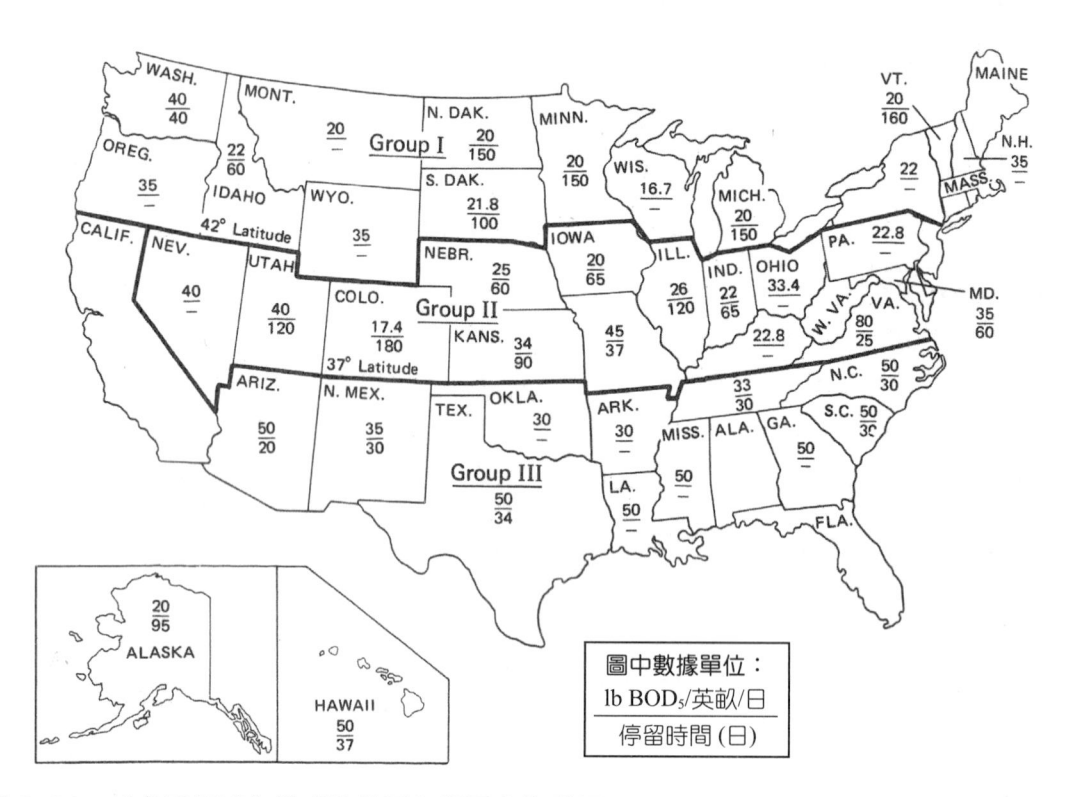

圖 6.11　以冬季溫度為基礎將美國各州區分為群組 (Canter and Englande, 1970)

2. 停留時間：20~180 日以上，其中較低的數值可用於南方各州，而較高的數值可用於北方各州 (許多北方州建議兼性塘應具有容納全部冬季廢水的能力)。
3. 水深：2~6 ft，並具有 0.5~3 ft 的出水高 (freeboard)。
4. 堤壩 (levees)：最小頂寬 6~8 ft，內部及外部的坡度比最大 2:1，最小 6:1。
5. 形狀：處理塘可以採用圓形、方形或矩形形狀。
6. 陂塘數目：對於小規模處理系統可以採用單一池塘，但多池式處理系統既可以採用串聯式或採用並聯式操作。
7. 陂塘底部：一般建議將池塘底部建成水平的及不透水的形式。
8. 進水口：圓形及方形陂塘的進水口應設於接近中心處，而矩形塘的進水口則應設於 1/3 長度處。
9. 出水口：位置應將短流情況減至最小，其結構應具備有在水位變化時均可排水的能力。

應該注意的是，位於南部各州的兼性塘在設計中採用的表面積負荷一般高於北部各州，停留時間則比北部各州短。

雖然根據大多數州的設計標準，池塘的形狀可以設計為圓形、方形和矩形，但是 Shindala and Murphy (1969) 發現矩形池子能比圓形和不規則形狀的池子提供更好的混合作用。矩形塘的典型長寬比為 3:1。

由於溫度能夠影響微生物的活性，所以在設計時必須仔細考慮這一因素的影響。為了保證兼性塘在全年都能發揮作用，必須根據最嚴苛的條件來進行設計。因此在設計中一般使用最冷月份的平均溫度。

隨原水進入塘中的固體物將沉澱於陂塘底部，並在陂塘底部區域形成一個污泥層。在污泥層中將產生厭氧發酵作用，並形成甲烷氣體及一些能夠通過擴散返回到液體中的低分子量的溶解性有機物。其結果使污泥積累量將減少。Middlebrooks et al. (1965) 測量了許多兼性處理塘污泥層的深度，並發現經過 82 個月的運轉後池塘底污泥層厚度為 4~7 英吋。然而厭氧發酵作用可以引起一個嚴重的運轉問題，當污泥溫度達到大約 22°C 時，厭氧發酵強度增加到產生的大量氣泡導致污泥氈 (sludge mats) 上浮到陂塘的表面的程度。如果不立即排除這些浮起的污泥，陂塘中就會有氣味產生。此狀況可利用水管以水柱噴出或利用外裝馬達產生的攪動作用來排除陂塘面上的污泥。

陂塘中存在少量的綠色與紫色的硫化細菌是理想的，因為這些細菌可以氧化厭氧消化過程中以硫酸鹽做為外部電子接受者 (external electron acceptor) 產生的硫化物 (有惡臭的物質)。綠色和紫色的硫細菌是光合作用的微生物，它們與植物的不同之處是，光合作用細菌從不用水做為光合作用的電子供應者 (electron donor)，因此在該過程沒有氧產生。細菌的光合作用是一個厭氧過程，在該過程中以分子態氫、還原硫化物或有機化合物做為外部電子供應者。綠色和紫色硫細菌的代謝過程中以硫化氫 (H_2S) 做為用 CO_2 來合成細胞質時的能量來源 (電子供應者)。目前認為硫原子的氧化是一個兩階段的反應過程 (Stanier et al., 1963)：

$$CO_2 + 2H_2S \rightarrow (CH_2O) + H_2O + 2S \tag{6-21}$$

以及

$$3CO_2 + 2S + 5H_2O \rightarrow 3(CH_2O) + 4H^+ + 2SO_4^{2-} \tag{6-22}$$

分子式 (CH_2O) 係表示碳水化合物或微生物之細胞。雖然池塘中含有少量綠色和紫色硫細菌對處理過程有利，但在處理含有高濃度硫化物的廢水時將會使這些細菌發生週期性的大量繁殖。這樣的大量繁殖對處理過程不利，因為在這些細菌大量繁殖時由藻類產生的氧量將會急劇減少而導致有機物去除效率的降低。

流況形式 (Flow Patterns)

在大多數情況下都較喜歡採用複合池塘的佈置形式。圖 6.12 所示為各種複合式陂塘形式操作之流程形式。McGauhey (1968) 認為並聯式流程安排可以使陂塘中的有機負荷得到最大限度的均勻分配，然而串聯式流程安排則可以得到高品質的出流水。圖 6.12 亦顯示出可經由再循環 (回流) 之方式，可增加系統在操作上之靈活性。透過再循環的流程，將會回流具活性的藻類細胞於陂塘內，這些藻類細胞將有助於水體補氧過程，且回流量也將降低進流水中 BOD 的濃度。通常再循環量 (回流量) 之比率為平均日流量之 4~8 倍 (Uhte, 1975)。

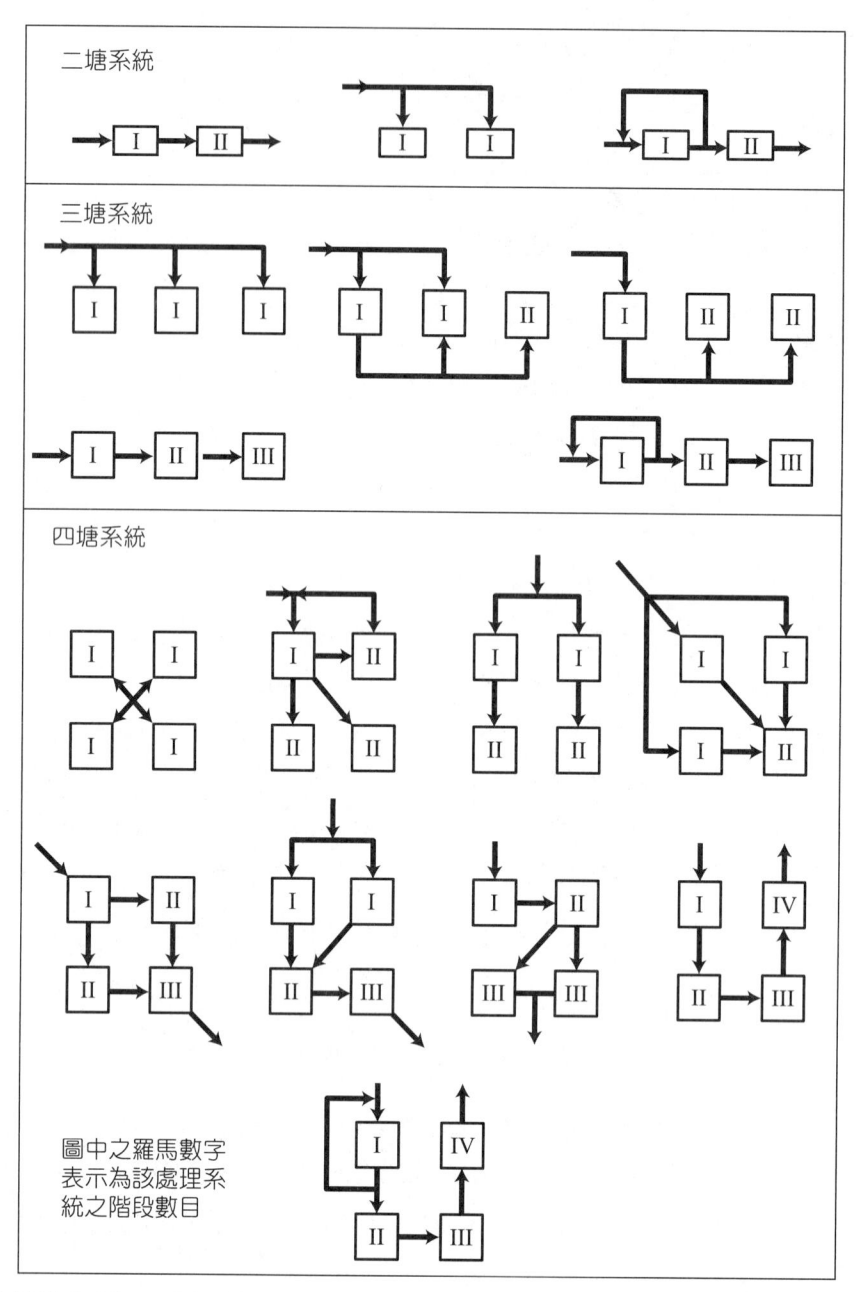

圖 6-12 兼性塘各種不同類型之流況示意圖 (McGauhey, 1968)

例題 6-2

設計一個串聯式兼性陂塘系統，處理流量為 1.5 百萬加侖／日 (MGD)，BOD$_5$ 濃度為 150 mg/L 的廢水。該系統預定的 BOD$_5$ 去除率為 90%，最冷月份的平均溫度為 15°C。

【解】

1. 利用 6-17 式，計算 BOD 反應速率常數 K。

$$K = 0.30(1.05)^{15-20}$$
$$= 0.23 \text{ day}^{-1}$$

2. 假設 $(S_e)_{最大}$ =60 mg/L，利用 6-18 式決定所需之兼性陂塘深度。

$$d = \frac{(700/60) - 8}{0.6}$$
$$= 6 \text{ ft}$$

3. 將 6-16 式加以整理後，計算廢水在第一個陂塘中所需的停留時間。

$$t = \frac{(S_0/S_e) - 1}{K}$$
$$= \frac{(150/60) - 1}{0.23}$$
$$= 6.5 \text{ days}$$

4. 計算第一個陂塘所需的表面積。

$$A = \frac{(6.5)(1,500,000)}{(7.5)(6)(43,560)}$$
$$= 5 \text{ acres (英畝)}$$

5. 利用 1-46 式以決定達到 90%BOD$_5$ 去除率所需之兼性陂塘數目。

$$(0.1)(150) = \frac{150}{[1 + (0.23)(6.5)]^n}$$
$$n \log (2.15) = \log (10)$$
$$n = 3$$

為了達到預定處理效率需要使用三個以串聯形式連接的兼性陂塘，每個陂塘的深度為 6 ft、面積為 5 英畝。這樣的處理系統應該是最佳的系統，因為廢水在各陂塘中的停留時間相同時可以達到最高的處理效率。

必須注意，在解答例題 6-2 的過程中，我們假設三個陂塘中的基質利用反應速率常數 K 值是相同的。此一假設條件是否正確，乃取決於被處理之廢水性質。如果廢水是由多種易於降解的有機物混合組成，例如生活污水所含之有機物，則有機物的去除將發生於第一個陂塘中。在去除的有機物中，一部分被氧化而產生能源，其餘則被合成為新的細胞物質。這時串聯系統中其餘二個陂塘的作用主要是提供微生物之穩定。在這樣的情況下，各陂塘中的 K 值具有顯著的差別。但是，如果廢水係由均質且難降解的複雜化合物所組成，則各陂塘中的 K 值或許差別不大。這樣的考慮也適用於以串聯形式操作的曝氣氧化塘系統。

操作功能 (Performance)

都市性污水二級處理標準指出，當廢水流量大於或等於 1 MGD(百萬加侖／日) 時，出流水 BOD$_5$ 及懸浮固體物濃度連續 30 天取樣分析結果的算術平均值不應超過 30 mg/L，該值也不應超過進水 BOD$_5$ 及懸浮固體物濃度連續 30 天取樣分析結果所得算術平均值的 15%(即，至少需要達到 85% 的去除率)。此一規定對兼性塘是否具有能力達到該出流水水質的要求，提高了其被關注的程度。

當廢水流量小於 1 MGD（百萬加侖 / 日）時，相對應的二級處理標準已放寬為在保證出水 BOD$_5$ 濃度處於 30 mg/L 以內的前提下允許出水懸浮固體物濃度超過 30 mg/L，且此改變不會導致違反某些特定的水質標準。因為藻類細胞形成 BOD 的過程非常緩慢，故處理出水中可能會有高濃度懸浮固體物及低濃度 BOD$_5$ 之情況。而不設藻類去除設施的兼性塘仍然是一種處理小社區污水可選擇之方法。

Barsom (1973) 在一份關於處理塘技術的技術報告中提出了位於美國各地的兼性塘出流水 BOD 和懸浮固體物濃度的平均中位數值。他提出的數據如圖 6.13 及圖 6.14 所示。根據該圖，顯示出在不同範圍值內，出流水的 BOD 及懸浮固體物濃度的平均中位數分別在 26~75 mg/L 及 40~540 mg/L 的範圍內。

Eckenfelder (1970) 指出，兼性塘出流水的 BOD 濃度，預期在一年中會產生變化。在北部各州其變化情況會更加明顯。圖 6.15 所示為因冬季沉澱污泥的累積，以及陂塘水體的反覆作用 (turnover) 等影響下，所引起出流水 BOD 典型之季節變化情況。

由於該系統設計上的經濟性和操作上的簡便性，就小城鎮而言，應該始終將兼性塘視為一個可選擇之處理方法。McKinney (1975) 指出，只要設計合理，兼性塘經常能夠得到滿意

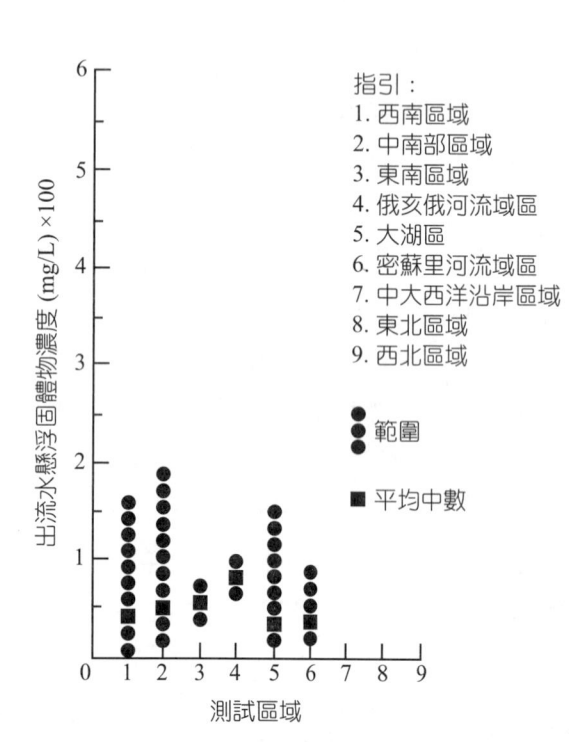

圖 6.13 兼性塘處理系統出流水所含懸浮固體物在美國不同區域之濃度範圍及平均中數 (Barsom, 1973)

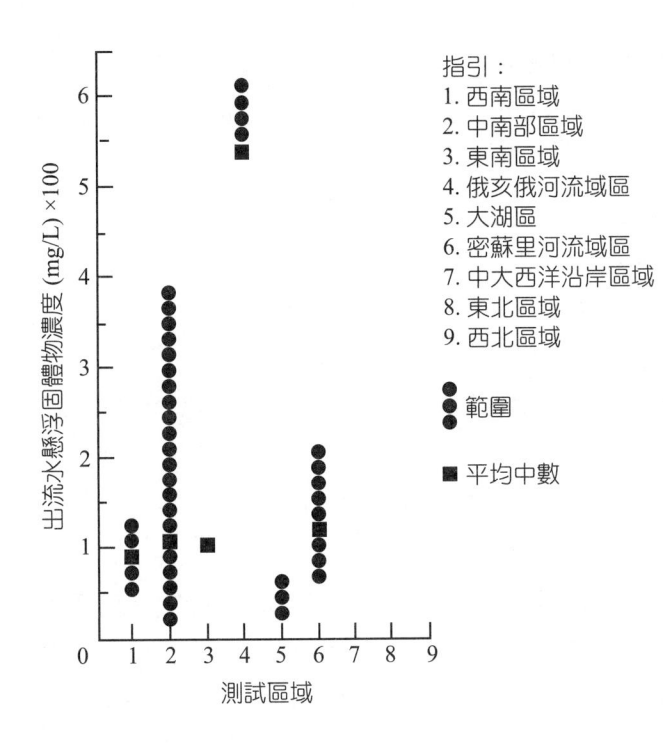

圖 6.14 兼性塘處理系統出流水所含 BOD 濃度範圍於不同季節下之變化 (Barsom, 1973)

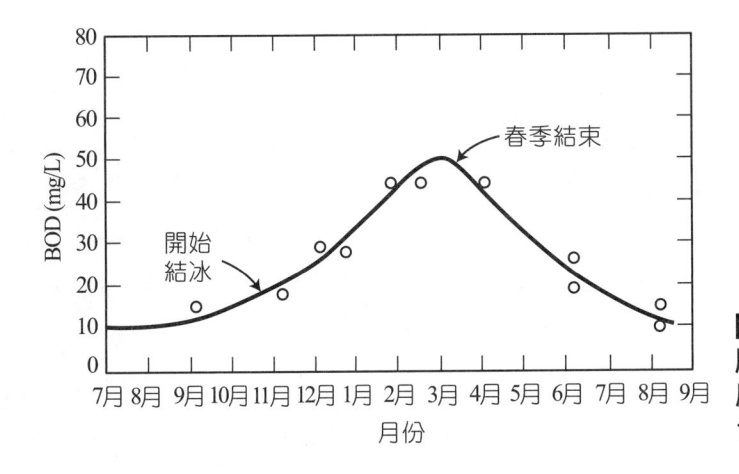

圖 6.15 兼性塘處理系統出流水所含 BOD 在美國不同區域之濃度範圍及平均中數 (Fischer et al., 1968)

的出流水。在大多數情況下，將藻類由陂塘出水中去除的裝置是需要的設計。

兼性塘出水中的藻類可以利用多種方法去除。Dryden and Stern (1968) 指出，利用化學凝聚後再配合沉澱及過濾的方法將可有效地減少出水中的藻類含量。然因為小社區存在較缺乏人力維持系統操作之問題，其他藻類去除之方法通常較為可行。McKinney (1971) 指出，可以在小型處理塘中利用串聯式運行方式，以達到去除藻類之目的。此時允許藻類在最後一個陂塘內從懸浮液中沉澱下來。在堪薩斯大學進行的初步研究工作，係採用浸沒式礫石過濾槽，去除出流水中之藻類 (O'Brien, 1975)，以及在猶他州立大學則進行以間歇式砂濾槽，來去除出流水中之藻類 (Reynolds et al., 1975)。他們的研究結果顯示，用上述之方法以去除兼性塘出流水中之藻類，皆具有效性。有關藻類去除可行性技術之更詳細討論，可以參考 Gloyna (1976)、Middlebrooks et al. (1974)、Middlebrooks (1975) 以及 Parker and Uhte (1975) 等有關的論述。

6-3　厭氣塘 (Anaerobic Ponds)

一個陂塘中的微生物是在好氧條件下，還是在厭氧條件下活動，取決於該陂塘中之有機負荷強度及溶氧的供給量。當陂塘中的有機負荷超過在其內發生之光合作用的產氧量時，該陂塘即處於厭氧條件下。減少陂塘的表面積或加大陂塘的深度，均能降低光合作用的強度。此外，當塘水中含還原性金屬硫化物時，將使厭氣塘變得混濁，此時陽光的透光度亦將受到限制，而達到藻類無法生長之程度。

第 4 章中已說明過微生物在厭氧條件下的活動情況。該章指出複雜廢水的厭氧處理過程牽涉到二個不同的反應階段。在第一階段 (即所謂的酸性發酵階段)，複雜的有機物主要被分解為短鏈酸與乙醇；在第二階段 (即所謂的甲烷發酵階段)，這些有機物被進一步轉化為以甲烷及二氧化碳為主的氣體。Oswald (1968) 在研究了加利福尼亞州的一個厭氣塘後指出，合理的設計必須使環境條件適合於甲烷發酵的需要。

厭氣塘最初被做為預處理設施使用，且特別適合處理高溫高強度的廢水。但是厭氣塘處理也已成功地被應用於城市污水之處理。將厭氣塘做為預處理設施使用時，廢水強度減少的百分比是比出水水質更加重要，因為在廢水在最後排放前還要進行額外之處理。厭氣預處理具有一系列的優點：(1) 可以大大減少隨後的兼性塘和好氧塘的容積，(2) 實際上消除了兼性塘夏季運轉時經常出現的漂浮污泥氈問題，(3) 使後續的處理塘中不致形成大量的污泥累積層。

目前尚未有易於使用於厭氣塘設計之關係式。設計工作一般是根據早期陂塘在相同的氣候條件下，處理同類型廢水之成功或失敗案例經驗中所建立的準則來進行。

厭氣塘操作條件和設計標準的變化範圍很大。處理都市性污水的厭氣塘建議深度範圍是 3~12 ft，且已有採用深達 20 ft 的厭氣塘處理工業廢水的實例 (Malina and Rios, 1976)。採用 8~12 ft 的池塘深具有如下優點包含有：(1) 保護甲烷細菌不受氧的影響、(2) 更有效地的土地利用，以及 (3) 具有更大的污泥儲存容積。Oswald (1968) 指出，在夏季月份僅因陽光加溫陂塘中廢水時，陂塘中正常溫度之平均垂直分布梯度 (average lapse rates) 為 1°C/ft。由於溫度對甲烷發酵作用具有強烈影響，所以不宜採用過深的陂塘深度，而致使陂塘底部處於低溫狀態。

甲烷發酵是一種生化反應過程，因此該反應將受到溫度變化的影響。溫度低將使甲烷菌失去活性，而提高溫度則會增加甲烷發酵的速率。如表 6.5 及圖 6.16 中所提供的數據可

表 6.5　溫度對厭氣塘處理估計之影響

溫度 (°C)	相對於 35°C 甲烷發酵速率的比值	相等於 35°C 時處理所需停留時間
5	0.1	10
15	0.4	2.5
25	0.8	1.2
35	1.0	1.0

資料來源：McCarty (1966)

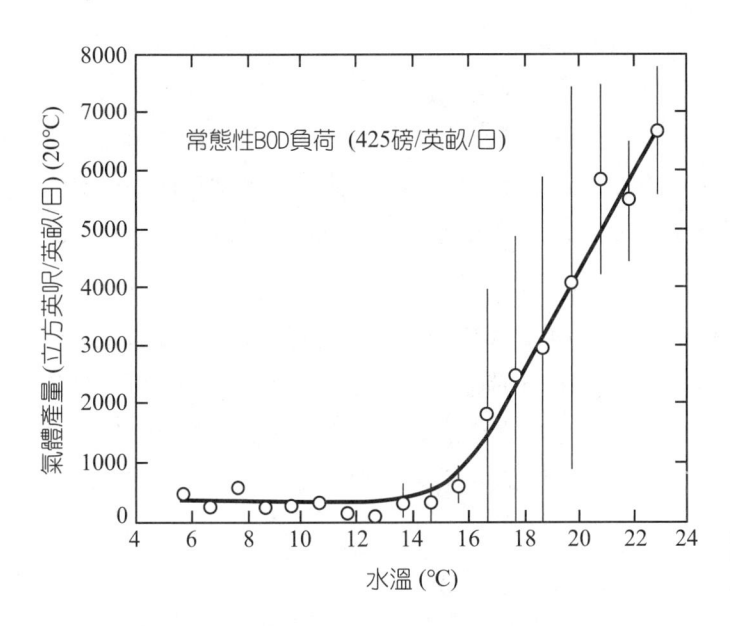

圖 6.16　厭氧塘內氣體產量與溫度間關係 (Oswald, 1964)

做為敘述以上之結果。由於無法控制厭氣塘中的溫度，因此預期陂塘中溫度是隨季節而變化。關於此點，由觀察結果發現，幾乎所有這種類型的陂塘在夏季時均顯出較好的處理效果。例如，McIntosh and McGeorge (1964) 觀察到，當冬季陂塘內溫度為 60°F 時，相對應的 BOD 去除率則為 58%，而當夏季陂塘內溫度上升至 90°F 時，相對應的 BOD 去除率則增加到 92%。

在美國北部地區已成功地採用厭氣塘處理類似屠宰廠操作之高溫廢水。處理時為了保持廢水的熱量，使用浮頂蓋 (floating cover) 方式。McIntosh and McGeorge (1964) 報導了使用 3 in. 厚的泡沫塑料覆蓋 30,000 ft^2 池塘表面的實例。在處理肉類罐頭廠廢水時，由於廢水中所含的脂肪及腸肚內糞渣形成了天然的浮渣覆蓋層，所以不必使用人造蓋板，而該浮渣層也有益於對氣味的控制。

根據地理位置狀況，處理都市性污水之厭氣塘所採用的有機負荷率範圍很廣。在加州為了使厭氣塘的 BOD$_5$ 去除率達到 70%，Oswald (1968) 指出，在夏季條件下應採用 400 磅 BOD$_5$/ 公頃 / 日的負荷，而在冬季條件下則應採用 100 磅 BOD$_5$/ 公頃 / 日的負荷。而就南非夏季池塘之操作而言，Van Eck and Simpson (1966) 觀察到厭氣塘在 2590 及 1692 磅 BOD_5/ 公頃 / 日的表面負荷條件下，去除率分別達到 81% 和 62%。Parker and Skerry (1968) 提出了澳洲三個城市污水處理塘 (深 3~3.5 ft) 的操作數據，如表 6.6 所示。這些數據反映了從 438 磅 BOD_5/ 英畝 - 日到 2800 磅 BOD_5/ 英畝 - 日的負荷變化範圍。厭氣塘也被使用於處理各種工業廢水。表 6.7 匯集了從處理工業廢水的厭氣塘中獲得的操作數據。應該注意，表中所述的是 BOD_5 的容積負荷，而不是 BOD_5 的表面積負荷。實際上容積負荷是更為恰當的設計參數，因為甲烷發酵程度取決於廢水停留時間，而與可用於獲得光照或傳輸氧的陂塘表面積無關。

處理都市性污水之厭氣塘中廢水停留時間的變化範圍已有被提出是採 1.2~160 天。但是 Gloyna (1965) 陳述，厭氣塘的停留時間超過 5 天未必是需要的，因為更長的停留時間會使厭氣塘的處理功能會接近於兼性塘。Malina and Rios (1976) 建議，就處理都市性污水的厭氣塘而言，夏季污水停留時間採用 2 天、冬季採用 5 天即應足夠。依照這個標準設計的厭氣塘，應能有效去除 70~80% 的 BOD_5。

厭氣塘使用產生的一個主要問題是味道。藉由減少陂塘的有機負荷，使其表面產生一個好氧層，抑或採用 Oswald (1968) 所建議將好氧塘出流水回流到厭氣塘內的方法，以控制味道的產生。在接近陂塘表面處引入回流水，將有助於塘表面形成好氧層。為了防止氧侵入厭氣區域，Oswald (1968) 提議當好氧塘出流水溫度高於厭氣塘低層水溫的條件下，進行回流

表 6.6　澳洲處理都市性污水厭氣塘負荷及操作數據之彙整

項目	厭氣塘位置					
	Werribee 145W		Wangaratta		Kerang	
	夏季	冬季	冬季	夏季	冬季	春季
進水 BOD_5 (mg/L)	448	407	358	270	222	190
出水 BOD_5 (mg/L)	157	291	118	137	149	10l
BOD_5 去除率 (%)	65	28	67	49	33	47
進水 SS (mg/L)	436	436	394	—	—	323
出水硫化物 (mg/L)	14	8	1.0	—	0.3	140
溶氧 (mg/L)	無	無	無	3.8	無	無
pH	6.7	6.1	7.0	7.0	6.7	7.1
溫度 (°C)	20	15	15	24	12	21
污泥深度 (英吋)						
接近入口處	17	24	10	10	14	30
接近出口處	14	27	7	9	14	30
BOD_5 -lb/day/acre						
負荷率	482	438	910	710	584	2800
去除量	313	125	630	350	192	1280

資料來源：McKinney (1971)

表 6.7　厭氣塘處理工業廢水之操作數據

廢水類型	BOD$_5$ 濃度 (mg/L) 進水	BOD$_5$ 濃度 (mg/L) 出水	BOD$_5$ 去除率 (%)	BOD$_5$ 負荷率 (lb/1000 ft^3-day)	溫度 (°C)
肉類廢水	1,096	159	85.5		
	940	458	58.2	16.1	25
	1,880	350	87	31.4	22~27
	—	670	64.9	12.7	—
	1,703	122	92.8	9.0	24
	3,000	300	90	—	25~26
	2,070	158	92.4	—	
果品廢水	3,380	445	86.8	630[a]	
蕃茄廢水	728	163	77.6	628[a]	
柳橙廢水	939	24l	77.4	662[a]	
蕃茄廢水	982	599	39.8	33.9	14~24
豆類廢水	1,444	—	37	23.2	—
玉米廢水	2,164	—	47.5	15.9	—
化學及發酵廢水	10,000	2,000	60~80	—	5, 10, 15
脂肪加工廢水	1,870	—	88	228[a]	19~36
玉米廢水	<4,000		58	—	21
產品廢水		—	92	—	38
奶品廢水	1,030	160	85	9	29
奶品店廢水	1,030	830	20	9	2

[a] 磅 BOD$_5$/ 公頃 / 日

資料來源：McKinney (1971)

操作。在厭氣塘底部設置特殊的污泥消化區間 (digestion chamber)；此外，設計在塘底形成一個很深的污泥層之方式，亦可防止氧進入塘內的厭氣區。如圖 6.17 所示，該圖顯示出 Oswald (1968) 所建議設置特殊污泥消化區間的範例。

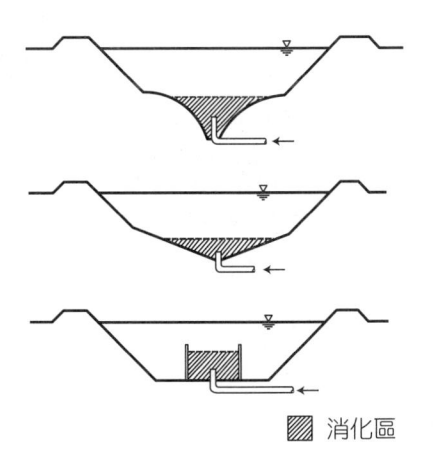

圖 6.17　在厭氧塘底部創造出底泥消化區之方式 (Oswald, 1968)

6-4　精化處理塘 (Polishing Ponds)

　　Ramani (1976) 將精化處理塘 (polishing pond) 定義為承受已被處理到二級出流水標準的廢水處理塘，並指出它們的主要作用是使放流水之生化、細菌作用性及優養化等特性方面，獲得大幅度的改進，以優化及精緻化陂塘處理系統。

　　目前還沒有用於精化處理塘設計之合理程序。Mara (1976) 曾說明此種形式的處理塘，對 BOD_5 的去除效率較低。因此，當進流水 BOD_5 濃度為 50~75 mg/L 之間時 (即二級處理後之出流水水質)，為了使精化處理塘出流水低於 25 mg/L 的標準，需採用二塘串聯之系統，而廢水在每陂塘中的停留時間分別達到 7 天。Mara (1976) 建議在設計精化處理塘時，陂塘水深可採用相對應之兼性塘的標準。

　　廢水在處理塘 (包括好氧、厭氣、兼性或精化等處理塘) 中的停留時間，與大腸桿菌減少量間的關係，可用乞克定律 (Chick law) 描述之 (Mara, 1976)：

$$\frac{N_e}{N_0} = \frac{1}{(1+K_b t)} \tag{6-23}$$

式中，N_e = 出流水中糞便大腸桿菌 (fecal coliform, FC) 數量，FC/100 mL
　　　N_0 = 進流水中糞便大腸桿菌 (fecal coliform, FC) 數量，FC/100 mL
　　　K_b = 反應速率常數，day^{-1}
　　　t = 水力停留時間，day

就一系列串聯陂塘系統而言，1-42 式表示出細菌之衰減率為：

$$\frac{N_e}{N_0} = \frac{1}{(1+K_b t_1)(1+K_b t_2)...(1+K_b t_n)} \tag{6-24}$$

式中，n 代表一系列串聯之陂塘數目。

　　Mara (1974) 曾提議，在 5~21°C 的溫度範圍內，可利用下式計算 K_b 值：

$$K_b = 2.6(1.19)^{T-20} \tag{6-25}$$

式中，T 為陂塘中水溫 (°C)。Mara (1976) 建議都市性污水中 N_0 的合理值為 4×10^7 FC/100 mL。

　　Oswald et al. (1970) 及 Gloyna and Aguirre (1970) 等建議在使用陂塘系統處理廢水時，為了得到最好的出流水水質，應採用串聯操作的陂塘系統。在典型的情況下，至少應使用由 4 個陂塘組成的處理系統：第一個為厭氣塘、接著為兼性塘、其後應至少設置二個精化處理塘。Gloyna (1965) 建議好氧與厭氣塘表面積之比應在 10:1~5:1 之間的範圍內。他進一步指出，當處理塘系統的上述比值較低時，該系統對於短期 BOD 變化將是敏感的。

6-5 曝氣氧化塘 (Aerated Lagoons)

當陂塘系統係利用機械式或擴散式曝氣設備,以提供塘內水體氧氣者,則稱之為曝氣氧化塘 (aerated lagoons)。由於陂塘內濁度、紊動及其他等因素,當人工曝氣設備被採用時,塘內藻類生長一般會停止,或大幅度的減少。

曝氣氧化塘有兩種基本的形式:(1) 好氧性曝氣氧化塘 (aerobic lagoons),係被設計具有足夠動力程度以維持池塘內所有固體物呈懸浮態且提供整個液體之溶氧量(如圖 6.18 所示);(2) 兼性曝氣氧化塘,該系統的設計動力輸入僅夠能維持液相中有溶氧存在。在這種條件下,固體量不能保持懸浮狀態,它們將沉澱至池塘底並在該處被厭氣分解(如圖 6.19 所示)。

好氧性曝氣氧化塘一般設計在高的 F/M 值或低的 θ_c 值(高速處理系統)條件下操作。這種系統對有機物的穩定程度不高,它只是將溶解性有機物轉化為細胞有機物形式。相反的,兼性曝氣氧化塘乃設計在具較高的 θ_c 值(低速處理系統),以及穩定有機物等條件下,進行操作。

Barnhart (1972) 列舉使用曝氣氧化塘時的優點,包含:(1) 易於操作及維護、(2) 廢水在塘中分布均勻以及 (3) 必要時可以對塘水進行高度的散熱。Barnhart 亦提出其使用上之缺點則包含:(1) 需要較大的土地面積、(2) 不易改變處理程序、(3) 出水中含有高濃度懸浮固體物,以及 (4) 處理程序的效率對環境氣溫變化敏感。

6-6 好氧性曝氣氧化塘 (Aerobic Lagoons)

因全部固體物都處於懸浮狀態,故在好氧性曝氣氧化塘中去除等量溶解性 BOD 所需的停留時間低於兼性曝氣氧化塘 (Kormanik, 1972)。但是用於混合好氧性曝氣氧化塘所需的動力則比兼性曝氣氧化塘大得多。因為好氧性曝氣氧化塘內全部固體物皆處於懸浮狀態,故其出流水中的懸浮固體物濃度較兼性曝氣氧化塘高甚多。如需好氧性曝氣氧化塘具有高品質的出流水,則必須在其後設再行設置固液分離設備。因此,好氧性曝氣氧化塘實際上就如同一個沒有污泥回流的活性污泥處理系統。

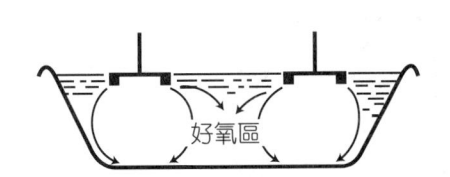

圖 6.18 好氧性曝氣氧化塘示意圖
(Eckenfelder, 1970)

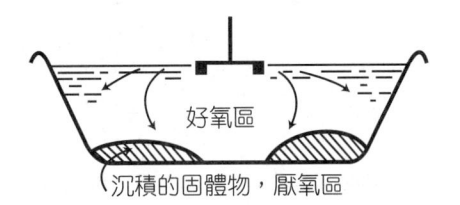

圖 6.19 兼性曝氣氧化塘示意圖
(Eckenfelder, 1970)

混合及曝氣

在好氧性曝氣氧化塘中，曝氣具有傳輸氧氣及混合的作用。許多活性污泥處理程序的改良都是把氧的傳輸作用做為控制曝氣設備設計的條件。但是 Eckenfelder (1970) 指出，針對好氧性曝氣氧化塘及延長曝氣系統 (extended aeration systems) 而言，在大部分情況下，混合作用經常是控制所需動力程度的條件。McKinney et al. (1971) 指出，如果曝氣氧化塘的停留時間小於 24 小時時，供氧的需求將為控制因素，然當停留時間大於 24 小時時，則混合的需求將為控制因素。

目前尚無合理的公式，可供工程師確切計算出陂塘內要使所有固體物皆保持懸浮狀態所需之動力需求。因此，必須根據實驗及操作數據上的經驗公式，計算出所需動力。Clow 公司建議一個設計指南，即當陂塘深度在 8~18 ft 範圍內，且懸浮固體物濃度介於 1000~5000 mg/L 之間時，可達到塘內體物完全混合所需的動力係在 60~120 馬力 / 百萬加侖 (hp/MG) 之範圍內；使用上述指南準則的限制條件為陂塘的長度不得超過其寬度的 1.25 倍。一般認為在此條件下，將可提供一個大約 0.5 fps (ft/sec) 的底部流速，而該流速則是達到完全混合條件時，所需的最低流速。如果採用表面曝氣時，試驗數據顯示，當不使用具有深層混合能力的特定設備情況下，為了使污泥保持懸浮狀態，陂塘的深度應限於 12~15 ft 範圍內。如果使用通氣管 (draft tubes)，或其他一些特殊曝氣設備，例如像緩衝環葉片 (baffle ring)(如圖 6.20 所示) 的話，陂塘深度則可允許增加到 17~20 ft。

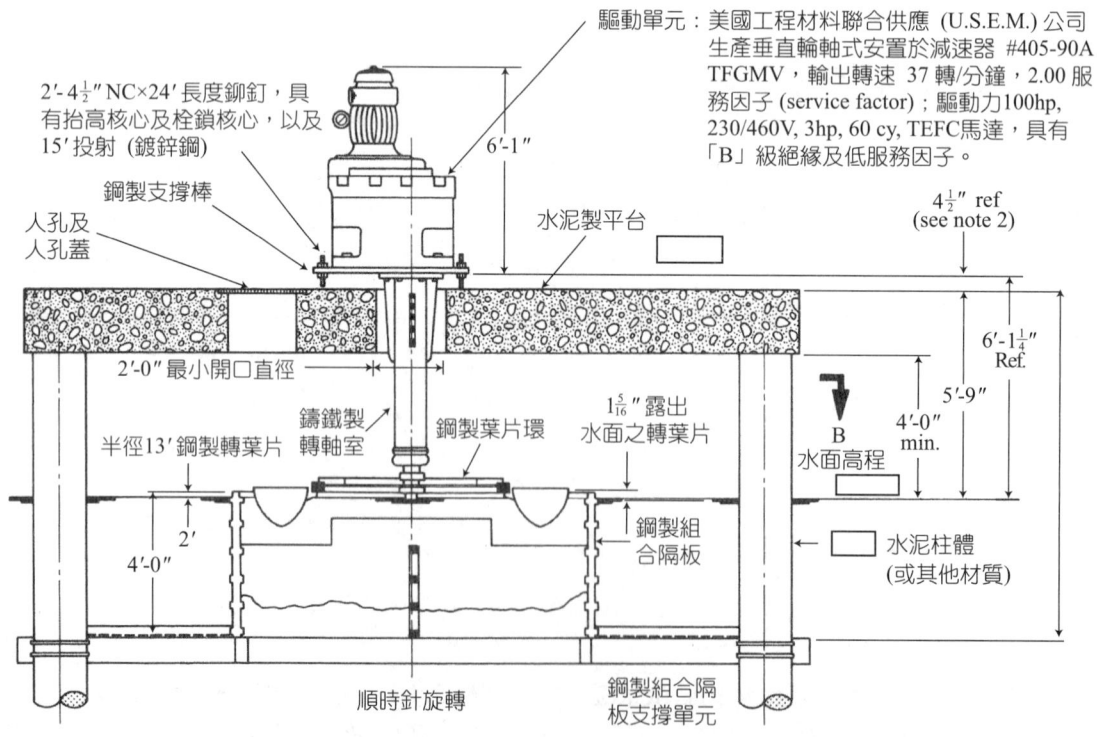

圖 6.20 Sigma II S 表面曝氣機 (CLOW 公司提供)

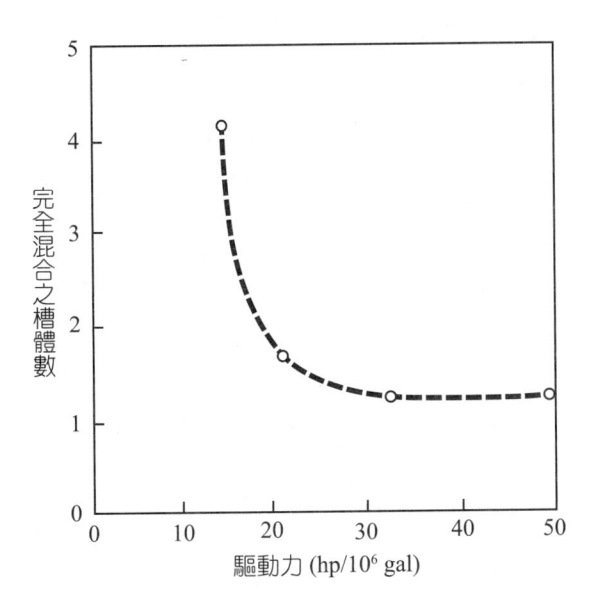

圖 6.21　曝氣機動力與混合程度之關係 (Malina et al., 1972)

　　Malina et al. (1972) 曾指出，要使好氧性曝氣氧化塘水體內保持完全混合狀態，其所需的最小動力為 30 hp/MG。圖 6.21 所示則提供支持該結論的數據。串接數個完全混合之陂塘，則與一個完全混合陂塘內之完全混合狀態產生偏差，此現象類似於第 4 章中所描述之一個柱塞流型態 (plug-flow) 之反應槽，近似於由許多個完全混合反應槽之串聯。

　　因為曝氣設備係利用抽水，以達到液體充氧之效果，故被曝氣的液體體積與曝氣馬力數之間的關係，將會影響氧之傳輸速率。圖 5.31 所示為不同曝氣系統所需之平均動力的範圍值。根據該圖，好氧性曝氣氧化塘的動力範圍幾乎等於或略少於會對氧傳輸速率產生嚴重影響的最低動力 (如圖 5.29 及圖 5.30 所示)。因此，動力的大小對氧傳輸速率的影響，在設計好氧性曝氣氧化塘之曝氣系統時，經常可以被忽略。

　　為使陂塘水體內之固體物保持懸浮狀態，以及使氧分布至整個氧化塘水體中，均有賴於混合作用。根據表 6.8 提供的數據顯示，就提供某一特定能量而言，陂塘用於設計完全混合 (即使所有固體皆保持懸浮狀態) 時之影響直徑，遠低於促使氧氣擴散效應時的影響直徑。

表 6.8　典型低速表面曝氣機之操作數據

動力 (hp)	深度 (ft)	完全混合影響直徑 (ft)	氧氣擴散影響直徑 (ft)
3.0	6	50	150
5.0	6	70	210
10.0	8	90	260
20.0	10	115	330
25.0	10	130	375

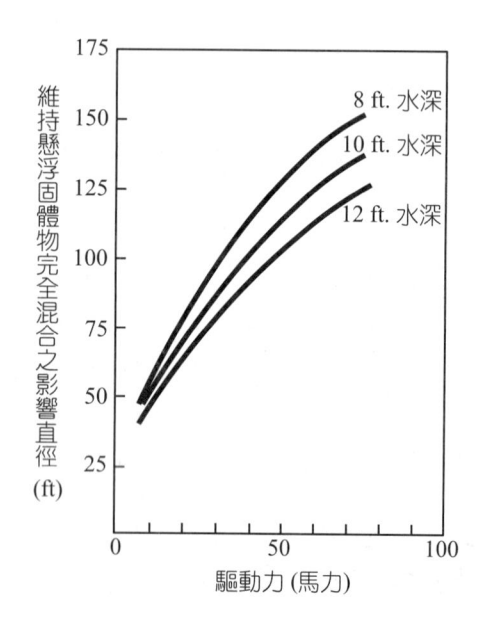

圖 6.22　表面曝氣機之混合特性 (Ford, 1972)

因此，通常考慮混合作用下之需求，將會控制陂塘曝氣系統的設計。

依據總馬力需求，個別曝氣單元的數量應該可以選定，且這些曝氣單元在氧化塘內之安裝位置應能使其產生一個相重疊的完全混合區。要做此選定時，有關氧化塘深度對完全混合影響直徑方面之影響性，亦必須被考慮。如圖 6.22 所示，顯示出某一特殊的表面曝氣設備在此方面之影響情形。設備廠商所提供之性能數據將說明與特定影響直徑有關之深度及馬力（如表 6.8 所示）。

Sawyer (1968) 對大於 25 馬力曝氣設備之使用提出警告，其建議這些設備具有會造成過高局部混合之趨勢，進而無法使整個影響區域達到均勻混合之效果。McKinney et al. (1971) 指出，單位馬力抽送的水量會隨著功率的增加而減少。此情況暗示著使用幾個較小的曝氣設備比使用一個大的曝氣設備將更為經濟。在設備故障情況下，如此的配置方法也提供了某種程度上的操作彈性。

由於好氧性曝氣氧化塘，實際上與不具污泥回流設備的完全混合式活性污泥反應槽相類似，因此該類型處理系統之設計公式，將可以利用物質平衡關係式及第 2 章中所陳述之基本動力關係式等而建立。

一個典型好氧性曝氣氧化塘處理流程如圖 6.23 所示。圖中 Q 表示進入陂塘中的廢水流量，S_0 表示原污水內的基質濃度，V 為陂塘的容積，S_e 為出流水中溶解性基質濃度，X 為陂

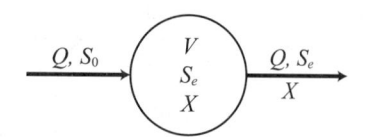

圖 6.23　好氧塘處理系統之典型流程示意圖

塘中微生物生質量 (污泥) 濃度。本節中所建立的質量平衡式，係根據圖 6.23 及第 4 章中用以推導改良式完全混合活性污泥處理程序之動力模式時，所提出的各項假設所導出。根據好氧性曝氣氧化塘的條件，4-1 式可表示為：

$$\theta_c = \frac{XV}{XQ} \tag{6-26}$$

或

$$\theta_c = \frac{V}{Q} \tag{6-27}$$

因為通常水力停留時間等於 V/Q，故 6-27 式亦可以書寫成：

$$\theta_c = t \tag{6-28}$$

式中，t 為水力停留時間，天 (小時)。

因此，針對無污泥回流的完全混合處理系統而言，生物固體物 (污泥) 停留時間 (biological soilids retention time) 即等於水力停留時間 (hydraulic retention time)。

對於整個處理系統 (如圖 6.23 所示) 中的微生物生質量所建立之質量平衡方程式將得如下：

[系統內微生物生質量之淨變化率] = [系統內微生物生質量之生長率]
－ [系統內微生物生質量之排出率] (6-29)

上述關係式亦可表達成如下之數學式：

$$\left(\frac{dX}{dt}\right)V = \left(\frac{dX}{dt}\right)_g V - QX \tag{6-30}$$

將 2-51 式中的 $(dX/dt)_g$ 及 6-27 式中的 Q 分別代入 6-30 式中，而得：

$$\left(\frac{dX}{dt}\right)V = \left[Y_T\left(\frac{dS}{dt}\right)_u - K_d X\right]V - \frac{VX}{\theta_c} \tag{6-31}$$

因此，在穩定狀態 (steady-state) 下，

[系統內微生物生質量生長率] = [系統內微生物生質量排出率]

即，

$$\frac{dX}{dt} = 0$$

因此，在穩定狀態下，6-31 式可寫成：

$$0 = \left[Y_T\left(\frac{dS}{dt}\right)_u - K_d X\right]V - \frac{VX}{\theta_c} \tag{6-32}$$

或

$$\frac{1}{\theta_c} = Y_T \frac{(dS/dt)_u}{X} - K_d \tag{6-33}$$

6-33 式與 4-8 式相同，此意味著無論完全混合活性污泥處理系統是否有污泥回流，其生物固體停留時間的表達式子是相同的。

若對於進入及排出陂塘中的基質建立質量平衡方程式，可得：

[陂塘內基質之淨變化率] = [基質進入陂塘之速率]
　　　　　　　　　　　　－ [基質在陂塘內之降解速率]　　　　　　　　　　(6-34)

上述之關係式可表示為：

$$\left(\frac{dS}{dt}\right)V = QS_0 - \left(\frac{dS}{dt}\right)_u V - QS_e \tag{6-35}$$

在穩定狀態下，

[基質進入陂塘之速率]=[基質在池塘內之降解速率]

即，

$$\frac{dS}{dt} = 0$$

因此，6-35 式可簡化為：

$$\left(\frac{dS}{dt}\right)_u = \frac{Q(S_0 - S_e)}{V} \tag{6-36}$$

假設採用 2-56 式所描述之基質利用率，則 6-36 式可寫成：

$$\frac{Q(S_0 - S_e)}{XV} = KS_e \tag{6-37}$$

同樣地，可知 6-37 式與 4-25 式是相同的。此意味著代表出流水中溶解性基質濃度的 4-23 式，也同樣可應用於好氧性曝氣氧化塘的計算。

好氧性曝氣氧化塘中總需氧量可依據以下各式中的任何一個進行計算：

$$\Delta O_2 = \left[\frac{\text{去除 BOD}_u \text{磅數}}{\text{天}}\right] - 1.42\Delta X + \text{NOD} \tag{6-38}$$

$$\Delta O_2 = 8.34Q[(1 - 1.42Y_T)(S_0 - S_e)] + 8.34(1.42)K_d XV_a + \text{NOD} \tag{6-39}$$

$$\Delta O_2 = a\frac{\text{去除 BOD}_u \text{磅數}}{\text{天}} + bXV_a + \text{NOD} \tag{6-40}$$

$$\Delta O_2 = a_1 \Delta X + b_1 XV_a + \text{NOD} \tag{6-41}$$

上述的各式中，ΔO_2 表示陂塘中的需氧量（磅／天），而 ΔX 是陂塘中每天生成的生物固體物量（磅／天）。此一特定之陂塘處理系統中，在穩定狀態操作下，ΔX 等於每天隨著出流水中所流失的微生物生質量污泥之總量：

$$\Delta X = 8.34QX \tag{6-42}$$

如果利用 6-40 式或 6-41 式來計算需氧量，則係數 a、b、a_1 及 b_1 必須是已知值。就家庭生活污水而言，Balasha and Sperber (1975) 提出以 BOD_5 為基準下，係數 a 值範圍在 0.36~0.63 間，而係數 b 值範圍在 0.13~0.28 (day^{-1}) 間。目前對 a_1 及 b_1 值的報告不多，因此這二個係數值必須通過實驗，進行分析研究決定之。

好氧性曝氣氧化塘出流水中的總 BOD_5 含量是出流水溶解性 BOD_5 及出流水中微生物之內呼吸分解 (endogenous destruction) 耗氧量之總和。可利用 4-124 式計算出流水中之總 BOD_5 量，如下所示：

$$(BOD_5)_{出流水} = S_e + 5[1.42K_d x_a (TSS)_{出流水}] \tag{4-124}$$

針對好氧性曝氣氧化塘對溶解性 BOD_5 具有較高的去除率而言，Eckenfelder (1970) 建議將 4-124 式簡化為：

$$(BOD_5)_{出流水} = S_e + 0.3(TSS)_{出流水} \tag{6-43}$$

當測定出流水之 VSS 含量時，Balasha and Sperber (1975) 建議用下式計算出流水中的總 BOD_5 濃度：

$$(BOD_5)_{出流水} = S_e + 0.54(VSS)_{出流水} \tag{6-44}$$

溫度的影響

由於溫度對處理程序的動力學有所影響，故溫度是設計好氧性曝氣氧化塘時必須考慮的一個重要因子。Barnhart (1972) 建議可利用能量收支關係 (energy-budge relationship)，來估計陂塘中的溫度。使用此方法時，係假設陂塘中溫度的變化是由 4 個表面機制 (surface mechanisms) 所引起，即蒸發、對流及輻射等機制，所導致之熱損失 (heat loss)，以及由太陽輻射所引起的熱增益 (heat gain)，其關係可用以下數學公式表示：

$$H = H_e + H_c + H_r - H_s \tag{6-45}$$

式中，H = 熱量的淨損失

H_e = 蒸發引起的熱損失

H_c = 對流引起的熱損失

H_r = 輻射引起的熱損失

H_s = 太陽輻射引起的熱增益

根據 Velz (1970)，蒸發所引起的熱損失可用下式來計算：

$$H_e = 0.00722 H_v C_1 (1+0.1W)(V_w - V_{pa}) \tag{6-46}$$

式中，H_e = 蒸發引起的熱損失，(BTU/hr/ft² 塘水面積)

W = 平均風速，mph (m/hr)

V_w = 陂塘水溫相對應的水蒸氣壓力，英吋汞柱 (in.Hg)

V_{pa} = 陂塘上大氣中存在的平均絕對水蒸氣壓力，in.Hg

C_1 = 陂塘的特性常數，數值範圍 10~15(對於深塘及水庫取較小值，而淺塘則取數值 15 較為合適)

H_v = 蒸發潛熱 (latent heat of vaporization)，BTU/lb

表 6.9 及表 6.10 所示為不同溫度下，H_v 及 V_{pa} 的數值。

水表面的對流熱損失 (convection heat loss) 可表示如下式：

$$H_c = \left(0.8 + C_2 \frac{W}{2}\right)(T_w - T_a) \tag{6-47}$$

式中，H_c = 對流作用引起的熱損失，BTU/hr-ft²

C_2 = 常數，數值範圍介於 0.16~0.32，對於靜止的水體 C_2 = 0.24，而對於以中等流速的水體 C_2 = 0.32

T_w = 陂塘水溫，°F

T_a = 周圍空氣溫度，°F

W = 平均風速，mph (m/hr)

至於輻射所引起的淨熱損失，則可用下式估計之：

$$H_r = 1.0\ (T_w - T_a) \tag{6-48}$$

表 6.9　蒸發潛熱

溫度 (°F)	H_v (BTU/lb)	溫度 (°F)	H_v (BTU/lb)
32	1075.8	100	1037.2
35	1074.1	105	1034.3
40	1071.3	110	1031.6
45	1068.4	115	1028.7
50	1065.6	120	1025.8
55	1062.7	125	1022.9
60	1059.9	130	1020.0
65	1057.1	135	1017.0
70	1054.3	140	1014.1
75	1051.5	145	1011.2
80	1048.6	150	1008.2
85	1045.8	155	1005.2
90	1042.9	160	1002.3
95	1040.1	165	999.3

來源：Velz (1970)

表 6.10 飽和水蒸氣壓，V_{pa} (in.Hg)

空氣溫度 (°F)	蒸氣壓 (in.Hg)	空氣溫度 (°F)	蒸氣壓 (in.Hg)	空氣溫度 (°F)	蒸氣壓 (in.Hg)
30	0.164	67	0.661	104	2.160
31	0.172	68	0.684	105	2.225
32	0.180	69	0.707	106	2.292
33	0.187	70	0.732	107	2.360
34	0.195	71	0.757	108	2.431
35	0.203	72	0.783	109	2.503
36	0.211	73	0.810	110	2.576
37	0.219	74	0.838	111	2.652
38	0.228	75	0.866	112	2.730
39	0.237	76	0.896	113	2.810
40	0.247	77	0.926	114	2.891
4l	0.256	78	0.957	115	2.975
42	0.266	79	0.989	116	3.061
43	0.277	80	1.022	117	3.148
44	0.287	81	1.056	118	3.239
45	0.298	82	1.091	119	3.331
46	0.310	83	1.127	120	3.425
47	0.322	84	1.163	121	3.522
48	0.334	85	1.201	122	3.621
49	0.347	86	1.241	123	3.723
50	0.360	87	1.281	124	3.827
51	0.373	88	1.322	125	3.933
52	0.387	89	1.364	126	4.042
53	0.402	90	1.408	127	4.154
54	0.417	91	1.453	128	4.268
55	0.432	92	1.499	129	4.385
56	0.448	93	1.546	130	4.504
57	0.465	94	1.595	131	4.627
58	0.482	95	1.645	132	4.752
59	0.499	96	1.696	133	4.880
60	0.517	97	1.749	134	5.011
61	0.536	98	1.803	135	5.145
62	0.555	99	1.859	136	5.282
63	0.575	100	1.916	137	5.422
64	0.595	10l	1.975	138	5.565
65	0.616	102	2.035	139	5.712
66	0.638	103	2.087		

來源：Velz (1970)

式中，$H_r =$ 由輻射引起的熱損失，BTU/hr-ft^2。

由於無法用氣象因素來計算太陽輻射引起的熱增量，所以只能對其進行估算。一般而言，當地地區所屬氣象台所測量的太陽輻射數據是可接受的。事實上由太陽輻射得到的熱增量很小，所以 Barnhart (1972) 建議，對好氧性曝氣氧化塘而言，此因素對水溫的影響經常是可以忽略不計的。

忽略太陽輻射所引起的熱增量，並將前述幾項熱損失的表達式合併成一個淨熱損失的公式，其結果為：

$$\text{熱損失} = [0.00722 H_v C_1 (1 + 0.1W)(V_w - V_{pa}) + \left(0.8 + C_2 \frac{W}{2}\right)(T_w - T_a) + (T_w - T_a)] \hat{A} \tag{6-49}$$

式中，$\hat{A} =$ 陂塘外觀看上去的表面積 (apparent surface area)，此外觀的表面積將隨曝氣所給予的動力程度變化而有所改變。如圖 6.24 所示，該圖提供了不同動力程度之下的放大因子，該放大因子與陂塘表面積相乘後之數值，可得到陂塘外觀上的表面積。至於陂塘的熱輸入 (heat input)，則可由以下列公式表示之：

$$\text{熱損失} = (T_i - T_w) \frac{1 \text{ BTU}}{\text{lb}-°\text{F}} (Q) \tag{6-50}$$

式中，$T_i =$ 進流水溫度，°F

$\frac{1 \text{ BTU}}{\text{lb}-°\text{F}} =$ 水的比熱

$Q =$ 廢水的平均質量流量，磅 / 小時 (lb/hr)。

在穩定狀態下，

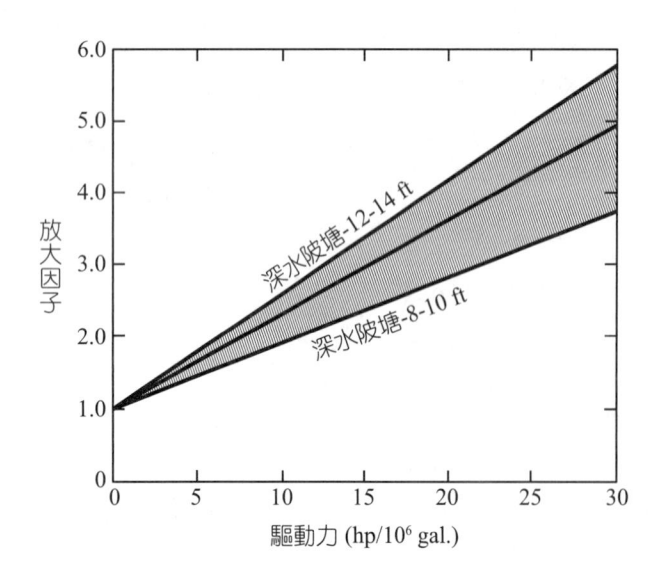

$$\text{熱輸入} = \text{熱損失}$$

圖 6.24 曝氣機驅動力對設計陂塘外觀表面積時所需放大因子之影響效應 (Barnhart, 1972)

因此，

$$(T_i - T_w)\frac{1\,\text{BTU}}{\text{lb}-°\text{F}}(Q) = [0.00722H_vC_1(1+0.1W)(V_w - V_{pa})$$
$$+ \left(0.8 + C_2\frac{W}{2}\right)(T_w - T_a) + (T_w - T_a)]\,\hat{A} \quad (6\text{-}51)$$

在 6-51 式中，T_w 表示陂塘中的平衡溫度。然而，因為上式中還含有另一個未知量 V_w，故 T_w 值仍然無法直接從上述方程式中解出。此時必須採用試誤法 (trial-and-error)，並先假設一個 T_w 值，且需將方程式左邊的值與右邊的值加以比較，當二邊相等時，該假設的 T_w 值即是正確值。

6-51 式在使用上較不方便。為了簡化平衡溫度的計算，Mancini and Barnhar (1968) 建議可將熱傳遞係數 (因曝氣、風及濕度等影響，使得表面積有其必要性給予修正係數)，合併為一個比例係數，f。將此係數代入 6-51 式中，可得：

$$(T_i - T_w)Q = (T_w - T_a)fA \quad (6\text{-}52)$$

或

$$T_w = \frac{AfT_a + QT_i}{Af + Q} \quad (6\text{-}53)$$

6-53 式中，Q 的單位是百萬加侖／日 (MGD)，A 的單位是平方英呎 (ft^2)。

在美國東部及中西部地區的 f 值，其概率曲線分別如圖 6.25 及圖 6.26 所示。當在一個特殊之處理狀況下，而又沒有其他可用的數據時，f 值通常可採用 12×10^{-6}。

一旦好氧性曝氣氧化塘的操作溫度已建立之後，即可分別利用 4-102 式及 4-103 式，進行溫度對基質利用速率常數 K 及微生物生質量 (污泥) 衰減係數 K_d (microbial decay coefficient) 影響之修正。

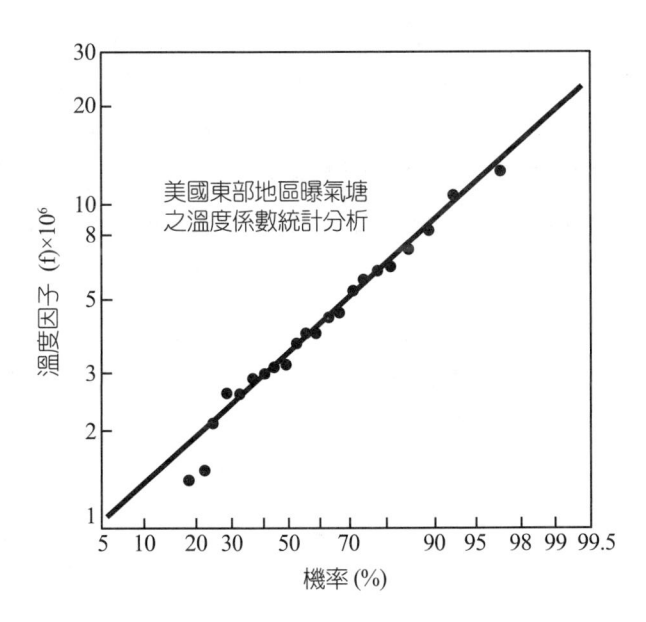

圖 6.25 位於美國東部地區曝氣塘溫度係數變化之統計分析 (Mancini and Barnhart, 1968)

图中文字：美國中西部地區曝氣塘之溫度係數統計分析

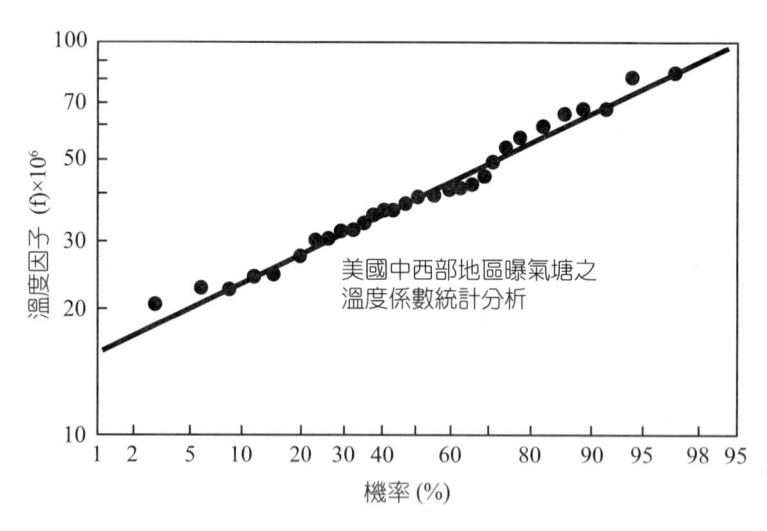

縱軸：頻率因子 (f)×10⁶
橫軸：機率 (%)

圖 6.26 位於美國中西部地區曝氣塘溫度係數變化之統計分析 (Mancini and Barnhart, 1968)

設計考量

在有嚴冬季節的地區，使用保溫性能好的深塘較為有效。在此條件下，使用粗氣泡空氣擴散器之擴散曝氣系統通常較使用表面曝氣系統更受喜好，且使用二塘串聯之配置方式較使用單一陂塘可獲得更好的出流水水質 (McKinney et al, 1971)。

好氧性曝氣氧化塘出流水中含有較高濃度的 BOD_5 和懸浮固體物。研究結果顯示，出流水中殘留的 BOD_5 主要來自於不具凝聚性的微生物細胞固體物。因此，為了使氧化塘出流水達到二級處理標準，必須要去除放流水中的懸浮固體物。為了達到此一目的，一些設計者採用了可使此種固體物在被排放之前，即可先讓其沉澱下來之擋板。此外，亦有些設計者使用沉澱池或兼性塘來達到固液分離的目的。如果使用沉澱池的話，常常會在操作上產生問題，因為在這類系統操作時，在通常使用的 θ_c (微生物細胞固體物停留時間) 值下，微生物細胞具有保持分散而不凝聚狀態之傾向，因此在沉澱池內的分離沉澱效果不佳。如果一個兼性塘直接配置在單個好氧性曝氣氧化塘的後面時，由於停留時間較長，足以讓微生物細胞固體物可藉由沉澱而達到固液分離的效果，但是陂塘中因含有的氮、磷等無機營養物質將會刺激藻類高速增長，隨放流水排出，而引發另類的環境問題。從此種處理塘所得到的操作數據顯示，出流水中之總 BOD_5 含量變化不大，而唯一的變化則是微生物細胞懸浮固體物由細菌細胞轉變成藻類細胞。

McKinney et al. (1971) 建議採用三個池塘串聯的好氧性曝氣氧化塘系統，使廢水在排入沉澱池前達到最大的生物固體物穩定性。接在該系統後面的沉澱池水深一般為 8～10 ft，以便提供足夠的污泥貯存容積，且該池表面積可遠低於直接連在單一個好氧性曝氣氧化塘後面的兼性塘表面積。此種型態沉澱池的停留時間通常為 1～5 天。

McKinney et al. (1971) 指出，對於處理都市性生活污水的好氧性曝氣氧化塘來說，氧氣傳輸及混合作用的動力需求間之最佳平衡點，乃發生在污水停留時間 (HRT) 大約為 24 小時處時。因此，他們建議採用該 HRT 數值，進行好氧性曝氣氧化塘之設計。為了使處理程序的效率達到最大值，串聯系統中每個陂塘之設計 HRT 均應設定為 24 小時。

在需要考慮多種處理方案之設施規劃期間，將根據以前相類似系統所使用之設計準則來進行方案設計，較為方便。利用此種方法將可對各種選擇方案，進行一般性之比較，而無需花費進行實驗研究時所需的費用。表 6.11 所示可提供工程師在設計典型好氧性曝氣氧化塘時之參考準則。

好氧性曝氣氧化塘的設計，取決於動力學之係數，包含 K、Y_T 及 K_d 等數值的選取。這些動力學係數值的選取，由廢水本質及微生物培養之特性來決定，而與選用的處理設施形式較無關聯。因此，在表 4.9 中所示之生化動力學係數，亦可被應用於好氧性曝氣氧化塘之設計。

表 6.11　好氧性曝氣氧化塘之設計準則

參數	數值範圍	參考文獻
負荷 (lb BOD$_5$/day/lb MLSS)	≈2.0	Eckenfelder, 1967
停留時間 (day)	1~10	McKinney et al., 1971
陂塘深度 (ft)	8~16	Eckenfelder, 1972
放流水懸浮固體濃度 (mg/L)	260~300	Metcalf and Eddy, 1972
BOD$_5$ 去除率 (%)	80~95	Eckenfelder, 1970

例題 6-3

根據下列設計準則設計一組有三個陂塘串聯的好氧性曝氣氧化塘系統：

1. 廢水流量 = 10 百萬加侖／日 (MGD)
2. 廢水強度 = 300 mg BOD$_u$/L
3. 廢水 TKN 含量 = 20 mg N/L
4. 廢水磷含量 = 2 mg P/L
5. 冬季平均廢水溫度 = 55°F
6. 夏季平均廢水溫度 = 70°F
7. 臨界冬季環境空氣溫度 = 40°F
8. 臨界夏季環境空氣溫度 = 80°F
9. 基質利用率常數，K = 0.3 L/mg-day (20°C)
10. 理論微生物之生長係數，Y_T = 0.5
11. 微生物細胞生質量衰減係數，K_d = 0.1 day^{-1} (20°C)
12. 假設生化動力學常數值是基於 BOD$_u$ 所設定
13. 處理系統操作之 pH = 7.6

【解】

1. 假設各陂塘皆選用 24 小時的停留時間及 10 ft 的深度，計算相應的陂塘表面積：

$$V = Qt$$
$$= (10)(1) = 10 \text{ 百萬加侖 (MG)}$$

或

$$V = \frac{10,000,000}{7.5}$$
$$= 1,333,333 \text{ ft}^3$$

相應的陂塘表面積為：

$$A = \frac{1,333,333}{10} = 133,333 \text{ ft}^2$$

或

$$A = \frac{1,333,333}{43,560} = 3.1 \text{ 英畝}(acres)/\text{陂塘}$$

2. 假設 f 值為 12×10^{-6}，利用 6-53 式估算冬季及夏季的操作溫度。

冬季：

$$T_w = \frac{(133,333)(12 \times 10^{-6})(40) + (10)(55)}{(133,333)(12 \times 10^{-6}) + 10}$$
$$= 53°F \text{ 或 } 11.6°C$$

夏季：

$$T_w = \frac{(133,333)(12 \times 10^{-6})(80) + (10)(70)}{(133,333)(12 \times 10^{-6}) + 10}$$
$$= 70°F \text{ 或 } 21.6°C$$

3. 利用 4-102 式及 4-103 式，修正溫度變化對 K 和 K_d 值的影響。好氧性曝氣氧化塘 θ 值的典型變化範圍在 1.05~1.09 之間。由於污泥濃度很低，這種處理程序對溫度變化的敏感性高於活性污泥處理之程序。

冬季：

$$K = (0.3)(1.07)^{11.6-20}$$
$$= 0.17 \text{ L/mg-day}$$
$$K_d = (0.1)(1.05)^{11.6-20}$$
$$= 0.067 \text{ day}^{-1}$$

夏季：

$$K = (0.3)(1.07)^{21.6-20}$$
$$= 0.33 \text{ L/mg-day}$$
$$K_d = (0.1)(1.05)^{21.6-20}$$
$$= 0.11 \text{ day}^{-1}$$

4. 利用 4-23 式，計算第一個陂塘出流水中的溶解性 BOD$_u$ 濃度。

   冬季：
   $$S_1 = \frac{1 + (0.067)(1)}{(0.5)(0.17)(1)}$$
   $$= 12.5 \text{ mg/L}$$

   夏季：
   $$S_1 = \frac{1 + (0.11)(1)}{(0.5)(0.33)(1)}$$
   $$= 6.7 \text{ mg/L}$$

5. 利用 6-37 式，計算第一個陂塘中微生物細胞固體濃度 (以 VSS 計)。

   冬季：
   $$X_1 = \frac{300 - 12.5}{(12.5)(0.17)(1)}$$
   $$= 135 \text{ mg/L}$$

   夏季：
   $$X_1 = \frac{300 - 6.7}{(6.7)(0.33)(1)}$$
   $$= 132 \text{ mg/L}$$

6. 假設進入第二個陂塘中的全部溶解性 BOD$_u$ 都在該陂塘中被去除，決定第二個陂塘中的微生物生質量濃度。在穩定狀態下，對進入及離開第二個陂塘的微生物生質量之質量平衡式可表示如下：

$$0 = QX_1 + Y_T S_1 Q - K_d X_2 V - QX_2$$

或

$$X_2 = \frac{X_2 + Y_T S_1}{(K_d t) + 1}$$

冬季：

$$X_2 = \frac{135 + (0.5)(12.5)}{(0.067)(1) + 1}$$
$$= 132 \text{ mg/L}$$

夏季：

$$X_2 = \frac{132 + (0.5)(6.7)}{(0.11)(1) + 1}$$

$$= 122 \text{ mg/L}$$

7. 假設進入第三個陂塘的溶解性 BOD_u 濃度等於 0，計算第三個陂塘中的微生物生質量濃度。在穩定狀態下，對進入及離開第三個陂塘的微生物生質量之質量平衡式可表示如下：

$$0 = QX_2 - K_d X_3 V - QX_3$$

或

$$X_3 = \frac{X_2}{(K_d t) + 1}$$

冬季：

$$X_3 = \frac{132}{(0.067)(1) + 1}$$

$$= 124 \text{ mg/L}$$

夏季：

$$X_3 = \frac{122}{(0.11)(1) + 1}$$

$$= 110 \text{ mg/L}$$

8. 假設第三個陂塘出流水中的 BOD_5 含量可以忽略，利用 6-44 式，計算固/液分離前出流水中的總 BOD_5 含量：

冬季：

$$(BOD)_{出流水} = (0.54)(124)$$

$$= 67 \text{ mg/L}$$

夏季：

$$(BOD)_{出流水} = (0.54)(110)$$

$$= 59 \text{ mg/L}$$

以上計算是假設三個陂塘中都沒有藻類繁殖。

9. 計算發生硝化作用 (nitrification) 時所需的最小 θ_c 值。不論是否需要把 NOD 包括在總需氧量中都要確定該 θ_c 值。假設在 $20^\circ C$ 時 $(\mu_{max})_{NS}$ 為 0.4 day^{-1}，且最佳 pH 值為 8.2。

a. 確定 pH 修正因子：

$$\frac{(\mu_{max})_{NS}}{(\mu_{max})_{NS(最佳\,pH)}} = \frac{1}{1 + 0.04[10^{(最佳\,pH)-pH} - 1]}$$

$$修正因子 = \frac{1}{1 + 0.04(10^{8.2-7.6} - 1)}$$

$$= 0.892$$

b. 確定溫度修正因子：

$$\frac{(\mu_{max})_{NS}}{(\mu_{max})_{NS(20°C)}} = 10^{0.033(T-20)}$$

冬季：

$$修正因子 = 10^{0.033(11.6-20)}$$

$$= 0.53$$

夏季：

$$修正因子 = 10^{0.033(21.6-20)}$$

$$= 1.13$$

c. 確定修正後的 $(\mu_{max})_{NS}$ 值：

冬季：

$$(\mu_{max})_{NS} = (0.4)(0.892)(0.53)$$

$$= 0.19 \text{ day}^{-1}$$

夏季：

$$(\mu_{max})_{NS} = (0.4)(0.892)(1.13)$$

$$= 0.4 \text{ day}^{-1}$$

d. 計算產生硝化作用之最小 BSRT 值，$(\theta_c^m)_N$：

$$(\theta_c^m)_N = \frac{1}{(\mu_{max})_{NS}}$$

冬季：

$$(\theta_c^m)_N = \frac{1}{0.19}$$

$$= 5.3 \text{ days}$$

夏季：

$$(\theta_c^m)_N = \frac{1}{0.4}$$

$$= 2.5 \text{ days}$$

預計夏季在第三個陂塘中將有硝化作用發生。

10. 檢查氮、磷營養物質是否滿足需要。由於微生物的生長主要係發生於第一個陂塘中，所以第一個陂塘的狀況，將控制營養物質的需要量。

營養物質的需要量：

冬季：

$$\Delta X = (8.34)(10)(135)$$
$$= 11,259 \text{ lb/day}$$

根據 4-100 式：

$$\text{氮的需要量} = (0.122)(11,259) = 1373 \text{ lb/day}$$

根據 4-101 式：

$$\text{磷的需要量} = (0.023)(11,259) = 259 \text{ lb/day}$$

夏季：

$$\Delta X = (8.34)(10)(132)$$
$$= 11,009 \text{ lb/day}$$

根據 4-100 式：

$$\text{氮的需要量} = (0.122)(11,009) = 1343 \text{ lb/day}$$

根據 4-101 式：

$$\text{磷的需要量} = (0.023)(11,009) = 253 \text{ lb/day}$$

因此，可用的營養物質：

$$\text{氮} = (10)(8.34)(20) = 1668 \text{ lb/day}$$
$$\text{磷} = (10)(8.34)(2) = 167 \text{ lb/day}$$

根據以上計算結果得知，每天必須向系統中投入 86 磅的磷，通常以磷酸的形式添加。

11. 計算夏季期間可供硝化過程使用的氮量。

$$N = \frac{1668 - 1343}{(8.34)(10)}$$
$$= 3.9 \text{ mg/L}$$

12. 利用 6-39 式計算每個陂塘中的需氧量。

    忽略 NOD，在第一個陂塘的需氧量為：

    冬季：

    $$\Delta O_2 = 8.34(10)\{[1-(1.42)(0.5)](300-12.5)\}$$
    $$+(8.34)(1.42)(0.067)(135)(10)$$
    $$= 8024 \text{ lb/day}$$

    夏季：

    $$\Delta O_2 = 8.34(10)\{[1-(1.42)(0.5)](300-6.7)\}$$
    $$+(8.34)(1.42)(0.11)(132)(10)$$
    $$= 8813 \text{ lb/day}$$

    忽略 NOD，第二個陂塘的需氧量為：

    冬季：

    $$\Delta O_2 = 8.34(10)\{[1-(1.42)(0.5)](12.5)\}$$
    $$+(8.34)(1.42)(0.067)(132)(10)$$
    $$= 1349 \text{ lb/day}$$

    夏季：

    $$\Delta O_2 = 8.34(10)\{[1-(1.42)(0.5)](6.7)\}$$
    $$+(8.34)(1.42)(0.067)(122)(10)$$
    $$= 1751 \text{ lb/day}$$

    假設夏季在第三陂塘發生 100% 的硝化作用，計算該池塘的需氧量：

    冬季：

    $$\Delta O_2 = 8.34(1.42)(0.067)(124)(10)$$
    $$= 984 \text{ lb/day}$$

    夏季：

    $$\Delta O_2 = 8.34(1.42)(0.11)(110)(10)+(38.1)(10)(3.9)$$
    $$= 2919 \text{ lb/day}$$

13. 假設某種表面曝氣機在操作條件下的供氧率為 1.8 磅 O_2/ 小時 / 馬力 (lb O_2/hp-h)，依照例題 5-3 所提供的計算過程，決定供氧所需的總馬力。

    就第一個陂塘而言：

    冬季：
    $$馬力(hp) = \frac{8024}{(1.8)(24)}$$
    $$= 186$$

    夏季：
    $$馬力(hp) = \frac{8813}{(1.8)(24)}$$
    $$= 204$$

    就第二個陂塘而言：

    冬季：
    $$馬力(hp) = \frac{1349}{(1.8)(24)}$$
    $$= 31$$

    夏季：
    $$馬力(hp) = \frac{1715}{(1.8)(24)}$$
    $$= 41$$

    就第三個陂塘而言：

    冬季：
    $$馬力(hp) = \frac{984}{(1.8)(24)}$$
    $$= 23$$

    夏季：
    $$馬力(hp) = \frac{2919}{(1.8)(24)}$$
    $$= 68$$

14. Malina et al. (1972) 發現，完全混合大約需要 30 馬力 / 百萬加侖 (hp/MG) 的動力。假設該值是符合實際的，計算各陂塘達到完全混合所需的馬力 (註：根據 Clow 公司建議的設計準則，最低的功率為 60 hp/MG)。

$$\text{混合所需的馬力 (hp)} = (30)(10)$$
$$= 300$$

因此，混合作用將可控制 3 個陂塘所需馬力之需求。

15. 假設安裝在水深 10 ft 處，每個曝氣設備完全混合的影響區的直徑為 120 ft，陂塘之長寬比為 3:1 時，假設每個陂塘採用 12 個 25 馬力的曝氣機，試評估是否能提供充足的混合效果 (註：建議實際應用之長寬比不超過 1.25 in.)。

$$(3W)(W) = 133{,}333 \text{ ft}^2$$
$$W = 211 \text{ ft}$$

因此，

$$L = 3(211)$$
$$= 633 \text{ ft}$$

圖 6.27 所示為曝氣機配置的情況，並顯示出陂塘中存在著死水區，因此似乎應採用稍大的曝氣設備較佳。

實際上在串聯式陂塘系統中，採用表面曝氣裝置將存在著溫度下降的問題。因此，如果陂塘中溫度的變化超過 3~4 度時，應對 K 值進行調整。

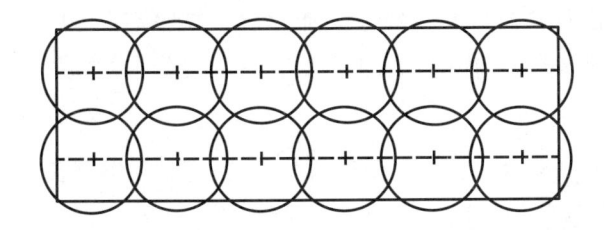

圖 6.27 例題 6-3 中所設計出曝氣機之配置

6-7 兼性曝氣氧化塘

兼性曝氣氧化塘的使用比好氧性曝氣氧化塘普通得多，因為這種池塘可以在低的動力輸入條件下獲得好的出水水質。較低的動力輸入結果，使 BOD 的去除作用及懸浮固體物的分離作用會同時在陂塘中發生。這種系統進行廢水處理時之主要缺點為停留時間較長 (Kormanik, 1972)。

之前已討論到，在兼性曝氣氧化塘內動力之需求僅在於產生足以將溶氧擴散到整個液體的攪動即可。陂塘中大部分固體物並不維持懸浮狀態，而是沉澱到陂塘底部且在那裡發生厭氧分解作用。陂塘中懸浮固體物濃度與動力輸入間的關係如圖 6.28 所示。

兼性曝氣氧化塘中曝氣設備之設計乃依據氧的需求而不必考慮混合問題。

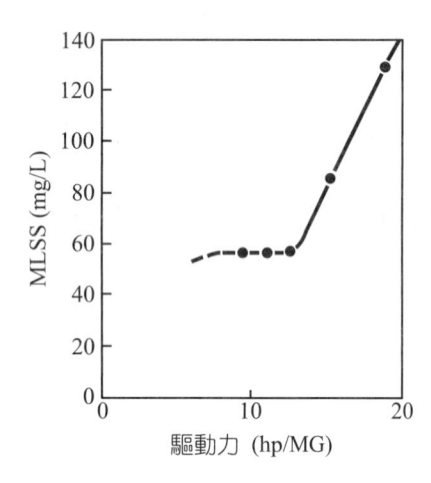

圖 6.28 懸浮固體物濃度與曝氣機驅動力間之關係 (Malina et al., 1972)

設計依據

兼性曝氣氧化塘要達到關於固體物的穩定狀態可能需要幾年時間。由於大部分進水中的固體物及一部分微生物體的沉澱，基質利用率將持續在變化直到穩定狀態達到為止。沉澱作用是發生在陂塘內相對平靜的地方，且在曝氣設備附近高度紊動區以外的區域。雖然有部分沉澱污泥在厭氣發酵過程中被水解，沉澱污泥的數量還是會繼續增加。沉澱污泥量增加結果將造成陂塘中液體容積的減少，因此相對於陂塘中的總液體容量來說，將造成在曝氣設備周圍高度紊動區的增加。如此，較多的固體物質處於懸浮狀態，並將以好氧形式被分解 (Bartsch and Randall, 1971)。當污泥的沉澱速率與污泥再懸浮速率相等時，陂塘中就達到了穩定狀態。

影響建立兼性曝氣氧化塘合理之設計方法的因素主要包含有三項：(1) 獲得穩定狀態需要相對長的時間、(2) 由於厭氣消化返回到好氧區域的溶解性 BOD 的影響，以及 (3) 難於估計在曝氣條件下的微生物生質量濃度。由於上述問題，目前採用的任一個設計方法都缺乏堅實的理論基礎。但是應該注意的是，兼性曝氣氧化塘中 BOD 去除機制與兼性塘基本上是相同的。這兩種處理系統的主要差別在於供氧方式不同。兼性曝氣氧化塘由機械曝氣作用來供氧，而兼性塘主要由光合作用供氧。

由於這兩種處理系統基本上相類似，所以 6-16 式 (Marais and Shaw, 1961) 提議採用於兼性塘設計的方程式也可應用在兼性曝氣氧化塘的設計。反應速度常數 K 可以利用 6-17 式或根據圖 6.10 估算之。此設計方法應為一較保守的方法。

McKinney et al. (1971) 提出大部分兼性曝氣氧化塘的水力停留時間在 7~20 日範圍內。他們進一步指出，經驗顯示使用 4~8 日的停留時間通常可以達到 70~80% 的 BOD 去除率。

因厭氣發酵作用返回到液體中的溶解性 BOD 增加了兼性曝氣氧化塘的需氧量。為此，Eckenfelder et al. (1972) 提出用下式來計算需氧量：

$$\Delta O_2 = 8.34 FQ(S_0 - S_e) \tag{6-54}$$

式中，ΔO_2 = 需氧量，磅/日 (lb/day)

S_0 = 進流水 BOD_u 濃度，mg/L

S_e = 出流水溶解性 BOD_u 濃度，mg/L

F = 溶解 BOD 的反饋因子 (feedback factor)，在冬季操作條件下其值為 0.9，在夏季操作條件下其值為 1.4

McKinney et al. (1971) 建議，可依據 1.5 lb O_2/lb BOD_u 的標準，來計算該系統的需氧量。

表 6.12 所示為一些兼性曝氣氧化塘之典型設計準則。由於這種陂塘較少有理論設計之依據，因此這些準則將有助於工程師從事兼性曝氣氧化塘處理系統之設計。

表 6.12　兼性曝氣氧化塘之設計準則

參數	數值	資料來源
負荷變化範圍 (lb BOD_5/acre/day)	30~100	Metcalf and Eddy，1972
停留時間（日）	7~20（在北部地區的數值將較更大）	Metcalf and Eddy，1972
池塘深度（英呎）	8~16	Eckenfelder et al.，1972
出水懸浮固體物濃度 (mg/L)	110~340	Metcalf and Eddy，1972

6-8　人工溼地 (Constructed Wetlands)

所謂的人工溼地 (constructed wetlands)，亦即被人類所建構 (construct) 出的溼地，包括具有經濟生產價值的水田、魚塭，交通運輸價值的人工渠道、運河，復育及補償自然溼地損失的溼地公園 (wetland parks)，具防洪滯洪功能的生態滯洪池 (ecological detention ponds)，以及具有廢污水處理功能的處理型溼地 (treatment wetlands) 等。因此廣義的人工溼地，亦可稱之為人造溼地 (artificial wetlands)。Mitsch and Jorgensen (2004a) 將具有復育即補償自人溼地損失的人造溼地，又稱之為創造型溼地 (created wetlands)，並依據美國清潔水法 (Clean Water Act)，該類型的溼地，將視為自然水體系統，進行保護；而對於具有廢污水處理功能的人造溼地，定義為狹義的人工溼地或處理溼地 (treatment wetlands)，亦稱之工程化溼地 (engineered wetlands) (Mitsch and Jorgensen, 2004b)。根據美國清潔水法，處理型人工溼地將視為污水處理的單元，而不是自然水體，因此不受該法案管制保護，但是人工溼地處理單元的出流水水質，則需符合該法案之污水處理放流水標準。

在台灣，一般所稱之人工溼地，亦即具有廢污水處理功能的人造溼地，亦即狹義的人工溼地。此外，在台灣亦有稱之為「溼地公園」的人造溼地。雖然有些溼地公園亦設計具有處理廢污水或污染的自然水體（河川溪流或湖庫）之功能，但是仍以復育溼地生態及兼具景觀性的生態旅遊與環境教育等功能為主，較偏向於 Mitsch and Jorgensen (2004a) 所定義之創造型溼地。不似歐美地區的處理型人工濕僅以處理廢污水為單一目標，目前在台灣的人工溼地或所謂的溼地公園，甚至包括以滯洪為目地兼具景觀性與公園化的生態滯洪池，其設計目標均採用兼具多功能性為主，鮮少有設計僅單一廢污水處理功能的人工溼地。本章節將針對具有廢污水處理功能之狹義人工溼地進行論述。

人工溼地之發展

如前所述，溼地具有多種不同的生態服務功能，其中的水質淨化功能，即可用於人工所建構出的溼地，針對不同類型的廢污水，進行處理，稱之為廢污水處理型人工溼地，或簡稱為處理型溼地 (treatment wetlands)。

距今一百多年前，美國即已開始利用天然的溼地做為生活污水的放流場址，人們開始意識到溼地對水質所具有的淨化潛能。一直到 1970 年代，北美洲才開始構築人工溼地，並將此一生態工程技術應用於廢水處理上。人工溼地開始係設計成與自然溼地相仿的自由水表面流系統 (free water surface system, FWS)。另外，在歐洲地區人工溼地則是盛行使用表面下水平流系統 (subsurface flow system, SSF)，開始時 (1960~1980 年) 係由德國所發展出一種利用植物根系之廢水處理程序，亦稱為根系區間法 (root-zone method, RZM)。1985 年後，英國亦積極投入蘆葦床人工溼地處理系統 (reed bed treatment system, RBTS) 之研究發展。隨後，此種 SSF 人工溼地處理技術並由表面下水平流方式，拓展為垂直流 (vertical flow, VF) 式人工溼地系統，並推展至奧地利、丹麥、法國、瑞典、瑞士、北美、澳洲、非洲及亞洲 (印度及中國大陸) 等國家。經近 40 年之推展應用後，目前歐洲及北美洲已分別有超過 500 及 600 個人工溼地系統成功地使用於水污染的防治上 (IWA, 2000)。

廢水處理型人工溼地特性

人工溼地係利用自然溼地所具有淨化水質的生態服務功能，因此建構用來處理各類型的廢污水，包括生活污水、工業廢水、農業之畜牧與養殖廢水、廢礦排水及垃圾掩埋場滲出水等，非常具多元性。目前在台灣的人工溼地大多用來處理生活污水、農業與養殖廢水及污染的溪流湖庫水體等。如前所述，人工溼地係仿效自然溼地的水質淨化功能，以人工建構的方式在水域窪地底層上，鋪設土壤、砂、礫石等混合成之填料介質，並種植具有水質淨化功能之水生植物，例如像蘆葦及香蒲等，將廢污水導入後，透過介質填料層的過濾、吸附與沉澱、水生植物的吸收，以及其內微生物的分解等機制作用，以去除廢污水中的有機物、營養鹽及懸浮固體物等，進而淨化水質。

可處理廢水類型及去除機制

能夠被人工溼地處理的廢污水類型包括有：生活污水、各類型工業廢水、農業灌溉尾水、(鹹、淡水) 養殖廢水、酸礦排水及垃圾掩埋場滲出水等；這些可用於人工溼地處理的廢污水類型之特性，大多屬於有機性含可被異營性細菌等微生物分解進行異化作用的有機成分，以及可提供溼地植物或生長於溼地內其他生物合成同化作用所需之氮、磷等營養鹽分；而氮營養鹽的成分，在溼地特有的好氧 (水生植物根區或表面水體) 及厭氧 (溼地沉積物) 同時並存的環境下，亦可提供溼地內之自營性硝化菌進行硝化作用，以及其硝酸鹽產物進而被異營性脫硝菌進行脫氮反應成氮氣，完成廢水中氮成分的完全去除。因此，溼地之所以有水質淨化功能的主要機制為水中污染物，可藉由代謝作用 (metabolism)，做為提供溼地內各類生物生長所需之能源 (異化作用，catabolism)，以及合成細胞所需各類元素的來源 (同化作用，anabolism)；而溼地內有可能發生的各類生物處理程序，在溼地內部可提供不同之厭氧 (anaerobic)、缺氧 (anoxic) 及好氧 (aerobic) 等多樣性環境條件下，包含有：屬於異化作用的厭氧發酵作用 (anaerobic fermentation)、缺氧脫氮、脫硫及厭氧氨氧化等作用 (anoxic denitrification, desulfurization and Anammox)，以及好氧呼吸作用 (aerobic respiration) 等；屬於同化作用包括有水生植物及微生物對營養鹽及重金屬的吸收作用 (nutrient and heavy metal uptake) 及微生物的生物固氮作用 (biological nitrogen fixation) 等。各類污染物去除機制如圖 6.29 所示。

除此之外，溼地對污染物其他的去除機制亦包含物理性的沉澱 (sedimentation) 及過濾 (filtration) 作用；物化性的溼地介質表面吸附 (adsorption) 與水體吸收 (adsorbtion)，以及溼地沉積物顆粒的離子交換 (ion exchange) 等；化學性的化學沉澱作用 (chemical precipitation) 等。其中，水中磷營養鹽的主要去除機制，即為無機磷酸鹽可與人工溼地的介質濾料顆粒表面所含的鋁、鐵及鈣等成分，發生化學反應，而產生磷酸鋁、磷酸鐵及磷酸鈣等不溶於水的化學產物，再藉由介質吸附及化學沉澱等作用，而將磷從廢污水中去之。至於廢污水中之重金屬，亦可藉由水生植物或微生物的吸收，抑或溼地介質濾料的離子交換等機制去除

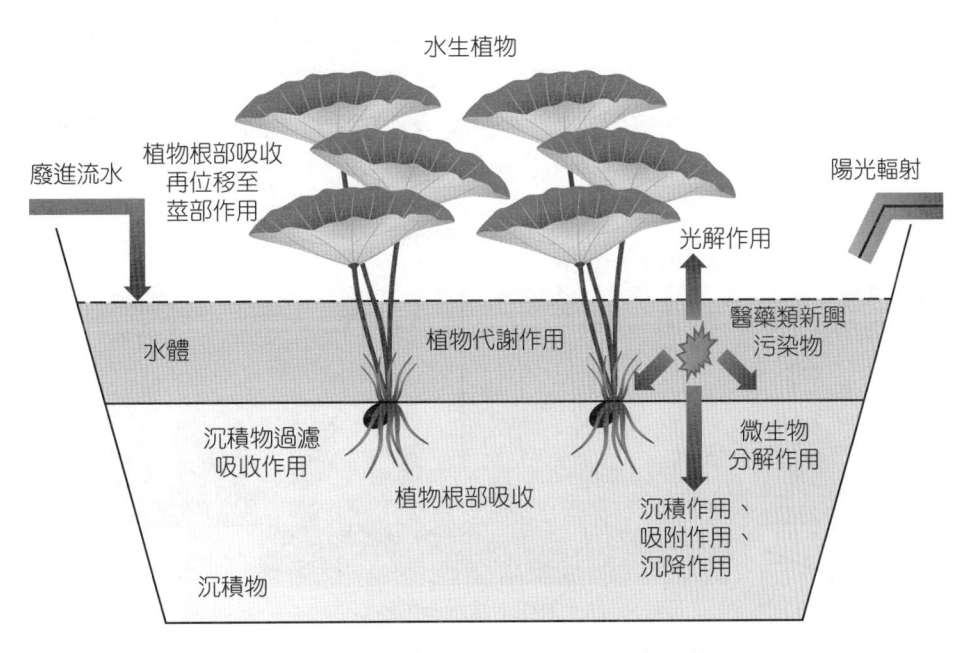

圖 6.29 人工溼地對各類污染物去除機制 (Researchgate[a], 2021)

之。然而，對於含高量營養鹽及重金屬成分的廢污水 (例如像金屬表面處理業廢水、電鍍廢水等)，則不建議採用人工溼地處理這些類型廢污水。因為溼地植物或微生物，以及溼地內介質，如對重金屬進行超量的吸附累積，藉由食物鏈網，產生生物累積及放大效應 (bioaccumulation and biomagnification)，將這些污染物帶入周遭其他的生態環境中，對其造成危害性。另，砂石業及採石業所排放的無機性廢水亦不建議使用人工溼地處理，因為高濃度的泥砂等懸浮固體物，易堵塞住溼地介質濾料的孔隙，引發人工溼地的短流及淹水等操作上的問題。

因此，較適合利用人工溼地進行處理的廢污水特性，應為含有能生物分解有機物及適量營養鹽成分的有機性廢污水。如果廢水中所含懸浮固體物濃度過高，亦建議於人工溼地處理前，增設具有去除懸浮固體物功能的前處理設施，例如像沉澱池或過濾池等設備，以防止人工溼地因堵塞，而降低其對污染物的處理效能。

人工溼地之分類

廢污水處理型人工溼地依照其進流水所含鹽度、水流方向、溼地床內控制的水位高低、段數配置、溼地床是否固定或漂浮，以及是否使用強化去除污染物的附屬設備等，將其區分為：自由表面流式、表面下水平流、垂直流式、組合或複合式、浮式、鹹水式、強化型等人工溼地，以及漂浮式水生植物陂塘等。以下將分別針對這些不同類型的廢污水處理型人工溼地，做進一步說明。

表面水平流式人工溼地　表面水平流式 (free water surface flow, FWS) 人工溼地係設計為溼地表面有水流動，污水進流水從溼地槽體的表面流過，水流呈推流方式 (plug flow) 前進，並維持溼地土壤層上 10~60 公分之水深，由水位控制設施進行調整。FWS 系統配置圖如圖 6.30 所示。系統近水面部分為好氧層，較深部分及底部通常為厭氧層。表面水平流式人工溼地中氧的來源主要靠水體表面擴散及水生植物光合作用與根系的傳輸作用，亦即根區效應

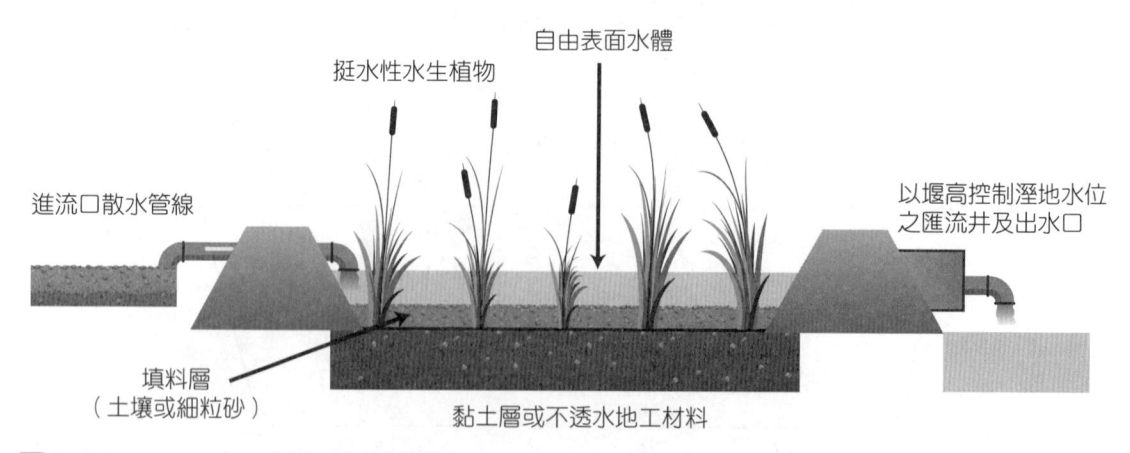

圖 6.30　FWS 人工溼地系統配置圖 (Mitsch and Jørgensen, 2004)

(root zone effect, RZE)。此類型的人工溼地為模擬自然溼地的水文及環境狀態下，所設計建構的人工溼地。此類型人工溼地之介質填料一般係採用土壤，其厚度維持在 20~30 公分，以提供所種植的水生植物著根，一般種植以挺水性水生植物為主。如果人工溼地槽體的底部土壤層非屬於透水性差之黏土層，則需鋪設地工材質之不透水布，以隔絕人工溼地內廢污水，防止污染周遭之土壤或地下水。當系統的進流水在溼地的表層進行開放性的流動時，當水流經溼地底部土壤層內及土層上方水體，將與水生植物的莖、根部接觸，可達淨化的效果。由於外觀及作用接近自然沼澤溼地，因此除了水污染防治的功能外，FWS 系統亦可營造出野生動物的棲息地，而增強鄰近的自然溼地在野生動物保育上的功能，並兼具有景觀美化上的功能。此型態之人工溼地由於土壤層孔隙滿水，而無透氣性，因此需透過水生植物之 RZE 效應，將氧氣傳送至根區，因此僅在水生植物的根圈附近區域維持好氧性，進行微生物的好氧分解有機污染物及硝化作用而維持廢污水與自然環境中的氧氣、土壤、微生物、植物交互作用，達到水質淨化的目的。這種類型的人工溼地具有投資少、操作簡單、運行費用低等優點，但其缺點是占地面積較大，水力負荷率較小，易受季節影響，去污能力有限 (土木工程網，2019)。表面水平流式人工溼地是人工溼地生態處理工法中，與自然溼地最相似的一種類型，也是較早且較普遍使用的方法，有「最美麗的污水處理廠」之稱。

地下水平流式人工溼地　地下水平流式 (subsurface horizontal flow, SSHF) 人工溼地，抑或稱之為水平潛流人工溼地，或地下浸潤植物床 (submerged vegetated bed) 人工溼地。SSHF 系統配置圖如圖 6.31 所示。此種類型的人工溼地系統係由早期所發展之 RZM 及 RBTS 等技術推展而來，亦為目前國際間較為普遍使用的廢污水處理型人工溼地的的類型。溼地槽體內，係充填約 40~60 公分厚的可透水性的砂土或礫石做為介質填料，並以此類型的填料，做為支撐挺水性水生植物的生長。透過系統的進流水水位控制，進流水係在溼地介質填料表層下內的砂土、根系及根莖系間進行流動，而達到水質淨化的效果。由於溼地表土層上看不到水體，且水生植物相較為單一種 (以蘆葦或香蒲為主)，因此在生物多樣性的功能

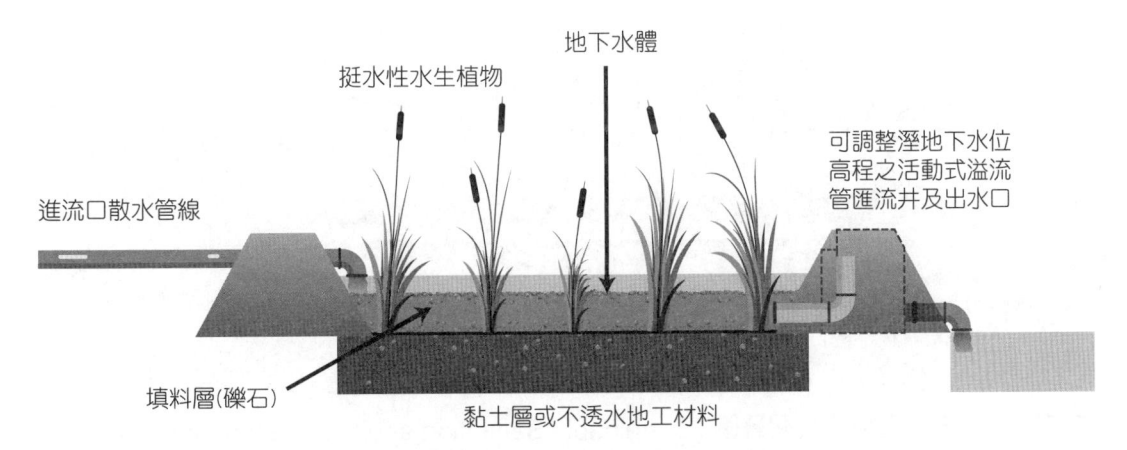

圖 6.31　SSHF 人工溼地系統配置圖 (Mitsch and Jørgensen, 2004)

上,較不似 FWS 系統的多元化。此型態之人工溼地由於填料層底部有水流經之孔隙內為滿水,而填料層孔隙接近表面部分,因無水流經過,具透氣性,再加上水生植物的根區傳氧效應,因此介質填料層內的好氧性較 FWS 系統為佳,而有利於溼地微生物對廢污水中有機性污染物的好氧分解作用及氨氮的硝化作用。因此,此類型的人工溼地具有水力負荷較大、對 BOD、COD、懸浮物與重金屬等污染物的去除效果較好,以及較少有惡臭與蚊蠅孳生現象等優點,但其缺點則是由於該類型人工溼地系統的控制相對較為複雜,且由於對同時維持厭氧及好氧性的環境條件較 FWS 人工溼地為差,因此對於脫氮與除磷的效果欠佳 (土木工程網,2019)。

垂直流式人工溼地 垂直流 (vertical flow, VF) 人工溼地為進流水在溼地槽體頂部,經由散水支管,平均分散由槽體頂端垂直向下流入系統內。VF 系統配置圖如圖 6.32 所示。因水流方向與系統內水生植物的根系層垂直,氧氣可通過大氣擴散及水生植物光合作用與 RZE 效應,傳輸進入人工溼地系統內。進流污水經由溼地槽體內部的植物根系及填料濾層,並同時進行各類污染物的去除反應機制,最終放流水係由槽體底部的收集管線,輸送至排水管,進行排水。垂直流人工溼地與水平流人工溼地之間的重要區別,除在進流水的流向不同之外,還在於系統維持好氧條件及所需建地面積尚不同。一般而言,垂直流人工溼地槽體因所需深度較水平流人工溼地為深,因此佔地面積較小,對於土地面積供應較受限的地區,更適合採用。此外,由於進流水方式類似於廢水生物處理設備的滴濾池 (trickling filter),水流經濾料顆粒的表面,孔隙內仍存有空氣,因此垂直流人工溼地系統內較表面下水平流人工溼地更能維持較佳的好氧性環境條件,而更有利於系統內微生物進行好氧性硝化反應,因而更加提高氨氮的去除效率。因此,垂直流人工溼地的優點包括硝化能力較強,因此可適用於處理氨氮

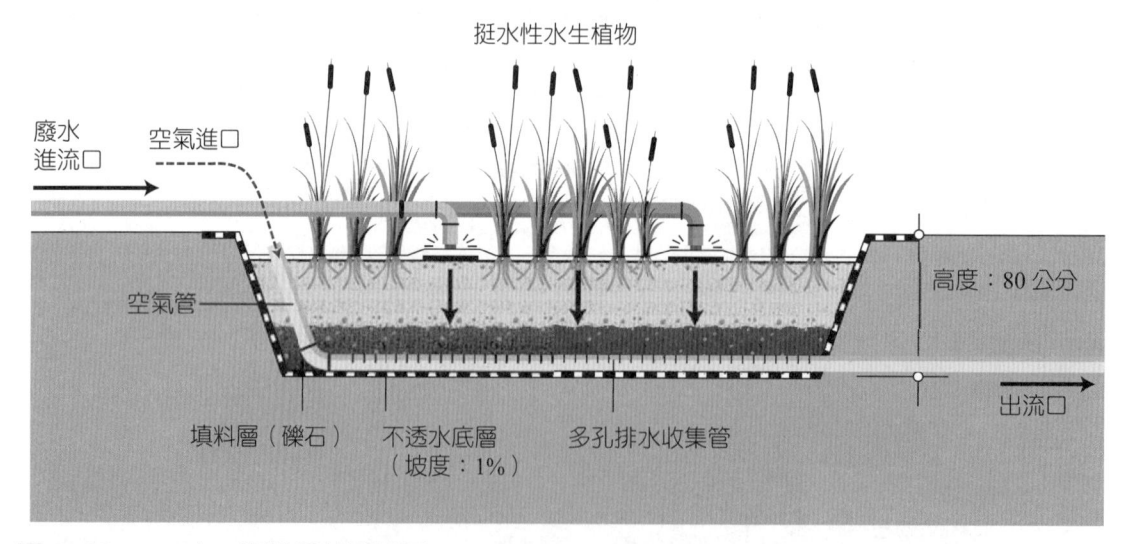

圖 6.32 VF 人工溼地系統配置圖 (Sustainable Sanitation and Water Management Toolbox, 2021)

含量較高的廢污水，但是其缺點則為對有機物的處理能力較水平潛流式人工溼地系統為差；此外，對於溼地系統表面垂直進水下，維持落乾／淹水的時間會較長，控制也相對複雜，易造成於夏季時，蚊蠅孳生的問題 (土木工程網，2019)，尤其是在採用處理原污水的法式人工溼地系統 (French-type constructed wetlands) 下，由於人工溼地的表面會有污泥的累積，使蚊蠅滋生的問題愈形嚴重。

漂浮性水生植物陂塘型人工溼地　漂浮性水生植物 (floating plants) 陂塘型人工溼地係在系統槽體內種植漂浮性水生植物，包括根系較茂密水生植物 (例如像布袋蓮及水芙蓉)，或根部組織較不發達的水生植物 (例如像浮萍)。此類型的人工溼地系統配置圖如圖 6.33 所示。此類型的人工溼地係利用漂浮於水面的水生植物根部所附著根際微生物的分解作用，以及植物本身組織的吸收及吸附功能，將廢污水中的各類型污染物，予以分解去除。其優點為較其他有填料之人工溼地不會發生堵塞現象，但是相對對於懸浮固體物的去除率亦不高。此外，由於漂浮性水生植物可密集生長於系統水體的表面，因此可抑制水體中浮游植物 (藻類) 的生長，不致逸散於放流水中，因而改善放流水的水質；而密生的漂浮性水生植物亦可減低系統槽體內水流的速度，而有助於廢污水中粒狀污染物的沉降作用，相對有利於懸浮固體物的去除，尤其是根系組織發達的布袋蓮。雖然根系較不發達的浮萍，其對於污染物的去除效果不及布袋蓮，但是由於極綿密的生長於水面，提供極佳的遮蔽效果，除可更明顯降低水中藻類的生長，且更有利於厭氧環境的形成，因而促進脫硝作用的發生 (陳有祺，2005)。

人工浮式溼地　人工浮式溼地 (constructed floating wetlands, CFW)，或稱之為浮式處理溼地 (floating treatment wetlands, FTW)，亦即俗稱的人工浮島 (floating island) 或浮床 (floating beds)。此類型的人工溼地系統配置圖如圖 6.34 所示。在 FTW 中，大型挺水性水生植物被種植在人造的浮墊上，發達的植物根系組織可向下延伸到污染水體的水面下，充當生物過濾器。植物通過其根部，可從廢水中吸收養分，以及可能具有毒性的重金屬或其他元素，而水體中有機性污染物則被附著在廣大表面積的植物根際表面之微生物，進行降解，因而在根部及人造漂浮墊的表面形成生物膜，協助污染物的分解。另外，已經被植物吸收的有機污染物則被植物體內的內生細菌降解。此類型的處理系統對污染物的去除機制類似漂浮性水生植物，但是會較漂浮性水生植物處理系統的處理效率更佳，但是缺點亦類似，即對於懸浮固體

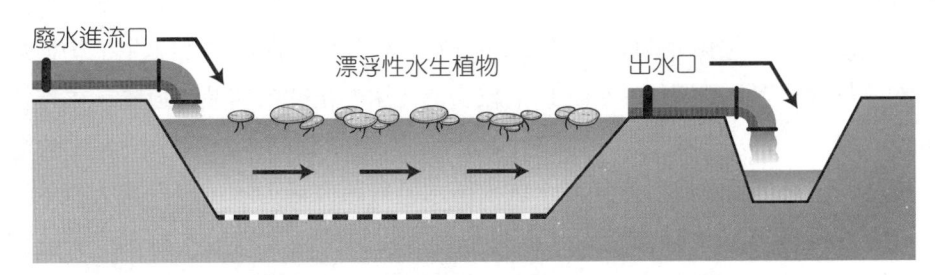

圖 6.33　漂浮性水生植物陂塘型人工溼地系統配置圖 (Researchgate[b], 2021)

图中標示：
- 挺水性水生植物
- 浮體墊
- 進流水
- 水面下植物根區系統
- 底床

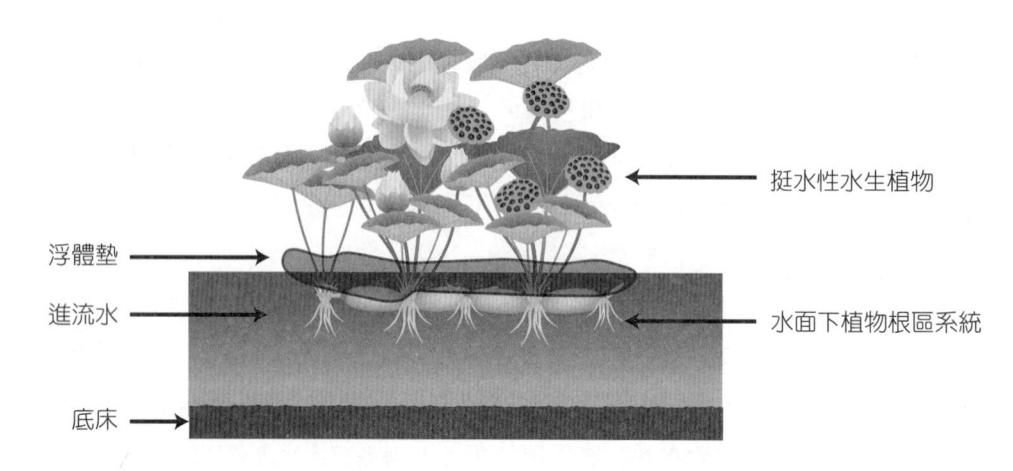

圖 6.34 人工浮式溼地系統配置圖（Pavlineri, et al., 2017）

物的去除效率較填料式人工溼地為差，且由於其遮蔽效應較漂浮性水生植物系統為差，因此造成浮游性單胞藻易生長於水體中，流入放流水中，影響該系統的處理效率。然而，此一運用生態工程進行廢污水處理的技術，為一種經濟有效且符合生態要求的廢水處理技術，已被廣泛運用於處理各類型污染的水體，包括農業徑流、雨水、工業廢水等，尤其是可運用在遭受污染的湖泊、水庫及陂塘等水體。

改良型人工溼地　改良型人工溼地 (modified constructed wetlands) 將針對以上各類型的人工溼地廢污水處理系統，在組合、系統設備及植被等因子上，進行改良，以增高其處理效率，以及對廢污水處理類型的廣度。包括將上述不同類型人工溼地予以並聯或串聯組合的複合式人工溼地 (integrated or hybrid constructed wetlands)、改種植耐鹽分的水生植物種（例如像紅樹林、互花米草等）以處理含鹽度廢污水（例如像海水養殖廢水、鹽醃漬食品工業廢水等）的鹹水型人工溼地 (saline constructed wetlands)，以及強化型人工溼地 (enhanced constructed wetlands)。複合式人工溼地的組合方式，係針對不同類型廢水，或針對特定污染物的處理效率功能的提升等，利用不同類型人工溼地的特性，予以組合；例如像地下水平流人工溼地或垂直流人工溼地串接表面水平流人工溼地，第一段有利於硝化作用，而第二段則有利於進行脫硝作用。

至於鹹水型人工溼地，Yang (2019) 在其報告中提及，由於處理的廢污水鹽度較高，因此將改採用以耐鹽性水生植物替代淡水性水生植物，但是由於耐鹽性的水生植物種類的選項較淡水性物種為低，因此選擇性較少。目前較廣泛使用的植物植種類係以屬於木本性的紅樹林 (mangroves) 植物為主，位於南台灣的大鵬灣國家風景區的六座鹹水型人工溼地群組，即採用紅樹林的植被，以處理附近的海水養殖廢水及社區生活污水，以保護大鵬灣潟湖遊憩區的水質。互花米草 (*Spartina alterninflora*) 係屬於耐鹽性甚高的禾本科米草屬植物，其根系與同屬禾本科的蘆葦一樣發達，因此係做為處理含鹽廢水之鹹水型人工溼地的極佳耐鹽植物種選擇；但是因互花米草與蘆葦相類似，亦即同時具無性及有性生殖的能力，因此繁殖力極強，在台灣早已被列為強勢的外來入侵種，採行發現即根除的措施，因而影響其在未來在台灣的推展工作。因此，以互花米草做為鹹水型人工溼地的植被，目前國際間尚未有實場的運作，僅有少數模廠及模槽規模之研究進行 (Sousa et al., 2011; 張舒晴，2018)。這些研究報告中皆指出互花米草對於處理含鹽廢水中各類污染物，的確具有甚佳的去除效果。因此，未來如果要加以運用，應選擇該鹽沼植物種的原生地區進行之，例如像北美洲東岸地區。至於已經遭受互花米草入侵的區域，在運用到鹹水型人工溼地時，則須謹慎，以防止該植物種的種子擴散及擴大入侵效應。然而由於互花米草不似蘆葦靠風為媒介傳播種子，而是經由水流傳播，因此只要留意其種子不要流入水體中，或者於開花結籽時期，予以割除花穗，還是有可能在台灣加以運用於鹹水型人工溼地的廢水處理系統中。

至於強化型人工溼地，主要在於強化人工溼地系統對於廢污水中污染物的去除效率，例如像有機性污染物 (BOD) 及營養鹽磷的去除。由於人工溼地所能承受的有機負荷，無法與污水處理廠活性污泥曝氣系統一般高，因此 BOD 去除量有限，除非增加人工溼地的佔地面積，增加其水力停留時間，以空間換取時間來提高 BOD 的去除率，但是對提供建造人工溼地土地面積有限的地區；像台灣，則實屬不利。因此，研發出曝氣型人工溼地 (aerated constructed wetlands)，即在溼地槽體的底部裝置散氣管，加以曝氣。氣泡經由填料孔隙，可將孔隙內的污水予以曝氣，增加溶氧，因而提高填料內微生物對 BOD 進行好氧分解的效率。此一類型的強化型人工溼地表面如果不種植水生植物，改採封頂並植草，則稱之為礫間曝氣 (contact aeration) 處理設備；槽體內填料可採用礫石 (gravels) 或人工塑膠濾料 (artificial plastic filtering media)，目前廣泛應用於台灣各類型河川截流污水之處理設備，例如像高雄市截流至愛河生活污水排水的微笑公園礫間曝氣設備 (採用礫石做為填料)，以及愛河上游樣仔林埤溼地公園礫間曝氣設備 (係以球狀塑膠濾料做為填料) 等。此外，另一種強化型人工溼地係針對磷的去除；由於人工溼地對於廢污水中磷的去除主要是依靠系統內礫石填料的吸附機制去除，如果能夠增加填料對磷的吸附能力及吸附量，則可減低人工溼地填料的更新頻率，因而降低成本。目前已有實廠採用自來水處理廠內的廢棄明礬污泥 (含有硫酸鋁的成分) 做為填料，以增加對廢水中磷酸鹽的吸附能力 (Zhao, 2009)。其他具有對磷吸附能力強的天然材質填料，例如像大理石 (含有碳酸鈣的成分) 及火山石 (volcanic rock, pozzolana) 等，亦有實廠採用。

人工溼地的規劃設計、操作維護與管理

人工溼地的設計流程應從基地選址、水文及水質條件的估算、系統設計 (包括填料及水生植物的選擇) 與施工，以及後續的操作維護與管理 (林憲德和荊樹人，2005)。廢污水處理型的人工溼地雖然對於淨化受污染的水體有極佳的成效，但是亦可從一些失敗的案例中可看出，大部分是一開始即不謹慎規劃設計此一生態淨化系統，而後續又無法建立有效的維護管理制度。因此，對於人工溼地在規劃設計的階段，以及後續操作維護管理制度的建立上，須謹慎為之。

人工溼地規劃設計的原則

　　人工溼地規劃設計的原則包括有：設計最小維護管理需求的人工溼地、設計可以利用自然資源與能源的人工溼地、設計符合當地景觀環境的人工溼地、確認人工溼地的主要的目標、強調溼地與水資源之關連性、設計人工溼地成為生態交錯區、給予人工溼地自然演替時間、人工溼地應兼具景觀或其他功能，以及人工溼地不要有太多的工程設計等，詳細說明如下。

(1) 設計最小維護管理需求的人工溼地：人工溼地必須發展自行組織管理與設計的植物相、動物相、微生物相，以及土壤基質及水量。因為人工溼地的自行組織管理與設計，使得人工溼地能自給自足，減少成本。

(2) 設計可以利用自然資源與能源的人工溼地：例如河流中的營養物質流經人工溼地，由於營養物質自然沉澱，使得人工溼地獲得資然資源，有利於人工溼地動植物的生長。而溼地植物亦藉由吸收太陽能，行光合作用，而將太陽能做為該溼地生態系能量的主要來源。

(3) 設計符合當地景觀環境的人工溼地：例如在洪水地區建造控制洪水及滯洪功能之生態滯洪池形式的人工溼地，需符合當地的景觀環境特性，避免突兀。此外，由於當地環境所引起的人工溼地植物疾病，以及入侵的外來物種等，均將造成人工溼地內生物相演替的壓力，而使得人工溼地的生態功能降低。因此，減少人工溼地植物的疾病與防止外來物種的入侵，將會使得人工溼地較能達到理想的生態功能。

(4) 確認人工溼地的主要的目標：人工溼地所規劃設計的目標，雖然可能具多功能性，但至少要確認一項主要的目標與其他幾個次要目標。例如確認人工溼地設計的主要目標為廢水處理，幾個次要目標為彌補溼地的損失惡化、提供野生動物棲息地、洪水控制、娛樂教育等。

(5) 強調溼地與水資源之關連性：尤其是當規劃設計人工溼地的目標是在於水資源的涵養、地下水補注及水源儲存等功能時，應該予以強化與發揮。

(6) 設計人工溼地成為生態交錯區：人工溼地可以當作陸域與水生生態系的緩衝地區 (buffer zone)，以提供野生動、植物的棲息環境。

(7) 給予人工溼地自然演替時間：人工溼地要能達到當初所規劃設計的特殊功能，並不是短期間就能完成，而是需要經過好幾年，直到人工溼地內營養物質的停留時間，抑或是野生生物的增加，已達到理想的狀態。因此，凡是嘗試快速使得人工溼地達成生態功能的方法，抑或是過度的維護管理，最後終將失敗。

(8) 人工溼地應兼具景觀或其他功能：如前所述，人工溼地宜兼顧與周遭景觀之協調配合，但其所呈現出的生態功能亦甚為重要。因此，如果當初所引進人工溼地的動、植物生長失敗，但人工溼地的整體功能卻仍能達到起初設計的目的，則這個人工溼地就不能稱為失敗的人工溼地。因為人工溼地有些功能，我們無法預期。

(9) 以及人工溼地不要有太多的工程設計：依照生態工程技術原理所規劃設計的人工溼地，是模仿自然溼地生態系統，因此不要有過度的工程設計。

人工溼地規劃的因子

基地場址的選擇　生態選擇適當的基地場址環境可以增加人工溼地建造成功的機會，而且可以瞭解與克服在人工溼地建造所面臨的困難，避免不切實際或者非常昂貴的基地場址。基地選址評估的過程，包括土地的獲得、建造的需求及經營管理成本費用的分析。基地場址評選的因素則包括有土地使用現況、管理權屬、地形、地質、水文、土壤、土地使用與擁有者、當地氣候及生物相等。基地場址的地形與地質將會影響到人工溼地興建與維護的成本，因此除了做為彌補自然損失的溼地外，一般溼地場址的基地地形如果不平坦，即需增列整平基地所需的費用。

人工溼地的設計與規劃，需要對基地進行正確及詳細的地形勘測。甚至對於適合某些植物生長所需的最高及最低海拔的高與坡度等，亦皆需加以瞭解。此外，場址基地的坡度不可太平坦，因而造成基地表面排水不良，進而導致基地淹沒，位於河口地區的場址，甚至造成海水入侵，不利於溼地植物的生長。至於場址基地的地質所需評估的項目則包括有岩盤 (bedrock) 的性質與深度，以及基地地質的特性等。選擇適當的基地地質條件，將會降低人工溼地興建的成本，以及增加興建的可行性。

此外，對於場址基地的土壤成分，亦為選擇人工溼地場址重要的因子之一。場址基地內土壤性質的評估項目包括有土壤的種類與成分、分布區域與深度。場址基地內較為重要的土壤因子包含有土壤中的砂土、黏土、礫石及有機物質的成分、顆粒大小、滲透性、侵蝕性，以及化學性質等。由於砂壤土可以提供植物生長極佳的條件，因此有利人工溼地內水生植物的生長，成為最佳選擇。但是人工溼地的底層土壤，宜選擇透水性差的黏土，否則需鋪設地工不透水布，已防止人工溼地水體的滲漏，尤其是針對廢水處理型人工溼地。

水文及水質因子　水文及水質為主要決定人工溼地內所植栽的植物物種分布地帶及溼地其他特性的重要因子之一。溼地植物與水深及水體覆蓋之間的關係非常密切。此外，地下水補注與地表水補充亦與溼地的水文穩定性具有密切的關係。自然溼地在水文、土質及蒸發量之間，需維持相當程度的穩定。一旦其中一環遭到阻滯，溼地極有可能加速其「陸化」現象。同樣的，為避免陸化現象的產生，很多人工溼地，尤其是進流水源不穩定的景觀遊憩型人工溼地，需經常選擇地下水位較高之處進行建構，其原因即在於具有接近飽和濕度之土讓，以及穩定之供水來源。

溼地的水文因子包括有：水深、淹沒週期及延時期間等，這些因子將決定人工溼地內水體與營養物質的有效利用、有氧或厭氧的人工溼地土壤環境、土壤顆粒大小與組成，以及人工溼地其他相關的環境條件，包括溼地水深、水化學 (酸鹼值、土壤氧化還原電位) 及流速等。而人工溼地的水深、淹沒週期與延時期間等，亦將決定人工溼地內的水生植物相分布，不同的水深將造成溼地內不同的水生植物分布地帶。由於人工溼地的深水區會使得氧氣無法達到溼地的土壤層內，而產生厭氧效果。此外，人工溼地的水深亦會影響光線的滲透與植物的光和作用。至於土壤被水淹沒的週期、時間與季節性亦會決定人工溼地的植物相分布。許多挺水性水生植物在生長期間，需要一段低水位時期，然而如果在非生長季節，人工溼地水位的降低，就較不重要。

而人工溼地對污染物的處理效率在很大程度上取決於溼地內進流水的流型 (flow pattern) 及水力停留時間 (hydraulic retention time, HRT)。Shih et al. (2017) 在其研究中進行追蹤劑實驗，以估計人工溼地槽體內淺水區及深水區之 HRT 分布及水力效率，再經由數學模式模擬溼地內水力特性之後，發現增加流速及減小水深均會改善溼地內的水力特性，有利於提升處理效率。其研究成果還包括在改變進水口及出水口的位置時，會產生不同的污染物去除效果；而最有效的進流水水文改進的方式包括安裝緊急擋板，擋板的數量可發揮最大的促進作用，其次則是擋板的寬度及長度。此外，亦發現長而薄的擋板將可導致均勻的流速場、蜿蜒的流路，以及更長的 HRT 及有效的體積比 (Shih et al., 2017)。這些人工溼地內水流水文的改善措施，均可改善對溼地的水質淨化效果。

進流水水質會影響人工溼地的操作及功能。人工溼地優先淨化的廢水主要污染物指標包括：生化需氧量 (BOD5)、化學需氧量 (COD)、懸浮固體 (SS)、硝酸鹽氮、氨氮、大腸菌類等。一般，進流水污染物濃度越高，越會增加污染物對溼地的負荷，在操作上便須採用較長的水力停留時間或較小的水力負荷速率，才能保持良好的出流水品質。若溼地系統是操作在固定的水力停留時間或較小的水力負荷速率時，進流水污染物濃度的變動會影響出流水的水質。而人工溼地的水質的因子，亦會影響溼地內水生植物物種的選擇；人工溼地水質的清澈程度對沉水性水生植物較為重要，假如水質太混濁就會限制光線的滲透，因而影響沉水性水生植物的光合作用，進而影響到沉水性水生植物的生長。在此情況下，人工溼地所選擇的植物物種將以浮水性植物較為適合。此外，土壤或水的鹽度亦會影響人工溼地植物物種的選擇。在含鹽的河口或海岸環境中，我們應當選擇耐鹽性的溼地植物，例如像紅樹林植物種、鹽菀、雙穗雀稗及互花米草等。

氣溫及水溫由於會影響水生植物及微生物的生長及水質淨化活性表現。一般而言，溫度越高，生物生長及水質淨化活性越好；反之，溫度下降，生物生長及水質淨化活性便降低。因此，污染物的淨化若為生物性機制所驅動者，則此污染物的淨化功能變會受溫度顯著影響。因此，季節性的變動會影響人工溼地對廢水的淨化功能。冬季來臨後，人工溼地會面臨水生植物生長停滯、微生物淨化活性降低，可能導致人工溼地淨化功能下降之結果，此時應偵測水質的變化採取必要措施。然而台灣由於四季溫差變化不大，溫度因子的影響性較不明顯。

水生植物的選擇 人工溼地內水生植物所提供的功能包括：提供附著的微生物生長提供較大的表面積、在植物的根際供應氧氣 (RZE)、儲存營養物質、降低減緩水流速度 (增加 HRT 及沉澱效率)、穩定人工溼地床的表面、蒸散作用提供提節溼地的溫度效果，以及寒冷氣候時提供人工溼地床隔熱效果等。

人工溼地對於所植栽的水生植物種類的選擇將取決於出流水特性、人工溼地床的設計、氣候及緯度等因素。至於植物種類選擇時優先考慮的因子則包括有：植物生質量體大、具有

表 6.13 人工溼地中常被選擇用來做為溼地植物種類地名稱

英文學名	英文俗名	中文名稱
Carex spp.	Sedges	薹草
Juncus spp.	Rushes	莎草
Phalaris arundinacea	Reed canary grass	鷸草
Phragmites australis	Common reed	蘆葦
Polygonum spp.	Smartweeds	蓼
Sagittaria spp.	Arrowheads	慈姑
Scirpus spp.	Bulrush	蔗草
Typha spp.	Cattail	香蒲

複雜的根系、快速增長並能叢生、挺水性水生植物、高木質素含量、適應人工溼地系統栽培的條件、具極端條件 (缺水 / 淹水) 的耐受度，以及能抵抗入侵的物種等。根據以上所列的選擇條件因子，較常被選用於廢污水處理型人工溼地的淡水型水生植物種包含有：香蒲 (*Typha sp.*)、莎草 (*Scirpus sp.*) 及 蘆葦 (*Phragmites sp.*) 等，至於其他較長被選擇的溼地植物種如表 6.13 所示。人工溼地內的植物栽培以混種 (polyculture) 較單一種 (monoculture) 培養較佳，原因包含：混種植栽較能抵抗逆境及疾病的壓力、較高的動物相棲地價值及景觀美學價值，以及由於不同物種間營養鹽互補、提升細菌多樣性與活性、提高厭氧性溼地土壤內的好氧性等，而有利於提升系統內污染物的去除效率。

填料的選擇 人工溼地內填料 (substrate media) 的功能包括：易於讓水生植物著根、提供做為微生物生長所需表面，以形成生物膜 (biofilm)、提供孔隙讓溼地內水流經填料表面生物膜以去除水中污染物，以及對磷營養鹽所具特殊的吸附去除功能等。用於人工溼地填料大小，可依據粒徑區分為：極細基材 (粉砂土，<0.2 mm)，主要用於 FWS 人工溼地系統、細基材 (砂，0.2~1 mm)，可用於 HSSF 與 VF 人工溼地系統，較不易發生堵塞、粗基材 (礫石，1~40 mm)，用於 HSSF 及 VF 人工溼地系統，依其性質可分為天然材料的礫石 (gravels)、碎石 (crushed stones)、人工材質的塑膠與玻璃、膨脹基材的燒結陶粒，以及特殊功能材質的沸石 (zeolite)、明礬 (alum) 污泥及大理石 ($CaCO_3$) 等。

在使用細基材做為人工溼地填料時，須注意避免選用粒徑尺寸過小 (<0.2 mm)，例如像黏土或粉土等，以防止人工溼地床發生堵塞或短流地現象，以及氧氣傳輸不足等問題，尤其是對 HSSF 及 VF 形式的人工溼地，粒徑甚至不可小於 1 mm。至於填料材質所要求的條件包括儘量使用矽砂，而少用含鈣材料，除非用來針對廢污水中磷酸鹽的吸附去除；此乃因鈣砂有可能會被酸溶解 (硝化作用產物或酸性廢污水)，且易發生膠黏結作用 (cementation) 而導致堵塞；一般而言，填料材質中的規範為碳酸鈣成分 <20%。礫石填充於人工溼地前，須經過篩分析進行篩選，篩選準則為 0.25 mm< d_{10} <0.40 mm(經篩分析通過篩孔之累積百分率佔總重量 10% 砂粒的粒徑大小稱之為 d_{10})，以及均勻係數 (UC) < 5 (UC = d_{60}/d_{10}，經

篩分析通過篩孔之累積百分率佔總重量 60% 砂粒的粒徑大小稱之為 d_{60})。

一般而言，形狀大小如同豌豆般 (pea) 的礫石 (gravels) 是人工溼地填料中最好的選擇，而用於 VF 人工溼地中一般尺寸的粒徑係介於 2~6 mm 之間，至於在石料排水區上方的過渡層的礫石粒徑大約介於 15~20 mm 之間，而用於人工溼地的進流及出流部分的石料排水區的礫石粒徑大小則介於 20~40 mm 之間。人工溼地亦可以使用碎石 (crushed stones) 做為填料，但是缺點為不利於水生植物根部的生長，以及填料會呈現出不同的形狀 (角度)。對於 HSSF 人工溼地填料施做的原則為儘量避免在溼地內部成多層結構，因此須以形成均勻層結構的方式填入，以避免發生短流現象；因此填料顆粒粒徑大小均一，但是於進流及出流口的區域除外，這二個區域需要填入較大尺寸的礫石，以利於進行進水及排水。但是對於 VF 人工溼地的填料，其填入方式則為將粒徑較小的礫石層置於溼地的頂部，而較大尺寸的礫石層則置於溼地的底部，以達到利於上層過濾除污，下層利於排水的功能。

至於使用特殊填料的材質的目的係達到強化某些特殊功能的目的，例如像使用膨脹基材，由於該填料顆粒表面蓬鬆有許多裂縫，因此可以提供較大地表面積，因而增加了表面所附著生物膜內的微生物的生質量，而增加污染物的生物分解去除效率。此外，另一種具有反應性 (reaction) 的特殊填料，主要功能為吸附去除水中的磷酸鹽，例如像明礬 (alum) 污泥、大理石 ($CaCO_3$) 及火山灰 (pozzolana) 等。

人工溼地設計

依據功能與目的的不同，人工溼地的規劃與設定大致可歸納為下列四大類：

1. 水質淨化為目的之廢污水處理型人工溼地。
2. 保水滯洪為目的之人工溼地。
3. 景觀遊憩與環境教育之人工溼地。
4. 多功能整合性人工溼地。

人工溼地的規劃原則，除創造或恢復所事先設定的溼地功能外，依據我國「溼地保育法」，開發者迴避及減輕都無法達成時，則必須採取彌補 (mitigation) 的措施。這項作為，塑造了補償性人工溼地產生的要件。此類人工溼地以彌補因開發所影響到溼地的原本功能為主。

水質淨化為目的之廢污水處理型人工溼地的設計原理，係將廢水中的有機污染物及氮營養鹽，經由溼地系統中的植物及微生物的吸收與代謝作用，將其吸收及分解。並藉由溼地系統中物理性的沉澱與過濾，以及化學性的吸附與離子交換特性，將廢水中顆粒狀的污染物及磷營養鹽與重金屬去除之。此外，該人工溼地的尺寸大小、形狀及水深等，皆會影響水力停留時間，污染物去除效果，依據不同的廢污水類型及強度，進行規劃設計，設計參數可參考不同的設計手冊進行之，例如像美國環保署所發行的 Constructed Wetlands and Aquat-

表 6.14 三種主要廢污水處理型人工溼地負荷設計規範

溼地類型	水力 (cm.d⁻¹)	BOD₅ (g.m⁻².d⁻¹)	氮營養鹽 (g N.m⁻².d⁻¹)
自由表面流 (FWS)	2.5~5	< 10	NH₃ < 0.3 TN < 6
水平潛流 (HSSF)	6~8	8~12	TN* < 6
垂直流 (VF)	40~60	20~30	TN* ≈ 18

因子：負荷率 (Loading Rate, *LR*)

*TN 表總氮 (total nitrogen)
資料來源：IWA (2019)

ic Plant Systems for Municipal Wastewater Treatment Design Manual (USEPA, 1988)、國際水協會 (IWA) 所發行的 Constructed Wetlands for Pollution Control (IWA, 2000) 與 Wetland Technology (IWA, 2019)，以及美國水環境聯邦協會 (WEF) 與 IWA 所共同發行的 Small Scale Constructed Wetland Treatment Systems (Wallace, 2006) 等。然而，如果任意將高濃度及具高污染性的廢污水排入人工溼地中，仍有可能超過該溼地的負荷能力，以及造成溼地內生物的死亡，而嚴重影響處理效果。此時，需加設前處理設備，抑或改採以強化型人工溼地規劃設計之，例如增加沉澱及過濾設備，以及溼地內增添曝氣設備。三種主要處理型人工溼地不同類型負荷的設計規範如表 6.14 所示。

HRT 乃指進流水及出流水的平均流量，在溼地系統的平均停留時間（日）。FWS 及 SSF 人工溼地處理家庭生活污水之設計操作範圍約在 4~15 日。一般而言，當人工溼地進流水的性質變動不大時，HRT 愈長，溼地出流水的污染物濃度則愈低、水質愈好，然而也會減少處理的污水量。工人溼地的 HRT 可利用 6-54 式估算：

$$t = \frac{Ah\varepsilon}{Q} \tag{6-54}$$

式中，t = HRT（日）(day)
　　　A = 人工溼地面積 (m²)
　　　h = 人工溼地水深 (m)
　　　ε = 溼地床填料孔隙率，或水流經溼地床的有效空間體積比。一般假設 FWS 人工溼地為 0.85、SSF 人工溼地為 0.4
　　　Q = 進流水流量及出流水流量的平均值 (m³/day)

水深直接影響到溼地的有效體積，水深愈高有效體積愈多，在固定進流流量下之 HRT 愈長，對水質淨化愈有幫助。然而，在實際操作上，FWS 溼地的水深尚需由水生植物種類對浸水深度的耐受性決定，SSF 溼地的水深控制則須考慮水生植物根系的延伸性。一般來說，FWS 人工溼地操作在 10~60 cm，SSF 人工溼地則為 30~75 cm。至於人工溼地的水力負荷 (q) 則定義為溼地面積每平方公尺 (m²) 每日的處理流量 (m³)，亦即將平均流量 (Q) 除以溼地水面積 (A)。一般而言，當人工溼地進流水性質變動不大時，溼地出流水的污染物濃度將會隨水力負荷的增加而增加。水力負荷可做為不同人工溼地系統的操作比較。人工溼地的各類污染物的負荷率 (Loading Rate, LR) 定義為人工溼地面積每平方公尺每日所流入的污染物質量 (公克)，包含有機污染物 (BOD_5) 負荷率及氮營養鹽負荷率，皆為處理生活污水之重要參數。污染物負荷率可用 6-55 式計算之：

$$LR = qCi \qquad (6-55)$$

式中，q = 水力負荷 ($m^3/m^2/day$)，Ci = 進流水污染物濃度 (mg/L)。

在規劃設計具保水滯洪功能型的人工溼地時，需計算及預測洪水頻率及最大洪水量，以及滯洪所需的水力停留時間，才可規劃設計出具保水滯洪功能的人工溼地。至於場址的選擇，在都會區可選擇洪氾淹沒區內閒置低地或公園用地，規劃成溼地型態生態滯洪池，以發揮晴天淨化水質，雨天滯洪的雙重功能，並同時能補注地下水。在河川流域內，則可利用洪氾平原內的高、低灘地，進行溼地的規劃設計。然而，目前許多河川都以硬性堤防做為防洪的主要手段，使得使用軟性調洪措施的機會大為減低。

有關景觀遊憩與環境教育之人工溼地，具有此功能的人工溼地，一般亦稱之為「溼地公園」。此乃因此類型的人工溼地強調景觀遊憩的功能，因此規劃設計時，溼地的形狀、深度及水生植物的選擇，均模擬自然溼地，以增加溼地內生物多樣性，而吸引進行生態旅遊的遊客，如同公園功能。因此，如果此類人工溼地的進流水源為廢水或污染嚴重的水體，則需先經前處理 (沉澱、過濾、處理型人工溼地) 過後，始能進入溼地，以免影響景觀遊憩的功能。此外，藉由此類型溼地高度的生物多樣性，亦可進行溼地環境教育的活動，甚至申請為環境教育場所。

至於多功能整合性人工溼地，係將上述三種不同功能類型的人工溼地，將其功能整合在一處人工溼地中。因此在設計此種類型的人工溼地時，其設計原則係將各類型人工溼地均須考量進去，以適應於各種不同功能，例如像位於大鵬灣的大潭及崎峰人工溼地，係將水質淨化、防洪滯洪及遊憩景觀等一併考量進設計因子中，因此整體人工溼地的設計原則為前半部流程設計成具有沉澱池及礫石過濾功能，以及紅樹林灘地溼地的強化型廢污水處理型人工溼地，後半部流程則設計成深水陂塘型人工溼地，以達到滯洪的功能；此外並增加遊憩景觀設備與解說牌，而達到生態旅遊與環境教育的功能。目前大鵬灣的六座人工溼地群組均已申請到為環保署認證的環境教育場域。

人工溼地的操作維護與管理

人工溼地不同於自然溼地，為維護其當初設計的功能，需進行操作維護及管理。當廢污水處理型人工溼地系統完成建構開始啟動之後，將逐步引進欲處理的廢污水，並開始培育該人工溼地的生態系統。人工溼地中之生態系統(包括植物覆被、生物膜、植物根系及床體空隙等)往往需經幾個月或甚至幾年後才會穩定建立。而在各相關機制、環境穩定後,才能表現穩定之去除效能。亦即,人工溼地系統在連續入流後,需一段時間適應廢水性質、操作條件,才能獲得穩定之效能,此時間稱為系統起動期 (start-up period)。一般而言,人工溼地的植物生長,約須 7 個月達成約 80% 的覆蓋。如果人工溼地系統的起始階段係進入冬季,則系統達到穩定狀態的時間需要較長。反之,若進入夏季則系統較快穩定。

廢污水處理型的人工溼地系統需要操作及維護的項目不多,包括流量操作、溼地系統的監測、其他的維護工作以及病媒蚊的問題等。人工溼地操作上可用來控制系統放流水水質及處理效能的方法為流量控制。進流水流量大小將影響水力停留時間、污染物負荷及水力負荷等,以至於決定放流水水質及處理效率。因此,在人工溼地系統啟動階段時,建議先以較小的負荷率下操作,所以需控制較小的進流水流量,隨著淨化機制的穩定而逐漸增加進流流量。一般來說,建議至少每日需一次測量或估算進流及出流水的流量。流量也是瞭解污染物在人工溼地處理系統中水質淨化效果的重要參數。為了方便流量的測量,可裝設流量計。操作人員並且需至少每日觀察進流水的散水口是否堵塞,並加以清理。進流水或出流水的抽水設備是否運作正常,而抽水機則為人工溼地處理系統操作中少數需要動能的項目,亦為人工溼地操作維護費中的重要的項目之一。

至於人工溼地處理系統需監測的項目,除上述流量外,至少需要對進流水及出流水進行水質採樣分析、測量水深及觀察生物指標等。這些偵測工作亦為人工溼地處理系統是否能成功操作的重要因子。偵測所得的數據資料必須正確地收集及記錄,並能讓操作維護人員判定是否需改變操作方式。至於在水質的採樣頻率上,溫度、溶氧、酸鹼值、導電度等項目,至少需每週一次,生化需氧量 (BOD_5)、懸浮固體物 (SS)、氯離子 (Cl^-)、硝酸鹽 (NO_3^-)、亞硝酸鹽 (NO_2^-)、氨 (NH_3)、總凱氏氮 (TKN)、總磷 (TP) 等,則至少需每月一次。在固定入流流量操作下,水質的變化狀況可判定人工溼地處理系統的處理效率是否達到穩定。而出流水的水質是否能符合環保法規所訂的「放流水標準」,則為廢污水處理型人工溼地操作的最重要目標。進、出流水水質的採樣分析,也是佔人工溼地操作維護費中重要項目之一。至於水深的測量資料可瞭解人工溼地系統中的水流性質是否正常。生物指標的偵測資料則可提供操作人員瞭解人工溼地內的植物及動物群落是否正常呈現。從野生動物保育觀點而言,保持人工溼地內生態的完整性及多樣性是重要的維護項目之一,而人工溼地內維繫著完整的生態系亦控制著人工溼地的操作效能。

至於其他的維護工作,例如像人工溼地土堤的維護等,此項工作包括保持其結構的完整及修剪雜草等。修剪雜草是為了視覺美觀,並能使人能目視察覺到是否出現具攻擊性的動物(如蛇類等)。另外,管線、管件及抽水機的更換及修理並不是經常性遇到的。如果該人工溼地系統提供外部人員的參訪或進行環境教育,則所設置的解說牌亦需加以維護。而水生植物的生長若阻礙到水流,為避免溼地床淹水或短流,則須進行採割的維護工作,並訂出季節性的植物收割計畫，以降低植物營養物的回流循環。人工溼地場址區域內所收集的枯落葉，以及收割的雜草與水生植物等，建議由維護人員建立簡易的堆肥設施，經初步腐化後作成堆肥，亦可提供溼地區域內綠美化植物所需的有機肥料。

至於人工溼地系統較令人憂心的病媒蚊孳生的問題，由於溼地內水域可能成為蚊子的繁殖地。因此，利用人工溼地處理廢污水在公共衛生上最受關注的問題便是病媒蚊是否會在溼地內孳生的問題，並衍生出像登革熱、日本腦炎等傳染病。而蚊子的存在對感官而言亦是一個惱人的問題。一般而言，人工溼地中較有效的病媒蚊防治方法包括有：(1) 放養食蚊魚 (mosquitos fish) 掠食蚊子（例如像大肚魚、三星鬥魚及蓋斑鬥魚等）、(2) 提高植物採收及清除枯萎組織的頻率，以降低植物密度，進而降低外部對食蚊魚掠食困難的干擾，減低孑孓的數量，以及 (3) 採放流水循環回流，以維持溼地前段保持好氧的環境，此乃因好氧的條件會使蚊子較不易繁殖，也較有利於食蚊魚的生長 (Metcalf and Eddy, 1991)。

人工溼地處理系統其他可能遭遇的問題，像在 FWS 型人工溼地系統的水深控制大於 0.5 m，而最終流程的生態池則是由四周往中央處逐漸加深至最深處約 1.2 m，因此可能引起安全上的疑慮。所以，建議標示水深並建立警示標誌。此外，另一較困擾的問題是人工溼地內常進入的動物，例如像會挖掘洞穴的地鼠等，牠們會破壞溼地堤壩的結構。而當人工溼地生態食物鏈完整形成時，亦可能出現蛇類，屆時建議由維護人員視需要進行誘捕，以控制蛇類族群。

綜合以上所述，依照維護的頻率及分時段進行規劃，依據每日、每週、每月、每季、每年及每十年的時程及維護管理項目，規劃出人工溼地的操作維護與管理項目計畫表，如表 6.15 所示。

表 6.15　人工溼地的操作維護與管理項目計畫

時段頻率	維護管理項目
每日	1. 攜帶檢核表、筆記、照相機（如有需要時拍照片），進行植栽生長狀況觀察與記錄 2. 進流及出流水是否正常運行，調節進水量 3. 溼地床是否有水位增高、淹水或阻塞的現象發生 4. 移除水中多細胞絲狀藻類（例如，水綿）及其他外來種生物 5. 步道及解說牌巡查
每週	檢驗水質（溫度、溶氧、酸鹼值、導電度）
每月	1. 檢查及觀察水位變化，需要時隨時調整水位 2. 檢驗水質 (BOD_5、懸浮物、氯離子、氮及磷營養鹽) 3. 步道及解說牌維護整理
每季	1. 整理疏伐植栽、清除雜草 2. 疏通進水口及出水口管線 3. 溼地內水流均勻流經溼地 4. 檢查出流水是否有流入出水井進行收集，以檢查溼地是否有阻塞的問題，需進行疏通或反沖洗 5. 檢驗水質（建議增加葉綠素 a)
每年	檢查幫浦及所有閥門是否操作運行正常
每十年	更新溼地床填料

習題

6-1 採用一個串聯池塘系統進行廢水處理。該系統由一個兼性塘及其後接兩個精細處理塘所構成，廢水在各池塘中停留時間均為 10 天。在夏季操作條件下各池塘中的水溫皆為 60°F，試計算出水中大腸桿菌的去除率。假設 $N_0 = 4 \times 10^7$ FC/100mL。

6-2 設計一個串聯池塘系統處理流量為 0.5 百萬加侖 / 日 (MGD)，BOD_5 濃度為 1,000 mg/L 的肉罐頭廠廢水。該系統是由一個厭氣塘及其後依序接一個兼性塘和一個精細處理塘所組成，這些池塘位於冬季最冷月份平均氣溫預計為 45°F 的地區。試提供一個最終的設計流程，指出是否需要回流。如果需要，指出回流的作用及選用的特定回流方式。

6-3 根據下列數據設計一個單池好氧性曝氣氧化塘系統：

1. 廢水流量 = 1 MGD
2. 廢水濃度 = 400 mg BOD_u/L
3. 廢水 TKN 含量 = 20 mg N/L
4. 廢水含磷量 = 10 mg P/L
5. 冬季平均廢水溫度 = 50°F
6. 夏季平均廢水溫度 = 75°F
7. 冬季臨界環境空氣溫度 = 40°F
8. 夏季臨界環境空氣溫度 = 85°F
9. 基質利用速率常數在 20°C 時，K = 0.3 L/mg-day，θ =1.07
10. 理論微生物產量數 Y_T =0.5
11. 生物衰減係數在 20°C 時 K_d = 0.1 day^{-1}，θ =1.05
12. 在 20°C 及最佳 pH 時，$(\mu_{max})_{NS}$ = 0.4 day^{-1}
13. 最佳 pH = 8.2
14. 操作 pH = 7.6
15. 池塘深度 = 8 英呎 (ft)
16. 為了達到完全混合條件，需要 60 hp/MG 的動力
17. 水力停留時間 = 1 day
18. BOD_5 = 0.7BOD_u

在 8~16 ft 的範圍內改變塘的深度，計算各深度下的出流水中溶解性之基質濃度。將陂塘深度相對於 S_e 作圖，並說明此二個參數間的關係。生化動力學常數是依據 BOD_u 計算。假設實際氧傳輸速率為 1.0 磅 O_2/ 馬力 / 小時 (lb O_2/hp/hr)，利用表 6-8 中的數據，進行曝氣設備設計及其配置。

6-4 某城鎮位於北緯 25°，擬用好氧塘處理該城鎮排出的污水，污水量為 0.5 百萬加侖／日 (MGD)。如果污水中的 BOD_u 濃度為 150 mg/L，而欲達到 90% 的處理效率，需要多大的陂塘面積？臨界設計月份為一月份，此時雲朵覆蓋天空的時間佔 40%，平均溫度為 60°F。假設藻類細胞的平均成分為碳 52%、氫 9%、氧 32% 及氮 7%，該地海拔高度為 100 ft，$BOD_5 = 0.7BOD_u$，以及能量利用效率為 0.04。

參考文獻

ABELIOVICH, A., and D. WEISMAN, "Role of Heterotrophic Nutrition in Growth of the Alga *Scenedesmus obliquus* in High Rate Oxidation Ponds," *Applied and Environmental Microbiology*, **35**, 32(1978).

BALASHA, E., and H. SPERBER, "Treatment of Domestic Wastes in an Aerated Lagoon and Polishing Pond,"*Water Research*, **9**, 43(1975).

BARNHART, E.L., "Aerated Lagoons,"in *Process Design in Water Quality Engineering*, ed. By E.L. Thackston and W.W. Eckenfelder, Jenkins Publishing Company, New York, 1972.

BARSOM, G., "Lagoon Performance and the State of Lagoon Technology, EPA Enviromental Protection Technology Series, EPA-R-2-73-144, 1973.

BARTSCH,A.F., "Algae as a Source of Oxygen in Waste Treatment," *Journal of the Water Pollution Control Federation*, **33**, 239(1961).

BARTSCH,E.H. and C.W. RANDALL, "Aerated Lagoons-A Report on the State of the Art," *Journal of the Water Pollution Control Federation*, **43**, 699(1971).

CALDWELL, D., D.S. PARKER, and W.R. UHTE, "Upgrading Lagoons," EPA Technology Transfer Seminar Publication, 1973.

CANTER, L.W. and A.J. ENGLANDE, JR., "States' Design Crireria for Waste Stabilization Ponds," *Journal of the Water Pollution Control Federation*, **42**, 1840(1970).

DILDANE, E.D. and J.R. FRANZMATHES, "Current Design Criteria for oxidation Ponds," in *Proceedings of the Second International Symposium on Waste Treatment Lagoons*, Kansas City, Mo., 1970.

DRYDEN, F.D. and G. STERN, "Renovated Waste Water Creates Recreational Lake," *Environmental Science and Technology*, **2**, 268(1968).

ECKENFELDER, W.W., JR., "Comparative Biological Waste Treatment Design," *Journal of the Sanitary Engineering Division, ASCE*, **93**, SA6, 157 (1967).

ECKENFELDER, W.W., JR., *Water Quality Engineering*, Cahners Books, Boston, 1970.

ECKENFELDER, W.W., JR., and D.J. O'CONNOR, *Biological Waste Treatment*, Pergamon Press, New York, 1961.

ECKENFELDER, W.W., JR., C.D. MAGFE, and C.E. ADAMS, JR., "A Rational Design Procedure for Aerated Lagoons Treating Municipal and Industrial Wastewater," paper presented at the 6th International Water Pollution Research Conference, 1972.

FISCHER, C.P., W.R. DRYNAN, and G.L. VANFLEET, "Waste Stabilization Pond Practices in Canada," in *Advances in Water Quality Improvement*, Vol. I, University of Texas, Austin, Tex., 1968.

FORD, D.L., "Aeration," in *Process Design in Water Quality Engineering*, ed. by E.L. Thackston and W.W. Eckenfelder, Jenkins Publishing Company, New York, 1972.

FOREE, E.G. and P.L. McCARTY, "The Decomposition of Algae in Anaerobic Waters," TechnicaI Report No.95, Department of Civil Engineering, Stanford University, Stanford, Calif., 1968.

GLOYNA, E.F., "Waste Stabilization Pond Concepts and Experiences," *Wastes Disposal Unit Paper*, World Health Organization, Geneva, 1965.

GLOYNA, E.F., "Basis for Waste Stabilization Pond Designs," in *Advances in Water Quality Improvement*, ed. by E.F. Gloyna and W.W. Eckenfelder, University of Texas Press, Austin, Tex., 1968.

GLOYNA, E.F., "Waste Stabilization Pond Designs," in *Process Design in Water Quality Engineering*, ed. by E.L. Thackston and W.W. Eckenfelder, Jenkins Publishing Company, New York, 1972.

GLOYNA, E.F., "Facultative Waste Stabilization Pond Designs," in *Ponds as a Wastewater Treatment Alternative*, ed. by E.F. Gloyna and J.F. Malina, Jr., and E.M. Davis, The Center for Research in Water Resources, University of Texas, Austin, Tex., 1976.

GLOYNA, E.F. and J. AGUIRRE, "New Experimental Pond Data," in *Proceedings of the Second International Symposium on Waste Treatment Lagoons*, Kansas City, Mo., 1970.

HENDRICKS, D.W. and W.D. POTE, "Thermodynamic Analysis of a Primary Oxidation Pond," *Journal of the Water Pollution Control Federation*, **46**, 333(1974).

HERMANN, E.R. and E.F. GLOYNA, "Waste Stabilization Ponds," *Sewage and Industrial Wastes*, **30**, 511 (1958).

IWA, "Constructed Wetlands for Pollution Control," Processes, *Performance, Design and Operation*. Specialist Group on Use of Macrophytes in Water Pollution Control, IWA Publishing, London, UK., 2000.

IWA, *Wetland Technology*, ed. by G. LANGERGRABER, G. DOTRO, J. NIVALA, A. RIZZO, and O. R. STEIN, Scientific and Technical Report No. 27, IWA Publishing Alliance House, London, U.K., 2019.

JEWELL, W.J. and P.L. McCARTY, "Aerobic Decomposition of Algae and Nutrient Regeneration," Technical Report No. 91, Department of Civil Engineering, Stanford University, Stanford, Calif., 1968.

KORMANIK, R.A., "Design of Two-Stage Aerated Lagoons," *Journal of the Water Pollution Control Federation*, **44**, 451(1972).

LEWIS, R.F., "Review of EPA Research and Development Lagoon Upgrading Program for Fiscal Years 1973, 1974, and 1975," in *Symposium Proceedings*, Upgrading Wastewater Stabilization Ponds to Meet New Discharge Standards, PB 240 402, 1975.

MALINA, J.F., JR., and R.A. RIOS, "Anaerobic Ponds," in *Ponds as a Wastewater Treatment Alternative*, ed. by E.F. Gloyna, J.F. Malina, Jr., and E.M. Davis, The Center for Research in Water Resources, University of Texas, Austin, Tex., 1976.

MALINA, J.F., JR., R. KAYSER, W.W. ECKENFELDER, JR., E.F. GLOYNA, and W.R. DRYNAN, *Design Guides for Biological Wastewater Treatment Processes*, Center for Research in Water Resources Report, CRWR-76, University of Texas, Austin, Tex., 1972.

MANCINI, J.L., and E.L. BARNHART, "Industrial Waste Treatment in Aerated Lagoons," in *Advances in Water Quality Improvement*, ed. by E.F. Gloyna and W.W. Eckenfelder, Jr., University of Texas Press, Austin, Tex., 1968.

MARA, D.D., "Discussion," *Water Research*, **9**, 595 (1975a).

MARA, D.D., "Author's Reply," *Water Research*, **9**, 596 (1975b).

MARA, D.D., *Sewage Treatment in Hot Climates*, John Wiley & Sons, Inc., New York, 1976.

MARAIS, G.V.R., "Dynamic Behavior of Oxidation Ponds," in *Proceedings of the Second International Symposium on Waste Treatment Lagoon*, Kanas City, Mo., 1970.

MARAIS, G.V.R, "Faecal Bacterial Kinetics in Stabilization Ponds," *Journal of the Environmental Engineering Division, ASCE*, **100**, 119 (1974).

MARAIS, G.V.R., and V.A. SHAW, "A Rational Theory for the Design of Sewage Stabilization Ponds in Central and South Africa," *Transactions, South Africa, Institute of Civil Engineers*, **3**, 205 (1961).

McCARTY, P.L., "Kinetics of Waste Assimilation in Anaerobic Treatment," in *Developments in Industrial Microbiology*, Vol. 7, American Institute of Biological Sciences, Washington, D.C., 1966, p.144.

McGARRY, M.G., and M.B. PESCOD, "Stabilization Pond Design Criteria for Tropical Asia," in *Proceedings of the Second International Symposium on Waste Treatment Lagoons*, Kansas City, Mo., 1970.

McGAUHEY, P.H., *Engineering Management of Water Quality*, McGraw-Hill Book Company, New York, 1968.

McINTOSH, G.H., and G.G. McGEORGE, "Year Round Lagoon Operation," *Food Processing*, (Jan. 1964).

McKINNEY, R.E., "State of the Art of Lagoon Wastewater Treatment," in *Symposium Proceedings*, Upgrading Wastewater Stabilization Ponds to Meet New Discharge Standards, PB 240 402, 1975.

McKINNEY, R.E., J.N. DORNBUSH, and J.W. VENNES, "Waste Treatment Lagoons-State of the Art," Missouri Basin Engineering Health Council, EPA WPCRS, 17090EHX, 1971.

METCALF and EDDY, INC., *Wastewater Engineering*, McGraw-Hill Book Company, New York, 1972.

METCALF and EDDY, INC., "Natural Treatment Systems," *Wastewater Engineering: Treatment, Disposal, and Reuse*. McGraw-Hill, New York, 1991.

MIDDLEBROOKS, E.J., A.J. PANAGIOTOU, and H.K. WILLIFORD, "Sluage Accumulation in Municipal Sewage Lagoons," *Water and Sewage Works*, **63** (Feb. 1965).

MIDDLEBROOKS, E.J., D.B. PORCELLA, R.A. GEARHEART, G.R., MARSHALL, J.H. REYNOLDS, and W.J. GRENNEY, "Techniques for Algae Removal from Wastewater Stabilization Ponds," *Journal of the Water Pollution Control Federation*, **46**, 2676 (1974).

MIDDLEBROOKS, E.J., D.B. PORCELLA, R.A. GEARHEART, G.R. MARSHALL, J.H. REYNOLDS, and W.J. GRENNEY, "Authors' Response," *Journal of the Water Pollution Control Federation*, **47**, 2333 (1975).

MITSCH, W. J. and S. E. JØRGENSEN, "Wetland Creation and Restoration," *Ecological Engineering and Ecosystem Restoration*, John Wiley & Sons, Inc., New Jersey, NJ, USA, 163-194 (2004a).

MITSCH, W. J. and S. E. JORGENSEN, "Treatment Wetlands," *Ecological Engineering and Ecosystem Restoration*, John Wiley & Sons, Inc., New Jersey, NJ, USA, 230-262 (2004b).

NUSBAUM, I., "Discussion of Photosynthesis in Sewage Treatment," *Transactions*, ASCE, **122**, 98 (1957).

O'BRIEN, W.Y., "Polishing Lagoon Effluents with Submerged Rock Filters," in *Symposium Proceedings*, Upgrading Wastewater Stabilization Ponds to Meet New Discharge Standards, PB 240 402, 1975.

OSWALD, W.J., "Advances in Stabilization Pond Design," in *Advances in Biological Waste Treatment*, ed. by W.W. Eckenfelder and J. McCabe, Pergamon Press, New York, 1963.

OSWALD, W.J., "Fundamental Factors in Stabilization Pond Design," in *Proceedings, Third Conference on Biological Waste Treatment*, Manhattan College, New York (1960).

OSWALD, W.J., "Advances in Anaerobic Pond System Design," in *Advances in Water Quality Improvement*, ed. by E.F. Gloyna and W.W. Eckenfelder, University of Texas Press, Austin, Tex., 1968.

OSWALD, W.J., "Complete Waste Treatment in Ponds," in *Proceedings of the 6th International Water Pollution Research Conference*, Pergamon Press, London, 1972.

OSWALD, W.J., and H.B. GOTAAS, "Photosynthesis in Sewage Treatment," *Transactions*, ASCE, **122**, 73 (1957).

OSWALD, W.J., A. MERON, and M.D. ZALAT, "Designing Waste Ponds to Meet Water Quality Criteria," in *Proceedings of the Second International Symposium on Waste Treatment Lagoons*, Kansas City, Mo., 1970.

PARKER, C.D., and G.P. SKERRY, "Function of Solids on Anaerobic Lagoon Treatment of Wastewater," *Journal of the Water Pollution Control Federation*, **40**, 192, (1968).

PARKER, D.S. and W.R. UHTE, "Discussion," *Journal of the Water Polbttion Control Federation*, **47**, 2330 (1975).

PAVLINERI, N., N. TH. SKOULIKIDIS, and V. A. TSIHRINTZIS, "Constructed Floating Wetlands: A Review of Reseach, Design, Operation, and Management Aspects, and Data Meta-Analysis," *Chemical Engineering Journal*, **308**, 1120 (2017).

RAMANI, R., "Design Criteria for Polishing Ponds," in *Ponds as a Wastewater Treatment Alternative*, ed. by E.F. Gloyna, J.F. Malina, Jr., and E.M. Davis, The Center for Research in Water Resources, University of Texas,

Austin, Tex., 1976.

REYNOLDS, J.H., S.E. HARRIS, D. HILL, D.S. FILIP, and E.J., MIDDLEBROOKS, "Intermittent Sand Filtration to Upgrade Lagoon Effluents-Preliminary Report," *Symposium Proceedings*, Upgrading Wastewater Stabilization Ponds to Meet New Discharge Standards, PB 240 402, 1975.

RICH, L.G., *Unit Processes of Sanitary Engineering*, John Wiley & Sons, Inc., New York, 1963.

ROESLER, J.F., and H.C. PRUEL, "Mathematical Simulation of Waste Stabilization Ponds," in *Proceedings of the Second International Symposium on Waste Treatment Lagoons*, Kansas City, Mo., 1970.

SAWYER, C.N., "New Concepts in Aerated Lagoon Design and Operation," in *Advances in Water Quality Improvement*, ed. by E.F. Gloyna, W.W. Eckenfelder, Jr., University of Texas Press, Austin, Tex., 1968.

SHINDALA, A., and W.C. MURPHY, "Influence of Shape on Mixing and Load of Sewage Lagoons," *Water and Sewage Works*, 391 (Oct. 1969).

SOURSA, W. T. Z., C. M. N. PANITZ, and S. M. THOMAZ "Performance of Pilot-Scale Vertical Flow Constructed Wetlands with and without the Emergent Macrophyte *Spartina alterniflora* Treating Mariculture Effluent," *Brazilian Archives of Biology and Technology*, Vol. 54 (2), 405-413, 2011.

STANIER, R.Y., M. DOUDOROFF, and E.A. ADELBERG, *The Microbial World*, Prentice-Hall, Inc., Englewood Cliffs, N.J., 1963.

THIRUMURTHI, D., "Relative Toxicity of Organics to *Chlorella Pyrenoidosa*," Doctoral Dissertation, University of Texas, Austin, Tex., 1966.

THIRUMURTHI, D., "Design Principles of Waste Stabilization Ponds," *Journal of the Sanitary Engineering Division*, ASCE, **95**, 311 (1969).

USEPA, *Constructed Wetlands and Aquatic Plant Systems for Municipal Wastewater Treatment, Design Manual*. USEPA Office of Research and Development, Cincinnati, OH, U.S.A., 1988.

UHTE, W.R., "Construction Procedures and Review of Plans and Grant Application," in *Symposium Proceedings*, Upgrading Wastewater Stabilization Ponds to Meet New Discharge Standards, PB 240 402, 1975.

VAN ECK, H., and D.E. SIMPSON, "The Anaerobic Pond System," *Journal and Proceedings of the Institute of Sewage Purification*, Part 3 (1966).

VELZ, C.J., *Applied Stream Sanitation*, Wiley-Interscience, New York, 1970.

WALLACE, S., *Feasibility, Design Criteria, and O&M Requirements for Small Scale Constructed Wetland Wastewater Treatment Systems*. WEF and IWA Publishing, London, UK., 2006.

YANG, L "Designing Wetlands for Specific Applications: Saline Treatment Wetlands," *Wetland Technology*, ed. by G. Langergraber, G. Dotro, J. Nivala, A. Rizzo and O. R. Stein, Scientific and Technical Report No. 27, IWA Publishing Alliance House, London, U.K., pp.70-72, (2019).

ZHAO, Y. Q., A. O. BABATUNDE, X. H. ZHAO, and W. C. LI "Development of Alum Sludge-Based Constructed Wetland: an Innovative and Cost Effective System for Wastewater Treatment," *Journal of Environ Science and Health A: Toxic and Hazardous Substances and Environmental Engineering*, 44(8), 827-832, 2009.

Researchgate[a] "https://www.researchgate.net/figure/Pharmaceutical -removal-mechanisms-in-constructed-wetlands-Adapted-from-Ref-108_fig2_275892025" (2021.09.28)

Researchgate[b] "https://www.researchgate.net/figure/Constructed- wetlands-for-wastewater-treatment-from-top-to-bottom-CW-with-free-floating_fig2_6717563" (2021.09.28)

Sustainable Sanitation and Water Management Toolbox "https://sswm.info/es/taxonomy/term/3934/vertical-flow-constructed-wetland" (2021.09.28)

土木工程網 "https://kknews.cc/news/emjm5lq.html" (2019.10.16)

林憲德和荊樹人，「人工溼地公共衛生暨維護管理之研究」，內政部建築研究所委託研究報告，PG9403-0069，第 9-12 頁，2005。

陳有祺，「人工溼地與水質淨化」，溼地生態工程，滄海書局，台中市，第 168-169 頁，2005。

新北市教育電子報 https://epaper.ntpc.edu.tw/index/EpaSubShow.aspx?CDE=EPS20181004163002700&e=EPA201712221707083T1 (2021.09.27)

張舒晴,「以互花米草做為人工溼地植物種處理含鹽廢水之研究」,國立中山大學海洋環境及工程學系碩士論文,高雄,2018。

CHAPTER 7

附著生長之生物處理過程

懸浮生長 (suspended growth) 之生物反應器不是廢水處理中採用的唯一類型反應器，工程上使用的還有附著生長 (attached growth) 系統。附著生長反應器中需要有支撐生物生長的某種類型的介質 (medium) 存在。這一類反應器中比較重要的有：(1) 滴濾池或生物濾池 (trickling filters)、(2) 旋轉生物圓盤 (rotating biological contactors)、(3) 厭氣濾槽 (anaerobic filters)、(4) 浸沒濾池 (submerged filters)、(5) 生物流體化床 (biological fluidized beds) 及 (6) 活性生物濾池 (activated biofilters) (Williamson and McCarty, 1976a)。

7-1　滴濾池 (Trickling Filter)

滴濾池這一名稱經常造成一些誤導，因為它去除有機物的主要機制並非微細孔隙的過濾作用，而是擴散作用和微生物的分解作用。有關基質 (substrate) 去除的機制，由圖 7.1 所示的微生物膜和液體的單元體即可加以闡述。通常假設在處理廠運轉期間且正常的水力負荷下，廢水的流動狀態處於層流範圍。同時也假設好氧層的厚度得視氧氣透入微生物膜的深度而定。氧氣透入微生物膜的深度取決於它在膜中的擴散係數、在固-液交界面處氧的濃度及生活在膜內微生物的總氧氣利用率 (overall oxygen utilization rate) (Jank and Drynan, 1973)。對某一特定流量和廢水濃度，好氧層的厚度應為某一特定值。增加廢水濃度將減少好氧層的厚度，而增加廢水流量則將增加好氧層的厚度 (Jank and Drynan, 1973)。

基質滲入微生物膜的深度取決於：(1) 廢水流量、(2) 廢水濃度、(3) 基質分子在膜中的擴散係數及 (4) 微生物對基質的利用速率 (Jank and Drynan, 1973)。一般而言，滲透深度隨廢水濃度和流量的增加而增加。

在微生物利用基質的過程中，微生物膜的厚度將會增加。經過一段時間後，生物膜的厚

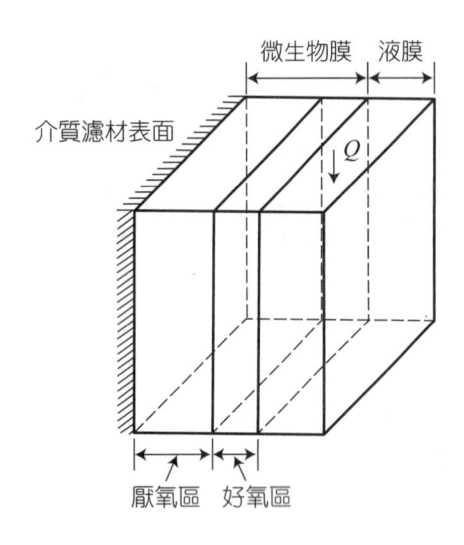

圖 7.1　附著濾材表面生長之微生物膜及液膜示意圖 (Jank and Drynan, 1973)

度將會達到使基質在穿透微生物膜的整個厚度以前即已被利用掉了。此時，生存於飢餓區的微生物為了維持生命功能，必須利用它們自身的細胞質物質 [意即，此時微生物是處於內呼吸生長階段 (endogenous growth)]。在此階段的微生物失去附著於支撐介質的能力，因而被沖洗出濾池，此即所謂「脫膜」(sloughing)。

濾料介質 (Filter Media)

滴濾池的過濾是利用位於濾床上方之流量分配器均勻地將廢水分配於濾床之濾料上 (詳見圖 7.2)。當廢水流過附著在濾料表面的生物成長物時會形成一薄膜層。濾料主要有兩個重要特性參數，即：(1) 濾料的比表面積 (比表面積越大，則每單位體積介質內的生物量越多) 及 (2) 孔隙百分率 (孔隙率越大，則水力負荷可以越高且不致限制氧氣之傳輸)。

滴濾池中普遍採用的兩種濾料是石質濾料及人工濾料。由於石質濾料孔隙小及其對結構支撐之要求，故濾池深度通常限制在 3~10 ft。換言之，人工濾料具有重量輕、比表面積較

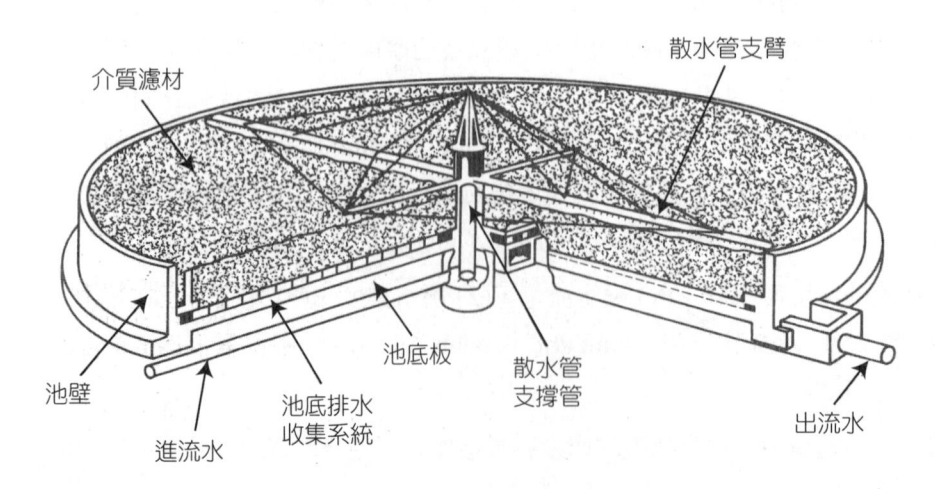

圖 7.2　傳統滴濾池剖面示意圖 (Lipták, 1974)

表 7.1　不同形式滴濾池濾料之物理性質

濾料類型	標準尺寸 (in.)	單位 /ft^3	單位重量 (lb/ft^3)	比表面積 (ft^2/ft^3)	孔隙率 (%)
花崗岩	1~3	—	90	19	46
	4	—	—	13	60
高爐渣	2~3	51	68	20	49
加氣塊（瓷瓦）	6 ×11 × 12	2	70	20~22	53
填充瓷環（陶質）	1.5 × 1.5	340	40.8	35	68.2
Dowpac® 10	21 × 37.5	2	3.6~3.8	25	94
Dowpac® 20	21.5 × 38.5	2	6	25	94

資料來源：Lipták (1974)

大且產生孔隙較大之濾床等優點。由於具備這些優點，當人工濾料用來做為生物成長之支撐時，低濾池已有建造高達 40 ft 深者。表 7.1 比較了某些濾料的物理性質。

濾池類型 (Types of Filters)

一直以來，依據處理單元之有機物負荷和水力負荷，滴濾池（生物濾池）被分為高負荷 (high rate) 濾池和標準負荷 (standard rate) 濾池。高負荷濾池的水力負荷通常為 10~40 百萬加侖 / 英畝 / 日，有機物負荷為每 1000 ft^3 濾池容積每天添加 23~110 lb BOD$_5$。標準負荷濾池運轉時的表面積負荷為 1~4 百萬加侖 / 英畝 / 日，有機物負荷為每 1000 ft^3 濾池容積每日添加 7~23 lb BOD$_5$ (Zajic, 1971)。兩種濾池的操作參數詳如表 7.2 所示。

高負荷濾池均有回流，而除非採用最小流速 (10%) 以維持濾料潤濕之情形外，標準負荷濾池通常並無回流。回流的好處可能僅限於處理複雜的有機物方面。圖 7.3 顯示已被設

表 7.2　標準負荷濾池與高負荷濾池之比較

參數	標準負荷滴濾池	高負荷滴濾池
表面積負荷 (MG/acre/day, MGAD)	1~4	10~40
有機物負荷 (lb BOD$_5$/1000 ft^3/day)	7~23	23~115
池深 (ft)	6~10	3~8
回流量	無	1:1~4:1
石質濾料體積	5~10 倍	1
電力需求	無	10~50 hp/MG
孳生蠅蟲之情況	多	幾乎沒有，幼蟲被沖走
脫膜	間歇	連續
操作	簡單	需要一些技術性

資料來源：Metcalf and Eddy (1972)

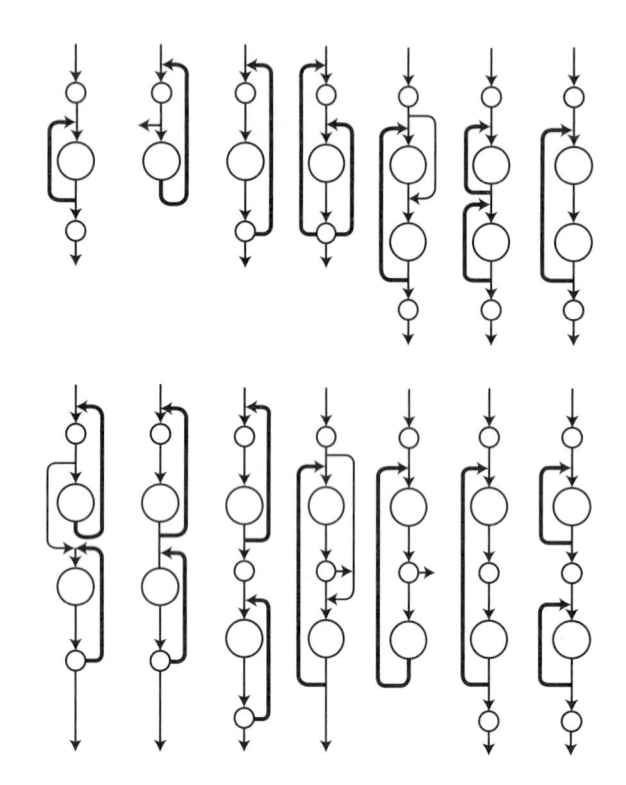

圖 7.3 高率滴濾池處理系統之不同回流形式 (Benzie, 1970)

計過的回流方式，該圖包括單一階段處理和兩階段處理 (即由兩個濾池串聯組成的處理方式)。在去除率要求較高時採用兩階段處理，此相當於增加了單池的深度。

圖 7.3 也顯示了採用直接回流之情況 (如回流回到濾池前端且經過沉澱池)。當採用回流經過沉澱池時，由於流量增加使得沉澱池之體積增加。然而，Culp (1963) 發現回流經過沉澱池並無特殊好處，故建議採用直接回流為宜。

通用設計方程式

由於處理程序之參數間存在複雜之相互關係，目前尚未研究出能夠準確預測濾池工作機制的模式。因此，在可能時，模廠之研究結果可被用來提供作設計之目的。但是在不能進行中模廠試驗時，有些設計方程式可用以估算處理廠之功能。這些方程式包括以下單位所提供者：(1) 國家研究委員會 (National Research Counsel, NRC) (Subcommittee, 1946)、(2) 大湖－上密西西比河州衛生工程師委員會 (Great Lakes-Upper Mississippi River Board of State Sanitary Engineers) (1971)、(3)Velz (1948)、(4)Rankin (1955)、(5)Fairall (1956)、(6)Stack (1957)、(7)Schulze (1960)、(8)Eckenfelder (1961)、(9)Galler and Gotaas (1964) 以及 (10)Kornegay (1975)。本章節僅就以上各研究報告中之國家研究委員會、Galler and Gotaas 以及 Eckenfelder 等所推導之方程式進行討論。

國家研究委員會 (NRC) 方程式是由處理各種不同軍事設施廢水且採用石質濾料之生物

濾池操作數據所推導出來。對於第一階段或單一階段處理，其方程式為：

$$E_1 = \frac{1}{1+0.0561(W/VF)^{1/2}} \tag{7-1}$$

式中，$E_1 =$ 濾池和二沉池的 BOD_5 去除率，%
　　　$W =$ 進入滴濾池的 BOD_5 質量流速，磅／日 (lb/day)，不包括回流水中之 BOD_5
　　　$V =$ 滴濾池容積，1000 ft³
　　　$F =$ 用於特定操作階段之回流因子 (recirculation factor)

至於回流因子 F 則可由下式表達之：

$$F = \frac{1+R}{[1+(1-\delta)R]^2} \tag{7-2}$$

式中，$R =$ 回流比（即回流量除以滴濾池進流量）
　　　$\delta =$ 加權因子，用以校正假設廢水每次通過滴濾池時，基質利用速率之下降值（此 δ 值通常為 0.9）

在建立一個用以表示第二階段濾池處理效率的式子時，可觀察到第一階段處理後之出水中基質利用速率將低於第一階段濾池中觀察到的基質利用速率，故可結論添加到第二階段濾池中的廢水存在著「可處理性下降」之現象。為了修正此現象，在第二階段濾池的去除率方程式中引入一個衰減因數，$[1/(1-E_1)]^2$。

$$E_2 = \frac{1}{1+0.0561\left(\frac{W_2}{V_2F(1-E_1)^2}\right)^{1/2}} \tag{7-3}$$

或

$$E_2 = \frac{1}{1+\frac{0.0561}{1-E_1}\left(\frac{W_2}{V_2F}\right)^{1/2}} \tag{7-4}$$

式中，$E_2 =$ 第二階段滴濾池及沉澱池的 BOD_5 去除率，%
　　　$W_2 =$ 添加到第二階段滴濾池中的 BOD_5，磅／日 (lb/day)
　　　$V_2 =$ 第二階段滴濾池的容積，1000 ft³

推導 7-4 式時所採用之假設條件為二個滴濾池間設置有一個中間沉澱池。

如果將 NRC 方程式應用於滴濾池設計，則在計算去除率時，僅有三個參數可以變化，即 (1) 濾料體積、(2) 級數及 (3) 回流比。描述單一階段處理的 7-1 式可以移項而成為下列公式 (Baker and Graves, 1968)：

$$V_1 = 0.0263QS_0\frac{(1+0.1R)^2}{1+R}\left(\frac{E_1}{1-E_1}\right)^2 \tag{7-5}$$

式中，$V_1 =$ 滴濾池容積，1000 ft³
　　　$Q =$ 進流量，百萬加侖／日 (MGD)
　　　$S_0 =$ 進流水基質濃度，mg/L

7-5 式說明，如果回流比維持不變，為維持穩定的處理效率所需要的容積將直接隨廢水流量和濃度而改變。如果將描述第二階段濾池處理的 7-4 式移項，可成為如下之形式，亦可以得到同樣的結果：

$$V_2 = 0.0263 Q S_1 \frac{(1+0.1R)^2}{1+R} \left[\frac{E_1}{(1-E_1)(1-E_2)} \right]^2 \tag{7-6}$$

式中，S_1 為第一階段滴濾池出流水中的 BOD_5 濃度。

如果將處理階段由單一階段增加至二個階段，處理效率將會提高。我們在第 1 章曾針對完全混合反應槽於串聯運行下，已經觀察過類似的特性了。這種系統在每一個反應槽中的停留時間均相等時，將可達到其最大之處理效率。將此基本知識應用於一系列串聯的生物性濾池 (包含滴濾池) 時，若濾池之容積及回流比都相同時，將可達到最大的處理效率。應用 NRC 方程式，根據圖 7.4 即可顯現出此一現象。

NRC 公式推導的前提，採用出流水回流之方式，將對處理程序有利。根據 7-5 式或 7-6 式可得知，若回流比增加至 5 時，為維持穩定去除率所需要的滴濾池總容積將會減小。若回流比超過 5 後，則容積減少的程度就變為較不明顯。

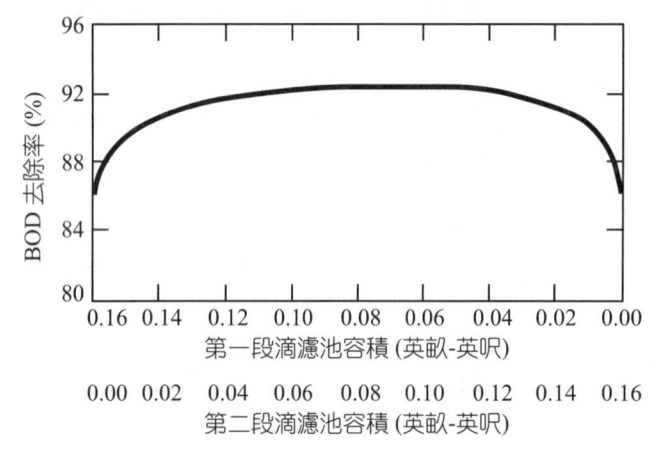

圖 7.4 總體積固定之二段式滴濾池處理系統之各階段池體最佳化設計容積曲線圖 (Archer and Robinson, 1970)

例題 7-1

廢水流量為 2 百萬加侖 / 日 (MGD)，BOD_5 濃度為 400 mg/L。每個濾池深為 8 ft，操作時的回流比為 4:1。若要求達到 90% 的 BOD_5 去除率，試設計一套二階段串聯之滴濾池系統。

【解】

為使設計最為有效，二座滴濾池的容積必須大致相同。為了確定此容積，需要使用一種試算程序。使用該程序時，先假設第一階段的處理效率，然後計算第二階段的處理效率及相對應的容積。當二個容積近乎相等時，就算達到了正確的設計容積。

1. 寫出一個「單位」BOD$_5$的效率平衡，以建立E_1和E_2間的關係。

$$(1)E_1 + (1)(1-E_1)E_2 = (1)E\,\text{全部}$$

- $(1)E_1$：在第一階段中之 BOD$_5$ 去除率
- $(1)(1-E_1)E_2$：在第二階段中之 BOD$_5$ 去除率
- $(1)E\,\text{全部}$：總 BOD$_5$ 去除率

或

$$E_1 + (1-E_1)E_2 = E_{\text{全部}}$$

以 0.9 取代 $E_{\text{全部}}$，並解出 E_2 而得：

$$E_2 = \frac{0.9 - E_1}{1 - E_1}$$

第一次試算之程序如下所示：

2. 假設 $E_1 = 0.80$，根據 7-5 式計算第一階段滴濾池的容積。

$$V_1 = (0.0263)(2)(400)\frac{[1+(0.1)(4)]^2}{1+4}\left(\frac{0.80}{1-0.80}\right)^2$$

$$= 131.95\ (1000\ \text{ft}^3)$$

3. 計算 E_2 值，然後利用該值，根據 7-6 式計算出 V_2 值：

$$E_2 = \frac{0.9 - 0.8}{1 - 0.8} = 0.5$$

因此，

$$V_2 = (400)(1-0.8)(2)(0.0263)\frac{[1+(0.1)(4)]^2}{1+4}\left[\frac{0.5}{(1-0.8)(1-0.5)}\right]^2$$

$$= 41.23\ (1000\ \text{ft}^3)$$

第二次試算之程序如下：

4. 假設 $E_1 = 0.75$，根據 7-5 式計算第一階段滴濾池的容積。

$$V_1 = (400)(2)(0.0263)\frac{[1+(0.1)(4)]^2}{1+4}\left(\frac{0.75}{1-0.75}\right)^2$$

$$= 74.22\ (1000\ \text{ft}^3)$$

5. 計算 E_2 值，然後利用該值，根據 7-6 式計算出 V_2 值。

$$E_2 = \frac{0.9 - 0.75}{1 - 0.75}$$

$$= 0.6$$

因此，

$$V_2 = (400)(1-0.75)(2)(0.0263)\frac{[1+(0.1)(4)]^2}{1+4}\left[\frac{0.6}{(1-0.75)(1-0.6)}\right]^2$$
$$= 74.22 \ (1000 \ \text{ft}^3)$$

以上計算顯示，第一及第二階段滴濾池的效率分別為 $E_1 = 0.75$ 及 $E_2 = 0.6$。設計時選擇的容積為 74,300 ft³。

6. 計算每座滴濾池所需要的直徑：

$$表面積 = \frac{體積}{深度}$$

$$A = \frac{74,300}{8}$$
$$= 9288 \ \text{ft}^2$$

因此，

$$直徑 = \left(\frac{4A}{\pi}\right)^{\frac{1}{2}}$$
$$= \left[\frac{(4)(9288)}{\pi}\right]^{1/2}$$
$$= 109 \ \text{ft}$$

Galler and Gotaas (1964) 對採用石質濾料之滴濾池處理廠的操作數據，運用多元迴歸分析，建立了如下之單一階段滴濾池之設計公式 (Weston, 1974)：

$$S_e = \frac{K^0(QS_0+Q_RS_e)^{1.19}}{(Q+Q_R)^{0.78}(1+D)^{0.67}(r)^{0.25}} \tag{7-7}$$

式中，S_e = 濾池出流水的 BOD_5，mg/L
$\quad Q$ = 廢水進流量，百萬加侖 / 日 (MGD)
$\quad Q_R$ = 回流量，百萬加侖 / 日 (MGD)
$\quad S_0$ = 進流水 BOD_5，mg/L
$\quad D$ = 滴濾池深度，ft
$\quad r$ = 滴濾池半徑，ft
$\quad K^0 = \frac{0.464(43,560/\pi)}{(Q)^{0.28}(T)^{0.15}} \tag{7-8}$
$\quad T$ = 廢水溫度，°C

移項並解出容積，7-8 式可寫成 (Baker and Graves, 1968)：

$$V_1 = 0.1355D\left[\frac{(Q)^{0.13}(S_0)^{0.19}[1+R(1-E_1)]^{1.19}}{(T)^{0.15}(1+D)^{0.67}(1-E_1)(1+R)^{0.78}}\right]^8 \tag{7-9}$$

式中，V_1 = 第一段滴濾池的容積，1000 ft³

根據 Baker and Graves (1968) 之建議，在 Galler-Gotaas 公式中引入一個衰減因子 (retardation factor)，$1/(1-E_1)^4$，即可得到類似於 NRC 式的第二階段處理系統之設計公式，如下所示：

$$V_2 = 0.1355D\left[\frac{(Q)^{0.13}(S_0)^{0.19}[1+R(1-E_2)]^{1.19}}{(T)^{0.15}(1+D)^{0.67}(1-E_2)(1+R)^{0.78}(1-E_1)^{0.5}}\right]^8 \tag{7-10}$$

7-9 式及 7-10 式說明了容積是廢水流量與濃度、滴濾池深度、回流量及廢水溫度的函數。值得注意的是，在正常的有機物負荷及表面負荷範圍內，且在回流比增加到 5 以前，這些方程式所預測之去除率將隨回流比的增加而增加；然而當回流比高於 5 之後，去除率的增加幅度將會變小。

估算二階段處理系統時的最佳容積比，與 NRC 式之 1:1 比例相比較，在使用 Galler-Gotaas 式時，最佳容積比則為 1:2。而且，二階段設計所得之總容積，將較單一階段設計時所得之總容積要少。

Eckenfelder 式是唯一考慮了濾料特性變化之設計方程式，而且 Eckenfelder 式中的各項因子，皆能利用進行可處理性之研究，進行估算。對於滴濾池的設計來說，此為一種最理想之方法。因此，有必要對這些特殊的方程式，進行詳細的推導。

Eckenfelder 在推導其方程式的過程中，假設可把滴濾池處理系統視為一種柱塞流 (plug-flow) 形式的反應槽，並假設基質的利用係遵守一階反應動力學。因此，

$$\frac{S_e}{S_0} = e^{-kXt} \tag{7-11}$$

式中，S_e = 滴濾池出流水中之可溶解性 BOD_5，mg/L
　　　S_0 = 進流水 BOD_5，mg/L
　　　k = 基質利用反應速率常數，[時間]$^{-1}$
　　　X = 活性微生物（污泥）生質量，mg/L
　　　t = 廢水與微生物間的接觸時間，時間

就滴濾池而言，Eckenfelder 還提出接觸時間可表示為：

$$t = \frac{CD}{Q^n} \tag{7-12}$$

式中，C、n = 濾料的特性常數 (見表 7.3)，
　　　D = 滴濾池深度，ft
　　　Q = 表面積負荷，加侖 / 分鐘 / 平方英呎 (gpm/ft^2)

Eckenfelder and Barnhart (1963) 又進一步求得：

$$C = C'A_v^m \tag{7-13}$$

式中，A_v 代表濾料的比表面積 (如表 7.3 所示)，單位為 ft^2/ft^3，C' 及 m 為在無微生物生長

表 7.3　某些濾料之水力特性

濾料類型	濾料比表面積 A_v (ft²/ft³)	指數 n	係數 C
多孔環	30	0.65	9.5
玻璃球，直徑 0.5 in. (1.3 cm)	85	0.82	22.5
玻璃球，直徑 0.75 in. (1.9 cm)	60.3	0.80	15.8
玻璃球，直徑 1.0 in. (2.5 cm)	41.6	0.75	12.0
瓷球，直徑 3.0 in. (7.6 cm)	12.6	0.53	5.1
濾石，2.5~4.0 in. (6.3~10.2 cm)	—	0.408	4.15
Dowpac®	25	0.50	4.84
石棉 (asbestos)	25	0.50	5.10
Mead-Cor®	30	0.70	5.6
石棉	50	0.75	7.2
石棉	85	0.80	8.0

資料來源：Eckenfelder and Barnhart (1963)

於其表面之球型濾料、石料及多孔塑膠濾料的常數，其數值分別為 0.7 及 0.75。

假設活性微生物生質量 (X) 與介質濾料之比表面積 (A_v) 成正比，將 7-12 式中的 t 及 7-13 式中的 C，代入 7-11 式，可得：

$$\frac{S_e}{S_0} = e^{-kC'A_v^{1+m}D/Q^n} \tag{7-14}$$

如果假設比表面積保持不變，並假設在整個滴濾池深度上，濾料表面的微生物膜層 (biofilm) 厚是均勻的，則 7-14 式可表示為：

$$\frac{S_e}{S_0} = e^{-K_0'D/Q^n} \tag{7-15}$$

式中，K_0' 為可處理性因子 (treatability factor)，當 Q 的單位為加侖 / 分鐘 / 平方英呎 (gpm/ft²) 時，其單位為 [分鐘]$^{-1}$ (min^{-1})。

7-15 式對無回流的單一階段滴濾池是有效的。但當採用回流時，可將 7-15 式修改為下面的形式：

$$\frac{S_e}{S_{實際}} = \frac{e^{-K_0'D/Q^n}}{(1+R)-Re^{-K_0'D/Q^n}} \tag{7-16}$$

式中，$S_{實際}$ 等於原廢水與回流廢水混合液所含之 BOD_5 (即實際上流進滴濾池之廢水中的 BOD_5)。該值表示如下：

$$S_{實際} = \frac{S_0 + RS_e}{1+R} \tag{7-17}$$

雖然 7-15 式及 7-16 式皆不包含 Galler-Gotaas 式中的溫度 (T) 項，但是 Eckenfelder 提出，溫度項可以藉由調整可處理性因子 K_0' 而考慮進來：

$$K_0' = K_0'{}_{20°C}(1.035)^{T-20} \qquad (7-18)$$

式中，$K_0'{}_{(20°C)}$ = 20°C 時所測定之可處理性因子

T = 處理系統之操作溫度，°C

如前所述，如果設計中確定採用生物濾池，最好進行可處理性研究。因此，當利用 Eckenfelder 式進行設計時，必須測定常數 K_0' 及 n。測定 K_0' 及 n 時，需使用實驗室規模之滴濾池模型槽，池中並填充於興建實廠時將要使用的濾料類型。在實驗室模槽試驗中，將估算這些常數，其步驟如下所示：

1. 在實驗室規模的滴濾池模槽中填充實廠經選定的濾料，並使用實廠將要處理的實際廢水，進行模槽內濾料表面微生物膜 (biofilm) 之培養。如圖 7.5 所示，為一典型的實驗室規模的滴濾池模槽。

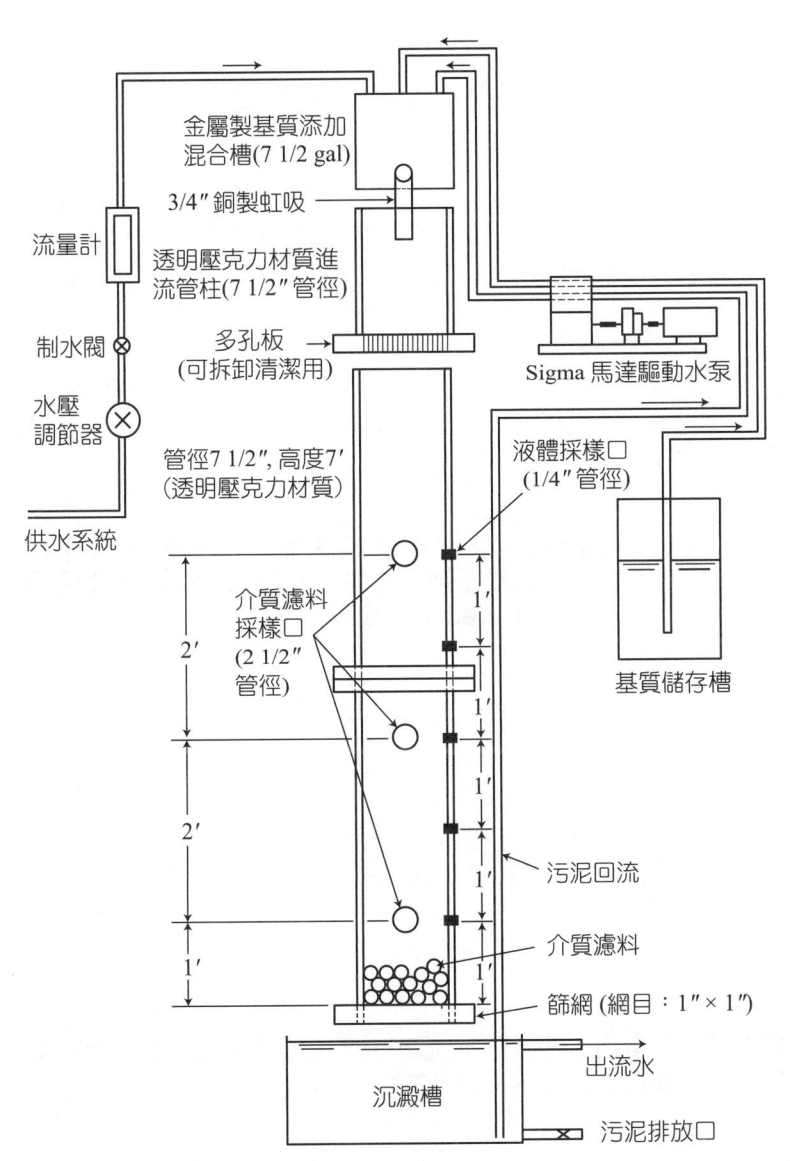

圖 7.5 典型實驗室規模滴濾池模槽示意圖 (Cardenas, 1966)

2. 使滴濾池在一定之表面積負荷範圍內,進行操作,並測定滴濾池內不同深度下,剩餘之溶解性 BOD_5。

3. 為便於分析數據,將 7-15 式重新整理成如下:

$$2.3 \log\left(\frac{S_e}{S_0}\right) = -K_0' D Q^{-n} \tag{7-19}$$

在半對數紙上畫出剩餘 BOD_5 的百分比與取樣深度的曲線。典型的曲線如圖 7.6 所示。該圖中,點 A、B 及 C 代表不同的表面積負荷,單位為加侖/分鐘/平方英呎 (gpm/ft²),且 A < B < C。

4. 圖 7.6 中各直線的斜率一經決定,2.3 × 斜率 (slope) 對表面積負荷的雙對數圖即可繪出,如圖 7.7 所示。該圖是依據以下之關係式所建立:

$$斜率 = \frac{-K_0' Q^{-n}}{2.3} \tag{7-20}$$

或

$$2.3 \times 斜率 = -K_0' Q^{-n} \tag{7-21}$$

上式之二邊同取對數,可得下式:

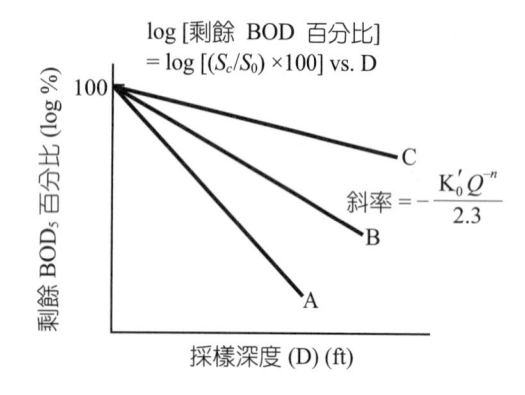

圖 7.6 典型之滴濾池處理系統對不同採樣深度所測得剩餘 BOD 百分比之相對應關係圖 (Eckenfelder, 1972)

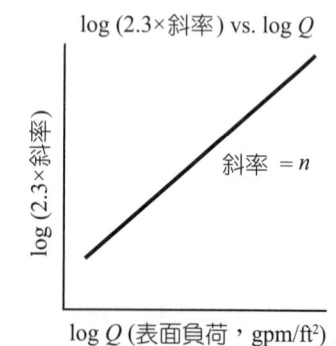

圖 7.7 典型滴濾池處理系統之不同 $K'_0 Q^{-n}$ 測值相對應於表面負荷之關係圖 (Eckenfelder, 1972)

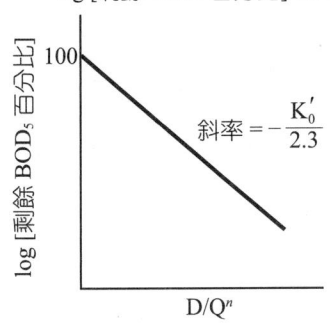

图中：log [剩餘 BOD 百分比] vs. D/Q^n，縱軸 log [剩餘 BOD$_5$ 百分比]，斜率 = $-\dfrac{K_0'}{2.3}$，橫軸 D/Q^n

圖 7.8 典型之滴濾池處理系統之剩餘 BOD 百分比相對應於 D/Q^n 測值之關係 (Eckenfelder, 1972)

$$\log (2.3 \times 斜率) = -[\log K_0' + (-n)\log Q]$$
$$= -\log K_0' + n \log Q \tag{7-22}$$

此為一條斜率為 n 的直線方程式。因此，log (2.3× 斜率) 相對於 log Q 的作圖將呈現線性關係，而可得一直線，其斜率即為常數 n 之數值。

5. 最後，在半對數作標紙上，繪出剩餘 BOD$_5$ 的百分比與 D/Q^n 的作圖，所得直線之斜率即為 $K_0'/2.3$，如圖 7.8 所示。

各種類型之濾料及廢水中常用的典型 n 值及 K_0' 值如表 7.4 及表 7.5 所示。

表 7.4 沉澱過之生活污水在各種濾料之滴濾池中 BOD$_5$ 之可處理性因子

濾料類型	池深 (ft)	進流水 BOD$_5$ 濃度範圍 (mg/L)	表面積負荷 (gpm/ft^2)	n	20°C 時之可處理性因子 K_0'(min^{-1})
Flexirings™ 1(1/2) in.	8	65~90	0.196~0.42	0.39	0.09
煤渣塊 2(1/2) in.	6	220~320	0.015~0.019	0.84	0.021
爐渣塊 1(1/2)~2(1/2) in.	6	112~196	0.08~0.19	1.00	0.014
爐渣塊 2(1/2) in.	6	200~320	0.015~0.019	0.75	0.029
濾石 2(1/2)~4 in.	12	200	0.48~1.47	0.49	0.036
花崗岩 1~3 in.	6	186~226	0.031~0.248	0.4	0.059
填充瓷環 3/4 in.	6	186~226	0.031~0.248	0.7	0.031
填充瓷環 1 in.	6	186~226	0.031~0.248	0.63	0.031
填充瓷環 1(1/2) in.	6	186~226	0.031~0.248	0.306	0.078
填充瓷環 2(1/4) in.	6	186~226	0.031~0.248	0.274	0.08
直邊濾塊 (Straight block)	6	186~226	0.031~0.248	0.345	0.048
Surfpac®	21.6	200	0.49~3.9	0.5	0.05
	12.0	200	0.97~3.9	0.45	0.05
	21.5	—	—	0.50	0.045
	21.5	—	—	0.50	0.088

資料來源：引自 Lipták (1974)

表 7.5　20°C 時各種不同類型廢水之可處理性因子 K_0'

廢水類型	濾料類型	比表面積 (ft²/ft³)	K_0' (min⁻¹)	指數 n
生活污水	Surfpac	28.0	0.079	0.5
水果罐頭廢水	Surfpac	28.0	0.0177	0.5
紙箱印版廢水	Surfpac	28.0	0.0197	0.5
焦炭及煉鋼工廠廢水	Surfpac	28.0	0.0211	0.5
紡織廢水	Surfpac	28.0	0.0156	0.5
	Surfpac	28.0	0.0394	0.5
	Surfpac	28.0	0.0268	0.5
製藥廢水	Surfpac	28.0	0.0292	0.5
屠宰場廢水	Surfpac	28.0	0.0246	0.5

資料來源：引用自 Eckenfelder(1970)

例題 7-2

建造一個池深 25 ft 且採用塑膠濾料的滴濾池，以處理流量為 2 MGD（百萬加侖／日），且濃度為 300 mg/L 的廢水，並要求達到 90% 的 BOD_5 去除率。由可處理性試驗研究得知 $n = 0.5$，且 20°C 時 $K_0' = 0.05$ min⁻¹。如果預計廢水的臨界溫度為 10°C，且不採用回流進行操作，該滴濾池的表面積為多少？如為圓形滴濾池，其直徑又為多少？

【解】

1. 利用 7-18 式，對可處理性因子 K_0' 進行溫度修正：

$$K_0' = 0.05(1.035)^{10-20}$$
$$= 0.0354 \text{ min}^{-1}$$

2. 根據 7-15 式，計算可接受的水力負荷：

$$0.1 = \frac{1}{e^{(0.035)(25)/Q^{0.5}}}$$
$$Q = 0.144 \text{ gpm/ft}^2$$

3. 將進流量由 MGD 轉換算成 gpm（加侖／分鐘）。

$$2 \text{ MGD} = \frac{2,000,000}{1440} = 1389 \text{ gpm}$$

4. 計算所需要的滴濾池表面積：

$$A = \frac{1389}{0.144}$$
$$= 9646 \text{ ft}^2$$

5. 決定所需要的濾池直徑：

$$\text{直徑} = \left(\frac{4A}{\pi}\right)^{\frac{1}{2}}$$

$$= \left[\frac{4(9646)}{\pi}\right]^{\frac{1}{2}}$$
$$= 98.2 \text{ ft}$$

Eckenfelder (1961) 曾建議在使用石質濾料之滴濾池處理生活污水時，可使用下列之公式進行設計：

$$\frac{S_e}{S_0} = \frac{1}{1+\frac{2.5D^{0.67}}{(Q/A)^{0.5}}} \tag{7-23}$$

式中，D = 濾池深度，ft
Q = 進流量，MGD
A = 滴濾池表面積，acre（英畝）

Baker and Graves (1968) 利用 7-23 式，推導出下列公式，以求出滴濾池所需之容積：

$$V_1 = 7.0 \frac{Q}{D^{0.33}} \left[\frac{E_1/(1-E_1)}{1+R}\right]^2 \tag{7-24}$$

式中，V_1 為一段式滴濾池的容積，或者二段式系統中之第一段的容積，單位並以 1000 ft³ 表示之。

為使 Eckenfelder 公式能夠應用於二段式滴濾池處理系統，Baker and Graves (1968) 使用一衰減因子 (retardation factor)，$1/(1-E_1)^2$，則滴濾池所需之容積表達式為：

$$V_2 = 7.0 \frac{Q}{D^{0.33}} \left[\frac{E_2}{(1-E_1)(1-E_2)(1+R)}\right]^2 \tag{7-25}$$

由 7-24 式及 7-25 式所計算出之滴濾池容積，將隨進流量不同而有所變化，且與池深呈現出 $1/D^{0.33}$ 之函數關係，此一關係將使得所需容積會隨著池深的增加而減少。根據上式可看出，採用放流水回流之方式亦將使滴濾池所需容積減少。而實際上，當回流比 R 達到 5:1 時，即已達到了極限點。而由 7-25 式亦可知，進流水之 BOD₅ 並不是決定滴濾池所需容積之變數。

依據 Eckenfelder 公式而言，對於二階段系統的去除率，當二個滴濾池的容積比為 1:1 時，將可達到最大值。Baker and Graves (1968) 指出，雖然可經由加大池深及回流量來減少所需的滴濾池容積，但是無論增加這二個參數中的哪一個，通常都會使泵浦抽水的費用增高。

採用 NRC、Galler-Gotaas 及 Eckenfelder 等公式，可分別預測滴濾池所需的容積，然而三者之計算結果差異性甚大。有關何者對於實際情況之預測最為準確，目前尚無明確的答案。但是，當設計工程師在選用其中一個公式來設計時，有些因素必須考慮：(1) Eckenfelder 與 Galler-Gotaas 的公式將滴濾池的深度視為一重要的設計參數；(2)Galler-Gotaas 公式則包含了溫度 (T) 項；(3) 在推導 NRC 方程式時，所使用的去除效率數值，係依據滴濾池後面設有沉澱池之情況下得之，且在推導 Galler-Gotaas 與 Eckenfelder 方程式時，則使用了經過沉澱及未經過沉澱的放流水數值；以及 (4)Eckenfelder 方程式是唯一將濾料特性的變化，視為一重要的設計變數。

滴濾池處理方案之選擇

過去，滴濾池常常用來提供做為廢水的二級處理設備，特別是在人口少於 10,000 人的小城鎮，更為普遍應用。滴濾池之所以普遍應用的原因在於其操作之方便性，且建造及營運成本均較活性污泥處理程序更為低廉。但是，根據 1972 年美國水污染控制條例修正案 (1972 Water Pollution Control Act Amendments)，由於該法案對放流水的標準提出了更為嚴格的要求，因此針對滴濾池是否能持續有效地做為二級處理的可選擇方案之一，提出了疑問。

當設計基於前述之預測模式之一，例如 NRC 方程式，且滴濾池位於季節性溫度變化較大的區域時，這樣的問題並非沒有根據。但是必須要認知，像這樣的問題，通常是基於一般係採用標準速率滴濾池 (standard-rate trickling filters) 之操作進行設計，然而該形式之滴濾池係屬於「偶發性」(accidentally)，而非最佳化的設計。此外，預測模式則是根據滴濾池的進流水至最終沉澱池的出流水間的總 BOD 去除率，做為該系統的處理效率，對處理廠放流水中的可溶解性 BOD 及懸浮性 BOD 並無加以區別。這種預測模式將使設計工程師無法對基質之分解作用與沉澱作用，分開進行設計。但如果僅是著重於放流水的水質，則使用這種預測模式，就會顯得較為實際。

過去研究已發現滴濾池在溫暖的氣候中之操作效率較高。當比較冬季條件下 (25~30°F) 之滴濾池處理效率，與夏季條件下 (67~73°F) 之效率後，Benzie et al. (1963) 發現在冬季的滴濾池效率會下降 21%。

相較於滴濾池，雖然二級處理之活性污泥處理程序通常可提供較高之處理效率及較高之操作彈性 (因為回流是滴濾池唯一可操控的方法)，這或許不應斟酌將滴濾池視為一可替代的處理方案。但如果設計係基於可處理性研究，確定基質的同化 (assimilation) 速率，並適當考慮溫度的變化，以及使用較大的深度，而當後續沉澱池澄清效率降低時，具有在滴濾池出流水中添加化學物質的能力，那麼在某些情況下，滴濾池處理系統就有可能會提供最具成本效益的設計——尤其是如果使用如同 Smith (1974) 所說：「最佳可行處理 (best practicable treatment)」這一術語來代表理想情況，亦即每個污染控制問題的所有方面都得到適當加權及周全考慮，以達到使共同利益最大化，且共同成本最小化之理想解決方案。」

7-2　旋轉生物接觸圓盤 (Rotating Biological Contactors)

旋轉生物接觸圓盤 (rotating biological contactors, RBC) 法係將一系列安裝非常靠近之圓盤 (直徑為 10~12 ft) 安裝在一根共同轉軸上。圓盤組是安裝在一座水泥池中，使流經池中的廢水液面差不多浸沒此轉動軸，此即圓盤總表面積中大約有 40% 是浸沒在廢水中。轉動軸以每分鐘 1~2 轉的速度連續轉動，且在每個被浸濕的圓盤表面上很快就會生長一層 2~4 mm 厚的生物成長物。生長且附著在圓盤上的生物將分解廢水中的有機物質。經由旋轉動作使圓盤與廢水接觸後再暴露於空氣中，而達到曝氣之效果。過剩的微生物剝落後掉入池中，而由於圓盤的旋轉作用使得池中的固體物維持懸浮狀態。最後，廢水的流動將這些固體物帶出處理系統，流入沉澱池並於池中液體與固體物達到分離效果。將幾組生物圓盤串聯設置，可以達到較高的有機物去除和硝化作用 (如圖 7.9 及圖 7.10 所示)。

有一種現成商品化之生物轉盤系統叫做 BIO-SURF 程序。BIO-SURF 程序的基本組件是一根 25 ft 長的鋼軸，支撐著一組直徑為 12 ft 的聚乙烯圓盤。BIO-SURF 的濾料由平的和波紋形的乙烯板交叉組合而成 (如圖 7.11 所示)。此種排列方式所提供的表面積，比只用平板圓盤的表面積大很多。對於小流量而言，只需沿著一根鋼軸並在各組圓盤間選定適當間隔，即可提供一系列的處理階段。若在大型裝置中，則一個 25 ft 長的組件本身僅做為單一個處理階段。一般說來，直徑 12 ft、長 25 ft 的組件大約總共含有 104,000 ft^2 的表面積 (如圖

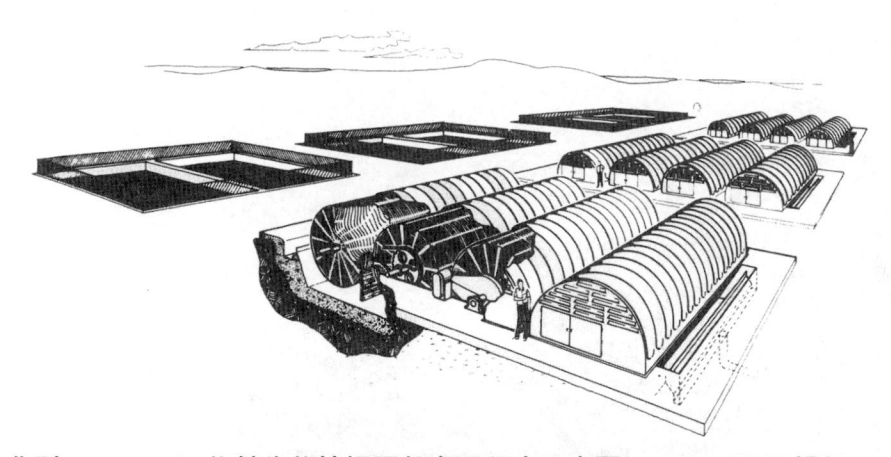

圖 7.9 典型 BIO-SURF 旋轉生物接觸圓盤處理程序示意圖 (Autotrol 公司提供)

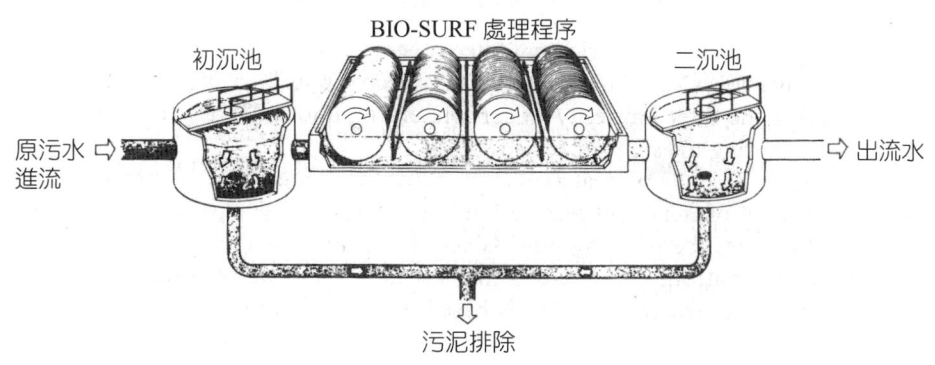

圖 7.10 BIO-SURF 旋轉生物接觸圓盤處理程序俯視圖 (Autotrol 公司提供)

圖 7.11 BIO-SURF 旋轉生物接觸圓盤之表面構造 (Autotrol 公司提供)

圖 7.12 BIO-SURF 旋轉生物接觸圓盤之間隔空間距離 (Autotrol 公司提供)

7.12 所示)。每一個組件是由 5 馬力的電動馬達驅動 (Autotrol 公司還有發展出另一系統，稱之 AERO-SURF 程序；該系統係由空氣驅動，其操作上通常比機械驅動系統更為經濟)。

BIO-SURF 程序可設計產生出水 BOD_5 為 10 mg/L。BOD_5 在 10~20 mg/L 範圍的出水中通常含 1/3 的溶解性 BOD_5 及 2/3 的非溶解性 BOD_5。

旋轉生物圓盤處理系統的優點包含：

1. 由於活性表面積大,故所需的接觸時間短(通常少於 1 小時)。
2. 可處理的流量範圍較廣(由小於 1 MGD 到超過 100 MGD)。
3. 不需要回流。
4. 剝落之生物體通常沉澱性佳,較易由廢水中分離出。
5. 由於在污水廠內其所需要之操作技術不高,故操作費用較低。

在北方氣候下,為了防止冰凍需要把設施遮蓋起來,此為旋轉生物圓盤法的一個缺點。

RBC 設計關係式之建立

因為旋轉生物圓盤系統在廢水生物處理中是一個相對較新的概念,所以有關描述本處理程序所被提出之模式尚很少。Kornegay (1975) 提出了迄今為止最為詳細實用的推導程式,以下將敘述其推導程序。

由圓盤脫落下來的微生物會因圓盤轉動產生之擾動作用而維持懸浮狀態。因此在此情況下,懸浮的和附著的微生物生長量都將負責基質之分解。依據圖 7.13 所示的系統,基質進入和離開反應器的物質平衡表達式為:

[反應器內基質量的淨變化速率] = [基質進入反應器的速率]
                − [基質離開反應器的速率]   (7-26)

基質由反應器中被去除是經由懸浮和附著微生物之分解作用及其未被生物利用而隨出水被帶出系統者。所以,假設反應器內呈完全混合狀態,則 7-26 式可以寫成:

$$\left(\frac{dS}{dt}\right)V = QS_0 - \left[\left(\frac{dS}{dt}\right)_{uA} V_A + \left(\frac{dS}{dt}\right)_{uS} V_S + QS_e\right] \quad (7-27)$$

式中,$\left(\frac{dS}{dt}\right)_{uA}$ = 每單位體積附著生長物之基質利用速率,[質量]·[體積]$^{-1}$·[時間]$^{-1}$

$\left(\frac{dS}{dt}\right)_{uS}$ = 每單位體積懸浮生長物之基質利用速率,[質量]·[體積]$^{-1}$·[時間]$^{-1}$

  V_A = 活性附著成長物之體積,[體積]

  V_S = 反應器之液體體積,[體積]

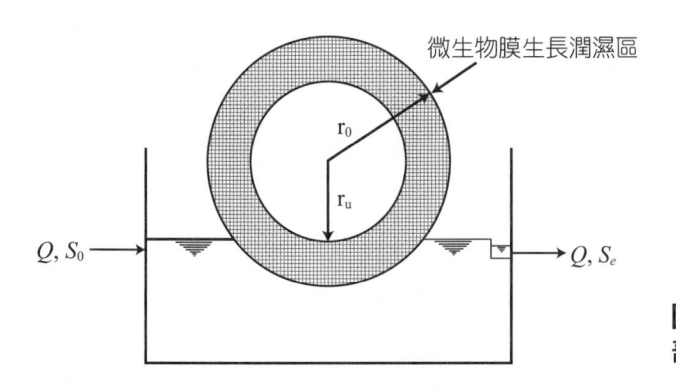

圖 7.13 旋轉生物接觸圓盤處理系統剖面示意圖 (Kornegay, 1975)

S_0 = 進流水中基質濃度，[質量] • [體積]$^{-1}$

S_e = 出流水中基質濃度，[質量] • [體積]$^{-1}$

如果忽略維持生命需要的能量，則

$$\left(\frac{dX}{dt}\right)_g = Y_T \left(\frac{dS}{dt}\right)_u \tag{7-28}$$

或

$$\left(\frac{dX}{dt}\right)_{Ag} = Y_A \left(\frac{dS}{dt}\right)_{uA} \tag{7-29}$$

且

$$\left(\frac{dX}{dt}\right)_{Sg} = Y_S \left(\frac{dS}{dt}\right)_{uS} \tag{7-30}$$

式中，$\left(\frac{dX}{dt}\right)_{Ag}$ = 附著微生物之絕對成長速率 (absolute growth rate)，[質量] • [容積]$^{-1}$ • [時間]$^{-1}$

Y_A = 附著成長物之理論生長係數 (theoretical yield coefficient)

$\left(\frac{dX}{dt}\right)_{Sg}$ = 懸浮微生物之絕對生長速率 (absolute growth rate)，[質量] • [容積]$^{-1}$ • [時間]$^{-1}$

Y_S = 懸浮生長物之理論生長係數 (theoretical yield coefficient)

7-29 式及 7-30 式可移項而改寫如下：

$$\frac{(dX/dt)_{Ag}}{Y_A} = \left(\frac{dS}{dt}\right)_{uA} \tag{7-31}$$

及

$$\frac{(dX/dt)_{Sg}}{Y_S} = \left(\frac{dS}{dt}\right)_{uS} \tag{7-32}$$

在 7-31 式及 7-32 式左邊分別乘以 X_f / X_f 及 X_S / X_S，可得下列方程式：

$$\frac{\frac{(dX/dt)_{Ag}}{X_f}X_f}{Y_A} = \frac{\mu_A X_f}{Y_A} = \left(\frac{dS}{dt}\right)_{uA} \tag{7-33}$$

$$\frac{\frac{(dX/dt)_{Sg}}{X_S}X_S}{Y_S} = \frac{\mu_S X_S}{Y_S} = \left(\frac{dS}{dt}\right)_{uS} \tag{7-34}$$

式中，X_f = 每單位體積附著成長物之活性微生物量

X_S = 每單位體積懸浮成長物之活性微生物量

μ_A = 附著微生物之比成長率，[時間]$^{-1}$

μ_S = 懸浮微生物之比生長率，[時間]$^{-1}$

將 7-33 式及 7-34 式中的 $(dS/dt)_{uA}$ 及 $(dS/dt)_{uS}$ 代入 7-27 式中得到：

$$\left(\frac{dS}{dt}\right)V = QS_0 - QS_e - \frac{\mu_A X_f}{Y_A}V_A - \frac{\mu_S X_S}{Y_S}V_S \tag{7-35}$$

假設 d 表示任一旋轉圓盤上微生物膜的活性厚度，而 A 表示總濕潤面積，則

$$A = 2N\pi(r_0^2 - r_u^2) \tag{7-36}$$

式中，N = 圓盤數目

r_0 = 圓盤的總半徑 (如圖 7.13 所示)

r_u = 圓盤未被浸沒部分的半徑

然後，在穩定狀態條件下，7-35 式可寫為：

$$0 = QS_0 - QS_e - \frac{\mu_A}{Y_A}X_f d 2\pi N(r_0^2 - r_u^2) - \frac{\mu_S}{Y_S}X_S V \tag{7-37}$$

式中，V = 反應槽體內之液體體積

如果假設微生物的成長遵守 2-12 式之 Monod 關係式，即

$$\mu = \mu_{max}\frac{S}{K_S + S} \tag{2-12}$$

將 μ 代入 7-37 式中，可得：

$$0 = QS_0 - QS_e - \frac{(\mu_{max})_A}{Y_A}X_f d 2\pi N(r_0^2 - r_u^2)\frac{S_e}{K_S + S_e} - \frac{(\mu_{max})_S}{Y_S}X_S V\frac{S_e}{K_S + S_e} \tag{7-38}$$

但是，大多數生物旋轉圓盤系統操作之停留時間較短，懸浮生長程序產生的微生物量比起附著生長程序產生的微生物量小很多，故懸浮生長所產生的基質利用作用將可忽略。7-38 式可簡化為：

$$Q(S_0 - S_e) = 2\frac{(\mu_{max})_A}{Y_A}N\pi d X_f(r_0^2 - r_u^2)\frac{S_e}{K_S + S_e} \tag{7-39}$$

如果處理系統係由一系列的反應槽組成，而每個反應槽均是將一系列的圓盤安裝在一根共同轉軸上，則總基質利用量就等於各個單元 (反應槽) 基質利用量的總和，即：

$$U_T = U_1 + U_2 + ... + U_{n-1} + U_n \tag{7-40}$$

在一有限時間之基礎下，所以總基質利用量可表示如下式所示：

$$U_T = Q(S_0 - S_{en}) \tag{7-41}$$

式中，S_{en} = 第 n 個反應槽的出流水基質濃度，[質量]・[容積]$^{-1}$

對於每個相同處理單元串聯起來操作的話，則 7-39 式成為：

$$Q(S_0 - S_{en}) = \frac{2(\mu_{max})_A}{Y_A}N\pi X_f d(r_0^2 - r_u^2)\sum_{i=1}^{n}\frac{S_i}{K_S + S_i} \tag{7-42}$$

式中，S_i = 第 i 個單元的出流水基質濃度，[質量]・[容積]$^{-1}$

如果引用一參數項 P，並定義為：

$$P = \frac{(\mu_{max})_A X_f d}{Y_A} \tag{7-43}$$

則 7-39 式 (該式適用於單段式系統) 則可寫成：

$$Q(S_0 - S_e) = 2PN\pi(r_0^2 - r_u^2)\frac{S_e}{K_S+S_e} \tag{7-44}$$

而 7-42 式 (該式適用於多段式系統) 則成為：

$$Q(S_0 - S_{en}) = 2PN\pi(r_0^2 - r_u^2)\sum_{i=1}^{n}\frac{S_i}{K_S+S_i} \tag{7-45}$$

在 7-45 式中，N 表示某一階段中的轉動圓盤數目。

將 7-44 式或 7-45 式應用於系統設計之前，必須先決定動力參數 K_S 和 P。估算這些常數時，可用實驗室規模之模槽或模廠規模的試驗數據為基準。Autotrol 公司有規模大小從 0.5 公尺模槽到實廠之 BIO-SURF 及 AERO-SURF 處理程序之模廠試驗數據可供利用。

當系統是在較短的停留時間下操作時，僅有附著生長的基質分解作用是顯著的。在此一情況下，可將 7-44 式移項為如下之形式：

$$\frac{2N\pi(r_0^2-r_u^2)}{Q(S_0-S_e)} = \frac{1}{P} + \frac{K_S}{PS_e} \tag{7-46}$$

將 $2N\pi(r_0^2 - r_u^2)/Q(S_0 - S_e)$ 相對於 $1/S_e$ 繪圖所得直線之斜率值應為 K_s/P，而截距應為 $1/P$，其關係如圖 7.14 所示。

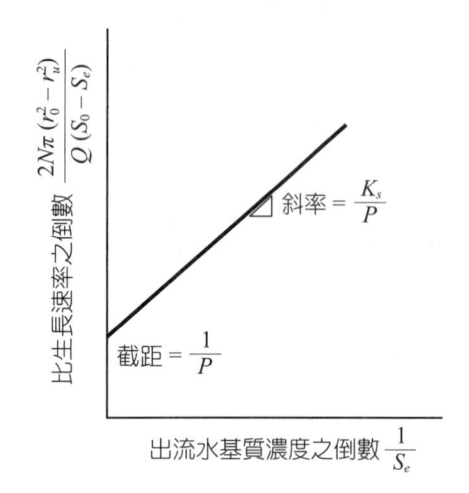

圖 7.14 旋轉生物接觸圓盤處理系統設計參數 K_s 值相對應於 P 值之關係 (Kornegay, 1975)

例題 7-3

假設要建造一個單段式之生物旋轉圓盤系統來處理廢水，廢水流量為 0.1 百萬加侖 / 日 (MGD)，進流水中之 BOD$_5$ 濃度為 250 mg/L。由可處理性研究得知，P = 2500 毫克 / 英呎^2 / 日 (mg/ft^2-day) 及 K_S = 100 mg/L。如果出流水的可溶解性 BOD$_5$ 為 15 mg/L，試問旋轉圓盤需要多大之表面積？

【解】

根據 7-44 式，計算所需的表面積：

$$Q(S_0 - S_e) = 2PN\pi(r_0^2 - r_u^2)\frac{S_e}{K_S + S_e}$$

因為 $A = 2N\pi(r_0^2 - r_u^2)$，故 7-44 式可寫成：

$$Q(S_0 - S_e) = PA\frac{S_e}{K_S + S_e}$$

或

$$A = \frac{Q(S_0 - S_e)}{P\frac{S_e}{K_S + S_e}}$$

$$= \frac{(100{,}000 \text{ gal/day})(3.78 \text{ L/gal})(250 - 15)}{(2500)\left(\frac{15}{100 + 15}\right)}$$

$$= 272{,}401 \text{ ft}^2$$

例題 7-4

如果在例題 7-3 中採用的是二段式處理系統，試計算所需要的表面積。

【解】

利用 7-44 式及 7-45 式，以試算法求解。

1. 建立一個第一段出流水基質濃度的表達式。

   7-45 式可以展開成如下之形式：

$$Q(S_0 - S_e) = PA\frac{S_1}{K_S + S_1} + PA\frac{S_2}{K_S + S_2}$$

式中，S_1 及 S_2 分別為第一段旋轉圓盤與第二段旋轉圓盤的出流水基質濃度。根據 7-44 式，對第一段旋轉圓盤而言：

$$Q(S_0 - S_1) = PA\frac{S_1}{K_S + S_1}$$

因此，

$$Q(S_0 - S_2) = Q(S_0 - S_1) + PA\frac{S_2}{K_S + S_2}$$

或

$$S_1 = \frac{PAS_2}{(K_S + S_2)Q} + S_2$$

2. 假設每一段之旋轉圓盤之表面積，並求出 S_1。在第一次試算中，假設每一段旋轉圓盤的表面積為 68100 ft², 則

$$S_1 = \frac{(2500)(68,100)(15)}{(100+15)(3.78)(100,000)} + 15$$

$$= 73.7 \text{ mg/L}$$

3. 將算得的 S_1 代入 7-44 式，並計算第一階段之表面積。

$$A = \frac{(100,000)(3.78)(250-73.7)}{(2500)\left(\frac{73.7}{100+73.7}\right)}$$

$$= 62,828 \text{ ft}^2$$

由於此表面積低於假設之表面積，故必須進行第二次試算。

4. 當假設 $A = 65,000$ ft² 時，所算得之 $A = 65,184$ ft²。因此，用二段式處理系統進行等量處理時，所需要的總表面積約為 $65,000 \times 2 = 130,000$ ft²。

在設計一個處理系統之前，並不一定均能夠進行可處理性研究。在此種情況下，表面積負荷可用來做為主要之設計準則，Autotrol 公司已經發展出負荷曲線，可做為對都市生活污水採用 BIO-SURF 處理系統時，進行設計的一種輔助圖解方法，如圖 7.15 所示。從圖 7.15 中選擇適當的表面積負荷，再用設計流量 (MGD) 去除以此負荷值 (MGD/ft²)，即可算出某特定處理程度所需要之圓板表面積。圖中所示的 BOD 去除情況，係針對 BIO-SURF 裝置及其後面的二沉池而言，並不包括初沉池的 BOD 去除率。

由於溫度對微生物的活性會有影響，故在任何生物處理程序的設計中，溫度經常是一個應該考慮的因素。廢水溫度在 55°F 以上時，已知並不會對 BIO-SURF 裝置的處理效率造

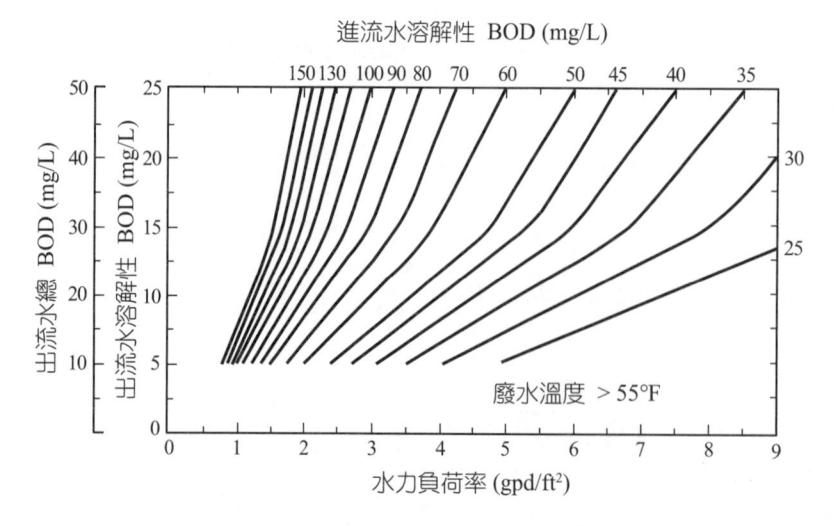

圖 7.15 BIOSURF 處理系統對都市生活污水 BOD 去除效果之圖解設計法 (AUTOTROL 公司提供)

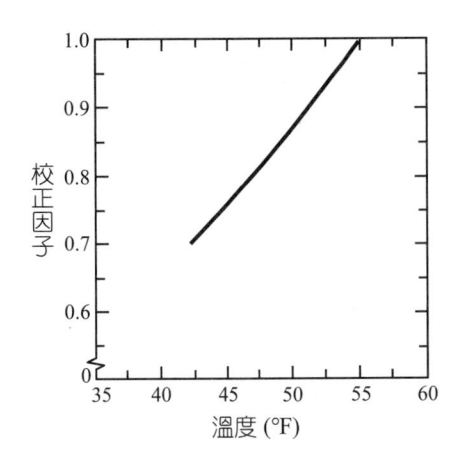

圖 7.16 BIOSURF 處理系統對去除 BOD 之溫度效應校正因子 (AUTOTROL 公司提供)

成影響，但是當溫度低於 55°F 時，處理效率將會下降。如圖 7.16 所示，可得溫度之修正係數。在低溫期持續時間較長時，該圖可用來確定所需要增加的旋轉圓盤的表面積。

7-3 活性生物濾床 (Activated Biofilters)

　　由 Neptune Microfloc 公司所發展及市售的活性生物濾床 (activated biofilter, ABF) 處理程序，係合併了附著生長系統及完全混合活性污泥單元 (如圖 7.17 所示)。在此一處理程序中，初沉池的出水先流進一座濕井 (wet well)，並與由二沉池及活性生物濾池回流的生物固體物 (污泥) 相混合，再以泵將混合液體抽送至裝滿了紅木條排架之活性生物濾池頂部，並經由廢水在生物濾床內各層紅木條間之沖濺作用，以及廢水與在附著於木條上微生物層

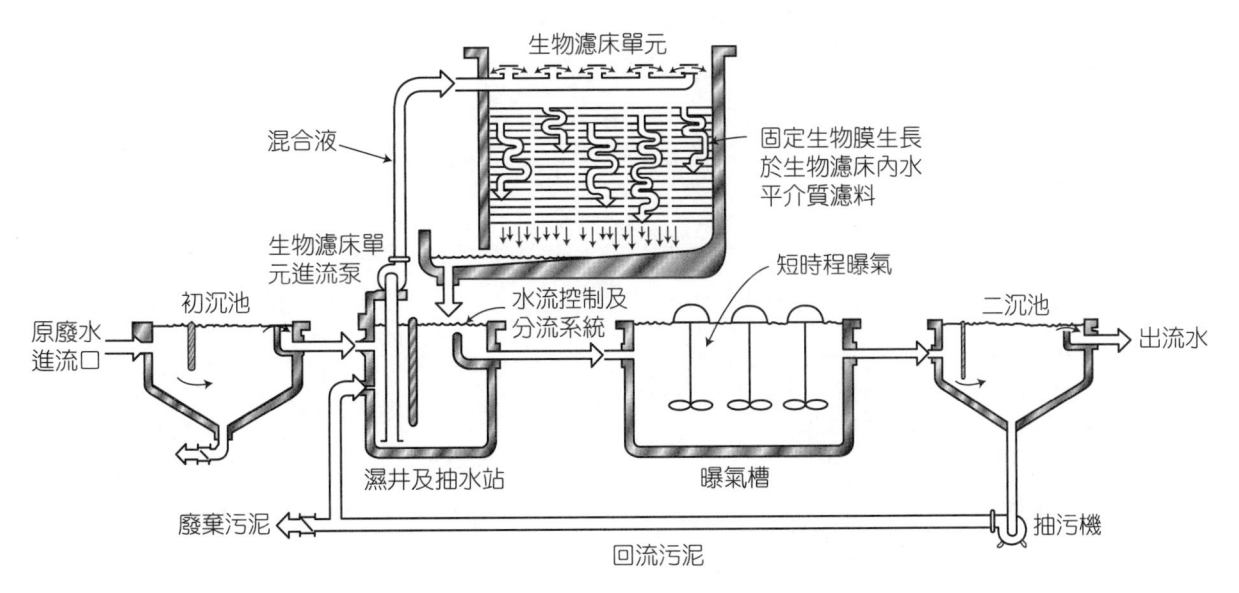

圖 7.17 活性生物濾床系統處理流程示意圖 (Neptune Microfloc 公司提供)

(biofilm) 之表面水膜內的移動作用,以達到氧氣之供應效果。活性生物濾床的出流水分為兩股,大部分繼續流向下一階段的曝氣池,其餘部分則返回濕井。完全混合活性污泥單元的生物固體物(污泥)在二沉池中被固液分離出來,並回流至濕井中,其中有一部分污泥將被廢棄。

ABF 處理程序之二個主要優點為:

1. 處理程序穩定:活性生物濾床設置於曝氣池前將使 BOD 負荷之變化能均衡化,此將提供操作之穩定性及增加整個處理程序之可靠性與去除效率。
2. 具操作彈性:活性生物濾池可增設於既有的活性污泥池前面,以提高處理廠之處理能力或效率。

設計依據

表 7.6 所示為 ABF 系統主要有關於去除含碳 BOD 之設計參數,這些設計參數是由 Hemphill (1977) 所提出的。在 ABF 處理程序出水中之 BOD_5 及懸浮固體物濃度通常平均為 20 mg/L。若依據 Dunnahoe and Hemphill (1976) 之論述,增設填充混合濾料之生物濾床,將會使該數值下降至 10 mg/L。

由於活性生物濾床之廢水停留時間較短,故廢水通過 ABF 程序時之熱損失較小。如果

表 7.6　活性生物濾床處理程序之設計參數

參數	單位	典型值	採用範圍
活性生物濾床			
有機物負荷	lb BOD_5/1000 ft^3-day	200	100~300
濾料深度	ft	14	5~22
BOD_5	%	65	55~85
水力因子			
生物濾池回流		0.4Q	0~2.0Q
污泥回流		0.5Q	0.3~1.0Q
生物濾床流量		1.9Q	1.5~4.0Q
濾床表面積負荷	gpm/ft^2(gal/min/ft^2)	3.5	1.5~5.5
曝氣池 [a]			
停留時間 [b]	hr	0.8	0.5~2.0
有機物負荷	lb BOD_5/1000 ft^3-day	95	50~225
F/M 比	lb BOD_5/lb MLVSS-day	0.5	0.2~0.9
MLVSS	mg/L	3000	1500~4000
MLSS	mg/L	4000	2000~5000
需氧量	lb O_2/lb BOD_5	1.0	0.8~1.2
總污泥產生量	lb VSS/lb BOD_5 去除	0.65	0.55~0.75

[a] 依據活性生物濾床之去除後,曝氣池 BOD_5 之負荷。
[b] 依據設計平均流量及二沉池進流水 BOD_5 = 150 mg/L。
資料來源:Hemphill (1977)

在曝氣池中使用散氣式曝氣系統的話，整體熱的損失是很低的 [根據 Boyle (1976) 之論述，在 1~2°F 間]。因此，本處理程序較適合用於冬季嚴寒的地區。而於極度嚴寒之氣候條件下，本系統亦可建造於室內。

7-4 厭氧濾床 (Anaerobic Filters)

有機廢水之厭氧處理具有一些優點，比起好氧處理而言，其為更佳之廢水處理方法。這些優點是：(1) 產生有用的甲烷氣體副產品，(2) 可達到高度的廢水穩定性，同時僅產生少量的剩餘微生物體。然而，後面那一個優點也是厭氣廢水處理的主要缺點之一。如第 4 章中所論述，一個代表 θ_c^m 之方程式表示如下：

$$\theta_c^m = \frac{1}{Y_T k} \frac{K_S + S_0}{S_0} \tag{4-174}$$

由此式可看出，θ_c^m 與生長係數 Y_T 值及最大比基質利用率 k 值呈反比。因此，厭氣處理程序中之 值遠長於好氧處理程序之 值，因為在厭氣處理程序中每單位基質之利用所生長之微生物量較低。此即意味在厭氧處理程序中設計之 θ_c^m 值會較長，因此若考量安全因子的話，θ_c^m 設計值通常會比 θ_c 值大 2~10 倍。

由於溫度對 k 值之影響，故在厭氧處理程序中溫度也是一個重要的考慮因素。當操作溫度低於 20°C 時，k 變得十分小，此意即為有效之廢水處理之穩定性，θ_c 值必須要相當長。

在第 6 章中曾提到，在沒有固體物回流之完全混合處理程序中，θ_c 值就等於水力停留時間。就此系統而言，出水水質僅由水力停留時間來決定。當採用厭氧處理系統時，由於本系統需要之體積相當大，故較適合於處理小流量時使用。若需要處理較大流量時，通常會採用有固體回流者，因為這會使 θ_c 之變化與水力停留時間無關，而使得較短之停留時間能獲得符合要求的出水水質及較小之處理單元體積。第 4 章中曾討論過厭氧接觸程序即是屬於此種處理方式。

厭氧接觸程序在處理含有高濃度懸浮固體物之廢水 (如肉類加工廢水) 時相當有效。微生物附著在固體物上，結果使得它們容易在二沉池內分離及回流到反應器內。然而，在厭氧接觸程序內處理可溶解性廢水時，大量微生物維持分散狀態且隨著二沉池出水而排出系統，如此會使得系統不易維持較長的 θ_c。為了防止此問題，McCarty (1968) 建議採用厭氧濾床之處理程序。

除了採用底部進水外，厭氧濾床很類似於滴濾池。底部進水會使厭氧濾床完全浸沒於廢水中 (如圖 7.18 所示)。最常使用的支撐濾料是 1.5 in.~2 in. 的濾石。由於微生物經常生長在固體介質濾料表面及濾床的池壁上面，因而不會隨處理的放流水而沖洗出，故生物固體物停留時間有可能長達 100 日或是更長。因此，系統中的微生物量變得很大且因為系統中的微生物量為支撐濾料直徑的函數，使用較小顆粒之濾料會使微生物量大大增加。

圖 7.18 厭氧濾床系統處理流程示意圖

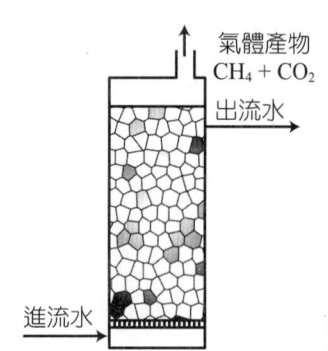

Young and McCarty (1967) 提出厭氧濾床程序具有以下優點：

1. 厭氧濾床可有效地處理廢水中的可溶解性物質。
2. 由於微生物會停留在濾床內而不致隨出水被帶出，故厭氧濾床不需要回流。
3. 由於濾池內維持很高的固體物濃度，故厭氧濾床可能操作在比其他形式之厭氧處理程序還要低的操作溫度。
4. 厭氧濾床產生的污泥體積很小。
5. 厭氧濾床之啟動與停止比其他類型之厭氧處理程序較為容易。

使用本形式之系統也有一些問題。Schroeder (1977) 提出以下幾項缺點：

1. 當廢水中含有懸浮性固體物時可能會引起堵塞問題，故厭氧濾床只能用來處理含可溶解性物質之廢水。
2. 當生物固體物的濃度增加到會造成短流現象 (channelization) 時，流量的分配就成了問題。此種情況將會顯著地縮短了濾床的濾程 (每兩次濾床清洗間隔之長短)。
3. 濾床清洗的方法尚未研究出。由於單元之尺寸 (近似於生物濾的尺寸)，故進行反沖洗是不可能。濾料的流態化有可能解決這些問題，至少可以減少這些問題。

如將濾床內之介質濾料予以流體化 (fluidization)，將可解決或至少減少這些問題。

設計依據

Young and McCarty (1967) 最早對厭氧濾床進行了深入的研究。該研究中使用了八個體積 1 ft^3 的實驗室規模濾床，研究中所用基質的成分如表 7.7 所示，而厭氧濾床的操作結果則如表 7.8 所示。McCarty (1968) 提出了補充成果。後者的試驗中，對濾池添加每磅 COD/1000 ft^3/day 時，獲得平均之氣體產生量達 12.8 mL/day。試驗時添加的混合物包含有甲醇、乙酸鹽類和丙酸鹽類，而產生的氣體中甲烷含量平均為 88.5%。

Jennett and Dennis (1975) 在處理製藥廢水時，使用了四個 0.5 ft^3 的實驗室規模之濾床處理前先用 NaOH 將廢水 pH 值調整到 6.8，並加入氮及磷以修正原廢水中營養不足之問

表 7.7　厭氧濾床進流廢水之組成

廢水成分	pH 值	估算濃度				
		COD (mg/L)	NH_3 (mg/L)	PO_4 (mg/L)	SO_4 (mg/L)	鹼度 (mg $CaCO_3$/L)
蛋白質與碳水化合物	6.6~7.0	1500 3000	120 240	3.5 6.5	75 75	700 1700, 3200
揮發性酸 (醋酸及丙酸)	6.2	1500 3000 6000	15 30 60	3.5 6.5 12.5	75 75 75	950 1700 3200

資料來源：Young and McCarty (1967)

表 7.8　厭氧濾床之操作數據

廢污種類	進流水 COD (mg/L)	穩態操作時間 (日)	理論停留時間 (日)	負荷率 (lb COD /1000 ft³-day)	出流水水質				BOD_u 去除率 (%)	COD 去除率 (%)
					懸浮固體物	可溶性 BOD_u	可溶性 COD	總 COD		
					(mg/L)					
蛋白質與碳水化合物	1500	21	36	26.5	9	25	100	112	98.4	92.1
	1500	42	18	53	6	35	110	122	97.5	91.5
	1500	50	9	106	5	225	300	312	84.3	79.3
	1500	30	4.5	212	250	525	600	950	63.2	36.7
	3000	70	72	26.5	24	20	170	204	99.2	93.4
	3000	32	36	53	48	130	280	347	95.5	88.4
	3000	20	9	212	178	705	845	1105	75.4	63.0
揮發性酸	1500	50	36	26.5	3	20	20	24	98.7	99.4
	1500	36	18	53	3	135	135	139	90.8	90.5
	1500	56	9	106	3	310	310	314	79.4	79.0
	1500	40	4.5	212	4	470	470	476	68.5	68.4
	3000	140	72	26.5	4	36	36	42	98.5	98.6
	3000	22	36	53	7	230	230	240	95.0	92.0
	6000	23	36	106	11	124	124	139	97.8	97.7
	6000	35	18	212	16	772	772	794	84.0	86.9

資料來源：Young and McCarty (1967)

題。此試驗之結果如表 7.9 所示。在試驗期間還注意到，濾床可無需廢棄固體物而操作達半年以上，而且突然增加有機物的負荷也不會導致處理程序的失敗。

7-5　附著成長系統的硝化作用

　　不類似於懸浮性生長之硝化系統，附著性生長 (attached growth) 處理程序之硝化作用的設計，主要是依據在執行可處理性研究室實驗期間所獲得的經驗或操作數據，來進行設計。此處理程序之數學模式，尚未發展到可容易而精準地應用到設計問題上 (Williamson and McCarty, 1976a)。因此，本章節內所陳述的內容，僅限於從過去對生物濾床 (滴濾池)、浸

表 7.9 在 35°C 及不同有機物負荷時濾床在穩定操作狀態下之操作功能簡介

有機物負荷 (lb/day /1000 ft³)	進流水 COD (mg/L)	停留時間 (hr)	出流水可溶性 COD (mg/L)	COD 去除率 (%)	出流水 pH 值	出流水 SS (mg/L)	出流水揮發酸 (mg/L)	出流水鹼度 (mg/L)
13.8	1000	48	45	95.5	6.5	45	39	270
22.91	1250	36	74	93.7	6.8	16	60	538
34.75	1250	24	56.3	95.3	7.2	28	32	672
73.21	4000	36	88	97.8	7.4	13	72	896
110	4000	24	99	97.5	6.4	32	68	463
146.3	4000	18	197	95.1	6.7	44	48	372
220	4000	12	254	93.7	6.7	32	132	332
220	8000	24	381	95.3	6.7	48	102	416
220	16000	48	390	97.6	6.7	52	156	448

資料來源：Jennett and Dennis (1975)

沒濾池、旋轉生物圓盤及活性生物濾床硝化作用等之研究試驗中，所獲得的觀察結果，作一概要的介紹。

滴濾池的硝化作用

如同活性污泥程序的硝化作用一樣，滴濾池的硝化作用亦可藉由將碳氧化作用及硝化作用合併為一段，或將硝化作用與碳氧化作用分為二段式，來完成設計。此二種處理程序中之限制硝化作用的因素不同，故必須對二者加以區分。Stenquist et al. (1974) 提出，在合併碳氧化作用和硝化作用的系統中，在高負荷條件下硝化菌會因為較大之脫落量而被流失，故有機物負荷為硝化作用的限制因素。在其研究中，考慮到池深為 21.5 ft、回流比為 1:1 的塑膠材質介質濾料滴濾池的碳氧化 - 硝化過程，在有機物負荷為 22 lb BOD_5/1000 ft³/day 時，氨氮的去除效果可達 89%（得到出水濃度 2 mg/L）。有趣的是，操作期間有機氮的去除效率並不高，平均僅為 26%。他們就溫度對硝化作用的影響作了觀察之結果，發現溫度對處理效率變化之影響很小（此是根據廢水溫度在近 24°C 左右且外界空氣溫度在 9~14°C 範圍內之試驗所得到的觀察結果）。由本試驗結果之結論為：

1. 若表面積負荷（包括回流）維持在 0.14~0.28 gpm/ft²(gal/min/ft²) 間，則有機物負荷達到 25 lb BOD_5/1000 ft³/day 時，使用塑膠材質介質濾料之滴濾池能達到有效的硝化作用。早期採用石質介質濾滴料濾池的研究顯示，有機物負荷必須低於 12 lb BOD_5/1000 ft³/day (Mohlman et al., 1946)。
2. 比起懸浮成長系統而言，溫度對附著成長系統硝化作用效率的影響較小。
3. 用滴濾池處理廢水對 TKN 中的有機部分之影響不大。

Duddles et al. (1974) 研究了分階段式處理程序的硝化作用。他們採用了 21.5 ft 深的塑膠介質濾料滴濾池來硝化由兩個階段處理之石質介質濾料滴濾池處理廠的出水。塑膠濾料

表 7.10　塑膠介質濾料滴濾池中硝化作用之操作功能數據

操作期間	月份	流量 (gpm/ft²) 進流水	流量 (gpm/ft²) 回流水	NH₃-N(mg/L) 進流水	NH₃-N(mg/L) 出流水
2	1971/05	0.5	1.0	11.3	1.3
3	1971/06	1.0	0.0	12.0	1.7
8	1971/10	0.5	1.0	16.8	1.4
11	1972/01	0.5	1.0	13.2	1.9
15	1972/04	0.71	0.0	7.5	1.2

資料來源：Duddles et al. (1974)

滴濾池的進流水 BOD_5 在 15~20 mg/L 間，表面積負荷之變化範圍在 0.5~2.0 gpm/ft²。第二階段模廠之硝化作用研究執行超過 18 個月，表 7.10 所示為在許多試程期間之典型操作數據。在研究期間，持續獲得 80~90% 之硝化作用 (在第二階段硝化的出水中，氨氮的最小殘餘量持續維持在 1~1.5 mg/L 間)。試驗中發現表面積負荷是決定硝化效率的一個因素，圖 7.19 說明硝化作用的效率隨表面積負荷增加而下降的趨勢，而圖 7.20 則說明硝化效率、溫度和表面積負荷間的關係。而後一張圖亦說明，若表面積負荷維持在 0.5 gpm/ft² 以下，則全年均可達到高度的硝化作用。對該研究工作之作進一步的觀察可知，由第一階段處理去除有機物的狀況可消除了在第二階段處理後面要設置沉澱池的需要性。在此情況下，分階段式之塑膠介質濾料滴濾池硝化作用的經濟性比其他的氮控制系統為好。

浸沒式濾床的硝化作用

McHarness and McCarty (1975) 研究了採用浸沒式濾床 (submerged filters) 對活性污泥處理廠出流水進行的硝化作用。圖 7.21 顯示，此種濾床是一個使用直徑為 1~2 in. 石質濾料

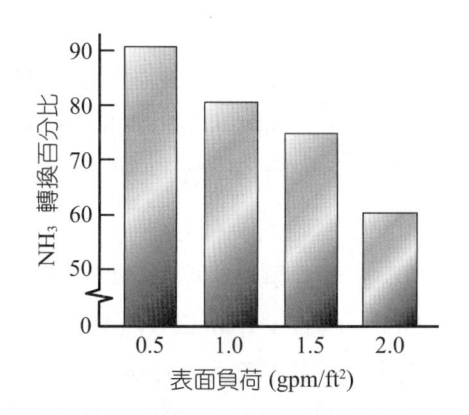

圖 7.19　表面負荷對硝化作用效率之影響 (Duddles et al., 1974)

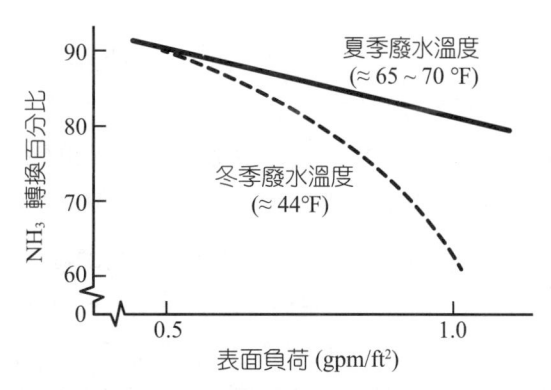

圖 7.20　溫度、表面負荷及硝化作用效率間之相關性 (Duddles et al., 1974)

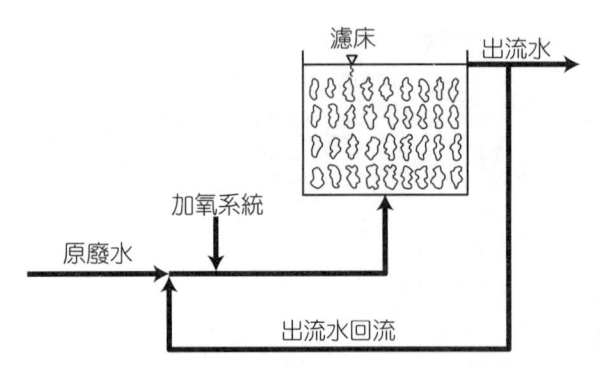

圖 7.21 有回流之浸沒式濾床系統處理流程示意圖 (McHarness and McCarty, 1975)

的向上流裝置。在他們的研究中對濾床的二種供氧方法進行了評估。一種方法是在廢水通過濾床前用 1 個大氣壓的純氧進行曝氣，第二種方法則是將氧的氣泡直接通入濾床內。

採用第一種供氧方法時，為了在濾床中維持足夠的溶解氧量，他們發現需要回流一部分經過硝化的出水。在此狀況下，他們得到以下觀察結果：

1. 在溫度為 21~27°C 和停留時間為 60 分鐘時，進流水氨氮濃度為 14.3±2.6 mg/L 將被去除 93±3%。
2. 在與上面相同的條件下，BOD_5 濃度為 35±6 mg/L 將被去除 86%，而懸浮固體物濃度為 27±3 mg/L 將被去除 87%。

但是，他們發現此種供氧方法增加了濾床堵塞的可能性，其結果是每週必須清理濾床約兩次。

他們所研究濾床供氧的第二種方法，是通入含氧之氣泡並通過濾床。採用此種方法後，得到以下觀察結果：

1. 硝化效率與第一種方法非常相近。
2. 由於氣泡在濾床中產生擾動，故 BOD_5 和懸浮固體物去除效率均較低。
3. 堵塞可能性降低，濾床每週僅需清理一次。

由 McHarness and McCarty (1975) 的研究中得出之結論，使用浸沒式濾床對二級處理出流水進行硝化作用的主要優點，是此種系統設計及操作的簡單化，而主要的缺點是濾床堵塞問題。在實際現場操作上將引起一個問題，由於實際現場裝置的尺吋，反沖洗是不實際的，因此必須排空濾床池水才可清理濾床。

Haug and McCarty (1972) 觀察到硝化作用的最大速率發生在溶解氧濃度等於或大於硝化作用之氧氣需要量時 (以濃度計)。依據這些發現，McHarness and McCarty (1975) 建議，就廢水在進入濾床前而先供氧之系統而言，假設硝化的最大速率將發生在濾床進流水中之總溶解氧等於或大於二級處理出流水與回流水混合液之總需氧量，設計上較為妥當安全。此一關係之數學表達式如下所示：

$$\text{TOA} = \frac{(Q)(\text{TOD})_0 + (RQ)(\text{TOD})_e}{Q + RQ} \tag{7-47}$$

式中，TOA = 供氧後進流水中的總溶解氧濃度 (如圖 7.21 所示)，mg/L

$(\text{TOD})_0$ = 二級處理出水的總需氧量，mg/L

$(\text{TOD})_e$ = 濾床出水的總需氧量，mg/L

Q = 二級處理單元的出水流量，MGD

R = 回流比

解出 7-47 式，則可得 R 值為：

$$R = \frac{(\text{TOD})_0 - \text{TOA}}{\text{TOA} - (\text{TOD})_e} \tag{7-48}$$

如果將總需氧量假設為氨和碳氧化需氧量之和，則 7-48 式可表示為：

$$R = \frac{(4.57 + [\text{NH}_3\text{-N}]_0 + (\text{BOD}_u)_0) - \text{TOA}}{\text{TOA} - (4.57[\text{NH}_3\text{-N}]_e + (\text{BOD}_u)_e)} \tag{7-49}$$

式中，$[\text{NH}_3\text{-N}]_0$ = 二級處理出流水中之氨濃度，mg N/L

$[\text{NH}_3\text{-N}]_e$ = 濾床出流水中之氨濃度，mg N/L

$(\text{BOD}_u)_0$ = 二級處理出流水中之最終 BOD 濃度，mg/L

$(\text{BOD}_u)_e$ = 濾床出流水的最終 BOD 濃度，mg/L

經供氧後出水中的溶解氧濃度是氧的飽和濃度和在廢水中能夠達到的氧的飽和百分比的函數。根據 McHarness and McCarty (1975) 的論述，TOA 可由下式計算之：

$$TOA = (F)(G)(H)\left(\frac{100}{I}\right)(J) \tag{7-50}$$

式中，F = 大氣壓力，atm

G = 以純氧對濾池進流水曝氣後所獲得氧的飽和百分數，%

H = 曝氣氣體中氧的純度，%

I = 氧在空氣中所佔的百分數，一般該值被視為 21%

J = 在操作溫度和 1 大氣壓條件下，氧在與空氣接觸的水中的溶解度，mg/L

McHarness and McCarty (1975) 發展出下面的實驗方程式，用以描述停留時間和硝化效率在 5~25°C 溫度範圍內的關係：

$$t = \frac{10^b}{a(b-1)}\left[\frac{1}{[\text{NH}_3\text{-N}]_e^{(b-1)}} - \frac{1}{[\text{NH}_3\text{-N}]_a^{(b-1)}}\right](1+R) \tag{7-51}$$

式中，t = 達到預計硝化程度所需要的停留時間，分鐘 (min)

b = 常數，其值為 1.2

$$a = 0.11(T) - 0.20 \tag{7-52}$$

T = 操作溫度，°C

$[\text{NH}_3\text{-N}]_e$ = 濾床出流水中的氨氮濃度，mg N/L

[NH$_3$-N]$_a$ = 濾床進流水中的氨氮濃度，mg N/L（包含回流水中的氨氮濃度）

在應用於濾床之進流水中，氨氮濃度可由下式表示：

$$[NH_3\text{-}N]_a = \frac{[NH_3\text{-}N]_0 + R[NH_3\text{-}N]_e}{1+R} \tag{7-53}$$

在利用這些方程式設計浸沒式濾床時必須記住，這些方程式是依據需對廢水進行預先供氧的系統而建立，因此並不適用於直接向濾床通入氣泡進行曝氣的系統。

例題 7-5

採用對廢水預先供氧之浸沒式濾床處理系統，用來硝化由活性污泥處理廠所排出之出流水。該系統之設計條件如下所示：

1. Q = 2 百萬加侖／日 (MGD)
2. [NH$_3$-N]$_0$ = 20 mg/L
3. [NH$_3$-N]$_e$ = 2 mg/L
4. (BOD$_u$)$_0$ = 30 mg/L
5. (BOD$_u$)$_e$ = 3 mg/L
6. (TSS)$_0$ = 30 mg/L
7. (TSS)$_e$ = 3 mg/L
8. VSS = 0.8 (TSS)
9. 溫度 = 15°C
10. 壓力 = 1 atm
11. Y_T = 0.5
12. Y_N = 0.05
13. 用來曝氣的氧氣純度為 99%
14. 供氧後之溶氧飽和度為 75%
15. 用 1~3 in. 的花崗岩為濾料

試決定所需的濾床容積及濾床中的每日固體物累積量。

【解】

1. 依據 7-50 式，計算供氧後出水中的總溶解氧濃度。在 15°C 和 1 atm 下，在與空氣接觸的水中氧的溶解度為 10.15 mg/L，故

$$TOA = (1)(0.75)(0.99)(100/21)(10.15) = 35.9 \text{ mg/L}$$

2. 利用 7-49 式，決定達到最大硝化速率時所需的最小回流比：

$$R = \frac{[(4.57)(20) + 30] - 35.9}{35.9 - [(4.57)(2) + 3]} = 3.6$$

3. 利用 7-53 式，估算濾床進流水 (包含回流水) 中的氨氮濃度：

$$[NH_3\text{-}N]_a = \frac{20+(3.6)(2)}{1+3.6}$$
$$= 5.9 \text{ mg/L}$$

4. 計算為達到要求的硝化程度所需要的停留時間：

(a) 依據 7-52 式，決定係數 a

$$a = (0.11)(15) - 0.20 = 1.45$$

(b) 依據 7-51 式，計算需要的停留時間：

$$t = \frac{10^{1.2}}{(1.45)(1.2-1)}\left[\frac{1}{(2)^{1.2-1}} - \frac{1}{(5.9)^{1.2-1}}\right](1+3.6)$$
$$= 43 \text{ min (分鐘)}$$

5. 決定需要的濾床體積：

$$t = \frac{V_v}{Q}$$

式中，V_v = 濾床內介質濾料的孔隙體積。

由表 7.1 可知，1~3 in. 的花崗岩濾料孔隙率為 46%，因此，所需濾床體積為：

$$V = \frac{tQ}{0.46}$$
$$= \frac{(43)(2,000,000)}{(0.46)(1440)(7.5)}$$
$$= 17,311 \text{ ft}^3$$

6. 估計濾床中每日產生的生物固體物量：

(a) 異營性微生物產生量 (heterotrophic biomass production)

$$(\Delta X)_H = \frac{(0.5)(30-3)}{0.8}$$
$$= 17 \text{ mg/L}$$

(b) 自營性微生物產生量 (autotrophic biomass production)

$$(\Delta X)_A = \frac{(0.05)(20-2)}{0.8}$$
$$= 1.1 \text{ mg/L}$$

7. 估算濾床中的每日固體物累積量：

$$\text{固體物累積量} = [(30-3) + 17 + 1.1](8.34)(2)$$
$$= 752 \text{ lb/day}$$

旋轉生物圓盤法的硝化作用

　　Antonie (1970, 1972) 發現，在合併碳氧化作用和硝化作用的旋轉生物圓盤法 (RBC) 中，硝化作用在 BOD$_5$ 濃度接近 30 mg/L 時開始發生。此即意味在多階段處理系統中，硝化作用在後面幾個階段處理程序內較占優勢。Stover and Kincannon (1975) 提出的數據已支持了本觀察結果。他們使用六階段之處理系統，每一階段均裝有 5 個直徑為 23.25 in. 的聚苯乙烯圓盤 (polystyrene disks)，圓盤轉速為 11 轉/分鐘。採用之 COD 濃度為 250 mg/L、NH$_3$-N 濃度為 27.6 mg/L 的人工合成廢水 (蔗糖為唯一的碳源)，而表面積負荷為 0.5 加侖/日/平方英呎 (gpd/ft^2)。水力停留時間為 160 分鐘。研究結果如圖 7.22 所示，圖中顯示 COD 的去除實際上在第一階段內完成，而氨的氧化作用則僅在第五階段處理後才能完成。圖 7.22 還顯示出氨的氧化速率在第一階段旋轉圓盤後的下降現象。此現象係歸因於異營性微生物之合成作用主要在第一階段中發生，故該階段需要的氮最多。在第一階段以後之幾個處理階段中，氨的去除幾乎完全是由硝化作用所引起的。

　　Murphy et al. (1977) 在研究合併碳氧化及硝化作用之旋轉生物圓盤法時，添加的基質為經篩濾後的都市性污水。旋轉生物圓盤法的 BOD$_5$ 負荷變化範圍在 1.2×10^{-3} 及 2.4×10^{-3} lb BOD$_5$/ft^2/day 之間。由研究之數據顯示，硝化速率相對於 TKN 濃度是零階反應，該關係可由下式計算之：

$$K = (8.75 \times 10^{10})e^{-13,900/RT} \tag{7-54}$$

式中，K = 單位硝化速率，可濾性 TKN mg/ft^2-hr

　　　R = 共同氣體常數，1.98 cal/mole-°K

　　　T = 操作溫度，°K

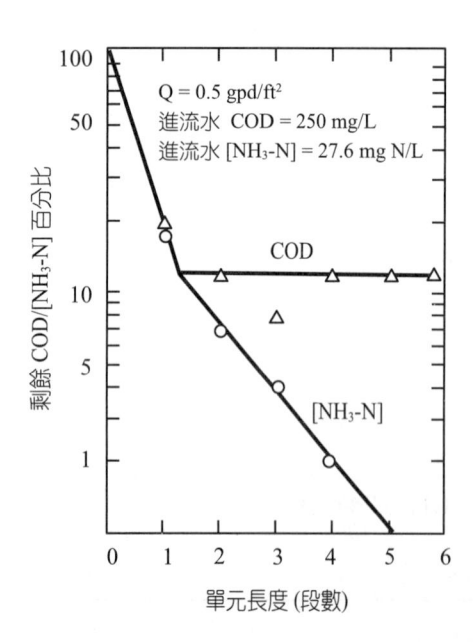

圖 7.22 旋轉生物圓盤處理系統於不同階段之 [NH$_3$-N] 與 COD 的剩餘濃度間之相關性 (Stover and Kincannon, 1975)

如果假設系統為完全混合方式，則有關流入和流出系統的 TKN 的穩定狀態下物質平衡方程式可表達為：

$$0 = (Q_m)_0 - \frac{d(TKN)}{dt} - (Q_m)_e \tag{7-55}$$

式中，$(Q_m)_0 =$ 每單位時間流入系統的可濾性 TKN mg/hr
$(Q_m)_e =$ 每單位時間流出系統的可濾性 TKN mg/hr
$\frac{d(TKN)}{dt} =$ 硝化速率，mg/hr

在零階動力學中，

$$\frac{d(TKN)}{dt} = KA \tag{7-56}$$

式中，$K =$ 單位硝化速率，可濾性 TKN mg/ft^2-hr
$A =$ 濾料的總表面積，ft^2

將 7-56 式的 [d(TKN)/dt] 代入 7-55 式中，而解出 A：

$$A = \frac{(Q_m)_0 - (Q_m)_e}{K} \tag{7-57}$$

如果系統將被分階段處理，則由 7-57 式所計算出的表面積需要量，將十分保守。

圖 7.23 介紹合併式的四階段 BIO-SURF 程序中碳氧化及硝化作用的設計關係。於處理程序中應用這些關係式時，廢水的可溶解性 BOD$_5$ 必須等於或小於 15 mg/L。圖 7.24 提供 BIO-SURF 程序硝化作用的溫度修正係數。異營性細菌的成長速率比自營性快得多。因此，如果旋轉生物圓盤的 BOD 負荷增加過多，則異營性微生物可能在後面幾個階段內會取代自營性微生物。因此，為了使處理程序維持穩定，必須避免 BOD 負荷劇烈變動。圖 7.25 提供

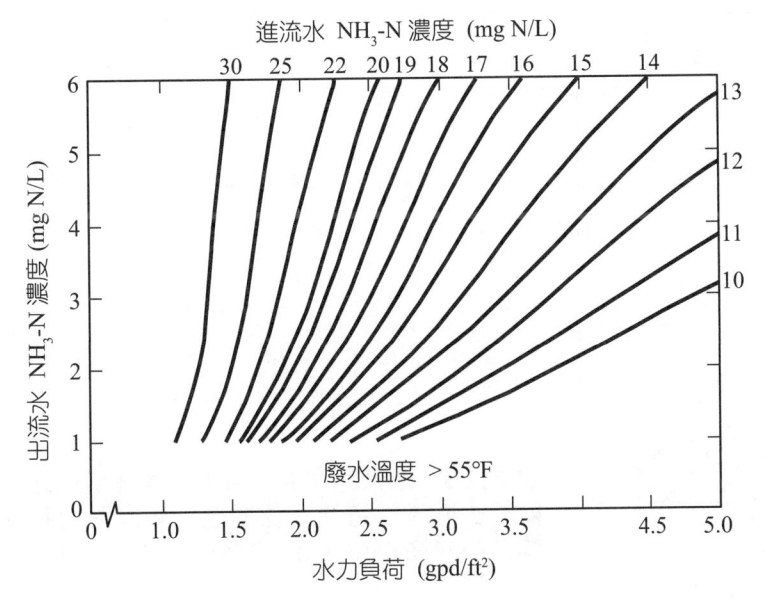

圖 7.23 BIOSURF 系統處理生活污水不同水力負荷再不同進流氨氮濃度下對硝化作用之影響 (Autotrol 公司提供)

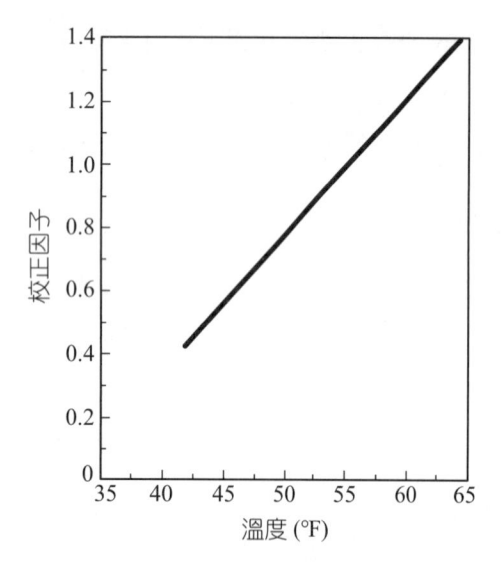

圖 7.24 BIOSURF 處理系統之硝化作用不同溫度下之溫度校正因子 (Autotrol 公司提供)

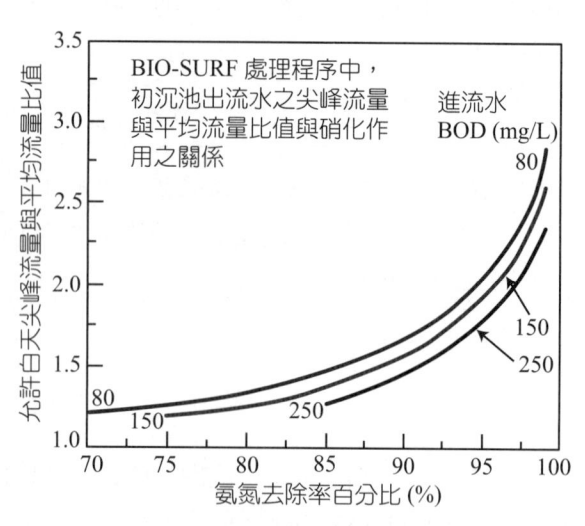

圖 7.25 BIOSURF 處理系統可接受進行硝化作用之尖峰流量與平均流量比 (Autotrol 公司提供)

了在不同尖峰流量與平均流量比值情況下可允許之變動值。若超過此一數值時，則必須考慮流量之均勻化，抑或增大介質濾料的表面積。

　　Antonie (1974) 曾研究過發生在分開式旋轉生物圓盤程序內的硝化作用。在此模廠試驗的研究中，採用四階段之 BIO-SURF 程序對來自全國各地不同活性污泥處理廠的最終沉澱池出水進行了研究。圖 7.26 即是根據此試驗成果所繪製出。該圖提供了四階段 BIO-SURF 程序中氨的去除率、進流水中氨的濃度和表面積負荷間的關係。

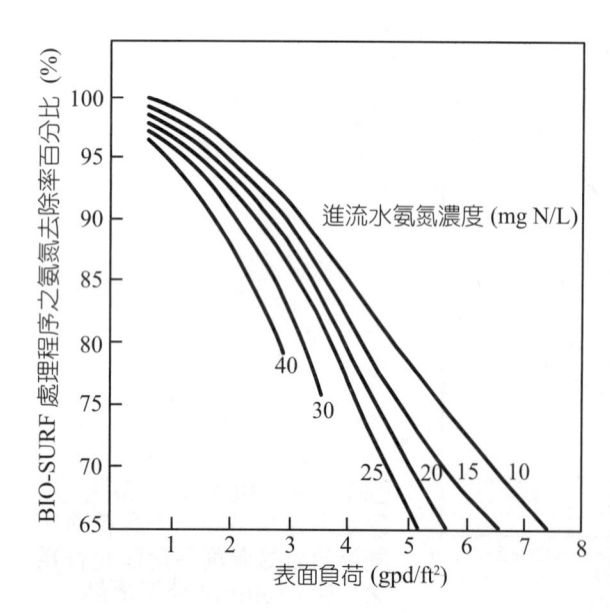

圖 7.26 四階段式 BIOSURF 處理系統之氨氮去除率、進流水氨氮濃度與表面負荷間之相關性 (Antonie, 1974)

在大部分情況下分開式旋轉生物圓盤程序之硝化作用常被推薦，其最終沉澱池可能可以省略，且簡單地藉由在旋轉生物圓盤後設置雙層介質濾料濾床即可產生高品質的出水。

例題 7-6

假設廢水流量為 1 MGD（百萬加侖／日），進水 BOD_5 及可濾性 TKN 分別為 120 mg/L 及 20 mg/L。假設臨界操作溫度為 50°F。若以 RBC 處理廢水且欲獲得 90% 的硝化作用和碳的去除的話，試決定所需要的圓板表面積。

【解】

1. 根據 7-54 式，計算單位硝化速率：

$$K = (8.75 \times 10^{10})e^{-13,900/(1.98)(283)} = 1.47 \text{ mg/ft}^2\text{-hr}$$

2. 決定進入 RBC 之可濾性 TKN 之質量流量。

$$(Q_m)_0 = \frac{(20)(1,000,000)(3.78)}{24} = 3,150,000 \text{ mg/hr}$$

3. 決定流出 RBC 之可濾性 TKN 之質量流量。

$$(Q_m)_e = \frac{(0.1)(20)(1,000,000)(3.78)}{24} = 315,000 \text{ mg/L}$$

4. 計算完成 90% 硝化作用時所需要的表面積。

$$A = \frac{3,150,000 - 315,000}{1.47}$$
$$= 1,928,517 \text{ ft}^2$$

5. 利用 Autotrol 設計曲線核對表面積需要量。

   (a) 由圖 7.23 知，90% 硝化作用（進水氨氮濃度為 20 mg/L，出流水氨氮濃度為 2 mg/L 的表面積負荷為 1.8 gpd/ft²。

$$A = \frac{1,000,000}{1.8}$$
$$= 555,555 \text{ ft}^2$$

   (b) 由圖 7.24 可知，介質濾料之 50°F 修正係數為 0.78。

$$A = \frac{555,555}{0.78}$$
$$= 712,250 \text{ ft}^2$$

由以上計算可知，由零階硝化速率方程式所決定的表面積需要量，與依據 Autotrol 公司自行發展出之設計曲線所決定的表面積需要量之間，幾乎呈現出有三倍之差異性。

活性生物濾床的硝化作用

活性生物濾床 (activated biofilter, ABF) 系統硝化作用的技術處理流程，基本上與其去除 BOD 的技術流程相同 (詳如圖 7.17 所示)。此二種系統的主要差別在於曝氣池的容積不同。當由都市性污水中去除碳是主要之目的時，曝氣池內的停留時間在 0.66~1.5 小時之間。而當要求進行硝化時，則需將容積增加到停留時間為 2~4.5 小時 (Dunnahoe and Hemphill, 1976)。表 7.11 所示為 ABF 硝化系統之典型設計標準參數。此種系統能產生 BOD_5 為 20 mg/L、懸浮固體物為 20 mg/L，以及 $[NH_3\text{-}N]$ 濃度為 1 mg/L 的出流水 (Hemphill, 1977)。

7-6 附著生長性系統的脫氮作用 (Denitrification in Attached-Growth Systems)

最近幾年來，相當多的努力已運用在開發各種可信且經濟可行的廢水生物除氮程序。在生物脫氮程序中，負責去除硝酸鹽的異營性細菌不是懸浮在液相中就是附著在支撐介質上。懸浮生長系統的脫氮程序已經在第 4 章中詳細討論過了。此種系統的主要問題是程序

表 7.11 ABF 硝化系統之設計參數

參數	單位	典型值	採用範圍
活性生物濾床			
有機負荷	lb BOD_5/1000 ft^3-day	200	100~350
濾料深度	ft	14	5~22
BOD_5 去除率	%	55	55~75
水力			
濾床回流		0.4Q	0~2.0Q
污泥回流		0.5Q	0.3~1.0Q
濾床流量		1.9Q	1.5~4.0Q
濾床表面積負荷	gal/min-ft^2 (gpm/ft^2)	3.5	1.5~5.5
曝氣槽[a]			
停留時間[b]	hr	3.5	2.5~5.0
有機負荷	lb BOD_5/1000 ft^3-day	25	20~40
氨負荷	lb $[NH_4^+\text{-}N]$/ 1000 ft^3-day	10	5.0~15.0
食微比 (F/M ratio)	lb BOD_5/lb MLVSS-day	0.13	0.1~0.2
MLVSS	mg/L	3000	1500~4000
MLSS	mg/L	4000	2000~5000
碳之需氧量[c]	lb O_2/lb BOD_5	1.4	1.2~1.5
總污泥產生量	lb VSS/lb BOD_5 去除	0.45	0.3~0.55

[a] 依據活性生物濾床之去除後，曝氣槽 BOD_5 之負荷。
[b] 依據設計平均流量及二沉池進流水 BOD_5=150 mg/L。
[c] 總需氧量 = 碳之需氧量 + 4.57(lb $[NH_3\text{-}N]$ 被氧化)。
資料來源：Hemphill (1977)

控制，包括固液分離、污泥回流及污泥廢棄。而附著成長系統是把微生物固體物維持在反應器邊界內，因而消除了固體回流的必要性。因此，此種系統對於除氮作用而言是擁有相當希望的好方法。附著生長性處理系統應用在脫氮處理者包含有：浸沒式旋轉生物圓盤法 (submerged rotating biological contactor)、高孔隙率濾料 (high-porosity media) 或低孔隙率細濾料 (low-porosity fine media) 之浸沒式填充塔 (submerged packed column) 以及流體化床 (fluidized bed) 等。

浸沒式旋轉生物圓盤 (Submerged Rotating Biological Contactors)

有關於浸沒式旋轉生物圓盤之操作數據雖然極少發表，但仍有一些商業化具脫氮效果之浸沒式旋轉生物圓盤可供利用。Murphy et al. (1977) 利用此種處理程序進行了極少被發表研究報告之一的脫氮試驗。在該研究中，經活性污泥處理程序硝化作用後的出水做為浸沒式旋轉生物圓盤系統之進流水，甲醇並被加入系統中以提供碳氮比能超過 1.1:1。該浸沒式旋轉生物圓盤為四段式處理系統，總水力容積 (hydraulic volume) 為 400 公升，理論停留時間為 100 分鐘。根據實驗數據顯示，當系統存在過剩的碳時，脫氮作用與 [NO_3^- + NO_2^--N] 的濃度無關，即脫氮作用速率相關於硝酸鹽與亞硝酸鹽濃度總和係遵循零階反應動力學。

採用單段式處理系統，操作溫度在 5~25°C 範圍內，根據實驗的觀察結果，而發展出一描述單位圓盤表面積脫氮速率的經驗關係式，如下所示：

$$K = 7.79 \times 10^{13} e^{-16,550/RT} \tag{7-58}$$

式中，K = 脫氮速率，mg [NO_3^- + NO_2^--N]/ft^2-hr
　　　R = 氣體反應常數，1.98 cal/mole-°K
　　　T = 操作溫度，°K

觀察發現浸沒式 RBC 系統出流水中的懸浮固體物濃度較低，平均僅為 21 mg/L，此表示無需最終沉澱之處理程序，而只需簡單地在 RBC 後，設置雙層濾料濾床，即可產生高品質的出流水。

浸沒式高孔隙率填充塔 (Submerged High-Porosity Media Columns)

浸沒式填充塔是由一個填滿惰性填充濾料的反應器所構成並操作在飽和流量狀況下。一種向上流之反應器常被用來增強出水之懸浮固體物分離效果。通過填充塔的流速約為 0.1 ft/s (Regua and Schroeder, 1973)。

圖 7.27 所示為由浸沒式高孔隙率填充塔組成的脫氮系統的典型流程架構。為了有效地除氮，通常將 2 個或 3 個填充塔串聯操作。用於此種系統之商標名稱及各種濾料的某些特性均已明示於表 7.12。在填充塔的設計中，濾料的選擇是一個重要的考慮因素。比表面積越大，則表面脫氮速率越高，但是填充塔被堵塞的可能性也就越大。

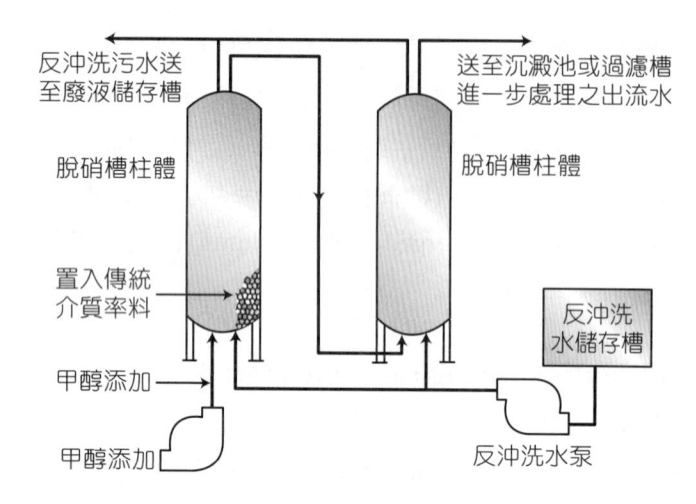

圖 7.27　典型浸沒式高孔隙率填充塔系統處理流程示意圖 (Brown and Caldwell, 1975)

表 7.12　浸沒式高孔隙率填充塔之設計數據

參數	表面脫氮速率 (lb N 被去除 /ft²-day)					
	Koch Flexirings®	Envirotech Surfpac®	Koch Flexirings®	Intalox saddles®	Rasching rings®
比表面積 (ft²/ft³)	65	27	105	142~274	79
孔隙率 (%)	96	94	92	70~78	80
溫度 (°C)					
5				3.2×10^{-5}	
10				3.7×10^{-5}	
11					
12					
13	4.3×10^{-5}				
14					
15	5×10^{-5}			2.7×10^{-5}	
16					
17	5.3×10^{-5}				
18					
19					
20	13×10^{-5}			9.5×10^{-5}	
21	11×10^{-5}				
22					
23	5.9×10^{-5}				
24					
25				11×10^{-5}	

資料來源：Brown and Caldwell (1975)

　　為了使填充塔出水中的懸浮固體物濃度下降到最低，需要定期地對填充塔進行反沖洗。如此將可去除過剩固體物，否則過剩固體物將會脫落至出流水中。位於美國德州的 El Lago 市，其脫氮填充塔內裝填的是一種商業名稱為 Koch Flexirings 的人工介質濾料，每月僅需進行一次反沖洗。該處理系統使用空氣與水合併的反沖洗程序，水的反沖洗速率為 10 加侖 / 分鐘 / 平方英呎 (gpm/ft^2)，空氣的反沖洗速率為 10 立方英呎 / 分鐘 / 平方英呎 (cfm/ft^2) (Brown and Caldwell, 1975)。為了在發生嚴重堵塞問題時幫助固體物脫落，該系統並提供加氯功能之務實設計。

Brown and Caldwell (1975) 蒐集了幾種不同研究工作的實驗數據，而繪製如圖 7.28 所示之關係圖，當最高每日硝酸鹽負荷與最低廢水溫度為已知時，該圖可用來估計脫氮塔所需之體積大小。

Murphy et al. (1977) 在使用兩種不同填充料研究高孔隙率填充塔之脫氮作用時，係採用經活性污泥法硝化作用後之出水，並加入甲醇使碳氮比超過 1.1:1。該研究中對不同脫氮填充塔所採用之操作條件及填充料如表 7.13 所示。研究過程中發現填充塔之反沖洗並無法改善一個會造成硝酸鹽去除效率具有很大變化之持續性短流問題。結果，Murphy et al. (1977) 建議當獲得高品質出水是比較重要的選擇下，則不宜採用此種形式之系統。

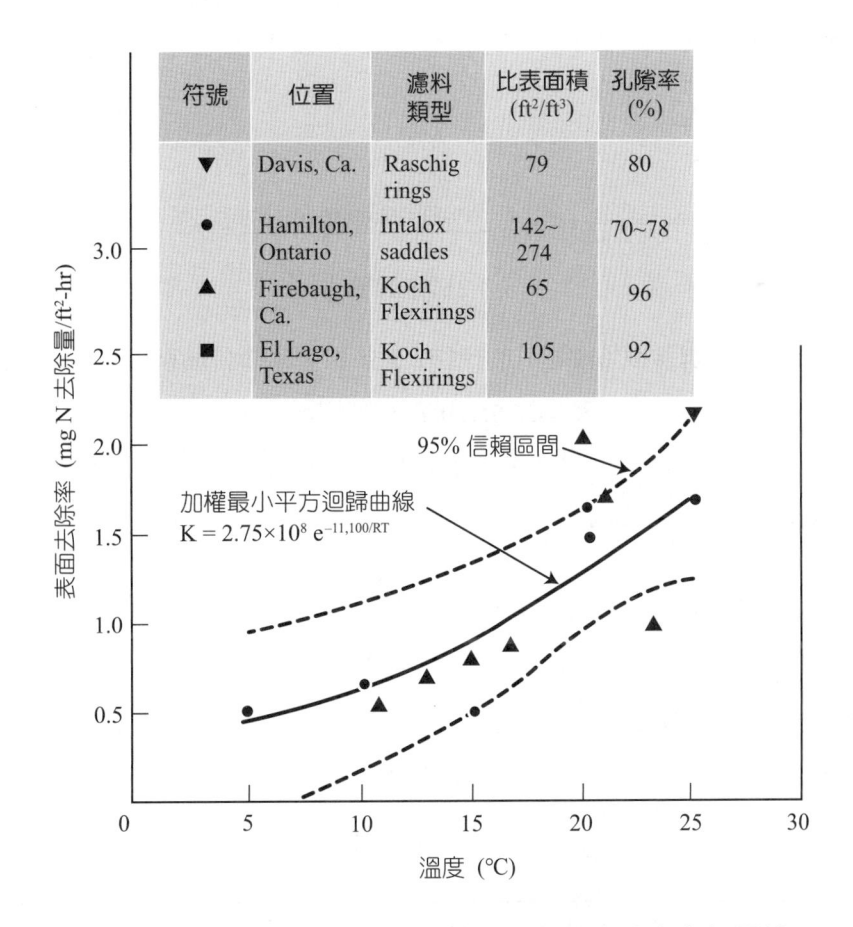

符號	位置	濾料類型	比表面積 (ft^2/ft^3)	孔隙率 (%)
▼	Davis, Ca.	Raschig rings	79	80
●	Hamilton, Ontario	Intalox saddles	142~274	70~78
▲	Firebaugh, Ca.	Koch Flexirings	65	96
■	El Lago, Texas	Koch Flexirings	105	92

圖 7.28 浸沒式高孔隙率填充塔系統溫度對表面脫硝率之相關性 (Brown and Caldwell, 1975)

表 7.13　脫氮填充塔之操作條件及填充料種類

塔號	填料種類	填充料尺寸 (in)	孔隙率 (%)	比表面積 (ft^2/ft^3)	塔高 (ft)	表面積負荷 (gpm/ft^2)	填充塔停留時間[a] (min)
1	Intalox Saddles	0.37	76	241	12	3.6 1.8	16.5 33.0
2	Intalox Saddles	0.5	78	190	12	3.6 1.8	17.5 35.0
3	Pall rings	1	90	63	8	0.7	70.0
4	Pall rings	2	92	31	8	0.7	70.0

[a] 指根據孔隙率體積計算出之停留時間。

資料來源：Murphy et al. (1977)

例題 7-7

廢水流量為 1 MGD，硝酸鹽氮濃度為 30 mg/L。試計算去除 90% 的氮所需要的填充塔體積。假設廢水臨界溫度為 20°C，用 Koch Flexirings 人工濾料做為濾床內之填充料，該濾料之比表面積為 65 ft^2/ft^3。

【解】

1. 計算需要去除的氮：

$$氮去除量 = \frac{(0.9)(30)(1,000,000)(3.78)}{24}$$
$$= 4,252,500 \text{ mg/hr}$$

2. 利用圖 7.28 中，由實驗數所據建立的經驗公式，計算每單位面積填充料的氮去除率：

$$K = 2.75 \times 10^8 \, e^{-11,100/(1.98)(293)}$$
$$= 1.35 \text{ mg N/ft}^2\text{-hr}$$

3. 計算所需要的填充料表面積：

$$A = \frac{4,252,500}{1.35}$$
$$= 3,150,000 \text{ ft}^2$$

4. 決定所需要的填充塔體積：

$$V = \frac{3,150,000}{65}$$
$$= 48,462 \text{ ft}^3$$

浸沒式低孔隙率細濾料填充塔 (Submerged Low-Porosity Fine-Media Columns)

雖然低孔隙率細濾料填充塔可能是最常使用的一種浸沒式填充塔脫氮系統，但是工程師們要設計此種填充床 (packed-bed) 卻沒有方法 (理論的或經驗的) 可利用。結果，其設計通常是依照模廠試驗或實驗室規模之研究所得之數據來進行。就經過硝化的都市性污水而言，表面積負荷通常為 0.5~1.5 gpm/ft^2。

低孔隙率細濾料填充塔通常用於對出水進行過濾作用及對廢水進行脫氮作用。表 7.14 所示列出幾個不同地點之懸浮固體物去除數據。通常這些系統均建議採用空氣及水合併之反沖洗方式。針對其特殊單元，Dravo 建議空氣的反洗速率採 6 cfm/ft^2，而水的反洗速率則採用 8 gpm/ft^2 (Brown and Caldwell, 1975)。

一般較常使用之濾料不是砂就是礫石，雖然有時也有採用活性碳。為了減少堵塞，此種填充塔通常採用向上流之填充床，並常選用砂作填料。以砂作填充料主要是因為砂的顆粒尺寸小，每立方英呎提供之表面積比礫石高，且由於砂的比重較大，產生之操作問題比活性碳少。

Tucker et al. (1974) 指出，就已知的填充床反應器和廢水而言，存在著一個最佳的水力負荷以達到脫氮作用。當流量較小時，硝酸鹽之負荷將限制填充床之去除速率，而當流量較大時，水力負荷則將會限制填充床之去除速率 (詳如圖 7.29 所示)。但是，為了獲得近似完全去除氮，單一個填充塔應該操作在硝酸鹽受限制的範圍。因此，填充塔應該幾個串聯起來操作，以達到最有效率的利用率。

最大硝酸鹽去除率之比較已由不同研究者經採用填充床反應器 (packed-bed reactors) 進行試驗結果得知，詳如表 7.15 所示，同時該試驗結果也與兩個流體化床的研究結果相比較。該表也闡述了濾料顆粒及液化對反應器效率之影響。較小填充料顆粒及液化作用情況將會使每單位體積反應器之微生物量增加。

表 7.14 浸沒式低孔隙率細濾料填充塔之懸浮固體物去除狀況比較

地點 (美國)	砂填充濾料尺寸[a] (mm)	表面積負荷 (gpm/ft^2)	塔深 (ft)	進流水 SS (mg/L)	出流水 SS (mg/L)
德州，El Lago	$d_{50} = 3$[b]	6.27	13	37	17
賓州，North Huntington	$d_{10} = 2.9$	0.72	6	16	7
佛羅里達州，Tampa	$d_{10} = 2.9$	2.5	—	20	5
俄亥俄州，Lebanon	$d_{50} = 3.4$[b] $d_{50} = 5.9$[b] $d_{50} = 14.5$[b]	7.0 7.0 7.0	10 20 10	13 13 13	4 2 1

[a] d_{10}：有效粒徑，d_{50}：濾料顆粒大小
[b] 均勻級配
資料來源：Brown and Caldwell (1975)

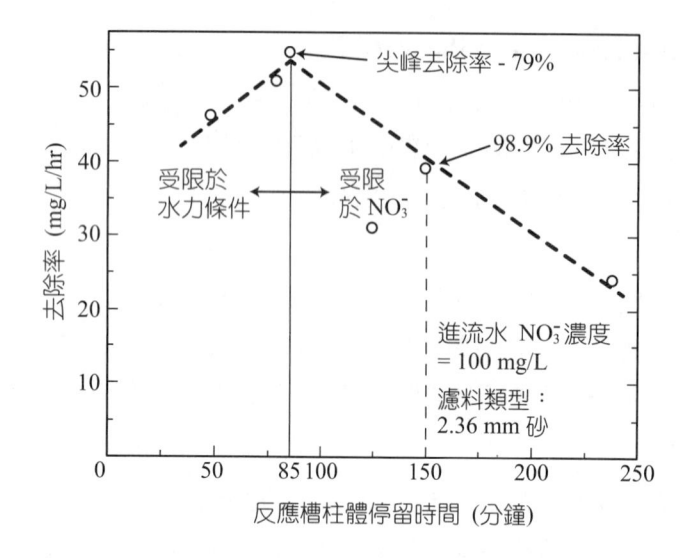

圖 7.29　固定式濾料柱狀砂濾床處理系統停留時間對脫硝作用之影響 (Tucker et al., 1974)

表 7.15　填充床式反應器內氮去除之比較

濾料	反應器類型	比表面積 (ft²/ft³)	氮之表面積去除率 lb N/day/ft²	體積去除率 lb N/day/ft³
礫石 1.5 in.	填充床	24	1.5×10^{-4}	3.7×10^{-3}
礫石 1.0 in.	填充床	151	7.0×10^{-5}	10.6×10^{-3}
活性碳 2.36 mm.	填充床	387+	4.3×10^{-5}	16.8×10^{-3}
砂 2.36 mm.	填充床	387	6.2×10^{-5}	24.1×10^{-3}
活性碳 1.7 mm.	流體化床	538+	1.4×10^{-4}	73.2×10^{-3}
活性碳 1.18 mm.	填充床	774+	1.4×10^{-5}	11.0×10^{-3}
砂 0.6 mm.[a]	流體化床	1088	3.4×10^{-4}	367×10^{-3}

[a] 有效粒徑。

流體化床脫氮塔 (Fluidized Bed Denitrification Columns)

在流體化床脫氮塔內，廢水由下向上通過細濾料層 (例如活性碳或砂)，其流速大到足以造成濾料流體化。在操作期間，濾料完全被生物成長物所包圍覆蓋，造成濾料大小增加。在浸沒式填充塔內，微生物的大量增長將導致高的水頭損失，短路及氮去除率下降。相反地，在流體化床系統中，由於濾料顆粒間維持足夠的孔隙，提供了良好的液體接觸，故上述操作問題將減少到最低程度。

由於流體化床系統中存在著大量的生物成長物，故與其他任何類型的填充塔相比較，此種系統的容積脫氮速率為最高 (如圖 7.30 所示，脫氮速率是溫度的函數)。因此，對流體化床系統可採用較大的表面積負荷。例如在紐約納索鎮 (Nassau County) 進行的模廠試驗中，對裝填矽砂、固定濾床深度為 6 ft、流體化床深度為 12 ft 的填充塔使用了 15 gpm/ft² 的負

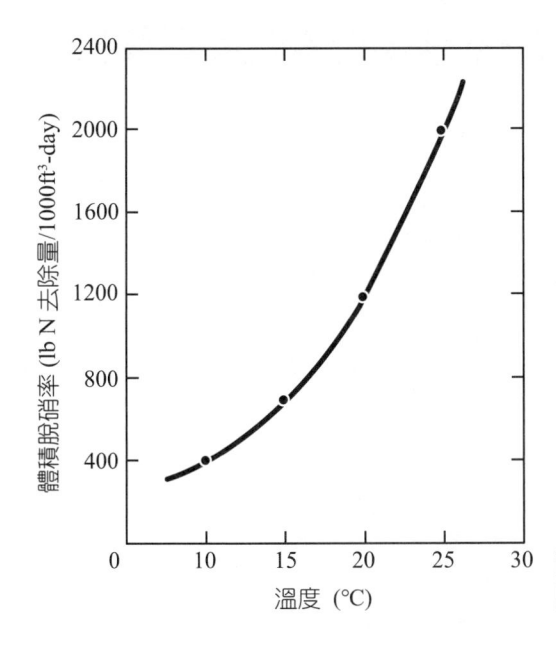

圖 7.30 流體化床處理系統於不同溫度對體積脫硝效率之影響 (Brown and Caldwell, 1975)

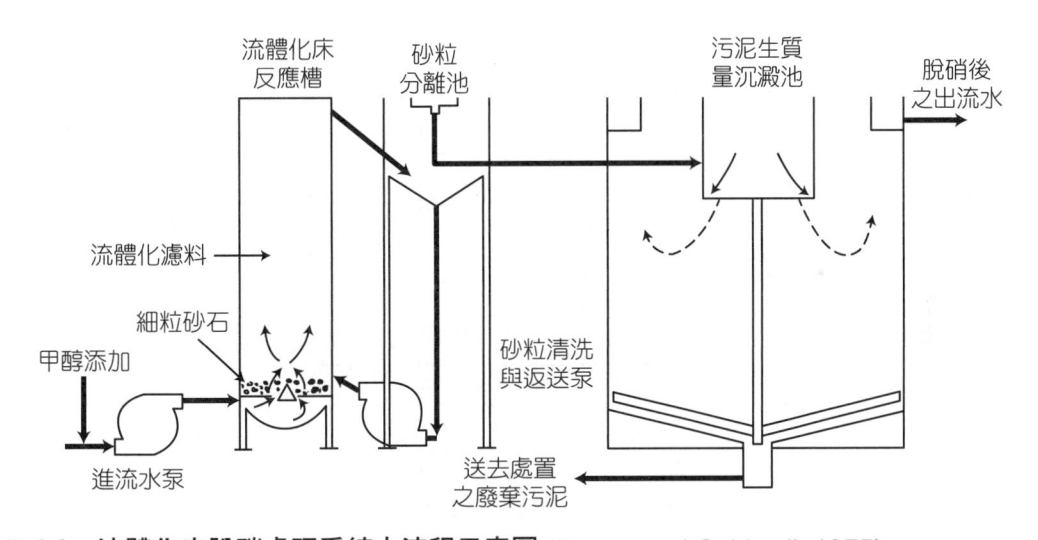

圖 7.31 流體化床脫硝處理系統之流程示意圖 (Brown and Caldwell, 1975)

荷 (Jeris and Owens, 1975)。

圖 7.31 所示為流體化床脫氮系統的典型程序架構。在流體化床脫氮塔的操作期間，塔內生物成長物持續增加，此導致濾料床的膨化深度，並造成濾料從系統內持續流失。若要維持填充塔內濾料總量，砂分離裝置之設置是需要的。如果出水水質要求較嚴格的話（如懸浮固體物低），在該系統後必須設置多層濾料過濾系統。

雖然流體化床系統具有容積脫氮速率最高的優點，但其缺點為需要砂分離裝置、沉澱池及可能之多層濾料過濾系統等而使得其不適用於浸沒式低孔隙率的細濾料脫氮塔。

習題

7-1 以下實驗數據係在溫度為 20°C 下所獲得：

流量 = 1.0 加侖 / 分鐘 / 平方英呎 (gpm/ft²)

池深 (ft)	BOD₅ 剩餘百分比 (%)
2.5	86
6.5	68
10.5	52
13.6	43
17.6	35
21.5	26

流量 = 1.5 加侖 / 分鐘 / 平方英呎 (gpm/ft²)

池深 (ft)	BOD₅ 剩餘百分比 (%)
2.5	90
6.5	75
10.5	63
13.6	55
17.6	45
21.5	38

流量 = 3.0 加侖 / 分鐘 / 平方英呎 (gpm/ft²)

池深 (ft)	BOD₅ 剩餘百分比 (%)
2.5	94
6.5	84
10.5	76
13.6	70
17.6	63
21.5	57

(1) 利用以上數據決定 K_0' 及 n 值。

(2) 若要將流量為 1 MGD，進流水 BOD₅ 為 200 mg/L 之都市性污水，達到 90% 之 BOD₅ 去除率，試設計出滴濾池所需之直徑。假設該滴濾池的深度設計為 25 ft，並採用回流比為 2.0，以及臨界操作溫度為 10°C。

7-2 比較分別由 NRC 公式及 Eckenfelder 公式所計算之二段式滴濾池系統的容積需要量。假設廢水流量為 2 MGD，BOD₅ 濃度為 200 mg/L，每個滴濾池的深度為 8 ft，預期臨界操作溫度為 20°C。試針對回流比分別為 1:1、2:1 及 3:1，以及 BOD₅ 去除率分別為

60%、70% 及 80% 等條件下，進行容積的比較。由本題所得到的結果，當運用這些公式進行滴濾池之設計時，其可接受性如何？

7-3 假設要建造一個三段式旋轉生物圓盤系統來處理廢水，廢水流量為 0.1 MGD，BOD$_5$ 濃度為 250 mg/L。由可處理性試驗研究得知，$P = 2500$ mg/ft^2-day，$K_s = 100$ mg/L。如果排放規範要求出流水中的溶解性 BOD$_5$ 為 15 mg/L，試問旋轉生物圓盤需要多大的表面積？

7-4 依據習題 7-3 的條件，用四段式旋轉生物圓盤系統再計算一次。試比較單一段式系統 (例題 7-3)、二段式系統 (例題 7-4)、三段式系統 (習題 7-3)，以及四段式系統，各系統內旋轉生物圓盤表面積之需求量。

7-5 利用圖 7.15 及圖 7.23，針對處理流量為 1 MGD，BOD$_5$ 濃度為 150 mg/L，氨氮濃度為 20 mg/L 之都市生活污水，計算設計出所需要介質濾料的表面積。假設臨界操作溫度為 45°F，而 BOD$_5$ 及氨氮的去除率均必須達到 90%。

7-6 一座深為 21 ft 之滴濾池，內含塑膠材質之介質濾料，處理活性污泥處理廠的出流水。處理流量為 2 MGD，出流水中的氨氮濃度則為 25 mg/L。試問在 45°F 時，轉化 85% 的氨需用多大容積的滴濾池？

參考文獻

ANTONIE, R.L., "Application of the BIO-DISC Process to Treatment of Domestic Wastewater," paper presented at the 43rd Annual Conference of the Water Pollution Control Federation, Boston, 1970.

ANTONIE, R.L., "Three-Step Biological Treatment with the BIO-DISC Process," paper presented at the Spring Meeting of the New York Water Pollution Control Association, Montauk，N.Y., June 1972.

ANTONIE, R.L., "Nitrification of Activated Sludge Effluent：BIO-SURF Process," *Water and Sewage Works*, **44**(Nov., 1974).

ARCHER, E.C., AND L.R. ROBINSON, JR.,"Design Considerations for Biological Fiters," in *Handbook of Trickling Filter Design*, Public Works Journal Corporation, Ridgewood, N.Y., 1970.

BAKER, J.M., AND Q.B. GRAVES, "Recent Approaches for Trickling Filter Design," *Journal of the Sanitary Engineering Division, ASCE*, **94** SA1, 65 (1968).

BENZIE, W.J., "The Design of High Rate Filters," in *Handbook of Trickling Filter Design*, Public Works Journal Corporation, Ridgewood, N.J. 1970.

BENZIE, W.J., H.O. LARKIN, AND A.F. MOORE, "Effects of Climatic and Loading Factors on Tricking Filter Performance," *Journal of the Water Pollution Control Federation*, **35**, 445 (1963).

BOYLE, J.D., "Biological Treatment Process in Cold Climates," *Water and Sewage Works*, **23**, R-28 (Apr. 1976).

BROWN AND CALDWELL, Consulting Engineers, *Process Design Manual for Nitrogen Control*, EPA Technology Transfer Series, 1975.

CARDENAS, R.L., JR., "Trickling Filters and the Unit Operations Laboratory," paper presented at the AAPSE Workshop on Biological Waste Treatment Processes, University of Texas, Austin, Tex., 1966.

CULP, G.L., "Direct Recirculation of High-Rate Trickling Filter Effluent," *Journal of the Water Pollution Control Federation*, **35**, 742 (1963).

DUDDLES, G.A., S.E. RICHARDSON, AND E.F. BARTH, "Plastic-Medium Trickling Filters for Biological Nitrogen Control," *Journal of the Water Pollution Control Federation*, **46**, 937 (1974).

DUNNAHOE, R.G. AND B.W. HEMPHILL, "The ABF Process, A Combined Fixed/Suspended Growth Biological Treatment System," paper presented at the AWWAFACE Conference, Halifax, NOVA Scotia, Sept. 12-15, 1976.

ECKENFELDER, W.W., JR., "Trickling Filter Design and Performance," *Journal of the Sanitary Engineering Division*, ASCE, **87**, SA6, 87 (1961).

ECKENFELDER, W.W., JR., *Water Quality Engineering*, Cahners Books, Boston, 1970.

ECKENFELDER, W.W., JR., "Trickling Filters," in *Process Design in Water Quality Engineering*, ed. by E.L. Thackston and W.W. ECKENFELDER, Jenkins Publishing Co., Austin, Tex. 1972.

ECKENFELDER, W.W., JR., AND W. BARNHART, "Performance of a High-Rate Trickling Filter Using Selected Media," *Journal of the Water Pollution Control Federation*, **35**, 1535 (1963).

FAIRALL, J.M., "Correlation of Trickling Filter Data," *Sewage and Industrial Wastes*, **28**, 1069 (1956).

GALLER, W.S., AND H.B. GOTAAS, "Analysis of Biological Filter Variables," *Journal of the Sanitary Engineering Division*, ASCE, **90**, SA6, 59 (1964).

Great Lakes-Upper Mississippi River Board of State Sanitary Engineers, *Recommended Standards for Sewage Works* (*Ten-State Standards*), 1971.

HAUG, R.T., AND P.L. McCarty, "Nitrification with the Submerged Filters," *Journal of the Water Pollution Control Federation*, **44**, 2086 (1972).

HEMPHILL, B.W., "Reliable, Cost-Effective Treatment with the ABF Process," paper presented at the Western Canada Water and Sewage Conference, Edmonton, Alberta, Sept. 28-30, 1977.

JANK, B.E., AND W.R. DRYNAN, "Substrate Removal Mechanism of Trickling Filters," *Journal of the Environmental Engineering Division*, ASCE, **EE3**, 187 (1973).

JENNETT, J.C., AND N.D. DENNIS, Jr., "Anaerobic Filter Treatment of Pharmaceutical Wastes," *Journal of the Water Pollution Control Federation*, **47**, 104 (1975).

JERIS, J.S., "High Rate Denitrification," paper presented at the 44th Annual Conference of theWater Pollution Control Federation, Oct. 3-8, 1971.

JERIS, J.S., AND R.W. OWENS, "Pilot-Scale, High-Rate Biological Denitrification," *Journal of the Water Pollution Control Federation*, **47**, 2043 (1975).

KORNEGAY, B.H. "Modeling and Simulation of Fixed Film Biological Reactors," in *Mathematical Modeling of Water Pollution Control Processes*, ed. by T.M. Keinath and M. Wanielista, Ann Arbor Science Publications, Inc., Ann Arbor, Mich., 1975.

LIPTÁK, B.G., *Environmental Engineer's Handbook*, Vol. I, Chilton Book Company, Radnor, Pa., 1974.

McCarty, P.L., "Anaerobic Treatment of Soluble Wastes," in *Advances in Water Quality Improvement*, ed. by E.F. Gloyna and W.W. Eckenfelder, Jr., University of Texas Press, Austin, Tex., 1968.

McHARNESS, D.D., AND P.L. McCARTY, "'Field Study of Nitrification with the Submerged Filter," *Journal of the Water Pollution Control Federation*, **47**, 291 (1975).

METCALF AND EDDY, Inc., *Wastewater Engineering*, McGraw-Hill Book Company, New York, 1972.

MOHLMAN, F.W., et al., "Sewage Treatment at Military Installations," *Sewage Works Journal*, **18**, 794 (1946).

MURPHY, K.L., P.M. SUTTON, R.W. WILSON, AND B.E. JANK, "Nitrogen Control: Design Considerations for Supported Growth Systems," *Journal of the Water Pollution Control Federation*, **49**, 549 (1977).

PARKHURST, J.D., "Pomona Activated Carbon Pilot Plant," *Journal of the Water Pollution Control Federation*, **39**, R70 (1967).

RANKIN, R.S. "Evaluation of the Performance of Biofiltration Plants," *Transactions, ASCE*, **120**, 823(1955).

REGUA, D.A., AND E.D. SCHROEDER, "Kinetics of Packed-Bed Denitrification," *Journal of the Water Pollution Control Federation*, **45**, 1969 (1973).

SCHROEDER, E.D., *Water and Wastewaster Treatment*, McGraw-Hill Book Company, New York, 1977.

SCHULZE, K.L., "Load and Efficiency of Trickling Filters," *Journal of the Water Pollution Control Federation*, **32**, 245 (1960).

SEIDEL, D.F., AND R.W. CRITES, "Evaluation of Anaerobic Denitrification Processes," *Journal of the Sanitary Engineering Division, ASCE*, **96**, 267 (1970).

SMITH, R., "Cost-Effectiveness Analysis for Water Pollution Control," in *Upgrading Wastewater Stabilization Ponds to Meet New Discharge Standards*, PB-240-402, National Technical Information Service, Springfield, Va, 1974.

St. AMANT, P.P., AND P.L. McCARTY, "Treatment of High Nitrate Waters," *Journal of the American Water Works Association*, **61**, 42 (1969).

STACK, V.T., JR., "Theoretical Performance of the Trickling Filtration Process," *Sewage and Industrial Wastes*, **29**, 987 (1957).

STENQUIST, R.J., D.S. PARKER, AND T.J. DOSH, "Carbon Oxidation-Nitrification in Synthetic Media Trickling Filters," *Journal of the Water Pollution Control Federation*, **46**, 2327 (1974).

STOVER, E.L., AND D.F. KINCANNON, "One-Step Nitrification and Carbon Removal," *Water and Sewage Works*, **66** (June 1975).

Subcommittee on Sewage Treatment, Committee on Sanitary Engineering, National Research Council, "Sewage Treatment at Military Institutions," *Sewage Works Journal*, **18**, 787 (1946).

TUCKER, D.O., C.W. RANDALL, AND P.H. KING, "Columnar Denitrification of a Munitions Wastewater," *Proceedings, 29th Industrial Waste Conference*, Purdue University, West Lafayette, Ind., 1974, p.167.

VELZ, C.J., "A Basic Law for the Performance of Biological Filters," *Sewage Works Journal*, **20**, 607 (1948).

WESTON, ROY F., Inc., *Upgrading Existing Wastewater Treatment Plants*, EPA Technology Transfer Series, 1974.

WILLIAMSON, K., AND P.L. McCARTY, "A Model of Substrate Utilization by Bacterial Films," *Journal of the Water Pollution Control Federation*, **48**, 9 (1976a).

WILLIAMSON, K., AND P.L. McCARTY, "Verification Studies of the Biofilm Model for Bacterial Substrate Utilization," *Journal of the Water Pollution Control Federation*, **48**, 281 (1976b).

YOUNG, J.C., AND P.L. McCARTY, "The Anaerobic Filter for Waste Treatment," *Proceedings, 22nd Industrial Waste Conference*, Purdue University, West Lafayette, Ind., 1967.

ZAJIC, J.E., *Water Pollution*, Vol. I, Marcel Dekker, Inc., New York, 1971.

CHAPTER 8

污泥消化

　　所有傳統之廢水處理程序都會產生大量的廢棄物質,這些廢棄物質係呈稀釋狀的固體混合液形態,稱之為污泥。而這些污泥的成分與固體物含量,是原廢水性質及會產生污泥之處理程序的函數。因此,在處理都市生活污水時,產生的初級污泥主要是由含有機物質量相對較高的固體物顆粒所組成,而二級污泥成分主要是由在生物處理程序中,由細菌等微生物在代謝有機物過程中,所生長的過剩微生物細胞固體物所組成。這二種類型的生污泥主要是由水所組成,其中固體物含量僅佔 0.5~5.0%。而這些種類的污泥濃度大小,係取決於固體物的來源及去除的方法。

　　污泥中含有大量的污染物質,該污染物質即為未經處理的廢水會具有令人感到不舒服噁心且有毒特性之來源。因此必須將污泥進行處理或加工,使其能在最終排放到環境中時不致造成有害的影響。例如,在處理都市生活污水時,平均有 35% 的進水 BOD_5 在初沉池中以污泥的形式被除去,其後就傳統活性污泥法而言,則有 30~40% 微生物所去除的 BOD_5 轉化成為廢棄活性污泥。如此,當進水 BOD_5 為 200 mg/L 時,假設整個系統的去除率為 90%,則進水 BOD_5 中有 52~57% 是以污泥的形式被去除的。因此,污泥處理在大多數都市性污水處理廠中佔總投資額及操作費用的 50%,或更高就不足為奇了。已經有多種污泥處理程序已被發展出來,且已被應用於廢水處理之操作中。污泥處理程序通常為圖 8.1 所示的五種主要類型之一,而穩定化是其中常用的一種。穩定化的主要目的是避免惡臭狀況,降低污泥中的病原菌含量,減少隨後必須處理的液體體積與固體物量。

　　傳統上,污泥的穩定化可採厭氣消化 (anaerobic digestion) 來完成。雖然這種程序產生穩定的污泥,但是由於許多有機物質被溶解,因而導致上澄液中營養物質及有機物含量很高 (表 8.1 所示即為厭氣消化槽中上澄液的特性)。同時還發現,經過厭氣消化的二級污泥中,絕大部分很難用機械方法脫水。而且,厭氣消化十分敏感,經常發生翻池 (upsets) 的現象。由於污泥厭氣消化存在上述種種不理想的特性,因此其他的污泥穩定化方法,也會被

表 8.1 厭氣消化槽上澄液的特性

水質指標	初級處理 (mg/L)	滴濾池ᵃ (mg/L)	活性污泥處理廠ᵃ (mg/L)
懸浮固體物	200~1000	500~5000	5000~15000
BOO₅	500~3000	500~5000	1000~10000
COD	1000~5000	2000~10000	3000~30000
氨 (以 NH₃ 計)	300~400	400~600	500~1000
總磷 (以 P 計)	50~200	100~300	300~1000

ᵃ 包括初沉污泥

資料來源：Black, Crow, and Eidness (1974)

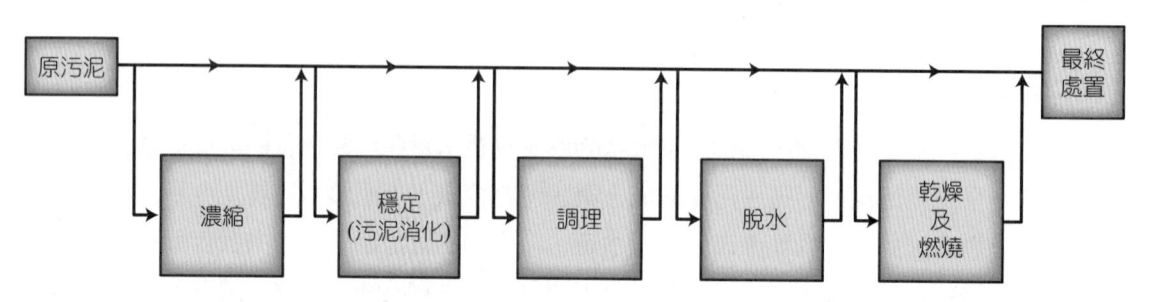

圖 8.1 污泥處理基本流程 (McCarty, 1966)

採用。其中之一為好氧消化 (aerobic digestion)。因為污泥的厭氧消化與好氧消化均屬生物程序，故此兩種程序在本章後續章節中，均將進行詳細討論。

消化程序在整個污水處理流程中的相關位置，如圖 8.1 所示。

8-1 厭氧消化 (Anaerobic Digestion)

在本書 4-7 節中，對厭氣接觸程序中厭氣處理的基本原理已陳述過。這些原理同樣地可應用於厭氧消化。在本章節中討論厭氧消化之前，應先對 4-7 節之內容，有充分的理解。

在消化程序中，有機固體物依據類似於圖 8.2 所示之方法，被轉化為不會令人感到不舒服噁心的最終產物。在第一個步驟中，複雜之有機固體物被處理系統內存在的微生物所產生之胞外酵素 (extracellular enzymes，或胞外酶) 水解。水解過程所形成之溶解性有機物質被負責酸性發酵之兼氣菌及厭氣菌所代謝。酸性發酵之最終產物 (主要為短鏈之酸及乙醇類) 則隨之被許多不同種類之嚴格厭氣菌 (strictly anaerobic bacteria) 轉化成氣體及新細菌體。

處理程序概述

目前使用的厭氧消化程序實質上有二種類型：標準速率程序 (standard-rate process) 和

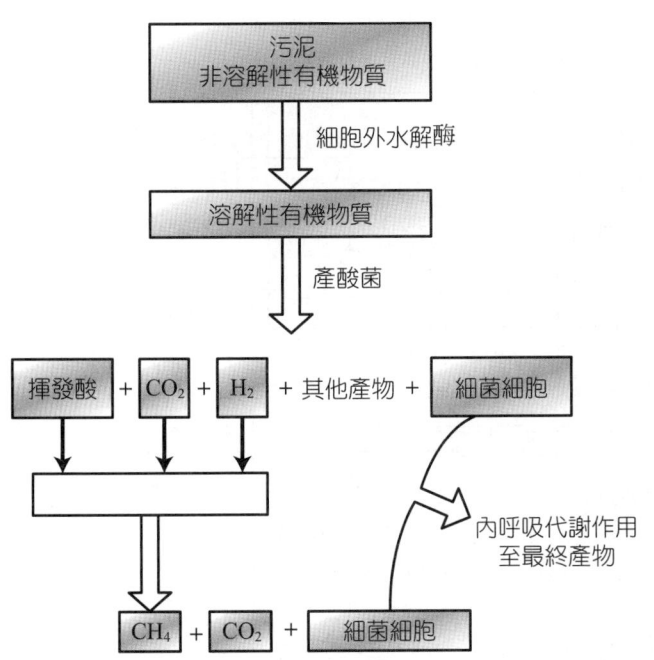

圖 8.2 厭氧污泥消化機制示意圖 (Eckenfelder, 1967)

高速率程序 (high-rate process)。標準速率程序並不使污泥混合，而是允許消化槽內之污泥分成若干層，如圖 8.3 及圖 8.4 所示。污泥的進料和排放是間歇性的而非連續性的。消化槽通常需要加熱，以提高發酵速率，從而縮短所需的停留時間。污泥在加熱的消化槽中的停留時間為 30~60 日範圍內。標準速率消化槽之有機物負荷率為每日每立方英呎之消化槽體積有 0.03~0.1 磅之總揮發性固體物。

標準速率程序的主要缺點是因為停留時間長而所需要的槽體容積大、負荷率低、發酵浮渣層厚 (Kormanik, 1968)。僅有約 1/3 左右的池子容積用於消化程序，剩下的 2/3 容積將包含浮渣層、穩定化的固體和上澄液。由於上述限制，一般僅在規模為 1 MGD(百萬加侖/日)，抑或更小的處理廠才使用這種系統。

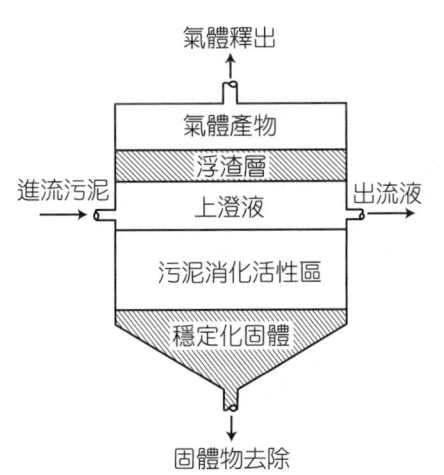

圖 8.3 標準速率厭氧消化槽示意圖 (Kormanik, 1968)

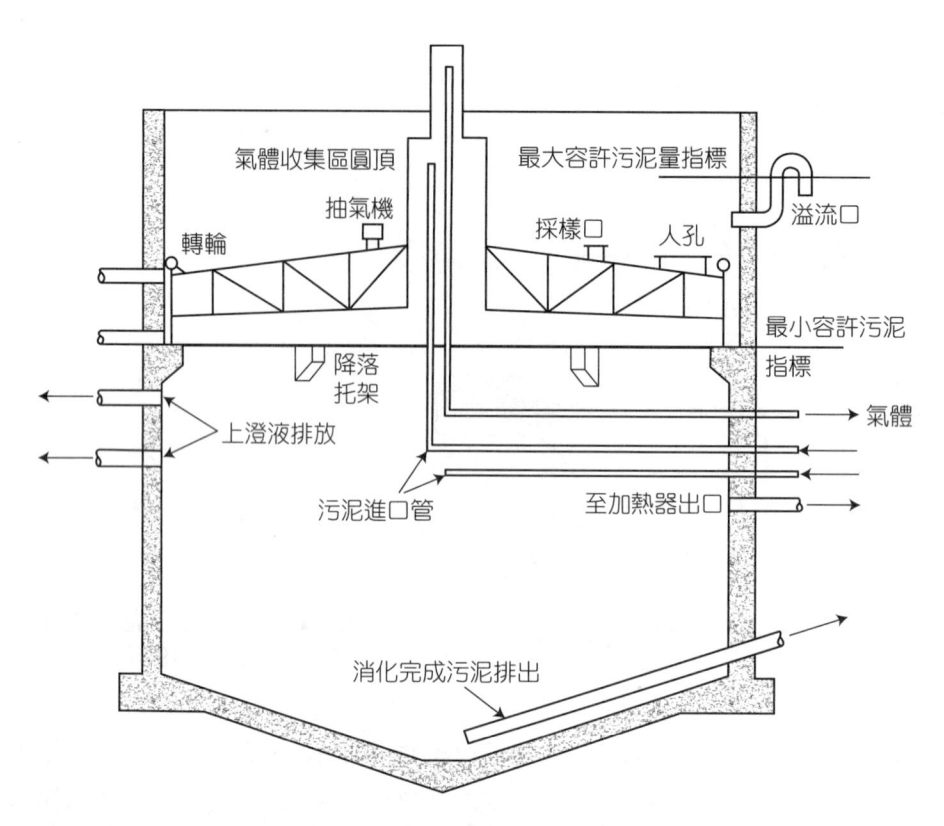

圖 8.4 設置有浮蓋之標準速率厭氧消化槽示意圖 (Hammer, 1975)

　　由於持續地努力改進標準速率裝置的結果，高速率系統也因而發展出。在此程序中，兩個串聯運轉的消化池將發酵和固-液分離的功能分開來 (如圖 8.5 所示)。第一階段高速率裝置藉由氣體循環、垂管混合器 (draft-tube mixers) 或以泵浦，將料液完全混合，並將污泥

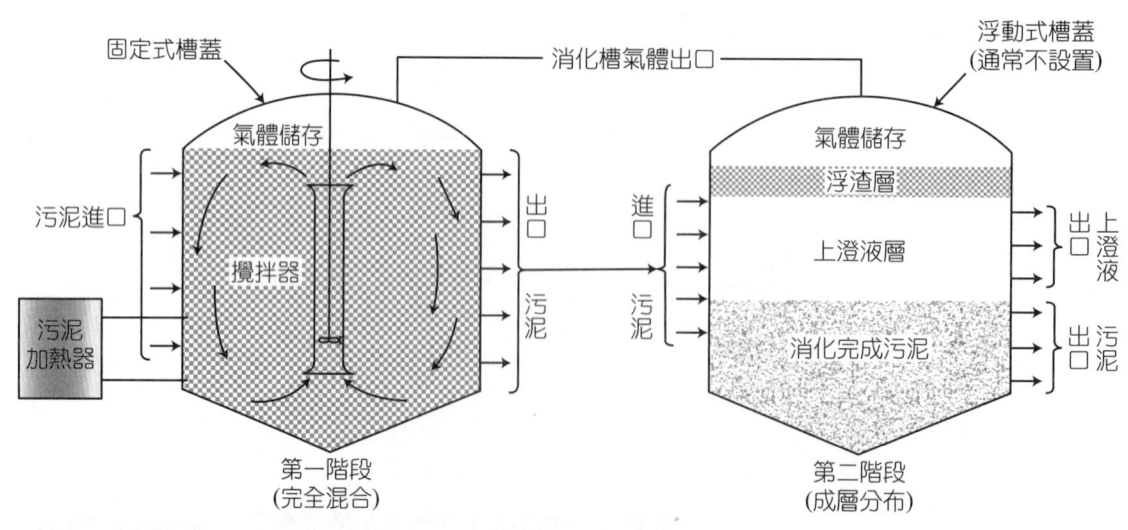

圖 8.5 高率污泥消化流程 (Metcalf and Eddy, 1972)

加熱，以提高發酵速率。因為池中內容物被完全混合，所以整個池內溫度分布較均勻。污泥流入及排放係採用連續的或者近似連續的方式進行。第一階段槽體所需要的停留時間，正常情況下為 10~15 日。有機物負荷率的變化範圍為每日每立方英呎消化槽體積有 0.1~0.14 磅總揮發性固體物。

第二階段消化槽的主要功能係固 - 液分離，以及將剩餘氣體予以排放。雖然第一階段消化槽常裝有固定式槽蓋，而第二階段消化槽的槽蓋通常則為浮動式，且第二階段消化槽通常不加熱。

消化槽一般做成圓形，直徑範圍為 20~115 ft。槽底應做成斜面，以便經由污泥排放管排空污泥(通常係採用每 4 ft 長度升高 1 ft 之坡度)。槽體中心的液體深度一般為 20~45 ft。

動力學關係

高速率系統的第一階段消化槽類似於一個無固體物回流之完全混合反應系統，因此這種系統的生物固體物停留時間與水力停留時間相等。Sawyer and Roy (1955) 指出，θ_c 是決定消化期間揮發性固體物去除程度的因素。他們發現，對於已知的 θ_c，不論進流的污泥濃度如何，實質上應可獲得同樣的固體物破壞量。此表示，藉由將進料之污泥濃縮後，減少消化槽容積仍可獲得同樣的固體物破壞程度。

圖 8.6 所示為一無固體物回流之完全混合反應槽的流程。圖中之 Q 為體積流量 (volumetric flow rate)，S_0 為進流水基質濃度，X 為穩定狀態下之微生物生質量污泥濃度，S_e 為出流水基質濃度，V 為反應槽體積。假設進流水中不含微生物，則有關進入及離開反應槽的微生物生質量之濃度，在穩定狀態下之質量平衡方程式如下所示：

$$0 = \left[Y_T \left(\frac{dS}{dt}\right)_u - K_d X\right] V - QX \tag{8-1}$$

代入 4-17 式的 $(dS/dt)_u$，則得到如下所示：

$$0 = \left[\frac{Y_T Q(S_0 - S_e)}{d} - K_d X\right] V - QX \tag{8-2}$$

或

$$\frac{K_d XV}{Q} = Y_T(S_0 - S_e) - X \tag{8-3}$$

由於系統之 $\theta_c = V/Q$，故 8-3 式簡化為：

$$X = \frac{Y_T(S_0 - S_e)}{1 + K_d \theta_c} \tag{8-4}$$

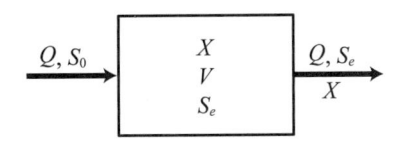

圖 8.6　沒有污泥回流之完全混合反應槽流程示意圖

假設基質利用率係遵照 Monod 關係式，則在無回流及完全混合系統內之臨界 BSRT 值，亦即低於該值時將發生微生物生質量體流失現象之 θ_c^m 值，則可由 4-34 式表示之：

$$\frac{1}{\theta_c^m} = Y_T \frac{kS_0}{K_s+S_0} - K_d \tag{8-5}$$

在高速率系統第一階段消化槽的設計中，微生物生質量體之停留時間通常較 θ_c^m 值大 2~10 倍 (Lawrence and McCarty, 1970)。有關都市污水的污泥，Lawrence (1971) 則指出其 Y_T 值及 K_d 值分別為 0.04 日$^{-1}$ 及 0.015 日$^{-1}$。

有關 4-7 節中所描述之速率限制步驟分析法，下列的動力學方程式可適用於完全混合之厭氣消化槽：

$$S_e = \frac{K_s(1+K_d\theta_c)}{\theta_c(Y_Tk-K_d)-1} \tag{8-6}$$

$$(S_e)_{最終} = \frac{1+K_d\theta_c}{\theta_c(Y_Tk-K_d)-1}(K_c) \tag{4-176}$$

$$(k)_T = (6.67 \text{ day}^{-1})10^{-0.015(35-T)} \tag{4-177}$$

$$(K_c)_T = (2224 \text{ mg COD/L})10^{0.046(35-T)} \tag{4-178}$$

4-177 式及 4-178 式適用於 20~35°C 的溫度範圍。

在厭氣消化槽的設計中，微生物生質量體的停留時間和溫度是關鍵性的因素。在一定範圍內，發酵速率會隨著溫度的變化而增加和下降 (如圖 8.7 所示)。因此，高溫消化 (thermophilic digestion) 是可能的，且可能在將來找到很大的實用性 (Buh and Andrews, 1977)。但是，將污泥加熱到如此高的溫度歷來從未被認為是在經濟上可行的，所以污泥消化通常是在中溫範圍內進行，其最佳溫度為 35°C(95°F)。當缺乏現成數據以供工程師利用 8-5 式來計算 θ_c^m 時，第一階段消化槽的設計可以採用表 8.2 所提供的數據。

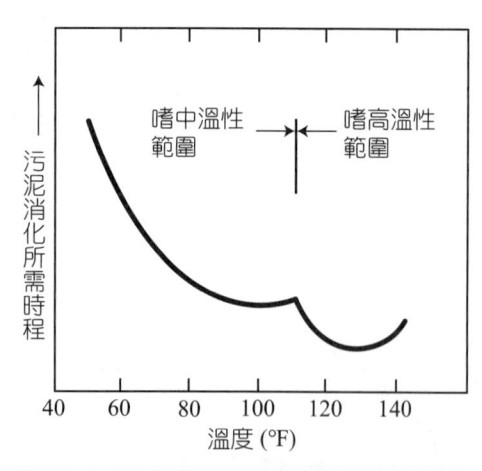

圖 8.7 反應槽內溫度對厭氧污泥消化所需時程間相關性 (Heukelekian, 1930)

表 8.2 第一階段消化槽設計使用之 θ_c^m 近似值

操作溫度 (°F)	θ_c^m (day)
65	11
75	8
85	6
95	4
105	4

資料來源：McCarty (1964)

氣體產量與需熱量 (Gas Production and Heating Requirements)

消化槽的熱損失可由 8-7 式計算之：

$$H_L = UA(T_2 - T_1) \tag{8-7}$$

式中，H_L = 熱損失，BTU/hr

U = 整體熱傳係數 (overall coefficient of heat transfer)，BTU/hr-ft^2-°F

A = 垂直於熱流方向的面積，ft^2

T_2 = 發酵溫度，°F

T_1 = 臨界冬季溫度，°F

U 的典型數值如表 8.3 所示。熱損失也可以估計為：在美國北部取 2600 BTU/hr/1000 ft^3 消化槽體積，而在美國南部取 1300 BTU/hr/1000 ft^3 消化槽體積 (Lipták, 1974)。

污泥的需熱量可由下式計算：

$$H_R = WC(T_2 - T_1) \tag{8-8}$$

式中，H_R = 將生污泥加熱到發酵溫度所需的熱量，BTU/day

W = 污泥進入消化槽的平均重量流量，lb/day

C = 污泥的平均比熱，一般取 1.0 BTU/lb/°F

T_2 = 發酵溫度，°F

T_1 = 臨界冬季條件下進料污泥的溫度，°F

如果沒有其他已知資料可用，進料污泥的溫度如在美國南部可以採用 50°F，如在美國中部則為 45°F，在美國北部為 40°F (Lipták, 1974)。

甲烷氣體產生量可由 4-181 式估計之：

$$G = G_0[\Delta S - 1.42(\Delta X)] \tag{4-181}$$

式中，G = 甲烷總產量，ft^3/day

表 8.3　厭氣消化槽之整體熱傳係數

消化槽之構件	整體熱傳係數 (BTU/hr-ft^2-°F)
混凝土頂板	0.5
浮動式池蓋	0.24
地面上的鋼筋混凝土牆	0.35
溼土中的鋼筋混凝土牆	0.25
乾土中的鋼筋混凝土牆	0.18
底板	0.12

資料來源：Lipták (1974)

G_0 = 每氧化 1 磅可降解性之 COD 或 BOD_u 所產生的甲烷氣體量，ft^3/lb

ΔS = 去除的可降解性 COD 或 BOD_u，lb/day

ΔX = 微生物生質量（污泥）生長量，lb/day

因為厭氧消化所產生的氣體中，甲烷僅佔大約 2/3，故生成的氣體總容積應為 $G/0.67$。因此可供利用的總熱量估計為，在標準條件下，每立方英呎 (ft^3) 甲烷的淨熱值為 960 BTU。

Lipták (1974) 曾指出，總氣體產生量可選取為，每去除 1 磅 VSS 生成 15 ft^3 體積的氣體，而該氣體的 BTU 值則為 640 ~703 BTU/ft^3。

污泥特性 (Sludge Characteristics)

污泥的體積取決於其比重及含水量，可由下式計算之：

$$V_s = \frac{\text{固體乾重 (lb)}}{(S_s)(\gamma_w)(f_s)} \tag{8-9}$$

式中，V_s = 每日產生的污泥體積，ft^3/day

γ_w = 水的比重，lb/ft^3，有關數值如表 8.4 所示

f_s = 污泥中固體物的重量比例

固體乾重 (lb) = 系統中每日產生的固體物（污泥）的乾量，lb/day

S_s = 污泥比重

如果要使用 8-9 式，必須先知道污泥的固體物含量及比重。濃縮後及未濃縮的污泥，其典型濃度值如表 8.5 所示。污泥比重可由下式決定之：

$$\frac{1}{S_s} = \frac{f_w(1)}{S_w} + \frac{f_f(1-f_w)}{S_f} + \frac{f_v(1-f_w)}{S_v} \tag{8-10}$$

式中，S_s = 污泥比重

S_w = 水的比重 (1.0)

表 8.4　不同溫度下水的比重變化值

溫度 (°F)	水的比重 (lb/ft^3)
32	62.42
40	62.43
50	62.41
60	62.37
70	62.30
80	62.22
90	62.11
100	62.00

資料來源：Metcalf and Eddy (1972)

表 8.5　機械式濃縮槽未濃縮及濃縮污泥之濃度與固體物負荷

污泥類型	污泥(固體含量%) 未經濃縮	污泥(固體含量%) 經濃縮過	機械濃縮槽的固體負荷 (lb/ft²-day)
個別單元之污泥			
初級污泥	2.5~5.5	8~10	20~30
滴濾池脫膜污泥	4~7	7~9	8~10
活性污泥	0.5~1.2	2.5~3.3	4~8
混合污泥			
初級污泥 + 滴濾池脫膜	3~6	7~9	12~20
初級污泥 + 活性污泥	2.6~4.8	4.6~9.0	8~16

資料來源：Metcalf and Eddy (1972)

S_f = 固定性固體物 (fixed solids) 的比重 (一般為 2.5)

S_v = 揮發性固體物 (volatile solids) 的比重 (一般為 1.0)

f_w = 污泥中水的重量百分數

f_f = 固定性固體物的重量百分數

f_v = 揮發性固體物的重量百分數

　　為了決定經消化作用所減少的污泥體積，必須掌握消化污泥的比重外，尚須瞭解消化污泥將濃縮至什麼樣的固體物百分數。厭氣消化污泥的標準固體物百分數值如表 8.6 所示，而比重可由 8-10 式計算出。要計算比重，必須知道消化作用完成後的揮發性固體物重量百分比。只要知道了揮發性固體物的破壞程度，即可將該值決定之。針對揮發性固體含量佔 65~70% 的進料污泥而言，可利用下列方程式估算消化過程中揮發性固體的破壞量 (Lipták, 1974)：

標準速率消化槽：

$$V_d = 30 + \frac{t}{2} \tag{8-11}$$

表 8.6　厭氧消化後之都市性污水之污泥中含固體物比例

污泥類型	固體物含量百分數
個別單元之污泥	
初級污泥	10~15
活性污泥	2~3
混合污泥	
初級污泥 + 滴濾池脫膜污泥	10
初級污泥 + 活性污泥	6~8

資料來源：Fair and Geyer (1957)

式中，V_d = 消化期間所去除的揮發性固體物，%
　　　t = 消化時間，day

第一階段消化槽：

$$V_d = 13.7 \ln(\theta_c) + 18.94 \tag{8-12}$$

式中，θ_c 表示生物固體物 (污泥) 之停留時間，day。

設計考量 (Design Considerations)

在某些情況下，在進行消化作用之前將污泥先進行個別濃縮則可以取消第二階段之消化槽。這種安排的好處是減少了槽體的總體積。機械濃縮池可提供之濃縮操作效果相當於第二階段消化槽之濃縮操作效果，但其體積需求卻只需第二階段消化槽體積的十分之一。然而，能否取消第二階段消化槽乃取決於隨後的污泥處理方法。例如，北方溫帶地區在冬季的幾個月裡就不宜使用無遮蓋的曬乾床，意即該期間必須將污泥儲存起來。第二階段消化槽提供了儲存污泥所需要的容積，故此時不宜取消第二階段消化槽。

消化槽的混合強度是一個重要的設計參數。混合強度低將導致甲烷發酵速率下降。當提供的混合程度低時，揮發性酸在系統中的累積有可能導致消化槽操作失敗。Speece (1972) 的研究發現，提高混合強度將增加甲烷的發酵速率，直到系統達到完全混合。在歸納了實驗室數據後，為確定能夠達到完全混合的狀態，則需要 1.5 馬力 (hp)/1000 加侖 (gal) 之驅動力。因為在實際操作程序上，一般使用的動力為 0.03～0.05 hp/1000 gal 的範圍內，所以這些裝置內的混合強度，遠遠低於為獲得最大發酵速率所需的混合強度。此亦意味著在消化槽面臨操作失效之際，可以透過混合強度之提升，而抑制其失效。

用以估計厭氧消化槽大小的方法很多，利用生物固體物 (污泥) 停留時間及有機物負荷等參數，係最為普遍使用的二種方法。這二種參數的典型數值及每一種厭氧消化程序的一般操作條件，如表 8.7 所示。此時必須再次強調，本書 4-7 節的內容，對理解消化程序，極具重要性。

例題 8-1

完全混合活性污泥處理廠的進水量為 10 百萬加侖 / 日 (MGD)，微生物體生質量生長量為 4879 磅 / 日 (lb/day)。試設計一座高速率厭氧消化系統處理該廠的污泥。假設採用以下的設計條件：

1. 經沉砂去除後，廢水總懸浮固體物濃度為 235 mg/L (其中 65% 屬揮發性)，而最終 BOD 為 476 mg/L。
2. 圓形初沉池的表面積負荷為 600 加侖 / 日 / 平方英呎 (gpd/ft^2)。

表 8.7 厭氧污泥消化之一般操作及負荷條件

溫度	
最佳值	98°F (35°C)
一般操作範圍	85 ~ 95°F
pH	
最佳值	7.0 ~ 7.1
一般限制	6.7 ~ 7.4
氣體產生量	
每磅添加之揮發性固體物	6 ~ 8 ft³
每磅破壞之揮發性固體物	16 ~ 18 ft³
氣體組成	
甲烷	65 ~ 69%
二氧化碳	31 ~ 35%
硫化氫	微量
揮發酸濃度	
一般操作範圍	200 ~ 800 mg/L
鹼的濃度	
正常操作狀況	2000 ~ 3500 mg/L
揮發性固體物負荷	
傳統單階段消化槽	0.02 ~ 0.05 lb VS/ft³/day
第一階段高速率消化槽	0.05 ~ 0.06 lb VS/ft³/day
揮發性固體物去除率	
傳統單階段消化槽	50 ~ 70%
第一階段高速率消化槽	50%
固體物停留時間	
傳統單段式消化槽	30 ~ 90 days
第一階段高速率消化槽	10 ~ 15 days
按人口當量 (PE) 設計的消化槽容積	
傳統單段式消化槽	4 ~ 6 ft³/PE
第一階段高速率消化槽	0.7 ~ 1.5 ft³/PE

資料來源：Hammer (1975)

3. 圖 3.12、圖 3.13 及圖 3.14 所提供的關係式，可用於本設計；初沉池中污泥濃縮到含 5% 之固體物濃度。
4. 活性污泥程序的剩餘污泥中，揮發性部分佔 70%，在與初級污泥混合前，先用溶解空氣浮除法濃縮到含 3% 固體物之濃度。
5. 第一階段消化槽溫度為 35°C。
6. 在決定 θ_c 的設計值時，安全係數採用 3。
7. 由於冬季條件的考量，在第二階段消化槽中提供足以儲存 100 日污泥的容積。
8. 在第一階段消化槽中，提供 150 馬力／百萬加侖 (hp/MG) 消化槽容積的動力。
9. 臨界設計溫度為 10°F，消化槽所有側壁均暴露於空氣中。消化槽底板埋於冬季溫度為 20°F 的乾土中。
10. 消化槽深為 25 ft。

11. 第二階段消化槽中污泥濃縮到 7%。

【解】

1. 計算初沉池每日排除的污泥容積。
   (a) 由圖 3.12 預測，當表面負荷率為 600 gpd/ft² 時，可沉澱固體物的去除率為 82%。
   (b) 由圖 3.13 預測，當可沉澱固體物的去除率為 82% 時，總懸浮固體物的去除率為 60%。
   (c) 總懸浮固體物的去除量為 (235)(0.6)(8.34)(10) = 11,759 lb/day。
   (d) 因為假設初沉污泥濃縮到含 5% 固體物的濃度，且揮發性固體物含量佔 65%，故污泥比重可由 8-10 式算出：

   $$\frac{1}{S_s} = \frac{(0.95)(1)}{1} + \frac{(0.35)(1-0.95)}{2.5} + \frac{(0.65)(1-0.95)}{1}$$
   $$= 0.99$$

   或

   $$S_s = 1.01$$

   (e) 由 8-9 式計算初沉污泥每日的容積產量：

   $$V_s = \frac{11,759}{(1.01)(62.4)(0.05)}$$
   $$= 3732 \text{ ft}^3/\text{day}$$

2. 估算初沉污泥的最終 BOD 濃度。
   (a) 由圖 3.14 知，初沉池的 BOD 去除率為 40%。
   (b) 每日去除的最終 BOD 量為：(0.4)(476)(8.34)(10) = 15,879 lb/day。
   (f) 初沉污泥的最終 BOD 濃度為：

   $$\frac{15,879 \text{ lb/day}}{3732 \text{ ft}^3/\text{day}} \times 454,000 \frac{\text{mg}}{\text{lb}} \times \frac{1 \text{ ft}^3}{28.3 \text{ L}} = 68,258 \text{ mg/L}$$

3. 計算每日廢棄活性污泥的體積。
   (a) 假設揮發性固體物是微生物量的表示，且忽略從初沉池中帶走的 NDVSS 和 FSS，活性污泥廠每日產生的總固體物量為 4879/0.7 = 6970 lb/day。
   (b) 因為假設活性污泥被濃縮到含 3% 的固體物，且揮發性固體物含量佔 70%，故污泥比重可由 8-10 式計算：

   $$\frac{1}{S_s} = \frac{(0.97)(1)}{1} + \frac{(0.3)(1-0.97)}{2.5} + \frac{(0.7)(1-0.97)}{1}$$
   $$= 0.9945$$

   或

   $$S_s = 1.005$$

(c) 由 8-9 式計算每天產生的活性污泥體積：

$$V_s = \frac{6970}{(1.005)(62.4)(0.03)}$$
$$= 3705 \text{ ft}^3/\text{day}$$

4. 估算剩餘活性污泥的最終 BOD 濃度：

$$\frac{4879 \text{ lb VS/day}}{3705 \text{ ft}^3/\text{day}} \times 1.42 \frac{\text{lb O}_2}{\text{lb VS}} \times 454,000 \frac{\text{mg}}{\text{lb}} \times \frac{1 \text{ ft}^3}{28.3 \text{ L}}$$
$$= 30,000 \text{ mg/L}$$

5. 計算初沉污泥和活性污泥的流量，以 MGD 計。

$$\text{初沉污泥流量} = \frac{(3732)(7.48)}{1,000,000} = 0.028 \text{ MGD}$$

$$\text{活性污泥流量} = \frac{(3705)(7.48)}{1,000,000} = 0.028 \text{ MGD}$$

6. 估算初沉污泥和活性污泥相混合後之揮發性固體物百分比。

$$\text{揮發性固體物百分比} = \frac{(0.65)(0.028)(11,759) + (0.70)(0.028)(6970)}{(0.028)(11,759) + (0.028)(6970)} (100)$$
$$= 66.8\%$$

7. 計算初沉污泥和活性污泥相混合後的最終 BOD 濃度。

$$\text{BOD}_u = \frac{(68,258)(0.028) + (30,000)(0.028)}{0.028 + 0.028}$$
$$= 49,129 \text{ mg/L}$$

8. 利用 4-177 式，對 k 進行溫度校正：

$$k = (6.67)10^{-0.015(35-35)}$$
$$= 6.67 \text{ day}^{-1}$$

9. 根據 4-178 式，對 K_c 進行溫度校正：

$$K_c = (2224)10^{0.046(35-35)}$$
$$= 2224 \text{ mg/L}$$

10. 根據 8-5 式，計算 θ_c^m：

$$\frac{1}{\theta_c^m} = (0.04)\frac{(6.67)(49,129)}{2224 + 49,129} - 0.015$$
$$= 0.24 \text{ day}^{-1}$$

或

$$\theta_c^m = 4.2 \text{ days}$$

11. 使用 3 倍的安全係數，計算 θ_c 的設計值。

$$\theta_c = (4.2)(3) = 12.6 \text{ days}$$

12. 計算確定第一階段消化槽所需要的體積：

$$V = \left(3705 \frac{ft^3}{\text{day}} + 3732 \frac{ft^3}{\text{day}}\right)(12.6 \text{ days})$$

$$= 93{,}706 \text{ ft}^3$$

13. 計算第一階段消化槽橫斷面的面積：

$$A = \frac{93{,}706}{25}$$

$$= 3748 \text{ ft}^2$$

14. 計算第一階段消化槽的直徑：

$$d = \left[\frac{(4)(3748)}{\pi}\right]^{1/2}$$

$$= 69 \text{ ft}$$

15. 利用 4-176 式，計算第一階段消化槽的出流水基質濃度：

$$(S_e)_{\text{最終}} = \frac{[1 + (0.015)(12.6)](2224)}{(12.6)[(0.04)(6.67) - 0.015] - 1}$$

$$= 1{,}217 \text{ mg/L}$$

16. 利用 8-4 式，計算第一階段消化槽穩定狀態之生物體濃度。

$$X = \frac{(0.04)(49{,}129 - 1{,}217)}{1 + (0.015)(12.6)}$$

$$= 1612 \text{ mg/L}$$

17. 計算去除每磅 (lb) 最終 BOD 所產生的甲烷量 (ft^3)：

$$V_2 = \frac{308}{273}(22.4)$$

$$= 25.3 \text{ L}$$

因此，

$$\text{甲烷產生量} = \frac{(25.3/64)(454)}{28.32}$$

$$= 6.34 \text{ ft}^3/\text{lb BOD 去除量}$$

18. 根據 4-181 式，計算確定甲烷的總產量：

$$G = 6.34\,[(49{,}129 - 1{,}217)(0.028 + 0.028)(8.34)$$
$$- (1.42)(0.028 + 0.028)(8.34)(1{,}612)]$$

$$= 135{,}019 \text{ ft}^3/\text{day}$$

針對無回流的完全混合處理系統，從系統中所失去固體物的量，等於處理程序之出流水中所含的固體物量。

19. 計算消化槽氣體中可利用的總熱量：

$$\text{可利用的熱量} = (960 \text{ BTU/ft}^3)(135{,}091 \text{ ft}^3/\text{day})(5.63/6.34)$$
$$= 115{,}164{,}112 \text{ BTU/day}$$

20. 利用 8-7 式，計算確定第一階段消化槽的熱損失：

    (a) 固定式混凝土槽蓋的熱損失：

    $$H_L = (3748)(0.5)(24)(95-10)$$
    $$= 3{,}822{,}960 \text{ BTU/day}$$

    (b) 側壁面積的熱損失：

    $$H_L = (\pi)(69)(25)(0.35)(24)(95-10)$$
    $$= 3{,}869{,}342 \text{ BTU/day}$$

    (c) 底板面積的熱損失：

    $$H_L = (3748)(0.12)(24)(95-20)$$
    $$= 809{,}568 \text{ BTU/day}$$

21. 假設進料污泥溫度為 50°F，利用 8-8 式估算，如將進料污泥溫度提升到 95°F 所需要的熱量：

    (a) 計算流入第一階段消化槽的污泥的總質量流率 (total mass rate)：

    $$W = \left(3705 \frac{\text{ft}^3}{\text{day}} + 3732 \frac{\text{ft}^3}{\text{day}}\right)\left(62.4 \frac{\text{lb}}{\text{ft}^3}\right)$$
    $$= 464{,}069 \text{ lb/day}$$

    (b) 根據 8-8 式，計算將生污泥溫度提高到發酵溫度所需要的熱量：

    $$H_R = (464{,}069) \frac{1 \text{ BTU}}{\text{lb-50°F}} (95 - 50)$$
    $$= 20{,}883{,}105 \text{ BTU/day}$$

22. 決定第一階段消化槽的總需熱量：

    $$\text{需熱量} = 20{,}883{,}105 + 809{,}568 + 3{,}869{,}342 + 3{,}822{,}960$$
    $$= 29{,}384{,}975 \text{ BTU/day}$$

    因此，可用於建物加熱、污泥焚燒等用途的熱量為 115,164,112 − 29,384,975 = 85,779,137 BTU/day。但是由於熱交換器的效率不是 100%，因此將會損耗大部分的熱量。

23. 估算污泥在第二階段消化槽中所佔的容積：

    (a) 由 8-12 式，計算消化期間所去除之揮發性固體物量：

    $$V_d = 13.7 \ln(12.6) + 18.94$$
    $$= 53.6\%$$

(b) 計算經消化後,揮發性物質所佔之百分比:

$$揮發性固體物比例 = \frac{揮發性固體物乾重}{固定固體物乾重 + 揮發性固體物乾重}$$

$$= \frac{(1-0.536)(0.668)(6970+11,759)}{(1-0.668)(6970+11,759)+(1-0.536)(0.668)(6970+11,759)}$$

$$= 048$$

(c) 假設消化污泥濃縮到含固體物 7% 時,計算污泥比重:

$$\frac{1}{S_e} = \frac{(0.93)(1)}{1} + \frac{(0.52)(1-0.93)}{2.5} + \frac{(0.48)(1-0.93)}{1}$$

$$= 0.98$$

或

$$S_e = 1.02$$

(d) 根據 8-9 式,計算消化污泥所佔的容積。

$$V_s = \frac{[(1-0.668)(6970+11,759)] + [(1-0.536)(0.668)(6970+11,759)]}{(1.02)(62.4)(0.07)}$$

$$= 2699 \text{ ft}^3/\text{day}$$

24. 計算第二階段消化槽需要的體積:

$$V = (2699 \text{ ft}^3/\text{day})(100 \text{ days})$$

$$= 269,900 \text{ ft}^3$$

25. 計算確定第二階段消化槽橫斷面的面積:

$$A = \frac{93,706}{25}$$

$$= 10,796 \text{ ft}^2$$

26. 計算第二階段消化槽直徑。

$$d = \left[\frac{(4)(10,796)}{\pi}\right]^{1/2}$$

$$= 117 \text{ ft}$$

27. 若要提供 150 馬力 / 百萬加侖 (hp/MG) 之動力時,所需要的馬力數:

$$\frac{(93,706)\text{ft}^3(7.48)\text{gal/ft}^3}{(1,000,000) \text{ gal/MG}} \times (150)\text{hp/MG} = 105 \text{ hp}$$

程序之模式化與控制 (Process Modeling and Control)

雖然厭氧消化程序較其他之有機固體物處理方式更具有許多明顯的優點,包括可產生甲烷氣及極適合用於土壤改良之腐植質污泥等有用的副產品,但是此法長久以來在運用上仍碰到一些問題。此乃因厭氧消化很難尋找出其在處理程序上之有效控制策略。Andrews (1977) 曾經建立一動態模式，可用來預測在達到處理程序穩定狀態中，應用得最為普遍之五個變數的動態反應。此五個變數分別為：(1) pH、(2) 揮發酸濃度、(3) 鹼度、(4) 氣體組成分以及 (5) 氣體流動速率。該模式概述如圖 8.8 所示。

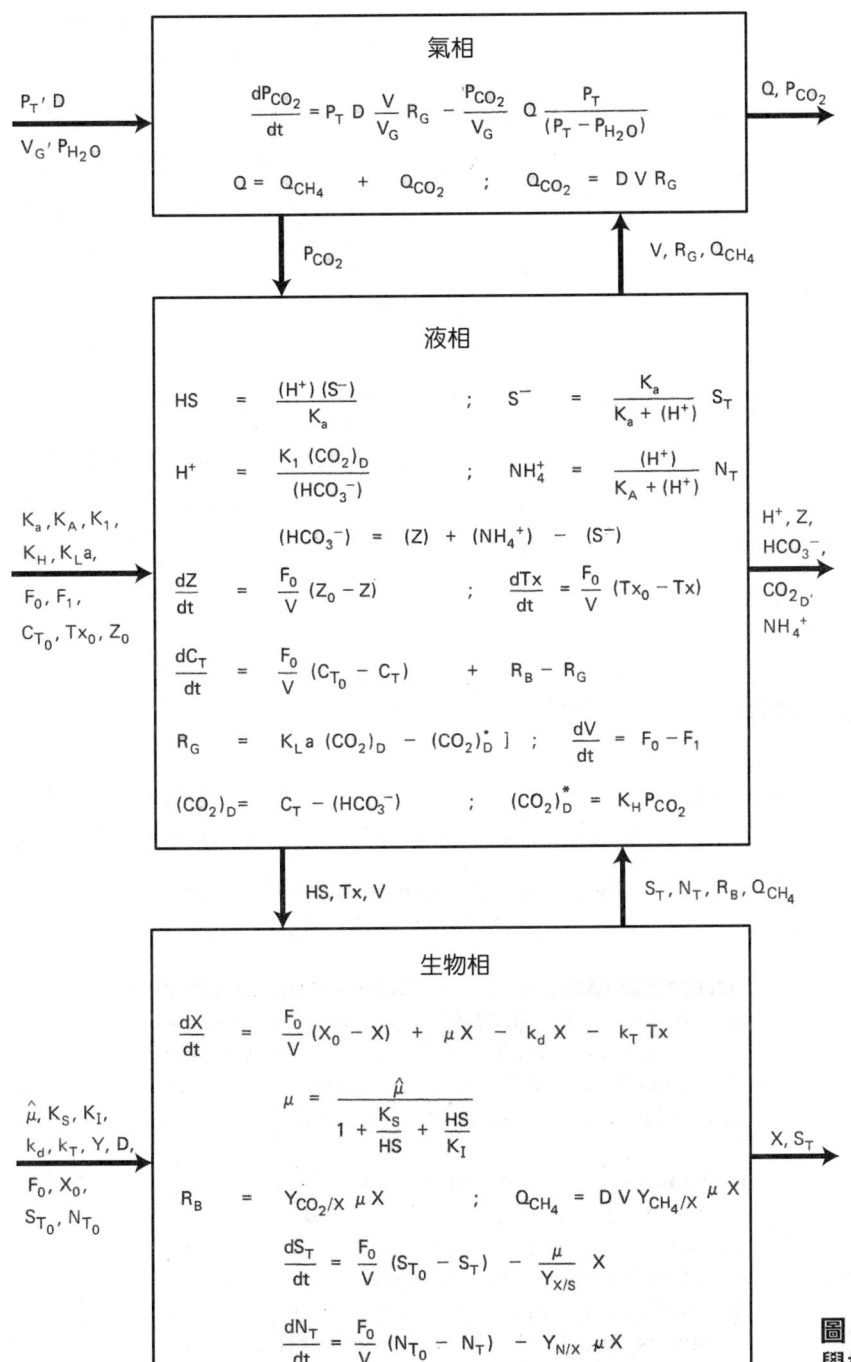

氣相

輸入：P_T, D, V_G, P_{H_2O}

$$\frac{dP_{CO_2}}{dt} = P_T D \frac{V}{V_G} R_G - \frac{P_{CO_2}}{V_G} Q \frac{P_T}{(P_T - P_{H_2O})}$$

$$Q = Q_{CH_4} + Q_{CO_2} \quad ; \quad Q_{CO_2} = D V R_G$$

輸出：Q, P_{CO_2}

向下：P_{CO_2} ；向上：V, R_G, Q_{CH_4}

液相

輸入：K_a, K_A, K_1, K_H, K_La, F_0, F_1, C_{T_0}, Tx_0, Z_0

$$HS = \frac{(H^+)(S^-)}{K_a} \quad ; \quad S^- = \frac{K_a}{K_a + (H^+)} S_T$$

$$H^+ = \frac{K_1 (CO_2)_D}{(HCO_3^-)} \quad ; \quad NH_4^+ = \frac{(H^+)}{K_A + (H^+)} N_T$$

$$(HCO_3^-) = (Z) + (NH_4^+) - (S^-)$$

$$\frac{dZ}{dt} = \frac{F_0}{V}(Z_0 - Z) \quad ; \quad \frac{dTx}{dt} = \frac{F_0}{V}(Tx_0 - Tx)$$

$$\frac{dC_T}{dt} = \frac{F_0}{V}(C_{T_0} - C_T) + R_B - R_G$$

$$R_G = K_La[(CO_2)_D - (CO_2)_D^*] \quad ; \quad \frac{dV}{dt} = F_0 - F_1$$

$$(CO_2)_D = C_T - (HCO_3^-) \quad ; \quad (CO_2)_D^* = K_H P_{CO_2}$$

輸出：H^+, Z, HCO_3^-, CO_{2_D}, NH_4^+

向下：HS, Tx, V ；向上：S_T, N_T, R_B, Q_{CH_4}

生物相

輸入：$\hat{\mu}$, K_S, K_I, k_d, k_T, Y, D, F_0, X_0, S_{T_0}, N_{T_0}

$$\frac{dX}{dt} = \frac{F_0}{V}(X_0 - X) + \mu X - k_d X - k_T Tx$$

$$\mu = \frac{\hat{\mu}}{1 + \frac{K_S}{HS} + \frac{HS}{K_I}}$$

$$R_B = Y_{CO_2/X} \mu X \quad ; \quad Q_{CH_4} = D V Y_{CH_4/X} \mu X$$

$$\frac{dS_T}{dt} = \frac{F_0}{V}(S_{T_0} - S_T) - \frac{\mu}{Y_{X/S}} X$$

$$\frac{dN_T}{dt} = \frac{F_0}{V}(N_{T_0} - N_T) - Y_{N/X} \mu X$$

輸出：X, S_T

圖 8.8 厭氧消化槽之數學模式 (Andrews, 1977)

該模式是根據 CFSTR 的液相、生物相及氣相中之各成分的物質平衡而建立的。此模式表示各相之間存在著很強的相互作用，並利用平衡關係式 (equilibrium relationships)、動力學表達式 (kinetic expressions)、化學計量係數 (stoichiometric coefficients)、電荷平衡 (charge balance) 以及質量傳輸方程式 (mass transfer equations) 等，來反映彼此之間的相互作用。在建立揮發酸濃度及甲烷菌比生長率 (specific growth rate) 的關係時，模式採用了一種抑制函數 (inhibition function)，而不使用 Monod 式來表達，並將揮發酸的未解離部分視為是一種限制性基質，以及一種抑制劑 (Andrews, 1968)。這些改進允許模式能夠預測由有機物超負荷所引起的程序失效。該模式還能夠預報因毒性物質所引起的程序失效，且已被改進到能夠估計溫度變化對程序穩定性之影響 (Buhr and Andrews, 1977)。由於該模式的預測結果，與在現場觀察到的一般結果非常接近，因此該研究對模式的有效性提供了定性的證據。但是，建立這些模式是為了預測整個程序的失效，而不是為了預測有機固體物的去除量，因此該模式的研究成果，其用途僅在於如何在控制策略方面進行選擇。

　　Graef and Andrews (1974) 已指出，要執行控制策略類型的選擇，將取決於消化槽所遇到的超負荷的類型。他們提出一種採用連續回流，並將二氧化碳從消化槽氣體中洗滌出來之新策略。該策略是藉由去除碳酸，而不是加鹼來提供程序控制，此法已普遍實施。他們建議，這種技術可有效的防止因有機物超負荷所引起的程序失效。他們還建議以甲烷的產成速率做為控制的信號，並將來自第二階段消化槽的濃縮污泥進行回流，此一策略可防止因有毒物質超負荷所引發程序失效的問題。

8-2　好氧消化 (Aerobic Digestion)

　　生物污泥的好氧消化，可視為是活性污泥處理程序的延續。如前所述，當將好氧性異養菌置於存在有機物質來源的環境中培養時，微生物將去除及利用大多數的有機物質。而被去除的有機物質，一部分被用於合成過程，導致微生物的生長；其餘的則用於進行能量代謝，而被氧化成二氧化碳，水及可溶性惰性物質等，以提供能量，做為微生物合成及維生(支持生命的)之用。一旦外來之有機物被消耗殆盡，微生物就會進入內呼吸作用 (endogenous respiration) 狀態，此時細胞內的物質將被氧化，以滿足維持生命所需的能量(即支持生命所需要的能量)。如果這種狀況持續很長時間，微生物體的總量將會大大減少，同時剩下來的微生物體也將會以這樣一種低能量狀態存在。在生物學上可以認為污泥此時是屬於一種穩定的狀態，因此可適宜排放到環境中去，而不會增加環境的負荷。以上所述，構成了污泥好氧消化處理程序的基本原理。

　　如果將初沉污泥及廢棄的活性污泥相混合之後，進行好氧消化，尚有一個因素仍需考量。雖然初沉污泥是有機性質且呈粒狀，但其幾乎不含微生物體。其中，大部分物質是生物污泥中所含活性微生物的外部食物來源，因而將減少消耗微生物細胞內用於提供維生能量所需要的生物質量，使生物污泥變得較不穩定。所以，如欲達到同樣的穩定效果，必須要將初沉污泥與活性污泥進行混合消化時所需要的停留時間，相較於單獨消化活性污泥所需要的停留時間，加以延長。對於滴濾池所脫落的腐植土，進行好氧消化時，則是介於此二個極端之間的情形，但是可以合理地由活性污泥反應做近似的表示 (Randall et al., 1974)。

對於穩定污泥的厭氧消化來說，好氧消化是一種富有生命力的替代方案。Burd (1968) 列出了人們經常提到的好氧消化槽的優、缺點，如下所示：

優點：

1. 產生了生物性穩定之最終產物。
2. 穩定的最終產物沒有味道，故可以進行土地處置。
3. 由於結構簡單，故好氧消化槽的建造費用比厭氧消化槽低。
4. 好氧消化之污泥通常具有良好的脫水性。
5. 對生物污泥而言，好氧消化在揮發性固體物之去除率方面與厭氧消化大致相同。
6. 好氧消化上澄液中的 BOD 含量較厭氧消化為低，且其溶解性 BOD 濃度絕大多數時候低於 100 mg/L。此點很重要，因為許多處理設施經常因為厭氧消化槽高濃度 BOD 上澄液的回流而造成超負荷。好氧消化槽之典型上澄液特性詳如表 8.8 所示。
7. 由於系統較為穩定，好氧消化之操作問題比起較複雜之厭氧消化為少，因此在處理廠的操作上，其所需要的維護費用較低且使用的技術工人較少。
8. 好氧消化污泥的肥料價值比厭氧消化污泥的高。

缺點：

1. 高動力費用造成高操作費用，此在大型處理廠中甚為明顯。
2. 固體物去除效率會隨溫度波動而變化。
3. 好氧消化後的重力濃縮通常會造成上澄液中固體物濃度較高。
4. 某些經過好氧消化的污泥明顯地不容易用真空過濾脫水。

表 8.8　好氧消化上澄液之特性

參數	典型值
pH	7.0
BOD_5	500 mg/L
溶解性 BOD_5	61 mg/L
COD	2600 mg/L
懸浮固體物	100～300 mg/L
凱氏氮	170 mg/L
總 P	90 mg/L
溶解性 P	26 mg/L

資料來源：Black, Crow and Eidness (1974)

好氧消化程序不僅應該從污泥穩定的觀點來考慮，而且還必須將其視為脫水前改善污泥性質的一種方法。Randall et al. (1973) 已廣泛研究將好氧消化當作改善污泥性質的一種方法，以下是他們在研究中的一些觀察結果：

1. 好氧消化對廢棄活性污泥的過濾特性影響很大，且使其比阻力 (specific resistance) 及壓縮係數 (compressibility factor) 產生變化。
2. 在好氧消化期間，最初發生的是脫水性能的改善，曝氣 1~5 天改善的效果最大。但是，再進一步曝氣就將導致脫水性能變差，且可能產生比最初狀態還要差之情況。
3. 好氧消化期間脫水性能的改善程度是新鮮污泥來源和性質、操作之生物固體物停留時間、消化期間的曝氣速率、消化溫度和消化時間的函數。經過生物調節後可過濾性常常可以改善 23 ~ 46%。但是，由於進一步消化將使污泥可過濾性變差，故為獲取益處起見，一旦達到最大改善程度時必須馬上過濾污泥。
4. 在好氧消化期間污泥的混合速率會影響其脫水性能。似乎污泥混合得越快，施加到污泥膠羽 (floc) 顆粒上面的力越大。此將導致膠羽破裂，形成較小的顆粒，進而降低可過濾性。
5. 消化期間溶氧濃度超過 2 mg/L 對後續進行的污泥過濾並無影響。
6. 好氧消化對污泥在砂曬乾床上的脫水有影響。經過 6 日曝氣後從 1 公升的污泥樣本中排出水 750 毫升所需要的時間大約減少 73%，且總可排出水量增加 2%。
7. 用平均顆粒大小的變化來反映比阻力和壓縮係數的變化最為可靠。比阻與膠羽大小成反比，壓縮係數與膠羽大小成正比。
8. 添加人工高分子凝聚劑 (polymers) 將大大地增加平均顆粒尺寸，且急劇降低比阻力。
9. 廢棄活性污泥的脫水性能隨特定污泥的來源和穩定程度而變化。人工高分子凝聚劑的調節效果受相同變數的影響。
10. 高分子凝聚劑對廢棄活性污泥的調節作用是非常專一。在好氧消化期間的所有階段中，陰離子凝聚劑對過濾性能具損害性，而陽離子凝聚劑可改善好氧消化污泥的可過濾性。
11. 好氧消化可大大減少調節污泥所需使用的凝聚劑量，消化七天後高分子凝聚劑添加量可下降 80%。

動力學關係式

一般說來，大部分好氧消化槽是以連續流完全混合曝氣單元的方式操作的，並依據揮發性懸浮固體物 (VSS) 之去除率來設計。Adams 等人 (1974a) 提出的模式或許是設計上最常被使用者。在該模式中，假設可分解之揮發性固體物 (被認為是 VSS 的某百分比) 經內呼吸作用 (Endogenous respiration) 而減少的量是遵守一階動力學關係式：

$$\left(\frac{dX_d}{dt}\right)_R = K_b X_d \tag{8-13}$$

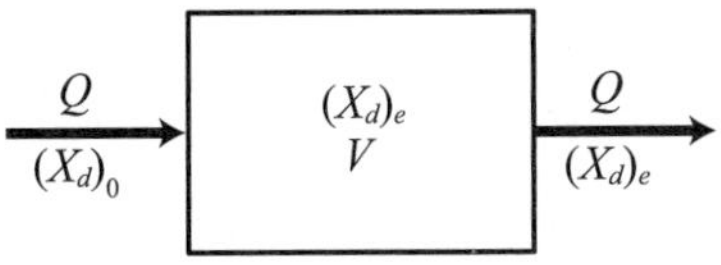

圖 8.9 完全混合好氧污泥消化槽流程示意圖
(Adams, 1974a)

式中，$\left(\dfrac{dX_d}{dt}\right)_R$ = 由內呼吸作用所引起的可分解性固體物的去除率，[質量]·[容積]$^{-1}$·[時間]$^{-1}$

K_b = 去除可分解性揮發性固體物 (VSS) 的反應速率常數 (在批次式反應器 (Batch reactor) 中測定)，[時間]$^{-1}$

X_d = 在時間 t 時剩餘的可分解性 VSS 量，[質量]·[容積]$^{-1}$

考慮如圖 8.9 所示之連續流完全混合式消化槽，關於進入和離開系統的可分解性固體物的質量平衡式如下所示：

[消化槽內可分解 VSS 淨變化速率] = [可分解 VSS 進入消化槽速率]
　　　　　　　　　　　　　　　－ [可分解 VSS 在消化槽內降解速率] 　　(8-14)

上述 8-14 式可寫成數學式之形式，如下所示：

$$\left[\dfrac{dX_d}{dt}\right]V = Q(X_d)_0 - \left[\left(\dfrac{dX_d}{dt}\right)_R V + Q(X_d)_e\right] \qquad (8\text{-}15)$$

式中，Q = 容積流量，[容積][時間]$^{-1}$

$(X_d)_0$ = 進流水中可分解性 VSS 濃度，[質量]·[容積]$^{-1}$

$(X_d)_e$ = 出流水中可分解性 VSS 濃度，[質量]·[容積]$^{-1}$

V = 消化槽體積，[容積]

假設為穩定狀態之條件，代入 8-13 式中的 $(dX_d/dt)_R$，8-15 式可寫為：

$$t_d = \dfrac{(X_d)_0 - (X_d)_e}{K_b(X_d)_e} \qquad (8\text{-}16)$$

式中，$t_d = V/Q$ = 消化槽的水力停留時間，(時間)

令

$$(X_d)_e = X_e - X_n \qquad (8\text{-}17)$$

且

$$(X_d)_0 = X_0 - X_n \qquad (8\text{-}18)$$

式中，X_e = 出流水中的總 VSS 濃度，[質量][容積]$^{-1}$

X_0 = 進流水中的總 VSS 濃度，[質量][容積]$^{-1}$

X_n = 在整個消化期間，假設 VSS 中不可分解部分維持不變，[質量]·[容積]$^{-1}$

且將 8-17 式及 8-18 式中的 $(X_d)_0$ 及 $(X_d)_e$，代入 8-16 式，則 8-16 式成為：

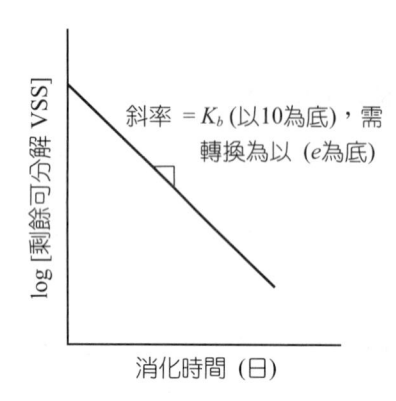

圖 8.10 log [剩餘可分解 VSS] 與消化時間之線性相關性 (Adams, 1974b)

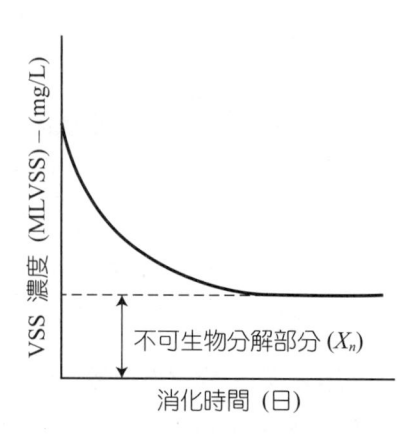

圖 8.11 VSS 濃度與消化時間之相關性 (Adams, 1974a)

$$t_d = \frac{X_0 - X_e}{K_b(X_e - X_n)} \tag{8-19}$$

Adams et al. (1974b) 建議對特殊污泥之 K_b 及 X_n 值，可經由在實驗室進行批式試驗研究，而加以量測確定。圖 8.10 所示為剩餘可分解之 VSS 與消化時間的半對數關係圖，圖中直線的斜率提供了常數 K_b 值。在圖 8.11 中，亦可利用運算繪出同樣理論之批式試驗的數據，以及所獲得之 X_n 值。

在 Adams et al. (1974) 所提出的模式中，假設消化期間僅是污泥中之揮發性懸浮固體物量將降低，且並無固定性的或非揮發性的固體物被破壞。但是，Randall et al. (1969，1974，1975a) 觀察到在廢棄活性污泥的消化期間，固定性懸浮固體物卻下降了，此就意味著需要一種更為真實地描述懸浮固體物在好氧消化程序中去除情況的模式。固定性懸浮固體物的去除通常被解釋為由於含有固體物的微生物細胞的裂解 (lysis)，使固定性固體物的形態由懸浮狀態變化成溶解狀態。如此，活性微生物體和總懸浮固體物就可以用來描述好氧消化程序。事實上，當考慮到組成活性細胞的包括無機物質及有機物質，且在內呼吸期間，存在著無機物質的溶解及有機物質的氧化，因此採用總懸浮固體物而不採用揮發性懸浮固體物，應合乎邏輯。因此，假設：

1. 總懸浮固體物是由活性 (active) 部分和非活性 (inactive) 部分組成。
2. 進流水中總懸浮固體物之非活性部分是無法分解的 (即不能透過微生物的作用而被氧化或溶解的物質)。
3. 進流水總懸浮固體物中的活性部分是由不可分解部分和可分解部分所組成。可分解部分是指可透過微生物的作用而氧化或溶解的物質。
4. 消化期間減少的僅是總懸浮固體物中可分解的活性部分。

則在總懸浮固體物經過消化程序後，可繪出一流程圖，該圖如圖 8.12 所示。

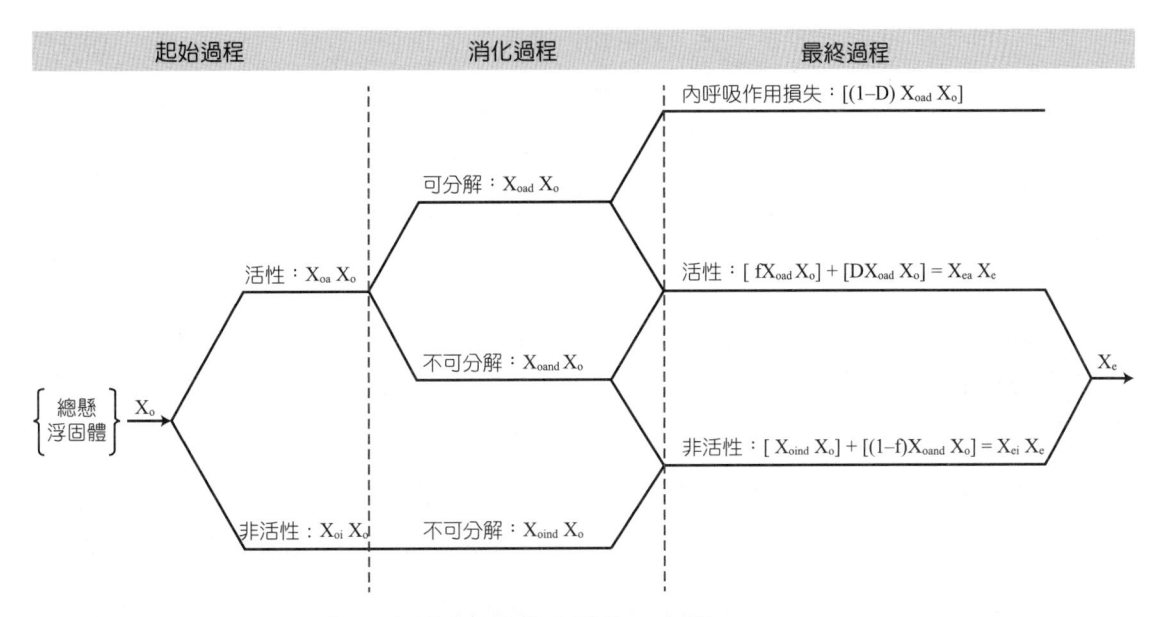

```
起始過程            消化過程              最終過程
                                  內呼吸作用損失：[(1–D) X_oad X_o]
                   可分解：X_oad X_o
        活性：X_oa X_o                   活性：[ fX_oad X_o] + [DX_oad X_o] = X_ea X_e
                   不可分解：X_oand X_o                                              X_e
{總懸浮固體} X_o
                                  非活性：[ X_oind X_o] + [(1–f)X_oand X_o] = X_ei X_e
        非活性：X_oi X_o   不可分解：X_oind X_o
```

圖 8.12　好氧消化過程中，總懸浮固體物之變化示意圖

在該圖中，使用了以下的名稱：

X_0 = 消化槽進流水中的總懸浮固體物濃度

X_e = 消化槽出流水的總懸浮固體物濃度

χ_{0a} = 進流水總懸浮固體物濃度的活性比例

χ_{0i} = 進流水總懸浮固體物濃度的非活性比例

χ_{0ad} = 活性物質的可分解之比例 (即活性物質中可經由生物作用而氧化或溶解的部分)

χ_{0and} = 活性物質的不可分解之比例

χ_{0ind} = 非活性物質的不可分解之比例

χ_{ea} = 出流水總懸浮固體物濃度的活性比例

χ_{ei} = 出流水總懸浮固體物濃度的非活性比例

f = 進流水中不可分解的活性微生物體中，經過消化程序後仍以不可分解活性微生物體形式隨出水而帶出者的比例 (活性微生物體由可分解的和不可分解的兩個部分所組成，在消化程序中，隨著細胞的裂解、代謝和溶解現象的發生，這兩部分相對於初始值來說都減少了，然另有一些隨出水而被帶出)

D = 進流水中可分解的活性微生物體中，仍以可分解的活性微生物體形式隨出水而被帶出者的比例 (通常為 0.1 ~ 0.3)

K_d = 活性生物體可分解部分的衰減速率 (decay rate)，接近總懸浮固體物的減少速率

針對圖 8.12 之研究，顯示出下列之關係式將可成立：

$$\chi_{0ind} X_0 + \chi_{0and} X_0 - f\chi_{0and} X_0 = \chi_{ei} X_e \tag{8-20}$$

$$f\chi_{0and}X_0 + D\chi_{0ad}X_0 = \chi_{ea}X_e \tag{8-21}$$

$$\chi_{0ind}X_0 = \chi_{0i}X_0 \tag{8-22}$$

$$\chi_{0ad}X_0 + \chi_{0and}X_0 = \chi_{0a}X_0 \tag{8-23}$$

$$\chi_{0a}X_0 + \chi_{0i}X_0 = X_0 \tag{8-24}$$

$$\chi_{ei}X_e + \chi_{ea}X_e = X_e \tag{8-25}$$

在穩定狀態操作下之完全混合連續流式消化系統而言，反應槽中可分解的活性微生物體（污泥）生質量濃度與出流液中的濃度相等，再次使用這一概念，得知可分解的活性微生物體的物質平衡表達式如下：

[消化槽內污泥內呼吸作用所減少之生質量] = [進流污泥液中可分解之生質量]
－[出流污泥液中可分解之生質量]　(8-26)

如果將 K_d 定義為系統中每單位時間每單位可分解活性微生物體（污泥）生質量的減少量，則關於經由微生物內呼吸作用所減少的可分解生質量的數學表達式為：

$$[\text{經內呼吸作用所減少之活性污泥生質量}] = K_d t_d [D(\chi_{0ad})X_0] \tag{8-27}$$

式中，$[D(\chi_{0ad})X_0]$ = 系統中穩定狀態下可分解的活性微生物體濃度

因此，關於可分解活性微生物體生質量，在穩定狀態下，其質量平衡表達式將可用以下列方程式表示之：

$$K_d t_d [D(\chi_{0ad})X_0] = (\chi_{0ad})X_0 - D(\chi_{0ad})X_0 \tag{8-28}$$

上式可簡化為：

$$K_d t_d = \frac{1-D}{D} \tag{8-29}$$

8-20 式可重新整理而成：

$$\chi_{0and}X_0 - f\chi_{0and}X_0 = \chi_{ei}X_e - \chi_{0ind}X_0 \tag{8-30}$$

將 8-21 式代入 8-30 式中之 $f\chi_{0and}X_0$，可得到：

$$\chi_{0and}X_0 - (\chi_{ea}X_e - D\chi_{0ad}X_0) = \chi_{ei}X_e - \chi_{0and}X_0 \tag{8-31}$$

可進一步替代 8-23 式中的 $\chi_{0and}X_0$ 及 8-22 式中的 $\chi_{0ind}X_0$，而得：

$$\chi_{0a}X_0 - \chi_{0ad}X_0 - \chi_{ea}X_e + D\chi_{0ad}X_0 = \chi_{ei}X_e - \chi_{0i}X_0 \tag{8-32}$$

上式再經整理，表達式可寫為：

$$(\chi_{0a} + \chi_{0i})X_0 - \chi_{0ad}X_0(D-1) = (\chi_{ea} + \chi_{ei})X_e \tag{8-33}$$

根據 8-24 式及 8-25 式可看出：

$$\chi_{0a} + \chi_{0i} = \chi_{ea} + \chi_{ei} = 1 \tag{8-34}$$

因此，8-33 式可表示為：

$$X_0 + \chi_{0ad} X_0 (D-1) = X_e \tag{8-35}$$

或

$$\frac{X_0 - X_e}{X_0(\chi_{0ad})} = 1 - D \tag{8-36}$$

代入 8-29 式中的 1–D 項，則可解出 t_d 而得：

$$t_d = \frac{X_0 - X_e}{K_d D(\chi_{0ad}) X_0} \tag{8-37}$$

8-37 式反映出微生物體之生理狀態對計算消化槽之需求時的重要性。Upadhyaya and Eckenfelder (1975) 已觀察到，污泥固體物的活性比例是隨食微比 (F/M) 的下降，或隨生物固體物停留時間的增加而減少。另外，Kountz and Forney (1959) 發現生物細胞約有 77% 是可分解。因此建議 8-37 式可修改成如下式所示：

$$t_d = \frac{X_0 - X_e}{K_d(0.77)D(\chi_{0a}) X_0} \tag{8-38}$$

該式可用來計算消化槽所需的停留時間。但必須認知的是，細胞之可分解部分佔 0.77 僅適於活性污泥微生物體，對總懸浮固體物或揮發性懸浮固體物並不適用，而此一數值為文獻中最經常引用的。然而，假設此一數值在某些狀況下會有變化，亦屬合理。因此，當此種情況發生時，8-38 式及其後之方程式需作適當的修正。

8-38 式指出當固體負荷為固定時，為了去除等量的固體，則進流污泥液中微生物體的活性部分減少時，就必須增加固體的停留時間。在活性污泥處理廠被設計為較長的生物固體物停留時間（污泥齡）狀況下操作時，此將致使每單位質量懸浮固體物中活性的部分，因發生內呼吸作用而降低，根據 8-38 式計算所得到的固體物停留時間可能會長的有些不合理。在此種情形下，工程師應降低對固體物去除程度的要求，而所降低的程度大小，應與固體物活性部分的減少量成正比。

如果假設在好氧消化槽中，初沉污泥的存在並不會導致新微生物體細胞的合成，而增生污泥，而是藉由其所提供的外部食物源，因而減緩細胞物質在內呼吸作用下的降解速率，則 8-38 式的形式依然有效。但是，如果要該方程式能精確的描述此一程序的話，則必須對其中的某幾項元素加以修正。對於上述的情形，8-38 式可修正如下所示：

$$t_d = \frac{(X_0)_m - (X_e)_m}{(K_d)_m(0.77)D(\chi_{0a})_m(X_0)_m} \tag{8-39}$$

式中，$(X_0)_m$ = 消化槽污泥進流液之總懸浮固體物濃度，[質量]•[體積]$^{-1}$

或

$$(X_0)_m = \frac{Q_p(X_0)_p + Q_A X_0}{Q_p + Q_A} \tag{8-40}$$

式中，Q_p = 初沉污泥的體積流量，[體積]・[時間]$^{-1}$

Q_A = 活性污泥的體積流量，[體積]・[時間]$^{-1}$

$(X_0)_p$ = 初沉污泥中的總懸浮固體物濃度，[質量]・[體積]$^{-1}$

$$(\chi_{0a})_m = \frac{X_0}{(X_0)_m}\chi_{0a} = \text{佔總量之比例} \tag{8-41}$$

即消化槽污泥進流液中總固體物濃度活性微生質量之比例

$(X_e)_m$ = 處理初沉污泥及活性污泥混合液的好氧消化槽，其污泥出流液中之總懸浮固體濃度，[質量]・[容積]$^{-1}$

$(K_d)_m$ = 活性微生物污泥可分解部分的總衰減率，[時間]$^{-1}$。該項元素係考慮以初沉污泥形式存在的外部食物源，且假設所有外部食物源都被污泥微生物消耗利用，[時間]$^{-1}$

前面述及，K_d 的定義為處理系統中每單位時間內單位體積可分解的活性微生物污泥的減少量，以及在穩定狀態操作下，於連續進流之完全混合式消化槽系統內，可分解之總活性微生物污泥生質量，可表示為 $D(\chi_{0ad})(X_0)V$，而 $(K_d)_m$ 則可表為如下之形式：

$$(K_d)_m = \left[\frac{\text{每單位時間內經由微生物作用所減少之可分解的生質量}}{\text{系統中可被分解的活性微生物細胞生質量}}\right]$$
$$- \left[\frac{\text{因外部食物源存在而使每單位時間免於被降解的生質量}}{\text{系統中可被分解的活性微生物細胞生質量}}\right] \tag{8-42}$$

上式可以數學式表示為：

$$(K_d)_m = \frac{K_d[D(\chi_{0a})_m(X_0)_m]V}{D(\chi_{0a})_m(X_0)_m V} - \frac{Y_T Q S_a}{D(\chi_{0a})_m(X_0)_m V} \tag{8-43}$$

或是以下式表示：

$$(K_d)_m = K_d - \frac{Y_T S_a}{0.77 D(\chi_{0a})_m(X_0)_m t_d} \tag{8-44}$$

式中，Y_T = 表示初沉污泥含有機物的實際生長係數 (yield coefficient)

$S_a = \frac{Q_P}{Q_A + Q_P} S_0$ = 消化槽污泥進流液中初沉污泥的最終 BOD，[質量]・[體積]$^{-1}$ (8-45)

S_0 = 初沉污泥的最終 BOD，[質量]・[體積]$^{-1}$

用 8-44 式代入 8-39 式中的 $(K_d)_m$ 值，得：

$$t_d\left[K_d - \frac{Y_T S_a}{0.77 D(\chi_{0a})_m(X_0)_m t_d}\right] = \frac{(X_0)_m - (X_e)_m}{0.77 D(\chi_{0a})_m(X_0)_m} \tag{8-46}$$

或

$$t_d = \frac{(X_0)_m + Y_T S_a - (X_e)_m}{K_d[0.77D(X_{0a})_m(X_0)_m]} \quad (8\text{-}47)$$

如此，8-47 式將可用來估算初沉污泥及活性污泥混合進行好氧消化處理時，消化槽所需的體積。

溫度的影響

溫度會經由改變內呼吸作用的速率，而影響好氧消化程序。依據 Adams and Eckenfelder (1974) 之報告，速率係數 K_d 可利用 Arrhenius 之修正關係式來修正溫度的影響：

$$(K_d)_T = (K_d)_{20°C} \theta^{T-20} \quad (8\text{-}48)$$

式中，θ = 溫度係數 (temperature coefficient)，已知其值在 1.02~1.11 之範圍內 (一般較常採用 1.023)

$(K_d)_{20°C}$ 的標準值如表 8.9 所示。

Mavinic and Koers (1977) 研究過活性污泥在溫度分別為 5、10 及 20°C 時的消化作用，顯示溫度與消化槽生物固體物停留時間的乘積是一個重要的設計參數。他們的實驗數據，以及採用二個相關之實廠研究結果顯示，如果溫度以攝氏度數計，則該乘積值等於 250 時，是懸浮固體物去除率曲線上一個明顯的轉折點 (如圖 8.13 所示)。超過此折點後，懸浮固體物之去除率就幾乎不再增加。他們還發現，在溫度高於 15°C 時，溫度係數 θ 的值低於 1.072，而在溫度低於 15°C 時，則溫度係數 θ 的值將高於 1.072。

Randall et al. (1975a & b) 發現，當溫度為 20°C 以上時，Arrhenius 關係式並無法完全描述 K_d 值隨溫度的變化。此研究中，K_d 值被觀察到會隨溫度而改變，其關係如圖 8.14 所示。因此，為了精確地獲得 K_d 值隨溫度變化的狀況，就必須要進行實驗室的研究。但須強調的是，污泥固體物降解的速率隨溫度的這種變化，僅適用於活性污泥的內部衰減

表 8.9　於 20°C 時好氧消化之固體物降解速率常數

污泥類型	K_d (day^{-1})	量測基準	參考文獻
廢棄活性污泥	0.12	VSS	Matsch and Drnevich (1977)
廢棄活性污泥	0.10	VSS	Andrews and Kambhu (1970)
廢棄活性污泥	0.10	VSS	Jaworski (1963)
延長曝氣污泥	0.16 0.18	TSS VSS	Randall et al. (1975a)
滴濾池脫落生物膜污泥	0.04 0.05	TSS VSS	Randall et al. (1974)
初沉污泥與滴濾池脫落	0.04	TSS	Randall et al. (1974)
生物膜污泥	0.04	VSS	

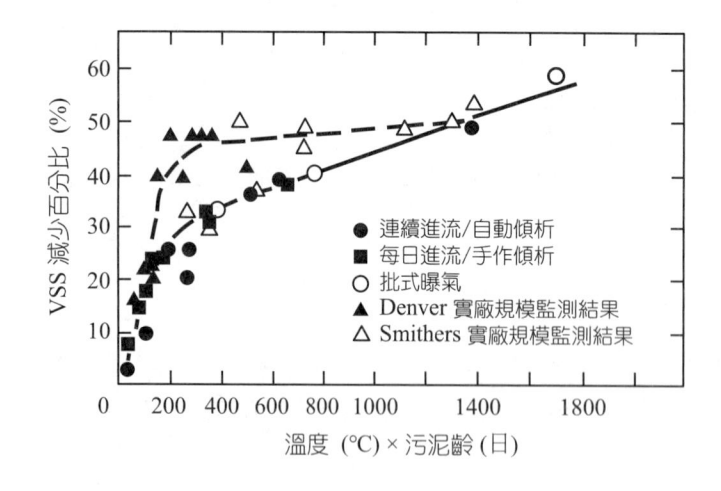

圖 8.13 VSS 降解率與溫度－污泥齡 (BSRT) 之相關性 (Mavinic and Koers, 1977)

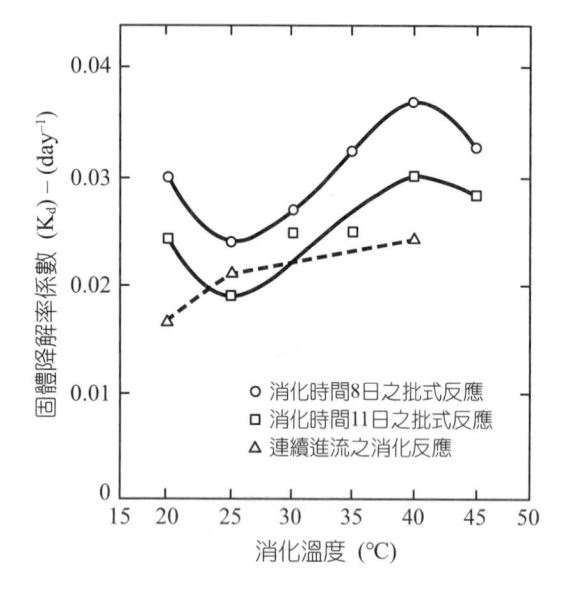

圖 8.14 消化溫度對固體降解率係數之效應相關性 (Randall et al., 1975a)

(endogenous decay)。一旦當固體物成為那些已經過馴化微生物群體的食物來源時，該溫度變化對固體物降解的影響性，則變得較不適用。當進行高溫好氧消化 (thermophilic aerobic digestion) 處理程序時，其所發生之污泥消化作用的情況，正如同此一說法。

需氧量

如果僅有剩餘活性污泥需要進行好氧消化處理的話，則建議空氣之需要量為 15～20 ft^3 標準狀況下氣體體積 / 分鐘 /1000 立方英呎槽體容積 (scfm/1000 ft^3 of tank capacity)。當要將初沉污泥與活性污泥混合進行消化時，空氣的需要量一般則需增加到 25～30 scfm/1000 ft^3 槽體容積。

計算確定需氧量的另一個更為合理的方法為，假設初沉污泥中的最終 BOD (BOD$_u$) 的分解，係在消化期間所進行，而每削減 1 磅的生物固體物污泥生質量，則需要 1.42 磅的氧，因此，如下式所示：

$$\Delta O_2 = 1.42[\text{消化期間每日降解微生物固體污泥的生質量 (lb)}]$$
$$+ [\text{每日從初沉池排入消化槽的污泥量 (lb BOD}_u)]$$

上式可寫成數學式：

$$\Delta O_2 = 1.42(8.34)[Q_0 R(0.77) \chi_{0a} X_0] + (8.34) Q_p S_0 \tag{8-49}$$

式中，$\Delta O_2 =$ 每天需氧的磅數，磅／日 (lb/day)

$Q_p =$ 初級污泥體積流量，百萬加侖／日 (MGD)

$R =$ 消化期間可分解的活性微生物體的去除率，%

$\chi_{0a} =$ 活性微生物污泥生質量在消化槽進流液中所佔 TSS 的百分數，%

$X_0 =$ 消化槽進料中的 TSS 濃度，mg/L

$Q_0 =$ 消化槽污泥進流液之體積流量，MGD

$S_0 =$ 初沉污泥的最終 BOD (BOD$_u$)，mg/L

如果僅需對活性污泥進行消化處理，則 8-49 式的最後一項為零。必須要指出的是，8-49 式並沒有考慮到硝化作用 (nitrification)，但在許多情形下，硝化作用可能十分重要。

為了估計由好氧性的硝化作用所造成的需氧量，不僅需考慮污泥進流液中的氨濃度，而且還需考慮到在微生物細胞內之蛋白物質於氧化期間，將有機氮轉換為氨之型式，以及最終再釋出於溶液內，也成為硝化作用的氮源之一。此外，初沉污泥中有機氮的轉化亦必須加以考慮。因此，氮的需氧量可由下式來估算：

$$\text{NOD} = [\text{消化槽進流水中所含之氨在微生物氧化過程的需氧量}]$$
$$+ [\text{細胞蛋白質氧化期間所釋放的氨在氧化過程中的需氧量}]$$
$$+ [\text{初沉污泥氧化時釋放的氨在生物氧化過程中的需氧量}] \tag{8-50}$$

上式可以下列數學式表示之：

$$\text{NOD} = (8.34)(4.57)\{(Q_A)[\text{NH}_3\text{-N}]_A$$
$$+ [Q_0 R(0.77) \chi_{0a} X_0](0.122) + (Q_p)(\text{TKN})_p\} \tag{8-51}$$

式中，NOD = 氮的需氧量，磅／日 (lb/day)

$[\text{NH}_3\text{-N}]_A =$ 廢棄活性污泥中氨的濃度，mg N/L

$[Q_0 R(0.77) \chi_{0a} X_0] =$ 每日被降解的生物固體物量，lb/day

$0.122 =$ 由於生物固體物被降解而釋放出的氮，基於細胞成分以 $C_{60}H_{87}O_{23}N_{12}P$ 計

$[\text{TKN}]_p =$ 初沉污泥進流液中總凱氏氮 (total Kjeldahl nitrogen) 濃度，mg N/L

$Q_A =$ 剩餘活性污泥的體積流量，MGD

將 8-49 式及 8-51 式合併起來，得到關於需氧量的方程式為：

表 8.10 某些污泥典型之比氧利用速率

污泥類型	比耗氧率 (mg O$_2$/hr-g VSS)
初沉污泥	20～40
傳統活性污泥程序之廢棄污泥	10～15
延長曝氣活性污泥程序之廢棄污泥	5～8
接觸穩定活性污泥程序之廢棄污泥	10
單段式好氧消化槽污泥	2～4
二階段好氧消化槽污泥	0.5～2.4

資料來源：Water Pollution Control Federation (1976)

$$\Delta O_2 = 1.42(8.34)[Q_0 R(0.77)\chi_{0a} X_0] + (8.34)Q_p S_0 + \text{NOD} \tag{8-52}$$

表 8.10 所示為採用好氧消化槽處理幾種不同類型污泥時，比耗氧率 (specific oxygen utilization rate, SOUR) 常用的數值，以做為進行相關設計時之輔助工具。

混合需求

為了使固體物保持懸浮狀態及維持最佳氧傳輸效率，好氧消化槽中必須能達到充分混合，普遍係採用動力程度 (power level, PL) 表示混合所需的能量。動力程度 (PL) 的定義是進行曝氣時，每單位容積所需的動力，一般單位的表示法為每一百萬加侖槽體容積所需的馬力數，或每 1000 加侖槽體容積所需的馬力數。

當好氧消化槽中之固體物含量濃度低於 20,000 mg/L 時，70～100 馬力/百萬加侖 (hp/MG) 消化槽體積之 PL 值，即已足夠。當固體物含量濃度高於 20,000 mg/L 時，則需要 100～200 hp/MG 消化槽體積之 PL 值。

Reynolds (1973) 已建立一個能提供充分混合所需之最低 PL 值公式。該公式如下所示：

$$\frac{P}{V} = 0.0475(\mu)^{0.3}(X)^{0.298} \tag{8-53}$$

式中，$\frac{P}{V}$ = 馬力/1000 加侖 (hp/1000 gal)

μ = 水的黏度係數 (viscosity)，單位為 cP，如表 8.11 所示

X = 消化槽在穩定狀態下的 TSS 濃度，mg/L

8-53 式適用於對於污泥具有 70～100% 被消化之處理系統。混合未經消化的廢棄活性污泥所需要的動力程度，一般為將污泥消化到 100% 時，所需動力的二倍。

在計算確定了完全混合所需要的動力程度後，則所需之壓縮空氣流量可從下列關係式計算之 (Reynolds, 1973)：

$$\frac{G_s}{V} = 50.5 \frac{P/V}{\log\left(\frac{h+34}{34}\right)} \tag{8-54}$$

表 8.11　不同溫度下水的黏度

溫度 (°F)	動力黏度 (cP)	溫度 (°F)	動力黏度 (cP)
0	1.7921	16	1.1156
2	1.6740	18	1.0603
4	1.5676	20	1.0087
6	1.4726	22	0.9608
8	1.3872	24	0.9161
10	1.3097	26	0.8746
12	1.2390	28	0.8363
14	1.1748	30	0.8004

式中，$\frac{G_S}{V}$ = 立方英呎 / 分 /1000 立方英呎 (cfm/1000 ft^3)（在操作空氣溫度下）

P/V = 馬力 /1000 加侖 (hp/1000 gal)

h = 曝氣擴散器 (diffusers) 浸入消化槽內污泥液中之深度，ft

設計考量

好氧消化槽常用的設計規範標準 (criteria) 如表 8.12 所示。消化槽可以設計成是開放式或是密閉式。使用密閉式槽體可以防止氧的損失，將熱損失減至最小程度，並阻止冰凍（如圖 8.15 所示）。而在沒有冰凍問題的地方，表面曝氣已成為開放式池體的一種選擇方式，因為以每單位馬力數而言，這種混合的性質及氧的傳輸能力通常比擴散曝氣系統更為優越。

表 8.12　好氧消化槽設計準則

設計參數	設計值
θ_c (20°C，day)	
單純活性污泥	12~16
無初步沉澱之活性污泥	16~18
初沉污泥加活性污泥或生物濾池脫落生物膜	18~22
有機物負荷 (lb VSS/ft^3-day)	0.024~0.14
空氣需要量	
擴散系統 (cfm/1000 ft^3 槽容積)	
單純活性污泥	20~35
初沉污泥加活性污泥	>60
表面曝氣 (hp/l000 ft^3 槽容積)	1.0~1.25
溶氧濃度 (mg/L)	1~2
揮發性懸浮固體物去除率 (%)	35~50

資料來源：Metcalf and Eddy (1972); Black, Crow and Eidness (1974)

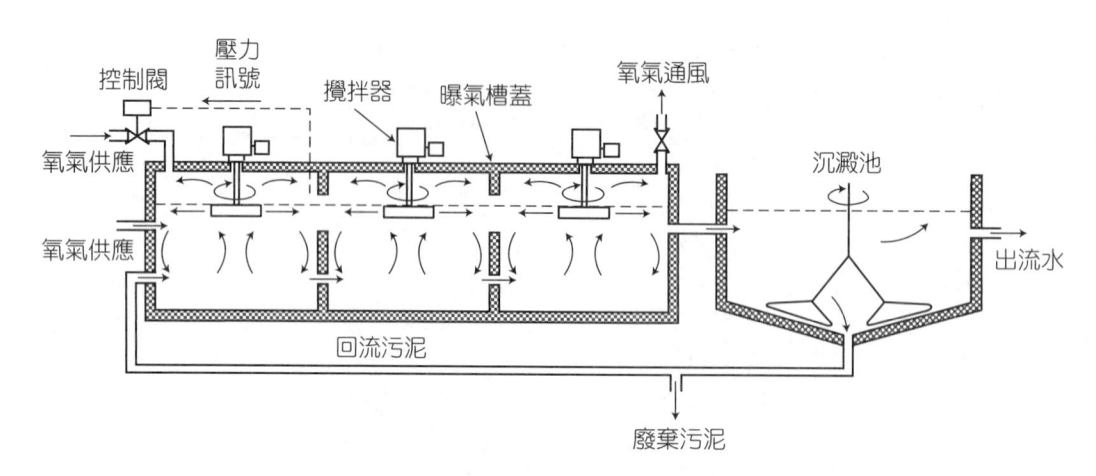

圖 8.15 純氧式污泥好氧消化槽剖面結構及流程示意圖 (WPCF, 1976)

在存在冰凍問題的地方，一般採用浸沒式葉輪 (submerged turbine)，或粗氣泡擴散系統 (coarse bubble diffusion systems)，進行曝氣。

消化需要進行之程度係由後續採用的污泥處置及棄置 (handling and disposal) 方法來決定。例如，如果採用的是焚化法，則主要關心的是污泥體積減少量及其濃度。因為污泥固體物去除比污泥穩定所需達成的時間短很多，所以當消化槽後面設有焚化爐時，其所需要的曝氣時間常常少於採用土地棄置法時所需的曝氣時間，而後者主要是要求考慮控制臭味的產生。

實驗室之評價 (Laboratory Evaluation)

在好氧消化程序的設計中，主要關心的是固體物生質量之消減速率、需氧量、上澄液及沉澱物的特性及溫度變化對這些因素的影響。一般而言，為了獲得所想要的設計資料，實驗室之研究乃開始實施。而且，為了簡化實驗過程，雖然現場消化槽是以連續流單元操作的，但實驗室研究則通常採用批次式條件來執行。可是 Benefield et al. (1978) 之觀察顯示，好氧消化槽設計應該以連續進流消化方式下所進行之實驗研究所獲得之數據做為依據，尤其是當溫度是一個重要考量因素，以及在開始實驗研究前並未對排入污泥進行適應各種溫度之實驗研究。因此，對於好氧消化而言，建議採用連續流方式進行實驗室研究之程序。

在消化槽設計的過程中，可由實驗室進行研究，以獲得在運用 8-38 式及 8-47 式所需要之數據參數，其步驟如下所述：

1. 採用實驗室規模之連續流式活性污泥系統來決定總懸浮固體物濃度之活性部分，而該系統須在現場操作期間所預計可能會採用之生物固體物停留時間範圍內操作。可採用耗氧速率 (oxygen utilization rate, OUR)、腺苷咁三磷酸 (adenosine triphosphate, ATP)、脫氫酶 (dehydrogenase) 之活性或平板計數法 (plate count method)(Upadhyaya and Eckenfelder, 1975)。

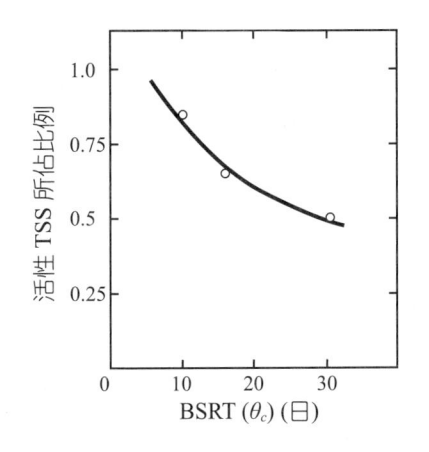

圖 8.16 活性 TSS 所佔比例與生物固體停留時間 (BSRT) 間相關性

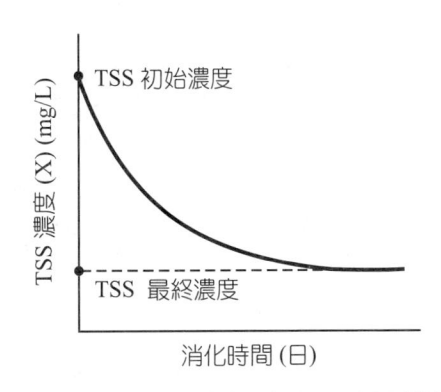

圖 8.17 TSS 濃度隨消化時間增加而減少之相關性

2. 建立一個活性比例相對於 θ_c 之關係圖 (如圖 8.16 所示)。
3. 確定初沉污泥之理論產量係數，此決定過程已概述於第 4 章。
4. 使用高活性之污泥培養法 (較短 θ_c) 來決定希望的出水總懸浮固體物濃度。針對僅有活性污泥將被消化之情況，總懸浮固體物濃度之預計去除百分比可由批次式研究而決定之。此時必須以一活性污泥樣本在批次條件下進行曝氣，直到總懸浮固體物濃度達到相當穩定為止 (如圖 8.17 所示)。將最終總懸浮固體物濃度除以初始總懸浮固體物濃度後即可算得剩餘之百分數，然後由 1 減去此一百分數，所得之值即為預計的初始總懸浮固體物濃度在消化期間的去除百分數。當初沉污泥和活性污泥的混合液進行好氧消化時，必須進行一系列的批次式研究，包括初沉污泥質量與活性污泥質量之預計比例大小，而此要求是要修正存在於初沉污泥中之不可分解的固體物。將來自每一個反應器的數據繪圖如圖 8.17 所示，且計算預計在消化期間將會去除之初始總懸浮固體物濃度之比例，然後繪製一個能顯示此一百分數將如何隨初沉污泥與活性污泥質量比例的不同而變化的圖型。圖 8.18 所示為一種可能的變化形式。

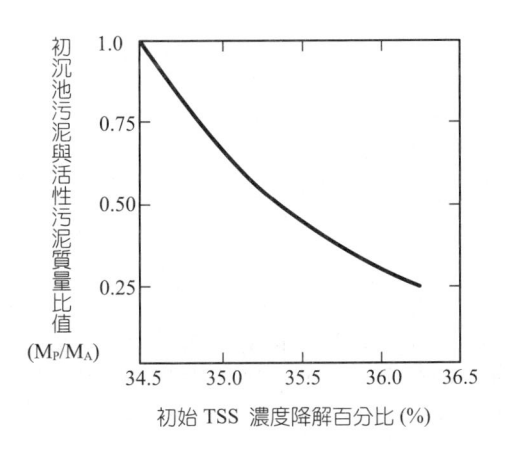

圖 8.18 初沉池污泥 / 活性污泥質量比值與初始 TSS 濃度降解率百分比之相關性

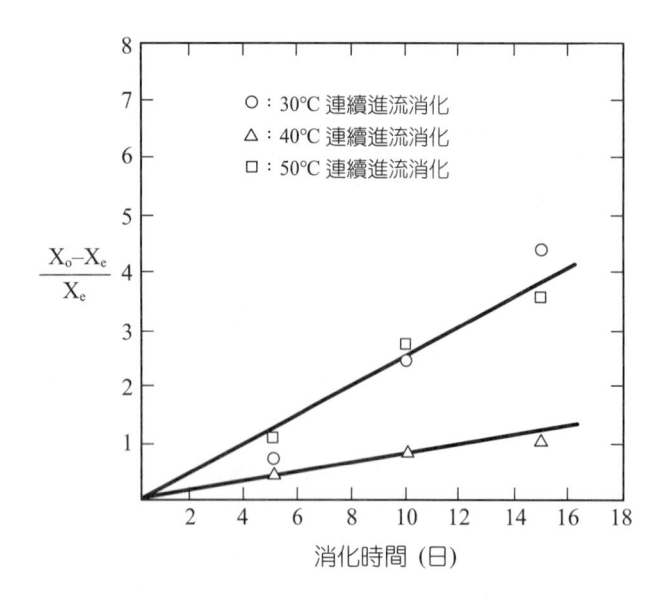

圖 8.19 連續進流污泥消化系統於不同溫度下，求取固體降解率係數 (Benefield et al., 1978)

5. 透過對剩餘活性污泥做連續流好氧消化試驗而決定固體物破壞速率係數 K_d，此試驗應考慮預計在實際運轉中將會出現的溫度範圍。消化槽要在每一個溫度下以幾種不同穩定狀態之 θ_c 值操作 (例如 5、10 及 15 日)。繪製 $[(X_0 - X_e)/X_e]$ 對消化時間的直線，直線的斜率即為 K_d，如圖 8.19 所示。
6. 為了說明 K_d 隨溫度的變化情況，繪製一條類似於圖 8.14 的曲線。
7. 對於每一種消化時間與溫度，分析濾液的 COD、磷酸鹽及氮含量，並繪製類似於圖 8.20、圖 8.21 及圖 8.22 的曲線。在消化槽的設計中一般並不採用這些數據，但是這些數據在描繪要加以處理的廢水特性時，卻很重要。

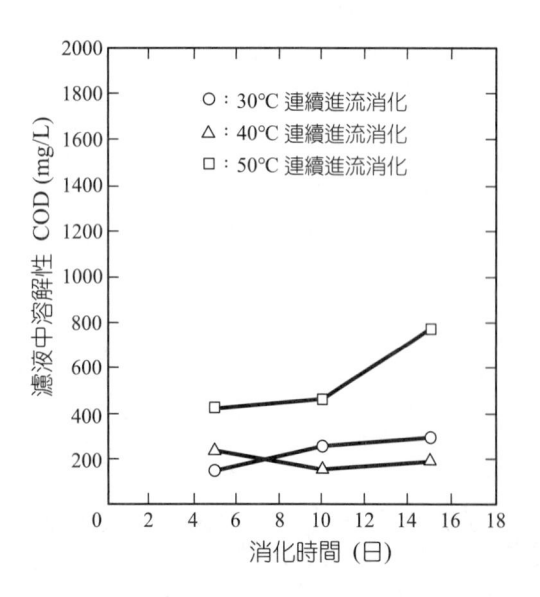

圖 8.20 連續進流污泥消化系統於不同溫度下，濾液中溶解性 COD 與消化時間之相關性 (Benefield et al., 1978)

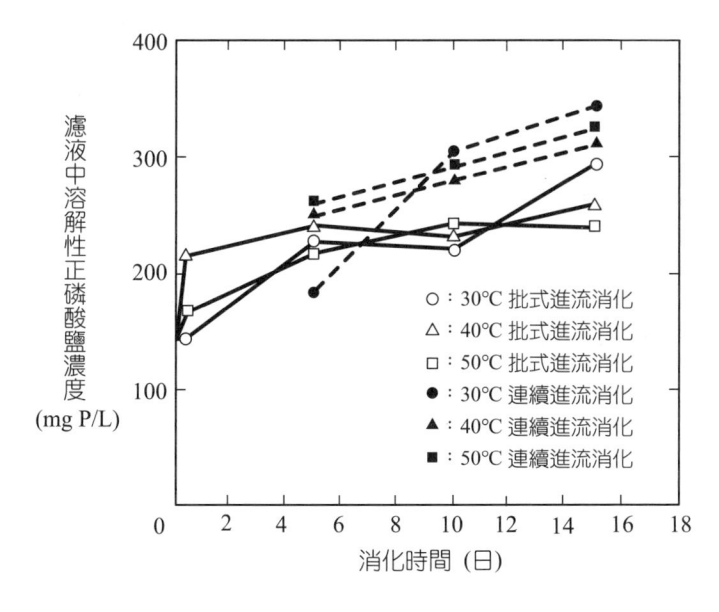

圖 8.21 連續進流與批式進流之污泥消化系統於不同溫度下，濾液中溶解性正磷酸鹽濃度與消化時間之相關性 (Benefield et al., 1978)

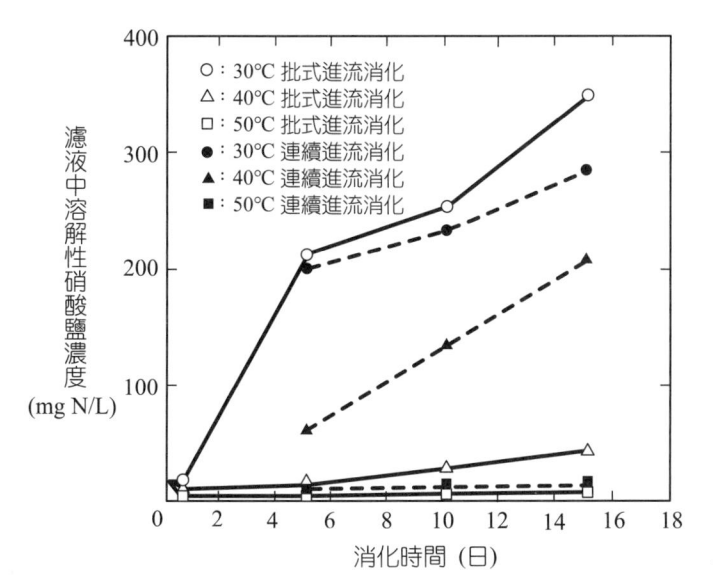

圖 8.22 連續進流與批式進流之污泥消化系統於不同溫度下，濾液中溶解性硝酸鹽濃度與消化時間之相關性 (Benefield et al., 1978)

　　為了說明設計步驟，下面舉例中考慮的是將初沉污泥和剩餘活性污泥混合處理所需要的好氧消化槽的設計。

例題 8-2

　　設計好氧消化槽處理來自完全混合活性污泥處理廠的污泥。採用以下條件：

1. 污泥特性

　　冬季條件：

(a) 初沉污泥

$$流量 = 0.028 \text{ 百萬加侖} / 日 \text{ (MGD)}$$
$$溫度 = 15.5°C$$
$$TKN = 7000 \text{ mg/L}$$
$$BOD_u = 50,000 \text{ mg/L}$$
$$TSS = 50,000 \text{ mg/L}$$

(b) 活性污泥被濃縮到含固體物量 1.5% 之濃度

$$流量 = 0.12 \text{ MGD}$$
$$溫度 = 10°C$$
$$[NH_3\text{-}N] = 10 \text{ mg N/L}$$
$$\theta_c = 20 \text{ 日}$$
$$TSS = 15,000 \text{ mg/L}$$

夏季條件：

(a) 初沉污泥

$$流量 = 0.028 \text{ MGD}$$
$$溫度 = 24°C$$
$$TKN = 7,000 \text{ mg N/L}$$
$$BOD_u = 50,000 \text{ mg/L}$$
$$TSS = 50,000 \text{ mg/L}$$

(b) 活性污泥被濃縮到含固體物量 1.5% 之濃度

$$流量 = 0.12 \text{ MGD}$$
$$溫度 = 27°C$$
$$[NH_3\text{-}N] = 10 \text{ mg N/L}$$
$$\theta_c = 6.6 \text{ 日}$$
$$TSS = 15,000 \text{ mg/L}$$

2. 活性污泥曝氣池內 TSS 活性部分與操作 θ_c 間的關係如圖 8.16 所示。
3. 初沉污泥理論生長係數 (Y_T) 等於 0.5。
4. 初沉污泥與活性污泥質量比例與預計的 TSS 濃度去除百分比之間的關係 (活性污泥的活性部分接近 100%) 如圖 8.18 所示。
5. K_d 與溫度間的關係如圖 8.23 所示。

【解】

1. 計算消化溫度：

   冬季：

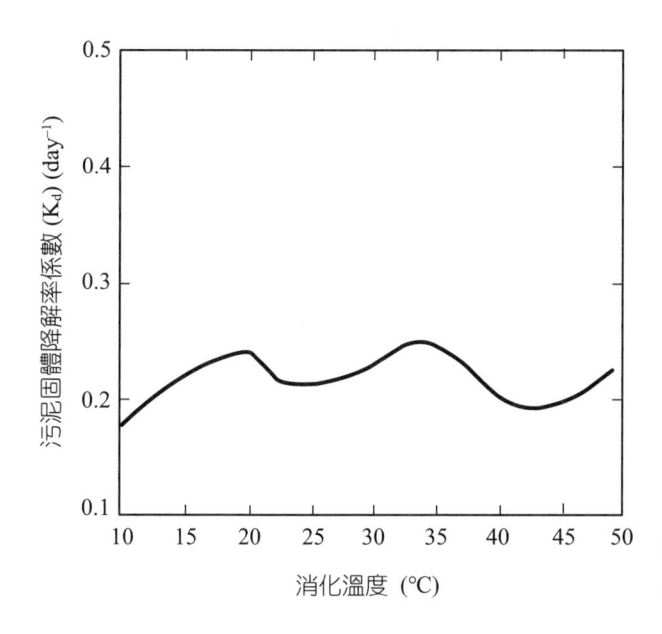

圖 8.23 例題 8-2 中，污泥固體降解率係數 (K_d) 隨不同消化溫度之變化關係

$$T = \frac{(0.028)(15.5) + (0.12)(10)}{(0.028) + (0.12)}$$
$$= 11°C$$

夏季：

$$T = \frac{(0.028)(24) + (0.12)(27)}{(0.028) + (0.12)}$$
$$= 26.4°C$$

2. 利用 8-40 式，計算確認混合污泥的固體物濃度：

冬季與夏季：

$$(X_0)_m = \frac{(0.028)(50,000) + (0.12)(15,000)}{(0.028) + (0.12)}$$
$$= 21,622 \text{ mg/L}$$

3. 計算初沉污泥與活性污泥之質量比例：

$$\frac{M_p}{M_A} = \frac{(0.028)(50,000)}{(0.12)(15,000)}$$
$$= 0.78$$

4. 就 $M_p/M_A = 0.78$ 而言，當混合污泥中之活性污泥部分，是來自於每單位微生物固體之活性接近於 100% 之細菌培養時，圖 8.18 顯示總懸浮固體物濃度之去除率估計為 34.75%。

5. 由圖 8.16 決定各種操作 θ_c 之活性比例：

冬季：

$$\theta_c = 20 \text{ days} \text{，} \chi_{0a} = 0.6$$

夏季：
$$\theta_c = 6.6 \text{ days}，\chi_{0a} = 0.95$$

6. 用下式計算出流水中 TSS 濃度：
$$(X_e)_{設計} = MX_e \qquad (8\text{-}55)$$

式中，$(X_e)_{設計}$ = 設計中採用的出水 TSS 濃度

X_e = 僅當活性污泥固體物的活性接近 100% 時才能達到的出水 TSS 濃度

M = 比例因子，用以調整活性污泥固體物的活性稍低於 100% 的情形

可透過考慮去除固體物的基本表達式，以獲得 M 之關係式，如下列所示：
$$\frac{X_0 - X_e}{1.0} = \frac{X_0 - MX_e}{\chi_{0a}} \qquad (8\text{-}56)$$

解出 M 而得：
$$M = \frac{X_0 - \chi_{0a}(X_0 - X_e)}{X_e} \qquad (8\text{-}57)$$

因此，對於本例題 M 值之解，如下所示：

冬季：
$$M = \frac{21{,}622 - (0.6)[21{,}622 - (21{,}622)(1 - 0.3475)]}{(21{,}622)(1 - 0.3475)}$$
$$= 1.2$$

因此，
$$(X_e)_{設計} = 1.2[(21{,}622)(1 - 0.3475)]$$
$$= 16{,}930 \text{ mg/L}$$

夏季：
$$M = \frac{21{,}622 - (0.95)[21{,}622 - (21{,}622)(1 - 0.3475)]}{(21{,}622)(1 - 0.3475)}$$
$$= 1.03$$

因此，
$$(X_e)_{設計} = 1.03[(21{,}622)(1 - 0.3475)]$$
$$= 14{,}532 \text{ mg/L}$$

7. 利用 8-41 式，計算混合污泥的活性比例：

冬季：
$$(\chi_{0a})_m = \frac{15{,}000}{21{,}622}(0.6)$$
$$= 0.416$$

夏季：

$$(\chi_{0a})_m = \frac{15{,}000}{21{,}622}(0.95)$$
$$= 0.66$$

8. 利用 8-45 式，計算確定消化槽混合污泥進流液內的初沉污泥部分中之最終 BOD (BOD_u) 濃度

   冬季及夏季：
   $$S_a = \frac{0.028}{0.12 + 0.028}(50{,}000)$$
   $$= 9460 \text{ mg/L}$$

9. 查圖 8.23，計算確定 K_d 值：

   冬季：
   $$K_d = 0.19 \text{ day}^{-1}$$

   夏季：
   $$K_d = 0.22 \text{ day}^{-1}$$

10. 利用 8-47 式，計算所需要的消化槽容積，並假設就污泥穩定性而言，具活性而可被降解之微生物量，必須被去除 75%（即 $D = 0.25$）：

    冬季：
    $$t_d = \frac{21{,}622 + (0.5)(9460) - 16{,}930}{(0.19)[(0.77)(0.25)(0.416)(21{,}622)]}$$
    $$= 28.6 \text{ days}$$

    夏季：
    $$t_d = \frac{21{,}622 + (0.5)(9460) - 14{,}532}{(0.22)[(0.77)(0.25)(0.66)(21{,}622)]}$$
    $$= 19.6 \text{ days}$$

11. 計算所需要的消化槽容積：

    冬季：
    $$V = (28.6)(0.028 + 0.12)$$
    $$= 4.23 \text{ MG}$$

    夏季：
    $$V = (19.6)(0.028 + 0.12)$$
    $$= 2.9 \text{ MG}$$

    因此，冬季條件將為消化槽大小之控制因子，其值為 4.23 MG。

12. 利用 8-52 式，計算確定總氧需求量：

    冬季：

$$\Delta O_2 = (1.42)(8.34)[(0.12+0.028)(0.75)(0.77)(0.416)(21,622)] + (8.34)(0.028)(50,000)$$
$$+ (8.34)(4.57)\{(0.12)(10) + (0.12+0.028)(0.75)(0.77)(0.416)(21,622)](0.122) +$$
$$(0.028)(7000)\}$$
$$= 31,871 \text{ lb/day}$$

夏季：

$$\Delta O_2 = (1.42)(8.34)[(0.12+0.028)(0.9)(0.77)(0.66)(21,622)] + (8.34)(0.028)(50,000)$$
$$+ (8.34)(4.57)\{(0.12)(10) + [(0.12+0.028)(0.9)(0.77)(0.66)(21,622)](0.122) +$$
$$(0.028)(7000)\}$$
$$= 43,331 \text{ lb/day}$$

[註]：上式中之所以出現的 0.9 數值，是因為在夏季條件下，較長的停留時間會產生可被降解活性微生物體污泥之最大去除率，亦即所假定的 90%。

因此可知，總需氧量則是由夏季條件所控制。

13. 假設在所設計的處理程序條件下，氧的傳輸速率為 1.49 lb O_2/hp-hr，計算氧傳輸所需的馬力數：

夏季：

$$\text{所需的馬力數} = \frac{43,331}{(1.49)(24)}$$
$$= 1212 \text{ hp}$$

14. 依照氧的傳輸標準，計算所需動力程度 (PL)：

$$\frac{P}{V} = \frac{(1212)(1000)}{4,230,000}$$
$$= 0.286 \text{ hp}/1000 \text{ gal}$$

15. 利用 8-53 式，計算混合所需之動力程度：

冬季：

$$\frac{P}{V} = (0.00475)(1.3079)^{0.3}(16,930)^{0.298}$$
$$= 0.094 \text{ hp}/1000 \text{ gal}$$

夏季：

$$\frac{P}{V} = (0.00475)(0.8746)^{0.3}(14,532)^{0.298}$$
$$= 0.079 \text{ hp}/1000 \text{ gal}$$

16. 與上述第 (14) 及 (15) 項計算所得之動力程度相較可得知，氧之傳輸動力需求為設計的控制因子，經計算所需之動力為 1212 馬力 (hp)。

自行供熱高溫好氧消化 (Autothermal Thermophilic Aerobic Digestion)

正當 Buhr and Andrews (1977) 指出高溫厭氧消化 (thermophilic anaerobic digestion) 可能是一種經濟的程序時，Gould and Drnevich (1978) 證實了高溫好氧消化的可行性，因為這種程序在一定操作條件下可以自行供熱 (autothermal)。他們使用二階段之隔熱反應器，以純氧做為曝氣氣體。當停留時間分別為 1.4 日及 3.0 日時，第一階段反應器獲得的自熱溫度分別為 50°C 及 52°C；而當停留時間則分別為 2.5 日及 5.0 日時，第二階段反應器所獲得的自熱溫度則分別為 54°C 及 50°C。

經反應器消化過的污泥固體物中，生物可分解部分佔 50%。在總停留時間為 3 日時，所得到的總揮發性固體物去除率是 30%，在總停留時間為 5 日時，則是 40%。因此，在 5 日的高溫消化中，完成的生物可分解揮發性固體物之去除率為 80%。

根據理論性的條件去計算時，由於蒸發性及氣體顯熱性的熱損失效應，所造成之需要的氣體體積增加之故，在使用空氣做為曝氣氣體時，自供熱系統無法達到高溫消化的溫度。

污泥消化的能量考量

維持消化程序操作所需要的能量的大小，是污泥消化處理程序的一個重要須加以考慮的因素。稍加比較即能迅速看出，好氧消化是相當消耗能量的，而採用厭氧消化卻能獲得淨能量。好氧消化在氧的傳輸及混合中都要消耗能量，而厭氧消化卻可產生可供以利用的甲烷。所產生出的甲烷不僅可用於混合及加熱消化槽，而且可以為處理廠內其他廢水處理程序提供能量。在氣候較為溫暖的地區，厭氧消化槽產生的能量足以滿足普通活性污泥廠內包括發電在內的一切用途。這一點已經在美國德州的 Fort Worth 得到證實。在進行厭氧消化處理時，處理選擇對象為初步沉澱池的污泥，以及污泥齡較低之活性污泥，以達到被處理的污泥含有高的有機成分，其性質較適合用厭氧處理，並能產生大量的甲烷，做為熱能回收之用。

在例題 8-1 中，計算過厭氧消化 18,729 lb/day 的活性污泥與初沉污泥混合物時，可以生產 115,159,750 BTU/day 的熱量，除消化槽加熱外，還有 85,774,775 BTU/day 可用於其他方面。對於同樣的廢棄活性污泥，如果是採用好氧消化，其消化時間為 20 日時，則消化槽的容積應為 1.12 百萬加侖 (MG)。假設能量消耗之控制因子是混合的話，則混合約需 136 馬力，相當於 8,286,553 BTU/day。由此可知，這二種不同的處理程序，在能量上之差異，可能高達 94,061,328 BTU/day，如此將對污泥厭氧消化槽的推廣使用，更為有利。

習題

8-1 滴濾池處理廠處理的廢水流量為 1 百萬加侖／日，試設計一座標準負荷之厭氣消化槽處理該廠產生的污泥，設採用以下條件：

1. 採用高負荷單階段之石質濾料濾池，回流比為 4:1。
2. 進流水 BOD$_5$ 為 200 mg/L，佔最終 BOD 的 70%。
3. 滴濾池被設計以能達到 90% 的 BOD 去除率。
4. 滴濾池所產生的生物污泥量可由下式表示：

$$W_s = 8.34 K_Y S_a Q_a$$

　式中，W_s = 生物污泥固體物，lb 乾重 /day
　　　　K_Y = 應用於濾池的 BOD$_5$ 中轉化為剩餘生物固體物的比例 (標準負荷之濾池採用 0.2，高負荷之濾池採用 0.3)
　　　　S_a = 流入濾池的 BOD$_5$，mg/L
　　　　Q_a = 流入濾池的廢水流量，MGD

5. 生物污泥中揮發性固體物佔 72%，污泥在二沉池中濃縮到 2.5%。
6. 廢水經沉砂去除後，總懸浮固體物濃度為 325 mg/L，其中 65% 屬揮發性。
7. 圓形初沉池的表面積負荷為 800 加侖 / 日 / 平方英呎 (gpd/ft^2)。
8. 圖 3.12、圖 3.13 及圖 3.14 的關係式對本設計是有效，污泥在初沉池內濃縮到含固體物 6%。
9. 消化溫度為 35°C。
10. 考慮到冬季條件，必須提供足夠儲存 100 天污泥的容積。
11. 臨界設計溫度為 5°F。消化槽的所有側壁都暴露於空氣中，消化槽底板埋置於冬季溫度為 10°F 的乾土中。
12. 消化槽深度為 35 ft。
13. 消化污泥濃縮至 8%。
14. 各種溫度下，消化作用所需要的停留時間可由下表提供 (Metcalf and Eddy, 1972)。

溫度 (°F)	停留時間（日）
50	75
60	56
70	42
80	30
90	25
100	24
110	26

15. 有足夠的容積供氣體儲存 5 日之用。
16. 將需要的容積增加 25%，以供存放浮渣與上澄液。
17. 污泥進流液之溫度為 50°F。

8-2 完全混合活性污泥廠處理的廢水流量為 5 百萬加侖／日，用一座好氧消化槽處理來自該廠的污泥，試估算消化槽的容積。假設採用以下條件：

1. 進流水 BOD_5 為 250 mg/L，其中 70% 為最終 BOD (BOD_u)，TKN 為 25 mg/L。
2. 廢水經沉砂去除後總懸浮固體物濃度為 300 mg/L，其中 65% 屬揮發性。
3. 圓形初沉池表面積負荷為 800 gpd/ft^2。
4. 圖 3.12、圖 3.13 及圖 3.14 所提供的關係式對本設計有效，而初沉池中之污泥可濃縮到含 5% 的固體物。
5. 曝氣槽設計中採用以下之生物代謝反應動力學常數：

$$Y_T = 0.5$$
$$K_d = 0.1 \text{ day}^{-1} \text{ (20°C)},\ \theta = 1.05$$
$$K = 0.02 \text{ L/mg-day (20°C)},\ \theta = 1.03$$

以上常數基於以 BOD_u 為依據。

6. 在曝氣槽及消化槽的設計中，臨界操作溫度為 10°C 與 20°C。
7. 曝氣槽的設計依據為溶解性出流水之 BOD_u 為 15 mg/L，且系統係在 MLVSS 為 2000 mg/L 下操作。
8. MLSS 中有 72% 屬揮發性。
9. 廢棄活性污泥在與初沉污泥混合前，先以溶解空氣浮除法，將污泥濃縮至含 2% 之固體物，且此廢棄活性污泥中不含氨。
10. Adams 方法被應用於設計中 (其需要之停留時間可利用 8-19 式計算之)。
11. 在初沉污泥中有 40% 的揮發性懸浮固體物是不可分解的。
12. 在廢棄活性污泥中有 23% 的揮發性懸浮固體物是不可分解的。
13. 消化期間可分解之揮發性懸浮固體物有 75% 的去除率是必須的。
14. 在 20°C 下，固體物去除率係數為 0.05 day^{-1}，而 K_b 隨溫度之變化值可依下式表示之：

$$(K_b)_T = (K_b)_{20°C}(1.023)^{T-20}$$

8-3 一個處理量為 10 百萬加侖／日 (MGD) 之完全混合活性污泥處理廠，其所產生之污泥欲以好氧消化槽進行處理，試計算該消化槽所需之容積。以下為設計時可應用之已知操作條件：

1. 廢水經沉砂去除後，總懸浮固體物濃度為 300 mg/L，其中 65% 屬揮發性，且 VSS 中有 40% 為不可分解。
2. 進流水 BOD_5 為 200 mg/L，其中 70% 為最終 BOD (BOD_u)，TKN 為 25 mg/L。
3. 本系統中不進行初步沉澱。

4. 曝氣槽設計中所採用生物代謝反應動力學常數，如下所示：

$$Y_T = 0.5$$
$$K_d = 0.1 \text{ day}^{-1} \text{ (20°C)}$$
$$K = 0.04 \text{ L/mg-day (20°C)} , \theta = 1.03$$

以上常數基於以 BOD_u 為依據。

5. 在曝氣槽及消化槽的設計中，臨界操作溫度為 10°C 與 20°C。

6. 曝氣槽設計依據為溶解性出流水是 BOD_u 為 15 mg/L，且系統係在 MLVSS 為 2000 mg/L 下操作。在本設計中，假設進入系統之進流水中所有固定性固體物，以及生物體污泥中所含固定性固體物部分，可忽略不計。

7. 廢棄活性污泥在與初沉污泥混合前，先以溶解空氣浮除法將污泥濃縮至含 3% 的固體物，且此廢棄活性污泥中不含氨。

8. 進流水總懸浮固體物濃度的活性比例與生物停留時間 θ_c 之關係，如下表中之數據 (基於以 MLSS 為依據) 所示，且假設在冬季及夏季條件下，均屬有效。

χ_{0a}	θ_c
0.450	3
0.400	4
0.350	5
0.325	6
0.300	7
0.275	8
0.250	9
0.240	10
0.230	11
0.220	12
0.210	13
0.200	14

參考文獻

ADAMS, C., AND W.W., ECKENFELDER, *Process Design Techniques for Industrial Waste Treatment*, Enviro Press, Nashville, Tenn., 1974a.

ADAMS, C.E., JR., W.W., ECKENFELDER, JR., AND R.M. STEIN, "Modifications to Aerobic Digestor Design," *Water Research*, **8**, 213 (1974b).

ANDREWS, J.F., "A Mathematical Model for the Continuous Cultivation of Microorganisms Utilizing Inhibitory Substrates," *Biotechnology and Bioengineering*, **10**, 707 (1968).

ANDREWS, J.F., "Dynamic Models and Control Strategies for Wastewater Treatment Plants-An Overview," presented at the International Federation of Automatic Control Symposium on Environmental System Planning, Design and Control, Kyoto, Japan, Aug. 1-5, 1977.

ANDREWS, J.F., AND K. KAMBHU, "Thermophilic Aerobic Digestion of Organic Solid Wastes," Final Progress Report, Clemson University, Clemson, S.C., May 1970.

BENEFIELD, L.D., R. SEYFARTH, AND A. SHINDALA, "Lab Study Helps Solve Aerobic Dugester Problems," *Water and Sewage Works*, ref. ed., 60 (Apr. 1978).

BLACK, CROW AND EIDNESS, CONSULTING ENGINEERS, Process Design Manual for Sludge Treatment and Disposal, EPA Technology Transfer Series, 1974.

BUHR, H.O., AND J.F. ANDREWS, "The Thermophilic Anaerobic Digestion Process," *Water Research*, **11**, 129 (1977).

BURD, R.S., "A Study of Sludge Handling and Disposal," *Publication WP-20-4*, U.S. Department of the Interior, Federal Water Pollution Control Administration, Office of Research and Development, Washington, D.C., May 1968.

ECKENFELDER, W.W., JR., "Mechanisms of Sludge Digestion," *Water and Sewage Works*, June 1967, p. 207.

FAIR, G. M., AND J.C. GEYER, *Elements of Water Supply and Waste-Water Disposal*, John Wiley & Sons, Inc., New York, 1957.

GOULD, M.S., AND R. F. DRNEVICH, "Autothermal Thermophilic Aerobic Digestion," *Journal of the Environmental Engineering Division*, ASCE, **104**, 259, 1978.

GRAEF, S.P., AND J.F. ANDREWS, "Stability and Control of Anaerobic Digestion," *Journal of the Water Pollution Control Federation*, **46**, 666 (1974).

HAMMER, M. L, *Water and Wartewater Technology*, John Wiley & Sons, Inc., New York, 1975.

HEUKELEKIAN, H., "Further Studies on Thermophilic Digestion of Sludge," *Sewage Works Journal*, **2**, 219 (1930).

JAWORSKI, N., "Aerobic Sludge Digestion," in *Advances in Biological Waste Treatment*, Macmillan publishing Co., Inc., New York, 1963.

KORMANIK, R.A., "A Résume of the Anaerobic Digestion Process," *Water and Sewage Works*, Apr. 1968, p. R-154.

KOUNTZ, R. R., AND C. FORNEY, JR., "Metabolic Energy Balances In a Total Oxidation Activated Sludge System," *Sewage and Industrial Wastes*, **31**, 819 (1959).

LAWRENCE, A.W., "Application of Process Kinetics to Design of Anaerobic Processes," in *Anaerobic Biological Treatment Processes*. F.G. Pohland, Symposium Chairman, American Chemical Society. Cleveland, Ohio, 1971.

LAWRENCE, A.W., AND P.L. McCARTY, "A Unified Basis for Biological Treatment Design and Operation," *Journal of the Sanitary Engineering Division*, ASCE, **96**, 757, (1970).

LIPTÁK, B.G., *Environmental Engineers' Handbook*, Vol. I, Chilton Book Company, Randor, Pa., 1974.

MATSCH, L.C., AND R.F. DRNEVICH, "Autothermal Aerobic Digestion," *Journal of the Water Pollution Control Federation*, **49**, 296 (1977).

MAVINIC, D.S., AND D.A. KOERS, "Aerobic Sludge Digestion at Cold Temperatures," *Canadian Journal of Civil Engineering*, **4**, 445, 1977.

McCARTY, P. L., "Anaerobic Waste Treatment Fundamentals," (four parts), *Public Works*, Sept. 1964, p. 107; Oct. 1964, p. 123; Nov. 1964, p. 91; Dec. 1964, p. 95.

McCARTY, P. L., "Sludge Concentration-Needs, Accomplishments, and Future Goals," *Journal of the Water Pollutlon Control Federation*, **38**, 493 (1966).

METCALF AND EDDY, INC., *Wastewater Engineering*, McGRAW-Hill Book Company, New York, 1972.

RANDALL, C.W., F.M. SAUNDERS, AND P.H. KING, "Biological and Chemical Changes in Activated Sludge During Aerobic Digestion," in *Proceedings, 18th Southern Water Resources and Pollution Control Conference*, North Carolina State University, Raleigh, N.C., 1969.

RANDALL, C.W., D.G. PARKER, AND A. RIVERA-CORDERO, "Optimal Procedures for the Processing of Waste Activated Sludge," Virginia Water Resources Research Center, VPI-WRRC-BULL 61, Blacksburg, Va., 1973.

RANDALL, C.W., W.S. YOUNG, AND P.H. KING, "Aerobic Digestion of Trickling Filter Humus," in *Proceedings, Fourth Annual Environmental Engineering and Science Conference*, University or Louisville, Louisville, Ky., 1974.

RANDALL, C.W., R.A. GARDNER, AND P.H. KING, "The Aerobic Digestion of Activated Sludge at Elevated Temperatures," paper presented at the Fifth Annual Environmental Engineering and Science Conference, University of Louisville, Louisville, Ky., 1975a.

RANDALL, C.W., J.B. RICHARDS, AND P.H. KING, "Temperature Effects on Aerobic Digestion Kinetics," *Journal of the Environmental Engineering Division, ASCE*, **101**, EE5, 795 (1975b).

REYNOLDS, T.D., "Aerobic Digestion of Thickened Waste Activated Sludge," *Proceedings of the 28th Industrial Waste Conference*, Purdue University, West. Lafayette, Ind., 1973, p. 12.

SAWYER, C.N. AND H.K. ROY, "A Laboratory Evaluation of High-Rate Sludge Digestion," *Sewage and Industrial Wastes*, **27**, 1356 (1955).

SPEECE, R.E., "Anaerobic Treatment," in *Process Design in Water Quality Engineering*, ed. by E.L. Thackston and W.W. Eckenfelder, Jenkins Publishing Company, New York, 1972.

UPADHYAYA, A.K. AND W.W. ECKENFELDER, JR., "Biodegradable Fraction as an Activity Parameter of Activated Sludge," *Water Research*, **9**, 691 (1975).

WATER POLLUTION CONTROL FEDERATION, *Operation of Wastewater Treatment Plants A Manual of Practice*, Lancaster Press, Lancaster, Pa., 1976.

名詞索引

二畫
十州標準 (Ten-State Standards) 161

三畫
三羧酸循環 (tricarboxylic acid cycle) 34
乞克定律 (Chick law) 316

四畫
互花米草 (Spartina alterninflora) 346
內呼吸期 (endogenous phase) 40
化合有機性微生物 (chemoorganotrophs) 24
化合自營性微生物 (chemoautotrophs) 24
化合性或化學性微生物 (chemotrophs) 24
化合異營性微生物 (chemoheterotrophs) 24
化合無機性微生物 (chemolithotrophs) 24
化學需氧量 (chemical oxygen demand, COD) 66
反應槽 (reactor) 1

五畫
加速生長期 (acceleration phase) 39
生化需氧量 (biochemical oxygen demand, BOD) 57
生物固體停留時間 (biological solids retention time, BSRT) 112
生質量 (biomass) 1

六畫
光合性微生物 (phototrophs) 24
同化作用 (anabolism) 29
好氧性曝氣氧化塘 (aerobic lagoons) 317
好氧菌 (aerobes) 27
好氧塘 (aerobic ponds) 285
自由氯 (free chlorine) 83
自營性 (autotrophic) 24
自營性生物 (autotrophs) 24

七畫
亨利定律 (Henry's Law) 74
克萊布斯循環 (Krebs cycle) 33, 34

八畫
吸能反應 (endergonoic) 29
完全混合批式反應槽 (completely mixing batch, CMB) 14

八畫
亞硝酸化菌 (eg. Nitrosomonas) 183
亞硝酸化菌 (Nitrosomonas) 28, 188, 191, 193
固定性懸浮固體 (fixed suspended solids, FSS) 89
固定的固體 (fixed solids) 89
社區污水 (municipal wastewater) 57

九畫
指數生長期 (exponential phase) 39
柱塞流反應槽 (plug-flow, PF) 18
相關於基質利用之非連續模型 (discontinuous model for substrate utilization) 51

十畫
兼性塘 (facultative ponds) 285
兼氧性 (facultative) 27
氧化性磷酸化作用 (oxidative phosphorylation) 30
氧化硫桿菌 (Thiobacillus thiooxidans) 28
氧化塘 (oxidation pond) 285
缺氧菌 (anoxic bacteria) 27
衰減生長期 (declining growth phase) 40

十一畫
基質性磷酸化作用 (substrate-level phosphorylation) 30
混合液揮發性懸浮固體物 (mixed liquor volatile suspended solids, MLVSS) 119
混合階數 (mixed order) 8
產能反應 (exergonic) 29
異化作用 (catabolism) 29
異營性 (heterotrophic) 24
異營性生物 (heterotrophs) 24
粗氣泡擴散器 (coarse-bubble diffuser) 264
細胞內酶 (intracellular enzymes) 25
細胞外酶 (extracellular enzymes) 25

細氣泡擴散器 (fine-bubble diffusers) 264
脫硝 (denitrification) 87
連續進流攪拌池反應槽 (continuous-flow stirring tank reactor, CFSTR) 15

十二畫

最小微生物體停留時間 (minimum biological solids retention time) 118
最佳可行處理 (best practicable treatment) 378
揮發性固體 (volatile solids) 89
揮發性懸浮固體 (volatile suspended solids, VSS) 89
發酵作用 (fermentation) 28
發酵菌 (fermenters) 27
硝化反應 (nitrification) 81
硝酸化菌 (eg. Nitrobacter) 183
硝酸化菌屬 (Nitrobacter) 36
結合氯 (combined chlorine) 83
絕對好氧菌 (obligate aerobes) 27
絕對厭氧菌 (obligate anarobes) 27
絲狀菌 (Nostocoida limicola) 226

十三畫

傳統活性污泥處理法 (conventional activated sludge treatment) 129
微氧菌 (microaerophiles) 27
飽和常數 (saturation constant) 7
飽和現象 (saturation phenomenon) 8

十四畫

厭氣塘 (anaerobic ponds) 285
厭氧呼吸作用 (anaerobic respiration) 35

厭氧菌 (anaerobes) 27
漸減曝氣法 (tapered aeration) 129
精化處理塘 (polishing pond) 316
輔助因子 (cofactors) 31
輔酶 (coenzymes) 31
酶 (enzyme) 24

十五畫

廢水穩定塘 (waste stabilization pond) 285
熟化塘或三級處理塘 (maturation or tertiary ponds) 285
質子接受物 (proton acceptor) 71
質子提供物 (proton donors) 71
質量反應作用定律 (law of mass action) 6

十六畫

遲滯期 (lag phase) 39
靜態液相膜理論 (stationary liquid film theory) 253

十七畫

優養化 (eutrophication) 87
總固體含量 (total solid content) 88
總碳分析儀 (total carbon analyzer) 67

十八畫

檸檬酸循環 (citric acid cycle) 34
曝氣氧化塘 (aerated lagoons) 285, 317

十九畫

穩定期 (stationary phase) 40